“十二五”普通高等教育本科国家级规划教材

“十三五”江苏省高等学校重点教材

新工科·普通高等教育机电类系列教材

机械制造技术

第3版

主　编　任家隆　任近静

副主编　任　和　赵礼刚　孙　进　管小燕

参　编　晏　飞　赵　丽　黄翠玉　张春燕

　　　　刘宏西　苏　宇　左　雪　卜赫男

主　审　王先逵　丁建宁

机械工业出版社

本书为“十二五”普通高等教育本科国家级规划教材、“十三五”江苏省高等学校重点教材（项目编号：2018-1-027）。

本书在前两版的基础上，根据教育部高等学校机械基础课程教学指导分委员会工程材料与机械制造基础课程指导小组基于新工科制定的课程知识体系和教学基本要求，结合兄弟院校提出的宝贵和建设性建议，分析研究同类教材及自身的教学实践和目前高等工科院校课程改革的需要修订而成。全书着力于解读专业内涵以建立教材体系，跟随时代脚步，不断凝练教材内容，并增加了许多新的教学内容，教材体系更加科学、完整，更加符合教学规律和人的认知规律；同时考虑了不同类型本科课程改革的差异和需要，以更适应当前教学要求。

全书除绪论外共12章，内容包括机械制造概论、工程材料基础、热处理与表面工程技术（新增了非金属材料的热处理）、材料的液态成形、材料的塑性成形、材料的连接技术（新增了非金属材料的焊接、材料的其他连接技术）、其他材料的成形、切削加工工艺基础（含互换性简介）、特种加工、非金属材料的机械加工、机械加工工艺规程设计（新增了数控加工工艺规程设计）、机械制造技术的发展（含增材制造技术、精密工程与纳米加工、绿色制造与再制造、智能制造与人工智能、物联网、大数据）。全书结构严谨，具有系统性和先进性等特点。

为便于教学和学生自学、扩充学生视野，使用智能手机扫描教材页面的二维码可出现相应的内容展示。本书配有课件，请有需要的教师到机械工业出版社教育服务网（www.cmpedu.com）注册、下载。同时，本书对应的课程“机械制造基础”是江苏省在线开放课程，读者可登录中国大学 MOOC 网站搜索本课程进行学习。

本书是高等工科院校机械类、近机械类专业的教材，也兼顾了机械类机电一体化专业、机械工程类专业的一般教学要求，除全日制普通高等院校外，也可供职业教育和继续教育等层次的教学使用，还可作为对机械工程类知识有兴趣的读者的自学和参考用书。

图书在版编目（CIP）数据

机械制造技术 / 任家隆，任近静主编. -- 3 版. 北京：机械工业出版社，2024. 8. -- （“十二五”普通高等教育本科国家级规划教材）（“十三五”江苏省高等学校重点教材）（新工科·普通高等教育机电类系列教材）. -- ISBN 978-7-111-76285-0

Ⅰ. TH16

中国国家版本馆 CIP 数据核字第 20243YZ389 号

机械工业出版社（北京市百万庄大街 22 号　邮政编码 100037）

策划编辑：王勇哲　　责任编辑：王勇哲

责任校对：曹若菲　李小宝　　封面设计：王　旭

责任印制：邓　博

北京盛通数码印刷有限公司印刷

2025 年 4 月第 3 版第 1 次印刷

184mm×260mm · 23.5 印张 · 583 千字

标准书号：ISBN 978-7-111-76285-0

定价：75.00 元

电话服务　　网络服务

客服电话：010-88361066　　机　工　官　网：www.cmpbook.com

010-88379833　　机　工　官　博：weibo.com/cmp1952

010-68326294　　金　书　网：www.golden-book.com

机工教育服务网：www.cmpedu.com

第3版前言

时光荏苒，本书已经走过24年。《机械制造技术》经历了2000年8月初版、2005年7月修订版、2012年1月新版、2018年8月第2版，至此前后共5版。本书在2014年被评为“十二五”普通高等教育本科国家级规划教材，在2018年被评为“十三五”江苏省高等学校重点教材（项目编号：2018-1-027）。本书对应的课程“机械制造基础”获评国家级线上线下混合式一流课程（序号：585），也是江苏省在线开放课程，读者可登录中国大学MOOC网站搜索本课程进行学习。

制造技术发展迅速，而制造业是最重要的实体经济和工业基础，在国家发展战略中意义重大。2015年我国提出了中国制造的战略规划，力争到新中国成立100年时，实现制造大国的地位更加巩固并进入世界制造强国前列。2017年教育部基于新经济和新型工程人才培养的要求，提出新工科建设计划。针对制造业的发展，中国机械工程学会再次编制了《中国机械工程技术路线图（2021版）》。为响应和适应这些变化，依据教育部高等学校机械基础课程教学指导分委员会制定的《工程材料与机械制造基础课程教学基本要求》，结合兄弟院校提出的宝贵和建设性建议及自身的教学实践对本书进行修订。

由于“机械制造基础”课程改革力度大，内容宽泛，这就要求本书编写时更加着力于解读专业内涵以建立教材体系，跟随时代脚步，不断凝练、探索专业知识，使教材内容更加科学、完整，符合教学规律和人的认知规律。在主要面向普通本科院校、职业教育和继续教育的机械类专业教学的基础上，充分考虑我国工业发展的不平衡，考虑不同类型本科院校课程的差异和需要，本版的修订要点是：新增第7、10章，对绪论和第1、2、4、5、6、8章，以及电子课件的文字、插图也进行了大幅修订，使之更加精练和完善。全书其他内容（包括习题）也都做了不同程度的修订或审定。

本次修订重点参考了参考文献［3］~［17］，尤其是2019年后出版的文献，也汲取了其他文献的部分内容，感谢本书主审及编者付出的辛劳，在此谨向学术界的前辈和同仁表示崇高的敬意。

本书由任家隆、任近静任主编，任和、赵礼刚、孙进、管小燕任副主编，晏飞、赵丽、黄翠玉、张春燕、刘宏西、苏宇、左雪、卜赫男参编。编写分工如下：绪论、第1章由任近静、任家隆编写，第2章由管小燕、刘宏西编写，第3章由晏飞、苏宇编写，第4章由任家隆、赵丽编写，第5章由孙进、黄翠玉编写，第6章由赵礼刚、左雪编写，第7章由任家隆、孙进、任近静编写，第8章由任家隆、赵礼刚、任近静编写，第9章由张春燕、黄翠玉编写，第10章由任家隆、晏飞、赵丽编写，第11章由任家隆、管小燕、任和、苏宇、卜赫男编写，第12章由任近静、任和编写。全书由任家隆、任近静统稿。任近静、任和对CAI课件、二维码和部分文稿进行了整理工作。

本书承请清华大学王先逵教授、扬州大学丁建宁教授主审，在此表示衷心的感谢。

本书的编写得到了机械工业出版社、江苏科技大学、东南大学、扬州大学、上海理工大学、上海健康医学院、无锡红旗船厂有限公司、射阳县杰力纺织机械有限公司、合肥工业大学、江苏大学等单位的有关领导、教务部门及相关老师的鼓励、支持和帮助，在此对各位领导、老师表示深深的敬意和衷心的感谢。

由于编者水平与经验所限，书中错误和不妥之处在所难免，恳请广大读者批评指正。

编　者

第2版前言

本书结合本校和兄弟院校五年多的教学实践经验，并依据教育部高等学校机械基础课程教学指导委员会提出的教学基本要求修订而成。

本次修订要点为：

1）修订了绪论，对参考文献进行了更新。

2）修订了第 1 章，增加了机械制造及其生命周期、物流部分的内容。

3）修订了第 7 章，增加了夹具应用知识和类型的内容。

4）按 GB/T 1173—2013《铸造铝合金》、GB/T 1176—2013《铸造铜及铜合金》、GB/T 5613—2014《铸钢牌号表示方法》、GB/T 699—2015《优质碳素结构钢》、GB/T 3077—2015《合金结构钢》等最新国家标准进行了内容修订。

5）重写了第 10 章机械制造技术的发展，改写了机械制造系统自动化、精密和超精密加工的内容，增加了绿色制造、智能制造两节内容。

6）新编全书电子课件。

7）对全书其他内容做了审定。

本次修订重点参考了参考文献［1］~［15］的内容，也汲取了其他参考文献的部分内容，感谢本书第 1 版的主审、所有作者付出的辛苦和努力，在此谨向学术界的前辈和同仁表示崇高的敬意。

本书由任家隆、任近静统稿并任主编；赵礼刚、管小燕、吴爱胜任副主编。修订分工如下：绪论由任近静、任家隆编写；第 1 章、第 2 章由管小燕、刘宏西编写；第 3 章由苏宇、晏飞编写；第 4 章由任家隆、赵礼刚编写；第 5 章由吴爱胜编写；第 6 章由赵礼刚、左雪编写，第 7 章由任家隆、赵礼刚、管小燕编写，第 8 章由张春燕、赵礼刚编写，第 9 章由任家隆、任近静、张春燕、苏宇、卜赫男编写，第 10 章由任近静编写。任近静对电子课件和部分文稿进行了整理。

本书承请清华大学王先逵教授主审，在此表示衷心的感谢。

本书的编写得到了机械工业出版社、江苏科技大学、东南大学、上海理工大学、合肥工业大学、常州大学、江苏大学等单位的有关领导、教务部门及相关老师的鼓励、支持和帮助，在此对他们以及有关参考文献的作者表示深深的敬意和衷心的感谢。

由于编者水平与经验所限，书中难免存在不妥之处，恳请广大读者批评指正。

编　者

第1版前言

本书是根据高等工科院校机械类教学改革的基本要求，在总结各高校教改经验和编者多年的教学实践以及已毕业学生反馈意见的基础上编写而成的。本书以近机械类（非机械类也适用）为主的各专业师生为主要读者，与其他同类书籍相比，有较大的改革力度。本书在 2000 年、2005 年版的基础上，完善了机械工程材料、极限与配合及机械制造技术发展等内容；在内容上既考虑教学要求，又考虑知识体系结构和读者自学的需要，既努力避免教学过程中教材内容重复的现象，又力求符合人们认识事物的规律，有益于提高读者的创造性思维，以期在更大程度、更大范围内满足教学和社会的需要。本书具有以下特点：

1）充分考虑近机械类、近机械类、机电类、管理类等专业教学时数需求。

2）在知识体系上力求先给读者一个机械制造的总概念，然后再分述于各章节，这样有利于提高学习效果以及知识掌握的系统性。

3）全书较好地处理了机械制造传统知识和新观念、新知识的关系，既便于基础知识讲授，又给出各章节内容有关的新知识点，有利于读者从学科的角度来掌握知识，提高创新意识。

4）全书采用最新国家标准，并贯彻可持续发展的理念，运用系统工程理论方法进行内容的编排，便于学时少的师生和有兴趣的读者自学参考，有利于提高读者分析问题、解决问题的能力。

全书由任家隆任主编，王波、吴爱胜和任近静任副主编。具体编写分工如下：绪论及第 1 章、第 4 章由任家隆编写，第 2 章由王波、管小燕编写，第 3 章由王波编写，第 5 章由吴爱胜编写，第 6 章由吴爱胜、张春燕编写，第 7 章由任家隆、吴永祥、任近静编写，第 8 章由张春燕、赵礼刚编写，第 9 章由任家隆、任近静、张春燕、苏宇编写，第 10 章由任近静编写。任近静、龚元芳、陈小霞参与了 CAI 课件和部分文稿的整理工作。

本书由同济大学石来德教授主审，中国船舶重工集团公司中船建筑工程设计研究院李晓林、杨亚平两位老师仔细校对了本书稿，在此表示衷心感谢。

本书的编写得到了江苏科技大学、上海理工大学、东南大学、常熟理工学院等单位的有关领导、教务部门及相关老师的鼓励、支持和帮助，在此对他们以及有关参考文献的作者表示深深的敬意和衷心的感谢。

在本书出版以后，我们殷切地希望读者提出宝贵意见。

编　者

目录

绪 论

“机械制造技术”是一门讲述有关机械产品制造过程的综合性技术基础课程。根据新的教学改革精神，它在形式上浓缩了原有的机械工程材料、材料成形、互换性、机械加工工艺基础等内容，经过提炼、加工、综合、比较、取舍，初步形成了具有自身特色的技术基础课程知识体系。

现代科学技术的发展，更新了机械制造的概念，使得传统的机械制造过程有了较大改变。因此本书并没有停留在传统知识的介绍上，而是将材料、工艺方法等知识放到现代机械制造这个系统中去，以期让读者用现代制造的观点去考虑、认识和学习机械制造所必需的基础知识。本书从基础知识出发探索本领域某一知识点的发展方向，以期提高读者的创新能力。在知识点的具体讲述上，编者力求从大视角出发，如将焊接工艺方法作为连接技术、非金属材料成形和加工等放到现代知识的范畴去认识它，使读者具有更开阔的眼界；在知识层面分析上，编者从工艺方法理论的高度去解释某一工艺方法的成功与不足，比较各种工艺方法，根据当时条件，择其善而从之。恰当地运用这种思维方法，以本书作为学习工具，可以提高自身的学习能力。

1. 机械制造业在国民经济中的地位和作用

机械制造业担负着向国民经济各部门提供技术装备的任务。国民经济各部门的生产技术水平和经济效益在很大程度上取决于机械制造业所能提供装备的技术性能、质量和可靠性。在信息化时代，与电子信息等技术融合的机械装备制造仍然是经济社会发展的基础性、战略性支柱产业。创新机械工程技术，发展先进制造产业，能提升国家的国际竞争力、可持续发展能力和保障国家安全，实现由制造大国向创造强国的历史跨越。因此，机械制造业的技术水平和规模是衡量一个国家工业化程度和国民经济综合实力的重要标志。

中华人民共和国成立以来，我国的制造业得到了长足发展，一个比较完整的机械工业体系基本形成。改革开放以来，我国的制造业充分利用国内外两方面的技术资源，有计划地进行企业技术改造，引导企业走依靠科技进步的道路，使制造技术、产品质量和水平，以及经济效益有了很大提高，为繁荣国内市场、扩大出口创汇、推动国民经济的发展起到了重要作用。

制造技术是制造业发展的后盾，先进的制造技术使一个国家的制造业乃至国民经济处于竞争力较强的地位。美国一直重视制造技术的发展，2018 年 10 月美国国家科学技术委员会下属的先进制造技术委员会发布了先进制造业美国领导力战略，在该战略中明确指出，先进制造（即通过创新研发的新制造技术和新产品）是美国经济实力的引擎和国家安全的支柱，并提出美国先进制造发展的三大主要目标和任务。2021 年美国又发布了“2021 年战略投资计划”（The 2021 MxD Strategic Investment Plan）提出了设计、未来工厂、供应链和网络安全四个投资主题。通过上述战略和投资计划，可以看出美国不再只关注产品设计及高端制造技术，同时也重视一般和低端制造业在其国内的发展、扩展数字孪生应用的领域和兴趣等方面。2015 年我国提出了《中国制造 2025》，中国机械工程学会再次编制了《中国机械工程技术路线图（2021 版）》，均为更好更快地发展先进制造。

我国的机械制造业经过近几十年的发展，高速铁路大型成套系统装备及其工程建设、深水海洋石油装备、百万千瓦级的核电机组和水电机组、百万伏级特高压交流输变电设备等大型成套装备已达到国际领先水平，百万吨级乙烯装置关键设备、高速龙门五轴加工中心、大型民用飞机等一大批高技术、大型系统成套装备的成功制造和出口大大提升了我国的制造能力和综合国力。从 2011 年起，我国制造业总量已稳居世界第一，成为世界第一制造大国，制造技术也已进入发展最迅速、实力增强最快的新阶段，正在向制造强国努力奋斗。但是，我国的发展模式仍比较粗放，技术创新能力薄弱，产品附加值较低，同时也付出了巨大能源资源消耗和生态环境污染的代价。我国机械工业目前面临的主要问题：自主创新能力与新时期需求不匹配，共性技术研发能力较弱，部分领域核心零部件依赖进口，产业链的关键环节受制于人，人才资金等核心要素支撑不足，产业发展难以良性循环。具体表现在一些高端产品领域由于未掌握核心技术，拥有自主知识产权和自主品牌的技术和产品相对较少，国际话语权较弱，存在“卡脖子”和“断链”隐忧；部分核心零部件自主研发能力不足、关键零部件对外依存度较高，工业软件、芯片受制于人的问题十分突出等。综观世界，随着经济全球化、贸易自由化程度的不断加深，国际市场竞争更加激烈，我国制造业正承受着前所未有的巨大压力。

德国继“工业 4.0”后又推出《国家工业战略 2030》，寓意人类将迎来以生产高度数字化、网络化、智能化为标志的工业革命。这一工业发展新概念在全球引发极大关注，掀起了新一轮研究与实践热潮，也同样会冲击制造产业。与任何社会重大变革一样，“工业 4.0”也不是一蹴而就的，他既对制造工业及制造技术提出了新的要求，又为制造技术提供了强大的发展动力，使制造技术这一永恒主题得到持续不断的发展。为此，我国同样要优先发展现代制造技术，为应对在发达国家之间展开的一个以现代制造技术为中心的科技竞争创造条件；鼓励大批有志于制造业的莘莘学子的投入和献身，力争到新中国成立 100 年时，实现制造大国的地位更加巩固并进入世界制造强国前列的伟大目标。

未来的科技革命不再以传统意义上的某项重大科技突破为标志和某个领域的突起为代表，而是以多领域、多学科、全方位持续系统创新为典型特征。未来机械工程技术在融合了 5G 通信、物联网、大数据、云计算等新一代信息技术中成长，其发展重在基础、共性核心，并在融合中不断创新。未来数字孪生是数字化制造、智能制造的鲜明特征，人工智能技术在制造业展现了广阔的应用前景，其数字孪生的基础是智能传感、数据分析、机器学习等，这些必将催生工业软件的革命和大发展，推动整个机械产业价值链的重构。未来 20 年机械工程技术最重要的是机械设计、成形制造、精密与超精密制造、微纳制造、增材制造（3D 打印）、智能制造、绿色制造与再制造、仿生制造、机械基础件、服务型制造十个基础共性领域，其中机械基础件主要指液压、液力、气动、密封、轴承、齿轮、模具、刀具等零（元）件、部件或由其组成的功能单元。未来的机械工程技术和制造产业的主要特征在于绿色、智能、超常、融合、服务。

2. 机械制造科学的发展和本教材体系

机械制造过程是一种离散的生产过程，它主要表现在制造过程中的各个环节之间是可以彼此关联或不关联的，因此完全实现机械制造过程自动化的难度比较大。另外，机械制造过程的实施对个人的经验和技术有一定程度的依赖，一般难以用数学的方法、规律、逻辑进行描述。这就使得机械制造科学的发展较为缓慢。

制造从远古时代就形成了一套技术，蒸汽机与电力革命使其发生了很大变化，形成了基于大批量生产的制造技术。同样，现代电子技术、计算机技术、信息技术的发展，使传统制造业改变了它原来的面目，有了飞跃式的发展及革命性的变化。但这绝不是削弱了传统制造业的重要性，而是使制造技术从单元的研究发展到制造系统的研究。

机械制造科学是国家建设和社会发展的支柱学科之一，制造系统是指覆盖产品全生命周期的制造活动所形成的系统，即设计、制造、装配及市场乃至回收的全过程。由系统论、信息论和控制论所形成的系统科学与方法论，从系统各组成部分之间的相互联系、相互作用、相互制约的关系来分析对象，使制造技术不再仅是以力学、切削理论为主要基础的一门学科，而是一门涉及机械科学、材料科学、系统科学、信息科学和管理科学等的综合学科。但要注意：本课程是有关学科知识的渗透和综合，并不是兼收并蓄、包罗万象，它仍以属于工艺学的范畴去发展。机械类和近（非）机械类的机械制造技术课程体系如图 0-1 所示。

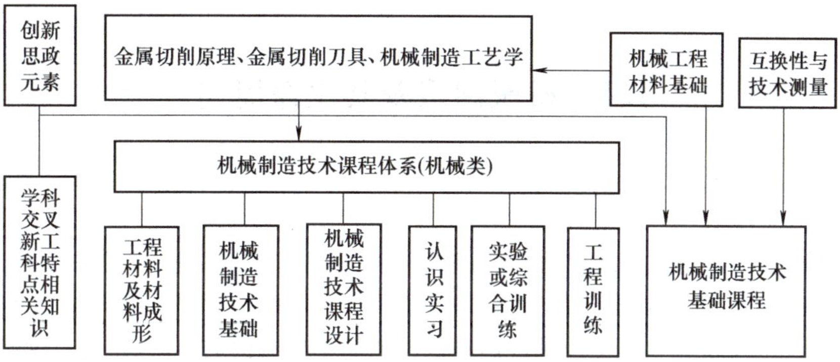

图 0-1　机械制造技术课程体系

3. 本课程的学习

“机械制造技术”是有关专业必修的技术基础课程。通过本课程学习，学生应能对制造活动有一个总体的了解和把握，初步掌握金属切削过程基本规律和机械加工的基本知识，能选择材料、材料成形、机械加工方法，具有产品质量、互换性的基本知识，初步具有解决生产现场工艺问题、决策制造模式方面的能力。

本书内容具有很强的实践性，需要有一定的实践基础，以便对全书知识有准确的把握和理解。所以在学习本书时，必须注意实践性教学环节的安排，必要时可将实习活动与本书教学过程同步进行。这样有利于更好地学习本课程，更好地掌握机械制造的理论和应用知识，为将来的工作打下坚实的基础。

各类学校、不同专业在使用本教材时，不必局限于章节顺序，可以根据需要取舍、结合实践穿插进行教学。

第1章

机械制造概论

机械制造是各种机械、机床、工具、仪器、仪表制造过程的总称。它是一个将制造资源（物料、能源、设备、工具、资金、技术、信息和人力等）通过制造系统转变为可供人们使用或利用的产品的过程。机械制造过程是人力资源开发自然资源的过程。在人类实施可持续发展战略的今天，力争以最少的资源消耗、最低限度的环境污染产生最大的社会、经济效益，是制造业的根本宗旨，也是所有从事机械制造技术的科学研究人员和工程技术人员创造和应用制造机械产品的加工原理、研究工艺过程和方法以及相应设备制造系统的主要任务和奋斗目标。

1.1 机械制造及其生命周期

1.1.1 机械、机械制造及机械制造业

机械（Machinery）是指机器与机构的总称。机械一般是指能够帮助人降低工作难度或省力并提高工作效率的工具或装置。像锯子、榔头等一类的物品都可以被称为机械，但它们是简单机械，而复杂机械就是由两种或两种以上的简单机械构成的。通常把这些比较复杂的机械称为机器。从结构和运动的观点来看，机构和机器一般泛称为机械。

制造是一个永恒的主题，人类的发展过程就是一个不断制造的过程，在人类发展的初期，为了生存，制造了石器，以便于狩猎。此后，相继出现了陶器、铜器、铁器和一些简单的机械，如刀、剑、弓、箭等兵器，锅、壶、盆、罐等用具，犁、磨、碾、水车等农用工具。随着社会的发展，制造的范围和规模不断扩大，蒸汽机的问世带来了工业革命和大工业生产，喷气涡轮发动机的制造促进了现代喷气客机和超声速飞机的发展，集成电路的每一步发展都提升了现代计算机的装备和应用水平，微纳米技术的出现开创了微型机械的先河；与此同时，电子、仪器仪表、医疗器械、轻工乃至信息产业产品等的开发和应用对制造业提出了更新的要求。机械制造是指将机械方法用于制造过程，有两方面的含义：其一是指用机械来加工零件（或工件），更明确地说是在一种机器上用切削方法来加工，这种机器通常称为机床、工具体或母机；其二是指制造某种机械，如制造汽车、涡轮机等。综上所述，机械制造就是将制造资源通过系统转化为可供人们使用或利用的产品的过程，也是人类不断开发自然资源的过程。力争以最小的资源消耗、最低限度的环境污染，产生最大的社会效益和经济效益，是机械制造发展的根本宗旨。

机械制造业是指从事各种动力机械、起重运输机械、农业机械、冶金矿山机械、化工机械、纺织机械、机床、工具、仪器、仪表及其他机械设备等生产的行业。机械制造业为整个国民经济

提供技术装备，其发展水平是国家工业化程度的主要标志之一，是国家重要的支柱产业。

机械制造技术是各种机械制造过程所涉及的技术的总称。它包括材料成形制造技术（如铸造、锻造、焊接、冲压、热处理、增材制造等）、机械切削加工技术（如车削、铣削、磨削、钻削、精密或超精密加工等冷加工技术）、机械装配技术（如互换法、修配法和调整法等各种装配工艺方法）和其他非常规加工技术（如电加工、电化学加工、电子束加工、激光加工、超声波加工等）。其中，零件切削加工技术和机械装配技术是机械制造的主体，约占机械制造过程总工作量的60%以上，大多数机械产品的几何精度和工作精度需要依赖机械加工技术和机械装配技术去实现。因此，本课程主要围绕着机械制造过程中机械切削加工技术和机械装配技术讲解。

随着制造工艺和技术的发展，工业产品生产的智能化、网络化、多元化，大大扩展了制造的内涵和范围，为展现更加客观和更加包容的制造，人们把机械制造技术简称为制造技术。20世纪80年代提出的现代制造技术或先进制造技术被应用于产品全生命周期的全过程。但是，制造技术或机械制造技术的发展在提高人类物质文明和生活水平的同时，也对自然环境有所破坏。20世纪中期以来，最突出的问题是资源，尤其是能源的大量消耗和对环境的污染，严重制约制造业的发展，对机械制造技术提出了更新的要求。在人类实施可持续发展战略的今天，机械产品的研制将以降低资源耗费，发展纯净的再生能源，治理、减轻以至消除环境污染作为重要任务。

1.1.2　机械产品的生命周期

任何物质形态的产品都将经历从材料的获取、设计、制造、销售、使用和用后废弃再回到土壤中的循环过程。人类生活和生产就是以这样的方式与地球生物圈发生联系的。机械产品的生命周期包括单生命周期和多生命周期两种含义。机械产品单生命周期是指产品从设计、制造、装配、包装、运输、使用到报废为止所经历的全部时间。机械产品多生命周期则不仅包括本代产品生命周期的全部时间，而且还包括本代产品报废或停止使用后，产品或其有关零件在换代——下一代、再下一代……多代产品中的循环使用和循环利用的时间，如图1-1所示。

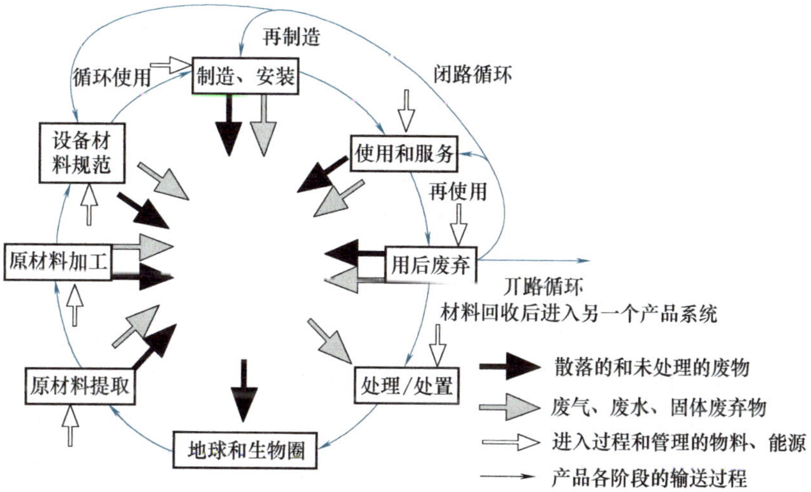

图1-1　机械产品生命周期框架

机械产品生命周期设计是从并行工程思想发展而来的，它的目标是产品对社会的贡献最大，而危害和成本达到最小。在制造领域，是产品从自然中来到自然中去的全部过程，是“从摇篮到坟墓”的整个生命周期各个阶段的总和，包括了产品从自然中获得的最初资源、能源，原材料经过开采、冶炼、加工等过程，直至产品报废或处理，从而构成一个物质循环的生命周期。产品全生命周期包括产品价值的设计方法，它要求达到产品所需的全部功能，还有其可生产性、可装配性、可测试性、可维修性、可运输性、可循环利用性和环境友好性。产品全生命周期设计的主要内容是可靠性、维修性、保障性、测试性和安全性。可靠性是指产品在规定的条件下和规定的使用期限内，发生故障或失效的概率；故障或失效有不同的后果，研究可靠性就是为了预防或消除故障及其后果。维修性是指产品在发生故障时，排除故障恢复功能的难易程度，衡量维修性最主要的指标是完成维修的时间和概率。保障性是指为了使产品正常运行所需人力、物力的复杂程度和苛刻性；在产品设计时，应综合考虑各类保障的问题，提出保障要求，制订保障方案，以便在产品使用阶段以最低费用提供所需的保障资源。测试性是指能通过测试了解系统自身状态的可能性和难易程度。安全性是指产品在规定条件下不发生事故的能力，全生命周期设计强调在设计阶段必须考虑安全性，以保证在以后的试验、生产、运输、储存、使用直到报废阶段对操作人员、产品本身和环境都是安全的。

通过加工才能形成机械产品，加工过程的优化程度影响机械产品生命周期的质量。大量的研究和实践表明，产品制造过程的工艺方案不一样，物料和能源的消耗将不一样，对环境的影响也不一样。绿色工艺规划就是要根据制造系统的实际，尽量研究和采用物料和能源消耗少、废弃物少、对环境污染小的工艺方案和工艺路线。这种工艺规划方法分为两个层次：①基于单个特征的微规划，包括环境性微规划和制造微规划；②基于零件的宏规划，包括环境性宏规划和制造宏规划。应用基于互联网的平台对从零件设计到生成工艺文件中的规划问题进行集成。在这种工艺规划方法中，对环境规划模块和传统的制造模块进行同等考虑，通过两者之间的平衡协调，得出优化的加工参数后实施加工。

装配是形成产品的最后一个环节。装配不仅是物料流中的重要环节，而且往往是多条物料流的汇合点。它是一种制造技术，但又不同于单个工作的加工技术。装配作业应注意从环保的角度出发，强调少产生废品、副产品、废料等固体废弃物以及排放物，以便于下一个生命周期的拆卸、再装配。为保证机械产品全生命周期质量，装配作业一般应注意以下三方面：

1）装配是决定最终产品质量和可靠性的关键环节，因此要特别强调装配质量。

2）装配具有系统性和综合性强的特点，要特别强调整体优化。

3）装配场地或装配线上集中或流过的零部件种类、数量多，要特别强调秩序性。

产品报废后的回收处理是产品单生命周期的结束，又可能是多生命周期的开始。目前的研究认为面向环境的产品回收处理是一个系统工程，从产品设计开始就要充分考虑这个问题，并进行系统分类处理。产品使用寿命终结后，可以有多种不同的处理方案，如再使用、再利用、废弃等，各种方案的处理成本和回收价值都不一样，需要对各种方案进行分析与评估，确定出最佳的回收处理方案，从而以最少的成本代价获得最高的回收价值，即要进行绿色产品回收处理方案设计。评价产品回收处理方案设计主要考察三个方面：效益最大化、废弃部分尽可能少、重新利用的零部件尽可能多，即使尽可能多的零部件进入下一代生命周期。

再制造是一个以产品全生命周期设计和管理为指导，以优质、高效、节能、节材、环保为目标，以先进技术和产业化生产为手段，来修复或改造废旧产品并使之达到甚至超过原产品技术性能的技术措施或工程活动的总称。再制造是以废旧产品作为毛坯原料开始进行加工的，从而使原本到单生命周期结束生命的零部件及产品，通过再制造的先进技术和产业化生产手段，能够以相同于新的零部件及产品的“资格”踏上多生命、全生命的征程。

了解绿色制造有助于更好地理解机械产品的生命周期，本书 10.3 绿色制造与再制造将进一步介绍。

1.2 机械产品的构成和产品使用的材料

1.2.1 机械产品的构成

根据功能需要，机械产品主要由采用适当材料和加工工艺制造的零部件构成。

下面以汽车（轿车）为例对机械产品的构成加以说明。一辆普通的汽车由车身、发动机、驱动装置、车轮和电、液及控制等部分组成。组成汽车的各个部分应具有可充分发挥其性能的最佳形状，所选用的材料应考虑到对强度和功能的要求。特殊汽车如无人驾驶汽车除了上述机械构件外，强大的自动控制、计算机、网络通信等功能就显得更为重要。

图 1-2 所示为轿车的车身总成图，图 1-3 所示为轿车的发动机、驱动装置和车轮部分。图中各部分的名称、所用材料和加工方法见表 1-1。由表 1-1 可知，汽车的零件是用多种材料制成的，采用的加工方法有铸造、锻造、冲压、注射成形等。另外还有一些加工方法没有列出来，如焊接（用于板料、棒料的连接）、切削和磨削（用于机械零件的精加工）等。

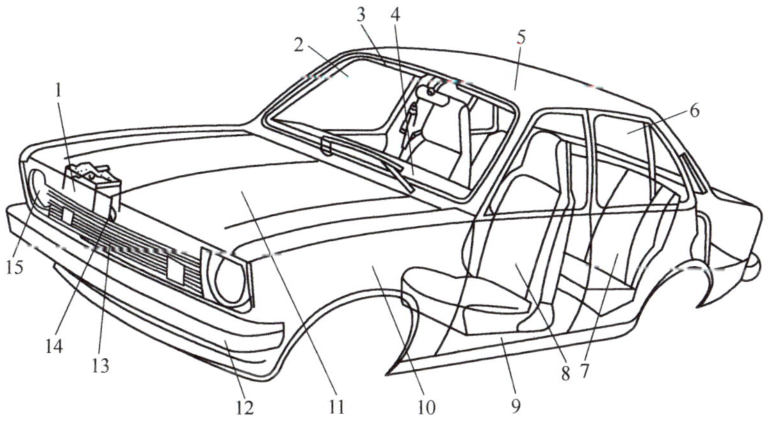

图 1-2 轿车的车身总成图（图注见表 1-1）

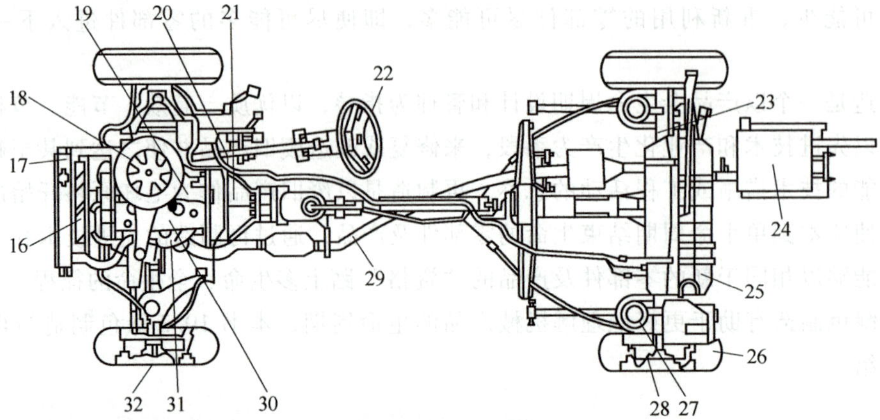

图 1-3　轿车的发动机、驱动装置和车轮部分（图注见表 1-1）

表 1-1　轿车零部件

件号	名称	材料	加工方法
1	蓄电池 壳体	塑料	注射成型
	蓄电池 极板	铅板	
	蓄电池 液体	稀硫酸	
2	风窗玻璃	钢化玻璃或夹层玻璃	
3	遮阳板	聚氯乙烯、烯薄板+脲烷泡沫	
4	仪表板	钢板 塑料	冲压 注射成型
5	车身	钢板	冲压
6	侧窗玻璃	钢化玻璃	
7	座垫包皮	乙烯或纺织品	
8	缓冲垫	脲烷泡沫	
9	车门	钢板	
10	挡泥板	钢板	
11	发动机罩	钢板	
12	保险杠	钢板	
13	散热器格栅	塑料	注射成型
14	标牌	塑料	注射成型、电镀
15	前照灯 透镜	玻璃	冲压、电镀
	前照灯 聚光罩	钢板	
16	冷却风扇	塑料	注射成型
17	散热器	铜	冲压
18	空气滤清器	钢板	
19	进气总管	铝	铸造
20	操纵杆	钢管	
21	离合器壳体	铝	铸造
22	转向盘	塑料	注射成型
23	后桥壳	钢板	冲压
24	消声器	钢板	
25	油箱	钢板	
26	轮胎	合成橡胶	
27	卷簧	弹簧钢	铸造
28	制动鼓	铸铁	
29	排气管	钢管	
30	发动机 气缸体	铸铁	铸造
	发动机 气缸盖	铝	
	发动机 曲轴	碳钢	
	发动机 凸轮轴	铸铁	
	发动机 盘	钢板	冲压
31	排气总管	铸铁	铸造
32	制动盘	铸铁	

1.2.2　机械产品使用的材料

现代机械产品多是机、计、电、仪的集成，几乎使用了常用类型的所有材料，许多特殊的产品还采用了最新开发的材料，如复合材料、功能材料等。随着现代科学技术的发展，材料的使用更有针对性，如发动机使用陶瓷缸套，耐热度有所提高，使得功率有较大增长。有关材料的论述可详见本书后面的有关章节，这里仍以上述汽车（轿车）为例予以概述。

制造汽车使用了多种材料，从现阶段汽车零件的质量构成比来看，黑色金属占75%～80%，有色金属占5%，非金属材料占15%～20%。汽车使用的材料大多为金属材料。

黑色金属材料有钢材和铸铁。钢材的种类有钢板、圆钢和各种型钢，钢板大多采用冲压成形，用于制造汽车的车身和大梁；用圆钢作坯料，采用锻造、热处理、切削加工等方法来制造曲轴、齿轮、弹簧等零件；铸铁用于铸造气缸体，进、排气管，变速器箱体等。

黑色金属的强度较高，价格低廉，故使用较多。按其使用场合的不同，对其性能的要求也不同。例如，对于汽车车身，需使钢板做较大的弯曲变形，应采用易变形的钢板；如果外观不美观，则会影响销售，故应采用表面美观、易弯曲的钢板。与之相反，车架厚而强度高，价格应低廉，所以采用表面不太美观的较厚的钢板。

圆钢（横截面为圆形）和型钢（横截面为L、T、I形的型材）用途广泛。例如，将具有特殊性能的圆钢卷绕成螺旋形弹簧，或将圆钢切削加工后再使表面硬化，可制成回转轴等。

有色金属材料中的铝合金应用最广，它可用作发动机的活塞、变速器壳体、带轮等。铝合金由于重量轻且美观，故将更多地用于制造汽车零件。

铜用于制造电气产品、散热器。铅、锡与铜构成的合金用作轴承合金，锌合金用作装饰品和车门手柄（表面电镀）。

非金属材料包括工程塑料、橡胶、石棉、玻璃、纤维等。由于工程塑料具有密度小、成型性和着色性好、不生锈等性能，故可用作薄板、手轮、电气零件、内外装饰品等。

随着塑料性能的不断改善，纤维强化塑料（FRP）也被用于制造车身和发动机零件。

1.3 机械制造过程与生产组织

1.3.1 机械制造过程

现代机械制造以控制论和系统工程为先导，综合考虑物质流（指物料经过制造工艺过程所产生的形状、尺寸和位置的转变）、信息流（指相关图样、工艺文件、软件等生产信息、生产管理技术及其处理系统）和能量流（指电能、机械能、热能和化学能等以及能量的变换系统等）三者的关系，将现代工业生产与产品的决策、质量评价、市场信息等有效地融为一体。新材料、新结构和新工艺使机械制造超出了“金属”切削加工的范畴，使机械制造业向着高效、自动、精密的方向迅速发展，经济核算也相应地从传统的大批量生产方式转变为适应竞争机制的中小批量生产方式。

生产系统（见图1-4）是指将大量设备、材料、人和加工过程有序地结合，用系统的观点正确处理输入和输出，即全面考虑国家经济政策、技术情报、市场动态、生产条件及环境保护等因素，进行产品设计、制造、装配和经济核算，直至产品输出的过程。

现代机械制造以生产系统为主要组成部分，以传统机械加工为基础，延伸到应用越来越广泛的机械制造系统自动化（NC、GT、CAD/CAM、FMS、工业机器人及智能制造等），以适应精密、超精密和特种加工的要求，并将局限于“金属”的切削加工扩展到各种材料的加工。在经济管理中，将核算工时和生产率扩展到设计、制造的整个生产过程，以实现高度统一的综合管理，形成一个优化的、完整的生产系统。

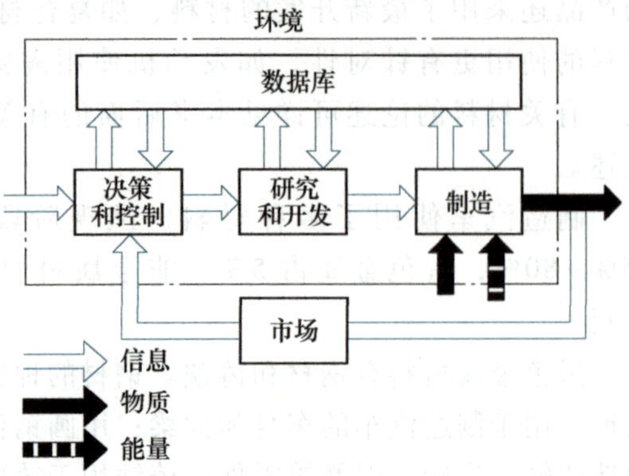

图 1-4 生产系统的基本框图

图 1-5 所示为仅以材料流来说明一般金属制品的生产流程（含冶金）。

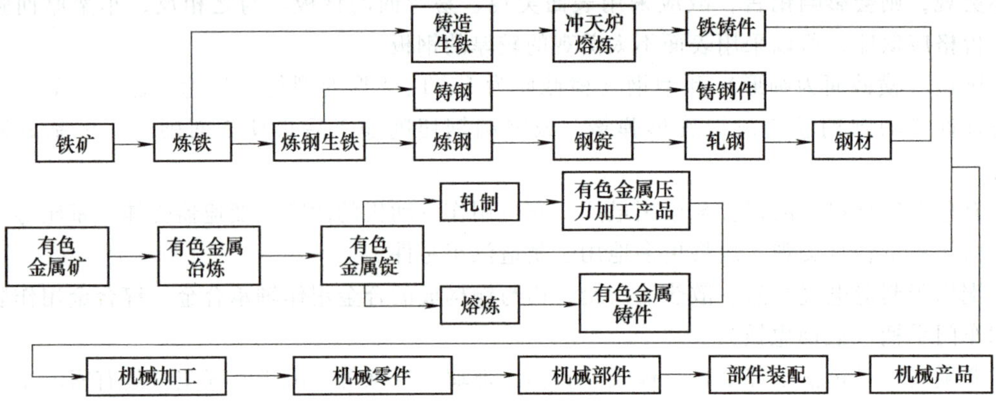

图 1-5 一般金属制品的生产流程示意图

制造过程的实质是一个资源向零件或产品转变的过程，如图 1-6 所示，但这个过程是不连续的（或称离散性），其系统状态是动态的，故机械制造系统是离散的动态系统。

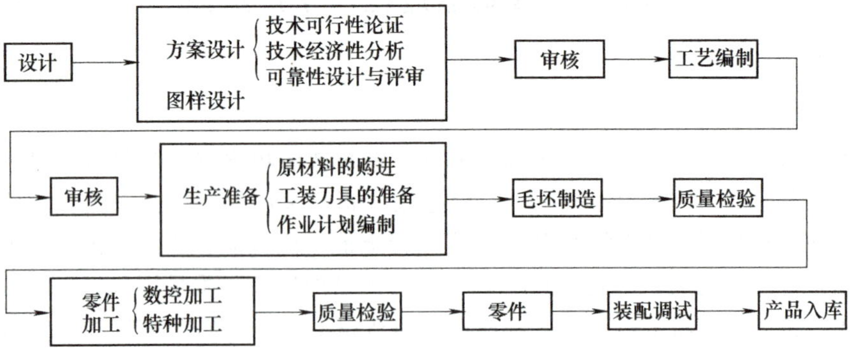

图 1-6 机械制造过程

本节仍以传统汽车的制造过程为例进行讲述。汽车的制造过程大致如图 1-7 所示，分别采用不同的工序制造出车身、发动机、变速器、悬架系统、车轴等，再将它们装配成汽车。

1）车身是由冲压加工成形的几块板件接合而成的。将经冲压加工而成的车顶、挡泥板焊接在车身上，将加工完成的车门和发动机罩安装在车身本体上。装配完成以后进行涂装，再装上玻璃、刮水器、内装品等。

2）发动机、变速器、悬架系统、车轴等部件，其零件的毛坯为铸件或锻件，是在不同的车间制造的。发动机的气缸体是由从铸造车间得到的铸件毛坯，在机械加工车间经切削加工而成的。在气缸体中装入活塞、连杆、曲轴等零件，完成整个发动机部件的装配。连杆和曲轴是由锻造车间生产的锻件毛坯，经过机械加工、热处理和精加工后制成的。

变速器部件是把变速齿轮装入变速器箱体中。它的作用是将发动机的动力传递给车轴。齿轮为锻件，用齿轮机床加工而成；变速器箱体为铸件。

悬架系统中支承车体用的弹簧以及汽车的车轴都是由钢材加工而成的。

3）在已安装内装品的车身上安装发动机、变速器、悬架系统、车轴，再装上轮胎、座垫、转向盘、蓄电池等，就完成了汽车的装配。

装配完毕的汽车进行检查后，再进行道路行驶检验，就可作为成品出厂了。

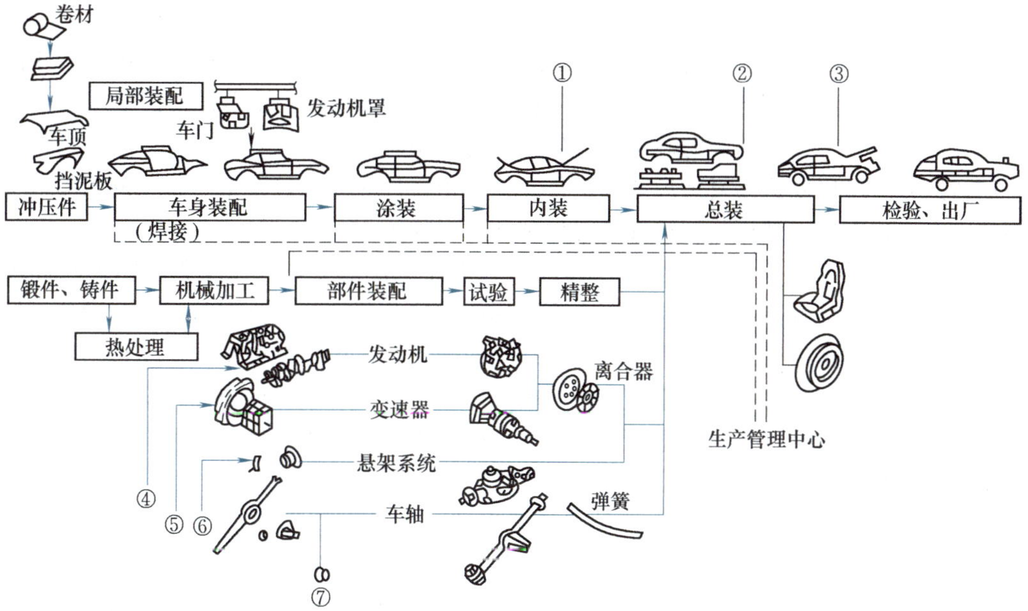

图 1-7　汽车的制造过程

①—玻璃、镜、车门衬垫、计量仪表、刮水器、车灯、收音机、仪表板、格栅、油箱

②—排气管、消声器、驱动轴、减振器、保险杠、轮胎、制动液管

③—驾驶装置、蓄电池、散热器、工具、底板

④—活塞、连杆、轴承、风扇、传动带、油泵、配油器、油底壳、滤清器、发电机

⑤—拨叉、轴承、密封圈

⑥—车架横架、连杆、弹簧、稳定器

⑦—轴承、油封、制动装置、联轴器

以上简单地说明了汽车的制造过程，其他机械大致也可按以上的方法制造，只是结构简单的机械，制造所需的加工工序较短。像汽车那种大量生产的产品，应采用流水作业方式，即将完成某道加工工序的加工件依次移到下一道工序进行加工。装配时也应采用流水作业方式，先进行部件装配，再将若干个已装配好的部件进行总装配。但单件生产或小批量生产的产品，其装配地点是固定的。

随着社会的进步，多品种、中小批量生产已逐步成为生产的主要形式，成组技术将企业多品种的零部件按一定的相似性准则进行分类编组，并以此为基础组织生产各环节，极大地提高了多品种、中小批量产品的生产率。随之兴起的并行工程、智能制造等一系列先进的生产方式与各种 NC、FMC 自动化设备的结合，使机械制造过程发生了较大的改变。由此可见，机械制造过程是一个因产品类型、品种数量、交货期以及设备、人员素质状况等综合因素变化的动态过程。

1.3.2 零件加工方法

制造机械零件有若干种加工方法。按其发展过程大致可分为三种：传统的加工方法、特种加工方法以及一些在 20 世纪 80 年代兴起的高技术加工方法，如激光加工、增材制造技术等。

鉴于篇幅所限，后续各章主要介绍前两种加工方法，增材制造（3D 打印）在 12.1 节简要介绍。

（1）铸造　铸造是指将熔化金属浇入铸型，待其冷却凝固后得到所需形状和尺寸的工件（即铸件）。为了制造铸型，先要制造与零件形状相似的模样，在模样周围填充型砂，取出模样后即制成具有一定空腔的砂型，此砂型称为铸型。

用铸造方法可以制造出复杂形状的工件。但由于铸件在凝固过程中不均匀的收缩使得尺寸不那么准确，因此大都还需对铸件进行切削和磨削加工。

（2）锻造　锻造是指将金属坯料用锤或压力机加压使之变形，以获得所需形状和尺寸的锻件。随着温度的升高，金属易发生变形，因此常将金属加热到高温状态进行锻造。锻造分为模型锻造和自由锻造。模型锻造是指把加热的坯料置入锻模型腔中受压变形以获得锻件的方法。自由锻造是指将坯料置于上下砧之间加压变形以获得锻件的方法。

锻造时金属坯料受压变形，金属组织致密，强度提高，耐久性增强。锻件数量多时用模锻，锻件数量少时用自由锻。

（3）粉末冶金　它是指将粉末压缩成所需形状，加热到低于熔点的高温状态，再将粉末烧结成固体的方法。用粉末冶金法制造的零件称为粉末冶金件。粉末以铁系与铜系金属为主，用于制造齿轮、轴承等零件；也可把碳化钨与钴烧结成硬质合金刀片；将耐火材料与金属组合烧结成金属陶瓷等。一般粉末冶金件比铸件和锻件的强度低，但粉末冶金可制造多孔质零件和不能铸锻的零件。

（4）钣金加工　它是指将板料按所需的形状进行切割、弯曲、拉深成形的加工方法。切割板料时可以用刀具或其他加工方法进行切断，保持切断面的光洁是很重要的。弯曲时用工具将工件弯曲到必要的角度，由于工件弯曲后要产生回弹变形，在选择弯曲角度时必须考虑这一点。拉深是用冲模制造无接缝容器的成形加工方法。由于一次拉深的变形不能太大，因此用平板制造较深的容器时，必须进行多次拉深。像汽车车身那样的拉深件，其前后左右的曲率均不相同，既要防止产生皱纹，又要保证形状完整，因此在拉深时需特别注意。

（5）焊接　它是使被焊材料实现永久连接的方法。被连接的板料或棒料称为母材。熔化焊是指使母材的连接部位熔化，生成共同的晶粒，以实现连接的焊接方法。

此外，还有对母材的连接部位既加热又加压的焊接方法，采用此种方法时可不用焊条。还有母材不熔化，而将熔化的低熔点金属液注入母材的连接部位，使之实现连接的方法（钎焊）。

使用焊接方法可将板料连接成各种各样的形状，应用非常方便。焊接广泛用于船舶、桥梁、车辆及其他机械制造部门。

(6) 切削与磨削 机器上有相对运动（旋转、滑动）的部位、零件之间的接合面等部位要求表面粗糙度值小、尺寸精度高，因此需对这些部位用切削刀具进行切削或用砂轮进行磨削加工。切削刀具采用比毛坯硬的材料，如工具钢、硬质合金、陶瓷等。进行切削加工需要各种机床，如车床（加工回转表面）、钻床、镗床（主要加工孔）、龙门刨床（加工较大的平面）、牛头刨床（加工较小的平面）、铣床（加工沟槽、平面等）、磨床（用砂轮加工内外回转表面、平面）等；此外还有各种齿轮加工机床；各种类型的数控（NC、FMC 等）机床能自动进行加工。

(7) 特种加工 特种加工是指用于对硬度高、难切削材料进行加工的特殊方法。特种加工的加工能量非常集中，常见的方法有电火花加工、激光加工、等离子弧加工、电解加工、爆炸加工等。

(8) 热处理 将金属材料加热、保温后冷却，不同的加热温度和冷却速度，能使金属材料获得特殊的性能。常见的热处理方法有淬火、退火、正火、回火等。机械制造中常利用这些热处理方法来改善零件的力学性能。

1.3.3 生产类型

生产类型是指企业（或车间、工段、班组、工作地）生产专业化程度的分类。按照产品零件的生产数量（即企业在计划期内应当生产的产品产量），可以将生产类型分为以下三种：

(1) 单件生产 单件生产是指同种产品的年产量少，而产品的品种很多，同一工作地点加工对象经常变换的生产。例如，重型机器制造、专用设备制造和新产品试制等均属于单件生产。

(2) 成批生产 成批生产是指同种产品的数量较多，产品的品种较少，同种零件分批投入生产，同一工作地点的加工对象做周期性轮换的生产。每一次制造的相同零件的数量称为批量。根据批量的大小，又可将成批生产分为小批生产、中批生产和大批生产。

(3) 大量生产 大量生产是指相同产品的制造数量很多，大多数工作地经常重复地进行某一个零件的某一道工序的加工。例如，轴承的制造通常属于大量生产。

成批生产中，小批生产的工艺特点与单件生产相似，大批生产的工艺特点与大量生产相似，因而在实际生产中常称单件小批生产和大批大量生产。成批生产通常是指中批生产。

由于生产类型不同，故拟订零件的工艺过程时所选用的工艺方法、机床设备、工具、模具、夹具、量具、毛坯及对工人的技术要求都有很大的差别。各种生产类型的特征与要求见表 1-2。

表 1-2 各种生产类型的特征与要求

生产类型	单件生产	成批生产	大量生产
工件的互换性	没有互换性，采用钳工修配	大部分有互换性，少数采用钳工修配	全部有互换性

（续）

生产类型	单件生产	成批生产	大量生产
毛坯	手工砂型铸造和自由锻，精度低，加工余量大	部分用机器造型和模锻，精度和加工余量中等	广泛采用金属模具的机器造型和模锻及其他高效方法，精度高，加工余量小
机床设备	通用设备	部分通用设备，部分专用设备	广泛采用高效专用设备和自动线
刀具与量具	通用刀具和量具	部分采用专用刀具和量具	广泛采用高效专用刀具和量具
对工人的要求	技术熟练	技术较熟练	对操作工人的技术要求较低，对调整工人的技术要求较高
工艺文件要求	有简单的工艺过程	有工艺规程，对关键零件有详细的工艺规程及工序卡	有详细的工艺规程

生产类型取决于生产纲领，但也与产品的大小和复杂程度有关。生产类型与生产纲领的关系参见表1-3。

表1-3 生产类型与生产纲领（年产量）的关系 （单位：件/年）

生产类型		重型机械	中型机械	小型机械
生产纲领（年产量）	单件生产	<5	<20	<100
	小批生产	5~100	20~100	100~500
	中批生产	100~300	200~500	500~5000
	大批生产	>300~1000	500~5000	5000~50000
	大量生产	>1000	>5000	>50000

1.3.4 生产方式、物流与经济性

1. 生产方式与经济性

在大批量制造模式下，由于生产准备终结时间占的比例很小，加工的辅助时间（如装夹、换刀时间）也经过精确的设计，因而基本加工时间占比较大。提高工序效率可以显著提高生产率，因此，制造技术的许多研究都致力于切削速度的提高。在机床方面，高速机床的旋转速度已达到数万转，甚至高达十万余转。在刀具方面，硬质合金车刀的车削速度达200m/min，陶瓷车刀可达到500m/min，聚晶金刚石或立方氮化硼刀具的切削速度达900m/min。在磨削加工方面，人们开发了强力磨削技术，一次磨削的最大背吃刀量可达6~12mm，比普通磨削的金属去除率提高了3~5倍。为此，要提高机床刚性，防止高速运转的轴承和高速切削产生大量的热引起机床较严重的热变形，从而影响加工质量。

20世纪初期至中期，以福特生产方式为代表的典型大批量生产模式占主导地位。专用设备、刚性生产线、以互换性和质量统计分析为主的质量保证体系代表了其结构特征。这时

单工序优化的制造技术研究对提高生产率，降低制造成本发挥了重要作用。

在多品种小批量生产类型逐渐占主导地位时，上述措施的效益便不那么显著了。因为辅助时间占了较大的比例，因此必须在如何缩短辅助时间方面下功夫。

在对制造过程的深入研究中不难发现，切削用量的提高并未使生产效率成比例地提高。如刀具的改进，使切削速度提高了几十倍，但产品制造过程的缩短却非常有限，企业从这一技术改进中所获效益则更小。管理专家注意到两个现象：其一是企业在制品相当多，在制品放在机床上进行切削加工的时间和全部通过时间（从购进材料到产品销售）的占比小于5%；其二是机床开动加工的时间利用率也仅占5%~10%。在制品通过时间直接影响企业流动资金的利用率，而设备利用率则关系到固定资产的利用率。如何提高设备利用率及缩短在制品通过时间，成了提高制造企业效益的关键。

2. 物流与经济性

物流不仅讨论缩短在制品通过时间，而且包括从大制造、服务型制造等更高层次讨论制造业的资源、能源、信息的流动、传输问题。采用CNC机床可以减少大量的辅助时间，扩大设备对市场变化的响应能力；而随着全球经济一体化进程的加快，网络制造、全球资源配置必须依靠物流信息处理技术的进步才能实现制造业的腾飞。物流信息（Logistics Information）是反映物流各种活动内容的知识、资料、图像、数据、文件的总称。物流标准化是指以物流为一个大系统，制定系统内部设施、机械装备、专用工具等的技术标准，包装、仓储、装卸、运输等各类作业标准以及作为现代物流突出特征的物流信息标准，并形成全国以及和国际接轨的标准化体系。物流是一个大系统，系统的统一性、一致性和系统内部各环节的有机联系是系统能否生存的首要条件。物流信息的分类方法很多：按信息产生和作用所涉及的不同功能领域分类，物流信息包括仓储信息、运输信息、加工信息、包装信息、装卸信息等；按信息产生和作用的环节，物流信息可分为输入物流活动的信息和物流活动产生的信息；按信息作用的层次，物流信息可分为基础信息、作业信息、协调控制信息和决策支持信息；按加工程度的不同，物流信息可以分为原始信息和加工信息。

基础信息是物流活动的基础，是最初的信息源，如物品基本信息、货位基本信息等；作业信息是物流作业过程中发生的信息，信息的波动性大，具有动态性，如库存信息、到货信息等；协调控制信息主要是指物流活动的调度信息和计划信息；决策支持信息是指能对物流计划、决策、战略具有影响或有关的统计信息或有关的宏观信息，如科技、产品、法律等方面的信息。

原始信息是指未加工的信息，是信息工作的基础，也是最有权威性的凭证性信息。加工信息是对原始信息进行各种方式和各个层次处理后的信息，这种信息是原始信息的提炼、简化和综合，利用各种分析工作在海量数据中发现潜在的、有用的信息和知识。

物流信息技术作为现代信息技术的重要组成部分，它涉及信息管理、基础技术（如有关元件、器件的制造技术）、系统技术（如物流信息获取、传输、处理、控制技术）、应用技术、安全技术、设备跟踪和控制技术、自动化设备技术应用、动态信息采集技术应用（如语音识别、便携式数据终端、射频识别）等。可以说现代制造的发展依赖物流业的发展，而物流业的发展也同样依赖机械工程技术的进步，因而物流改变了制造业的生产方式。各种物流信息应用技术已经广泛应用于物流活动的各个环节，对机械工业企业实力的提升必将产生深远的影响。

3. 产品质量与经济性

产品质量与经济性似乎是一对矛盾，要想提高质量，就得加大投入，最终导致成本上升，市场的占有率或销售额下降，应该说这是一种传统的机械制造经济、质量、成本分析的观念。随着现代科学技术的发展，机械制造是一个在保证质量的前提下，追求最大社会效益和经济效益的有机体，用系统工程的观点分析产品的质量和经济性，归根结底是技术与经济性、人与经济性的关系。

（1）影响产品质量的主要因素

1）各个时期技术进步的程度。

2）生产管理的组织形式和方式。

3）产品设计质量的优劣。

4）员工的综合工作能力和敬业精神。

5）拥有的加工设备的精度、检验手段的可靠程度和检验观念。

（2）产品的经济性涉及的主要因素

1）产品的销售量与销售方式以及产品投入生产批次的大小。

2）产品设计的创新程度和设计方式、成本等。

3）组织产品生产使用机床、工具、员工的优化程度。

4）生产系统和经营思想与产品最佳效益的认知和贴合程度。

不难看出，产品质量受硬技术制约的条件多一些。从加工角度看加工质量，最重要的是加工精度。图 1-8 所示为不同时期所能达到的加工精度及发展变化曲线。从经济性看，涉及人的因素更多一些，要多从软技术挖掘潜力。由此可见，制造过程的质量、各种硬技术的选用以达到图样要求为准，经济性要从降低硬技术的使用成本入手，努力减少成本中可变因素

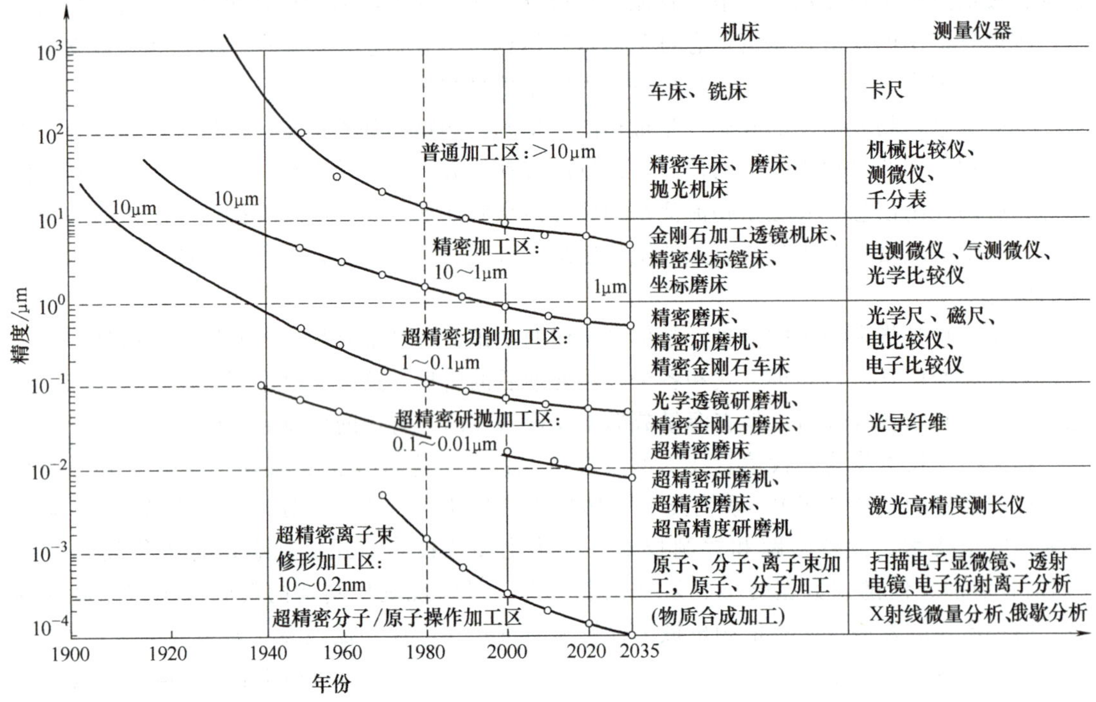

图 1-8 不同时期所能达到加工精度及发展变化曲线

额度。从系统工程观点看，产品质量和经济性要考虑“软”“硬”两方面的因素，努力做到以较少的投入获得符合全社会需求的最大利益。

面向“2035”的机械工程将以创新驱动发展为主题，以信息化和工业化深度融合为主线，以推动绿色、智能制造为主攻方向，以创新驱动发展为主题，以信息化和工业化深度融合为主线，以推动智能制造为主攻方向，以绿色、智能、超常、融合、服务为主要特征。主要从产品、生产、模式、基础四个纬度深刻认识、系统推进，围绕智能产品、智能生产，智能服务为中心的产业模式变革。信息技术的发展大大缩短了人们之间的物理距离，使基于网络的远程设计及制造成为现实，因而人们不需要用常规的方法组织生产，这大大提升了制造业水平，使我们能在需要的时间生产需要数量的合格产品，推动了生产方式向更适合新技术应用的方向转变，因此也使制造业更加适应市场需要。

第2章

工程材料基础

材料是人类生产和生活的物质基础，可以直接反映出人类社会的文明程度。例如，从原始社会以来，人类经历的石器时代、青铜器时代、铁器时代等，就是以材料命名的。如今，人类已经跨入可根据需要设计材料、合成材料的新时代。在现代社会生产中，材料、能源和信息是三大支柱，而能源和信息的发展又依赖于材料的进步。因此，世界各国都把对材料的研究开发放在突出的位置。材料的质量、品种和数量已成为衡量一个国家科学技术、经济水平以及国防力量的重要标志之一。尤其是钢铁材料仍占首要地位。本章重点阐述钢铁材料的相关内容，对其他常用材料仅进行简单介绍。

2.1　材料的分类

世界各国对材料的分类虽不尽相同，但按照传统的分类方法可将材料分为金属材料、无机非金属材料（如陶瓷）、有机高分子材料和复合材料四大类；按工业工程可将材料分为机械工程材料、土建工程材料、电工材料等；按用途可将材料分为结构材料、功能材料、生物材料、生态环境材料等。

常见的工程材料按其组成分类如图 2-1 所示。

- 工程材料
  - 金属材料
    - 黑色金属
      - 钢：碳素钢、合金钢、特殊性能钢等
      - 铸铁：白口铸铁、灰铸铁、麻口铸铁、特殊性能铸铁等
    - 非铁金属
      - 铜及其合金：纯铜、黄铜、青铜、白铜
      - 铝及其合金：纯铝、形变铝合金、铸造铝合金
      - 其他：轴承合金、镁合金、钛合金、镍合金等
  - 高分子材料
    - 纤维：天然纤维、合成纤维
    - 橡胶：通用橡胶、特种橡胶
    - 塑料：通用塑料、工程塑料、特种塑料、胶黏剂
  - 无机非金属材料
    - 水泥
    - 玻璃
    - 耐火材料
    - 陶瓷：普通陶瓷、特种陶瓷
  - 复合材料
    - 树脂基
    - 金属基
    - 陶瓷基
  - 功能材料：力学功能材料、物理功能材料、化学功能材料、生物功能材料、智能功能材料、功能转换材料

图 2-1　常见工程材料的分类

金属材料包括黑色金属和非铁金属。由于金属材料具有良好的力学性能、物理性能、化学性能及工艺性能，能采用比较简便和经济的工艺方法制成零件；因此，金属材料是目前应用最广泛的材料。

2.2 金属材料的主要性能

金属材料在机器设备所用材料中占 80%~90%。这是因为它不仅来源丰富，而且具有优良的使用性能和工艺性能，能满足生产与生活的各种需要。因此，研究工程材料的性能往往以金属材料为基础进行。

材料的性能分为使用性能和工艺性能。使用性能是指材料在使用过程中反映出来的特性，它决定了材料的应用范围、可靠性和使用寿命。使用性能又可分为力学性能、物理性能和化学性能。工艺性能是指材料在制造加工过程中反映出来的各种特性，它是决定材料是否易于加工或如何进行加工的重要因素。

2.2.1 金属材料的力学性能

在机械工程中，金属材料主要用作结构材料，所以其使用性能主要指力学性能，即材料抵抗外力作用的能力。材料的力学性能是机械设计计算、材料选用、工艺评定、材料检验的主要依据，性能指标有强度、塑性、硬度、冲击韧度、疲劳强度等。

1. 强度

金属材料在外力作用下都会发生一定程度的变形，甚至引起破坏。其抵抗永久变形和断裂破坏的能力称为强度。根据外力的性质不同，相应的材料强度指标有抗拉强度（R_m）、抗压强度（R_{mc}）、抗弯强度（σ_{bb}）、抗剪强度（τ_b）等。

测定强度的最基本的方法是拉伸试验。首先按 GB/T 228.1—2010《金属材料　拉伸试验　第 1 部分：室温试验方法》把待测材料制成图 2-2 所示的标准试样。然后将试样装夹在材料试验机上，并对其两端缓慢地施加轴向静拉力 F。随着拉力逐渐加大，试样沿轴向伸长，沿径向缩小，直到把试样拉断。若将试样从开始拉伸直到断裂前所受的拉力 F 与其对应的伸长 ΔL 绘成曲线，则可得到力-变形曲线。力-变形曲线可以反映金属材料在拉伸过程中发生弹性变形、塑性变形直到断裂的全部力学特征。

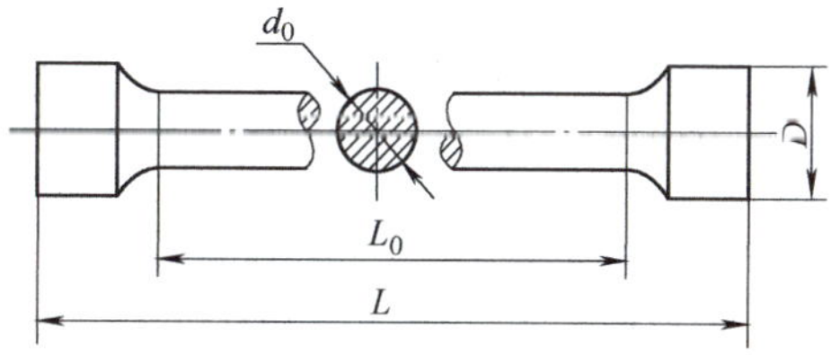

图 2-2　标准拉伸试样

力-变形曲线与试样尺寸有关，可分别以应力和应变来代替 F 和 ΔL，这样可以消除试样尺寸对材料性能的影响。由此绘出的曲线称为应力-应变曲线，如图 2-3 所示。它和力-变形曲线具有相同的形状，只是坐标不同，由应力-应变曲线能得到一些重要的性能指标。

（1）弹性极限　试件受到外力作用先产生弹性变形。弹性变形是指外力去掉后变形能全部消除，恢复原状的变形。在图 2-3 中，Oe 段为弹性变形阶段，即去掉外力后，变形立即恢复。这种变形称为弹性变形，其应变值很小，e 点应力 R_e 称为弹性极限，根据 GB/T 10623—2008《金属材料　力学性能试验术语》规定，它是材料在应力完全释放时能够保持没有永久应变的最大应力。

在弹性变形范围内，应力与应变的比值称为材料的弹性模量 E（MPa），它是低于比例极限的应力与相应应变的比值。弹性模量是衡量材料产生弹性变形难易程度的指标。E 值越大，则使其产生一定量弹性变形的应力越大，材料的刚度就越大，说明材料抵抗产生弹性变形的能力越强，越不容易产生弹性变形。

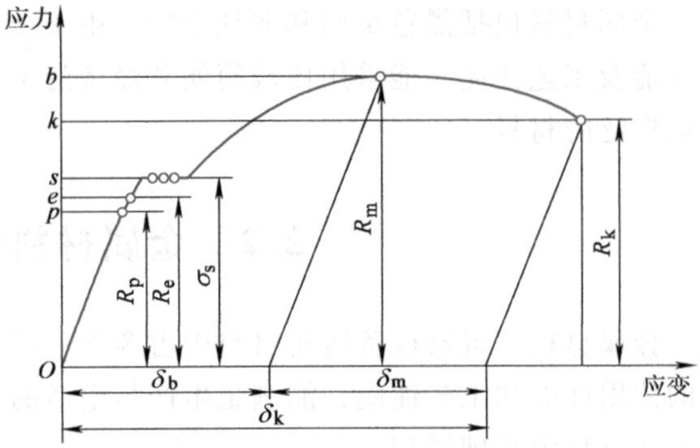

图 2-3　普通低碳钢应力-应变曲线

刚度是材料力学性能中对显微组织最不敏感的指标，因此热处理、合金化、冷变形、细晶等金属强化手段对其作用不大。金属的刚度随温度的升高会下降。

(2) 屈服强度　当载荷超过 e 点时，试样开始产生永久变形，即塑性变形。当载荷继续增加到 s 点时，试样所承受的载荷虽不再增加，但继续产生塑性变形，即图 2-3 中出现了水平线段，这种现象称为屈服，屈服强度传统上以 σ_s 表示。当金属材料呈现屈服现象时，在试验期间发生塑性变形而力不增加时的应力，它代表金属对微量塑性变形的抗力。屈服强度应区分为上屈服强度和下屈服强度。

1）上屈服强度 R_{eH}：试样发生屈服而力首次下降前的最高应力。

2）下屈服强度 R_{eL}：在屈服期间，不计初始瞬时效应时的最小应力。

上屈服强度对微小应力集中、试样偏心和其他因素很敏感，试验结果相当分散，因此常取下屈服强度作为设计计算的依据。对大多数零件而言，塑性变形就意味着零件丧失了对尺寸和公差的控制。工程中常根据屈服强度确定材料的许用应力。

很多金属材料，如高碳钢、大多数合金钢、铜合金以及铝合金的拉伸曲线不出现平台。脆性材料，如普通铸铁、镁合金等，甚至断裂前也不发生塑性变形。

(3) 规定塑性延伸强度 R_p　塑性伸长率等于规定的伸长量为标距长度百分率时（如 ε_p），对应的应力称为规定塑性伸长强度，用 R_p 表示。使用该符号时，应附以下角标说明所规定的塑性伸长率。例如：$R_{p0.2}$ 表示规定塑性伸长率 $\varepsilon_p=0.2\%$时的应力。

(4) 规定残余延伸强度 R_r　卸除应力后残余延伸率等于规定的伸长量为标距长度百分率时（如 ε_r），对应的应力称为残余伸长强度，规定残余伸长强度的符号为 R_r，使用该符号时应附以下角标说明所规定的残余伸长率。如 $R_{r0.2}$ 表示规定残余伸长率 $\varepsilon_r=0.2\%$ 时的应力。

(5) 抗拉强度 R_m　当载荷继续增加到 b 点时，试样的局部截面面积缩小，产生“缩颈”现象。因为缩颈处截面面积变小，载荷也就下降，当达到 k 点时，试样被拉断。金属在拉断前承受的最大拉应力称为抗拉强度，表示材料在拉断前与最大力 F_m 相对应的应力，并且需通过拉伸试验的断裂过程中的最大试验力和试样原始横截面面积 S_0 之间的比值来计算，用符号 R_m(MPa) 表示。R_m 是工程设计和选材时的主要依据之一，也是评定金属力学性能的重要指标。

$$R_m=\frac{F_m}{S_0}$$

式中　F_m——试样断裂前所承受的最大载荷（N）。

σ_s/R_m 的值称为屈强比。工程上不仅希望金属具有高的 σ_s，而且应有一定的屈强比。材料的屈强比越小，构件的可靠性越高。因为即使突然超载也不至于马上断裂。然而屈强比太小时，虽然安全性提高了，但材料强度的有效利用率太低，没有发挥材料的性能潜力。因此，在保证安全的前提下，一般希望屈强比高些。不同的材料具有不同的屈强比，如碳素结构钢约为0.6、普通低合金钢约为0.7、合金结构钢约为0.85。屈强比的大小可以通过合金化、热处理等加以调整。

2. 塑性

金属材料在外力作用下，产生不可逆永久变形而不破坏的能力称为塑性，即断裂前金属发生塑性变形的能力。反映金属材料塑性的性能指标通常有伸长率 A 和断面收缩率 Z。

伸长率 A 是指试样拉断后其原始标距 L_0 的伸长与原始标距之比的百分率，即

$$A = \frac{L_u - L_0}{L_0} \times 100\%$$

式中 L_0——试样的原始标距（mm）；

L_u——试样的断后标距（mm）。

由于试样在拉断过程中的总伸长是由均匀伸长和局部缩颈处的集中伸长两部分组成的，所以 A 的大小不仅和材料本身有关，而且还与试样的尺寸有关。为了便于比较，必须采用标准试样。

断面收缩率是指断裂后试样横截面面积的最大缩减量与原始横截面面积之比的百分率，即

$$Z = \frac{S_0 - S_u}{S_0} \times 100\%$$

式中 S_0——试样的原始横截面面积（mm^2）；

S_u——断后最小横截面面积（mm^2）。

断面收缩率与试样尺寸无关，它能比较可靠地反映金属的塑性。伸长率和断面收缩率都是金属材料塑性的力学性能指标。一般 A 和 Z 值越大，则材料塑性越好，脆性越小。金属材料只有具备足够的塑性才能承受各种变形加工，如轧制、锻造、冲压、电阻焊、摩擦焊等。

3. 硬度

硬度是衡量材料软硬程度的一种性能指标，通常采用压入法测量。硬度是指材料抵抗变形，特别是压痕或划痕形成的永久变形的能力。

根据硬度值可估计材料的近似强度和耐磨性。通常，材料的硬度越高，磨损量越小，其耐磨性越高。因此，硬度试验作为一种测定材料性能、检验产品质量、制订合理加工工艺的试验方法，在实际生产和科学研究中都得到了广泛的应用。

金属材料的硬度可用专门仪器来测试，生产中应用较多的是静载荷压入法，常用的硬度指标有布氏硬度、洛氏硬度和维氏硬度三种。

(1) 布氏硬度(HBW)　布氏硬度是在布氏硬度计上进行测量的，其原理如图2-4所示。用试验力 F 将规定直径为 D 的圆球压入金属表面，并保持一定的时间，然后卸除试验力，用读数显微镜测量出压痕直径 d，据此算出压痕表面积 A。布氏硬度的定义为

$$HBW = \frac{F}{A} \times 0.102$$

$$A = \frac{\pi}{2}D(D - \sqrt{D^2 - d^2})$$

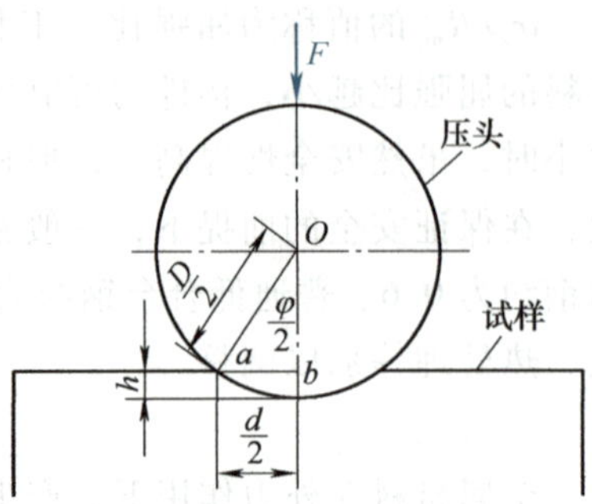

图 2-4 布氏硬度试验原理图

式中 F——施加的试验力（N）；

A——压痕表面积（mm^2）；

D——钢球直径（mm）；

d——压痕的平均直径（mm）。

从上式可知，F 和 D 都是规定的数值，只有 d 为变量，试验时测出 d 值即可计算出布氏硬度值。在实际应用中，将 d 与所对应的 HBW 值算出并列出表格，直接查表即可。

由于材料硬度不同，工件厚薄不一，如果只采用一种标准载荷 F 和一种标准钢球直径 D，则会出现对某些材料或某些工件尺寸不合适的现象。在实际生产中，应根据被测金属材料的种类和试样的厚度等因素来选择 F、D 和载荷保持时间，按试验规范进行操作，见表 2-1。

表 2-1 布氏硬度试验规范

材料	HBW 值范围/$N \cdot mm^{-2}$	试样厚度/mm	$\frac{F}{D^2}$	钢球直径 D/mm	载荷 F/N	载荷保持时间/s
黑色金属（如钢的退火、正火、调质状态）	1400~4500	>6 6~3 <3	30	10 5 2.5	3000 750 187.5	10
黑色金属	<1400	>6 6~3 <3	10	10 5 2.5	1000 250 62.5	10
有色金属及合金（如铜、黄铜、青铜、镁合金）	360~1300	>6 6~3 <3	10	10 5 2.5	1000 250 63.6	10
有色金属及合金（如铝、轴承合金）	80~350	>6 6~3 <3	2.5	10 5 2.5	250 62.5 15.6	60

布氏硬度因压痕面积较大，HBW 值的代表性较全面，所以测量结果较准确。同时，因为压痕大且深，不适于测量薄件和对表面要求严格的成品件。另外，由于钢球本身的变形问题，不能试验太硬的材料，一般当材料硬度>450HBW 时就不能使用。因此，布氏硬度通常用于测定铸铁、有色金属、低合金结构钢等材料的硬度。

（2）洛氏硬度(HR) 洛氏硬度的试验原理和布氏硬度一样，也是一种压痕试验法。但它不是测量压痕面积，而是测量压痕凹陷深度，以深度来表征材料的硬度，其原理如图 2-5 所示。

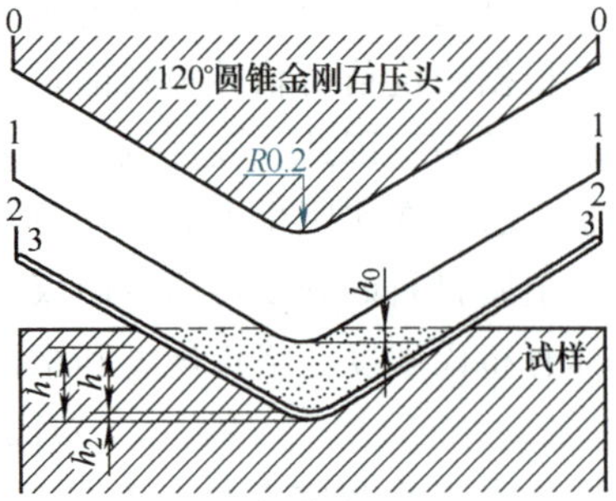

图 2-5 洛氏硬度试验原理图

洛氏硬度试验的压头有两种。一种是顶角为 120°的金刚石圆锥体，另一种是直径为 1.588mm 的钢球，分别用来测量淬火钢等较硬材料和退火钢、有色金属等较软材料。常用的三种洛氏硬度试验规范见表 2-2。

表 2-2　常用的三种洛氏硬度试验规范

符号	压头	载荷/N	硬度值有效范围	使用范围
HRA	顶角为 120°的金刚石圆锥	600	20~80	适用于测量硬质合金、表面淬火层或渗碳层
HRB	ϕ1.588mm 钢球	1000	20~100	适用于测量有色金属，退火、正火钢等
HRC	顶角为 120°的金刚石圆锥	1500	20~70	适用于测量调质钢、淬火钢等

洛氏硬度法操作简便、迅速，可直接从洛氏硬度计的表盘上读出硬度值。洛氏硬度主要用于较高硬度的测量，而且压痕小，对工件表面损伤小，所以适用于检验成品、小件或薄件，在钢件热处理质量检验中应用最多。另外，洛氏硬度的测量范围大，较软金属和极硬的硬质合金均可测量。缺点则是压痕较小，特别当材质不均匀时，硬度值的代表性就要差些。

（3）维氏硬度(HV)　维氏硬度试验原理基本上和布氏硬度相同，也是根据单位压痕面积上所承受的平均压力来计算硬度值的。其原理如图 2-6 所示。所不同的是，维氏硬度试验的压头是正四棱锥体金刚石，锥面夹角为 136°。

试验时，在载荷 F 的作用下，试样表面上压出一个四方锥形的压痕。测量压痕两对角线的平均长度 d，就可以计算出压痕的表面积 A。维氏硬度值为

$$\mathrm{HV}=\frac{F}{A}=1.8544\times0.102\frac{F}{d^2}$$

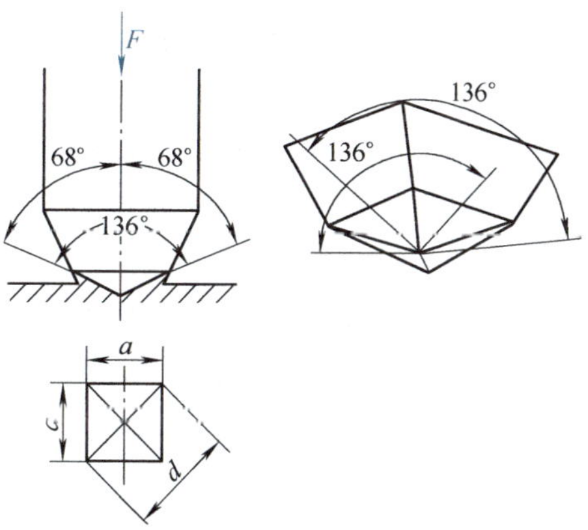

图 2-6　维氏硬度试验原理图

维氏硬度的试验方法可参阅 GB/T 4340.1—2009《金属材料　维氏硬度试验　第 1 部分：试验方法》。

维氏硬度试验不存在布氏硬度试验中的钢球变形问题，它是采用对角线长度计量，精确可靠，也避免了洛氏硬度中各种硬度等级不能统一的问题。特别是载荷可任意选择，所得硬度值相同。试验时所加载荷小，压痕浅，对工件表面损伤小，非常适合测量零件表面淬硬层以及经化学热处理的表面层硬度，所测硬度值比布氏硬度、洛氏硬度精确，而且比洛氏硬度更适于测定极薄试样的硬度。但维氏硬度试验的效率不如洛氏硬度的高，不宜用于成批生产的常规检验。

上述三种硬度测定法都是静载荷压入法，其中布氏硬度、洛氏硬度在生产中最常使用。维氏硬度计较昂贵且易损坏，多用于试验室。此外，还有一种邵氏硬度（HS），又称为肖氏硬度（GB/T 4341.1—2014），是用来测量弹性体和热塑性软塑料的穿透硬度的，邵底硬度分为邵氏压痕硬度和邵氏反弹硬度两种，适用于大型构件的现场测量。

各种硬度值之间可以换算，较精确的换算关系可查阅有关对照表，粗略换算可使用如下经验公式，即

$$HBW \approx HV \approx 10HR$$

$$HBW \approx 6HS$$

4. 冲击韧度

有些机器零件和工具在工作时要承受冲击载荷，如火车挂钩、柴油机的曲轴、压力机的连杆等。由于瞬时的外力冲击作用所引起的变形和应力比静载荷时大许多，如果仍用强度等静载荷作用下的指标来进行设计计算，就不能保证零件工作时的安全性，所以必须考虑所用材料的冲击韧度（GB/T 229—2020）。

工程材料抵抗冲击载荷作用下断裂的能力称为冲击韧度，以 a_K 表示，其定义为

$$a_K = \frac{A_K}{A_0}$$

式中 a_K——冲击韧度（J/cm^2）；

A_K——折断试样所消耗的冲击功（J）；

A_0——试样缺口处的原始横截面面积（cm^2）。

金属材料的冲击韧度目前是在摆锤式冲击试验机上测得的，如图 2-7 所示。在测定时，摆锤从高位落下，把标准冲击试样一次击断。

标准试样尺寸为 10mm×10mm×55mm，可分为无缺口、V 型缺口、U 型缺口三种。对于脆性材料，如铸铁、工具钢等，试样一般不开缺口。

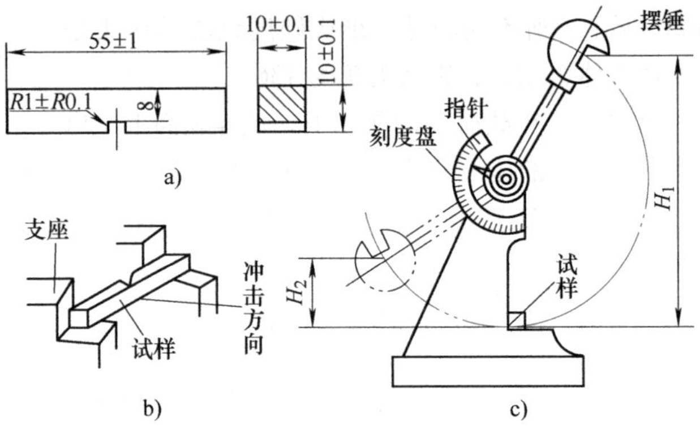

图 2-7 摆锤式冲击试验示意图

a）冲击试样 b）试样安放 c）冲击试验机

a_K 的大小与很多因素有关，除了冲击高度和冲击速度外，试样的形状和尺寸、缺口的形式、表面粗糙度、内部组织等对其都有影响，而且温度对它的影响也非常显著。因此，冲击韧度一般不作为选择材料时的参考，不直接用于强度计算。

在实际生产中，在冲击载荷下工作的机器零件，很少因受大能量一次冲击而破坏，很多情况下是受小能量多次重复冲击而破坏的，所以不能以 a_K 表示多次冲击的抗力。研究表明，材料承受多次重复冲击的能力主要取决于强度、塑性，而不是冲击韧度。

还应指出，a_K 值对组织缺陷很敏感，能够灵敏地反映出材料品质、宏观缺陷和显微组织方面的变化。因此，长期以来冲击试验是生产上用来检验冶炼、热加工、热处理工艺质量的有效方法。

5. 疲劳强度

有些机器零件，如齿轮、连杆、曲轴、弹簧等，是在交变载荷的作用下工作的。这种交变应力通常比该材料的屈服强度低得多。但在上述情况下，经过较长工作时间仍使零件发生

损伤、断裂，这种破坏现象称为疲劳断裂。疲劳断裂与静载荷下的断裂不同，不论是脆性材料还是塑性材料，断裂时都不会产生明显的塑性变形，而是突然发生断裂，危险性极大。据统计，在承受交变应力作用下的零件中，约有80%都是由于疲劳而破坏的。

材料在经受无数次重复或交变载荷作用而不发生疲劳破坏（断裂）的最大应力称为疲劳极限。对于对称循环交变应力，材料的疲劳极限用 σ_r 表示（GB/T 4337—2015）。材料的疲劳极限是在疲劳试验机上测定的。图2-8所示为黑色金属的疲劳曲线图。从图上可见，应力越小，材料所能承受的循环次数越多。当应力小到 σ_r 时，材料能承受无数次应力循环而不断裂。这里所说的“无数次”只是一个很大的数而已。工程上规定，对于黑色金属材料，$N=10^7$；对于有色金属材料，$N=10^8$ 或更多。

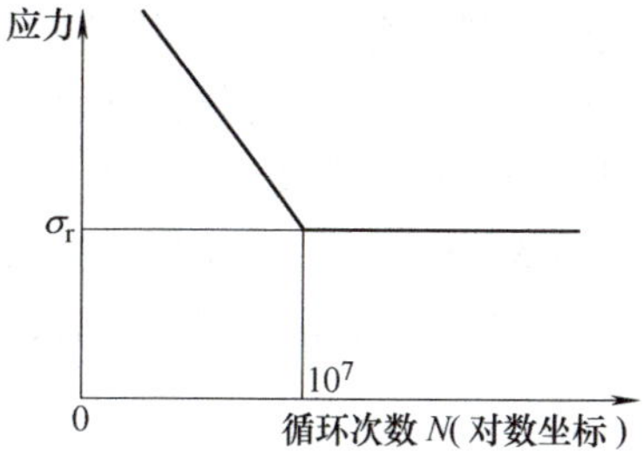

图2-8 疲劳曲线

产生疲劳破坏的原因，一般认为在重复或交变应力作用下，其应力值虽小于其 σ_s，但由于金属表面在交变载荷作用下产生不均匀滑移，造成驻留滑移带，以致形成疲劳微裂纹。另外，由于材料有杂质、表面划痕及其他能引起应力集中的缺陷而产生微裂纹。这种微裂纹随应力循环次数的增加而逐渐扩展，致使零件不能承受所加载荷而突然破坏。

为了提高零件的疲劳强度 S（在指定寿命下使应力失效的应力水平），除改善内部组织和外部结构形状以避免应力集中外，还可以通过降低零件表面粗糙度值和采用表面强化方法，如表面淬火、喷丸处理、表面滚压、化学热处理等来提高疲劳强度。表层形成的残余应力对 σ_D 的影响很大。一般表层存在的残余压应力可以抵消一部分零件工作时产生疲劳裂纹的拉应力，从而大大提高其疲劳强度。

6. 断裂韧度

工程上一些用高强度钢和超高强度钢制造的零件，以及用中、低强度钢制造的大型零件，在工作应力低于屈服应力的条件下，也会发生脆性断裂，称为低应力脆断。大量事实和实验研究表明，导致这种低应力脆断的主要原因是实际金属材料中存在的各种宏观缺陷，它们在材料中的作用相当于裂纹。当材料受外力作用时，这些裂纹的尖端附近便出现应力集中，应力不断增加，裂纹逐渐扩展，直到最终断裂。因此，很有必要给出材料抵抗裂纹扩展的力学性能指标，即材料的断裂韧度（GB/T 4161—2007），通常用 K_{IC} 表示。它的物理意义就是材料抵抗裂纹失稳扩展的能力。

如图2-9所示，在外力作用下，裂纹尖端前沿附近必然存在着应力集中系数很大的应力场，导致裂纹尖端应力在外加应力还远低于屈服强度 σ_s 时，就可能超过该处材料的实际强度，使裂纹缓慢扩展伸长。根据断裂力学的观点，只要裂纹很尖锐，尖端前沿各点的应力随外加应力的增大按相应比例增大，这个比例系数称为张开型应力强度因子 K_I，其表达式为

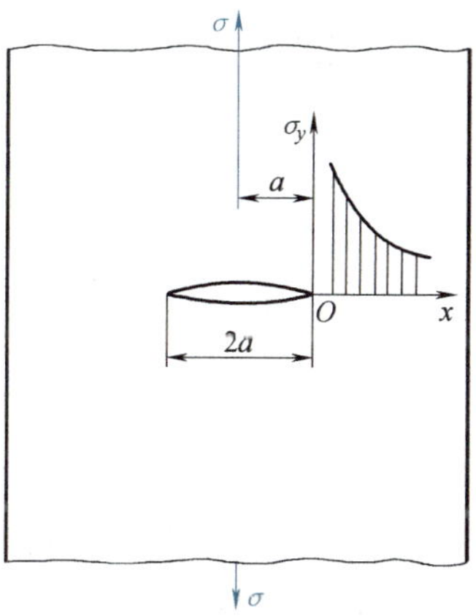

图2-9 张开型裂纹的应力场

$$K_I = Y\sigma\sqrt{\alpha} \quad (\text{MPa} \cdot \text{m}^{1/2})$$

式中 Y——与裂纹形状、加载方式及试样几何尺寸有关的量；

σ——外加应力（MPa）；

α——裂纹尺寸的1/2（m）。

在外力增大或裂纹缓慢扩展增长时，裂纹尖端的应力强度因子也增大，当 K_I 达到某临界值时，裂纹突然失稳而快速扩展，发生瞬间脆断。这一临界值称为材料的断裂韧性，用 K_{IC} 表示，它反映了材料抵抗裂纹扩展的能力。K_I 通过试验测定，它是材料本身的特性，与材料成分、热处理及加工工艺等有关。

当 $K_I>K_{IC}$ 时，裂纹失稳扩展，发生脆断；当 $K_I=K_{IC}$ 时，裂纹处于临界状态；当 $K_I<K_{IC}$ 时，裂纹扩展很慢或不扩展，不发生脆断。

2.2.2　材料的高温和低温性能

1. 高温性能

材料在长时间的恒温、恒应力作用下，发生缓慢塑性变形的现象称为蠕变。蠕变的一般规律是温度越高，工作应力越大，则蠕变的发展越快，产生断裂的时间就越短。

金属材料在高于一定温度下，承受的应力即使小于屈服强度，也会出现蠕变现象。因此在高温下使用的金属材料，应具有足够的抗蠕变能力。工程塑料在室温下受到应力作用就可能发生蠕变。

蠕变的另一种表现形式是应力松弛。应力松弛是指材料受力变形后所产生的应力随时间而逐渐衰减的现象。如高温紧固件，若出现应力松弛，则将会使紧固失效。

材料的高温强度是指材料在高温下抵抗外力载荷所引起的应力和断裂和能力，通常是用蠕变强度和持久强度来表示的。GB/T 10623—2008《金属材料　力学性能试验术语》规定：蠕变强度是指材料在蠕变试验中在规定的恒定温度和时间内，引起规定应变的应力。例如，$\sigma^{600}_{0.1/1000}=88\text{MPa}$，表示在600℃下，1000h内，引起0.1%变形量所能承受的最大应力值为88MPa。持久强度极限是指材料在规定温度下，试样达到规定时间而不断裂的最大应力。例如，$\sigma^{800}_{100}=186\text{MPa}$，表示工作温度为800℃时，约100h所能承受的最大应力为186MPa。

2. 低温性能

随着温度的下降，多数材料会出现脆性增加的现象，严重时甚至发生脆断。可通过材料的冲击吸收功与温度的变化关系来确定材料的韧、脆状态转化。当温度降到某一值时，冲击吸收功 K 值会急剧减小，使材料呈脆性状态。材料由韧度状态转变为脆性状态的温度 T_K 称为冷脆转化温度。材料的 T_K 低，表明其低温韧度好。

上述针对金属材料性能为主的叙述相对于非金属材料也有一定的通用性。特殊材料，如工程陶瓷等脆性材料，由于塑性几乎为零，可用弯曲强度表示（GB/T 6569—2006或ISO 14704：2016）。高分子材料由于不同于金属材料，抗拉伸特征也不同，可用高分子材料拉伸强度、高弹性和黏流性等性能表述。

2.2.3　金属材料的物理、化学、工艺性能

1. 物理性能

材料的主要物理性能有密度、熔点、热膨胀性、导热性、导电性和导磁性等。由于用途不同，对这些物理性能的侧重也不同。

金属材料的密度对于航空、航天方面的产品具有重要的意义，应优先选用密度小的铝合

金、钛合金、复合材料及其他轻质材料。

材料的熔点影响材料的使用和制造工艺。例如，锅炉零件、气缸套、燃气轮机的喷嘴等，要求材料有较高的熔点，而熔丝则要求熔点低。又如锡基轴承合金、铸铁和铸钢的熔点各不相同，在铸造时三者的熔炼工艺就有很大差别。

材料的热膨胀性主要指它的线膨胀系数。热膨胀性会引起工件变形、开裂及改变配合状态，从而影响零件或整台设备的精度和使用寿命。陶瓷的热膨胀系数最低，金属次之，高分子材料最高。对精密仪器或机器零件，热膨胀系数是一个非常重要的性能指标。在异种金属焊接中，常因材料的热膨胀性相差过大而使焊件变形或破坏。

在设计电机、电器的零件时，通常要考虑材料的导电性和导磁性。例如，铜、铝导线要求导电性好，电阻丝则要求大的电阻，变压器和电机的铁心则要求导磁性好。还有金属材料的导热性影响加热和冷却的速度。例如，高速工具钢的导热性较差，在锻造时应缓慢加热，否则容易产生裂纹。

2. 化学性能

材料的化学性能是指它在室温或高温时抵抗各种化学作用的能力，主要是指抵抗活泼介质的化学侵蚀能力，如耐酸性、耐蚀性、耐热性、抗氧化性等。

材料抵抗酸碱侵蚀的能力称为耐酸性。如化工设备、医疗机械等需采用不锈钢来制造零件，以抵抗酸、碱、盐等化学介质的侵蚀。

一般机器设备在工作现场使用时，周围的介质（如大气、水分等）对其零件会有一定的侵蚀，特别是在强腐蚀介质中或在高温下工作时，腐蚀会更强烈。所以常采用电镀、发蓝、涂油等方法进行保护。在设计这类零件时，也应尽量采用化学稳定性良好的合金。

金属材料在高温下保持足够的强度，并能抵抗氧或水蒸气侵蚀的能力称为耐热性。在锅炉、汽轮机以及化工、石油等设备上的一些零件，为了满足耐热性的要求，需采用耐热不锈钢制造。

3. 工艺性能

材料的工艺性能是物理、化学和力学性能的综合表现，它反映材料在各种加工过程中适应加工工艺要求的能力。工艺性能主要有铸造性、锻造性、焊接性、切削加工性和热处理性等。

在机械设计中，选择材料和工艺方法时，都应考虑材料的工艺性能，以便合理地利用各种材料的特性和各种工艺方法的长处。

2.3 材料的组织结构

2.3.1 金属的晶体结构

1. 晶体与非晶体

固态物质按其原子排列的状态可分为晶体和非晶体两大类。晶体材料又可分为单晶体和多晶体。

原子在三维空间按一定的几何规律呈长程有序、周期性重复排列所构成的固态物质称为晶体，几乎所有的金属、大部分陶瓷、部分聚合物都具有晶体结构。其特点如下：

1）原子排列结构有序。

2）具有各向异性。

3）有固定的熔点。

4）在一定的条件下有规则的几何外形。

原子在三维空间呈无规则排列或短程有序排列所构成的物质称为非晶体。由于非晶体的结构与瞬间的液体结构相同，因此非晶体又称为过冷状态的液体，如松香、普通玻璃、石蜡、高分子材料等。其特点如下：

1）原子排列结构无序。

2）具有各向同性。

3）没有固定的熔点。

4）热导率和热胀性小。

5）相同应力下，非晶体比晶体的塑性变形大。

6）化学组成成分变化大。

晶体和非晶体有时在一定的条件下可以相互转化：金属液体高速冷却（>107℃/s）可得到非晶体，即金属玻璃；玻璃经高温长时间加热也可形成晶体玻璃（称为晶化）。

2. 晶体点阵和晶胞

晶体的原子（或离子、分子）都在它的平衡位置上不停地振动着，但在讨论晶体结构时可以假设它们是一些静止不动的小球。各种晶体结构就可以看成是这些小球按一定的几何方式紧密排列堆积而成的。图 2-10a 所示为简单立方晶体的原子排列示意图。晶体结构的“小球”模型虽然立体感强，但堆垛在一起很难看清楚内部的排列规律和特点。为此，可以把原子抽象化，把每个原子看成是一个几何质点，这个点代表它的振动中心。把这些点用直线连接起来便构成三维的空间构架，称为晶体点阵（图 2-10b）。晶体点阵中直线的交点称为结点，结点代表原子在晶体中的平衡位置。在运用晶体点阵模型讨论晶体结构时，结点可以代表一个原子或离子，也可以代表一个分子或原子团的中心。在晶体点阵中，每个结点都有完全相同的周围邻点，各个方位的原子平面称为晶面。晶体点阵可以看成是由一层一层的晶面堆垛而成的。晶体点阵的最小单元称为晶胞（图 2-10c），它可以代表整个晶体点阵的原子排列规律。在研究各种金属的晶体结构时，只要取出它的晶胞来研究就可以了。决定晶胞大小的三个棱长 a、b、c 称为点阵常数，其大小以 Å（埃）来度量（$1\text{Å}=10^{-10}\text{m}$）。晶胞三个棱边的夹角 α、β、γ 也是点阵参数。

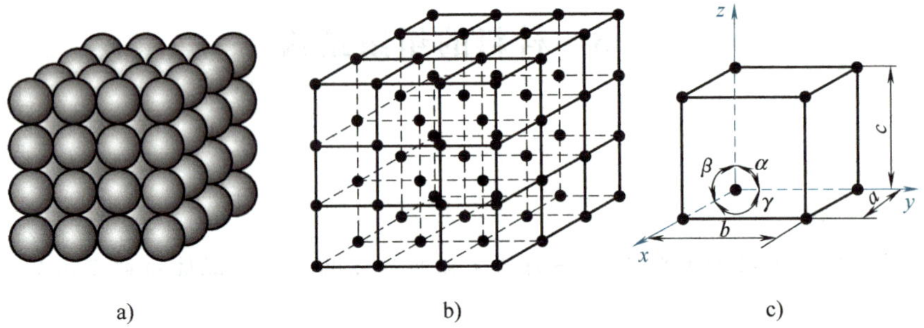

图 2-10 简单立方晶体结构、晶胞示意图

a）晶体中原子排列的示意图 b）晶体点阵 c）晶胞及晶格参数

3. 常见的金属晶体结构

各种晶体物质由于其原子构造、原子间的结合键不同，使其晶体结构类型和点阵常数也不同，从而具有不同的力学、物理和化学性能。法国晶体学家布喇菲曾用数学方法计算出晶体有 14 种空间点阵，可分为 7 大晶系，可构成几乎无数种具体的晶体结构。绝大多数金属材料都具有比较简单的晶体结构，最常见的单晶体结构只有 3 种。

（1）体心立方晶体结构（图 2-11） 体心立方晶体结构属于立方晶系。晶体结构参数为 $a=b=c$，$\alpha=\beta=\gamma=90°$。在晶格的 8 个角上各有一个原子，体心处还有一个原子。在这种晶体中，因为每个角上的原子是同时为周围 8 个晶体所共有，所以实际上每个体心立方晶体结构中仅含有 $1/8\times8+1=2$ 个原子。属于这种晶体结构的金属有 20 余种，如铬、钼、钨等。这类金属一般都具有较高的强度、硬度和熔点，以及一定的冷脆性。在通常情况下，它们具有一般的塑性与韧性。

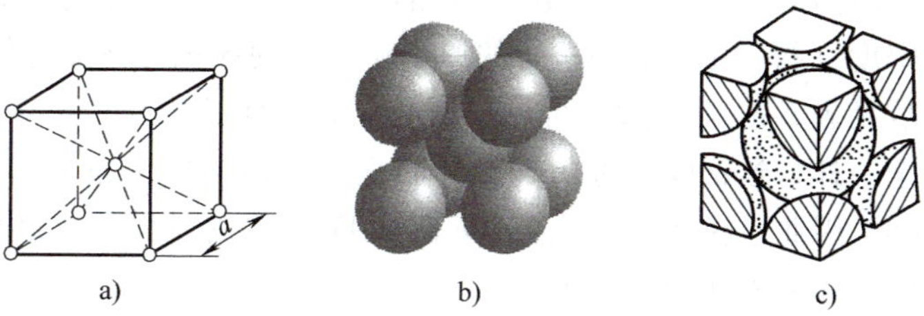

图 2-11 体心立方晶体结构示意图

（2）面心立方晶体结构（图 2-12） 面心立方晶体结构也属于立方晶系。在晶体的 8 个角上各有一个原子，立方体的 6 个面的面心各有一个原子。在这种晶体中，由于每个面心位置上的原子同时为两个晶体所共有，所以每个面心立方晶体中实际含有 $1/8\times8+1/2\times6=4$ 个原子。属于这种晶体结构的金属有 20 余种，如金、银、铜、铝等。这类金属具有良好的塑性和韧性，特别是没有低温脆性，是工业上良好的低温合金材料的基础。

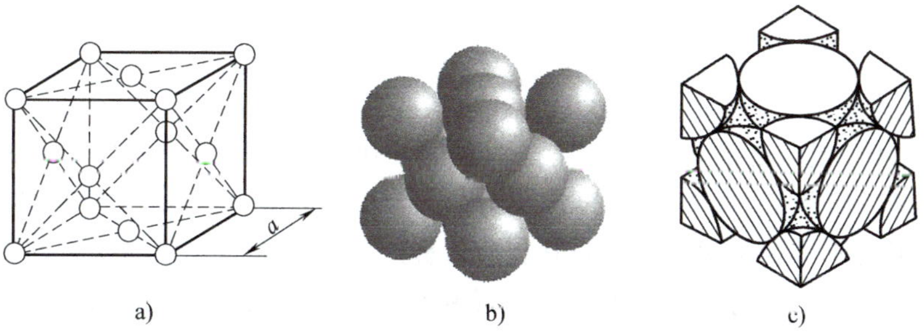

图 2-12 面心立方晶体结构示意图

（3）密排六方晶体结构（图 2-13） 密排六方晶体结构属于六方（角）晶系。晶体参数为 $a=b\neq c$，$\alpha=\beta=90°$，$\gamma=120°$。在六棱柱晶格的 12 个角上各有一个原子，上、下底面中心各有一个原子，晶体内部还有 3 个原子。由于每个顶角上的原子同时为 6 个晶体所共有，而上、下底面中心的原子又分别为相邻两晶体共有，再加上

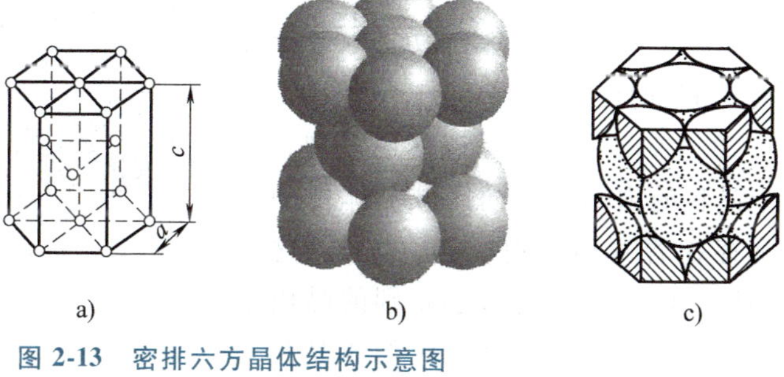

图 2-13 密排六方晶体结构示意图

晶体内的 3 个原子，所以密排六方晶体结构实际上只有 1/6×12+1/2×2+3＝6 个原子。属于这类晶体结构的金属约有 30 种，常见的是铍、镁、锌、镉等。它们的通性是不仅强度较低，而且塑性、韧性也较差，故很少用作重要的结构材料。

描述晶体结构的特征时，除常用的晶体结构类型和点阵常数外，还有晶胞原子个数（指一个晶胞内真正包含的原子数目）、原子半径（指晶胞中原子密度最大方向上相邻两原子间距离的一半）、配位数（指晶体中任一原子周围与其最近邻且等距离的原子的数目）、致密度（指一个晶胞中包含的原子所占有的体积与该晶胞体积之比），三种晶体结构的特征参数见表 2-3。由表 2-3 可见，面心立方晶体结构与密排六方晶体结构中原子排列紧密程度完全一样，致密度均为 0.74；体心立方晶体结构中原子排列紧密程度要差些，其致密度为 0.68。因此，在 912℃时，γ-Fe 向 α-Fe 转变的过程中，致密度的降低使得晶体的密度减小，同时将伴随着体积的膨胀。

表 2-3　三种晶体结构的特征参数

晶体结构	体心立方	面心立方	密排六方
晶体点阵常数	a	a	a、c
原子半径	$\frac{\sqrt{3}}{4}a$	$\frac{\sqrt{2}}{4}a$	$\frac{1}{2}a$
原子个数	2	4	6
配位数	8	12	12
致密度	0.68	0.74	0.74
常见金属	α-Fe、Cr、W 等	γ-Fe、Al、Ni 等	Mg、Zn 等

2.3.2　实际晶体结构

1. 单晶体与多晶体

（1）单晶体　其内部的晶格位向完全一致的一块晶体，称为单晶体。通过显微镜放大观察就会发现，尽管是一块很小的常见金属晶体，也是由许多小的晶体颗粒组成的（图 2-14a），其外形多为不规则的颗粒状，所以称这些金属中晶体位向一致的颗粒状小晶体为“晶粒”。其尺寸一般为 10^{-3}～10^{-1}mm。晶粒与晶粒之间交界处的界面称为晶界。

（2）多晶体　其内部由多个晶粒组成的一块晶体，称为多晶体。图 2-14b 所示为金属实际晶粒的显微照片。一般情况下，多晶体中的每一个晶粒的原子排列取向（位向）是独立且任意存在的，而晶界两侧相邻晶粒之间的原子排列取向一般存在着大于 15°的位向差。

（3）亚晶粒　实际观察还发现，在每个晶粒的内部的不同区域晶体位向也时常存在着微小差别（10′～2°）。这些在晶体位向上彼此有微小差别的晶内小区域称为亚晶粒，与之对应的亚晶粒交

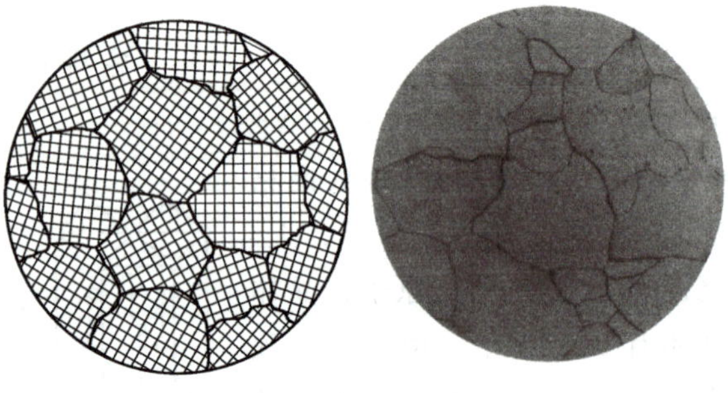

a)　　b)

图 2-14　金属的多晶体结构

a）示意图　b）金属实际晶粒的显微照片

界处的界面称为亚晶界。

由上述可知，晶界、亚晶界处原子排列的规律性受到破坏，各晶粒之间的位向差越大，晶界处原子排列规律性的破坏程度也越大。可见，实际金属的晶体结构中原子排列规律性并非完美无缺。

2. 实际金属晶体的缺陷

晶体中原子的完全有规律的排列是难以实现的，实际晶体或多或少总是存在各种各样的偏离规则排列的不完整区域，这种原子偏离规则的不完整区域称为晶体缺陷。由于晶体缺陷的存在，实际晶体的性能会发生很大的变化，特别是会对金属的强度、塑性产生很大的影响。晶体的缺陷种类很多，若按晶体缺陷在空间的几何形态特征划分，可将其分为点缺陷、线缺陷和面缺陷三种。

（1）点缺陷　常见的点缺陷有三种，即空位、间隙原子和置换原子，如图 2-15 所示。该缺陷的主要特征是三维方向上的原子尺寸都很小，仅相当于一个原子尺寸。其中空位是指晶体点阵结点的正常位置上没有原子，间隙原子是指由于某种原因（如热振动的偶然偏差等）脱离其晶体点阵结点或进入到晶体点阵中间隙位置处的原子，而置换原子是指取代正常晶体点阵原子的其他原子。点缺陷有一个共同的特点，即它们的存在使其周围临近原子偏离平衡位置，造成了晶体点阵畸变，形成应力场。这种畸变有利于材料强度性能的提高，硬度和电阻率的增加，以及其他力学、物理、化学性能的改变。

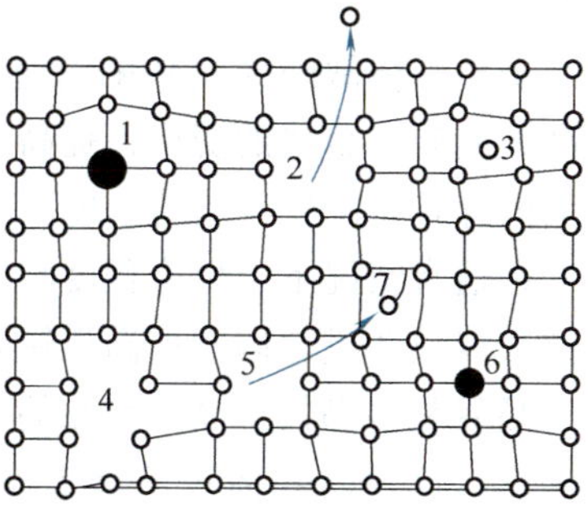

图 2-15　点缺陷示意图

（2）线缺陷　线缺陷几何特征是缺陷在两个方向上尺寸很小，在另一维方向上尺寸相对较大的缺陷。属于这类缺陷的主要是各种类型的位错。

位错是晶体中的某处有一列或若干列原子发生了某种有规律的错排现象，位错最基本的形式有刃型位错和螺型位错。刃型位错如图 2-16 所示，在晶体内的半原子面 *EFGH* 就像刀刃一样，使位于 *ABCD* 面的上、下两部分晶体沿着 *EF* 线产生了原子错排，*EF* 线就是刃型位错线。

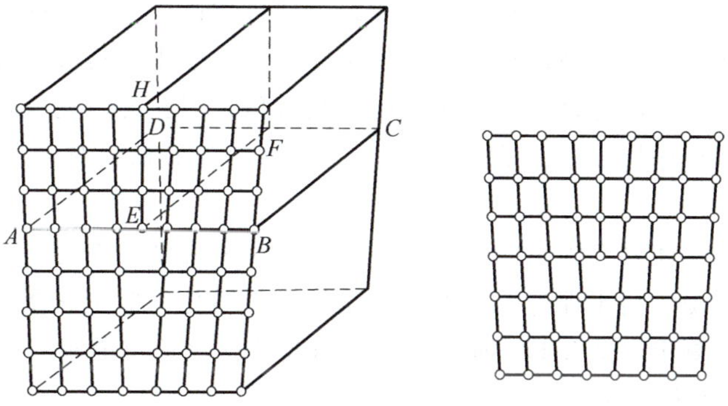

a)　　b)

图 2-16　刃型位错示意图

位错的出现使位错线周围出现晶体点阵畸变，畸变程度随离位错线的距离增大而逐渐减小直至为零。严重晶体点阵畸变的范围约为几个原子间距。事实上，金属材料之所以能产生塑性、强度及其他性能的变化，位错的存在和运动起到了至关重要的作用。

（3）面缺陷　晶体的面缺陷各种各样。晶界本身就是一种面缺陷，它是由于相邻两晶粒的位向不同，从一种位向晶粒向另一种位向晶粒过渡时引起的。除晶界外，面缺陷还包括亚晶界、相界和孪晶界等。面缺陷的特征为晶体空间点阵两个方向上尺寸很大，而第三方向上尺寸很小。该缺陷由于晶界处原子排列不规则，晶体处于畸变状态，存在畸变能，是杂质原子聚集的场所，也是金属材料发生损坏失效的策源地。

3. 晶体缺陷对金属性能的影响

金属晶体中存在的上述的种种晶体缺陷，破坏了晶体点阵原子排列的规律性和完整性，并导致晶体点阵的局部畸变，从而对金属的性能，特别是对金属的力学性能产生很大的影响。

金属晶体缺陷导致缺陷附近的点阵发生局部畸变，使晶体点阵的局部能量（畸变能）提高，阻碍了金属的变形，提高了金属塑性变形的抗力，即提高了金属的强度，但是点、线缺陷的存在将降低金属的韧度。

在通常情况下，位错程度越严重，金属的强度越大。通过剧烈的冷变形可使金属晶粒的位错程度很严重，因而提高位错程度是提高金属强度的常用手段之一。

晶界是多晶体中晶粒存在的产物。单位体积中晶界面积的增加，可以大幅度地提高金属的强度。这种晶界面积的增加是由于单位体积中晶粒数量的增加所造成的，即晶粒尺寸（直径）减小的结果。有外力作用时，晶体中晶粒尺寸的减小，可分散作用在晶粒上的外力，降低晶体中的应力集中现象，提高金属的韧度。利用这种现象来提高金属材料力学性能的方法也是目前工业中常用的金属强化手段之一。这种通过细化晶粒提高金属材料强度和韧度的方法，称为细晶强化。

晶体缺陷的存在也影响着金属材料的物理性能（如提高电阻率）、化学性能（如降低耐蚀性）等其他性能。

2.3.3　金属结晶过程与同素异构转变

1. 金属的结晶过程

金属材料除少数粉末冶金产品外，都需要经过熔炼和铸造工序，都要经历由液态转变为固态的凝固过程，通常称为结晶过程。其本质是原子由无序排列的液体逐步过渡到原子做有序排列的晶体状态。虽然液态金属长程无序已得到公认，但新的研究发现液态还具有短程有序的证据；这些局部有序原子团簇在一定条件下可以成为晶核，对金属的结构能产生重要影响。

如前所述，金属晶体具有固定的熔点，称为理论结晶温度。在此温度时，液体与晶体共存，处于一种动态平衡。高于理论结晶温度，金属发生熔化，低于它便产生结晶。金属的结晶温度可用热分析法测定，图 2-17a 所示的冷却曲线即反映了纯金属结晶时温度与时间的变化关系。其中 T_0 是理论结晶温度。

由图 2-17a 可知，结晶并不是瞬间完成的。结晶前，液态金属高温受到周围环境吸热，温度连续、缓慢、均匀下降。当冷却到 T_0 时，并未开始结晶，而是在 T_0 以下某个温度

（T_1）开始结晶，T_1 即为实际结晶温度。金属的实际结晶温度低于其理论结晶温度的现象称为“过冷现象”，两者之差（ΔT）则称为过冷度。一种金属的过冷度并不是常数，它与冷却速度、金属的性质及纯度等多种因素有关。冷却速度越快，过冷度越大。通常的过冷度为10~30℃。

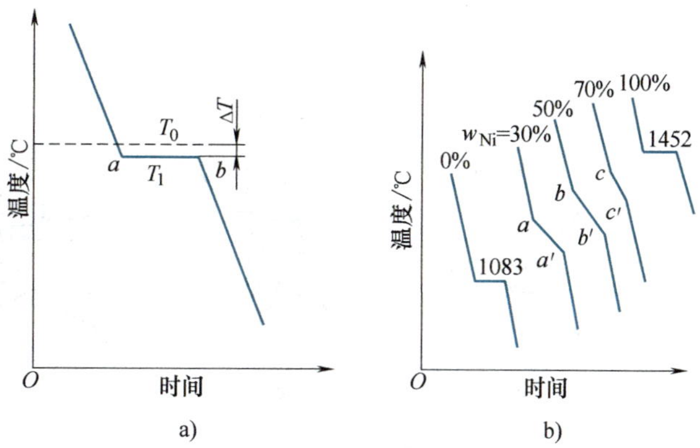

图 2-17　纯金属及合金结晶时的冷却曲线

a）纯金属　b）Cu-Ni 系列合金

由图2-17a可见，纯金属的结晶也是一个热平衡的过程，当液态金属冷却到实际结晶温度 T_1 时，会释放出结晶潜热，若结晶潜热能够完全补偿金属液体向周围散热所引起的温度下降，则冷却曲线出现平台。

合金（或非纯金属）的结晶不同于纯金属，可以没有水平线段，但至少可以出现两次转折，表示在该温度范围内结晶，如图2-17b所示。其中，温度高的折点是结晶开始温度，称为上相点；温度低的折点是结晶终了温度，称为下相点。之所以会出现冷却曲线中的上、下相变点，是因为结晶潜热不足以补偿散失到周围的热量。

液态金属的结晶过程是在冷却曲线上平台所经历的这段时间内进行的。在这个过程中，首先围绕短程有序的液态原子团簇形成某一临界尺寸的晶核（称为自发晶核），然后金属原子以晶核为核心，按一定位向和几何形状在晶核上排列，使晶核不断长大。与此同时，在液相的其他部位也产生类似晶核，并以同样的机制长大。这样，通过形核、长大的不断进行，最终各晶核相互接触，形成晶界，结晶过程全部结束。图2-18所示为液态金属的结晶全过程。

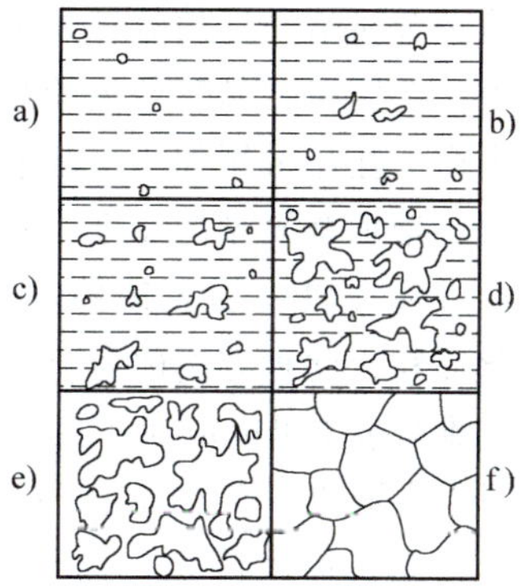

图 2-18　液态金属结晶过程示意图

实际的金属并不纯净，存在着许多固态杂质微粒，它们可以促进晶核在其表面形成，这种晶核称为非自发晶核。结晶时，容器或铸型的内壁也会造成非自发晶核，这是金属结晶过程中晶核形成的主要方式。

结晶过程实质上是晶核不断形成、不断长大的过程。在这个过程中，晶核的生长，形成了晶体的棱边和顶角，它们的散热条件优于其他部位，因而得到优先生长，如树枝一样先长出枝干，开始形成晶轴，再在其上形成分支，最后发展成树枝状结晶，如图2-19所示。这样就有许多晶粒同时在不同程度地长大着，直至各个晶粒互相接触，液体全部消失，结晶成外形不规则的多晶体晶粒。所以，固态金属大部分是由许多晶粒所组成的多晶体，晶粒之间的接触面称为晶界；每一晶粒的外形是不规则的，大小也不相同。

晶粒的大小是金属组织的重要参数之一。表2-4说明了晶粒大小对纯铁力学性能的影响。生产上常通过细化晶粒的方法来改善金属材料的力学性能，以达到增强韧性的目的，此方法称为细晶强化。

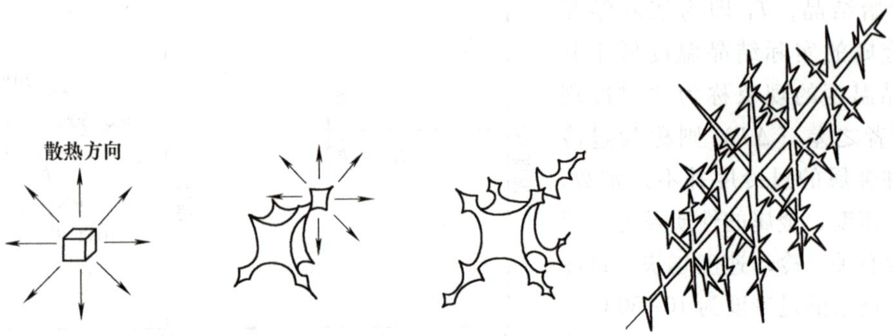

图 2-19 晶体长大过程示意图

表 2-4 晶粒大小对纯铁力学性能的影响

晶粒平均直径/μm	R_m/MPa	R_{eL}/MPa	A(%)
70	184	34	30.6
25	216	45	39.5
2.0	268	58	48.8
1.6	270	66	50.7

液态金属结晶后的晶粒大小主要取决于过冷变质处理。金属结晶的冷却速度越快，过冷度越大，金属在结晶时产生的晶核就越多，每个晶核生长的空间就越小，获得的晶粒也就越细。生产上往往采用加快冷却速度来增大液态金属的过冷度，例如，铸造生产中用金属型代替砂型，增加金属型的厚度，减少涂料层的厚度，在砂型中放置冷铁等。另外，在金属结晶时，向液体金属中加入某种难熔杂质可有效地细化晶粒，此种方法称为变质处理。因为所加入的难熔杂质可以成为非自发晶核，使晶核的数目大大增加。或者围绕正在长大的晶核周围，使其成长速度降低，达到细化晶粒的效果。此方法优于采用加快冷却速度、增大过冷度的方法，在工业生产中应广泛使用。

此外，对液态金属附加机械振动、超声波、电磁振动等方法也可细化晶粒。

2. 金属的同素异构转变

多数金属在结晶后的晶体结构都保持不变，但铁、钴、锰、锡、钛等金属结晶后，如继续冷却，它们的晶体结构会随温度的改变而变化。这种同一金属元素在固态下由于温度的改变而发生晶体结构类型变化的现象称为金属的同素异构转变。一种金属能以几种晶格类型存在的性质称为同素异构性。

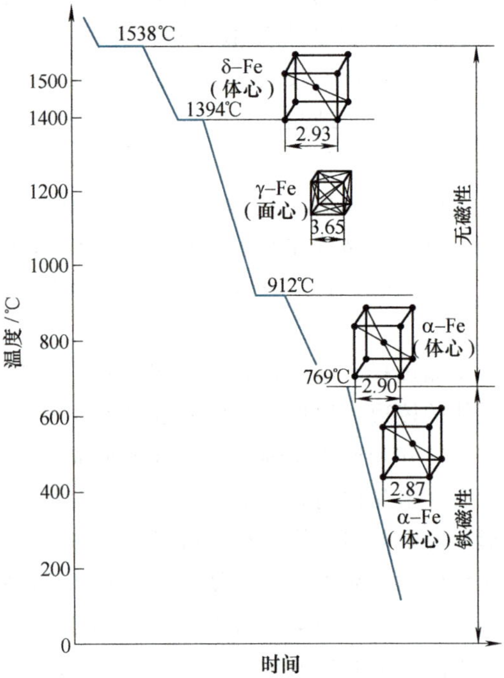

图 2-20 纯铁的同素异构转变冷却曲线

图 2-20 所示为纯铁的同素异构转变的冷

却曲线。由图可见，铁在1538℃以上为液态，在1394～1538℃范围内结晶后具有体心立方晶体结构，此时的铁称为δ-Fe；在1394℃时发生同素异构转变，由体心立方晶体结构的δ-Fe进一步转变为具有面心立方晶体结构的γ-Fe；温度进一步降低到912℃时，又发生一次同素异构转变，面心立方晶体结构的γ-Fe重又转变为具有体心立方晶体结构的α-Fe。从冷却曲线上还可以看到，在769℃时出现了一个水平台阶。但在该温度下纯铁的晶体结构并没有发生变化，所以不是同素异构转变，而是磁性转变。α-Fe在769℃以上无磁性，在此温度下有磁性。

金属的同素异构转变过程实质上也是一个结晶的过程，一般称为二次结晶或重结晶。因此，它遵循结晶的一般规律：通过晶核的形成和长大来完成。但由于它是一种固态转变，因此具有以下特点：

1）新晶核产生在旧晶粒的晶界上或某些特定的晶面上。

2）原子的扩散比液态下要困难得多，所以转变时的过冷度很大（几百摄氏度），转变所需的时间也较长。

3）固态转变还将引起体积的变化，如γ-Fe转变为α-Fe时，体积膨胀了0.8%～1%，产生较大的内应力。

铁的同素异构性也影响到钢。钢在冷却时，γ-Fe同样要转变为α-Fe。钢之所以能够通过热处理来改变其性能，是与铁的同素异构转变有关的。

2.3.4 合金的相与相结构

纯金属一般具有优良的导电性、导热性、化学稳定性以及金属光泽等，但其不易制取，种类有限，力学性能较低，往往不能满足生产上的要求。所以工业上很少用纯金属制造机器零件，而广泛采用合金材料。

合金是指由两种或两种以上的金属元素或金属元素与非金属元素，经熔炼、烧结或其他方法组合成具有金属特性的物质。通过配制各种不同成分的合金，可以显著改变金属的结构、组织和性能，满足人们的要求。目前人们配制的合金有数万种，各方面性能都可满足很高的要求。组成合金最基本的、独立的物质称为组元，简称为元。组元就是组成合金的金属或非金属元素，但也可以是稳定的化合物。根据组元的数目，合金可分为二元合金、三元合金及多元合金等。例如，黄铜是铜和锌组成的二元合金，硬铝是铝、铜和镁组成的三元合金。

制造合金的方法很多，应用最多的是熔炼法。用熔炼法制取合金时，首先可得到具有某种化学成分的均匀一致的合金溶液，然后便是降温结晶。合金的结晶过程同纯金属一样，但远比纯金属复杂。从液态过渡到固态时，由于各组元之间的相互作用（溶解、化合、机械混合）不同，所以在合金中可形成不同的合金相结构和合金组织，而且合金的结晶通常是在某一温度范围内进行的。在金属和合金的晶体组织中，凡是化学成分、晶体结构类型和性能相同，并以界面互相分开的均匀组成部分即称为相。固态合金中的基本相为固溶体和金属化合物。此外，还可出现由固溶体相、金属化合物相等组成的混合物组织。

1. 固溶体

当合金由液态结晶为固态时，合金组元间仍能互相溶解而形成单一、均匀，并能保持某一组元晶体结构的合金固相，称为固溶体。被保持晶体结构的组元（一般含量较高）称为溶剂，而失掉晶体结构的组元称为溶质。例如，碳的原子能够溶解到铁的晶体结构里，这时铁是溶剂，碳是溶质。按溶质原子在溶剂晶体结构中所占的位置不同，固溶体可分为置换固溶体和间隙固溶体。

（1）置换固溶体　溶剂晶体结构结点上的部分原子被溶质原子所置换形成的固溶体称为置换固溶体（图 2-21a）。在金属材料中，形成置换固溶体的例子很多。一般情况是，当溶剂和溶质原子直径相近时，易于形成置换固溶体。原子直径差别越大，溶质原子在溶剂晶体结构中的溶解度就越小。

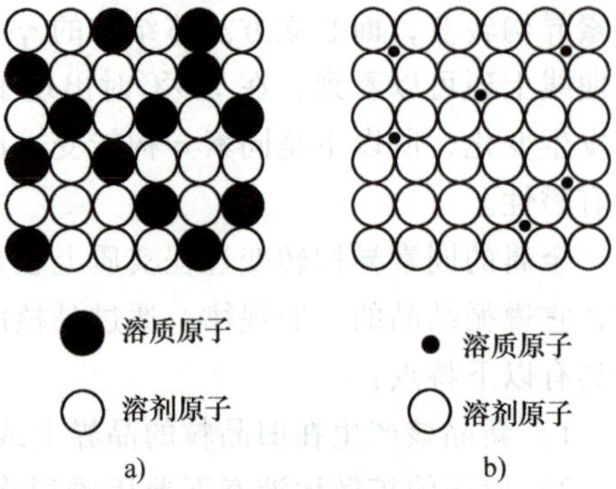

图 2-21　固溶体的两种类型

a）置换固溶体　b）间隙固溶体

（2）间隙固溶体　间隙固溶体是溶质原子溶入晶体结构的间隙之中，而不占据晶体结构结点的位置（图 2-21b）。由于溶剂晶体结构的间隙尺寸是有限的，所以只有当溶质原子直径与溶剂原子直径之比小于 0.59 时，才能形成间隙固溶体，而且溶解度一般不能很大。

固溶体中由于溶质原子与溶剂原子的尺寸不同，不论是置换固溶体还是间隙固溶体，都会因为溶质原子的溶入而造成点阵畸变（图 2-22），并使其点阵常数发生变化。溶质的含量越大，溶剂金属的点阵畸变越大，使晶面间的相对滑移阻力增大，因而固溶体的强度、硬度比溶剂有所提高，塑性和韧性稍有下降，这种现象称为固溶强化。固溶强化是金属材料常用的强化方法之一。不过，单纯靠此方法还不能满足要求，往往还要辅以其他强化处理方法。在固溶体中，一般间隙型溶质比置换型溶质在溶剂点阵中造成的畸变要大，因此，间隙型的强化效果往往比较显著。

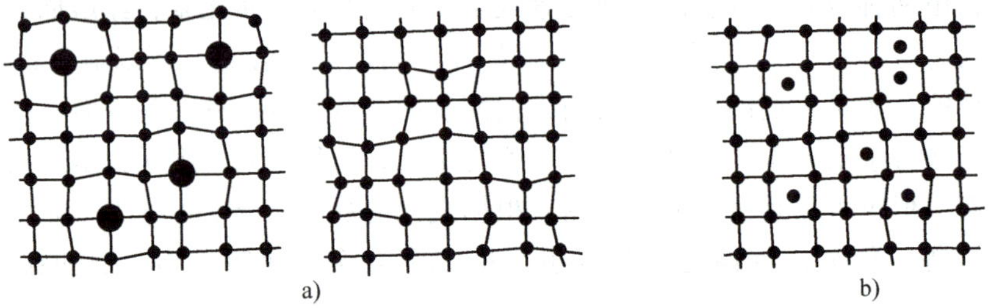

图 2-22　固溶体的点阵畸变

a）形成置换固溶体时的点阵畸变　b）形成间隙固溶体时的点阵畸变

2. 金属化合物

在合金中，与固溶体不同，由于各组元之间的相互作用而形成的一种新的称为金属化合物，如碳素钢中的 Fe_3C、黄铜中的 CuZn 等。金属化合物的晶体结构不同于任一组元，但具有金属性质。碳素钢中的 FeS、MnS 等化合物没有金属性质，它们是由原料或熔炼过程中带来的杂质，数量虽少，但通常会降低合金的力学性能。

金属化合物还可细分为正常价化合物、电子化合物和间隙化合物等，它们的晶体结构非常复杂。金属化合物的性能是熔点高、硬度高，脆性较大，适于作合金的强化相。当它们与固溶体适当配合时，对材料的强度、硬度、耐磨性、高温硬性以及工艺性能均有非常重要的意义。

事实上，仅由单一固溶体组成的合金，其强度不高，使用价值有限。仅由单相化合物组成的合金，又因脆性太大，也难以满足实际应用的要求。所以，绝大多数工业合金材料的组织均为以固溶体为基体，与一种或几种金属化合物所构成的多相组织。通过调整固溶体的溶解度和分布于其中的化合物的数量、大小、形态与分布情况，可以使合金的力学性能在相当大的范围内发生变化，从而满足不同的需求。

2.3.5　非金属材料的结构

1. 陶瓷材料结构特点

（1）陶瓷材料的键合类型　陶瓷材料的结合键主要为离子键和共价键。例如，Al_2O_3、MgO 为离子键，金刚石、SiC 为共价键。但陶瓷材料通常不是单一的键合类型，而是两种或两种以上的混合键。例如，MgO 晶体，离子键占 84%，共价键占 16%。混合键是陶瓷晶体的特点之一。

由于陶瓷材料具有键能高的结合键，所以陶瓷材料通常有熔点高、硬度高、耐腐蚀、塑性差等特性。例如，Mg 的熔点为 650℃，而燃烧生成的 MgO 由于是离子键，其熔点高达 2800℃；又如，金刚石是典型的共价键，其熔点高达 3750℃，是目前自然界中最坚硬的固体；其他材料如 SiC、Si_3N_4 等共价键的固体材料均具有高熔点、高硬度性质。

（2）陶瓷材料的组织　与金属材料一样，陶瓷材料的性能也是由其化学成分和结构所决定的。相对于金属材料而言，陶瓷材料的组成结构更复杂，一般由晶体相、玻璃相和气相组成。各相的组成、结构、数量、形状和分布都对陶瓷的性能有直接的影响。

1）晶体相。晶体相是一些化合物或以化合物为基的固溶体，是决定陶瓷材料物理、化学和力学性能的主要组成物。主要晶体相有氧化物和硅酸盐。陶瓷材料是多晶体，与金属一样，有晶粒和晶界。在一个晶粒内，也有线缺陷（位错）和点缺陷（空位和间隙原子），这些晶体缺陷的作用也类似于金属晶体中的缺陷。如果陶瓷的晶粒细小，晶界总面积大，则陶瓷材料的强度高；空位和间隙原子可加速陶瓷工艺过程中烧结时的扩散，并且也影响其物理性能。但是，陶瓷在常温几乎没有塑性。

2）玻璃相。陶瓷制品在烧结过程中，有些物质如作为主要原料的 SiO_2 已处在熔化状态，但在熔点附近 SiO_2 黏度很大，原子迁移困难，所以当液态 SiO_2 冷却到熔点以下时，原子不能排列成长为有序（晶体）状态，而形成过冷液体。当过冷液体继续冷却到玻璃化转变温度时，则凝固为非晶态的玻璃相。玻璃相的结构是由离子多面体构成的空间网络，呈不规则排列。

玻璃相在陶瓷组织中的作用是黏结分散的晶体相，降低烧结温度，抑制晶体长大和充填空隙等。玻璃相的熔点低、热稳定性差，使陶瓷在高温下容易产生蠕变，从而降低高温下的强度。

3）气相。气相是指陶瓷组织中的气孔。气孔可以是封闭型的，也可以是开放型的（即气孔通向陶瓷的表面）；可以分布在晶粒内（封闭型），也可分布在晶界上，甚至玻璃相中也会分布气孔。气孔在陶瓷组织中的比例约为 5%或更高。气孔会造成应力集中，使陶瓷容易开裂，降低强度。气孔还会降低陶瓷抗电击穿能力，同时对光线有散射作用，故可以降低陶瓷的透明度。当陶瓷要求密度小、质量小或要求绝热性好时，应保留较多的气相。

2. 高分子材料的结构特点

高分子材料包括塑料、橡胶、合成纤维、油漆和胶黏剂五种。通常相对分子质量大于1万的物质称为高分子化合物。塑料的相对分子质量一般由几万到几百万，橡胶的相对分子质量在10万以上，合成纤维的相对分子质量也在1万以上。高分子化合物尽管相对分子质量很大，但其化学组成一般较简单，可以由一种或几种简单化合物（也称为单体）聚合而成，也称为高聚物。

高分子材料的主要组分是高分子化合物。高分子化合物是由许多小分子（或称为低分子）通过共价键连接起来形成的大分子的有机化合物，具有链状结构，大分子链的重复结构单元称为链节，如上述聚乙烯中的［$-CH_2-CH_2-$］即为聚乙烯大分子链的链节。

（1）大分子链的形态　高聚物的结构类型按其大分子链的几何形状，可分为线型结构和体型结构两种。

具有线型结构的高聚物在加工成形时，分子链时而卷曲收缩，时而伸长，表现出良好的延性和弹性。在适当溶剂中能溶解或溶胀，加热可软化或熔化，冷却后变硬，并可反复进行，故易于加工成形，并可重复使用。一些合成纤维和热延性塑料（如聚氯乙烯、聚苯乙烯等）就属于此类结构。支链的存在使线型高聚物的性能钝化，如熔点升高、黏度增加等。

体型结构具有较好的耐热性、尺寸稳定性和机械强度，但弹性、塑性低，脆性大，不能塑性加工，成型加工只能在网状结构形成之前进行，材料不能反复使用。热固性塑料（如酚醛塑料、环氧塑料等）和硫化橡胶等就属于此类结构。

（2）大分子的聚集态结构　一般低分子材料有气态、液态和固态三种；高聚物由于分子特别大且分子间力也大，容易聚集为液态或固态，而无气态。按大分子几何排列是否有序，固态高聚物的结构可分为结晶型和无定型两种，结晶型高聚物的分子排列规整有序，无定型高聚物的分子排列杂乱不规则。

晶态与非晶态影响高聚物的性能。结晶使分子排列紧密，分子间作用力增大，所以使高聚物的密度、强度、硬度、刚度、熔点、耐热性、耐化学性、抗液体及气体透过性能有所提高；而依赖分子链运动的有关性能，如弹性、塑性和韧度较低。

高聚物在不同的温度下呈现出不同的物理状态，因而具有不同的性能，这对高聚物的成形加工和使用具有重要意义。温度不同，线型无定型高聚物可处于玻璃态（在玻璃态时，高聚物的大分子链热运动处于停止状态）、高弹态（在高弹态时，高聚物的分子链动能增加，由几个或几十个链节组成的链段可进行内旋转运动，但整个分子链并没有移动）或黏流态（在黏流态时，大分子链可自由运动，高聚物成流动的黏液，这种状态是高聚物成型加工的工艺状态）。

（3）高分子材料的老化　高分子材料在热、光、化学、生物和辐射等作用下会发生老化现象，其结构和性能出现很大的变化，如硬化、脆化、发软、发黏等。老化现象的实质是高分子材料的主要组分——大分子链的结构通过交联或降解发生变化。例如，许多橡胶在空气中氧的作用下会发生进一步的交联，橡胶会变硬、变脆而失去弹性。

3. 非金属的同素异构和同质异化

2.2.3节叙述了金属的同素异构转变，而非金属中也有类似的现象。

（1）无机非金属的同素异构　一些无机非金属多晶材料中，也存在着同素异构转变，有时也称为同质多晶转变，一个典型的例子就是石英。石英随着温度的变化而出现同质多晶转变，石英的同质多晶转变也是形核和长大的过程，通过硅氧四面体的重新排列和组合形成各种晶体结构，从而改变石英的性质。

（2）有机物质的同分异构　把化学成分相同，而组成原子排列成不同的分子结构的现象称为同分异构。同分异构在有机物质中经常出现。在有机低分子物质中，丙醇与异丙醇、甲醚与乙醇就是同分异构体，它们的化学成分相同，但分子结构不同。在高聚物中，同分异构也是普遍存在的。许多共聚物，其单体相同，而单体在大分子链中排列方式不同。一些均聚物也有同分异构，如聚丙烯。

同分异构对高分子材料的性能影响很大。例如，聚丙烯的甲基在主链中排列规整性高，结晶度也高，强度也高；而无规聚丙烯强度低，基本无实用价值。

限于篇幅，有关介绍见“非金属材料的结构”二维码。

2.4 铁碳合金

铁和碳组成的合金称为铁碳合金。它是现代机械工业中应用最广泛的金属材料，所有的钢铁材料都是铁碳合金。虽然钢铁中还含有一些杂质元素，如 Si、Mn、S、P 等，但其数量很少，而占 93%（质量分数）以上的铁和碳是两个最基本的元素，所以可简化为 Fe-C 二元合金。

2.4.1 二元合金相图

合金相图是用图解的方法表示合金系中合金状态与温度和成分之间的关系，即用图解的方法表示不同成分、不同温度下合金中相的平衡关系。由于相图是在极其缓慢的冷却条件下测定的，故又称为平衡图。

现以 Cu-Ni 合金为例，说明用热分析法建立二元合金相图的步骤。

1）配制不同成分的 Cu-Ni 合金，例如：

合金Ⅰ——纯 Cu，合金Ⅱ——80%（质量分数，后同）Cu+20%Ni，合金Ⅲ——60%Cu+40%Ni，合金Ⅳ——40%Cu+60%Ni，合金Ⅴ——20%Cu+80%Ni，合金Ⅵ——纯 Ni。

配制的合金越多，相图越精确。

2）用热分析法测定合金的冷却曲线，并找出各冷却曲线上的临界点（相变点，即转折点和平台）的温度值（图 2-23a）。

3）画出温度-成分坐标，在相应成分垂线上标出临界点温度。

4）将物理意义相同的临界点连接成曲线，即得 Cu-Ni 合金相图（图 2-23b）。

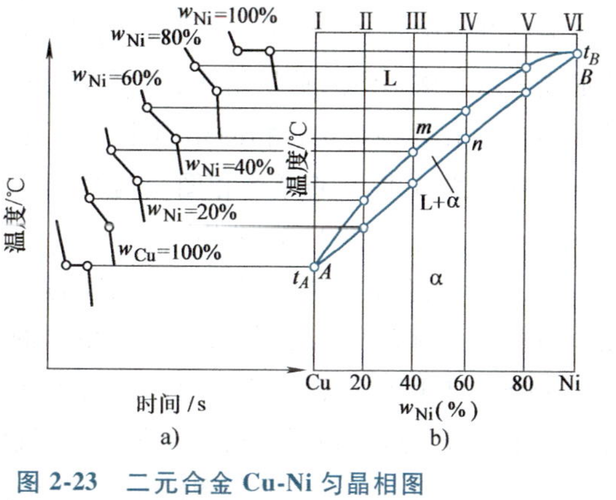

图 2-23　二元合金 Cu-Ni 匀晶相图

常见的二元合金相图有匀晶相图、共晶相图、共析相图、含稳定化合物的相图和包晶相图。

1）两组元在液态无限互溶，在固态也

无限互溶的合金系称为匀晶系，它们的相图为匀晶相图。Cu-Ni 合金相图（图 2-23）即为典型的匀晶相图。

2）两组元在液态下无限互溶，而在固态下仅有限互溶，并在结晶发生共晶反应的合金系形成共晶相图，图 2-24 所示为二元合金 Pb-Sn 共晶相图。共晶反应是指从某种成分固定的合金溶液中，在恒温（共晶温度）下同时结晶出两种成分和结构皆不相同的固相的反应，其反应式为

$$L_e \xrightarrow{\text{共晶温度}} (\alpha_c + \beta_d)$$

3）图 2-25 所示为具有共析反应的二元合金相图，共析反应与共晶反应非常类似，是由一种固相在恒温（共析温度）下同时转变成两种新的固相的反应，其反应式为

$$\gamma_e \xrightarrow{\text{共析温度}} (\alpha_c + \beta_d)$$

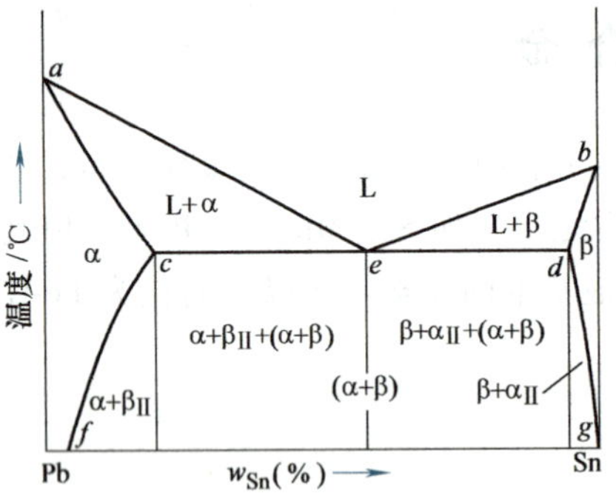

图 2-24 二元合金 Pb-Sn 共晶相图

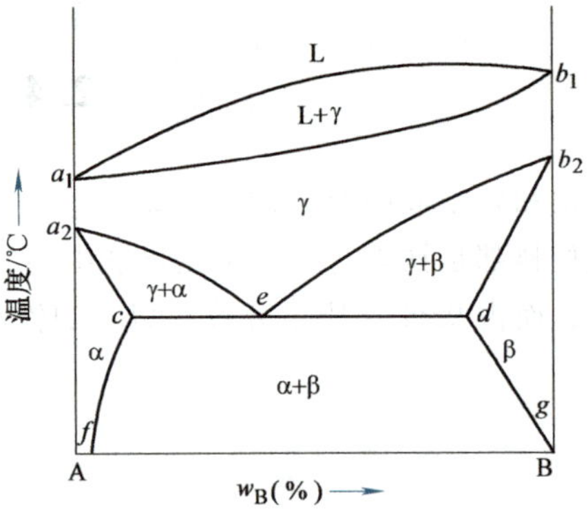

图 2-25 具有共析反应的二元合金相图

二元共析相图与二元共晶相图很相似，只不过共晶转变是由液态向固态的液固相变，而共析转变只是固态间相变。由于共析转变是在固态下通过原子扩散运动完成的，而固态下的原子扩散远比液态中困难得多，所以共析转变易于达到较大的过冷度，而在较大的过冷度下，新相的形核率大为增加，这使得共析组织比共晶组织更为细密。此外，固态相变时，由于新、旧相晶体类型及点阵常数的改变带来的体积变化，使固态相变常伴有较大的内应力产生。

4）在熔化前既不分解，也不产生任何化学反应的化合物称为稳定化合物。稳定化合物可视为该合金中的一个组元。通常它们具有严格的成分和固定的熔点，因而在相图中可用一条垂线表示。该垂线的垂足是化合物的成分，而顶点是化合物的熔点，如图 2-26 所示的线段 A_nB_mC。在含稳定化合物的相图中，代表稳定化合物的垂线可将相图分成若干部分，图 2-26 中的垂线 A_nB_mC 将整个相图分为两个简单的共晶相图（固态下组元间互不溶解的共晶相图）：A-A_nB_m 系和 A_nB_m-B 系。

5）二组元在液态下无限互溶，在固态下生成有限固溶体并发生包晶转变的相图称为二元包晶相图。图 2-27 所示为二元包晶相图的一般形式。具有包晶相图的二元合金系有 Pt-Ag、Ag-Sn、Cd-Hg 等，某些应用广泛的工业合金系，如 Fe-Fe_3C、Fe-Ni、Cu-Zn、Cu-Sn 等合金系中也包含这类相图。故二元包晶相图也是二元合金相图的一种基本类型。

由上述可知，二元合金相图的基本类型可分为匀晶、共晶与共析、包晶三大类。但在工

业生产中应用的二元合金如 Fe-Fe_3C 合金（铁碳合金）、Cu-Zn 合金（黄铜）、Cu-Sn 合金（青铜）等都具有比较复杂的相图，往往都是由几种基本类型的相图组合而成的。

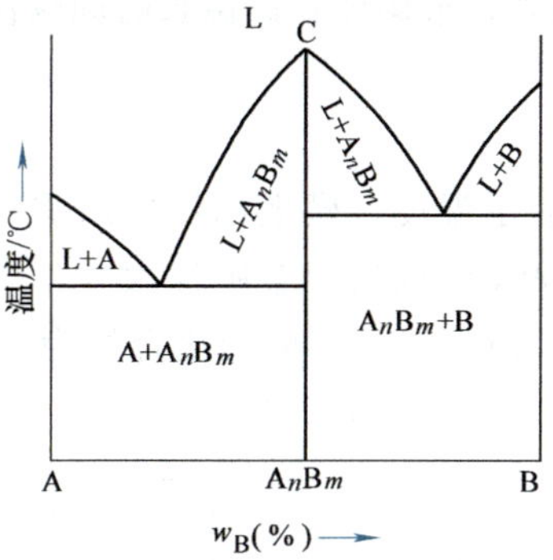

图 2-26　含稳定化合物的相图

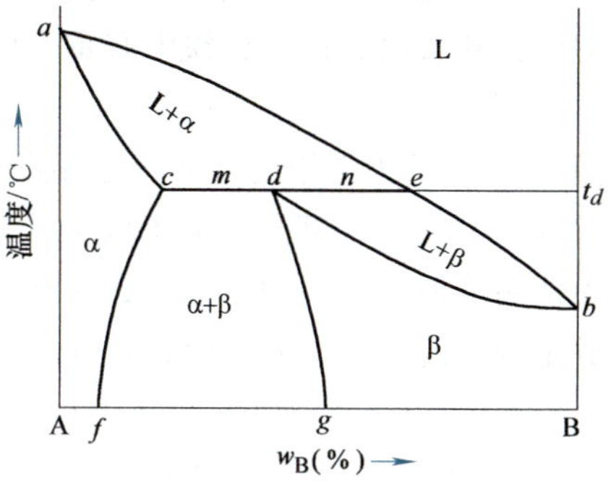

图 2-27　二元包晶相图

2.4.2　铁碳合金相图

1. 铁碳合金的基本组织

铁碳合金的组元 Fe 与 C 相互作用可以形成以下几种相结构：

（1）液相（L）　它是高温下 Fe 和 C 的溶液。

（2）δ 相　δ 相又称为高温铁素体，是 C 在 δ-Fe 中的固溶体，呈体心立方晶格。δ 相只存在于 1394～1538℃的高温区间。

（3）铁素体相　C 在 α-Fe 中溶解所形成的间隙固溶体称为铁素体，常用 F 或 α 表示，呈体心立方晶体结构。

由于铁素体晶体结构中空隙半径较小（只有 0.36×10^{-10}m＝0.36Å），所以它的溶碳能力很小，为 0.0008%～0.0218%，随温度变化而变化。因此，铁素体的力学性能与纯铁相近，是一种软而韧的相。它的显微组织由等轴状的多边形晶粒组成。铁素体是钢铁材料在室温时的重要相，常作为基体相而存在。

（4）奥氏体相　C 在 γ-Fe 中溶解所形成的间隙固溶体称为奥氏体，常用符号 A 或 γ 表示，呈面心立方晶体结构。

由于奥氏体晶体结构中空隙半径较大（最大为 0.52Å），所以它的溶碳能力比铁素体大，可达 0.77%～2.11%，也随温度变化而变化。奥氏体无磁性，塑性和韧性良好，硬度相当于 170～220HBW，是热变形加工所需要的相，一般只在高温存在。其显微组织呈单相、均一的多晶体结构。

奥氏体在钢的组织中比体积最小，当它转变为其他组织时，体积会发生膨胀，因而产生内应力。

（5）Fe_3C 相　Fe 与 C 所形成的稳定化合物 Fe_3C 称为渗碳体。其中碳的质量分数为 6.69%，其熔点为 1227℃，具有复杂的晶体结构形式，不发生同素异构转变。

渗碳体硬度高达 800HBW，塑性及韧性几乎为零，强度也极低，是一种硬而脆的组织。在室温平衡状态下，钢中的碳主要以渗碳体形式存在。由于形成条件不同，渗碳体可分为一次渗碳体（$Fe_3C_{Ⅰ}$）、二次渗碳体（$Fe_3C_{Ⅱ}$）、三次渗碳体（$Fe_3C_{Ⅲ}$）、共晶渗碳体和共析渗碳体等形式。渗碳体在碳素钢和铸铁中可呈片状、网状、球状、粒状、板条状等不同形态，但它们无本质区别，属于同一个相。

渗碳体是铁碳合金的重要强化相，其数量、形态、大小、分布对钢的性能起到很大的作用。当含量适当、分布合理时，可提高合金的强度。另外，渗碳体在高温长时间保温条件下可分解成铁和石墨，这在铸铁中有重要的意义。

2. 铁碳合金相图及分析

图 2-28 所示为常用的铁碳合金相图。图中纵坐标表示温度，横坐标仅标出碳的质量分数小于 6.69%的合金部分。由于碳的质量分数高于 6.69%的铁碳合金脆性太大，所以在工业上无使用价值。当碳的质量分数为 6.69%时，Fe 和 C 两个组元形成的化合物为 Fe_3C，可以看成是合金的一个组元。因此，Fe-C 合金相图实际上只是 Fe-Fe_3C 相图。

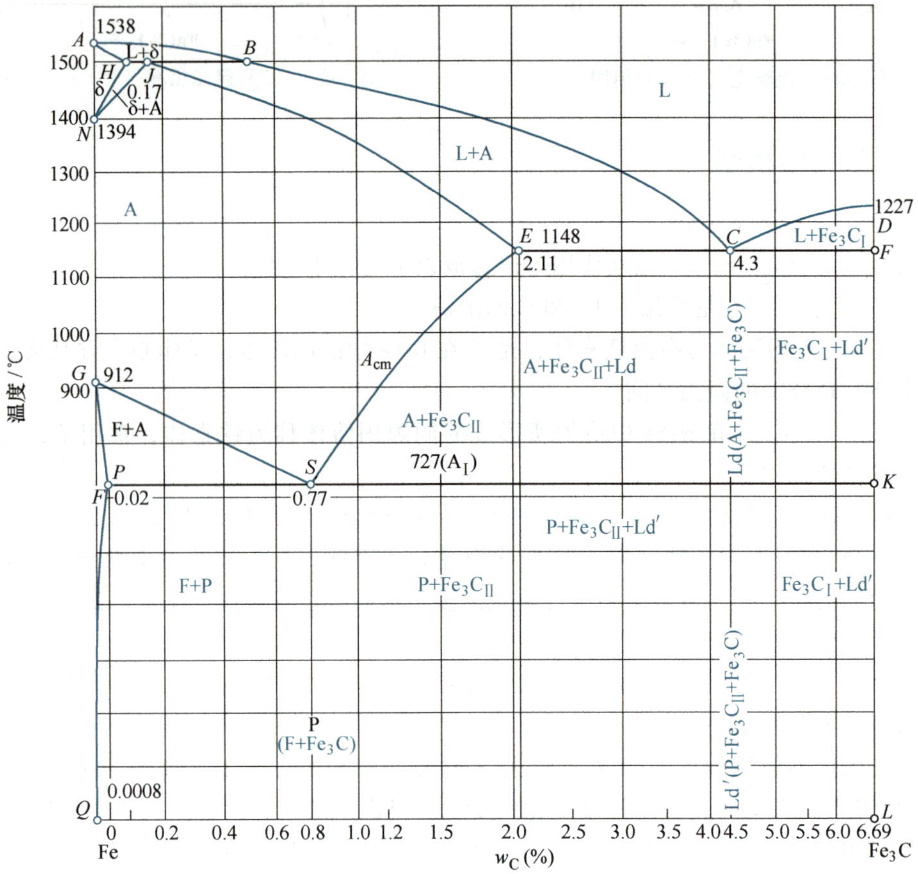

图 2-28 铁碳合金相图（Fe-Fe_3C 相图）

Fe-Fe_3C 相图中各主要点的温度、碳的质量分数及其含义见表 2-5。表中代表字母为通用符号，不能随意改变。相图中还有一些线，它们为铁碳合金内部组织发生转变时的界线。

现将图 2-28 中的一些主要线的含义介绍如下：

（1）*ABCD* 线 *ABCD* 线为液相线，温度高于此线时铁碳合金均是液相。其中，*AB* 是 L→δ 开始线，*BC* 是 L→A 开始线，*CD* 是 L→Fe_3C 开始线。从液相直接结晶出来的 Fe_3C 称为一次渗碳体，标记为 Fe_3C_I。

（2）*AHJECF* 线 *AHJECF* 线为固相线，温度降到此线以下铁碳合金全部结晶为固体状态。

表 2-5 Fe-Fe_3C 相图中主要点的坐标及含义

点的代号	t/℃	w_C (%)	说明	点的代号	t/℃	w_C (%)	说明
A	1538	0	纯铁熔点	H	1495	0.09	C 在 δ-Fe 中的最大溶解度
B	1495	0.53	包晶反应时液态合金的碳的质量分数	J	1495	0.17	包晶点，$L_B+\delta_H \leftrightarrow A_J$
C	1148	4.30	共晶点，$L_C \leftrightarrow A_E+Fe_3C=Ld$	N	1394	0	γ-Fe↔δ-Fe 同素异构转变点(A_4)
D	1227	6.69	渗碳体熔点(计算值)	P	727	0.02	C 在 α-Fe 中的最大溶解度
E	1148	2.11	C 在 γ-Fe 中的最大溶解度	S	727	0.77	共析点，$A_S \leftrightarrow F_P+Fe_3C=P(A_1)$
G	912	0	α-Fe↔γ-Fe 同素异构转变点(A_3)	Q	室温	0.0008	室温下，C 在 α-Fe 中的溶解度

（3）*HJB* 线　*HJB* 线为包晶线。当温度达到此线温度（1495℃）时，$w_C=0.09\%\sim0.53\%$的铁碳合金在平衡结晶过程中均发生包晶反应，即 *B* 点成分的液相（L_B）与 *H* 点成分的 δ 相(δ_H)在 1495℃时共同结晶成 *J* 点成分的奥氏体(A_J)。表达式为 $L_B+\delta_H \xrightleftharpoons{1495℃} A_J$。包晶反应是在恒温下进行的，所以 *HJB* 为水平线段。包晶反应的产物为奥氏体(A)，*J* 为包晶点。

（4）*ECF* 线　*ECF* 线为共晶线。当温度达到此线温度（1148℃）时，$w_C=2.11\%\sim6.69\%$的铁碳合金均会发生共晶反应，即 *C* 点成分的液相（L_C）生成 *E* 点成分的奥氏体（A_E）和 *F* 点成分的渗碳体（Fe_3C）。表达式为 $L_C \xrightleftharpoons{1148℃} (A_E+Fe_3C)$。共晶反应是在恒温下进行的，因此 *ECF* 为水平线段。共晶反应的产物是由奥氏体和渗碳体所组成的机械混合物（共晶体），称为高温莱氏体，以符号 Ld 表示。*C* 为共晶点。

（5）*PSK* 线　*PSK* 线为共析线（代号为 A_1）。当温度达到此线温度（727℃）时，$w_C=0.0218\%\sim6.69\%$的铁碳合金均会发生共析反应，即 *S* 点成分的奥氏体（A_S）生成 *P* 点成分的铁素体（F_P）和 *K* 点成分的渗碳体（Fe_3C）。表达式为 $A_S \xrightleftharpoons{727℃} (F_P+Fe_3C)$。共析反应也是在恒温下进行的，因此 *PSK* 也是水平线段。共析反应的产物是由铁素体和渗碳体所组成的机械混合物（共析体），称为珠光体，以符号 P 表示。*S* 为共析点。

（6）*GS* 线　*GS* 线是从奥氏体中开始析出铁素体的相变线，也是加热过程中 F 溶入 A 的终点线（代号为 A_3）。

（7）*ES* 线　*ES* 线为固溶线，也称溶解度线（代号为 A_{cm}）。它是奥氏体中 C 的溶解度随温度变化的曲线。在 1148℃时，奥氏体中 C 的溶解量可达 2.11%；而在 727℃时，减为 0.77%。因此，当温度降到此线温度时，奥氏体中过饱和的 C 以渗碳体形式析出。这种从固溶体奥氏体中单独析出的渗碳体称为二次渗碳体，以 $Fe_3C_{Ⅱ}$ 表示。

（8）*PQ* 线　*PQ* 线也是固溶线。它是铁素体中 C 的溶解度随温度变化的曲线。从该线可以看出，C 在铁素体中的最大溶解度出现在 727℃，为 0.0218%，而在室温平衡状态下仅为 0.0008%。当温度降到此线温度时，铁素体中多余的 C 也以渗碳体形式析出，称为三次渗碳体，以 $Fe_3C_{Ⅲ}$ 表示。

此外，*GP* 线是奥氏体向铁素体转变的界线，相图中 *AHN* 和 *GPQ* 分别为单相 δ 和单相 α 铁素体区，*NJESG* 所包围的区域为单相奥氏体区。

3. 碳含量对铁碳合金组织与性能的影响

（1）碳含量对合金平衡组织的影响　图 2-29 所示为碳含量对组织及性能的影响，铁碳合金的室温组织均是由铁素体和渗碳体两种基本相组成的。随碳含量（碳的质量分数）的增加，铁素体不断减少而渗碳体不断增加。钢与生铁的根本区别在于钢的基体组织为铁素体，而铁的基体组织为渗碳体并有硬而脆的莱氏体。

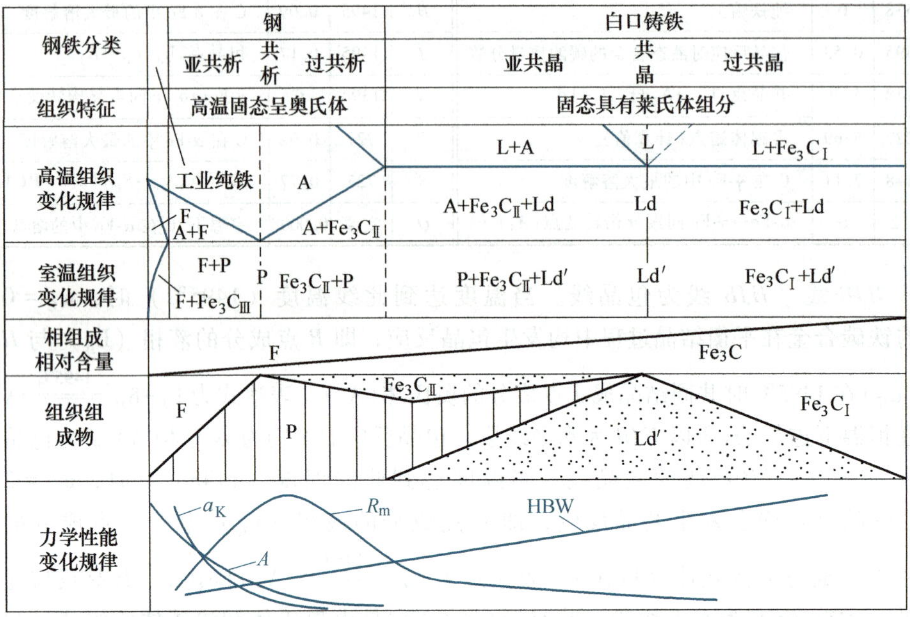

图 2-29　碳含量对组织及性能的影响

（2）碳含量对铁碳合金力学性能的影响　随着碳含量的不断增加，铁碳合金中软质相铁素体量（F）逐渐减少，而硬质相渗碳体（Fe_3C）逐渐增多。因此，硬度随碳含量的增加而提高，塑性和韧度随碳含量的增加而降低，强度随碳含量的增加而逐渐升高。当碳含量>0.77%时，强度的增加趋势减缓，大约碳含量为 1.0%时强度达到峰值，碳含量继续上升则强度下降。因此，生产中常用钢的碳含量一般<1.4%。

（3）碳含量对工艺性能的影响

1）切削性能。中碳钢的切削性能较好，碳含量过低粘刀不易断屑，碳含量过高硬度也高、刀具易磨损，一般材料硬度为 170~250HB 时切削性能较好。

2）可锻性能。低碳量可锻性良好，随着碳含量增加，可锻性逐渐变差。一般宜选择在奥氏体相区锻造。

3）铸造性能。共晶成分附近合金的结晶温度低，流动性好，铸造性能最好。越远离共晶成分，铸造性能也逐步变差。

4）焊接性能。钢的塑性越好，焊接性能也越好。

5）热处理性能。碳含量对钢的热处理性能影响显著，钢的碳含量不同，其热处理工艺的加热温度、冷却速度有很大不同，详见本书第 3 章。

2.4.3　钢中的杂质元素及合金元素

1. 杂质元素对性能的影响

C 是钢中的重要元素，对钢的性能影响最大。上述铁碳合金相图的内容实际上即为钢中碳的质量分数对钢的组织和性能的影响。

在实际中使用的碳素钢（$w_C \leqslant 2.11\%$）并不是单纯的铁碳合金。钢中还含有少量的 Si、Mn、S、P、O、H、N 等杂质元素，它们对钢的性能和质量都有影响。下面分别论述各元素的影响。

（1）Si 的影响　Si 在钢中是一种有益的元素。Si 一般来自生铁和脱氧剂，它在钢中能溶于铁素体，使之强化，从而使钢的强度、硬度、弹性均有所提高，但塑性、韧性降低。当 Si 的质量分数小于 0.4%时，对钢的性能影响并不明显；当超过 0.4%时，则应作为合金元素。

（2）Mn 的影响　Mn 在钢中也是一种有益的元素。Mn 是炼钢中作为脱氧去硫的元素加入到钢中的，Mn 溶于铁素体及渗碳体中，可提高钢的强度和硬度。当 Mn 的质量分数小于 0.8%时，在钢中仅作为少量杂质元素存在，对钢的性能影响不大；当超过 0.8%时，则可作为合金元素。

（3）S 的影响　S 在钢中是有害的杂质元素。在固态下，S 不溶于 Fe，而以 FeS 的形式存在于钢中。FeS 又能与 Fe 形成低熔点（985℃）的二元共晶体，凝固后存在于晶界上。当钢在 1000~1200℃（热轧和锻造的起始温度）进行压力加工时，低熔点共晶体已成液态，受力后晶粒分离，导致钢沿晶界开裂，这种现象称为钢的热脆性。为了避免热脆，必须严格控制 S 的含量。

（4）P 的影响　P 也是一种有害的杂质元素。它溶于铁素体中，可以增加钢的强度和硬度；但在室温下，却使钢的塑性和韧性急剧降低。P 还使钢的脆性转化温度升高，这种脆化现象在低温时更为严重，故称为冷脆性。因此，必须严格控制 P 的含量。

（5）O、H、N 的影响　O、H、N 在钢中都是有害的杂质元素。在炼钢过程中，钢液免不了和大气接触，这三种元素便自然地作为杂质进入到钢中。特别是在炼钢工艺中还要用 O 控制 C 的质量分数。当钢中的氧化物较多时，钢的力学性能明显降低，特别是钢的疲劳强度。当钢中含有少量 H 时，钢的脆性显著增加，这种现象称为“氢脆”。另外，当钢进行热轧或锻造时，若工艺不当可能由 H 杂质引起“白点”缺陷，使钢的力学性能严重降低，甚至引起钢材开裂报废。当钢中含有 N 时，由于 N 与铁素体作用的结果会发生“蓝脆”现象。

为了保证钢在使用中的可靠性，钢厂都严格按国家标准控制杂质含量和夹杂物的等级。用户也需对进厂钢材进行必要的化学成分及杂质的化学分析，对组织和缺陷及夹杂物做金相检查，对各项力学性能进行测试。

2. 合金元素在钢中的作用

为了弥补碳素钢存在综合力学性能差、淬透性低、回火抗力差、基本相软弱等缺陷，以及耐磨、耐蚀和耐热等性能的不足，发展了多种合金钢。

合金钢是指为改善性能，在冶炼时有选择地向钢液中加入一些合金元素的钢。常加入的合金元素有锰、硅、铬、镍、钼、钨、钒、钛、铌、锆、稀土元素等。合金元素的加入使合金钢具有一系列的优良性能。合金元素在钢中的作用很复杂，这里主要介绍它们对钢的基本相、铁碳合金相图和热处理性能的影响。

（1）合金元素对钢中基本相的影响　常用的合金元素按它们与碳的亲和能力可分为两类：一类是非碳化物形成元素，包括硅、镍、钴、铝、铜等，它们在钢中都不形成碳化物；另一类是碳化物形成元素，包括锰、铬、钨、钼、钒、钛等，它们能与碳化合形成碳化物。

铁碳合金的基本组元是铁和碳，基本相是铁素体和渗碳体。合金元素的存在方式有两种，一是溶解于碳钢的原有相中，二是形成新的相。大多数合金元素，特别是非碳化物形成元素，基本上都可溶于铁素体中形成合金铁素体。因为合金元素的溶入可引起晶体结构畸变而产生固溶强化效果。一般说来，当合金元素的原子半径与铁的原子半径相差越大，以及合金元素的晶体结构类型与铁素体有差异时，该元素对铁素体的强化效果越显著。图 2-30 所示为部分合金元素对铁素体力学性能的影响，由图可见，硅和锰对钢的强化作用很大，但加入量不应过多，否则会降低其韧性。所以，对通常使用的合金钢各元素的含量（质量分数）都有一定的限度。

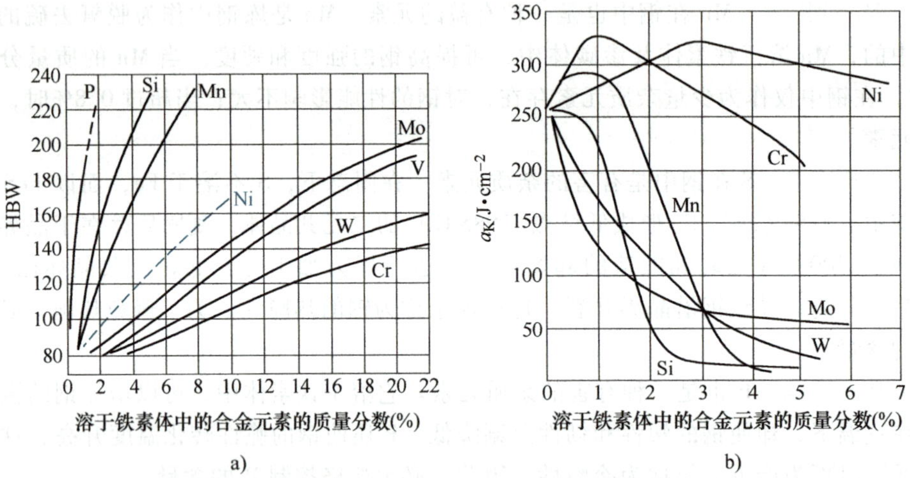

图 2-30 部分合金元素在退火状态下对铁素体力学性能的影响

a）对硬度的影响 b）对韧性的影响

加入钢中的碳化物形成元素，可以溶于渗碳体形成合金渗碳体，也可以和碳直接结合形成特殊合金碳化物。这些合金碳化物的熔点、硬度和稳定性很高。而稳定性越高的碳化物越难溶于奥氏体，越难聚集长大。当这些碳化物以细小质点均匀分布在钢的基体上时，有弥散强化的作用，是某些合金钢具有良好的耐磨性、耐热性、高强度和高硬度的重要因素。但随着碳化物数量的增多，钢的塑性和韧性会相应降低。

合金铁素体的固溶强化和合金碳化物的弥散强化，消除了碳素钢基本相软弱的不足，是合金元素对钢中基本相影响的结果。

（2）合金元素对铁碳合金相图的影响 合金元素对钢的相变过程、组织结构也有影响，主要表现在铁碳合金中含有合金元素后，$Fe-Fe_3C$ 相图的形状上发生的变化，一是奥氏体区的扩大或缩小，二是 E 点和 S 点位置的移动。

锰、镍等合金元素加入钢中后，使 J 点下降，N 点上升，从而使 $Fe-Fe_3C$ 相图中的 γ 区扩大，所以称为扩大奥氏体区元素。铬、钨、钼、硅等合金元素加入钢中后，使 J 点上升，N 点下降，相图中的 γ 区缩小，所以称为缩小奥氏体区元素。具体影响如图 2-31 所示。

利用合金元素能扩大或缩小 γ 相区的作用，可以生产出奥氏体钢和铁素体钢。

合金元素一般都使 S 点和 E 点左移。其一般规律是：凡是能扩大 γ 相区的合金元素（如锰、镍等），均使 S、E 点向左下方移动；凡是能缩小 γ 相区的合金元素（如铬、硅等），均使 S、E 点向左上方移动，如图 2-31 所示。S 点的左移，使合金钢共析点的碳含量降低

(w_C<0.77%)。例如，$w_{Cr}=13\%$时，合金钢 S 点的 $w_C=0.3\%$，此时 $w_C=0.4\%$的合金钢已是过共析钢了。E 点的左移，使 $w_C<2.11\%$处的钢中出现莱氏体组织。例如，冷作模具钢 Cr12MoV，其 $w_C=1.5\%$时，组织中就已经出现莱氏体了。又如 W18Cr4V 高速工具钢，其 $w_C=0.7\%\sim0.8\%$时，在组织中就出现莱氏体了。合金元素对 S 点和 E 点位置的影响如图 2-32 所示。

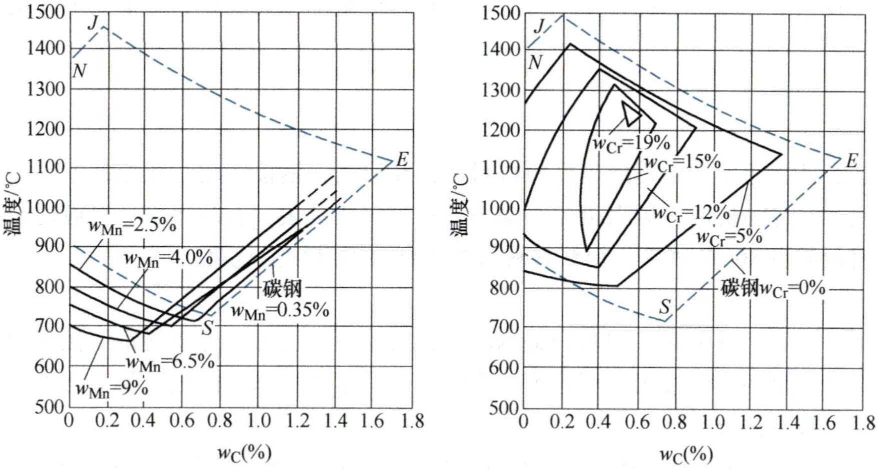

a) b)

图 2-31 Mn 和 Cr 对 $Fe\text{-}Fe_3C$ 相图的影响

a) Mn 对 $Fe\text{-}Fe_3C$ 相图的影响 b) Cr 对 $Fe\text{-}Fe_3C$ 相图的影响

(3) 合金元素对钢热处理性能的影响 与碳素钢相比，合金钢的优势主要表现在其热处理性能上。例如，合金钢加热时晶粒一般不易长大，淬透性及回火稳定性显著提高。因此，对合金钢而言，只有通过热处理才能获得预期的性能。

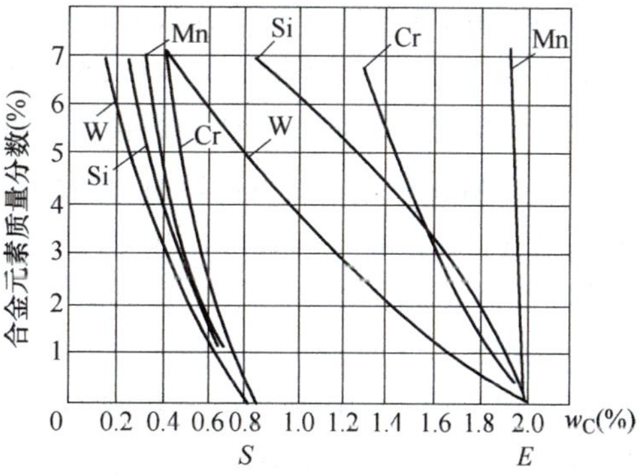

图 2-32 合金元素对 S 点和 E 点位置的影响

钢在加热时，奥氏体化的过程包括晶核的形成和长大、碳化物的分解和溶解，以及奥氏体成分的扩散均匀化等过程。整个过程的进行与碳及合金元素的扩散和碳化物的稳定程度有关。大多数合金元素（除镍、钴外）都会减缓钢的奥氏体化过程。因此，为加速奥氏体化，要求将合金钢（锰钢除外）加热到较高的温度和延长保温时间。

大多数合金元素（锰除外）都不同程度地阻碍奥氏体晶粒长大。尤其是钛、钒等强碳化物形成元素。大多数合金元素（除钴以外）均不同程度地使 C 曲线（奥氏体等温转变图）右移，使临界冷却速度减小，从而提高钢的淬透性。锰、硅、镍等合金元素可使 C 曲线右移而不改变其形状。铬、钼、钨、钒等合金元素不仅使 C 曲线右移，而且还改变 C 曲线的形状，使高温珠光体转变区和中温贝氏体转变区明显分开。

目前，配制合金钢成分的趋向是“少量多元”，即加入的合金元素种类多而含量少，旨在充分发挥各元素的作用。另外，配制合金钢时，应尽量结合我国的矿产资源，采用我国富产的合金元素。

2.5 常用金属材料

金属材料包括金属结构材料和金属功能材料，根据本课程要求，本节主要介绍常用金属结构材料。

2.5.1 钢铁材料

目前，机械工业生产中应用最广的材料是钢和铸铁，钢按照化学成分的差异可分为碳素钢和合金钢。在各种机床、矿山机械、动力设备、农业机械、石油化工、交通运输等机械设备中，金属制品占80%~90%。钢铁材料来源丰富，而且性能优良。

1. 碳素钢

钢按化学成分可分为碳素钢和合金钢两类；按质量等级可分为普通钢、优质钢、高级优质钢和特级优质钢四类；按用途可分为结构钢、工具钢和特殊性能钢三类。此外，还可按金相组织或按熔炼方法分类等。

在 $Fe\text{-}Fe_3C$ 相图中，$w_C=0.02\%\sim2.11\%$范围内的铁碳合金称为碳素钢。但 $w_C=1.5\%\sim2.11\%$的钢，因其力学性能和加工性能很差，一般不用。

（1）碳素钢的分类　碳素钢的分类方法很多，这里主要介绍三种，即按钢的碳含量（质量分数）、质量和用途进行分类。

1）按钢的碳含量（质量分数）分类。根据钢的碳含量（质量分数），即将钢分为低碳钢（$w_C\leqslant0.25\%$）、中碳钢（$w_C=0.25\%\sim0.60\%$）、高碳钢（$w_C>0.60\%$）。

低碳钢的强度较低，塑性和焊接性较好。中碳钢的强度较高，塑性和焊接性较差；若经过热处理，则强度和硬度也可以有显著的提高。高碳钢的塑性和焊接性很差，热处理后有很高的强度和硬度。图2-33所示为碳含量（质量分数）对钢的力学性能的影响。

2）按钢的质量分类。主要根据钢中所含有害杂质S、P的量，碳素钢通常分为普通碳素钢，$w_S\leqslant0.050\%$、$w_P\leqslant0.045\%$；优质碳素钢，w_S、$w_P\leqslant0.035\%$；高级优质碳素钢，$w_S\leqslant0.020\%$、$w_P\leqslant0.030\%$；特级优质碳素钢，$w_S\leqslant0.015\%$、$w_P\leqslant0.25\%$。

3）按钢的用途分类。碳素钢按用途可分为碳素结构钢和碳素工具钢两大类。

碳素结构钢主要用于制造各种工程构件（如桥梁、船舶、车辆、建筑用钢）和零件（如齿轮、轴、曲轴、连杆等）。这类钢一般属于低、中碳钢。

碳素工具钢主要用于制造各种刀具、量具和模具。这类钢碳含量（质量分数）

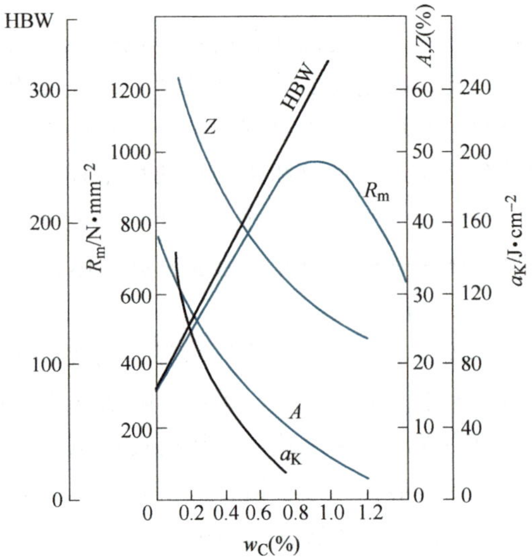

图2-33　碳含量（质量分数）对钢的力学性能的影响

较高，一般属于高碳钢。

（2）碳素钢的编号和用途 钢的种类很多，为了便于生产、管理和使用，必须对各种钢材进行统一编号。我国的碳素钢编号见表 2-6。

表 2-6 碳素钢的编号方法

分类	编号方法	
	举例	说明
碳素结构钢	Q235AF	“Q”为钢材屈服强度“屈”字汉语拼音首位字母，后面的数字为屈服强度数值（MPa）；A、B、C、D 表示质量等级，从左至右，质量依次提高；F、Z、TZ 依次表示沸腾钢、镇静钢、特殊镇静钢。Q235AF 表示屈服强度为 235MPa、质量为 A 级的沸腾钢
优质碳素结构钢	45	两位数字以平均万分数表示碳的质量分数。如 45 钢，表示碳的平均质量分数为 0.45%的优质碳素结构钢
碳素工具钢	T8 T8A	“T”为“碳”字的汉语拼音首位字母，后面的数字以名义千分数表示碳的质量分数。如 T8 表示碳的平均质量分数为 0.8%的碳素工具钢，A 表示高级优质钢
一般工程用铸造碳素钢	ZG200-400	“ZG”代表铸钢；其后第一组数字为屈服强度（MPa），第二组数字为抗拉强度（MPa）。如 ZG200-400 表示屈服强度为 200MPa、抗拉强度为 400MPa 的铸造碳素钢。表示铸钢的特殊性，化学成分见 GB/T 5613—2014

1）碳素结构钢。碳素结构钢占钢总产量的 70%左右，其碳含量（质量分数）较低（碳的平均质量分数为 0.06%~0.38%），对性能要求及硫、磷和其他残余元素含量的限制较宽。大多用作工程结构钢，一般是热轧成钢板或各种型材（如圆钢、方钢、工字钢、钢筋等）供应；少部分也用于要求不高的机械结构。该类钢通常在供应状态下使用，必要时根据需要可进行锻造、焊接成形和热处理来调整性能。表 2-7 列出了这类钢的牌号、化学成分、力学性能及用途。

表 2-7 普通碳素结构钢的牌号、化学成分、力学性能及用途（摘自 GB/T 760—2006）

牌号	等级	化学成分（质量分数）（%，不大于）			脱氧方法	力学性能（不小于）			应用举例
		C	S	P		σ_s/MPa	R_m/MPa	A_5(%)	
Q195	—	0.12	0.040	0.035	F、Z	195	315~430	33	承受载荷不大的金属结构件、铆钉、垫圈、地脚螺栓、冲压件及焊接件
Q215	A	0.15	0.050	0.045	F、Z	215	335~450	31	
	B		0.045						
Q235	A	0.22	0.050	0.045	F、Z	235	370~500	26	金属结构件、钢板、钢筋、型钢、螺栓、螺母、短轴、心轴，Q235C、D 可用作重要焊接结构件
	B	0.20	0.045						
	C	0.17	0.040	0.040	Z				
	D		0.035	0.035	TZ				
Q275	A	0.24	0.050	0.045	F、Z	275	410~540	22	强度较高，用于制造承受中等载荷的零件，如键、销、转轴、拉杆、链轮、链环片等
	B	0.21	0.045		Z				
	C	0.20	0.040	0.040					
	D		0.035	0.035	TZ				

2）优质碳素结构钢。优质碳素结构钢与碳素结构钢比较，其含 S、P 较少（w_S、$w_P \leq$ 0.035%），且可同时保证钢的化学成分和力学性能，因而质量较好，强度和塑性也较好，所以常用来制作重要的零件。优质碳素结构钢的牌号、化学成分、力学性能及用途见表 2-8。

表 2-8 优质碳素结构钢的牌号、化学成分、力学性能及用途

牌号	力学性能(不小于)					应用举例
	σ_s/MPa	R_m/MPa	A_5(%)	Z(%)	K/J	
08	195	325	33	60	—	低碳钢强度、硬度低，塑性、韧性高，冷塑性、加工性和焊接性优良，切削加工性欠佳，热处理强化效果不够显著。其中，碳含量（质量分数）较低的钢如 08、10 常轧制成薄钢板，广泛用于深冲压和深拉深制品；碳含量（质量分数）较高的钢（0.15% ~ 0.25%）可用作渗碳钢，用于制造表硬心韧的中、小尺寸的耐磨零件
10	205	335	31	55	—	
15	225	375	27	55	—	
20	245	410	25	55	—	
25	275	450	23	50	71	
30	295	490	21	50	63	中碳钢的综合力学性能较好，热塑性加工性和切削加工性较佳，冷变形能力和焊接性中等。多在调质或正火状态下使用，还可用于表面淬火处理以提高零件的抗疲劳性能和表面耐磨性。其中 45 钢应用最广泛
35	315	530	20	45	55	
40	335	570	19	45	47	
45	355	600	16	40	39	
50	375	630	14	40	31	
55	380	645	13	35	—	
60	400	675	12	35	—	高碳钢具有较高的强度、硬度和良好的弹性、耐磨性，切削加工性中等，焊接性不佳，淬火开裂倾向较大。主要用于制造弹簧、轧辊和凸轮等耐磨件与钢丝绳等，其中 65 钢是一种常用的弹簧钢
65	410	695	10	30	—	
70	420	715	9	30	—	
75	880	1030	7	30	—	
80	930	1080	6	30	—	
85	980	1130	6	30	—	
15Mn	245	410	26	55	—	应用范围基本与相对应的普通锰含量钢相同，但因淬透性和强度较高，可用于制作截面尺寸较大或强度要求较高的零件，其中以 65Mn 钢最常用
20Mn	275	450	24	50	—	
25Mn	295	490	22	50	71	
30Mn	315	540	20	45	63	
35Mn	335	560	19	45	55	
40Mn	355	590	17	45	47	
45Mn	375	620	15	40	39	
50Mn	390	645	13	40	31	
60Mn	410	695	11	35	—	
65Mn	430	735	9	30	—	
70Mn	450	785	8	30	—	

优质碳素结构钢的用途非常广泛。低碳的 15 钢、20 钢、25 钢一般经渗碳、淬火加低温回火后使用，属于渗碳钢，可作为小型活塞销、齿轮等冲击载荷不大及磨损条件下工作的零件。中碳的 30 钢、45 钢、55 钢，常在调质处理后使用（即淬火+高温回火），可作为齿轮、连杆、轴等较为重要的机器零件。对于碳含量较高的 60 钢、65 钢，常在淬火加中温回火后使用，主要用来制作弹簧。含锰量较高的钢的用途与碳含量（质量分数）相似的正常含锰

量的钢相同，但其淬透性略高。

3）碳素工具钢。这类钢由于其淬透性不高，并且在250℃左右就失去其高硬度，即热硬性较差，所以只适宜制作一些小型、形状简单且转速不高的工具。高级优质碳素工具钢还可用于制作一些形状简单的量具。碳素工具钢的牌号、化学成分、力学性能及用途见表2-9。

2. 合金钢

合金钢的种类很多，分类方法也很多。按合金元素含量可分为低合金钢、中合金钢、高合金钢，按合金元素的种类可分为铬钢、锰钢、铬镍钢、硅锰钼钒钢等。最常用的分类方法是按用途将合金钢分为合金结构钢、合金工具钢和特殊性能钢。

表2-9 碳素工具钢的牌号、化学成分、力学性能及用途

牌号	化学成分及质量分数(%)			退火状态硬度 HBW(不小于)	试样淬火硬度[1] HRC(不小于)	应用举例
	C	Si	Mn			
T7、T7A	0.65~0.74	≤0.35	≤0.40	187	62(800~820℃水)	承受冲击、韧性较好、硬度适当的工具，如扁铲、手钳、大锤、螺钉旋具、木工工具
T8、T8A	0.75~0.84	≤0.35	≤0.40	187	62(780~800℃水)	承受冲击、要求较高硬度的工具，如冲头、压缩空气工具、木工工具
T8Mn、T8MnA	0.80~0.90	≤0.35	0.40~0.60	187	62(780~800℃水)	同T8、T8A，但淬透性较大，可制造截面较大的工具
T9、T9A	0.85~0.94	≤0.35	≤0.40	192	62(760~780℃水)	韧性中等、硬度高的工具，如冲头、木工工具、凿岩工具
T10、T10A	0.95~1.04	≤0.35	≤0.40	197	62(760~780℃水)	不受剧烈冲击、高硬度耐磨的工具，如车刀、刨刀、冲头、丝锥、钻头、手锯条
T11、T11A	1.05~1.14	≤0.35	≤0.40	207	62(760~780℃水)	不受剧烈冲击、高硬度耐磨的工具，如车刀、刨刀、冲头、丝锥、钻头
T12、T12A	1.15~1.24	≤0.35	≤0.40	207	62(760~780℃水)	不受冲击、要求高硬度耐磨的工具，如锉刀、刮刀、精车刀、丝锥、量具
T13、T13A	1.25~1.35	≤0.35	≤0.40	217	62(760~780℃水)	同T12、T12A，要求更耐磨的工具，如刮刀、剃刀

① 淬火后硬度不是指应用举例中各种工具硬度，而是指碳素工具钢材料在淬火后的最低硬度。

（1）合金结构钢　合金结构钢的牌号采用两位数字+元素符号+数字表示。前面两位数字表示钢中碳的质量分数的万分数，元素符号后的数字表示该元素的质量分数。如果合金元素的质量分数小于1.5%，则不标其质量分数。高级优质钢在其牌号后加“A”；特级优质钢在其牌号后加“E”。例如，18Cr2Ni4WA表示高级优质合金结构钢，其碳的平均质量分数为0.18%，铬的平均质量分数为2%，镍的平均质量分数为4%，钨的平均质量分数小于1.5%。常用合金结构钢的牌号、性能及用途举例见表2-10。

表 2-10　常用合金结构钢的牌号、性能及用途举例（摘自 GB/T 222—2006）

钢种类别	牌号	热处理		力学性能(不小于)			用途举例
		淬火温度/℃	回火温度/℃	R_m/MPa	R_{eL}/MPa	A(%)	
低合金结构钢	16Mn 15MnTi	—	—	510~660 530~680	345 390	22 20	桥梁,船舶,机车车辆,高、中压压力容器等
合金渗碳钢	20Cr 20CrMnTi	880(水、油淬) 880(油淬)	200 200	835 1080	540 850	10 10	齿轮,活塞销,凸轮气门顶杆,汽车、拖拉机上变速器齿轮等
合金调质钢	40Cr 35CrMo	850(油淬) 850(油淬)	520 550	980 980	785 835	9 12	机床主轴、曲轴、连杆、重要轴、齿轮等
合金弹簧钢	60Si2Mn 50CrVA	870(油淬) 850(油淬)	440 500	1570 1275	1375 1130	5 10	用于汽车、拖拉机、铁道车辆上板簧、螺旋弹簧,承受大应力的各种尺寸螺旋弹簧等

注：1. 力学性能值测试试样是热轧低合金结构钢。

2. 部分数据摘自 GB/T 3077—2015。

低合金结构钢一般用于工程结构，这类钢的强度较低，塑性、韧性和焊接性较好，价格低廉，一般在热轧态下使用，必要时进行正火处理以提高强度。

机械制造用合金结构钢按组织和性能特点可分为以下几种类型：

1）合金调质钢。合金调质钢制造的零件要求有较高的强度和良好的塑性及韧性。碳的质量分数为 0.3%~0.6%的钢经淬火、高温回火后得到回火索氏体组织，可较好地满足性能要求。为保证淬透性，钢中常有 Cr、Mn、Ni、Mo 等合金元素。常用钢种有 40Cr、35CrMo、40CrNiMo 等。

2）表面硬化钢。这类钢制造的零件除要求有较高强度和良好的塑性和韧性外，还要求表面硬度高，耐磨性好。按表面硬化方式的不同，可分为以下几种：

a）合金渗碳钢。这类钢碳的质量分数小（0.15%~0.25%），以保证工件心部获得低碳马氏体，有较高强度和韧性，而表层经渗碳后，硬度高而耐磨，热处理方式为渗碳后淬火加低温回火。常用钢种有 15Cr、20Cr、20CrMnTi 等。

b）合金渗氮钢。合金渗氮钢碳的质量分数中等（0.3%~0.5%）。渗氮前经过调质，工件心部为回火索氏体，有良好的强度和韧性。渗氮后，表层为硬而耐磨、耐腐蚀的渗氮层，心部组织与性能仍保持渗氮前状态。常用钢种有 38CrMoAl、30CrMnSi 等。

3）合金弹簧钢。这类钢要求有高的弹性极限和高的疲劳强度，碳的质量分数为 0.5%~0.85%。经淬火、中温回火后得到托氏体组织。常用钢种有 65Mn 和 50CrV 等。

（2）合金工具钢　合金工具钢要求具有高的硬度和耐磨性以及足够的强度和韧性，主要用于制造刀具、模具、量具等工具。合金工具钢的牌号形式与合金结构钢相似，只是碳的质量分数的表示方法不同。当碳的平均质量分数大于或等于 1.0%时不予标出，碳的平均质量分数小于 1.0%时，以其千分数表示。常用合金工具钢的牌号、性能及用途举例见表 2-11。

合金工具钢按合金元素的质量分数可分为：

1）低合金工具钢。低合金工具钢是在碳素工具钢的基础上加入少量合金元素制成的，热处理方式和组织与碳素工具钢相同。这类钢碳的质量分数高，通常为0.9%~1.5%。合金元素的加入提高了淬透性和回火稳定性，比碳素工具钢有较好的热硬性、韧性和较小的变形、开裂倾向。但低合金工具钢的热硬性不高，最高工作温度不超过300℃，用于制造低速切削的刀具和量规、量块等量具以及形状较为复杂的冷冲模、拉丝模等模具。常用钢种有9SiCr和CrWMn等。

表2-11 合金工具钢和高速工具钢的牌号、性能及用途举例

钢种类别	牌号	热处理				用途举例
		淬火		回火		
		加热温度/℃	HRC	加热温度/℃	HRC	
合金工具钢	9SiCr	860~880(油淬)	≥62	150~200	60~62	板牙、钻头、铰刀、形状复杂的冲模，各种量规、量块，中型热锻模等，量具、刀具等
	CrMn	840~860(油淬)	≥62	130~140	62~65	
	5CrMnMo	820~850(油淬)	≥50	560~580	35~40	
	CrWMn	820~840(油淬)	≥62	140~160	62~65	
高速工具钢	W18Cr4V	1280(油淬)	60~65	560(三次)	63~66	铣刀、车刀、钻头、刨刀等
	W6Mo5Cr4V2	1220(油淬)	≥64	560	64~66	

2）高合金工具钢。由于有较多合金元素的加入，高合金工具钢的淬透性、热硬性大大提高。按性能特点可分为：

a. 高速工具钢。其碳的质量分数为0.7%~1.5%，钢中含有较多的W、Cr、Mo、V等合金元素，总的质量分数超过10%。高速工具钢的编号方法与一般合金工具钢稍有不同，当钢中碳的质量分数小于1.0%时，不予标出。如W18Cr4V（读作钨18铬4钒），表示钢中碳的质量分数为0.7%~0.8%，W、Cr和V的质量分数分别为18%、4%和小于1.5%。

高速工具钢最终热处理采用淬火加多次高温回火，组织为马氏体和碳化物。所制刀具在600℃切削温度下，仍保持60HRC左右的高硬度，因此适于高速切削。高速工具钢刃磨性能良好，比一般低合金工具钢锋利，故又称为“锋钢”。

b. 高铬模具钢。铬在碳的质量分数高的过共析钢中，除以固溶体和合金渗碳体的形式存在外，还能形成弥散分布的碳化物，可有效细化晶粒，均匀组织，提高淬透性和耐蚀性。由于具有硬度均匀、耐磨性好、疲劳强度高及尺寸稳定、易切削加工等特点，因此广泛用于制作形状复杂的大截面模具等。常用钢种有Cr12和Cr12MoV等。

(3) 特殊性能钢　特殊性能钢是指不锈钢、耐热钢、耐磨钢等具有特殊的物理性能和化学性能的钢。

1）不锈钢。具有抵抗大气或弱腐蚀介质侵蚀作用能力的钢称为不锈钢。目前，常用的不锈钢按其组织状态不同可分为马氏体型不锈钢、铁素体型不锈钢、奥氏体型不锈钢和奥氏体-铁素体型不锈钢四类，如95Cr18、10Cr15、17Cr18Ni9和12Cr21Ni5Ti等。

2）耐热钢。在高温下具有较高的抗氧化性和强度的钢称为耐热钢。它包括抗氧化钢、热强钢和气阀钢，如26Cr18Mn12Si2N、12Cr5Mo和42Cr9Si2等。

在钢中加入适量的Cr、Si、Al等元素后，在高温下与氧接触，均能生成结构致密的高熔点氧化物覆盖钢的表面，保护钢免受高温气体的继续氧化腐蚀；加入W、Mo、V、Cr、Ni、B等元素，可使钢具有良好的组织稳定性，在高温下具有较高的强度。

3）耐磨钢。耐磨钢一般是指在冲击载荷作用下发生冲击硬化的高锰钢。其碳的质量分数为1.0%~1.3%，锰的质量分数为11%~14%。采用铸造成型，经热处理后获得全部奥氏体组织，才能呈现出良好的韧性和耐磨性。常见牌号如ZGMn13、ZGMn13Cr2等。

高锰钢广泛用于制造承受较大冲击或压力的零部件，如挖掘机的铲斗、坦克履带等。此外，高锰钢在寒冷气候条件下不冷脆，适于高寒地区使用。

3. 铸铁

铸铁是碳的质量分数大于2.11%的铁碳合金，它大量用于制造机器设备。铸铁件在汽车、机床、农机中应用最多，其质量通常占到机器总质量的50%以上。

与钢相比，铸铁的抗拉强度、塑性和韧性比较差，不能进行压力加工。但它具有熔炼简便，价格低，铸造性、切削性、耐磨性和减振性好等许多优良特性。这是由于铸铁的化学成分具有高碳、高硅含量的特点，而且杂质元素S、P等也较多。

根据铸铁试样断口色泽的不同，铸铁可以分为白口铸铁、灰口铸铁和麻口铸铁。工业中所用铸铁几乎都是灰口铸铁；白口铸铁主要用于炼钢原料；麻口铸铁由于质地硬脆，所以在工业生产中应用很少。根据铸铁组织中石墨存在形态的差异，灰口铸铁又可分为灰铸铁、可锻铸铁、球墨铸铁和蠕墨铸铁等。常用铸铁的牌号、性能和用途举例见表2-12。

表2-12 常用铸铁的牌号、性能和用途举例

分类	牌号	抗拉强度 R_m/MPa	伸长率 A(%)	特性与用途
灰铸铁	HT100	80~130	—	铸造性能好，工艺简便，减振性能优良，适用于载荷很小及对摩擦、磨损无特殊要求的零件，如盖、外罩、油底壳、手轮、支架、底板、重锤等
	HT150	120~175	—	性能特点与HT100基本相同，用于承受中等载荷的零件，如支柱、机座、箱体、法兰、泵体、阀体、轴承座、工作台、带轮等
	HT200	160~220	—	强度较高，耐热，耐磨性较好，减振性良好，铸造性能好，但铸件需进行人工时效，适用于承受较大载荷或较为重要的零件，如气缸体、气缸盖、活塞、制动轮、联轴器盘、液压缸、泵体、阀体、齿轮、机座、机床床身及立柱等
	HT250	200~270	—	
可锻铸铁	KTH300-06（黑心可锻铸铁）	300	6	管道的弯头、接头、三通、中压阀门
	KTZ450-06（珠光体可锻铸铁）	450	6	曲轴、凸轮轴、连杆、齿轮、摇臂、活塞环、轴套、犁刀、耙片、万向接头、棘轮、扳手、传动链条、矿车轮等
	KTB350-04（白心可锻铸铁）	350	4	适用于制作厚度在15mm以下的薄壁铸件和焊接后不需要进行热处理的零件
球墨铸铁	QT400-18	400	18	泵、阀体、受压容器、承受冲击的零件等
	QT450-10	450	10	壳、箱体零件，要求韧性零件等
	QT500-7	500	7	机器底座、齿轮、支架等
	QT800-2	800	2	曲轴、凸轮、齿轮等高强度零件等
蠕墨铸铁	RuT450	450	1.0	活塞环、制动盘、钢铁研磨盘、吸淤泵体等
	RuT400	400	1	重型机床床身、大型齿轮箱体、起重机卷筒等
	RuT300	300	2	增压器废气进气壳体、汽车底盘等

（1）白口铸铁 白口铸铁中的碳绝大部分以渗碳体的形式存在，断口呈银白色。

白口铸铁硬而脆，很难进行切削加工，所以工业上一般不用白口铸铁制作机器零件，仅用于要求耐磨而不受冲击的制件，如轧辊、磨球等，其主要用途是作为炼钢的原料。根据需要也可将白口铸铁经过热处理制成可锻铸铁。

（2）灰铸铁 灰铸铁中的碳大部分或全部以片状石墨形式存在，断口呈暗灰色，是应用最广泛的一种铸铁，在铸铁件总产量中占80%以上。其微观组织由钢的基体与片状石墨所组成。基体组织特征以及石墨的析出量与铸铁的石墨化程度有关。

灰铸铁按基体的不同可分为以下三种：

1）珠光体灰铸铁。珠光体灰铸铁是在珠光体基体上分布着细小均匀的石墨。其力学性能较好，用于制造较为重要的零件。

2）珠光体-铁素体灰铸铁。珠光体-铁素体灰铸铁是在珠光体与铁素体的混合基体上分布着较粗大的石墨片，此种铸铁强度较低，但能满足一般零部件的要求，且铸造性能及切削加工性能较好，用途最广。

3）铁素体灰铸铁。铁素体灰铸铁是在铁素体基体上分布着粗大且较多的石墨片，其力学性能较差，很少应用。

在实际铸铁铸件生产过程中，为了获得珠光体灰铸铁，常采用孕育处理的工艺方法。孕育处理是在浇注前向铁液中加入孕育剂。常用的孕育剂是硅的质量分数为75%的硅铁，加入量为铁液质量的0.25%~0.6%。

灰铸铁的性能除与基体组织有关外，最主要的是取决于石墨的形态、数量、大小和分布。石墨的力学性能较差，其强度、硬度、塑性都极低（抗拉强度 $R_m<20\text{MPa}$，硬度≈3HBW，伸长率 $A=0$），且石墨的密度小，在铸铁中占有很大的体积。所以，灰铸铁的组织因石墨的存在，如同在钢的基体上分布着无数的孔洞，再加上应力集中，致使灰铸铁的抗拉强度、塑性、韧性比钢低得多，而且石墨片越多、越粗大、分布越集中，其影响就越大。但在承受压力作用时石墨引起的不利影响较小，所以灰铸铁的抗压强度仍较高。

灰铸铁中石墨片虽然因割裂基体导致力学性能下降，但也带来一系列其他方面的优良性能，如良好的铸造性能、耐磨性、减振性、切削性能及低的缺口敏感性。

灰铸铁的牌号由“HT”加数字组成。其中“HT”是“灰铁”两字汉语拼音的首位字母，后面的数字表示其最低抗拉强度值（见表2-12）。

（3）可锻铸铁 可锻铸铁是用碳、硅的质量分数较低的铁液浇注成白口铸铁件，再经过长时间的高温退火，使渗碳体分解成团絮状的石墨而制成的。可锻铸铁仅比灰铸铁具有较好的塑性、韧性，但实际上并不能进行锻造。

由于团絮状的石墨对基体金属的割裂作用和引起的应力集中比片状石墨小，所以可锻铸铁比灰铸铁有较高的强度、塑性和韧性。但可锻铸铁退火工艺复杂，生产周期长，成本较高，目前主要用于制造一些形状较复杂而在工作中又承受冲击振动的薄壁小型零件。可锻铸铁的牌号中“KT”是“可铁”两字汉语拼音的首位字母，“H”表示黑心可锻铸铁，“B”表示白心可锻铸铁，“Z”表示珠光体基体，后面两组数字分别表示最低抗拉强度和最低伸长率（见表2-12）。

（4）球墨铸铁 在浇注前向铁液中加入适量的球化剂和孕育剂，使碳呈球状析出，所获得的铸铁称为球墨铸铁。常用的球化剂为镁或稀土镁合金（镁和稀土的质量分数小于

10%，其余为硅和铁)，球化剂的加入量一般为铁液质量的1.3%~1.8%。

球状石墨的形态比团絮状石墨更为圆整，因而对基体金属的不利影响更小。所以，球墨铸铁的强度、塑性、韧性远远超过灰铸铁，甚至优于可锻铸铁。同时还具有良好的铸造性能、耐磨性和切削加工性等优点。此外，球墨铸铁还可以通过热处理来提高力学性能。因此，球墨铸铁在机械制造中得到了广泛应用，在许多场合成功地替代了铸钢件、锻钢件，可用来制造各种受力复杂、载荷较大和耐磨的重要零件。

球墨铸铁的牌号中“QT”是“球铁”两字汉语拼音的首位字母，后面两组数字分别表示最低抗拉强度和最低伸长率（见表2-12)。

(5) 蠕墨铸铁 蠕墨铸铁是一种新型高强度铸铁，石墨形状短、厚，端部圆滑呈蠕虫状。蠕墨铸铁保留了灰铸铁优良的工艺性能，力学性能介于相同基体组织的灰铸铁与球墨铸铁之间。蠕墨铸铁一般不进行热处理。

蠕墨铸铁的牌号用汉语拼音缩写“RuT”加一组最低抗拉强度的数字表示（见表2-12)。

(6) 合金铸铁 为了满足工业上对铸铁性能的特殊要求，如耐磨性、耐热性和耐蚀性等，向铸铁中加入某些合金元素，从而获得具有特殊性能的合金铸铁，如耐磨灰铸铁(HTM)、冷硬灰铸铁（HTL)、耐热灰铸铁（HTR)、耐蚀灰铸铁（HTS)。

2.5.2 非铁金属及其合金

在工业生产中通常把钢和铸铁称为黑色金属，而把钢和铁以外的金属材料统称为非铁或有色金属。有色金属及其合金种类很多，它们往往具有许多优良特性，已成为现代工业中不可缺少的材料，得到了极其广泛的应用。本节仅简要介绍铝、铜及其合金、钛及钛合金以及轴承合金。

1. 铝及铝合金

铝及铝合金在工业上应用仅次于钢铁，尤其是在航空、航天、电力工业及日常用品中得到广泛应用。

铝的熔点为660.37℃，密度为2.7g/cm^3，具有面心立方晶体结构，无同素异构转变。纯铝呈银白色，它的强度、硬度很低（抗拉强度 $R_m=80\sim100$MPa，硬度20HBW)，塑性很好（伸长率 $A=30\%\sim50\%$，断面收缩率 $Z=80\%$)。所以铝适合于各种冷、热压力加工，制成各种形式的材料，如丝、线、箔、片、棒、管和带等。铝的导电和导热性能良好，仅次于银、铜、金而居第四位。

根据铝中杂质的含量不同，铝分为工业高纯铝和工业纯铝。工业高纯铝有1A85、1A90、1A93、1A97、1A99等牌号，数字越大表明纯度越高。通常只用于科研、化工以及一些特殊用途。工业纯铝有1070A、1060、1050A、1035、1200等牌号，数字越大表明纯度越低。通常用来制造导线、电缆及生活用品，或作为生产铝合金的原材料。

纯铝的强度低，因此不宜作承力结构材料使用。在铝中加入硅、铜、镁、锌、锰等合金元素而制成铝基合金，其强度比纯铝高几倍，可用于制造承受一定载荷的机械零件。

铝合金的种类很多，根据二元铝合金的一般相图，可以分为变形铝合金和铸造铝合金两大类。铝合金的分类见表2-13。

表 2-13 铝合金的分类

<table>
<tr><th colspan="2">分类</th><th>名称</th><th>合金系</th><th>性能特点</th><th>牌号、代号举例</th><th>牌号、代号意义</th></tr>
<tr><td rowspan="4">变形铝合金</td><td>不能热处理强化合金</td><td>防锈铝</td><td>Al-Mn
Al-Mg</td><td>强度低，耐蚀性好，压力加工与焊接性能好</td><td>5A05</td><td rowspan="4">国际四位数字牌号的第一位数字表示铝及铝合金的组别，即1、2、3、4、5、6、7、8，分别表示纯铜及以铜、锰、硅、镁、镁和硅、锌、其他为主要合金元素的铝合金</td></tr>
<tr><td rowspan="3">能热处理强化合金</td><td>硬铝</td><td>Al-Cu-Mg</td><td rowspan="3">强度高，压力加工性能好</td><td>2A01
2A11</td></tr>
<tr><td>超硬铝</td><td>Al-Cu-Mg-Zn</td><td>7A04</td></tr>
<tr><td>锻铝</td><td>Al-Mg-Si-Cu
Al-Cu-Mg-Fe-Ni</td><td>2A50
2A70</td></tr>
<tr><td colspan="2" rowspan="4">铸造铝合金</td><td>铝硅铸造合金</td><td>Al-Si
Al-Si-Mg
Al-Si-Cu</td><td rowspan="4">铸造性能好，不能进行压力加工</td><td>ZL102
ZL104
ZL107</td><td rowspan="4">用“铸铝”的汉语拼音首位字母“ZL”表示分类；第一位数字表示合金名称；“1”表示 Al-Si 系，“2”表示 Al-Cu 系，“3”表示 Al-Mg 系，“4”表示 Al-Zn 系；第二、三位数字表示合金顺序号</td></tr>
<tr><td>铝铜铸造合金</td><td>Al-Cu</td><td>ZL201</td></tr>
<tr><td>铝镁铸造合金</td><td>Al-Mg</td><td>ZL301</td></tr>
<tr><td>铝锌铸造合金</td><td>Al-Zn</td><td>ZL401
ZL402</td></tr>
</table>

2. 铜及铜合金

铜是一种非常重要的有色金属，具有与其他金属不同的许多优异性能，因此，铜及铜合金应用非常普遍。铜呈玫瑰红色，因其表面经常形成一层紫红色的氧化物，所以俗称紫铜。铜的熔点为 1083℃，密度为 8.9g/cm^3，具有面心立方晶体结构，无同素异构转变。

铜具有很优良的导电性和导热性，仅次于银而位居第二位。铜的化学稳定性高，在大气、淡水中有优良的耐蚀性，无磁性，塑性变形能力高（伸长率 $A=50\%$），但强度不高，抗拉强度 $R_m=200\sim250$MPa，可采用冷加工进行形变强化，但一般仍不宜直接作为结构材料使用。主要用于制造电线、电缆、导热零件及配制各种合金。我国工业纯铜有 T1、T2、T3、T4 四种，“T” 后数字越大，纯度越低。

为了获得较高强度的结构用铜材，一般采用加入合金元素制成各种铜合金。铜合金分为黄铜、青铜和白铜三大类。以锌作为主要合金元素的铜合金称为黄铜，以镍作为主要合金元素的铜合金称为白铜。除黄铜和白铜之外，其他的铜合金统称为青铜。表 2-14 列出了部分黄铜的编号方法、性能与应用举例。

3. 钛及钛合金

纯钛的熔点为 1667℃，密度为 4.5g/cm^3，室温下为密排六方晶体结构（晶格）。钛具有同素异构转变，低于 882.5℃ 为密排六方晶体结构，称为 α-Ti；高于 882.5℃ 为体心立方晶体结构，称为 β-Ti。

钛合金的主要优点是强度高，其抗拉强度可达 1500MPa，可与超高强度钢媲美，而其密度只有钢的一半，其比强度是常用工程材料中最高的；其热强度高，钛合金可在 500℃ 以上的环境中工作；其断裂韧度也较高，优于铝合金和一些结构钢，其耐蚀性高，钛在大气、水、海水、硝酸、浓硫酸等腐蚀介质中的耐蚀性优于不锈钢。钛及钛合金作为一种高耐蚀性材料，已在航空、化工、造船及医疗等行业得到广泛应用。

表 2-14 部分黄铜的编号方法、性能及应用举例

类别		编号方法		主要性能特点	应用	
		示例	说明		代号	用途举例
黄铜	普通黄铜	H62	“H”为“黄”的汉语拼音首位字母，后面的数字为铜的平均质量分数	耐蚀性好，但经冷加工的黄铜件在潮湿的大气中会因残余内应力的存在而发生应力腐蚀破坏，塑性好，可进行冷、热压力加工，流动性好，偏析倾向小，铸件组织致密	H62	用于制作销钉、铆钉、垫圈、导管、散热器等
		ZCuZn38	普通铸造黄铜中“Z”表示“铸造”，“Cu”表示基体元素铜的元素符号，其余字母表示主要合金元素符号，字母后的数字表示元素的平均质量分数(%)		ZCuZn38	用作一般结构件、耐蚀件，如法兰、支架等
	特殊黄铜	HPb59-1（59-1铅黄铜）	“H”是“黄”的汉语拼音首位字母，方法是：代号“H”+除锌以外的主加元素符号+铜的质量分数+主加元素的质量分数	与普通黄铜相比，特殊黄铜具有更好的强度、硬度、耐磨性、耐蚀性、切削加工性	HPb59-1（铅黄铜）	适于热冲压及切削加工零件，如销子、螺钉、垫圈等，又称易切削黄铜
					HAl59-3-2（铝黄铜）	用作船舶电动机等常温下工作的高强度耐蚀零件

钛合金的主要缺点是工艺性差，钛合金的热导率小、摩擦因数大，故切削性差；弹性模量小，变形时回弹大，冷变形困难；硬度低，不耐磨，不能用作抗磨结构件。另外，钛合金成本高，故其应用受到限制。钛合金按其退火组织可分为 α 型（TA）、β 型（TB）、α+β 型（TC）。

（1）α 型钛合金　这类合金的退火组织为单相 α 固溶体，压力加工性较差，多采用热压加工成形。这类合金不能进行热处理强化，只能进行退火处理，室温强度不高。绝大多数 α 单相钛合金中均含 5%（质量分数）Al 与 2.5%（质量分数）Sn，其作用是固溶强化。

（2）β 型钛合金　加入 V 或 Mo 后可使钛合金在室温下全部为 β 相，通过淬火可得到稳定 β 相的钛合金，这类合金可通过热处理强化（淬火、时效），故室温强度较高。其主要用途为高强度紧固件、杆类件及其他航空配件。

（3）α+β 型钛合金　加入适当的稳定 β 相合金元素，可形成室温下的 α+β 组织，兼有 α 型及 β 型两类钛合金的优点。高度合金化的 α+β 型合金可通过热处理获得。现有航空航天用钛合金中，应用最广泛的是多用途的 α+β 型 Ti-6Al-4V（合金牌号为 TC4）合金。

常用钛合金的牌号、名义化学成分、力学性能和用途见表 2-15。

镍及镍合金、镁及镁合金的介绍见二维码。

表 2-15 常用钛合金的牌号、名义化学成分、力学性能和用途（摘自 GB/T 3620.1—2016）

类别	牌号	名义化学成分	热处理状态	实验力学性能		高温力学性能（不小于）			应用
				R_m/MPa	A(%)	实验温度/℃	R_m/MPa	R_{100h}/MPa	
纯钛	TA1	工业纯钛	退火	350~500	25~40				在350℃以下工作、强度要求不高的零件
	TA2			450~600	20~30				
	TA3			550~700	20~25				
α型钛合金	TA4	Ti-3Al	退火	580	15				在500℃以下工作的零件，导弹燃料罐、飞机的涡轮机匣等
	TA5	Ti-4Al-0.005B		700	15				
	TA6	Ti-5Al			10	350	430	400	
β型钛合金	TB1	Ti-3Al-8Mo-11Cr	淬火	1100	16				在350℃以下工作的零件，压气机叶片、轴、轮盘等重载荷旋转件，飞机构件等
			淬火+时效	1300	5				
	TB2	Ti-5Mo-5V-8Cr-3Al	淬火	1000	20				
			淬火+时效	1350	8				
α+β型钛合金	TC1	Ti-2Al-1.5Mn	退火	600~800	15~25	350	350	350	在400℃以下工作的零件，有一定高温强度的发动机零件，低温用部件
	TC2	Ti-4Al-1.5Mn		700	12~15	350	430	400	
	TC3	Ti-5Al-4V		900	8~10	500	450	420	
	TC4	Ti-6Al-4V	退火	950	10	400	630	580	
			淬火+时效	1200	8				

4. 轴承合金

滚动轴承具有摩擦因数小、效率高和寿命长等优点，因而在机器中得到广泛的应用。与它相比，滑动轴承承压面积大，承受冲击载荷的能力强，工作平稳无噪声，检修方便，所以仍然作为一类重要的轴承而存在，在机床、轧机和发动机上有广泛的应用。

滑动轴承由轴承座和轴瓦组成，其中用于制造轴瓦及内衬的材料称为轴承合金。当轴高速运转时，轴承将承受交变载荷，且伴有冲击力，轴颈和轴瓦之间发生强烈的摩擦，造成双方的磨损。由于轴是机器中最重要的零件，例如车床主轴、发动机的曲轴等，它们精度高，制造复杂，价格昂贵，如经常更换损失很大。所以，在必须选用滑动轴承的情况下，应选择合适的轴承合金以保证轴颈极少磨损，这就要求轴承合金必须具备如下性能：

1）在工作温度下，应该具有足够的抗压强度和疲劳强度。

2）具有一定的硬度和耐磨性能，并要求较小的摩擦因数。

3）具有足够的塑性和韧性，以承受冲击和振动。

4）具有良好的导热性、耐蚀性和小的线胀系数。

5）制造简便，价格低廉。

为满足上述性能要求，轴承合金应兼有硬金属和软金属的性质，即具有硬相和软相结合的组织。理想轴承合金的组织应是在软的基体上均匀分布着一定大小的硬质点，其体积占总体积的15%~30%。当机器运转时，轴瓦软的基体组织很快被磨凹后，硬质点相对凸起，支承轴颈，使轴和轴瓦的接触面积相对减小，摩擦因数减小，从而减少了轴颈和轴瓦的磨损。凹坑可以储存润滑油，使轴颈与轴瓦之间形成连续的油膜，进一步降低磨损。由于基体软，还能抵抗冲击和振动并有较好的磨合能力，且能起到嵌藏外来灰尘和杂质的作用，以防止擦伤轴颈。如果采用硬基体上分布软质点的组织，也可以满足轴瓦的工作条件。轴瓦与轴颈的理想配合示意图如图 2-34 所示。

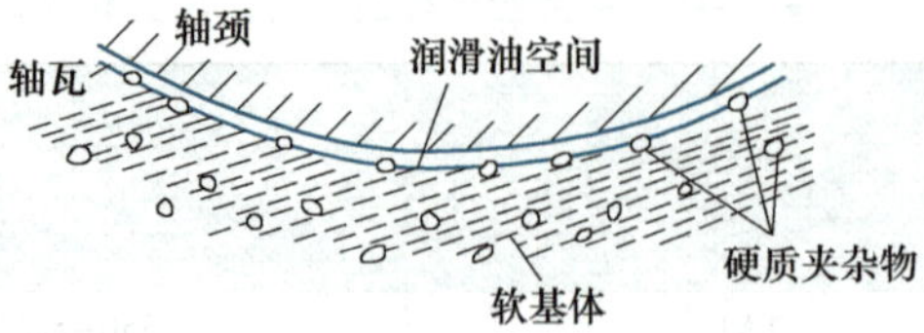

图 2-34 轴瓦与轴颈的理想配合示意图

工业上应用的轴承合金种类较多，最常用的有称为“巴氏合金”的锡基轴承合金和铅基轴承合金。此外，还有铜基、铝基轴承合金。

2.6 其他工程材料

除了金属材料以外，机械工程上还使用其他一些材料，主要有高分子材料、陶瓷、复合材料和粉末冶金材料。这些材料分别具有某些特殊的使用性能，广泛应用于国民经济的各个部门。对于机械工程技术人员来说，掌握这些材料的基础知识是非常必要的。

2.6.1 高分子材料

高分子材料包括塑料、橡胶、纤维、胶黏剂和油漆等。本书主要介绍常用的高分子材料。

1. 塑料

塑料是以树脂为主要原料，加入某些添加剂，在加工过程中能塑制成型的材料。其中树脂是低分子化合物经聚合反应形成的高分子化合物，它的种类、性质、含量等对塑料的性能起决定性作用。添加剂是指在塑料中有目的加入的某些固态物质，以弥补树脂自身性能的不足。

一般按照树脂的热性能，塑料可分为热塑性塑料和热固性塑料。前者受热后会软化并具有可塑性，冷却时硬化成所需的形状，再加热又重新软化，如聚氯乙烯、聚酰胺、聚甲醛等。后者固化成型后再加热不会产生软化及可塑现象，如酚醛塑料、环氧树脂等。

按照用途，塑料又可分为通用塑料、工程塑料和特种塑料。通用塑料产量大、成本低，是广泛用于日用品及农业的塑料，如聚乙烯、聚氯乙烯、聚丙烯等。工程塑料具有良好的综合性能，如良好的强度、耐热性、耐蚀性等，可用作工程材料，如 ABS、尼龙、聚四氟乙烯等。特种塑料是指具有特殊性能的塑料，如导电塑料、导磁塑料、感光塑料等。

常用工程塑料的性能见表 2-16。

表 2-16 常用工程塑料的性能

类别	名称（代号）	密度/（g/cm^3）	使用温度/℃	拉伸强度/MPa	主要特性	应用
热塑性塑料	聚乙烯(PE)	0.9~0.96	-70~100	3.9~38	优良的耐磨性，尤其是高频绝缘性	一般机械构件、电缆包覆，耐蚀涂层等
	聚苯乙烯（PS）	1.04~1.10	-30~75	50~80	优良的电绝缘性，尤其是高频绝缘性，无色透明、不耐苯、汽油等有机溶剂，可改性	绝缘件、透明件、数字电压表壳、自动化仪表零件等

（续）

类别	名称（代号）	密度/（g/cm³）	使用温度/℃	拉伸强度/MPa	主要特性	应用
热塑性塑料	聚丙烯（PP）	0.9~0.92	-35~120	40~49	密度小，耐热、耐蚀性好，高频绝缘性好，力学性能较好，低温易老化	化工容器、管道、法兰接头，高频绝缘电缆，电缆包覆等
	聚酰胺（尼龙）（PA）	1.14~1.16	<100	47~120	良好的冲击韧性，耐磨、耐油、无毒、抗霉菌，吸水性好，影响尺寸稳定性	轴承、轴瓦、齿轮；铸型尼龙可制作大型减磨、耐磨传动件等
	聚甲醛（POM）	1.41~1.43	-40~100	58~75	良好的力学综合性能，耐疲劳、抗蠕变、摩擦系数低，尺寸稳定性较好	大型轴承，减摩、耐磨传动件，汽车弹簧衬套、耐蚀件及化工容器等
	聚砜（PSF）	1.24~1.6	-100~160	70~84	强度高，在水、湿空气或高温下具有良好绝缘性，不耐芳香烃及卤代烃	高强度耐热件、绝缘件及传动件、高频印制电路板等
	ABS塑料（ABS）	1.05~1.08	-40~90	21~63	力学强度、硬度高，耐化学性及电性能良好，易成形和机械加工，表面可电镀	一般机械零件、壳体、仪表盘、轿车车身等
	聚四氟乙烯（PTFE）	2.1~2.2	-180~260	15~28	优异的耐蚀（含王水）、耐老化及电绝缘性，吸水小，不能注射成形	化工管道等耐蚀件，减摩耐磨件、电气设备隔离防护（绝缘用）屏等
	有机玻璃（PMMA）	1.17~1.2	-60~80	50~77	透光、着色性好，密度小，高强度、韧度，但硬度低易擦伤；耐紫外线和防大气老化，可改性	光学镜片、窗玻璃、电视机屏幕等透明件
热固性塑料	酚醛树脂（PF）	1.24~2.0	<140	35~62	优良的耐热、绝缘、化学和尺寸稳定性，抗蠕变性能优良，因填料不同性能有差异	齿轮、耐酸泵、制造片、仪表外壳及雷达罩等
	环氧树脂（EP）	1.11~2.1	-89~155	28~137	比强度高，耐热、耐蚀、绝缘性好，化学稳定性好，因填料不同性能有差异	模具、精密量具，电气、电子元件及线圈灌封与固定等

2. 橡胶

橡胶是一种具有高弹性的有机高分子材料，它具有优良的伸缩性和可贵的积储能量的能力。同时，橡胶还具有良好的耐磨性、隔声性和阻尼特性。在机械工程中常用作密封件、减振件、防振件、传动件及运输胶带。

按其原料来源，橡胶可分为天然橡胶和合成橡胶两大类。天然橡胶是指橡胶树上流出的胶乳经过凝固、干燥等工序加工而成的弹性固状物，其主要成分是聚异戊二烯。天然橡胶的弹性和力学性能较高，有较好的耐碱性能，是电绝缘体，但产量远不能满足各方面的需要。合成橡胶是通过化学合成的方法制取的，也可以根据需要合成具有特殊性能的特种橡胶。

常用橡胶品种繁多，使用性能各异。常用橡胶与特种橡胶品种及性能比较见表2-17。

表 2-17　常用橡胶与特种橡胶品种及性能比较

名称	常用橡胶						特种橡胶				
	天然橡胶	丁苯橡胶	顺丁橡胶	丁醛橡胶	氯丁橡胶	丁腈橡胶	聚氨酯橡胶	乙丙橡胶	氟橡胶	硅橡胶	聚硫橡胶
拉伸强度/MPa	24.525～29.43	14.715～24.525	17.658～24.525	16.677～20.601	24.525～29.43	14.715～29.43	19.62～34.335	9.81～24.525	19.62～24.525	3.924～9.81	8.829～14.715
伸长率(%)	650～900	500～800	450～800	650～800	800～1000	300～800	300～800	400～800	100～500	50～500	100～700
抗撕性	好	中	中	中	好	中	中	好	中	差	差
使用温度/℃	-50～120	-50～140	120	120～170	-35～130	-35～175	80	150	-50～300	-70～275	80～110
耐磨性	中	好	好	中	中	中	好	中	中	差	差
回弹性	好	中	好	中	中	中	中	中	中	差	差
耐油性	差	差	差	中	好	好	好		好		好
耐碱性	好	好	好	好	好		差	好	好		好
耐老化性	中	中	中	好	好	中		好	好	好	好
成本		高			高				高	高	
特殊性能	高强、绝缘、防振	耐燃、耐磨、耐碱	耐磨、耐寒	耐酸碱气密、绝缘、防振	耐酸、耐碱、耐燃	耐油、耐水气密	高强、耐磨	耐水、绝缘	耐油、耐碱、耐热	耐热、绝缘	耐油、耐碱
应用举例	通用制品、轮胎	通用胶板、轮胎	轮胎、运输带	内胎	管子胶带	油管	实心轮胎	绝缘管、配件	衬里、密封	绝缘件	改性用

3. 有机纤维

有机纤维可分为天然纤维和化学纤维。天然纤维包括棉花、羊毛、蚕丝、麻等。化学纤维又可分为人造纤维和合成纤维。人造纤维是利用自然界中纤维素或蛋白质作为原料，经过化学处理与机械加工制得的纤维；合成纤维是利用煤、石油、天然气、水等不含天然纤维的物质作为原料，经过化学合成与机械加工等制得的纤维。与天然纤维相比，合成纤维具有强度高、质轻、易洗快干等特点，应用的范围比较广。几种主要合成纤维的性能与用途见本书二维码。

4. 胶黏剂

胶黏剂亦称为黏合剂，是一类能将同种或不同种材料胶合在一起，并在胶接面有足够强度的物质，它能起胶接、固定密封、浸渗补漏和修复的作用，因此在现代工业和民用中应用很广，在许多场合代替螺纹、铆、焊等传统连接工艺。胶黏剂可以用来胶接金属、陶瓷、木材、塑料、织品等。胶接可以连接各种同种或不同种材料，且不受厚度限制，极薄、极厚的材料也可以连接起来。接头处应力均匀，密封性好，绝缘性好，耐腐蚀，抗疲劳，重量轻，工艺简单。常用胶黏剂的性能和用途见本书二维码。

2.6.2 无机非金属材料——陶瓷

传统的无机非金属材料主要指陶瓷、玻璃、水泥和耐火材料四类，它与金属材料、高分子材料构成三大固体材料。本书主要讨论的无机非金属材料泛指所有硅酸盐材料和氧化物类陶瓷材料。

陶瓷材料的分类方法很多。按原料来源可分为普通陶瓷（传统陶瓷）和特种陶瓷（近代陶瓷）。普通陶瓷是用黏土、长石和石英等天然原料经成型工艺后烧结而成，主要用于日用、建筑、卫生、化工、电力等方面；特种陶瓷是采用纯度较高的人工合成化合物为原料制成，具有独特的物理化学性能，能满足工程技术的特殊需要，它主要用于高温、宇航、医学工程、化工、冶金、机械、电子、能源等尖端科学技术领域。

陶瓷材料的硬度大多在1500HV以上，氮化硅和立方氮化硼具有接近金刚石的硬度，具有摩擦系数小、耐磨、耐化学腐蚀、密度小等特征，可应用于高温、中温、低温各种环境。其中氧化物陶瓷（包括 Al_2O_3、ZrO_2）、一些非氧化物陶瓷（如 Si_3N_4、SiC）已用于转子发动机叶片、汽车热交换器、切削刀具等方面。尖端工业用陶瓷作为原子反应堆的中子吸收棒，在洲际导弹的端头、人造卫星的鼻锥和宇宙飞船的腹部，都装有特别的防热烧蚀陶瓷材料。

但陶瓷材料的冲击韧度与断裂韧度都很低，目前在工程结构和机械结构中应用较少。常用工程结构陶瓷的种类、性能和应用见表2-18。

表2-18 常用工程结构陶瓷的种类、性能和应用

名称			密度/$g\cdot cm^{-3}$	抗弯强度/MPa	抗拉强度/MPa	抗压强度/MPa	线胀系数/$10^{-6}℃^{-1}$	应用举例
普通陶瓷	普通工业陶瓷		2.3~2.4	65~85	26~36	460~680	3~6	绝缘子、绝缘的机械支承件、静电纺织导纱器
	化工陶瓷		2.1~2.3	30~60	7~12	80~140	4.5~6	受力不大、工作温度低的酸碱容器、反应塔、管道
特种陶瓷	氧化铝瓷		3.2~3.9	250~450	140~250	1200~2500	5~6.7	内燃机火花塞，轴承，化工、石油用泵的密封环，火箭、导弹导流罩，坩埚，热电偶套管，刀具等
	氮化硅瓷	反应烧结	2.4~2.6	166~206	141	1200	2.99	耐磨、耐蚀、耐高温零件，如石油、化工泵的密封环，电磁泵管道、阀门，热电偶套管，转子发动机刮片，高温轴承，刀具等
		热压烧结	3.10~3.18	490~590	150~275	—	3.28	
	氮化硼瓷		2.15~2.2	53~109	25(1000°C)	233~315	1.5~3	坩埚、绝缘零件、高温轴承、玻璃制品成型模等
	氧化镁瓷		3.0~3.6	160~280	60~80	780	13.5	熔炼Fe、Cu、Mo、Mg等金属的坩埚及熔化高纯度U、Th及其合金的坩埚
	氧化铍瓷		2.9	150~200	97~130	800~1620	9.5	高温绝缘电子元件、核反应堆中子减速剂和反射材料、高频电炉坩埚等
	氧化锆瓷		5.5~6.0	1000~1500	140~500	144~2100	4.5~11	熔炼Pt、Pd、Rh等金属的坩埚、电极等

2.6.3 复合材料

复合材料一般是指由两种或两种以上物理、化学性质不同的物质通过一定的方法组成的一种多相固体材料。

复合材料一类组成相为基体，起粘接作用；另一类为增强相。按基体材料不同，复合材料可分为金属基（如铝基、铜基、钛基等）复合材料、树脂基（如塑料基、橡胶基等）复合材料、无机非金属基（如陶瓷基、水泥基等）复合材料。按增强相的种类和形态不同，复合材料可分为纤维增强复合材料、颗粒增强复合材料、层叠复合材料、骨架复合材料等。其中，纤维增强复合材料又有长纤维或连续纤维复合材料、短纤维或晶须复合材料等；颗粒增强复合材料又有纯颗粒增强复合材料和弥散增强复合材料。按复合材料的性能不同，复合材料可分为结构复合材料和功能复合材料，如金属基、陶瓷基、树脂基复合材料都属于结构复合材料，有换能、阻尼吸声、屏蔽、导电导磁等独特物理性质的都属于功能复合材料。

与其他材料相比，复合材料具有比强度和比模量高，减振性、耐高温、耐磨损等方面性能优良的特点。在断裂安全性上也有优点，在纤维增强复合材料中，每平方厘米截面上有成千上万根纤维，当其中一部分受载荷作用断裂后，应力迅速重新分布，载荷由未断裂的纤维所承担，延长了使构件丧失承载能力的过程，表现出断裂安全性较好。此外，某些复合材料还具有一些特殊性能，如隔热性、耐烧蚀性及特殊的电、光、磁等性能。

常用工程材料与复合材料的性能比较见表 2-19。

表 2-19 常用工程材料与复合材料的性能比较

材料名称	密度/ 10^3kg·m^{-3}	抗拉强度/ 10^3MPa	弹性模量/ 10^5MPa	比强度/ 10^3MPa	比模量/ 10^5MPa
钢	7.8	1.03	2.1	0.13	0.27
铝	2.7	0.47	0.75	0.17	0.26
钛	4.3	0.96	1.14	0.21	0.25
玻璃钢	2.0	1.06	0.4	0.53	0.21
碳纤维素Ⅰ/环氧	1.6	1.07	2.4	0.67	1.5
碳纤维素Ⅱ/环氧	1.45	1.5	1.4	1.03	0.965
PRD/环氧	1.4	1.4	0.8	1.0	0.57
硼纤维/环氧	2.1	1.38	2.1	0.66	1.0
硼纤维/铝	2.65	1.0	2.0	0.38	0.75

航空航天等尖端技术的迅猛发展，对复合材料提出更高的性能要求，高性能纤维的比强度和比模量分别在 6.5×10^{6}cm 和 6.5×10^{8}cm 以上。通常把具有比强度大于 4×10^{6}cm、比模量大于 4×10^{8}cm 的复合材料称为先进复合材料，先进复合材料的重要追求目标就是优质耐高温。

复合材料在导弹、火箭、卫星、飞船等高科技工业及航空、汽车、电子、船舶、建筑、桥梁、机械、医疗、体育等领域都具有广泛应用。

复合材料在减振性、耐高温、耐磨损等方面都有明显的优势。在断裂安全性上也有优点。在纤维增强复合材料中，每平方厘米截面上有成千上万根纤维，当其中一部分受载荷作用断裂后，应力迅速重新分布，载荷由未断裂的纤维所承担，延长了使构件丧失承载能力的过程，表现出断裂安全性较好。

此外，某些复合材料具有一些特殊性能，如隔热性、耐烧蚀性以及特殊的电、光、磁等性能。

2.6.4 粉末冶金

以金属粉末或金属粉末与非金属粉末的混合物为原料，通过成形和烧结所制成的具有金属性质的材料，这种方法称为粉末冶金。它在制造金属切削刀具、模具和耐磨零件方面有重要作用。

金属材料一般通过熔炼和铸造方法生产出来，但对于高熔点的金属和金属化合物，用上述方法制取既困难又不经济。20 世纪初出现了粉末冶金法，其本质是陶瓷生产工艺在冶金中的应用。

粉末冶金不但是一种制造特殊性能金属材料的方法，也是一种少、无切屑加工的方法。近年来，粉末冶金技术和生产发展迅速，在机械、电子和高温金属等行业广泛应用。

粉末冶金可作为机械零件材料、工具材料、磁性及电工材料、耐热材料、原子能工程材料等。

用碳钢或合金钢的粉末，加上添加剂，可采用粉末冶金方法制造普通机械结构零件。这种方法的主要优点是成本低，因为直接烧制成尺寸精确的零件，节省了切削加工时间。制品还可以通过热处理和后处理来提高其强度和耐磨性。其缺点是塑性和韧性达不到锻件的水平，并且要求零件尺寸小、形状比较简单。

采用粉末冶金制造减摩材料，应用最早的是含油轴承。含油轴承中有许多孔隙，并浸入了润滑油（一般含油率为 12%~30%），工作时具有自动润滑作用，而且能在相当长的时间内不必加油。与此相反，采用粉末冶金方法可以制造摩擦材料，例如制动片、离合器片等起制动作用或传递转矩作用的零件。

此外，粉末冶金还用于制造特殊电磁性能材料，如硬磁材料、软磁材料。粉末冶金多孔材料主要用作各种过滤器的过滤零件，具有强度高、过滤精度高、滤油效率高、工作温度高、使用寿命长等优点。

粉末冶金在工具材料上的应用即制造硬质合金。硬质合金是以难熔金属碳化物（WC、TiC、TaC 等）为基体，再加入适量金属粉末（Co、Ni、Mo 等），用粉末冶金方法制成的。其中难熔金属碳化物的质量占总质量的 30%~97%，使合金具有高硬度和高耐磨性。金属粉末是黏结剂，起黏结碳化物的作用，使合金具有一定的强度和韧性。

高硬度、高热硬性、耐磨性好是硬质合金的主要性能特点。在常温下，硬质合金的硬度可达 70~80HRC，热硬性可达到 850~1000°C。作为切削刀具使用，其耐磨性、使用寿命和切削速度都比工具钢刀具高许多倍；但脆性大，导热性差，冲击韧度一般只有 0.3~6J/cm^2，强度也比较低。因此，在加工使用过程中要避免冲击和温度急剧变化。

2.7 机械零件选材的一般原则

2.7.1 选材的一般原则

在机械产品设计、制造和维修中，合理地选用材料是一项十分重要的工作。尽管影响产品质量和生产成本的因素很多，但其中材料的选用是否恰当，常常起到关键的作用。若要正确、合理地选择和使用材料，必须了解零件的工作条件及其失效形式，才能比较准确地提出对零件材料的主要性能要求，从而选择合适的材料并制订合理的工艺路线。

对于一般机械零件，强度是力学性能的主要指标，其他一些指标也要考虑。而机械零件在实际工作时的受力情况往往比较复杂，要承受多种应力的复合作用，因而造成零件不同的失效形式，致使对材料提出的力学性能指标有明显的差异。此外，工作温度和环境介质等也有一定的影响。所以，应根据零件的工作条件，分析主要的失效形式，从中找出对零件失效起主导作用的力学性能指标，以便采取改进和预防的技术措施，防止同类失效再次发生。

机械零件在使用过程中，由于各种原因而丧失其设计功能的现象称为失效。一些零件和工具的工作条件、常见的失效形式及力学性能要求指标见表 2-20。

表 2-20 一些零件（工具）的工作条件、常见的失效形式及力学性能要求指标

名称	工作条件		常见的失效形式	力学性能要求指标
	受力状态	载荷性质		
紧固螺栓	拉应力、切应力	静载	过量塑性变形、疲劳断裂	屈服强度、疲劳极限、硬度
重要传动齿轮	弯曲应力、接触压应力、齿面受带滑动的滚动摩擦	交变及冲击载荷	齿过量磨损，出现疲劳麻点或折断	表面高硬度、接触疲劳极限、心部高强度及韧性
传动轴	弯曲应力、扭转应力、轴颈摩擦	交变及冲击载荷	疲劳破坏、轴颈磨损、过量变形	疲劳极限、屈服强度、轴颈高硬度等
弹簧	扭转应力（螺旋弹簧）、弯曲应力（板弹簧）	交变及冲击载荷	弹力丧失、疲劳破坏	弹性极限、疲劳极限、屈强比
滚动轴承	压应力、滚动摩擦	交变载荷	过量磨损、疲劳破坏	抗压强度、疲劳极限、高硬度
冷作模具	复杂应力、强烈摩擦	交变及冲击载荷	过量磨损、脆性断裂	足够的强度与韧性、高硬度
压铸模	复杂应力、摩擦、高温金属液浸蚀	交变及冲击载荷	热疲劳、磨损、脆性断裂	抗热疲劳性、足够的韧性与热硬性、高温强度

材料的工艺性能也是选材的重要依据之一。因为材料工艺性能的好坏对零件的质量、生产率和成本等都有直接影响。

对于一般零件来说，首先应按照零件工作条件的要求来选择材料，即首先要求材料满足使用性能，然后考虑其工艺性能以及零件的结构形状和尺寸等。当各方面要求存在矛盾时，应通过改变工艺过程、调整工艺参数、改进刀具和设备等途径，改善材料的工艺性能，以达到使用性能和工艺性能兼顾的目的。

在满足使用性能和工艺性能的前提下，选用的材料还必须考虑经济性。所选材料既要价廉质优，又要根据国家资源尽量选用国产材料。零件的成本除了材料本身的费用外，还包括加工费用和管理费用等。

从材料本身的费用考虑，只要力学性能能够满足要求，就应尽量优先选用铸铁和碳钢这类比较低廉的材料。例如，球墨铸铁有较高的综合性能，可以代替碳钢甚至合金钢来制造曲轴或其他重要零件，这样可大大降低材料费用，合金钢价格比碳钢高，一般应节约使用，而且应尽量选用我国资源丰富的合金钢系列，如锰钢、锰-硅钢等钢种。

常用热处理方法的相对加工费用见表 2-21。

表 2-21 常用热处理方法的相对加工费用

<table>
<tr><th>热处理方法</th><th>相对加工费用</th><th colspan="2">热处理方法</th><th>相对加工费用</th></tr>
<tr><td>退火（电炉）</td><td>1</td><td colspan="2">调质</td><td>2.5</td></tr>
<tr><td>球化退火</td><td>1.8</td><td rowspan="2">盐浴炉淬火及回火</td><td>刀具、模具</td><td>6~7.5</td></tr>
<tr><td>正火（电炉）</td><td>1</td><td>结构零件</td><td>3</td></tr>
<tr><td>渗碳淬火—回火(渗碳层深 0.8~1.5mm)</td><td>6</td><td colspan="2">冷处理</td><td>3</td></tr>
<tr><td>渗氮</td><td>~38</td><td colspan="2" rowspan="2">高频感应加热淬火</td><td rowspan="2">按淬火长度计算，一般比渗碳淬火价廉</td></tr>
<tr><td>液体氮碳共渗</td><td>10</td></tr>
</table>

注：热处理加工费用以每包千克质量计算，并以退火（电炉）每千克加工费用为基数 1。

2.7.2 零件选材举例

1. 齿轮

（1）齿轮的工作条件和失效形式 齿轮是机器设备中应用最广泛的一种传动零件，其主要功能是调节速度和方向、传递功率。

齿轮在工作时，齿面相互啮合传递动力，造成两齿面在相对滑动和滚动中产生剧烈摩擦，并使齿面承受交变接触压应力，齿根部承受交变弯曲应力；而且在齿轮起动、换挡和啮合不良时，承受一定的冲击力。因而在实际使用中，齿轮的失效形式有多种，常见的有轮齿断裂、齿面剥落和齿面过量磨损。

（2）齿轮材料的性能要求 为了保证齿轮的正常运转，齿轮材料应具备以下主要性能：

1）高的弯曲疲劳强度和接触疲劳强度。

2）齿面有高硬度和高耐磨性。

3）齿轮心部具有足够的强度和韧性。

4）良好的切削加工性和热处理工艺性等。

（3）齿轮材料的选用 齿轮材料的选用主要是根据工作条件与性能要求来确定的，即根据齿轮工作时载荷的大小、转速的高低以及齿轮的精度要求来确定。例如，一般无冲击载荷作用的轻载低速齿轮，精度要求不高，可选用普通碳素钢经正火处理后使用，或者用铸铁制造，常用的材料有 HT200、HT250、QT600-3 等。对于承受较大冲击载荷作用的重载高速齿轮，通常用含碳量较低的合金钢经渗碳及淬火、回火后使用，常选用 20Cr、20CrMnTi、30CrMnTi、20CrNi4A 等合金钢。

2. 轴

（1）轴的工作条件和失效形式 轴是机器的重要零件之一，它的主要作用是支承传动零件并传递运动和动力。轴在工作时受多种应力的作用，在动载荷作用下的轴承受有一定程度的冲击力，轴颈、花键等部位承受较大的摩擦和磨损。轴的主要失效形式是断裂、弯曲变形、局部过度磨损等。

(2) 轴材料的性能要求及选用　根据上述轴的工作条件及失效形式，轴的材料应具有足够的强度、刚度和一定的韧性以及高的疲劳强度，还应具有良好的切削加工性、耐磨性和热处理工艺性能。实际选材时，15、20、35 等钢材常用于制造小轴，较重要的轴多选择 45、40CrMnMo、38CrMoAlA 等材料，曲轴可选用 45、42CrMo、QT600-3 等材料制造。

2.8 材料技术的发展

当前，一场全方位、多层次的新技术革命正在全世界范围内蓬勃兴起，其中新型材料作为新技术革命的支柱也在飞速发展。所谓新型材料或者新材料，是指那些新近发展或正在发展中的材料，它们具有优异性能和特殊功能。这里所说的新型材料是相对于传统材料而言的，二者之间并没有明确的分界。新型材料的发展往往以传统材料为基础，传统材料经过进一步发展也可以成为新型材料。然而，由于新型材料是以科学技术的最新成就为基础的，其性能优异，应用广泛，因此对经济发展、科学进步和国防实力都有着特别重要的意义。

现代工业不但是直接生产各种材料的领域，而且也是需要各种材料最多的领域。例如原子能工业、电子工业、海洋开发产业、空间开发等，都对材料提出了更新、更高的要求，原子能工业需要耐辐射和耐腐蚀材料，电子工业需要超纯、特薄、特细、特均匀的电子材料，海洋开发需要耐腐蚀和耐高压的材料等。

总之，新型材料的发展，与一个国家的经济活力、军事实力和科技能力都有着十分密切的关系。因此，世界各国都将新材料的研究开发置于特殊地位，竞相制订发展规划。我国虽起步较晚，但在这方面进步很快，国家制订的高科技发展计划中，把新材料领域列为重点。

新材料是指以新制备工艺制成的或正在发展中的材料，这些材料主要包括形状记忆合金、非晶态合金、纳米材料、梯度功能材料、电子材料、贮氢材料、超导材料、磁性材料、生态金属材料、光纤材料、生物材料、减振合金及智能材料等。

限于篇幅，本节仅介绍目前工程材料产业发展的主要六大领域：

1）特种金属功能材料，即具有独特的声、光、电、热、磁等性能的金属材料。

2）高端金属结构材料，即比传统金属结构材料具有更高的强度、韧性和耐高温、耐腐蚀等性能的金属材料。

3）先进高分子材料，即具有相对独特物理化学性能，适宜在特殊领域或特定环境下应用的人工合成高分子新材料。

4）新型无机非金属材料，即在传统无机非金属材料基础上新出现的具有耐磨、耐腐蚀，光、电等特殊性能的材料。

5）高性能复合材料，即由两种或两种以上异质、异型、异性材料（一种为基体，其他作为增强体）复合而成的具有特殊功能和结构的新型材料。

6）前沿新材料，即当前以基础研究为主，未来市场前景广阔，代表新材料科技发展方向，具有重要引领作用的材料。

本书在“材料技术的发展”二维码中对有关新材料给出了概述。

复习思考题

1. 材料的塑性是什么？通常用什么指标来表示？
2. 试比较冲击韧度和断裂韧度。
3. 三种硬度指标各用于什么条件？
4. 硬度和抗拉强度之间有什么关系？为什么？
5. 什么是同素异构转变？试举例说明。
6. 晶粒的粗细对金属的力学性能有何影响？
7. 解释名词：晶体、非晶体、单晶体、固溶体、金属化合物。
8. 最常见的金属晶体结构有哪三种？
9. 解释名词：铁素体、奥氏体、渗碳体、珠光体和莱氏体。
10. 共晶点、共析点有什么区别？
11. 钢中常见的杂质元素是什么？它们分别对钢铁性能有何影响？
12. 合金元素在钢中起什么作用？
13. 碳含量对铁碳合金组织有什么影响？
14. 常用的铸铁有哪些？
15. 解释名词：铝合金、铜合金、轴承合金。
16. 高分子材料的结构有哪些特点？
17. 常用的橡胶品种有哪些？
18. 硬质合金与粉末冶金有什么关系？
19. 什么是复合材料？举例说明。
20. 陶瓷在工业上的用途有哪些？
21. 什么是材料的高温性能？
22. 简述机械零件选材的一般原则。

第3章

热处理与表面工程技术

在机械制造业中，热处理占有非常重要的地位。热处理能充分发挥材料的潜能，延长零件的使用寿命。例如，在各种机床设备中，60%~70%的零部件需要进行热处理，重要机械中需要进行热处理的零件所占比例更高，还有一些零件在整个工艺过程中要进行两次以上热处理。

腐蚀和磨损是金属零件破坏的主要形式，为此发展了表面淬火、渗碳等表面热处理技术；发展了电镀、热浸镀、气相沉积等涂层技术；发展了激光束、电子束和等离子束为代表的高能束表面改性技术，用以改变金属材料表面层组织和结构，达到抗磨和耐蚀等其他特殊性能要求。

3.1 钢的热处理

钢的热处理是指在固态下通过不同的加热、保温、冷却来改变钢的内部组织，从而得到所需性能的一种工艺方法。一般而言，热处理工艺包括加热、保温和冷却三个阶段，其工艺过程如图 3-1 所示。由于热处理时温度和时间是主要因素，所以该温度-时间曲线称为热处理工艺曲线。

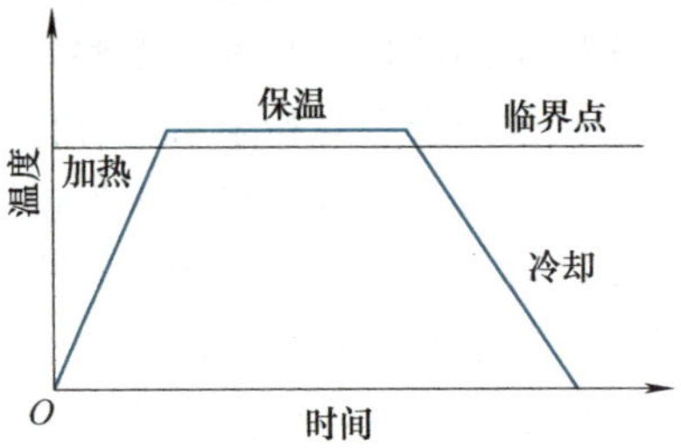

图 3-1 热处理工艺曲线示意图

热处理不同于其他加工工序，它不改变零件的形状和尺寸，只改变其组织和性能。它是保证零件内在质量的重要工序。

根据热处理的目的要求和工艺方法的不同，钢的热处理分类如图 3-2 所示。

- 热处理
  - 普通热处理
    - 退火、正火、淬火、回火
    - 时效、冷处理等
  - 表面热处理
    - 表面淬火
      - 火焰淬火
      - 感应淬火（高频、中频、工频）
      - 激光热处理等
    - 化学热处理
      - 渗碳
      - 渗氮
      - 碳氮共渗
      - 其他
  - 特殊热处理
    - 形变热处理
    - 真空热处理
    - 其他

图 3-2 钢的热处理分类

3.1.1 钢的热处理原理

1. 钢在加热时的组织转变

加热是热处理的第一道工序，大多数热处理工艺都要把钢加热到临界温度之上，使钢在室温下的组织全部或部分转变为奥氏体，即奥氏体化。实际加热时，需要一定程度的过热，相变才能充分进行。实际加热时，与理论临界温度 A_1、A_3、A_{cm} 相对应的各临界温度分别记为 Ac_1、Ac_3 和 Ac_{cm}。类似地，把实际冷却时各临界温度记为 Ar_1、Ar_3 和 Ar_{cm}，如图 3-3 所示。

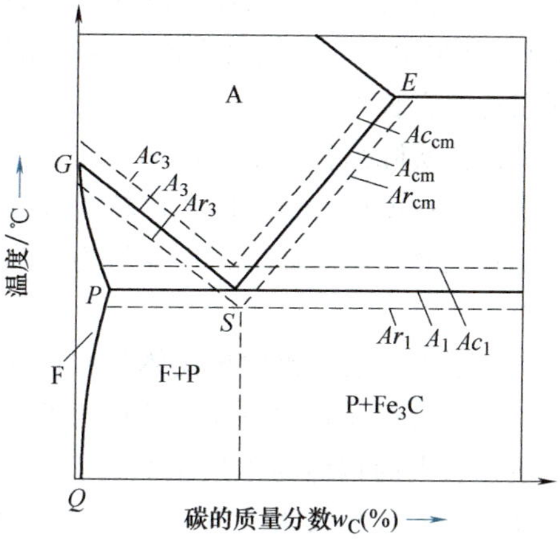

图 3-3 加热和冷却时 $Fe\text{-}Fe_3C$ 相图上各临界点的位置

（1）奥氏体的形成　奥氏体化的过程也是通过形核与长大的机制来完成的。形核和长大的过程是依靠铁原子和碳原子的扩散来实现的，属于扩散型相变。图 3-4 所示为共析钢奥氏体化的过程。

当钢加热到 Ac_1 以上时，便发生珠光体向奥氏体的转变。由于奥氏体的自由能低于铁素体和渗碳体，所以奥氏体总是在铁素体与渗碳体交界面上形核。这是因为此处原子排列紊乱，位错、空位密度较高，为奥氏体形核提供了浓度和结构两方面的条件。

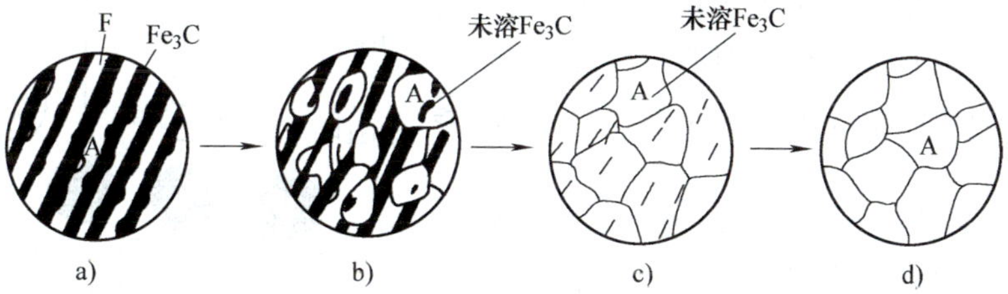

图 3-4 共析钢奥氏体化过程示意图

a）A 形核　b）A 长大　c）A 残余 Fe_3C 溶液　d）A 均匀化

奥氏体晶核形成后，一方面不断合并其相邻的铁素体，另一方面渗碳体又不断溶解于奥氏体中，使奥氏体的相界面不断向渗碳体和铁素体中推移，促使奥氏体晶粒逐渐长大。与此同时，又有新的奥氏体晶核形成并长大，直到铁素体首先消失，此时珠光体已不复存在。

铁素体消失时，还有残存的渗碳体，这部分残余渗碳体在继续升温或保温过程中不断溶入奥氏体，直到完全消失。剩余的渗碳体消失后，奥氏体中的碳浓度不可能立即均匀，原渗碳体处的浓度必然较高，通过继续升温或保温一段时间使碳原子充分扩散，可使奥氏体中各处的碳浓度逐渐趋于均匀。

亚共析钢要实现完全奥氏体化，即变为成分均匀的单一奥氏体组织，必须加热到 Ac_3 温度以上。过共析钢的加热转变与上述情况相似，当加热温度达到 Ac_{cm} 以上时，全部组织转变为奥氏体，但其晶粒已经粗化。

（2）奥氏体晶粒的长大及其影响因素　钢加热到临界温度以上转变为奥氏体后，随着加热温度的继续升高或保温时间的延长，奥氏体晶粒将自发地相互吞并长大。而晶粒的粗细对热处理后的组织与性能影响很大。

通常，晶粒越细钢的塑性和韧性也越好。因此，钢在加热中对其性能影响最大的组织因素就是奥氏体晶粒的粗细。所以，加热的基本要求是在保证奥氏体化的前提下使奥氏体晶粒细小。为此，有必要了解奥氏体晶粒度的概念及影响晶粒粗细的因素。

1）奥氏体晶粒度。晶粒度是指多晶体内晶粒的粗细。根据实际需要，奥氏体晶粒度分为起始晶粒度、实际晶粒度和本质晶粒度。

起始晶粒度是指奥氏体化刚完成时晶粒的大小。一般情况下，由于 $1mm^3$ 的珠光体包含有 $2000 \sim 10000mm^2$ 可供奥氏体成核的相界面。因此，奥氏体的起始晶粒度很小，继续加热或保温将使它长大。

奥氏体实际晶粒度是衡量奥氏体晶粒大小的尺寸。在实际生产中，奥氏体晶粒尺寸通常用与 8 级晶粒度标准金相图片比较的方法来衡量，从而确定晶粒度的级别。晶粒度级别号越大，晶粒尺寸越小。通常，1~4 级为粗晶粒，5~8 级为细晶粒，8 级以外的晶粒为超粗或超细晶粒。

本质晶粒度表示钢的奥氏体晶粒在规定温度下的长大倾向。按在冶炼过程中脱氧方法的不同，可分为粗晶粒钢与细晶粒钢两类，如图 3-5 所示。奥氏体晶粒度随加热温度的升高而不断迅速长大的钢称为本质粗晶粒钢；而钢的奥氏体晶粒不容易长大，只有加热到较高温度（930℃以上）时，才显著长大的钢称为本质细晶粒钢，这种钢热处理后的质量优于粗晶粒钢，但加热温度一般应控制在 930℃ 以下。本质晶粒度不是用来表示晶粒粗细的，而是用来表示钢在规定的加热条件下奥氏体晶粒长大倾向性的大小。

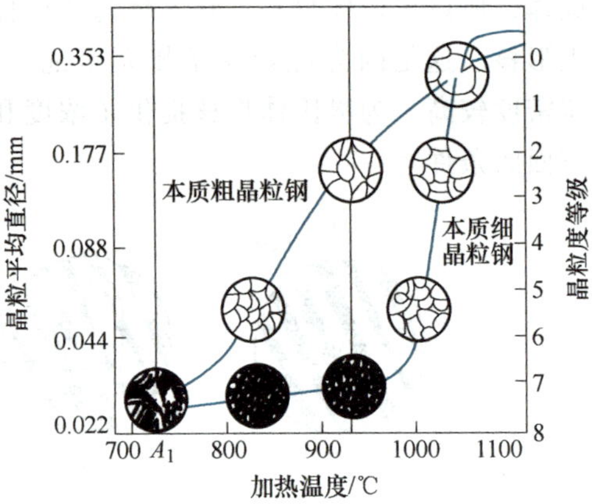

图 3-5 奥氏体晶粒度随加热温度的变化

2）奥氏体晶粒长大及影响因素。由图 3-5 可知，尽管图中两条曲线有所不同，但晶粒度都是随奥氏体化加热温度的升高而长大的，可见加热温度的影响是主要的。因此，为了得到细晶粒组织，钢在热处理时应严格控制加热温度。又因为晶粒长大是通过原子扩散来实现的，所以通过合理地控制保温时间，也可有效地防止晶粒长大。

此外，钢的化学成分也是影响奥氏体晶粒长大的重要因素。在钢中所含的常用合金元素中，除锰、磷外，几乎都有阻碍奥氏体晶粒长大的作用，其中以钛的作用最强烈。因此，合金钢允许采用较高的加热温度与较长的保温时间，但锰钢除外。

2. 钢在冷却时的组织转变

钢的加热过程只是热处理的组织准备阶段，而随后的冷却过程才是人们预期获得热处理使用组织的决定阶段。钢加热到 A_1 以上温度时奥氏体是稳定的相，当重新冷却到 Ar_1 以下时，就成为不稳定的过冷奥氏体，将发生组织转变。而冷却方式和冷却速度与奥氏体的组织转变有直接关系。

热处理中的冷却方式通常有连续冷却和等温冷却两种形式。

连续冷却是将已奥氏体化的钢置于某种介质中，使其在温度连续下降的过程中发生组织转变。例如，在热处理生产中经常使用的，在水中、油中或空气中冷却等都属于连续冷却方式。

等温冷却是将已奥氏体化的钢迅速冷却到 Ar_1 以下某一温度，这时奥氏体尚未转变，但成为过冷奥氏体。然后保持该温度直到过冷奥氏体分解完毕，最后再冷却到室温。例如，等温退火、等温淬火等热处理操作均属于等温冷却方式。

（1）奥氏体等温转变图（C 曲线） 等温冷却方式对研究冷却过程中的组织转变较为方便。奥氏体等温转变图比较全面地反映了过冷奥氏体在不同过冷度下的等温转变过程，转变开始和终了时间、转变产物及其转变量与温度和时间的关系，这在选材及确定热处理工艺中有重要作用。由于该图通常呈“C”字形，故又称为 C 曲线。共析钢奥氏体等温转变图如图 3-6 所示。

等温转变图可以用金相法、膨胀法、磁性法、电阻法和热分析法等多种方法建立，其中金相法是最准确、最可靠的。所有这些方法都是利用过冷奥氏体转变产物的组织形态或物理性质发生变化进行测定的。

如图 3-6 所示，左边一条曲线为转变开始线，该线左边的区域为过冷奥氏体区。右边一条形状相似的曲线为转变终了线。此外，在 C 曲线的下部还有两条线：一条是奥氏体开始向马氏体转变的温度线，又称为上马氏体线，以 *Ms* 表示；另一条是奥氏体停止向马氏体转变的温度线，又称为下马氏体线，以 *Mf* 表示。

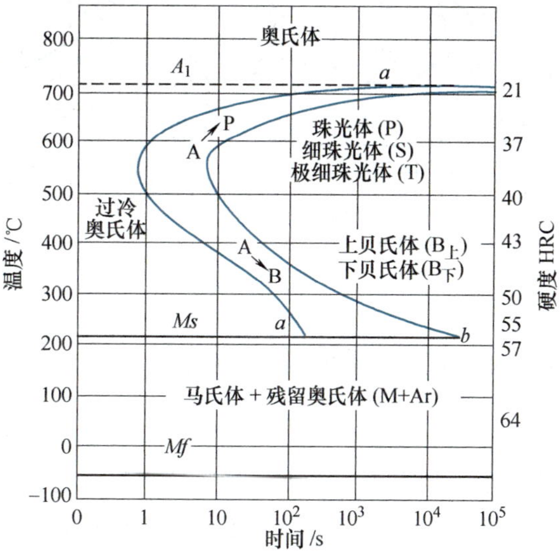

图 3-6 共析钢奥氏体等温转变图

由图 3-6 可以看出，过冷奥氏体在 A_1 ~ *Ms* 温度区间内各个温度的等温转变并不是瞬间开始的，而是有一段孕育期，孕育期的长短标志着过冷奥氏体在该温度下的稳定性。大约在 550℃ 处（俗称“鼻尖”），即孕育期最短处，过冷奥氏体最不稳定，开始转变最早，转变速度也最快。高于 550℃ 的高温区，等温温度越高，孕育期越长，转变速度也越慢。自“鼻尖”以下到 *Ms* 线的中温区内，等温温度越低，孕育期越长，转变速度也越慢。在靠近 A_1 和 *Ms* 的温度，孕育期最长，过冷奥氏体最稳定，开始转变最晚，转变速度也最慢。

研究得出，在共析钢的等温冷却 C 曲线中，会发生三种不同的组织转变：在 A_1 ~ 550℃ 高温区域，发生珠光体转变；在 550℃ ~ *Ms* 中温区域，发生贝氏体转变；在 *Ms* 以下低温区域，发生马氏体转变。

从上述讨论中可以看出 C 曲线的形状及位置对于奥氏体等温转变的速度及转变产物的性质影响很大。由共析钢 C 曲线可知，凡是能提高过冷奥氏体稳定性的因素，都可使孕育期延长，转变速度减慢，表现为 C 曲线右移；反之则表现为 C 曲线左移。下面将讨论影响过冷奥氏体稳定性的几个主要因素。

在正常加热条件下，亚共析钢的 C 曲线随碳含量的增加向右移，而过共析钢的 C 曲线随碳含量的增加向左移。故在碳素钢中以共析钢的过冷奥氏体最稳定，C 曲线最靠右。与共析钢 C 曲线相比，亚共析钢和过共析钢的 C 曲线上部还各多出一条先共析相析出线，如图 3-7 所示。其原因是亚共析钢的过冷奥氏体在转变为珠光体前，要先析出铁素体。类似地，过共析钢的过冷奥氏体则要先析出渗碳体。剩下的过冷奥氏体在含碳量达到共析成分后，再发生珠光体转变。

除钴之外，绝大多数合金元素溶入奥氏体后都会增加过冷奥氏体的稳定性，使 C 曲线右移。铬、钼、钨、钒等碳化物形成元素溶入量较多时还有改变 C 曲线形状的作用。

钢的奥氏体化温度越高，保温时间越长，奥氏体的成分越均匀，越难产生等温转变。同时，奥氏体晶粒粗化，晶界减少，不利于新相的形成，这些都提高了过冷奥氏体的稳定性，使 C 曲线右移。

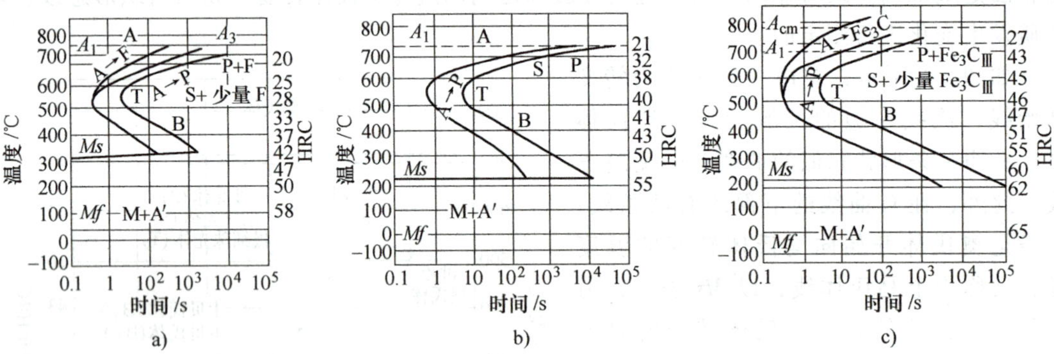

图 3-7 亚共析钢、共析钢和过共析钢 C 曲线

a）亚共析钢 b）共析钢 c）过共析钢

(2) 奥氏体连续冷却时的转变 在实际生产中，一般冷却转变大多是在连续降温过程中进行的，如退火、正火、普通淬火等。这就需要测定、绘制和利用钢的连续冷却转变曲线，以制订正确的热处理工艺和获得所期望的组织和性能。

图 3-8 所示为共析钢的奥氏体连续冷却转变图（CCT 曲线）。图中，奥氏体的连续冷却转变曲线与等温转变曲线相比，前者图中只有珠光体转变区和马氏体转变区，而没有贝氏体转变区。其主要原因是：一方面由于奥氏体中含碳量较高，推迟了贝氏体的形成，使其孕育期大大延长；另一方面则由于在连续冷却时，温度下降很快，即相应提供的转变时间小于实际孕育期，故不发生贝氏体转变。

由图 3-8 可知，珠光体转变区由三条线构成，*Ps* 和 *Pf* 分别是奥氏体转变为珠光体的开始线和终了线，*K* 是转变中止线。马氏体转变区也由三条线构成，*Ms* 和 *Mf* 分别为马氏体的转变开始温度线和转变终了温度线，v_k'是淬火临界冷却下限线。

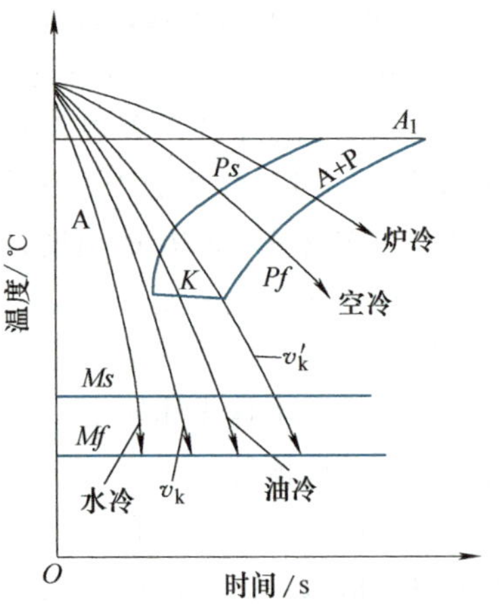

图 3-8 共析钢的奥氏体连续冷却转变图

v_k'线表示的冷却速度也是得到全部珠光体的最大冷却速度。图中炉冷线和空冷线的冷却速度都小于 v_k'，得到的组织全为珠光体。v_k 线是得到全部马氏体的最小冷却速度。可见钢的 v_k 值越小，淬火时越容易得到马氏体。当钢的实际冷却速度在 $v_k \sim v_k'$之间时，将先发生珠光体转变，冷至 *K* 线则转变停止进行，再继续冷至 *Ms* 线以下，则尚未转变的过冷奥氏体才向马氏体转变。

(3) 奥氏体转变图的应用　过冷奥氏体的等温转变图和连续冷却转变图分别反映了钢在不同温度的等温和不同速度的连续冷却时组织转变的规律。因此，它们对于选择、制订热处理工艺，了解热处理过程中钢材组织和性能的变化，有着非常重要的作用。

1）奥氏体等温转变图的应用。根据零件使用性能的要求，选定零件所用钢号，并确定采用等温冷却热处理工艺时，可以查阅该钢的奥氏体等温转变图，从中找到为达到性能要求应选择的等温温度和等温时间（应用时结合零件壁厚考虑）。特别对于某些没有奥氏体连续冷却转变图资料的钢种，就可根据其奥氏体等温转变图来估计其奥氏体连续冷却时的最小冷却速度，再结合淬火冷却介质有关资料，进而选择合理的冷却速度和淬火冷却介质。

2）奥氏体连续冷却转变图的应用。对于普通退火、正火、油淬及水淬等需要连续冷却的热处理过程，都可以根据该钢的奥氏体连续冷却转变图来制订热处理工艺。从图上可以直接看出所得到的组织和硬度，应用十分方便。

图 3-9 所示为 45Mn2 钢的奥氏体连续冷却转变图。图中各条冷却曲线和铁素体、珠光体、贝氏体等转变终了线相交处的数字，是指在该冷却速度下组织中铁素体、珠光体、贝氏体等所占的体积分数。各条冷却曲线下端的数字代表冷却后钢的硬度。

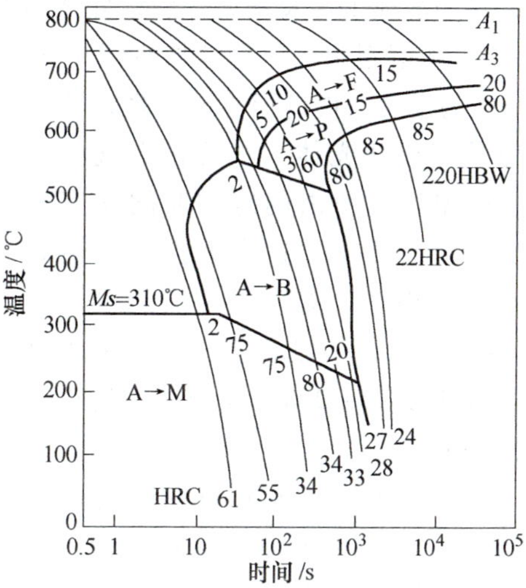

图 3-9　45Mn2 钢的奥氏体连续冷却转变图

3.1.2　热处理方法及应用

钢的热处理工艺就是根据钢的热处理原理，将工件放在一定的介质中加热、保温和冷却，通过改变其表面或内部的组织结构来控制其性能的方法。各种机器零件的形状和尺寸、性能要求和所用钢材是多种多样的，因此，钢的热处理工艺方法也有许多种。这里只对常用的热处理工艺予以介绍。

1. 钢的退火和正火

退火和正火都是应用非常广泛的热处理工艺，在机械零件加工过程中，正火和退火经常作为预先热处理工序，一般安排在铸造和锻造之后、粗加工之前。其目的在于消除前一工序所带来的某些缺陷，改善切削性能，为后续工序做好组织准备。对要求不高的工件，退火和正火也可作为最终的热处理工序。

(1) 退火　将钢加热到临界点 A_1 以上或以下的某一温度，保温一段时间，然后随炉缓慢冷却，使其组织结构达到平衡状态的热处理工艺称为退火。

根据钢的成分和工艺目的的不同，退火可分为完全退火、等温退火、球化退火、均匀化退火和去应力退火。

1）完全退火。将钢件加热到 Ac_3 以上 30~50℃，保温一定时间后，随炉缓冷到 500℃以下再出炉空冷至室温的热处理操作称为完全退火。其“完全”是指加热达到完全奥氏体化。完全退火又称为重结晶退火和普通退火。

完全退火所需的时间比较长，特别是对于某些奥氏体比较稳定的合金钢，往往需要几十小时，甚至几天时间才能完成。

完全退火主要用于亚共析钢的铸件、锻件及热轧型材，有时也用于焊接结构，以改善组织，细化晶粒，降低硬度，消除内应力。一般是作为重要工件的预备热处理或不重要工件的最终热处理。

过共析钢不宜采用完全退火，因为完全退火后有网状二次渗碳体存在，使其韧性明显降低，对切削加工性及淬火等后续处理均不利。

2）等温退火。将钢件加热到 Ac_3（或 Ac_1）以上，保温适当时间后，较快地冷却到稍低于 Ar_1 的温度，再进行等温处理，使奥氏体转变成珠光体，然后在空气中冷却。等温退火所需的冷却时间比完全退火的要短得多，这大大提高了热处理炉的利用率，缩短了生产周期。如图 3-10 所示，一般高速工具钢采用完全退火需要 15~20h，采用等温退火需要约 10h。

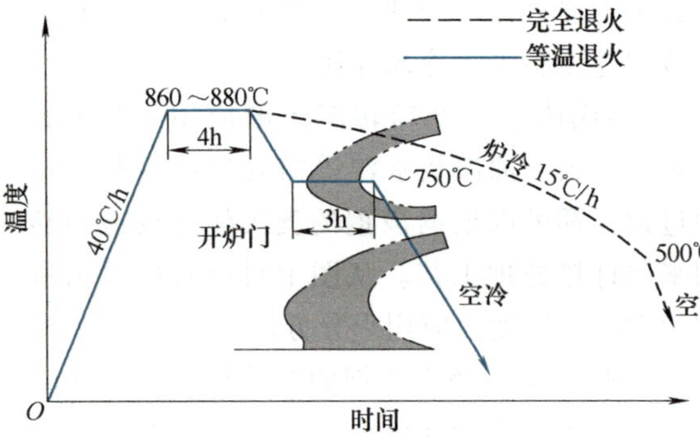

图 3-10 高速工具钢等温退火与完全退火的比较

等温退火对于亚共析钢可替代完全退火；对于共析钢、过共析钢，可替代球化退火。但由于受到设备条件、工件尺寸等方面的限制，还是完全退火的应用更为普遍。

3）球化退火。将钢件加热至 Ac_1 以上 20~30℃，保温较长时间，再极其缓慢地冷却至 Ar_1 以下 20℃左右，等温一定时间后炉冷至 600℃左右出炉空冷。

球化退火是一种不完全退火，主要用于共析钢和过共析钢及合金工具钢，其目的在于降低硬度，提高塑性韧性，改善切削加工性能，使钢中的碳化物球化，为后续的淬火做好组织准备。球化退火后得到粒（球）状珠光体，它是粒（球）状渗碳体分布在铁素体基体上的混合物。

近年来，球化退火在亚共析钢上的应用已取得良好的成效。只要严格控制球化工艺，同样可获得良好的球化组织，从而有利于压力加工。

4）均匀化退火。均匀化退火是将铸件加热到略低于固相线的温度（1050~1150℃），并长时间保温（10~20h），然后缓慢冷却以消除某些具有化学成分偏析的铸钢及锻轧件。均匀化退火因加热温度高，造成晶粒粗大，所以随后往往要经过完全退火来细化晶粒。

5）去应力退火。去应力退火是将钢件缓慢加热到低于 Ar_1 的某一温度（一般为 500~650℃），保温后随炉缓慢冷却到 200℃以下出炉空冷。去应力退火是一种无相变的退火，主要用来消除工件在铸、锻、焊、热轧、冷拉及切削加工等工序中的残余内应力，稳定尺寸，防止后续工序中工件变形和开裂。一般情况下，去应力退火应安排在精加工之前，或在淬火之后进行。

影响去应力效果的主要因素是退火加热温度，温度越高，应力消除越彻底。但过高的加热温度又会使氧化、脱碳现象严重。而保温时间的影响则不明显。

（2）正火　将钢加热到 Ac_3 或 A_{cm} 以上 30~50℃，保温一定时间，然后在空气中冷却到室温并使组织结构达到或接近平衡状态的热处理操作称为正火。

正火与完全退火的作用相似，它们的主要差别是冷却速度。退火冷却速度慢，获得接近平衡组织；正火冷却速度较快，得到的是非平衡的珠光体组织，而且生产周期短，操作简单。过共析钢正火后可消除网状碳化物，所以正火是最常用的消除网状碳化物的热处理工艺。碳的含量（质量分数）在 0.4%以下的中低碳钢都可用正火代替完全退火。因此，正火是一种优先采用的预先热处理工艺。一些大直径工件也可用正火作为最终热处理。

正火常用的冷却方式是在静止的空气中冷却，其冷却速度约为 3℃/s。对于大件也可采用吹风冷却，其冷却速度约为 10℃/s。

2. 钢的淬火和回火

（1）淬火　淬火是将钢加热到 Ac_1 或 Ac_3 以上的某一温度，保温一定时间，然后快速冷却到室温而获得马氏体组织或贝氏体组织的热处理操作。

淬火的实质是钢经奥氏体化后进行冷却而发生马氏体转变或贝氏体转变。淬火的主要目的在于提高钢的硬度，它是使钢强化的最重要的方法。各种工具、模具、量具、滚动轴承等都需要通过淬火来提高硬度和耐磨性。

淬火工艺的关键是淬火温度的确定与淬火冷却介质的选择。

淬火温度是指钢件淬火时的加热温度，它要根据钢的化学成分来确定。碳素钢的淬火温度可利用 $Fe\text{-}Fe_3C$ 相图来选择，如图 3-11 所示。为了防止奥氏体粗大，一般淬火温度不宜太高，通常规定淬火温度在临界点以上 30~50℃。对于合金钢的淬火加热温度也可参照其临界点的温度，用类似的方法来确定。

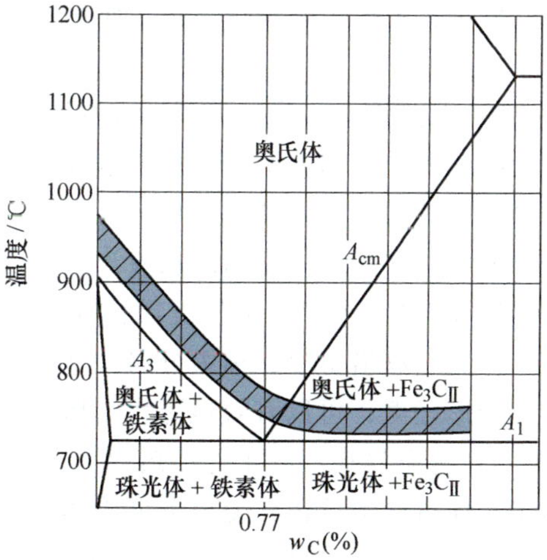

图 3-11　碳素钢的淬火加热温度范围

在淬火工艺中所采用的冷却介质称为淬火冷却介质，常用的有油、水、盐水等，其冷却能力依次增强。淬火冷却介质对保证淬火工艺的实施起至关重要的作用。

选用淬火冷却介质的基本原则是：在保证奥氏体在冷却过程中只发生马氏体转变或贝氏体转变的前提下，尽可能缓慢冷却。因为快速冷却会不可避免地产生很大的内应力和变形，甚至引起开裂。因此，较为理想的淬火冷却介质应该是在奥氏体等温冷却图（C 曲线）的“鼻尖”附近快速冷却，即工件的冷却速度大于马氏体临界冷却速度（v_k），使冷却曲线不与 C 曲线相交，而在 Ms 点附近应尽量慢速冷却，以减少马氏体转变时产生的组织内应力。理想的淬火冷却曲线如图 3-12 所示。但到目前为止，尚找不到这种理想的淬火冷却介质。工厂中常用的淬火介质仍然是水和油。

水最经济且冷却能力较强，水的化学稳定性很高，热容较大，一般碳素钢多用它作为淬火冷却介质。淬火用的油主要是矿物油，油的冷却能力在高温区较低，在低温区较高，合金钢多用它来进行淬火。

目前，热处理技术已发展到能控制淬火后的组织性能及能减小变形的水平。这些方法的选择应根据工件材料及其对组织、性能、尺寸精度的要求而定。而且在保证技术要求的情况下，优先选用简便经济的淬火工艺。现在生产中常用的淬火方法如图 3-13 所示。

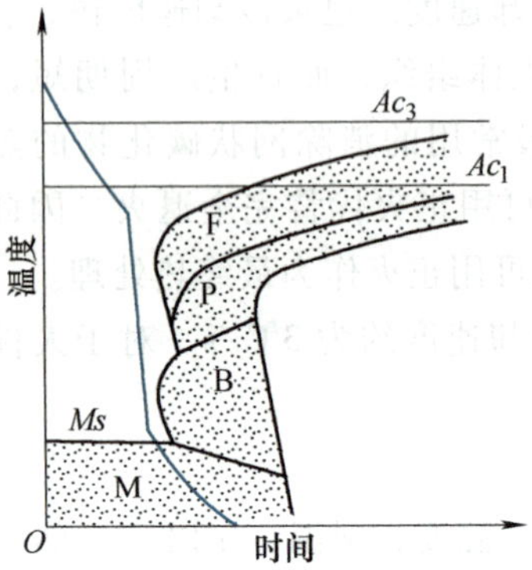

图 3-12 理想的淬火冷却曲线

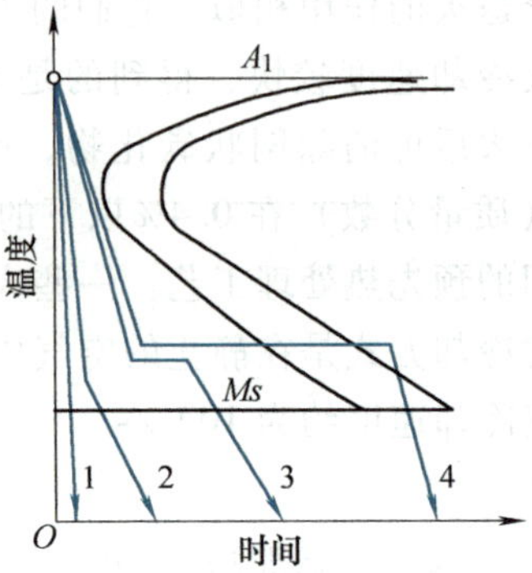

图 3-13 不同淬火方法示意图

1—单液淬火 2—双液淬火 3—分级淬火 4—等温淬火

1）单液淬火。单液淬火是指将淬火加热的工件放入一种淬火冷却介质中，连续冷却到室温的方法。例如，碳素钢在水中淬火、合金钢在油中淬火等均属于单液淬火。此法操作简单，易于实现机械化及自动化，应用广泛。但水淬工件容易变形和开裂，油淬工件容易产生硬度不足。

2）双液淬火。将加热到淬火温度的工件先在水中淬火，在工件达到 *Ms* 温度前即取出，马上放入油中冷却，所以又称为水淬油冷法。这种方法的优点是利用了水淬及油淬的优点，获得了较理想的冷却条件。缺点是操作复杂，在水中的停留时间不易掌握，需要有实践经验。另外，在生产中使用的双液淬火法还有水淬空冷和油淬空冷等。

3）分级淬火。将工件奥氏体化后，先放入温度稍高于 *Ms* 点的冷却介质中，停留 2~5min，然后取出空冷，称为分级淬火法。此法的主要优点是工件内外温差小，产生内应力小，变形轻微，可以有效地防止变形开裂。但一般只适于尺寸比较小的工件。

4）等温淬火。将工件加热到奥氏体化后，先快速冷却到贝氏体转变区，保温足够长的时间，使过冷奥氏体转变成下贝氏体，然后取出空冷，称为等温淬火。经这种方法处理的零件强度高，塑性、韧性好，同时淬火应力小，变形小，适用于处理形状复杂或尺寸较小的工具。

（2）回火　回火是将淬火后的钢加热到 Ac_1 以下温度，保温一段时间，再冷却至室温的热处理工艺。

回火转变是典型的扩散性相变，本质是淬火马氏体分解及碳化物析出、聚集长大的过程。回火的目的是消除因淬火时冷却过快而产生的内应力，降低淬火钢的脆性，稳定工件的组织和尺寸。淬火与回火的结合能满足各种机械零件对性能提出的不同要求。

根据加热温度的不同，回火可分为以下几种：

1）低温回火（不可逆回火）（150~250℃）。这种回火可以获得回火马氏体组织，主要是为了降低钢中残余应力和脆性，而保持钢在淬火后得到的高硬度和高耐磨性。回火后硬度在58~64HRC之间。此法主要用于刀具、量具、冷冲模具、滚动轴承及精密偶件等。

2）中温回火（350~500℃）。淬火钢在此温度范围内可得到回火托氏体组织，硬度在35~45HRC之间，有较高的弹性极限、屈服极限和一定的塑性、韧性。此法主要适用于各种弹簧钢及热锻模等处理。

3）高温回火（可逆回火）（500~650℃）。经过高温回火可获得索氏体组织，基体残余应力基本消除。这种回火主要是为了得到强度、塑性、韧性都较好的综合力学性能。高温回火后硬度在25~35HRC之间。此法主要用于各种传动轴、齿轮、连杆等重要结构零件。一般习惯将淬火加高温回火的热处理称为“调质处理”。

3. 钢的表面热处理

在各种机器中，齿轮、轴和销等零件是在动载荷和摩擦条件下工作的。它们在工作时要求表面具有高的硬度和耐磨性，还要求心部具有高的强度和韧性，以传递很大的转矩和承受相当大的冲击载荷，即要求“表硬心韧”。采用前述几种热处理工艺难以兼顾这两方面的要求，为此生产中广泛采用表面热处理的方法来满足这些工件的性能要求。

所谓表面热处理，是指只对工件表层进行热处理以改变其组织和性能的工艺。通常表面热处理分为表面淬火和化学热处理两大类。

（1）表面淬火　钢的表面淬火主要是通过快速加热和立即激冷相结合的方法使表面产生强化。快速加热使钢的表层迅速达到淬火温度，然后使之激冷，实现局部淬火。这样表层为马氏体组织，具有高硬度、高耐磨性；由于热量还来不及传至工件心部，所以心部则保持淬火前的调质或正火组织，塑性、韧性均好。

一般中碳钢适合于表面淬火，可获得较好的表面强化效果。而高碳钢、低碳钢不适于表面淬火。另外，基体组织相当于中碳钢的普通灰铸铁、球墨铸铁、可锻铸铁和合金铸铁原则上均可进行表面淬火，但球墨铸铁的工艺性最好。

根据加热方法不同，表面淬火可分为感应淬火、火焰淬火、接触电阻加热淬火、电解液加热淬火及激光淬火等。工业上应用最多的为感应淬火和火焰淬火。

1）感应淬火。感应淬火是采用电磁感应方法使零件表面迅速加热，然后迅速喷水冷却的一种热处理方法。其优点是加热速度快，热处理质量好，比普通淬火硬度稍高（2~3HRC），脆性小，不易脱氧脱碳，变形小，生产率高，易于实现自动化和机械化。

图3-14所示为感应淬火的装置。感应器一般用方形纯铜管制成，内通水冷却。当感应器通过交流电时，在其周围即产生同频率的交变磁场，置于感应器内的工件内部就产生感应电流，这个电流称为涡流。涡流主要集中在工件表面，而且电流的频率越高，电流集中的表面层越薄，而中心处的电流密度几乎为零。这种现象称为趋肤效应。感应淬火就是依据这种效应，使工件表层在

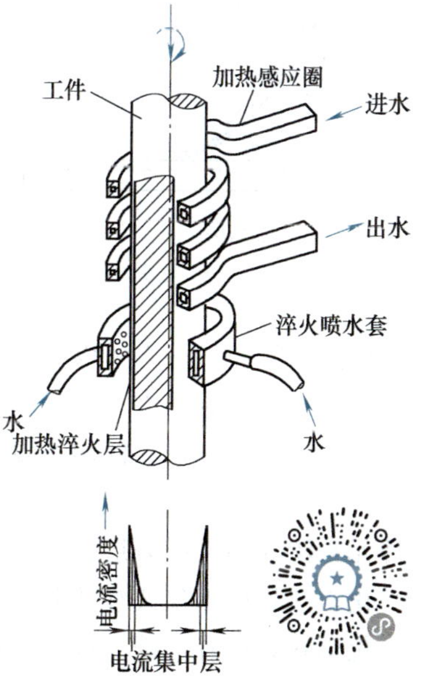

图3-14　感应淬火示意图

数秒钟内温度升高到800~1000℃，而中心仍处于室温。一旦工件表层温度达到淬火加热温度，便立即喷水冷却，使工件表层淬硬。

感应加热深度主要取决于电流频率，频率越高，加热深度越浅，为了获得不同的加热深度可选择不同的电流频率，目前工业上常采用高频、中频和工频感应淬火法。常用的设备及常用频率、所适用零件的工作条件及种类见表3-1。

表3-1 感应淬火的种类及应用

类别	常用的设备及常用频率	零件的工作条件及种类	淬硬深度/mm
高频	电子管式高频发生器250~350kHz	工作于摩擦条件下的零件，如用45、40Cr钢制的小齿轮、轴等	0.5~2.0
中频	中频发电机或晶闸管中频发生器1~10kHz	承受扭曲、压力载荷的零件，如由40Cr、65Mn、球墨铸铁等制造的曲轴、大齿轮、磨床主轴等	3.0~5.0
工频	工频发电机，50Hz	承受扭曲、压力载荷的大型零件，如9Cr2W、9Cr2Mo钢制的冷轧辊	>10~15

2）火焰淬火。火焰淬火是利用氧气—乙炔高温火焰将工件表层迅速加热到淬火温度，并立即用水或乳化液进行冷却的热处理操作，如图3-15所示。火焰淬火的淬硬层深度一般是2~6mm，过深的淬硬层会使工件表面组织过热，易产生淬火裂纹。与感应淬火相比，火焰淬火具有设备简单、成本低等优点。它主要适用于单件、小批生产的零件，或大型零件和需要局部淬火的工具或零件。

3）接触电阻加热淬火。图3-16所示为接触电阻加热淬火的原理。通过调压器产生低电压、大电流，并通过压紧在工件表面上的滚轮与工件形成回路，靠接触电阻热实现快速加热，滚轮移开后即进行自激冷（空冷）淬火。

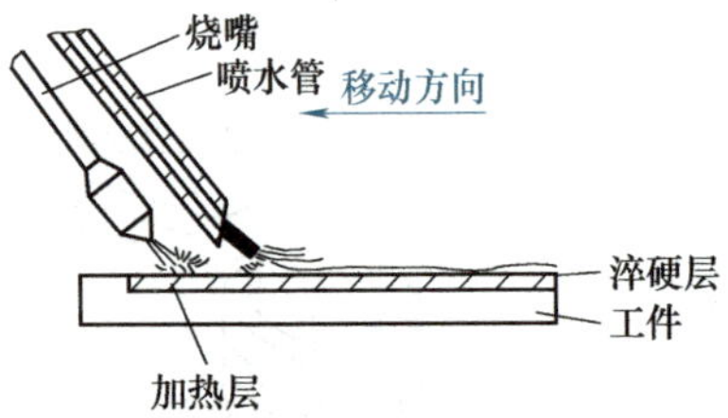

图3-15 火焰淬火示意图

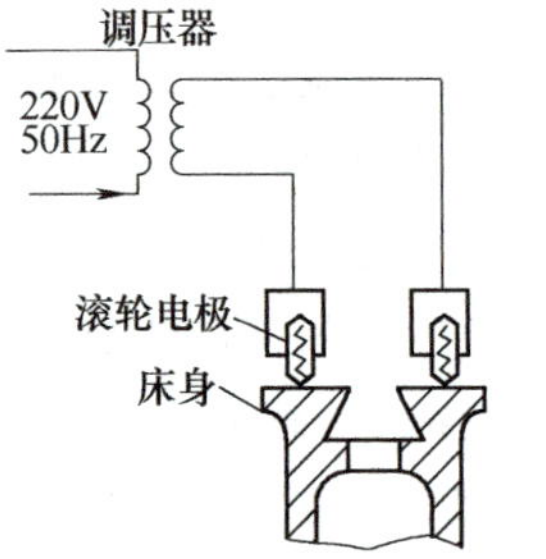

图3-16 接触电阻加热淬火

接触电阻加热淬火可以显著提高工件表面的耐磨性、抗擦伤能力，设备及工艺费用低，工件变形小，不需回火。在机床导轨、气缸套等形状简单的工件上得到广泛应用。只是滚轮一般用纯铜材料制作，使用一段时间后需更换。

（2）化学热处理 化学热处理是指将工件置于一定温度的活性介质中保温，使一种或几种元素渗入到它的表层，以改变表层化学成分、组织和性能的热处理工艺。与表面淬火相比，化学热处理不仅改变表层的组织，而且也改变了表层的化学成分。根据渗入元素的不同，化学热处理有渗碳、渗氮、碳氮共渗、渗硼、渗铬和渗铝等多种。它们分别应用于不同的工件，可以达到提高工件的耐磨性、疲劳强度或耐蚀性等目的。因此，化学热处理在工业生产中意义重大。

化学热处理过程包括三个互相衔接而又同时进行的阶段，即分解、吸收和扩散。分解是指工件周围的介质分解形成渗入元素的活性原子，例如 $CH_4 \rightleftharpoons 2H_2+[C]$、$2NH_3 \rightleftharpoons 3H_2+[2N]$，其中［C］、［N］即为活性碳原子、氮原子，只有这些活性原子才有可能溶入工件表层。吸收是指活性原子溶入工件表层后形成固溶体或化合物的过程。扩散是指渗入原子从工件表层向内部迁移，以保证通过化学热处理得到一定的渗层深度。

化学热处理后，再配合常规热处理，可使同一工件的表层与心部获得不同的组织与性能。下面介绍工业上常用的几种化学热处理方法。

1）钢的渗碳。渗碳是指将 $w_C=0.1\%\sim0.25\%$ 的低碳钢或低碳合金钢置于渗碳介质中加热和保温，使碳原子渗入表层，最后得到 $w_C\approx1.0\%$，并使渗碳层具有一定深度的热处理工艺。

低碳钢经渗碳处理后再经淬火及低温回火，就可使工件变得“表硬心韧”，表层硬度可达 58~62HRC，超过中碳钢表面淬火件的表层硬度，心部韧性也比表面淬火件好。

根据所用渗碳介质的不同，可分为气体、液体、固体及真空渗碳等多种，最常用的是气体渗碳。此外，为了提高渗碳效率和质量，真空渗碳、真空离子渗碳等技术正在推广应用。

渗碳的主要工艺参数是加热温度和保温时间，在渗碳时间和渗碳介质气氛不变的情况下，随着加热温度的升高，渗碳速度加快，而且渗碳层厚度也有所增加。当然，加热温度的升高也会引起奥氏体晶粒粗大，使钢的性能变坏，所以一般把渗碳加热温度选在 900~950℃之间。

在渗碳加热温度和渗碳介质气氛不变的情况下，渗碳层的厚度则随保温时间的延长而加深。但是这种加深的过程并不是等速的，而是随着保温时间的延长而逐渐减慢。表 3-2 给出了 920℃渗碳时渗碳层厚度与时间的关系。

表 3-2 920℃渗碳时渗碳层厚度与时间的关系

渗碳时间/h	3	4	5	6	7
渗碳层厚度/mm	0.4~0.6	0.6~0.8	0.8~1.2	1.0~1.4	1.2 1.6

2）钢的渗氮。钢的渗氮是指向工件表层渗入氮原子的过程。渗氮能使工件获得比渗碳更高的表面硬度、耐磨性、疲劳强度、热硬性及抗“咬合”性，并提高耐蚀性。

渗氮用钢通常含有 Al、Cr、Mo、Ti 等合金元素，例如 38CrMoAl 即是一种常用渗氮钢。由于上述元素容易与氮形成颗粒致密、均匀，硬度高且稳定的各种氮化物（如 AlN、CrN、MoN 等），并且能组成连续的、致密的渗氮层，所以能获得高硬度、高耐磨性、高耐蚀性的渗氮层。一般工件渗氮后无须再进行热处理，为了保证心部的力学性能，在渗氮前应进行调质处理。

目前工业上应用最广的、比较成熟的是气体渗氮法。它是在专门设备或井式渗氮炉中通入氨气，加热到 500~570℃，使之分解出活性氮原子，被钢吸收后在其表面形成渗氮层，同时向心部扩散。氨气的分解反应为

$$2NH_3 \rightleftharpoons 3H_2+2[N]$$

由于处理温度低，所以渗氮周期很长。例如，欲得到厚度为 0.3~0.5mm 的渗氮层，需要 20~50h，而得到同样厚度的渗碳层仅需 3h 左右。

渗氮后工件表面硬度可达1000~1200HV，比渗碳层具有更高的硬度和耐磨性，渗氮层深度一般不超过0.6~0.7mm。

与渗碳相比，渗氮温度很低且渗氮后通常随炉冷却，工件变形小，硬度很高，耐磨性和疲劳强度都较好，因此它广泛用于各种高速传动的精密齿轮和高精度机床主轴等，以及要求变形很小和具有一定耐热、耐蚀能力的耐磨零件等。

除了上面介绍的渗碳、渗氮之外，还有碳氮共渗法。表3-3为钢经前述几种表面热处理后的性能及应用实例等方面的比较表。

表3-3 几种表面热处理的比较

处理方法	表面淬火	渗碳	渗氮	碳氮共渗
硬化层深度/mm	0.5~7	0.5~2.0	0.3~0.5	0.2~0.5
硬度(HRC)	55~63	58~63	66~71	56~60(高温),65~71(低温)
疲劳强度	良好	较好	最好	良好
耐蚀性	一般	一般	最好	较好
生产周期	几秒几分	3~9h	30~50h	1~2h
应用实例	大齿轮、冷轧辊等	变速齿轮、活塞销等	镗杆、精密齿轮等	中温碳氮共渗同渗碳，氮碳共渗用于高速工具钢刀具等

在空气炉中进行加热时，钢件表面常发生氧化、脱碳，影响工件热处理后的表面质量和性能，这是由于空气中存在21%（体积分数）氧气的缘故。要避免上述缺陷，工件在加热过程中应将炉内氧气排除掉。一种方法是把空气抽掉，即真空热处理；另一种方法是向热处理炉内通入能够保护钢件不氧化、不脱碳的气体，即可控气氛热处理。另外，随着技术的发展，形变热处理、激光热处理、超声波热处理等新的特种热处理方法已经在生产中得到使用。

必须注意：为了提高零件的热处理质量、减少变形和开裂的倾向、简化热处理工艺，机械零件设计时，要充分考虑零件的结构和形状对热处理工艺性能的影响，即热处理的工艺性。

3.2 非金属材料的热处理

非金属材料由于其资源优势和良好的性能，近年来使用量急剧增加，在各行各业中发挥着越来越重要的作用。本节简要介绍玻璃的热处理和工程陶瓷的热处理。

3.2.1 玻璃的热处理

1. 玻璃的退火

在生产过程中，玻璃制品经受激烈的、不均匀的温度变化会产生热应力。热应力的存在使玻璃制品的强度和热稳定性降低。退火可以降低或消除玻璃制品中的热应力。

玻璃的退火工艺一般包括加热、均热、慢冷和快冷四个阶段，如图3-17所示。玻璃制品成形后直接进入退火炉进行退火，称为一次退火；成形冷却后再经加热退火，称为二次退火；二次退火加热温度一般低于玻璃转变温度 T_g。由于加热过程中玻璃表面产生压应力，所以升温速率可达到300℃/min。根据制品厚度的不同，生产中常用的加热速率为$20a^2$~$30a^2$℃/min，光学玻璃一般小于$5/a^2$，其中a值为制品厚度的二分之一。保温时间可按$70a^2$~$120a^2$计算。均热后必须慢冷，以防止过大温差造成制品再次产生较大应力。当冷却到应变点以下时，就可以快速冷却以缩短整个退火过程。

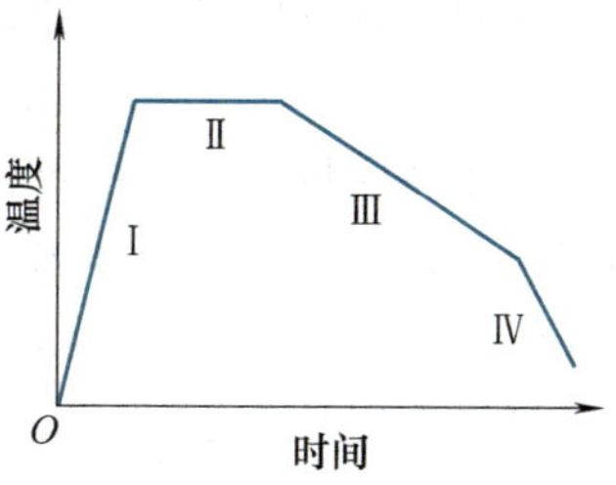

图3-17 玻璃退火工艺曲线示意图

2. 玻璃的晶化退火

玻璃的晶化退火是将非晶态的原始玻璃经过适当的退火，以产生部分结晶态组织的热处理工艺。原始玻璃经晶化退火后称为微晶玻璃或玻璃陶瓷。玻璃被晶化后，均质玻璃中析出微小晶粒，晶粒均匀分布，杂乱取向，材料力学性能发生改变，硬度有所增加，断裂韧度大大提高。这是因为在原始玻璃中非晶组织对裂纹扩展的阻碍作用很小，而随着晶体的析出，出现的晶界阻碍裂纹的扩展，裂纹在晶界处改变前进方向须增加2~4倍的应力，从而使材料的断裂能提高，且材料的性能随着晶化率的提高而提高。目前，广泛使用的玻璃陶瓷牙齿材料大都是原始非晶玻璃体经过晶化热处理获得。表3-4列出了主晶相为四硅酸氟云母晶体的晶化温度对材料力学性能的影响。

表3-4 不同晶化温度下玻璃陶瓷的显微硬度和断裂韧度

晶化温度/℃	显微硬度/GPa	断裂韧度/(MPa·$m^{1/2}$)
玻璃	5.33±0.14	0.50±0.01
830	5.71±0.18	0.64±0.03
850	5.76±0.16	0.65±0.02
870	5.78±0.14	0.68±0.02
890	5.86±0.12	0.70±0.02
910	6.10±0.13	0.73±0.02
930	6.16±0.19	0.74±0.02
950	6.31±0.14	0.77±0.01

3. 玻璃的淬火

玻璃的淬火又称为物理钢化，是指将玻璃制品加热至转变温度T_g以上50~60℃，然后在冷却介质中急速均匀冷却的过程。经过淬火后，玻璃制品的内层和表层之间产生很大的温度梯度，冷至室温后造成玻璃表面均匀分布的压应力层，使其力学性能得到很大提高。同普通玻璃相比，淬火玻璃的弯曲强度提高了4~5倍，达近200MPa；抗冲击强度也提高了好几倍；淬火玻璃可经受温度突变的范围达250~320℃，而普通玻璃只有70~100℃。另外，淬火玻璃表面裂纹减少，破碎时只产生没有尖锐角的小碎片。但淬火玻璃内部有相互平衡的应力分布，一般不能再行切割。

玻璃器皿和平板玻璃一般均用风冷淬火。厚度小于2.5~3mm的薄壁制品必须加大急冷程度来提高内外层温差，常采用低温液体作为淬火介质，如硅树脂、低熔点金属熔盐等。

3.2.2 工程陶瓷的热处理

在固态非金属材料中，陶瓷体是一个多晶、多相系统，以晶体为主要相。陶瓷是脆性材料，固体陶瓷中存在气孔、微裂纹等缺陷，抗热、抗振能力不如金属，一般宜采用缓慢冷却的退火方式进行热处理。陶瓷进行热处理主要用于去除应力、消除加工缺陷、改变晶界相以改善性能，也可以对部分陶瓷进行化学热处理以改善性能。

1. 工程陶瓷材料的退火

复相陶瓷材料在烧结过程中，由于不同相之间的热膨胀系数不一样，冷却时常常会产生相间应力，容易导致瓷体内部的微裂纹。另外，晶粒之间的玻璃相削弱了晶间结合，降低了陶瓷的抗断裂能力。实验表明：相关陶瓷材料经过退火促使晶粒变化，从而减小相间应力，弥合微裂纹；长时间退火可以使部分晶界玻璃相发生晶化，改善了材料的组织结构，提高了陶瓷的室温和高温力学性能。图 3-18 所示为氧化锆增韧莫来石（Zirconia Toughened Mullite，ZTM）复相陶瓷在氮气中退火工艺与力学性能的关系。但非氧化物陶瓷（如含碳化硅）若在空气中长时间的退火会导致氧化反应，材料性能可能下降。

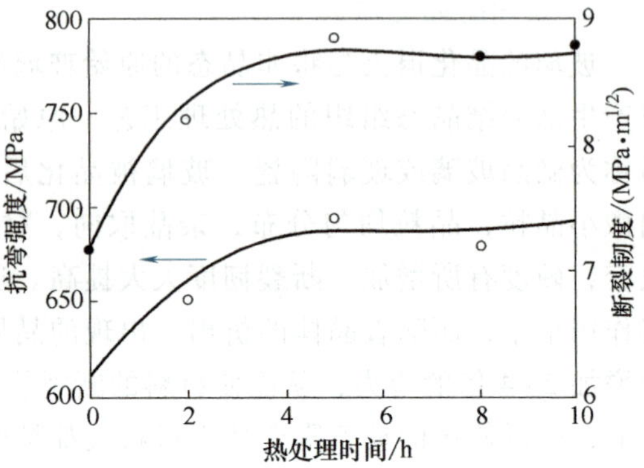

图 3-18 氮气中 ZTM 力学性能与退火时间的关系（退火温度 1000℃）

退火还可以降低机械加工对陶瓷材料的不利影响。陶瓷材料目前已经广泛应用于发动机零件、火箭外部保护罩等高技术领域。为满足高尺寸精度、低表面粗糙度值的要求，需对烧成后的陶瓷件进行一系列机械加工，如磨削等。为避免或减少机加工对陶瓷材料性能的不利影响，可在接近烧结温度的条件下对机加工后的陶瓷进行退火，通过晶粒生长、扩散传质、玻璃相流动、氧化等方式使裂纹愈合或纯化，从而改善其性能。

2. 工程陶瓷材料的化学热处理

研究表明，氧化锆及其复相陶瓷材料表层可进行渗碳或渗氮，使室温下的亚稳相四方氧化锆的含量增加，从而影响其增韧效果。

氧化锆陶瓷增韧的重要条件是使氧化锆的高温相（四方相，t 相）保留到室温而不转变为单斜相（m 相），在应力诱发下发生 t-m 相变，导致体积膨胀，产生类似于钢热处理时马氏体相变的效应。将 Mg^{2+}、Y^{3+} 等离子固溶到氧化锆晶格中可以起到稳定四方相（t 相）的作用，如将氧化锆增韧氧化铝陶瓷（Zirconia Toughened Alumina，ZTA）于 1300℃ 埋入 SiC 粉中保温 15h，ZrO_2 中的四方相由原来的 8% 升高到 92%，且随温度升高和保温时间延长，对氧化锆的稳定化作用越明显。同理，将 ZTA 陶瓷和 ZTM 陶瓷分别埋入石墨+$BaCO_3$ 粉和木炭+$BaCO_3$ 粉中，经 1200℃ 保温 6h，两种陶瓷中四方相的含量也均有明显上升，特别是石墨作为固体渗碳剂的效果更好。向陶瓷渗氮也得到了相似的结果：随着氮气分压和热处理温度的提高，ZTM 陶瓷中四方相的含量呈增加趋势。

3.3 表面工程技术㊀

社会经济的发展和各种新技术的不断涌现，不仅对材料提出了更多更高的性能要求，而

㊀ 此节为选修内容。

且对机械零件表面性能的要求也越来越高；另外，人们对各类生活用品的高性能、使用寿命和装饰性的要求也随着生活水平的提高而不断提高。这些要求和条件极大地推动了表面处理技术的飞速发展，并逐步形成了表面工程学科和行业领域。

3.3.1 概述

表面工程可以概括为经表面预处理后，通过表面镀覆、表面改性或表面复合处理，改变固态金属表面或非金属表面的化学成分、组织结构、形态和（或）应力状态，以获得所需要的表面性能的系统工程。

表面工程是由多个学科交叉、综合、复合发展起来的新兴学科，它是工程科学技术诸领域中一个非常活跃、成果突出、与生产实践紧密结合的领域。表面工程以“表面”为研究核心，在有关学科理论基础上，按照零件表面的失效机制，采用各种表面技术或复合表面技术进行防护。

表面工程技术的应用拓宽了材料的应用领域，其作用主要有：

1）可用一般的材料代替稀有昂贵的材料制造机件，其质量甚至超过原机件。

2）可以把两种或两种以上的材料复合，解决单一材料解决不了的问题。

3）延长在苛刻条件下服役机件的寿命。

4）大幅度提高现有机件的寿命。

5）赋予材料的特殊的物理、化学性能，有助于某些尖端技术的开发。

6）表面工程技术应用于绿色再制造，可成功地修复磨损、腐蚀的零件。

3.3.2 热喷涂技术

热喷涂是一项应用较早的材料表面工程技术。现阶段的热喷涂技术已突破了传统热喷涂技术的概念，在热喷涂的“热源”、喷涂速度和能量转换上都有较大的突破，从而促进了各种各样热喷涂方法和先进热喷涂设备的出现，而且涌现了许多新的、奇特的热喷涂材料。热喷涂的涂层也不再是传统的机械结合涂层，它扩散形成合金化的结合、钎焊结合，甚至达到冶金结合。

1. 热喷涂的基本原理

热喷涂技术是一种复合技术，它利用各种不同的热源，将欲喷涂的各种材料（如金属、合金、陶瓷、塑料及各类复合材料）加热熔化，借助高速热气流将其雾化成“微粒雾流”，并以很高的速度喷射到已经预处理的工件表面，形成堆积状。这种与基体紧密结合的涂层称为喷涂层。将某些喷涂层在喷涂的同时或随后进行重熔处理形成的冶金特征的涂层称为喷熔层或重熔层。图 3-19 所示为热喷涂原理示意图。

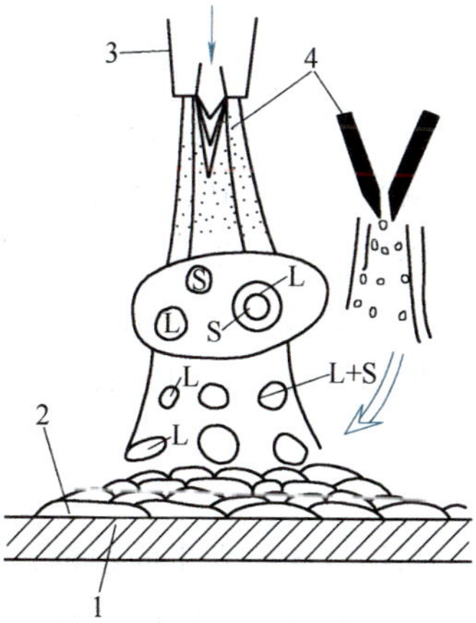

图 3-19 热喷涂原理示意图

1—基体 2—涂层 3—热源 4—热喷涂材料（线、棒、粉） L—熔体 S—固体

由图 3-19 可知，在热喷涂过程中，原为固体颗粒的喷涂材料在喷向工件表面的行程中被加热成熔体颗粒，最先冲击到工件表面的喷涂颗粒变形为扁平状，与工件表面凹凸不平处产生机械咬合。后来的颗粒打在先到颗粒的表面

也变为扁平状，与先到颗粒机械结合，逐渐堆积成涂层。因此，涂层的显微结构是大致平行的叠层状组织，疏松多孔（孔隙率最高达 25%）。而且喷涂材料在喷涂过程中与空气接触，涂层中还有氧化物和氮化物。此外，涂层中还存在残余应力，外层为拉应力，内层和基体表面产生压应力。当涂层较厚或使用收缩率较高的材料时，涂层还可能出现裂纹。

根据所用热源和选用材料可将热喷涂分为熔体热喷涂、火焰热喷涂、电能热喷涂、高能束热喷涂，其分类如图 3-20 所示。

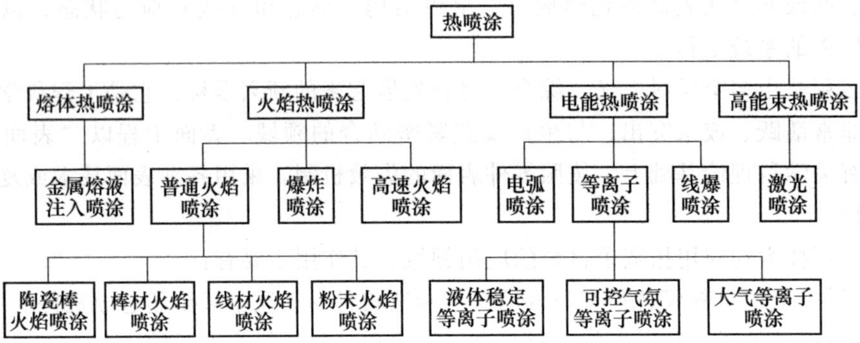

图 3-20　热喷涂方法分类

2. 热喷涂技术的特点及应用

热喷涂技术主要具有以下特点：

1）取材范围广。几乎所有金属、合金、陶瓷、塑料等有机高分子材料都可作为喷涂材料。

2）可用于各种基体。金属、合金、陶瓷、玻璃、水泥、石膏、塑料、木材，甚至纸张都是可喷涂的基体材料。

3）基体可保持较低温度，以保证基体不变形、不弱化。

4）效率高。同样厚度的膜层，喷涂时间要比电镀短得多。

5）对喷涂工件的形状、尺寸一般无限制。

6）涂层厚度容易控制。薄者可为几十微米，厚者可达几毫米。

7）可赋予普通材料特殊的表面性能。可使工件满足耐磨、耐蚀、耐高温、隔热、密封、减摩、耐辐射、导电、绝缘等性能要求，从而节约贵重金属，提高产品的质量和档次。

热喷涂技术在近年来，特别是在能源、汽车和钢铁冶金工业方面的应用取得了较大的发展，主要是用于零构件及工模具的表面改性或修复。此外，热喷涂技术在航天、飞机、造船、化工、纺织、油田装置等方面也都具有十分成功的应用，占有非常重要的地位。

3.3.3　气相沉积技术

利用气相中发生的物理、化学过程，在材料表面形成具有特种性能的金属或化合物的覆层的工艺方法称为气相沉积。它是近 30 年来迅速发展的材料表面改性技术，以改善材料表面的耐磨性能、耐蚀性能、耐热性能、润滑性能、电性能、磁性能、光学性能以及表面装饰等。

气相沉积按形成的基本原理可分为物理气相沉积（PVD）、化学气相沉积（CVD）和兼有物理和化学方法的等离子体化学气相沉积（PCVD）等。其分类及方法如图 3-21 所示。

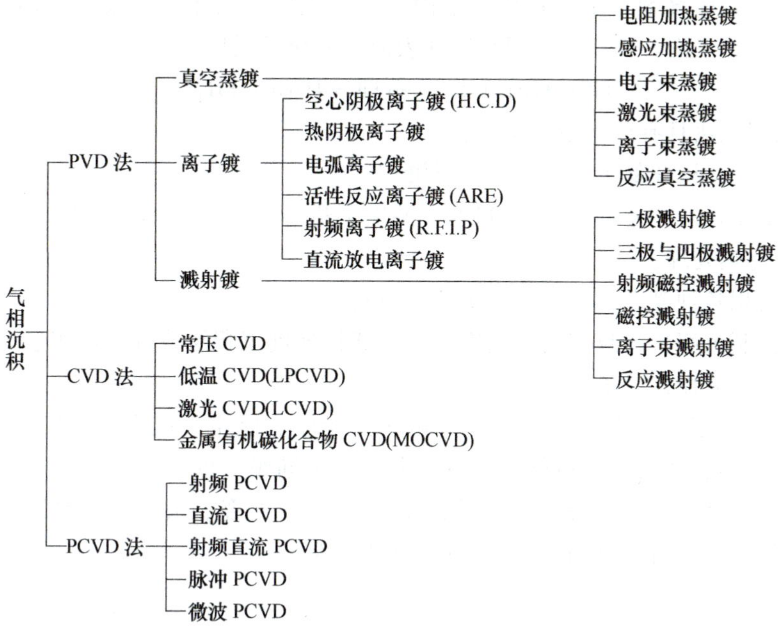

图 3-21 气相沉积的分类及方法

1. 物理气相沉积（PVD）

物理气相沉积（PVD）是指用物理的方法（如蒸发、溅射等）使镀膜材料汽化，在基体表面直接沉积成固体薄膜的方法，通常称为 PVD 法。

PVD 法有三种基本方法，即真空蒸镀、离子镀和溅射镀三类，其基本过程包括：加热蒸发或高能束轰击靶材等方式产生气相镀料，气相镀料在真空中向待镀的基材输送，然后沉积在基材上形成覆盖层（或膜层）。

物理气相沉积具有以下特点：

1）蒸发或溅射的原子或分子被解离和加速，能量较高，可以得到致密的、结合性能良好的覆层。

2）温度较低，工件变形小，不会产生退火软化，一般不需要再加工。

3）依靠离子溅射效应，使工件表面净化，并在整个沉积过程中均能保持清洁。

4）在金属、陶瓷、玻璃、塑料等表面都可沉积。采用反应性 PVD 能得到各种金属氧化物、碳化物或氮化物覆层。

5）无公害。

2. 化学气相沉积（CVD）

化学气相沉积（CVD）是指利用化学方法使反应气体于一定温度下在基体材料表面上发生化学反应，并生成固态沉积膜的过程。化学气相沉积过程一般分为四个重要阶段：反应气体向基体表面扩散；反应气体吸附于基体表面；在基体表面上发生化学反应；在基体表面上产生的气相副产物脱离表面，留下的反应产物形成沉积膜。

通常沉积 TiC 或 TiN，是向加热到 850～1100℃ 的真空反应室中通入 $TiCl_4$、H_2、CH_4 等气体，经化学反应，在基体表面形成沉积层。例如，欲在钢件表面形成 TiC 层，则将钛以挥发性氯化物（$TiCl_4$）形式与气态或蒸气态的碳氢化合物一道送入高温的真空反应室，并用氢气作为载体气和稀释剂，于是在反应室内的钢件表面上发生化学反应，HCl、H_2 作为气相副产物脱离钢件表面，而 TiC 沉积在钢件表面。其化学反应为

$$TiCl_4+CH_4+H_2 \longrightarrow TiC+4HCl\uparrow+H_2\uparrow$$

化学气相沉积法具有以下主要特点：

1）可以在大气压或低于大气压下进行沉积。

2）反应温度较高，通常在 850~1100℃温度下进行，沉积层结合力强，但工件变形大，沉积后还需进行热处理。

3）可以沉积各种晶态或非晶态无机薄膜材料。

4）容易控制沉积层的致密度和纯度，也可获得梯度沉积层或混合沉积层。

5）设备及工艺操作简单。

气相沉积技术已应用于机械、电子、电工、光学、航空、航天、化工、轻工及食品工业等各部门中。不仅沉积各类金属与不同组分的合金，还能沉积多种化合物；不仅可在金属材料上沉积，而且也可在陶瓷、玻璃、塑料等非金属上沉积覆层。气相沉积的一些典型应用见二维码。

3.3.4 高能束表面改性

采用激光束、离子束和电子束对材料进行表面改性是近二三十年迅速发展起来的材料表面新技术。它主要有两方面的作用：首先是利用激光束或电子束的高功率密度，以极高的加热和冷却速度对材料进行相变处理或者获得微晶、非晶及一些亚稳合金；其次是注入或渗入异类元素进行表面合金化，形成新的合金层，从而使材料表面获得耐磨、耐蚀、抗疲劳、抗高温氧化以及光学、磁学、超导等特殊的性能。

激光束、电子束加热表面改性具有以下特点：

1）能量集中，可对工件的局部加热进行选择性处理。

2）能量利用率高，加热极为迅速，并靠自激冷却。

3）输入热量少，热量变形小，可大大减少后续处理。

4）非接触处理，时间短，可在流水线上进行加工。

离子束不但加热材料表面，而且离子还会与表层原子发生交互作用，可将任何元素注入各种材料表层，从而改变其化学成分和性能。

1. 激光表面改性

激光是 20 世纪 60 年代出现的重大科学技术成就之一，20 世纪 70 年代开始用于金属热处理和特种加工。激光是由激光器产生的，金属热处理大多使用 CO_2 激光器。

材料激光表面改性过程可分为以下几个阶段：激光束辐射到材料表面；激光被材料吸收并转换为热能；表层材料受热升温，发生固态相变、熔化甚至蒸发；材料在激光辐射后冷却。

激光表面改性技术可分成许多种类，常见的有表面淬火、表面合金化、激光熔凝、激光非晶化等。图 3-22 所示为激光表面改性分类简图。这里简要介绍激光表面合金化。

激光表面改性装置由激光器、激光束传输系统、聚光系统、工作台系统与控制系统等组成，图 3-23 所示为激光表面改性装置组成示意图。

预先通过蒸发、溅射、涂敷或喷涂等方法使金属工件表面附着一层合金元素表面膜，然

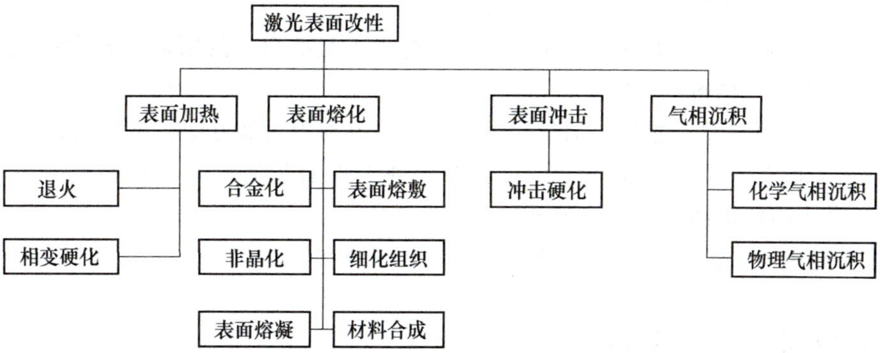

图 3-22　激光表面改性分类简图

后采用激光加热金属表面，渗入合金元素，以改变其化学成分、组织和性能的方法，称为激光表面合金化。通过激光加热各工艺参数控制和合金元素的合理选配，可以获得具有预期性能的合金层，如提高耐磨性、耐蚀性、耐热性或其他性能等。

利用高功率激光表面强化技术可以获得各种平衡态下得不到的特殊合金组织及相应的奇特性能，而且还可以节约贵重的合金元素，使材料成本减少 90% 以上。图 3-24 所示为激光表面合金化示意图。

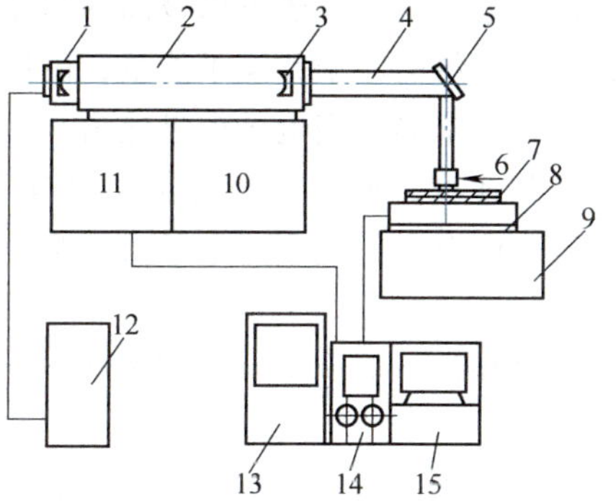

图 3-23　激光表面改性装置组成示意图

1—全反射镜　2—谐振腔　3—部分反射镜　4—导光系统　5—弯曲反射镜　6—聚光系统及保护气通入　7—处理工作　8—x-y 移动工作台　9—机座　10—气体交换装置　11—配电盘　12—冷却装置　13—操纵台　14—数控装置　15—记录及打印系统

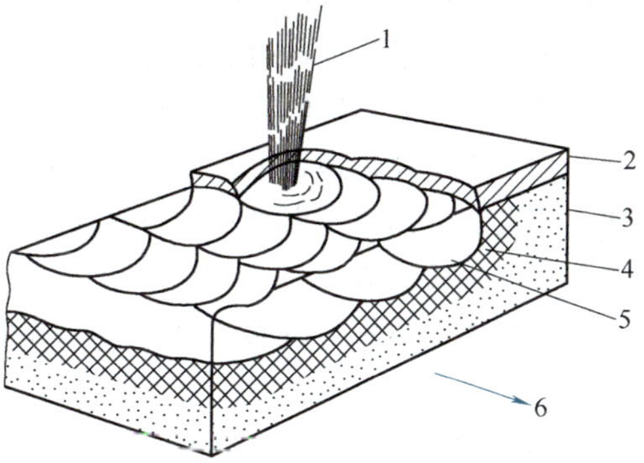

图 3-24　激光表面合金化示意图

1—激光束-惰性气体　2—预涂层　3—基体　4—热影响区　5—熔区　6—工件移动方向

2. 离子注入表面改性

离子注入是 20 世纪 70 年代初逐步发展起来的一种新技术。它是指将被注入元素的原子利用离子注入机电离成带正电荷的离子，经过高压电场作用后，强制注入固体材料的表层，以改变其表层的成分与性能的方法。

离子注入除了在表层中增加注入元素含量外，还会引起辐射损伤，即在注入层中增加许多空位、间隙原子、位错、位错圈、空位团、间隙原子团等缺陷，这些微观缺陷对注入层的性能有很大影响。

离子注入表面改性具有以下主要特点：

1）离子注入是非热平衡过程，注入元素的选择不受冶金学的限制，元素周期表上的任何元素都可注入任何材料基体中。

2）注入元素的种类、能量、剂量均可选择，可得到用其他方法得不到的新合金相。

3）注入一般在常温真空中进行，可保持处理工件的几何尺寸、形状和表面粗糙度不变，非常适合于高精密部件的最终处理。

4）由于是电参量控制，注入离子的深度、含量分布等均容易控制和重复，利于实现微机控制。

5）可在表层内形成残余压应力。

离子注入对改善材料表面的性能具有优良的效果。该项技术已广泛用于刀具、模具、航天、航空等领域，主要是为了提高零件或产品的耐磨损、耐腐蚀、耐高温氧化、耐疲劳等特性。我国离子注入技术在部分工模具和零件上的应用效果见二维码。

3. 电子束表面改性

利用电子束加热，通过改变材料表层的组织结构和（或）化学成分，达到提高其性能的方法称为电子束表面改性。

电子束是由电子枪产生的具有高能密度和高速运动的电子流。电子束以极高的速度轰击材料表面，其电子流穿过表面，进入表层一定深度，碰撞材料的原子并赋予能量，由该能量转换为热能而实现表层的高速加热，但材料表层以下仍处于常温。当电子束迅速离开后，表层热量向冷态基体传递，可获得大于临界冷却速度的冷却速度，使材料表层完成“自冷却”淬火。因此，应用电子束可对材料表面进行表面淬火、表面合金化处理、电子束熔凝、制造非晶态层和薄板退火等。

电子束表面改性与激光表面改性在原理及工艺上基本相似，但电子束表面改性具有以下特点：

1）设备功率大，能量利用率高。目前激光器功率最大不超过 20kW，而电子束设备功率最高可达 100~200kW。能量利用率为激光加热的 8~9 倍。

2）可进行选择性表面改性。凡是能观察到的地方，不论形状复杂的部位、深孔、台阶或斜面，都可方便地进行表面改性操作。

3）零件变形小，表面质量高。处理在真空中进行，减少了氧化、脱碳，表面洁净光亮，不需要后续处理。由于真空室的限制，工件尺寸不能过大。

4）可以严格控制各参数，操作维修方便。

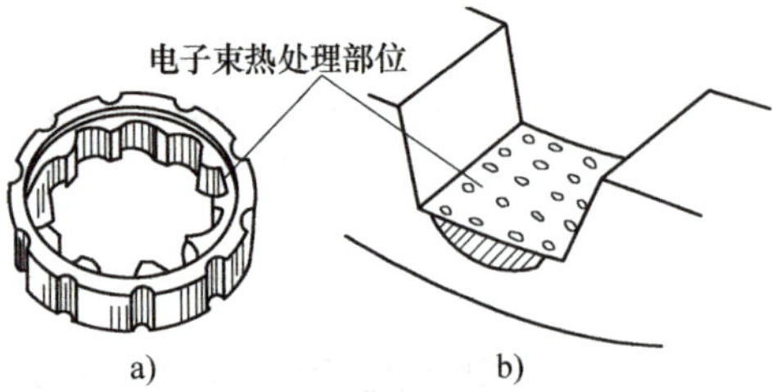

图 3-25　离合器凸轮的电子束热处理

a）凸轮　b）热处理部位

目前，电子束技术已在众多领域应用，但应用程度不如激光广泛。图 3-25 所示为离合器凸轮的电子束表面淬火的部位，每个零件需淬火 8 个部位，硬化层深达 1.5mm，表面硬度达 58HRC。处理之后，表面变形小，不需要矫形和研磨，避免了采用感应淬火所无法克服的变形问题。而且采用专用电子束淬火设备，每小时可生产 255 件零件，实现了高质量、高效率。

复习思考题

1. 热处理工艺曲线是如何得到的？它有何作用？
2. 影响奥氏体晶粒长大的因素有哪些？
3. 简述奥氏体等温转变过程。
4. 简述奥氏体连续冷却转变过程。
5. 奥氏体转变图在生产上有哪些用途？
6. 解释名词：退火、正火、淬火、回火及调质。
7. 常用的表面淬火方法有哪些？
8. 简述渗碳、渗氮的原理。
9. 比较钢材与非金属材料热处理的异同点。
10. 简要说明表面工程技术的概念及其应用。
11. 举例说明热喷涂技术的原理及其工艺过程。
12. 分别说明物理气相沉积和化学气相沉积的基本原理、特点和应用。
13. 应用激光束可进行哪些表面热处理？其基本原理是什么？
14. 举例说明离子注入技术的基本原理和特点。
15. 应用电子束可进行哪些表面热处理？其基本原理是什么？

第4章

材料的液态成形

铸造是将液态金属浇注到与零件的形状和尺寸相适应的铸型空腔中，待其冷却凝固后，以获得毛坯或零件的一种成形工艺方法。铸造成形所获得的毛坯或零件称为铸件。

铸造是毛坯成形的主要工艺方法之一，在机械制造中占有重要的地位。例如：按质量估算，一般机械设备中铸件占40%~90%，金属切削机床中铸件占70%~80%。铸件得到如此广泛的应用是因为它具有以下优点：

1）可以生产形状复杂，特别是具有复杂内腔的毛坯或零件，如箱体、机架、缸体、缸头、床身等。

2）几乎不受毛坯质量、尺寸、材料种类以及生产批量的限制。同时，铸件加工余量小，节省金属，减少切削加工量，从而降低制造成本。

3）铸造所用原材料来源广泛，并可直接利用废件、废料，成本较低。

但是由于铸造生产过程比较复杂和液态成形本身的特点，影响铸造质量的因素较多，产品质量不稳定。铸件易出现浇注不足、缩孔、缩松、气孔、裂纹、晶粒粗大等缺陷，对产品质量产生严重影响。所以，有必要从影响铸件质量的因素入手，讨论铸造成形的有关知识。

随着科学技术的飞速发展，铸造领域中新技术、新工艺、新材料、新设备日益获得广泛应用，传统的铸造生产的面貌正迅速发生变化，铸件的质量和性能有了显著的提高，铸件的应用范围不断扩大。

4.1 铸造工艺基础

4.1.1 合金的铸造性能

液态合金除应具备符合要求的力学性能和必要的物理、化学性能外，还必须具有良好的铸造性能，它是合金在铸造生产中所表现出来的工艺性能。合金的铸造性能主要是指合金的充型能力、收缩、吸气等，它对于能否获得合格的铸件具有很大影响，其中尤以对充型能力起关键作用的合金流动性以及收缩性影响最大。

1. 液态合金的充型

液态金属填充铸型的过程简称充型。

液体金属充满铸型型腔，获得尺寸精确、轮廓清晰的成形件的能力称为充型能力。充型能力不足时，会产生浇不足、冷隔、夹渣、气孔等缺陷。

考虑铸型及工艺因素影响的熔融金属的流动性称为合金的充型能力。它首先取决于金属本身的流动性（流动能力），同时又受铸型性质、浇注条件和铸件结构等因素的影响。因此，充型能力是上述各种因素的综合反映。

影响合金充型能力的主要因素如下：

（1）合金的流动性　液态合金本身的流动能力称为合金的流动性，它是影响充型能力的主要因素之一。通常以“螺旋形流动性试样”的长度来衡量，在相同的浇注条件下，试样越长，流动性越好。决定合金流动性的因素主要有以下两点：

1）合金的种类。合金的流动性与合金的熔点、热导率、合金液的黏度等物理性能有关。由表 4-1 可知：在常用铸造合金中，铸铁的流动性好；而铸钢的熔点高，在铸型中散热快，凝固快，流动性差。

表 4-1　部分铸造合金的流动性（螺旋形试样，沟槽截面为 8mm×8mm）

合金		铸型	浇注温度/℃	螺旋线长度/mm	合金	铸型	浇注温度/℃	螺旋线长度/mm
铸铁	($w_C+w_{Si}=6.2\%$)	砂型	1300	1800	铸钢($w_C=0.4\%$)	砂型	1600	100
	($w_C+w_{Si}=5.9\%$)		1300	1300			1400	200
	($w_C+w_{Si}=5.2\%$)		1300	1000	铝硅合金	金属型（300℃）	680~720	700~800
	($w_C+w_{Si}=4.2\%$)		1300	600				

2）合金成分。由合金相图可知，合金的化学成分不同，它们的熔点及结晶温度范围不同，其流动性不同。Fe-C 合金的流动性与相图中碳的质量分数的关系如图 4-1 所示。由图可知，共晶成分的合金流动性最好，其凝固时从表面逐层向中心凝固，已凝固的硬壳内表面比较光滑，对尚未凝固的流动阻力小，如灰铸铁、硅黄铜等，因而充型能力强（图 4-2a）；随着结晶温度范围的扩大，初生的枝状晶不仅使凝固的硬壳内表面参差不齐，阻碍金属的流动（图 4-2b），而且使熔融金属的冷却速度加快，所以流动性差。结晶区间越宽，流动性越差。因此，从流动性考虑，宜选用共晶成分或窄结晶温度范围的合金作为铸造合金。

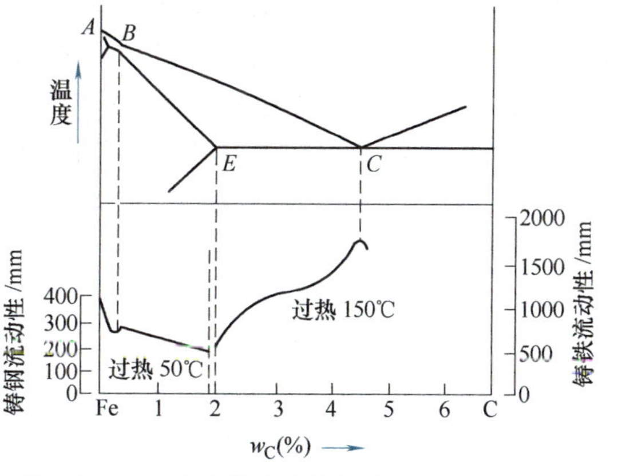

图 4-1　Fe-C 合金的流动性与碳的质量分数的关系

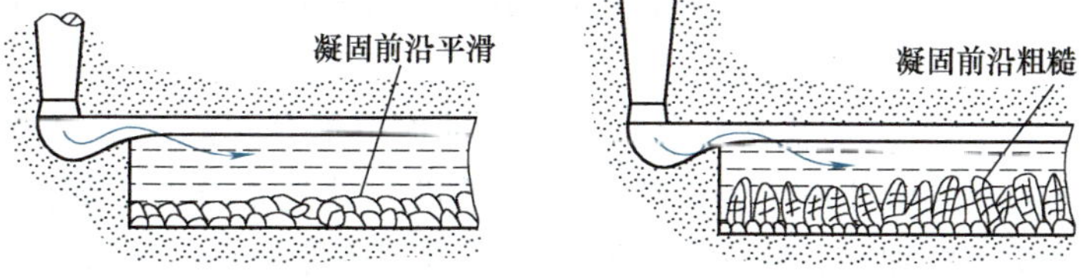

a)　b)

图 4-2　凝固方式对流动性的影响

（2）浇注条件

1）浇注温度。浇注温度对合金的充型能力有着决定性的影响。在一定的范围内，浇注温度越高，合金液的黏度越低，且在铸型中流动的时间增长，故充型能力增强；反之充型能力差。因此，为防止浇不到和冷隔缺陷的产生，对薄壁铸件或流动性较差的合金可适当提高浇注温度。但浇注温度过高，液态合金的收缩增大，吸气量增大，氧化严重，容易导致缩孔、缩松、粘砂、气孔、粗晶等缺陷，因此，在保证充型能力足够的条件下，应尽量降低浇注温度。通常情况下，灰铸铁的浇注温度为1230~1380℃，铸钢为1520~1620℃，铝合金为680~780℃（复杂薄壁件取上限）。

2）充型压力。熔融合金在流动方向上所受的压力越大，其充型能力越好。砂型铸造时，充型压力通过直浇道所产生的静压力获得，故可通过增加直浇道的高度来提高充型能力。但过高的砂型浇注压力会使铸件产生砂眼、气孔等缺陷。在压力铸造、低压铸造、离心铸造等特种铸造方法中，由于人为增大了充型压力，故充型能力较强。

（3）铸型填充条件　熔融合金充型时，铸型的阻力及铸型对合金的冷却作用都将影响合金的充型能力。

1）铸型的蓄热能力。铸型的蓄热能力表示铸型从熔融合金中吸收并传出热量的能力，铸型材料的比热容和热导率越大，对熔融金属的冷却作用越强，合金在型腔中保持流动的时间缩短，合金的充型能力越差。

2）铸型温度。浇注前将铸型预热到一定温度，减小了铸型与熔融金属的温度差，减缓了合金的冷却速度，延长了合金在铸型中的流动时间，可提高合金的充型能力。

3）铸型中的气体。浇注时因熔融金属在型腔中的热作用而产生大量气体。如果铸型的排气能力差，则型腔中气体的压力增大，阻碍熔融金属的充型。铸造时，除应尽量减少气体的来源外，还应增加铸型的透气性，并开设出气口，使型腔及型砂中的气体顺利排出。

4）铸件结构。当铸件壁厚过小、壁厚急剧变化、结构复杂，或有大的水平面时，均会使充型困难。因此在进行铸件结构设计时，铸件的形状应尽量简单，壁厚应大于规定的最小壁厚。对于形状复杂、薄壁、散热面大的铸件，应尽量选择流动性好的合金或采取其他相应措施。

2. 合金的凝固与收缩

浇入铸型中的液态合金在冷凝的过程中体积会缩小，如果这种缩小不能得到及时的补足，将在铸件中产生缩孔或缩松缺陷。此外，铸件中的热裂、气孔、偏析等缺陷都与合金的凝固过程密切相关，为防止上述缺陷的产生，提高铸件质量，必须对合金的凝固规律加以研究。

（1）铸件的凝固方式及影响因素

1）铸件的凝固方式。铸造合金一般都在一定温度范围内结晶凝固。在凝固过程中，其断面一般存在三个区域，即固相区、凝固区和液相区，其中对铸件质量影响较大的是液、固两相区并存的凝固区宽窄。铸件的凝固方式依据凝固区的宽窄可分为逐层凝固、糊状凝固和中间凝固。

① 逐层凝固。纯金属或共晶成分合金在凝固过程中不存在液、固并存的凝固区，故断面上外层的固体和内层的液体由一条界线（凝固前沿）清楚地分开，如图4-3a所示。随着温度的下降，固体层不断加厚、液体层不断减少，直到铸件中心层全部凝固，这种凝固方式称为逐层凝固。纯铜、纯铝、灰铸铁、低碳钢等均属于逐层凝固。

② 糊状凝固。如果合金的结晶温度范围很宽，且铸件的温度分布曲线较为平坦，则在凝固的某段时间内，铸件表面并不存在固体层，而液固并存的凝固区贯穿整个铸件断面，如图4-3c所示。由于这种凝固方式与水泥很类似，即先呈糊状而后固化，故称为糊状凝固。

球墨铸铁、高碳钢、锡青铜等均为糊状凝固。

③ 中间凝固。介于逐层凝固和糊状凝固之间的凝固方式称为中间凝固，如图 4-3b 所示。大多数合金均属于中间凝固方式，如中碳钢、白口铸铁等。

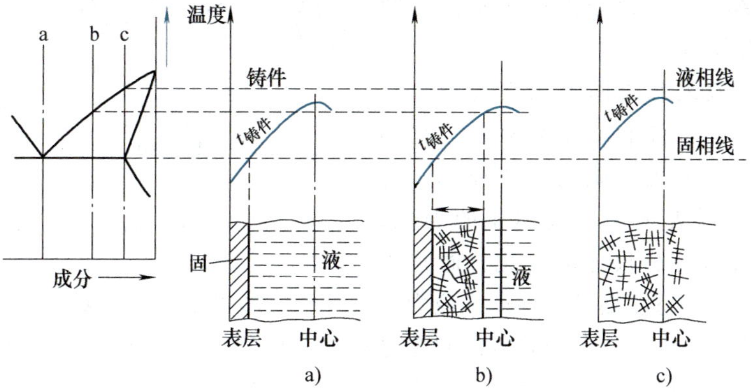

图 4-3　铸件的凝固方式

a）逐层凝固　b）中间凝固　c）糊状凝固

2）影响凝固方式的因素。铸件质量与其凝固方式密切相关。一般说来，逐层凝固时，合金的充型能力强，便于防止缩孔和缩松；糊状凝固时，易产生缩松，难以获得结晶密实的铸件。影响铸件凝固方式的主要因素是合金的结晶温度范围和铸件的温度梯度。

① 合金结晶温度范围。如前所述，合金的结晶温度范围越小，凝固区域越窄，越倾向于逐层凝固；反之越倾向于糊状凝固。

② 铸件的温度梯度。在合金结晶温度范围已定的前提下，凝固区域的宽窄取决于内外层间的温度梯度（单位距离之间的温差），如图 4-4 所示。随着温度梯度由小到大（即图 4-4 中由 T_1 到 T_2），对应的凝固区域由宽变窄。增强铸型的蓄热能力和激冷作用以及降低金属液的浇注温度，均会使合金的凝固方式向逐层凝固转化；反之，铸件的凝固方式则向糊状凝固转化。故温度梯度是凝固方式的重要调节因素。

由上述分析可知，应尽量选用倾向于逐层凝固的合金，这样有利于铸造出优质的铸件；当必须选用倾向于糊状凝固的合金时，可考虑采用适当的工艺措施，加大铸件断面的温度梯度，以减弱其糊状凝固的倾向。

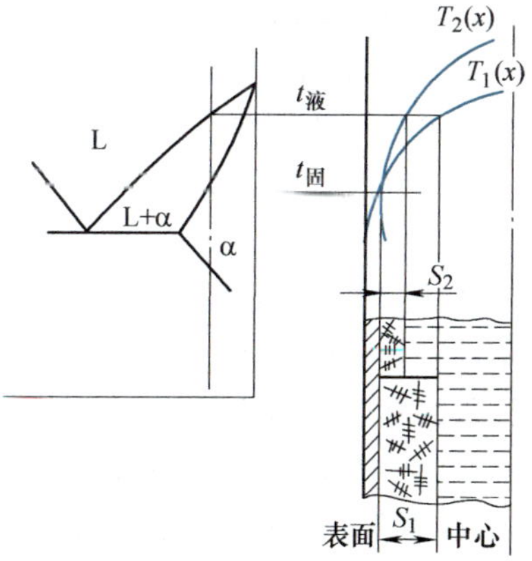

图 4-4　温度梯度对凝固区域的影响

（2）铸造合金的收缩

1）收缩的概念。铸造合金在从液态冷却到室温的过程中，其体积和尺寸缩减的现象称为收缩。收缩是合金的物理本性。收缩给铸造工艺带来许多困难，是多种铸造缺陷（如缩孔、缩松、裂纹、变形等）产生的根源。铸件的收缩经历如下三个阶段：液态收缩、凝固收缩和固态收缩，如图 4-5 所示。

① 液态收缩。液态合金浇注温度与开始凝固温度（液相线温度）之间的收缩称为液态收缩。

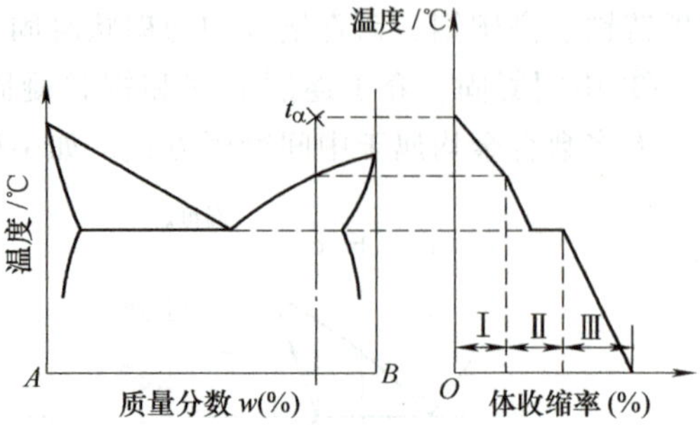

图 4-5 铸造合金的收缩阶段

Ⅰ—液态收缩 Ⅱ—凝固收缩 Ⅲ—固态收缩

② 凝固收缩。开始凝固温度至凝固终止温度（固相线温度）之间的收缩称为凝固收缩。

③ 固态收缩。凝固终止温度至室温之间的收缩称为固态收缩。

合金的液态收缩和凝固收缩表现为合金的体积缩小，通常以体收缩率来表示。它们是铸件产生缩孔、缩松缺陷的基本原因。合金的固态收缩同样表现为合金体积的缩减，但也表现为铸件各部分尺寸的变化，通常用线收缩率来表示。固态收缩是铸件产生应力、裂纹和变形等缺陷的主要原因。

合金的总体收缩为上述三个阶段的收缩之和。它与合金的成分、温度和相变有关。不同合金的收缩率是不同的，表 4-2 给出了几种铁碳合金的体收缩率。

表 4-2 几种铁碳合金的体收缩率

合金种类	碳的质量分数（%）	浇注温度/℃	液态收缩的体收缩率（%）	凝固收缩的体收缩率（%）	固态收缩的体收缩率（%）	总体收缩率（%）
碳素铸钢	0.35	1610	1.6	3	7.86	12.46
白口铸铁	3.0	1400	2.4	4.2	5.4~6.3	12
灰铸铁	3.5	1400	3.5	0.1	3.3~4.2	6.9~7.8

2）影响收缩的因素。

① 化学成分。不同合金的收缩率不同。在常用合金中，铸钢的收缩率最大，灰铸铁的收缩率最小。灰铸铁收缩率最小是因为其中大部分碳是以石墨状态存在的，石墨的比体积大，在结晶过程中石墨析出所产生的体积膨胀抵消了合金的部分收缩。

② 浇注温度。合金的浇注温度越高，过热度越大，液态收缩量也越大。

③ 铸件结构与铸型条件。铸件冷却收缩时，因其形状、尺寸的不同，各部分的冷却速度不同，导致收缩不一致，且互相阻碍；此外，铸型和型芯对铸件的收缩也产生机械阻力，使铸件的实际收缩率总是小于其自由收缩率，因而增大了铸件的铸造应力。

3）收缩对铸件质量的影响。

① 缩孔与缩松。液态合金在冷凝过程中，若其液态收缩和凝固收缩所减少的体积得不到及时的补充，则在铸件最后的凝固部位形成一些不规则的孔洞，大而集中的孔洞称为缩孔（图 4-6e），细小而分散的孔洞称为缩松（图 4-7c）。它们的形成过程如图 4-6 和图 4-7 所示。

由图 4-6 可以看出，由于铸型的吸热，靠近型腔表面的金属最先凝固结壳，此时内浇道也凝固，而内部仍然是高于凝固温度的液体。随着凝固过程的进行，硬壳逐渐加厚，但内部液体产生液态收缩和补充凝固层的凝固收缩，体积缩减，其内部液面逐渐下降，由于硬壳内的液态合金因收缩而得不到补充，当铸件全部凝固后，在其上部形成了一个倒锥形的孔洞——缩孔。最后由于固态收缩，铸件的外形尺寸有所缩小。缩松也是由于铸件最后凝固区域的收缩得不到补足，或呈糊状凝固的合金、厚大截面的内部被枝状晶分隔成若干小液体

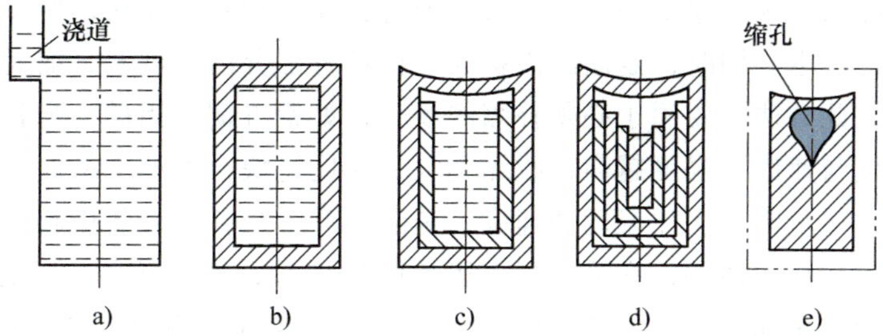

图 4-6 缩孔的形成过程

区，难以得到补缩所致。

缩孔通常隐藏在铸件上部或最后凝固部位，有时在机械加工中可暴露出来。缩孔形状不规则，孔壁粗糙。

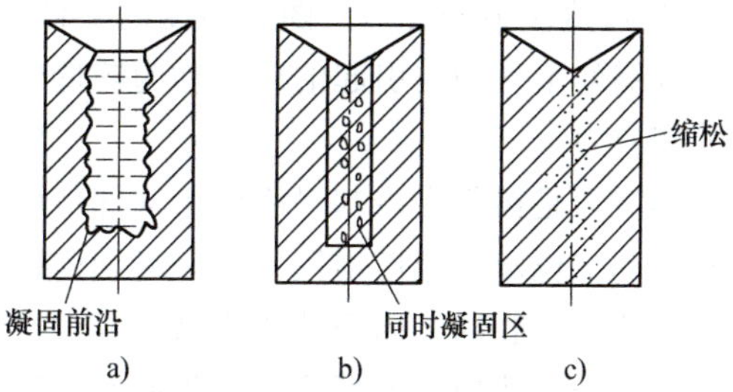

图 4-7 缩松的形成

缩松分为宏观缩松和显微缩松两种。宏观缩松是用肉眼或放大镜可以看出的小孔洞，多分布在铸件中心轴线处或缩孔的下方。显微缩松是分布在晶粒之间的微小孔洞，要用显微镜才能观察出来，这种缩松的分布更为广泛，有时遍及整个截面。

不同铸造合金的缩孔和缩松的倾向不同。逐层凝固合金（纯金属、共晶合金或结晶温度范围窄的合金）的缩孔倾向大，缩松倾向小；糊状凝固合金的缩孔倾向小，但极易产生缩松。

缩孔和缩松可使铸件力学性能、气密性和物理化学性能大大降低，以致成为废品。为此，必须采取适当的措施加以防止。

合理选择铸造合金。如上所述，共晶或接近共晶成分的合金，铸件易形成缩孔而不易形成缩松。如果冒口设置合理，可以将缩孔转移到冒口中，从而获得致密铸件。

采用顺序凝固原则，用冒口补缩，如图 4-8 所示。保证铸件各部位按照远离冒口的部位最先凝固，然后朝冒口的方向逐步顺序进行，使冒口最后凝固，这种凝固方式称为顺序凝固。图 4-9 中在远离冒口的厚大部位放置冷铁，可加快该处的冷却速度，让其先凝固，也可实现顺序凝固。

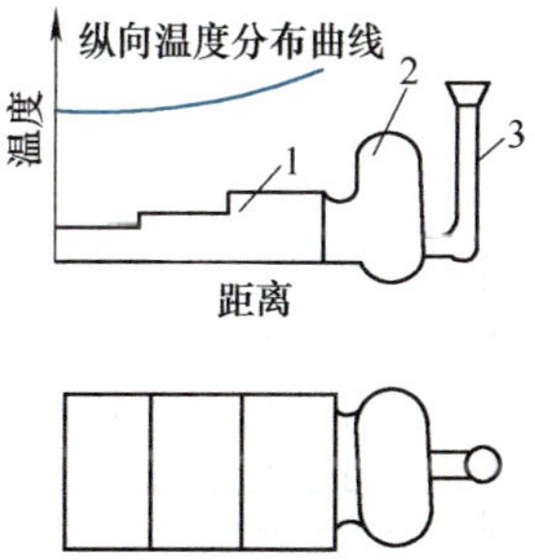

图 4-8 铸件的顺序凝固示意图

1—铸件 2—冒口 3—浇口

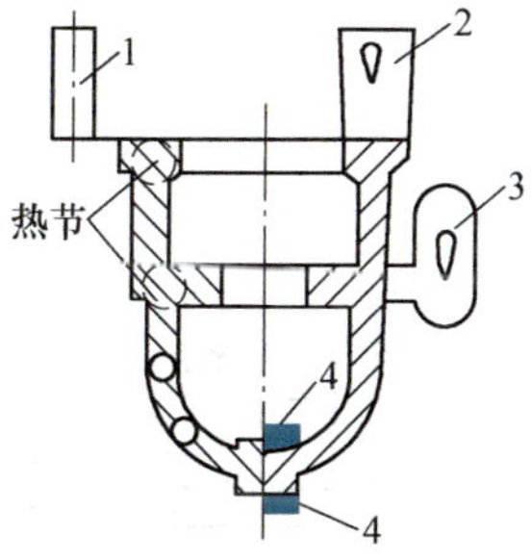

图 4-9 铸型冒口与冷铁

1—浇口 2—明冒口 3—暗冒口 4—冷铁

安放冒口和冷铁实现顺序凝固，虽可有效地防止缩孔和宏观缩松，但却耗费许多金属和工时，加大了铸件成本。同时，定向凝固扩大了铸件各部分的温度差，加大了铸件的变形和裂纹倾向。因此，此方法主要用于必须补缩的场合，如铝青铜、铝硅合金和铸钢件等。

控制浇注温度与速度。温度越高，收缩越大，速度过快，不利于补缩。因此，在满足充型能力的前提下，尽量降低浇注温度和速度，是防止产生缩孔的有效措施之一。

此外，对要求较高的铸件，在采取了上述预防措施后，如果铸件中仍存在缩孔或缩松，可以在铸造过程中采用加压、补缩或静压法消除缺陷，也可以用浸渗技术填充铸件的孔隙，达到堵漏的目的。

② 铸造应力和变形。随着温度的降低，铸件会产生固态收缩，由固态收缩受阻以及冷却、收缩的不均匀所引起的应力称为铸造应力。按应力形成的原因可分为机械应力、热应力和相变应力。

热应力是铸件在冷却过程中不同部位由于不均衡的收缩而引起的应力。由于铸件壁厚不均和不同部位冷却速度不同，同一时期内铸件各部分的收缩不一致，但铸件各部位又彼此制约，不能自由收缩，因而造成应力。

为了分析热应力的形成，首先必须了解金属自高温冷却到室温时应力状态的改变。固态金属在再结晶温度以上（钢和铸铁为620～650℃）时，处于塑性状态。此时，在较小的应力下就可发生塑性变形，变形之后应力可自行消除。在再结晶温度以下的金属呈弹性状态，此时，在应力的作用下将发生弹性变形，而变形之后应力继续存在。

下面用图4-10a所示的框形铸件来分析热应力的形成。当铸件处于高温阶段（图中 t_0～t_1）时，两杆均处于塑性状态，尽管两杆的冷却速度不同，收缩不一致，但瞬时的应力均可通过塑性变形而自行消失。继续冷却后，冷却速度较快的细杆Ⅱ已进入弹性状态，而粗杆Ⅰ仍处于塑性状态（图中 t_1～t_2）。由于细杆Ⅱ冷却速度快，收缩大于粗杆Ⅰ，所以细杆Ⅱ受拉伸、粗杆Ⅰ受压缩（图4-10b），形成了暂时内应力，但这个内应力随粗杆Ⅰ的微量塑性变形（压短）而消失（图4-10c）。当进一步冷却到更低温度（图中 t_2～t_3）时，粗杆Ⅰ也处于弹性状态，此时，尽管两杆长度相同，但所处的温度不同。粗杆Ⅰ的温度较高，还将进行

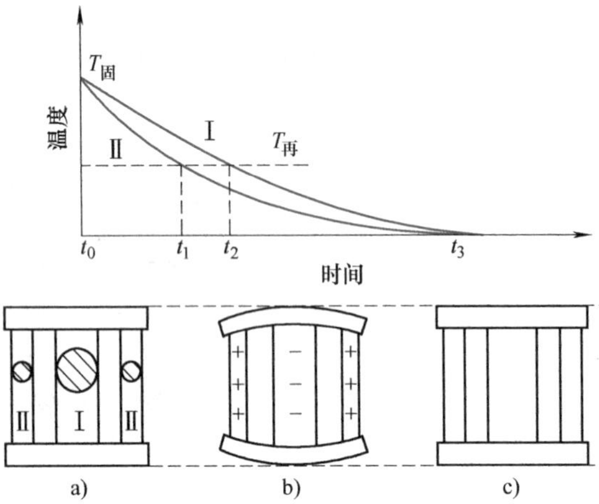

图4-10 热应力的形成

“+”—拉应力 “-”—压应力

较大的收缩；细杆Ⅱ的温度较低，收缩已趋于停止。因此，粗杆Ⅰ的收缩必然受到细杆Ⅱ的强烈阻碍，于是细杆Ⅱ受压缩，粗杆Ⅰ受拉伸，直到室温，形成了残余内应力（图 4-10d）。

由此可见，热应力使铸件的厚壁或心部受拉伸，薄壁或表层受压缩。铸件的壁厚差别越大、合金线收缩率越高、弹性模量越大，则热应力越大。

为减小热应力，可使铸件同时凝固，如图 4-11 所示，图中右端较厚的部位远离浇口 2，以减小温差，从而减小热应力。但同时凝固易在铸件中产生缩孔和缩松，降低铸件质量，因而当铸件热应力较小时不宜采用同时凝固方式。

机械应力是由于铸件收缩受阻而产生的，如图 4-12 所示。可以看出铸件收缩时受到铸型的机械阻力，收缩阻力消失，机械应力也消失。因此，通过改善型砂和型芯的退让性或提早落砂等措施，可减小机械应力。

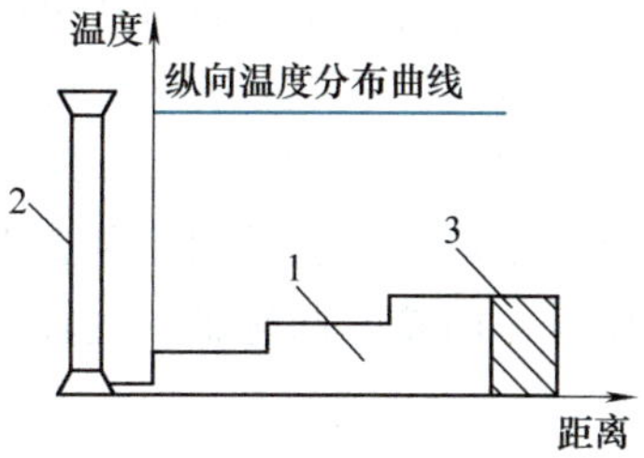

图 4-11 铸件同时凝固示意图

1—铸件 2—浇口 3—冷铁

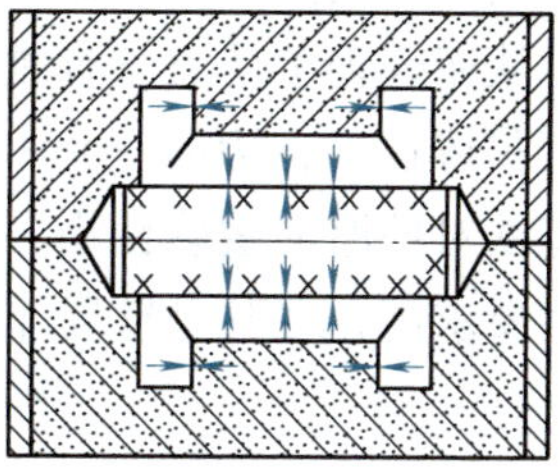

图 4-12 机械应力示意图

当铸件中铸造应力较大时会引起铸件不同程度的变形。为防止铸件或加工后的零件变形，除采用正确的铸造工艺外，还应合理设计铸件结构，并且在铸造后及时地进行热处理，以充分地消除铸造应力。

③ 铸件的裂纹与防止。当铸造内应力超过金属的强度极限时，便会产生裂纹。裂纹是铸件的严重缺陷，多使铸件报废。裂纹可分成热裂和冷裂两种。

热裂是在高温下形成的裂纹。其形状特征是缝隙宽、形状曲折、缝内呈氧化色。试验证明，热裂是在合金凝固末期的高温下形成的。因为合金的线收缩是在完全凝固之前便已开始的，此时固态合金已形成完整的骨架，但晶粒之间还存有少量液体，故强度、塑性甚低，若机械应力超过了该温度下合金的强度，便发生热裂。形成热裂的主要影响因素如下：

合金性质：合金的结晶温度范围越宽，液、固两相区的绝对收缩量越大，合金的热裂倾向也越大。灰铸铁和球墨铸铁热裂倾向小，铸钢、铸铝、可锻铸铁的热裂倾向大。此外，钢铁中含硫越多，热裂倾向也越大。

铸型阻力：铸型的退让性越好，机械应力越小，热裂倾向越小。铸型的退让性与型砂、型芯砂黏结剂种类密切相关，如采用有机黏结剂（如植物油、合成树脂等）配制的型芯砂，因高温强度低，退让性较黏土砂好。

冷裂是在低温下形成的裂纹。其形状特征是裂纹细小、呈连续直线状，有时缝内呈轻微氧化色。冷裂常出现在形状复杂工件的受拉伸部位，特别是应力集中处（如尖角、孔洞类缺陷附近）。不同铸造合金的冷裂倾向不同。例如：塑性好的合金，可通过塑性变形使内应力自行缓解，故冷裂倾向小；反之，脆性大的合金较易产生冷裂。

为防止铸件的冷裂，除应设法降低内应力外，还应控制钢铁中的含磷量（质量分数），使其不能过高。

4.1.2 常用合金铸件生产

1. 普通灰铸铁

普通灰铸铁是铸造生产中应用最广的一种金属材料。常用来制造承受较小冲击载荷、需要减振耐磨的零件，如机床床身、机架、箱体、支座、外壳等。

普通灰铸铁内部组织中的石墨呈粗片状，化学成分接近共晶，熔点低，凝固温度范围窄，流动性好，收缩小，可浇注各种复杂薄壁铸件及壁厚不太均匀的铸件；不易产生缩孔和裂纹，一般不需要冒口和冷铁。故普通灰铸铁在铸件生产中应用最广。

2. 孕育铸铁

孕育铸铁是指铁液经孕育处理后获得的亚共晶灰铸铁。孕育铸铁中的石墨片呈细小状且分布均匀，从而改善了其力学性能。由于孕育铸铁中碳、硅含量（质量分数）较低，铸造性能比普通灰铸铁差，为防止缩孔、缩松的产生，对某些铸件需设置冒口。与普通铸铁相比，孕育铸铁对壁厚的敏感性小，铸件厚大截面上的性能比较均匀，它适用于制造强度、硬度、耐磨性要求高，尤其是壁厚不均匀的大型铸件，如床身、凸轮、凸轮轴、气缸体和气缸套等。

3. 可锻铸铁

可锻铸铁是白口铸铁通过石墨化或氧化脱碳可锻化处理，改变其金相组织或成分而获得的有较高韧性的铸铁。可锻铸铁内部石墨组织呈团絮状，碳、硅含量（质量分数）较低，熔点较高，凝固温度范围宽，流动性差，收缩大，铸造性能比灰铸铁差。为避免产生浇不足、冷隔、缩孔、裂纹等铸造缺陷，工艺上需要提高浇注温度，采用顺序凝固、增设冒口、提高造型材料的耐火性和退让性等措施。

可锻铸铁通常分为黑心可锻铸铁和珠光体可锻铸铁。黑心可锻铸铁强度适中，塑性、韧性较好，适用于制造承受冲击载荷、要求耐蚀性好或薄壁复杂的零件。珠光体可锻铸铁强度、硬度较高，耐磨性好，用于制造耐磨零件。

4. 球墨铸铁

球墨铸铁内部组织中的石墨呈球状，是一种广泛应用的高强度铸铁。球墨铸铁的铸造性能介于灰铸铁与铸钢之间，因其化学成分接近共晶点，其流动性与灰铸铁相近，可生产3～4mm壁厚的铸件。但由于球化孕育处理使铁液温度下降很多，要求浇注温度高，易使铸件产生冷隔、浇不足等缺陷。此外，由于球墨铸铁的结晶特点是在凝固收缩前有较大的膨胀，使铸件尺寸及内部各结晶体之间间隙增大，故产生缩孔、缩松等缺陷。因此，在铸造工艺上应采用顺序凝固原则，提高铸型的紧实度和透气性，并增设冒口以加强补缩。对重要的球墨铸铁件要采用退火处理以消除应力。

球墨铸铁按基体组织不同可分为铁素体球墨铸铁和珠光体球墨铸铁两类。铁素体球墨铸铁塑性、韧性好；珠光体球墨铸铁强度、硬度高，可用来代替铸钢、锻钢制造一些受力复杂、力学性能要求高的曲轴、连杆、凸轮轴、齿轮等重要零件。

5. 蠕墨铸铁

蠕墨铸铁的组织为金属基体上均匀分布着蠕虫状石墨。其制造过程及炉前处理与球墨铸铁相同，不同的是以蠕化剂代替球化剂。蠕墨铸铁的力学性能（强度和韧性）比灰铸铁高，与铁素体球墨铸铁相近；导热性、抗疲劳性、减振性比球墨铸铁高，其耐磨性是灰铸铁HT300耐磨性的2.2倍以上，铸造性能接近灰铸铁。

蠕墨铸铁主要用来代替高强度灰铸铁、合金铸铁、铁素体球墨铸铁生产复杂的大型铸件，如大型柴油机机体、大型机床立柱，以及制造在热循环作用下工作的零件（如气缸盖、排气管等）。

6. 铸钢

铸钢熔点高，浇注温度高，流动性差，易被氧化，且收缩大。因此，其铸造性能很差，易产生浇不足、缩孔、缩松、裂纹、粘砂等铸造缺陷。为此，工艺上应采用截面尺寸较大的浇注系统，多开内浇道，采用顺序凝固，加冒口和冷铁等方法。应选用耐火性、退让性好的造型材料，并对铸件进行退火和正火处理，以细化晶粒、消除残余内应力。铸钢虽然铸造性能较差，但其综合力学性能较高，适于制造强度、韧性等要求高的零件，如车轮、机架、高压阀门、轧辊等。

7. 铸造铝合金

铸造铝合金熔点较低，流动性好，可用细砂造型。因而表面尺寸比较精确，表面光洁，并可浇注薄壁复杂铸件，但铝合金易氧化和吸气，使力学性能降低。在熔炼时，通常在合金液表面用溶剂（如KCl、NaCl、CaF_2等）形成覆盖层，使合金液与炉气隔离，以减少铝液的氧化和吸气；并在熔炼后期加入精炼剂（通常为氯气或氯化物）去气精炼，使铝合金液净化。此外，还常采用底注式浇注系统，使金属液迅速、平稳地充满铸型。对于铸造性能较差的铝合金，还应选用退让性好的型砂和型芯，提高浇注温度和速度，增设冒口等，以防铸件产生缺陷。

8. 铸造铜合金

铸造铜合金通常分为铸造黄铜和铸造青铜。大多数铜合金结晶温度范围窄、熔点低、流动性好、缩松倾向小，因而可采用细砂造型，生产出表面光滑和复杂形状的薄壁铸件。但由于收缩大，易氧化和吸气，因此在工艺上要放置冒口和冷铁，使之顺序凝固，用溶剂覆盖铜液表面，同时加入脱氧剂进行脱氧处理。此外，对于具有不同铸造性能的铜合金，还应采取相应的工艺措施。

铜合金具有较好的耐磨性、耐蚀性、导电性和导热性，广泛用于制造轴承、蜗轮、泵体和管道配件等零件。

4.2 砂型铸造

砂型铸造是传统的、应用广泛的铸造方法。它适应性强，几乎不受铸件材质、尺寸、质量及生产批量的限制。砂型铸造的铸型为一次性铸型，手工造型的造型工作量很大，大批量生产应采用机器造型。砂型铸造存在许多缺点，但掌握砂型铸造是合理选择铸造方法和正确设计铸件的基础。

砂型铸造的工艺过程如图4-13所示。它主要包括制造模型和型芯盒、制备型砂和型芯砂、造型和制型芯、砂型和型芯的烘干、合箱、金属的熔炼及浇注、落砂、清理、检验等。

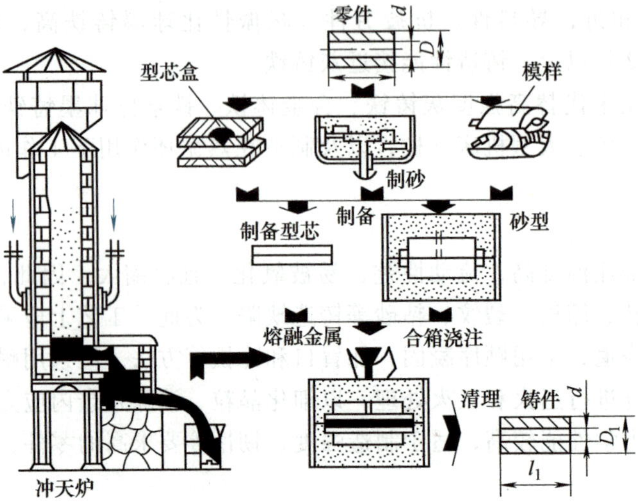

图 4-13 砂型铸造的工艺过程

4.2.1 造型方法选择

造型是砂型铸造的主要工艺过程之一，一般可分为手工造型和机器造型。手工造型不需要复杂的造型设备，只需简单的造型平板、砂箱和一些手工造型工具。但手工造型操作灵活，适应性强，适合较小批量的生产。机器造型可大大提高生产率，改善劳动条件，对环境污染少，铸件质量高，便于组织生产流水线，适于大批量生产。

(1) 手工造型 手工造型的方法很多，根据铸件结构、技术要求、生产批量及生产条件等不同，所采用的造型方法也不同。常用的造型方法有整模造型、分模造型、挖砂造型、活块造型、刮板造型、三箱造型等。表 4-3 给出了几种常用手工造型方法的特点及应用范围。

表 4-3 常用手工造型方法的特点及应用范围

方法	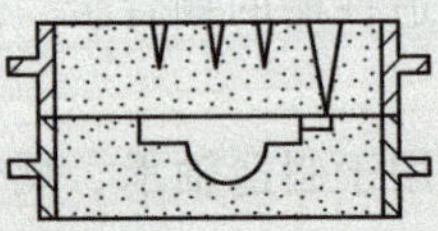 整模造型	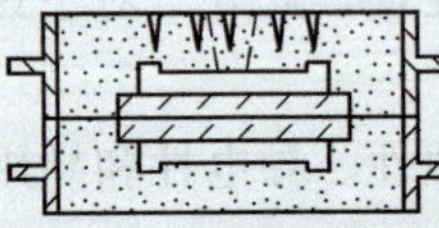 分模造型	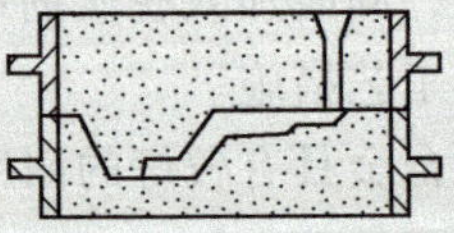 挖砂造型
特点	型腔在一个砂箱中，造型方便，不会产生错箱缺陷	型腔位于上、下砂箱内，模型制造较复杂，造型方便	用整模，将阻碍起模的型砂挖掉，分型面是曲面，造型费工
应用范围	最大截面在端部且平直的铸件	最大截面在中部的铸件	单件小批量生产，分型面不是平面的铸件
方法	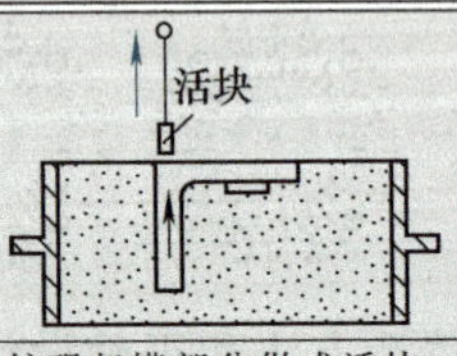 活块造型	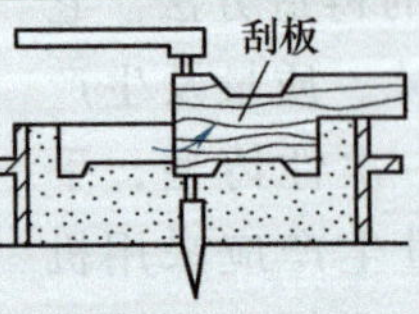 刮板造型	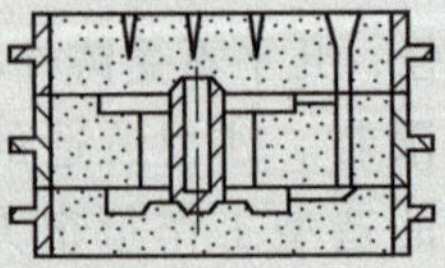 三箱造型
特点	将妨碍起模部分做成活块。造型费工，要求操作技术高。活块移位会影响铸件精度	模型制造简化，但造型费工，要求操作技术高	中砂箱的高度有一定要求，操作复杂，难以进行机器造型
应用范围	单件小批量生产，带有凸起部分且难以起模的铸件	单件小批量生产，大、中型回转体铸件	单件小批量生产，中间截面小的铸件

（2）机器造型 将造型过程中的两项最主要的操作——紧砂和起模实现机械化的造型方法称为机器造型。紧实砂型的方法很多，最常用的是使用振实造型机的紧砂方式，如图 4-14a 所示。砂箱放在带有模样的模板上，填满型砂后靠压缩空气的动力使砂箱与模板一起振动而紧砂，再用压射冲头压实型砂即可。图 4-14b 所示为顶箱起模法，它靠液压缸的起模活塞在上行时将砂箱四周的顶杆升起，使砂箱脱离模板而起模。此外，在机械化铸造车间里，将造型、浇注、落砂等铸造生产过程组成铸造生产流水线，可实现造型、浇注、冷却、落砂等工序的连续生产。

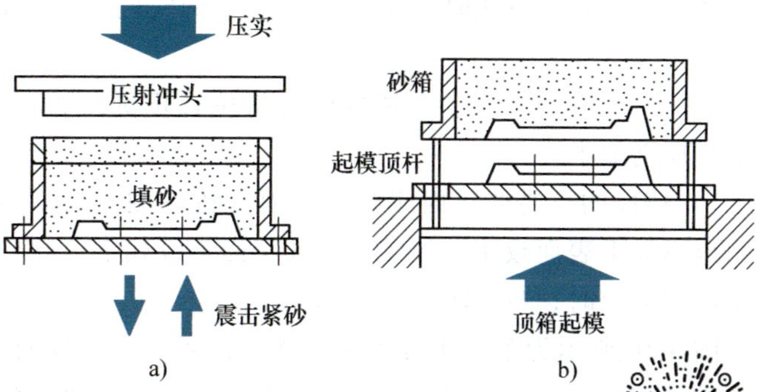

图 4-14 振实造型机的紧砂与起模
a）紧砂 b）起模

4.2.2 铸造工艺设计

铸造工艺设计是根据铸件结构特点、技术要求、生产批量、生产条件等，确定铸造方案和工艺参数，绘制图样和标注符号，编制工艺卡和工艺规范等。其主要内容包括确定铸件的浇注位置、分型面、浇注系统、加工余量、收缩率和起模斜度及设计砂芯等。

1. 铸造工艺图的设计

铸造工艺图是根据铸造工艺设计的基本思想，在零件图（图 4-15a）上用各种工艺符号、文字和颜色以及参数表示出铸造工艺方案的图形，如图 4-15b 所示。它决定了铸件的形状、尺寸、生产方法和工艺过程，即在铸件图（图 4-15c）的基础上考虑铸造工艺的要求所绘出的工艺图样，它是制模、造型、生产准备及验收的基本指导性文件。

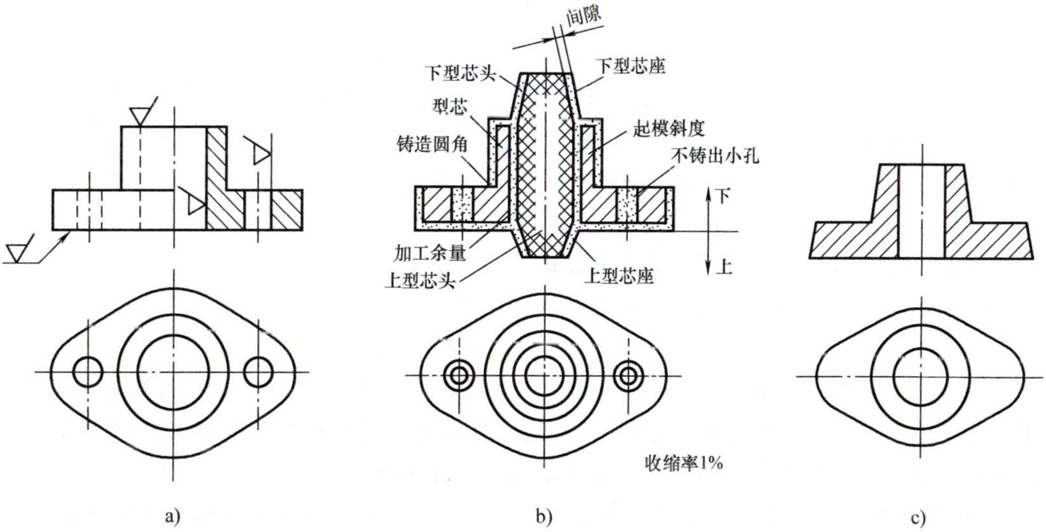

图 4-15 零件图、铸造工艺图与铸件图
a）零件图 b）铸造工艺图 c）铸件图

2. 浇注位置与分型面的选择

浇注位置是指浇注时铸型分型面所处的空间位置，而铸型分型面是指铸型组元间的接合面。

(1) 浇注位置的选择 铸件的浇注位置正确与否，对铸件的质量影响很大。浇注位置的选择原则如下：

1）铸件的重要加工面应朝下。因为铸件的上表面容易产生砂眼、气孔、夹渣等缺陷，组织也不如下表面致密。如果这些加工面难以朝下，则应尽量使其位于侧面。当铸件的重要加工面有数个时，应将较大的平面朝下。

图 4-16 所示为车床床身铸件的浇注位置。由于床身导轨面是关键表面，不允许有明显的表面缺陷，而且要求组织致密，因此通常都将导轨面朝下浇注。

图 4-17 所示为起重机卷扬筒的浇注位置。因为卷扬筒的圆周表面质量要求高，不允许有明显的铸造缺陷。若采用卧铸，则圆周的朝上表面的质量难以保证；若采用立铸，由于全部圆周表面均处于侧立位置，其质量均匀一致，较易获得合格铸件。

2）铸件的大平面应朝下。铸件的大平面若朝上，则容易产生夹渣缺陷，这是由于在浇注过程中金属液对型腔上表面有强烈的热辐射，型砂因急剧热膨胀和强度下降而拱起或开裂，于是铸件表面形成夹渣缺陷。因此，平板、圆盘类铸件的大平面应朝下。

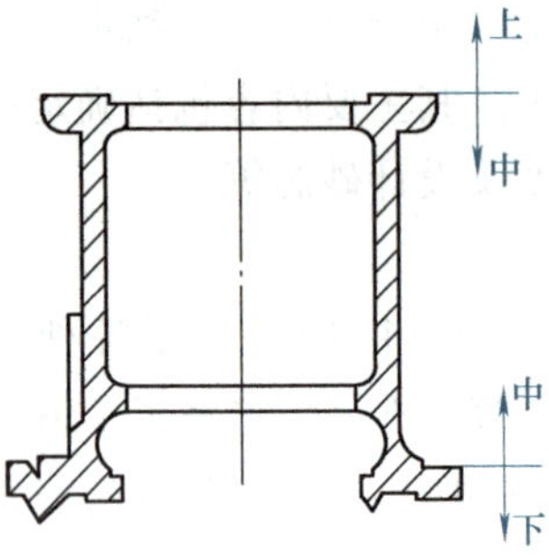

图 4-16 车床床身铸件的浇注位置

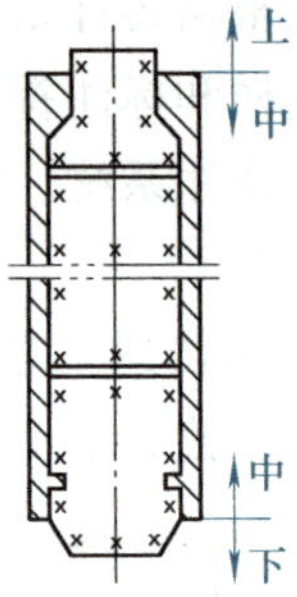

图 4-17 起重机卷扬筒的浇注位置

3）为防止铸件薄壁部分产生浇不足或冷隔缺陷，应将面积较大的薄壁部分置于铸型下部或使其处于垂直或倾斜位置。图 4-18 所示为油底壳铸件的合理浇注位置。

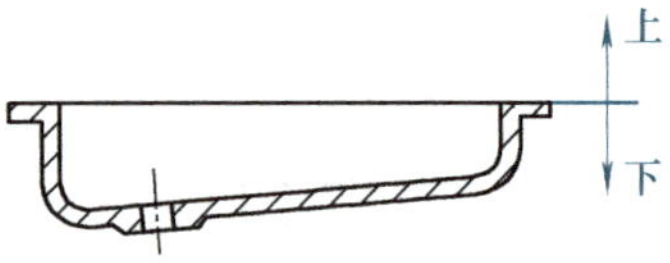

图 4-18 油底壳铸件的合理浇注位置

4）对于容易产生缩孔的铸件，应将厚的部分放在铸型的上部或侧面，以便在铸件厚壁处直接安置冒口，使之实现自下而上的定向凝固。如前所述的铸钢卷扬筒（图 4-17），浇注时厚端放在上部是合理的；反之，若厚端放在下部，则难以补缩。

(2) 铸型分型面的选择 铸型分型面的选择正确与否是铸造工艺合理性的关键之一。如果选择不当，则不仅影响铸件质量，而且还会使制模、造型、造芯、合箱或清理等工序复杂化，甚至还可增大切削加工的工作量。因此，分型面的选择应能在保证铸件质量的前提下，尽量简化工艺，节省人力物力。分型面的选择原则如下：

1）应使造型工艺简化。如尽量使分型面平直、数量少，避免不必要的活块和型芯等。

① 为了便于起模，分型面应选在铸件的最大截面处。

② 分型面的选择应尽量减小型芯和活块的数量，以简化制模、造型、合型工序。

③ 分型面应尽量平直。图 4-19 所示为起重臂分型面的选择，按方案 b）分型，必须采用挖砂或假箱造型；按方案 a）分型，可采用分模造型，使造型工艺简化。

④ 尽量减少分型面，特别是机器造型时，只能有一个分型面，如果铸件不得不采用两个或两个以上的分型面，这时可以如图 4-20b 中一样将三箱造型（图 4-20a）变为两箱造型，采用外芯等措施减少分型面。

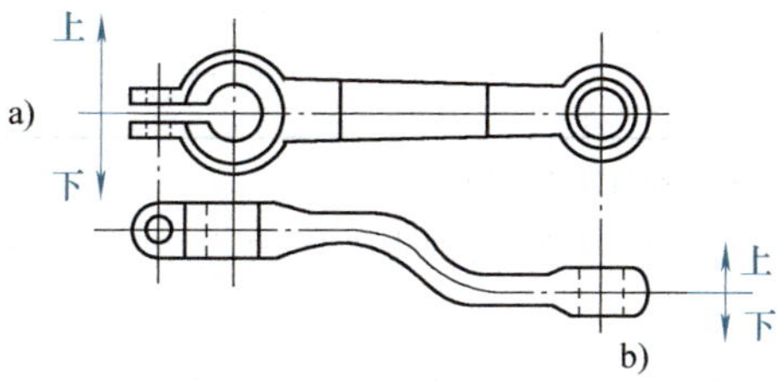

图 4-19　起重臂的分型面

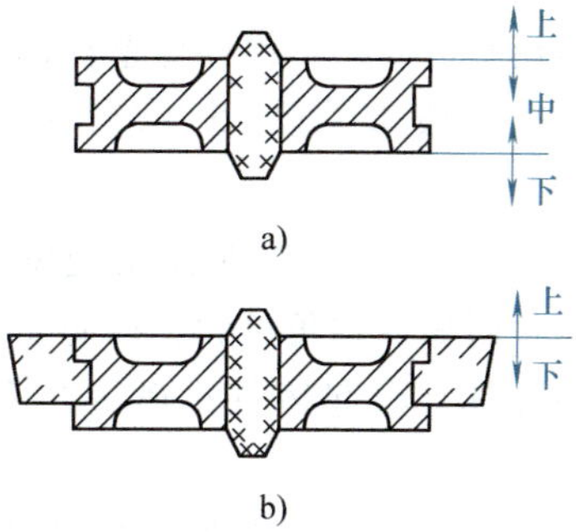

图 4-20　绳轮采用环状芯使三箱造型变成两箱造型

2）尽量将铸件重要加工面或大部分加工面、加工基准面放在同一个砂箱中，以避免产生错箱、披缝和飞边，降低铸件精度和增加清理工作量。图 4-21 所示的箱体如采用分型面Ⅰ选型，铸件 a、b 两尺寸变动较大，以箱体底面为基准面加工 A、B 面时，凸台高度、铸件的壁厚等难以保证；若选用分型面Ⅱ，整个铸件位于同一砂箱中，则不会出现上述问题。

3）使型腔和主要型芯位于下箱，便于下芯、合型和检查型腔尺寸（图 4-22）。

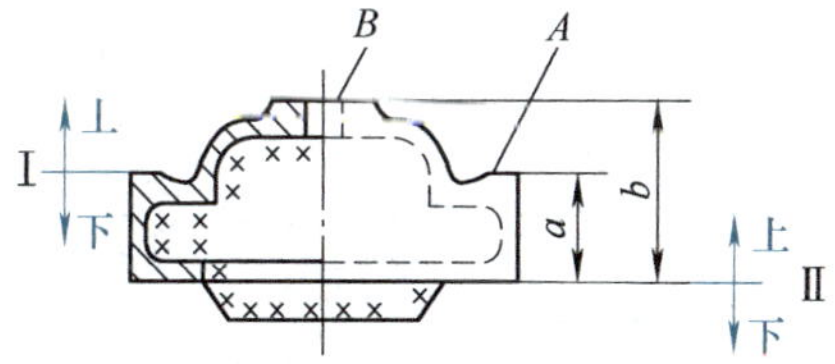

图 4-21　箱体分型面的选择

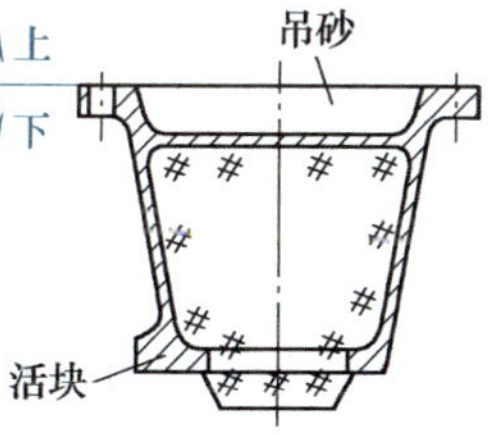

图 4-22　床腿类铸件的铸造工艺图

3. 铸件工艺参数确定

铸造工艺参数包括加工余量、起模斜度、铸造圆角及铸造收缩率等。

（1）加工余量　铸件为进行机械加工而加大的尺寸称为机械加工余量。在零件图上标有加工符号的地方，制模时必须留有加工余量。加工余量的大小要根据铸件的大小、生产批量、合金种类、铸件复杂程度及加工面在铸型中的位置来确定。灰铸铁件表面光滑平整，精度较高，加工余量小；铸钢件的表面粗糙，变形较大，其加工余量比铸铁件要大些；有色金属件由于表面光洁、平整，其加工余量可以小些；机器造型比手工造型精度高，故加工余量可小一些。加工余量的选取可参考有关工艺手册。

零件上的孔与槽是否铸出，应考虑工艺上的可行性和使用上的必要性。一般说来，较大的孔与槽应铸出，以节约金属、减少切削加工工时，同时可以减小铸件的热节；较小的孔，尤其是位置精度要求高的孔、槽，则不必铸出，留待机加工反而更经济。砂型铸造最小铸孔见表 4-4。

表 4-4 砂型铸造最小铸孔

（单位：mm）

铸造材质	壁厚	最小孔径
灰铸铁	3~10	6~10
	20~25	10~15
	40~50	12~18
铸钢	a	$d=1.08\sqrt{a}\,\sqrt[3]{h}$
铝合金、镁合金		20
铜合金		25

注：h—孔的高度，d—孔径。

（2）起模斜度　为了便于起模或自芯盒中取芯，在模样垂直于分型面的侧壁都应布置斜度。壁越高，其斜度越小，机器造型比手工造型斜度要小，木模比金属模斜度要大，模样外壁比内壁斜度要小。一般木模取 15′~3°，内壁取 3°~10°。

（3）铸造圆角　铸件各相交壁的交角在制模时做成圆角过渡，以防止铸型尖角被冲坏，引起铸件粘砂或尖角应力集中引起铸件裂纹。同时可以改善合金的充型能力。

（4）铸造收缩率　铸件冷却时尺寸缩小的百分率称为铸造收缩率。由于铸造合金的收缩，为保证铸件应有的尺寸，制造模样时，必须使模样尺寸大于铸件尺寸。收缩量的大小与金属的线收缩率有关，灰铸铁的线收缩率为 0.7%~1.0%，铸钢的线收缩率为 1.5%~2%。

4. 砂型铸造铸件质量检验

铸件清理后，应进行质量检验。对于表面缺陷或皮下缺陷，如气孔、砂眼、粘砂、缩孔、浇不足、冷隔、变形等，质量检验常用的方法是用眼睛观察或借助工具检验。对于内部缺陷，可用耐压试验、磁粉探伤、超声波探伤等方法检测。必要时，还可以进行解剖检验、力学性能检验和化学成分检测等。

4.3 特种铸造

如前所述，砂型铸造因其适应性广、成本低，在生产中得到了广泛应用，但它仍存在着铸件尺寸精度低、表面粗糙、铸造缺陷多等缺点。为从不同方面弥补砂型铸造的不足，生产中也广泛地应用了特种铸造方法。除砂型铸造之外的所有其他铸造方法统称为特种铸造，常用的特种铸造方法有金属型铸造、熔模铸造、压力铸造、离心铸造、低压铸造等。这些特种铸造方法在提高铸件精度和表面质量、改善铸件力学性能、提高生产率、改善劳动条件以及降低铸件生产成本等方面各有特点。此外，随着科技的发展，还在不断出现新型的铸造方法。下面仅选几种特种铸造方法作代表加以介绍。

4.3.1 金属型铸造

金属型铸造是指依靠重力将熔融金属浇入铸型而获得铸件的方法。图 4-23 所示为铸造铝活塞的金属型典型结构图。浇注后，先取出件 4，再取出件 3 和件 5。由于金属型一般可浇注几百次到几万次，故也称为“永久型”。与砂型相比，金属型没有透气性和退让性。它散热快，对铸件有激冷作用。为此，需在金属型上开设排气槽，浇注前应将金属型预热、喷刷涂料保护等，以防止铸件产生气孔、裂纹、白口和浇不足等缺陷。

1. 金属型铸造的特点

1）与砂型铸造相比，金属型铸造实现了“一型多铸”，生产率高，成本低，便于实现生产的机械化和自动化。

2）铸造精度较高，表面质量较好，公差等级可达IT12~IT14，表面粗糙度 *Ra* 值为6.3~12.5μm，减少了切削加工量。

3）金属型传热快，铸件冷却速度快，晶粒细，经济性能提高。

4）金属铸型制造成本高，周期长，不适合单件小批量生产；铸件形状和尺寸受到一定限制；易产生白口。

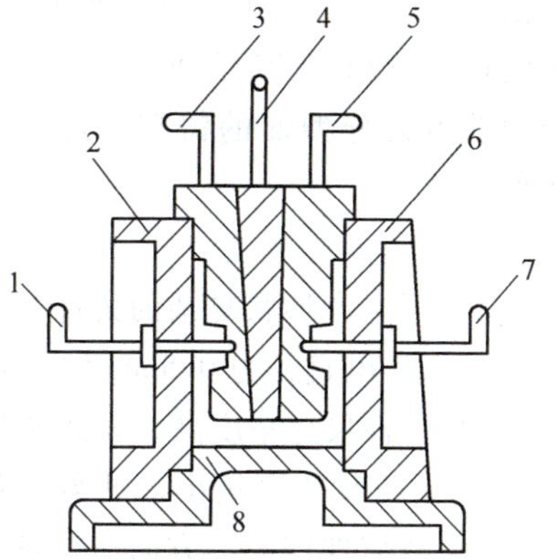

图 4-23　铸造铝活塞的金属型

1、7—销孔金属型芯　2、6—左、右半型
3、4、5—分块金属型芯　8—底型

2. 金属型铸造的应用范围

金属型铸造在有色合金铸件的大批量生产中应用较广泛，如铝活塞、气缸体、缸盖、液压泵壳体、轴瓦、衬套等，有时也可浇注小型铸铁件和铸钢件。

4.3.2　熔模铸造

熔模铸造是指用易熔材料（如蜡料）制成模样，在模样上包覆若干层耐火涂料，然后制成型壳，熔去模样后经高温焙烧即可浇注。

1. 熔模铸造的工艺过程

熔模铸造的工艺过程如图4-24所示。其主要工艺过程为：将易熔的石蜡和硬脂酸等混合料注入压型，制得单个蜡模及相应的浇注系统；把蜡模与浇注系统焊成蜡模组，作为铸件

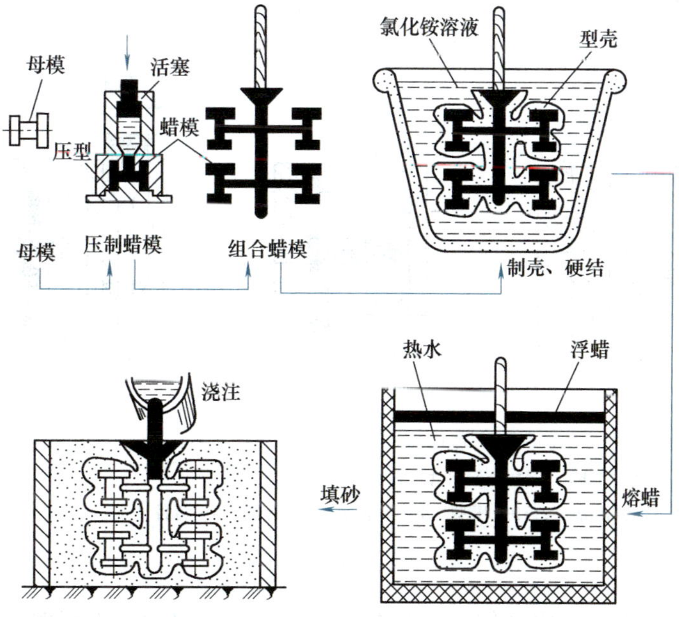

图 4-24　熔模铸造的工艺过程

的模样；在蜡模组上浸挂涂料和硅砂，放入硬化剂（如 NH_4Cl 水溶液）中硬化；经反复几次浸挂涂料和硅砂后形成 5~10mm 厚的型壳；再将型壳浸泡在 85~95℃的热水中，熔去蜡模便获得无分型面的铸型；最后型壳经烘干并高温焙烧，在铸型四周填砂后，便可浇注铸件。

2. 熔模铸造的特点

1）可生产形状复杂的铸件、薄壁铸件。形状复杂的整体蜡模可由若干形状简单的蜡模组成，可铸出直径为 0.5mm 的小孔和厚度为 0.3mm 的薄壁。

2）铸件尺寸精度高、表面质量好。公差等级可达 IT9~IT12，表面粗糙度 *Ra* 值为 1.6~12.5μm，机加工余量小，可实现无屑加工。

3）适应性广。一方面适合各类合金的生产，尤其适合生产高熔点合金及难以切削加工的合金铸件，如耐热合金、不锈钢等；另一方面，对批量不受限制。

4）工艺过程较复杂，生产周期长，铸型的制造费用高，铸件不宜太大（一般在 25kg 以下）。

3. 熔模铸造的应用

熔模铸造主要用于生产形状复杂、精度要求较高或难以切削加工的小型零件。目前，在航空、船舶、汽车、机床、仪表、刀具和军工等行业都得到广泛的应用，如汽轮机叶片、切削刀具等。

4.3.3 压力铸造

压力铸造（简称压铸）是在高压下（比压为 500~15000MPa）高速地（定型时间为 0.01~0.2s）将熔融的金属充填入金属铸型中，并在压力下结晶而获得铸件的铸造方法。

1. 压力铸造的工艺过程

图 4-25 所示为压力铸造工艺过程示意图。首先将金属液压入压室，压铸活塞将合金液压入闭合的铸型中，使金属在压力下凝固，然后退回压铸活塞，分开压型，推杆顶出压铸件。压力铸造使用设备为压铸机，使用铸型为压型。

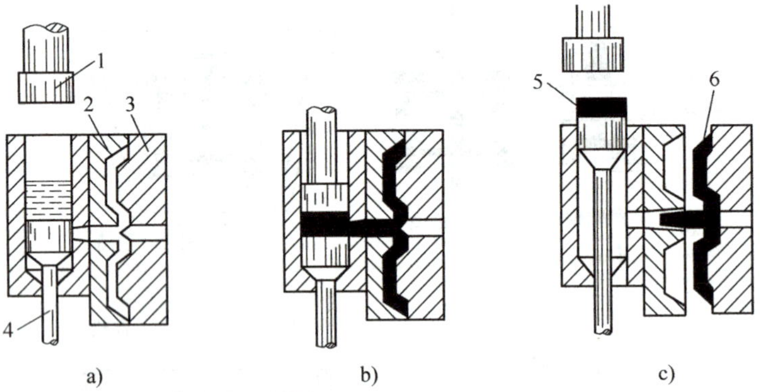

图 4-25 压力铸造工艺过程示意图

a）浇注 b）压射 c）开型

1—压铸活塞 2、3—压型 4—下活塞 5—余料 6—铸件

2. 压力铸造的特点

1）铸件的精度和表面质量较高，公差等级为 IT10~IT12，表面粗糙度 *Ra* 值为 0.8~

3.2μm。可铸出形状复杂的薄壁件和镶嵌件，并可直接铸出小孔、螺纹等。

2）力学性能提高。由于压力铸造是在压力下结晶，晶粒细密，其抗拉强度比砂型铸造可提高25%~40%。

3）生产率高，易实现自动化。压铸机每小时可压铸几百个零件。

4）设备投资大，制造铸型费用高，主要适于大批量生产。

5）不适合高熔点合金的生产，如钢、铸铁等。此外，铸件内部易产生气孔和缩孔，不宜采用机械加工和热处理。

3. 压力铸造的应用

基于上述特点，目前压力铸造主要用于有色金属薄壁小铸件的大批量生产，如铝、镁、锌、铜等有色金属铸件。压铸件在汽车、拖拉机、仪器、仪表、医疗器械、军工等领域都得到了广泛的应用，如气缸体、化油器、喇叭外壳等零件。

4.3.4 离心铸造

离心铸造是指将液体金属浇入旋转着的铸型，并在离心力的作用下凝固而获得铸件的铸造方法。如图4-26所示，铸型绕水平轴旋转的称为卧式离心铸造，它适合浇注长径比较大的各种管件（图4-26b）；铸型绕垂直轴旋转的称为立式离心铸造，适合浇注各种盘、环类铸件（图4-26a）。

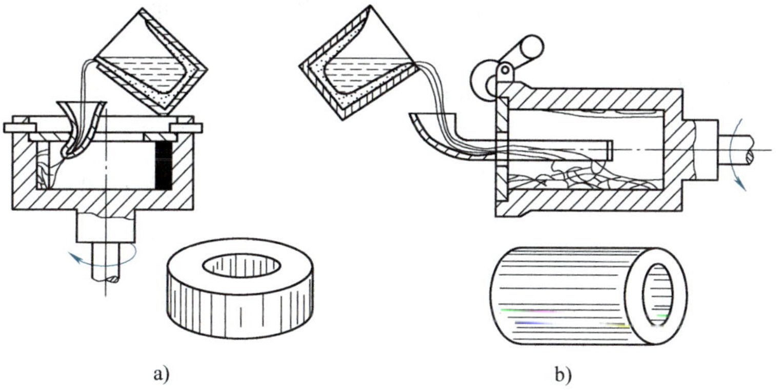

图4-26 离心铸造

a）绕垂直轴旋转 b）绕水平轴旋转

1. 离心铸造的特点

1）金属液在离心力作用下冷凝结晶，组织紧密，因此铸件质量好。熔渣、气体等集中在铸件内壁，经切削加工后去除。

2）铸造套、管形铸件，不用型芯和浇注系统，金属利用率提高，简化了工艺。

3）适用于各种铸型。铸造精度和表面质量取决于铸型种类。

4）可铸造“双金属”铸件。如在钢套内镶黄铜或者青铜轴套，既节约了贵重金属，又提高了铸件性能。

2. 离心铸造的应用

离心铸造广泛用于铸造各种管件（如水管、气管、油管等）、气缸套、双金属铸件等，也可铸造复杂的刀具、齿轮、蜗轮、叶片等成形零件。

4.4 常用铸造方法的比较

各种铸造方法均有其优缺点及适用范围，不能认为某种方法最为完善。因此，必须依据铸件的形状、大小、质量要求、生产批量、合金的品种及现有设备条件等具体情况，进行全面分析比较，才能正确地选出合适的铸造方法。

表4-5列出了几种常用铸造方法的综合比较。可以看出，砂型铸造尽管有着许多缺点，但它对铸件的形状和大小、生产批量、合金品种的适应性最强，是当前最为常用的铸造方法，故应优先选用；而特种铸造仅在相应的条件下才能显示其优越性。

表4-5 几种常用铸造方法的综合比较

铸造方法	砂型铸造	熔模铸造	金属型铸造	压力铸造	低压铸造
铸件尺寸精度	IT14~IT16	IT9~IT12	IT12~IT14	IT10~IT12	IT12~IT14
铸件表面粗糙度 *Ra* 值/μm	粗糙	1.6~12.5	6.3~12.5	0.8~3.2	6.3~25
适用金属	任意	不限制，以铸钢为主	不限制，以非铁合金为主	铝、锌、镁低熔点合金	以非铁合金为主，也可用于黑色金属
适用铸件大小	不限制	小于45kg，以小铸件为主	中、小铸件	一般小于10kg，也可用于中型铸件	以中、小铸件为主
生产批量	不限制	不限制，以成批、大量生产为主	大批、大量	大批、大量	成批、大量
铸件内部质量	结晶粗	结晶粗	结晶细	表层结晶细、内部多有孔洞	结晶细
铸件加工余量	大	小或不加工	小	小或不加工	较小
铸件最小壁厚/mm	3.0	0.7	铝合金2~3，灰铸铁4.0	0.5~0.7	2.0
生产率（一般机械化程度）	低、中	低、中	中、高	最高	中

4.5 铸件结构

铸件结构设计首先要满足其使用性能，其次要满足其制造的工艺性。制造工艺性包括铸造工艺性和后续的机械加工工艺性。铸件的结构工艺性对铸件质量、生产率及成本都有很大的影响，因此，铸件结构设计是一个值得重视的重要问题。铸件结构的铸造工艺性包括铸件结构的工艺性及铸件结构对铸造合金和铸造方法的适应性。

4.5.1 铸件结构的工艺性

铸件结构的工艺性是指铸件的结构应满足简化制模、造型和造芯、合型、清理等过程，降低操作技术要求，以实现优质、高产、低消耗为原则。具体应注意的问题见表4-6。

表 4-6 砂型铸造工艺对铸件结构的要求

设计要求	不良结构	良好结构
铸件的外形应力求简单，尽量减少与简化分型面。这样可简化模具制造和造型工艺，易于保证铸件精度，便于机器造型	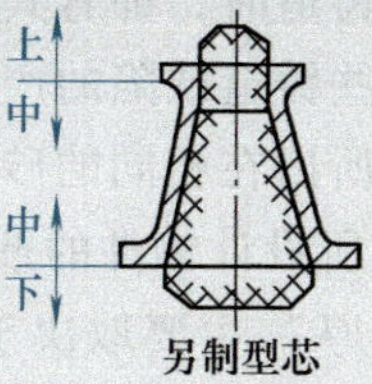	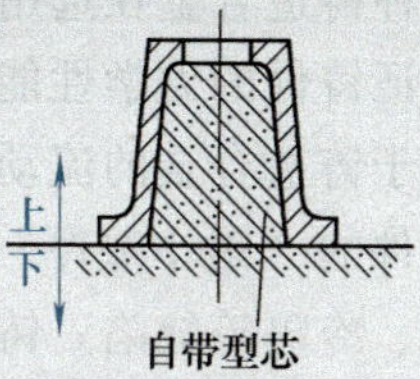
铸件的内腔应尽可能不用或少用型芯	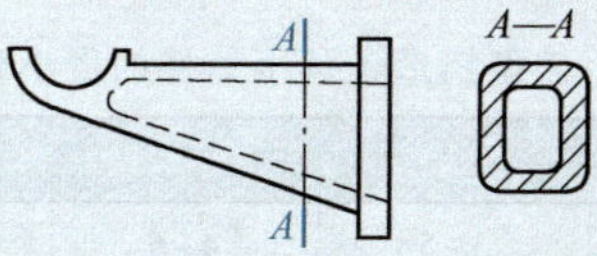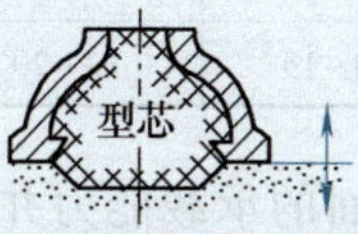	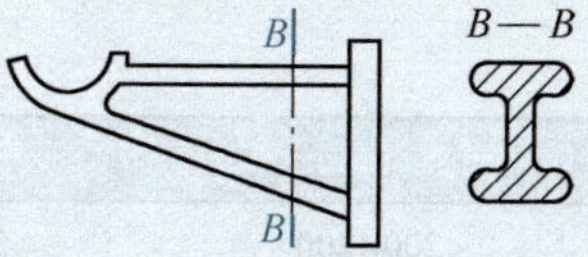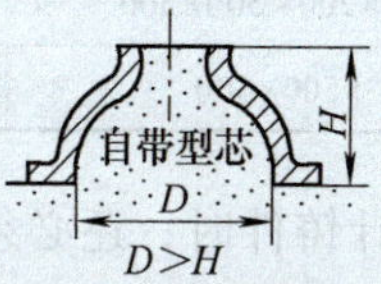
铸件的壁厚应均匀	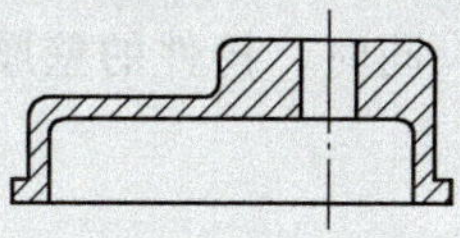	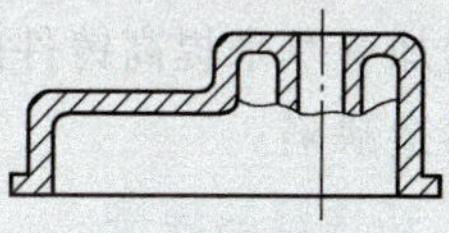
铸件内腔结构应有利于型芯的固定、排气和清理	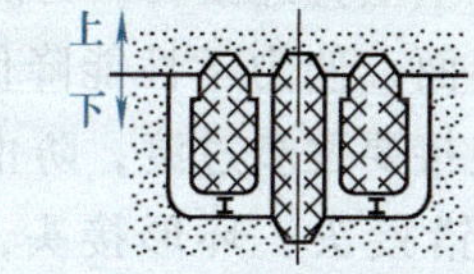	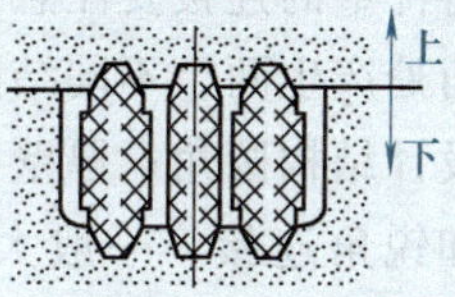
铸件上凸台、凸缘和肋条的设计要便于造型、起模，尽量避免活块或外壁型芯	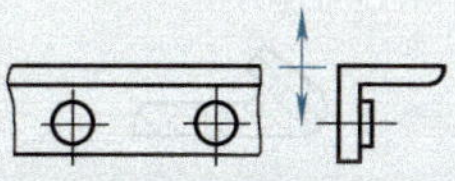	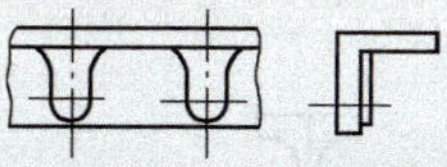
铸件上垂直分型面的不加工面应具有结构斜度	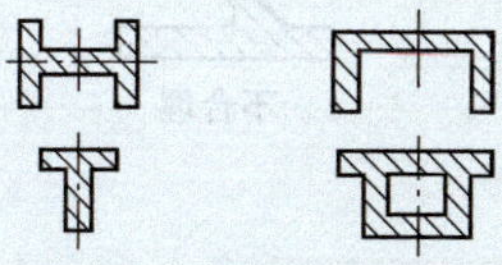	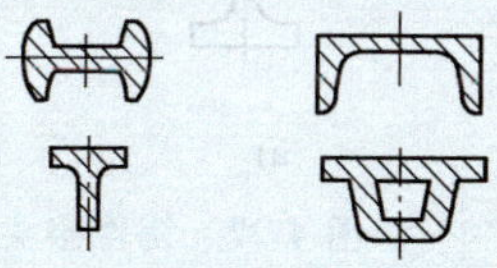
铸件壁的连接或转角，一般应具有结构圆角	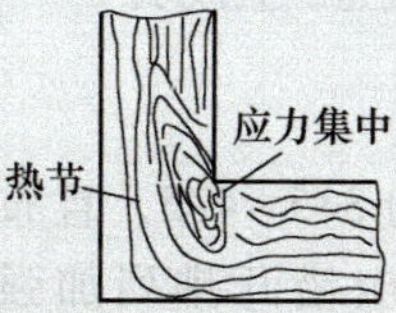	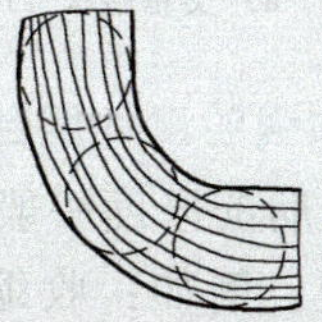

4.5.2 合金铸造性能对铸件结构的要求

铸件的一些主要缺陷，如缩孔、缩松、浇不足、裂纹等，有时是由于铸件的结构不够合理、未能充分考虑合金的铸造性能所致。因此，设计铸件时，必须考虑如下几个方面。

1. 合理设计铸件的壁厚

每种铸造合金在选用某种铸造方法铸造时，都有其适宜的壁厚。如其壁厚选择得当，则既能保证铸件的力学性能，又能防止某些铸造缺陷的产生。

由于铸造合金的流动性各不相同，所以在相同的砂型铸造条件下，不同铸造合金所能浇注出铸件的“最小壁厚”也不相同。若所设计铸件的壁厚小于该“最小壁厚”，则容易产生浇不足、冷隔等缺陷。铸件的“最小壁厚”主要取决于合金的种类和铸件的大小，其值可参考表4-7。

表4-7 砂型铸造条件下铸件的最小壁厚 （单位：mm）

铸件尺寸/(mm×mm)	铸钢	灰铸铁	球墨铸铁	可锻铸铁	铝合金	铜合金
<200×200	5~8	3~5	4~6	3~5	3~3.5	3~5
200×200~500×500	10~12	4~10	8~12	6~8	4~6	6~8
>500×500	15~20	10~15	12~20	—	—	—

设计铸件时，还必须考虑到厚大截面的承载能力并非按截面面积成比例增加。这是由于心部的冷却速度缓慢、晶粒较粗大，而且容易产生缩孔、缩松、偏析等缺陷，因此，不应单纯以增加壁厚来提高铸件的承载能力。同时，铸件的壁厚应均匀，防止局部积聚形成热节，产生铸造缺陷。

2. 铸件壁的连接

铸件壁的连接要注意三点：铸件两壁垂直连接时，为防止两壁的散热方向垂直，可能引起交角处产生两个不同结晶方向的交界面，使力学性能降低，易产生应力集中现象而开裂，必须设计结构圆角；厚壁与薄壁间的连接要逐步过渡，防止壁厚突变，产生裂纹；避免十字交叉和锐角连接，一般大件宜采用交错接头、环形接头，锐角连接要采用过渡形式，如图4-27所示。

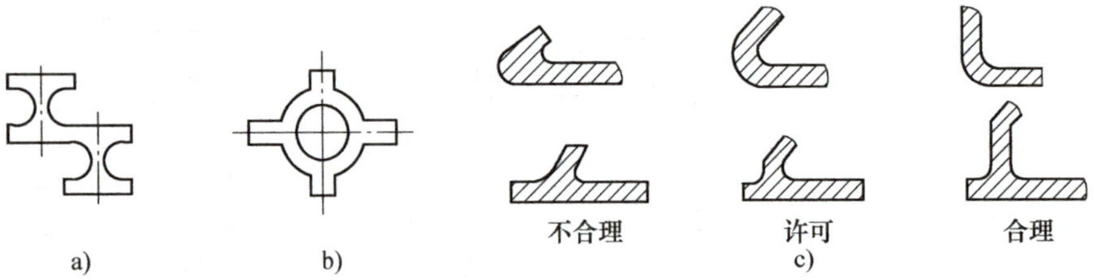

图4-27 铸件接头结构

a）交错接头 b）环形接头 c）锐角连接过渡形式

3. 加强肋设计要合理

加强肋的厚度一般取被加强壁厚的3/5~4/5，且布置要合理。例如：收缩大的铸钢件，应错开排列加强肋，如图4-28所示。

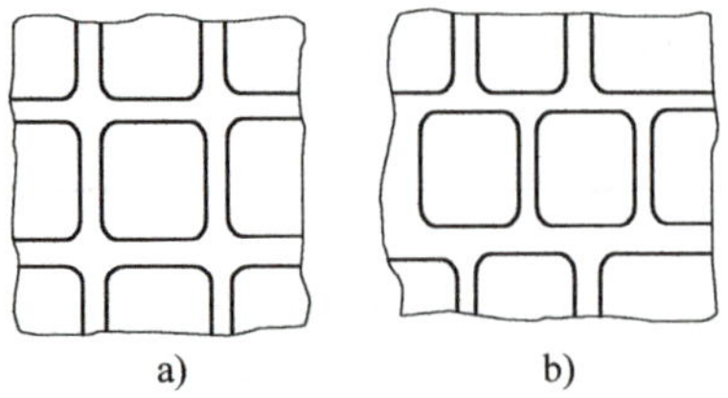

图4-28 加强肋设计

4. 流动性差的合金应避免大水平面

浇注时，铸件朝上的水平面易产生气孔、夹渣等缺陷。因此，实际铸件时应尽量减少过大水平面或采用倾斜的表面。其次，合理的铸件结构应使铸件收缩不受阻碍，避免其开裂。

此外，对于采用不同铸造方法生产的铸件，除了考虑上述铸件结构的工艺性和对合金性能的要求之外，还应根据各种铸造方法的特点考虑对铸件结构的特殊要求。相关内容在前述各种铸造方法时已进行了介绍，在此不再赘述。

图 4-29 所示支座为一支承件，它没有特殊质量要求的表面，在制订工艺方案时，不必考虑浇注位置要求，主要应着眼于工艺上的简化。支座虽属简单件，但底板上四个 ϕ10mm 孔的凸台及两个轴孔的内凸台可能妨碍起模。同时，若铸出轴孔，还必须考虑下芯的可能性。

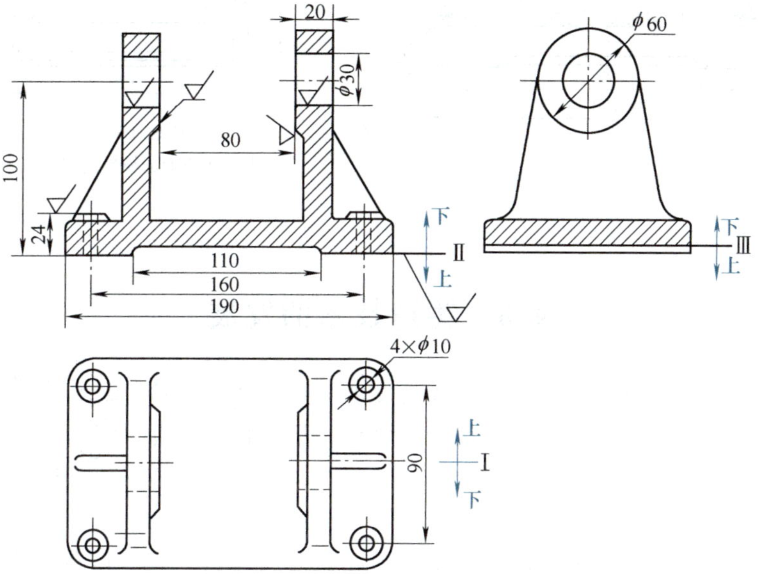

图 4-29 支座

选择分型面的主要方案如下：

（1）方案Ⅰ 沿底板中心线分型，即采用分开模造型。其优点是底面上长 110mm 的凹槽容易铸出，轴孔下芯方便，轴孔内凸台不妨碍起模。其缺点是底板上四个凸台必须采用活块，且铸件易产生错型缺陷，清理飞边的工作量大。此外，若采用木模，则加强肋处过薄，木模易损坏。

（2）方案Ⅱ 沿底面分型，铸件全部位于下箱，为铸出长 110mm 的凹槽必须采用挖砂造型。方案Ⅱ克服了方案Ⅰ的缺点，但轴孔内凸台妨碍起模，必须采用两个活块或下型芯。当采用活块造型时，ϕ30mm 轴孔难以下芯。

（3）方案Ⅲ 沿长 110mm 的凹槽底面分型。其优缺点与方案Ⅱ相同，仅是将挖砂造型改用分开模造型或假箱造型，以适应不同的生产条件。

可以看出，方案Ⅱ和方案Ⅲ的优点多于方案Ⅰ。但在不同生产批量下，具体方案可选择如下：

1）单件、小批量生产。由于轴孔直径较小，无须铸出，而手工造型便于进行挖砂和活块造型，此时依靠方案Ⅱ分型较为经济合理。

2）大批量生产。由于机器造型难以使用活块，故应采用型芯制出轴孔内凸台。同时，应采用方案Ⅲ从长 110mm 的凹槽底面分型，以降低模板制造费用。图 4-30 所示为其铸造工艺图，由图可见，方型芯的宽度大于底板，以便使上箱压住该型芯，防止浇注时上浮。若轴孔需要铸出，则采用组合型芯即可实现。

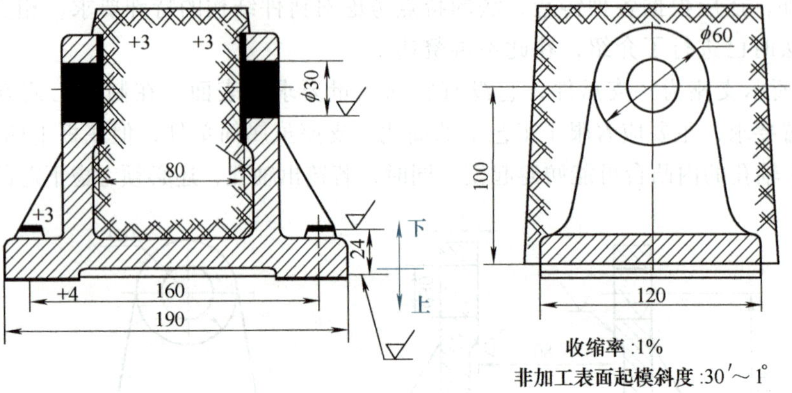

图 4-30 支座的铸造工艺图

4.6 铸造技术的发展

随着科学技术的飞速发展和全球可持续发展战略的实施，铸造技术正朝着清洁化、智能化、专业化、高效化、集成化和铸件高性能、精/近成形方向发展。

1. 实现绿色集约化铸造，保证可持续发展

绿色铸造生产过程应不断应用新技术、新工艺、新设备，减少铸造生产过程的能源消耗、注意资源回收利用、减少乃至无废弃物排放，实施铸造清洁化生产。

定向凝固是研究凝固理论和金属凝固规律的重要手段，也是制备单晶材料和微米级（或纳米级）连续纤维晶高性能结构材料和功能材料的重要方法。近年来，涡轮叶片的单晶精铸也有了很大发展，整个叶片可由一个晶粒组成，没有晶界，单晶叶片的各项性能指标均高于定向凝固得到的叶片。

2. 凝固理论和铸造工艺的发展

（1）差压铸造理论　差压铸造的实质是使金属液在压差的作用下，充填到预先有一定压力的型腔内，进行结晶、凝固，以获得铸件。它成功地将低压铸造和压力下结晶两种先进的工艺方法结合起来，从而使理想的浇注、充型条件和合理的凝固条件相配合，对结晶温度范围宽的合金具有良好的补缩效果，减少缩孔、缩松，显示了良好的发展前途。

（2）定向凝固及单晶精铸理论　目前，定向凝固工艺已发展到一个新的高度，成为高温合金涡轮叶片等零件的主要生产手段之一。由于叶片内全部是纵向柱状晶，晶界与主应力方向平行，各项性能指标较高。与普通凝固方式相比，其抗拉强度高 2 倍，断裂韧度高 4 倍，疲劳强度高 8 倍。

定向凝固是研究凝固理论和金属凝固规律的重要手段，也是制备单晶材料和微米级（或纳米级）连续纤维晶高性能结构材料和功能材料的重要方法。近年来，涡轮叶片的单晶精铸也有了很大发展，整个叶片可由一个晶粒组成，没有晶界，单晶叶片的各项性能指标高于定向凝固得到的叶片。

（3）快速凝固技术　快速凝固技术近年来已引起人们的重视。它可以显著地细化晶粒，极大地提高固溶度（远超过相图中的固溶度极限），可以出现常规凝固条件下所不会出现的亚稳定相，还可能凝固成非晶体金属，使得快速凝固合金具有优异的力学和物理化学性能。

（4）连铸技术　连铸即为连续铸钢的简称，具体流程为钢水不断地通过水冷结晶器，凝成硬壳后从结晶器下方出口连续拉出，经喷水冷却，全部凝固后切成坯料的铸造工艺过程。与传统方法相比，连铸技术具有大幅提高金属收得率和铸坯质量，以及节约能源等显著优势。

（5）半固态成形技术　金属半固态成形就是在金属凝固过程中，对其施以剧烈的搅拌或扰动，或改变金属的热状态，或加入晶粒细化剂，或进行快速凝固，即改变初生固相的形核和长大过程，得到一种液态金属母液中均匀地悬浮着一定球状初生固相的固-液混合浆料，利用这种固-液混合浆料直接进行加工成形（流变成形）；或先将浆料完全凝固成坯料后切分，再将切分的坯料重新加热至固液两相区时进行成形加工（触变成形）。

金属半固态成形是介于铸造和锻造之间的一种工艺过程，具有消除气孔、缩孔、提高零件的力学性能及模具寿命等优点。

（6）精密铸造技术　精密（精/近）成形铸造近期重点发展了熔模精密铸造、陶瓷型精密铸造、消失模铸造等新技术。采用消失模铸造生产的铸件质量好，铸件壁厚公差达到了±0.15mm，表面粗糙度 *Ra* 值为 25μm。电渣熔铸工艺已用于大型水轮机的导叶生产。一批先进、新型、高效、优质、高精度的铸造技术得到应用，如采用了感应电炉双联熔炼技术、炉前计算机自动检测控制技术、树脂砂的铸造技术等，使铸件质量得到大幅度提高。

3. 计算机在铸造生产中的应用

（1）铸件凝固过程的计算机数值模拟　铸件凝固过程的宏观模拟已相当成熟，它有利于合金的凝固动力学规律进一步被揭示，它可以预测与铸件温度场直接相关的铸件的宏观缺陷，如缩孔、缩松、热裂、宏观偏析等，并且可用于铸件的铸造工艺辅助设计。铸件凝固过程的微观模拟是指在晶粒尺度上模拟铸件的凝固过程，其研究的重点涉及结晶的形核长大、树枝晶与柱状晶转变。另外，铸件的质量控制模拟正在向微观组织模拟、性能及使用寿命预测的方向发展。

（2）计算机在铸造生产过程中的应用　在铸造生产中，计算机可应用的领域很广，除了上述凝固理论的研究，主要应用在绿色铸造、智能铸造、铸件设计、铸造工艺设计、生产过程控制、质量检测与监控、数据分析和统计等方面。数量可观的铸造 CAD、CAE、CAPP、CAM 等工具软件和各单元技术在铸造生产中得到广泛应用。

复习思考题

1. 理解下列基本概念：铸造、铸造性能、流动性、充型能力、收缩性、中间凝固、缩孔、缩松、铸造应力、热应力、机械应力、变形。
2. 如何评价合金的铸造性能？它们对铸件质量有何影响？
3. 缩孔和缩松产生的原因是什么？应如何防止？
4. 什么是顺序凝固原则和同时凝固原则？如何保证铸件按规定的凝固方式进行凝固？
5. 哪类合金易产生缩孔？哪类合金易产生缩松？

6. 铸造应力是如何产生的？它对铸件质量有何影响？

7. 砂型铸造有何特点？常用的特种铸造方法各有何特点？

8. 图 4-31 所示的铸件结构各有何缺点？应如何改进？

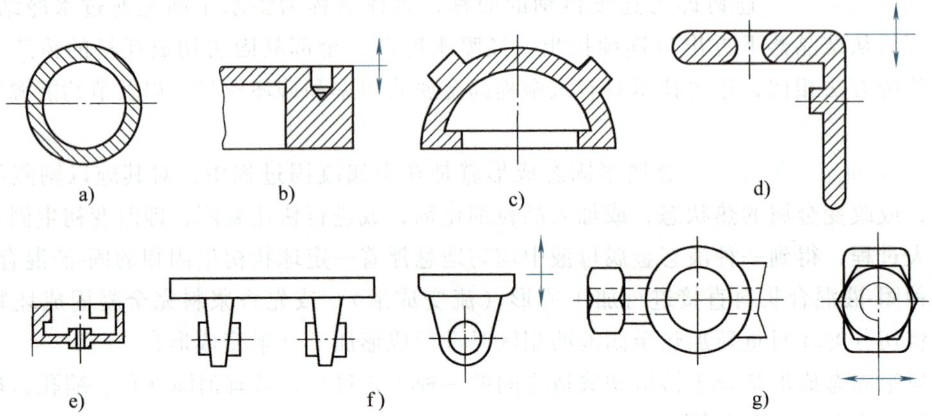

图 4-31 题 8 图

9. 机床床身、主轴箱、缝纫机机头、铝活塞、气缸套、下水管道、带轮和飞轮、气缸体及双金属滑动轴承等铸件在大批量生产时应采用何种铸造方法？

10. 什么是铸件的结构斜度？它与起模斜度有何不同？

11. 什么是铸件的结构工艺性？考虑结构工艺性有何意义？

第5章 材料的塑性成形

材料塑性成形也称材料压力加工，是指利用材料的塑性使材料的坯料在外力作用下产生塑性变形，从而制成所需产品的一种加工工艺方法。

5.1 金属塑性成形工艺基础

金属材料经过压力加工之后，其内部组织发生了很大变化，使金属的性能得到改善和提高，为压力加工方法的广泛使用奠定了基础。因此，只有较好地掌握塑性变形的实质、规律及影响因素，才能正确选用压力加工方法，合理设计压力加工零件。

5.1.1 金属塑性变形的实质

由前述内容可知，金属变形可分为弹性变形和塑性变形两种。金属的塑性变形和弹性变形在金属塑性成形加工中总是相伴而生的，主要是利用其中的塑性变形进行加工生产，因而弹性变形的恢复现象就对有些压力加工的变形和工件质量影响较大（如弯曲加工），必须采取措施保证产品质量。

金属塑性变形的实质是：单晶体的主要变形形式是晶体滑移变形，即晶体的一部分在外力作用下与另一部分沿着一定的晶面（滑移面）产生相对滑移和孪生变形（即晶体产生孪生变形部分相对其余部分产生位向的改变）。

而实际的金属材料多为多晶体，是由不同结晶方向的晶粒（可看作单晶体）组成的，多晶体的变形方式除晶粒内部的晶内变形外，还有晶粒之间的滑动和转动的晶间变形。各种晶内变形和晶间变形的整体效果就成为整块金属的变形。

除此之外，晶体内部的缺陷（如位错、空穴等）的存在也促进了晶体的塑性变形，使得产生塑性变形的实际作用力比理论计算值低几个数量级。

5.1.2 塑性变形后金属的组织和性能

塑性变形以后，金属的组织要产生一系列变化：晶粒内产生滑移带和孪晶带，导致晶体沿最大变形方向伸长，形成纤维组织；拉伸时，晶粒间滑移面的转动和外力方向一致，导致各个晶粒位向渐趋一致，形成变形结构；晶粒间还会因晶粒的破碎而产生碎晶；变形的不均匀还会引起各种内应力等。

金属组织的变化会引起金属性能的改变。随变形程度的加大，金属产生了硬度增高、塑性降低的现象，即加工硬化现象（也称冷作硬化），在此温度条件下的变形为冷变形。加工硬化不利于金属的继续成形加工，但有时可用来提高产品的表面硬度和性能。

加工硬化的金属材料通过加热提高温度使其得到部分消除或全部消除。当加热温度升高到该金属熔点的1/10~3/10时，晶粒中的原子由于热运动的加剧而得到了正常的排列，消除了晶格扭曲及加工硬化部分。这一过程称为回复，该温度即为回复温度；温度继续升高到熔点的2/5~1/2时，大量的热能使金属再次结晶出无应力应变的新晶粒，从而消除了加工硬化现象，即出现了再结晶过程，此温度称为再结晶温度。在再结晶温度以上的塑性变形称为热变形。由于金属具有再结晶组织，无加工硬化现象，因而金属就具有较好的力学性能。所以大部分金属压力加工常采用热变形方法。实际工业生产中，常通过加热产生再结晶的方法使金属再次获得良好的塑性，称为再结晶退火。

另外，铸锭坯料在压力加工后由于性能上呈现方向性，这种方向性是金属在塑性变形时形成的纤维组织所致，因此金属中的晶粒和杂质沿着变形方向被拉长。纤维组织是铸锭热变形后的一种新缺陷，它将导致金属的塑性和韧性在平行纤维方向上较好，而在垂直纤维方向上较差。变形程度越大，纤维组织越明显，可用锻造比 Y($Y=F_0/F_1$，F_0、F_1 为拔长变形前、后的横截面面积）来表示变形程度。

5.1.3　金属的可锻性

金属的可锻性表示金属材料经受压力加工的能力，通常由金属的塑性和变形抗力来综合衡量。塑性越好、变形抗力（金属抵抗变形的能力）越小，则可锻性越好；反之则越差。

金属的可锻性取决于金属的本质和变形条件。

1. 金属的本质

金属的本质是指金属的化学成分和金属的组织结构。不同的化学成分，金属的可锻性就不同。纯金属比合金的可锻性好，含合金元素越多，合金含量越高，可锻性越差；金属的内部组织结构不同，导致其可锻性也有差别。单相固溶体及纯金属组织可锻性好，碳化物的可锻性差；金属的晶粒越小，则其塑性越好，但变形抗力也相应增大；金属的组织越均匀，其塑性也越好。

2. 变形条件

变形条件是指金属进行变形时的变形温度、变形速度及应力状态（或变形方式）。

（1）变形温度的影响　提高金属变形时的温度，可改善金属的可锻性，从图5-1中可看出，低碳钢在300℃左右呈脆性状态，随着温度的升高，其伸长率 A、断面收缩率 Z 升高，冲击韧度 a_K 降低，即可锻性变好。对于碳素钢来说，加热温度超过铁碳合金相图中 A_3 线，塑性就较好，适于压力加工。

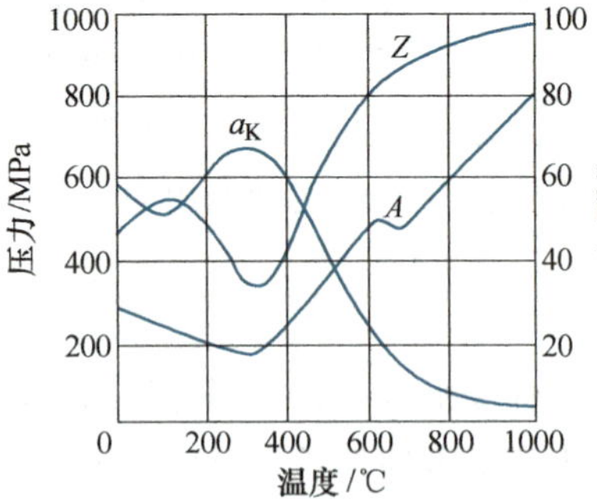

图5-1　低碳钢的力学性能与温度变化关系图

加热温度过高会产生过热、过烧、脱碳、严重氧化等现象，甚至锻件报废；温度过低，金属加工硬化现象严重，难以加工，强行锻造也会破坏锻件。因而必须正确地选择热变形加工的温度范围。该温度范围称为锻造温度，即始锻温度（开始锻造时的温度）和终锻温度（停止锻造时的温度）间的温度范围，锻造温度由合金相图确定。

（2）变形速度的影响　变形速度即单位时间内产生变形的程度。提高变形速度对金属的可锻性有利有弊。一方面，由于变形速度的增大，回复和再结晶还来不及消除（或部分消除）加工硬化，金属塑性下降，变形抗力增大，可锻性差，一般压力加工常属此类型；另一方面，当变形速度提高到某一值以上时，一部分塑性变形能量就转化为热能，金属温度升高，其塑性提高，变形抗力下降，可锻性变好，即产生了热效应现象，这多发生在高速锻锤锻造时。

（3）应力状态的影响　采用不同的变形方式，会改变金属的可锻性，这是因为不同的变形方式在变形金属内部产生了不同的应力状态。图 5-2～图 5-4 所示分别为拔制、镦粗、挤压三种方式下的应力状态。

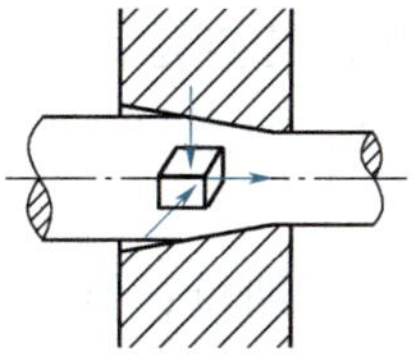

图 5-2　拔制应力状态

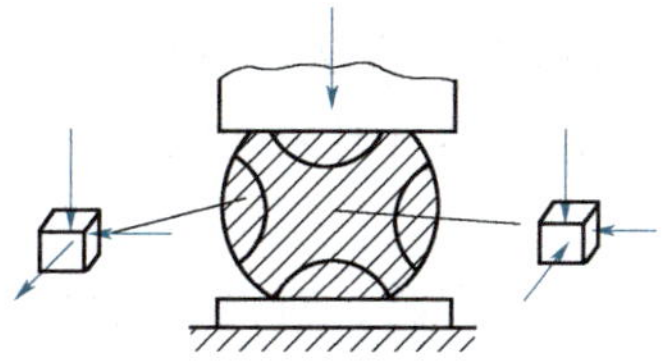

图 5-3　镦粗应力状态

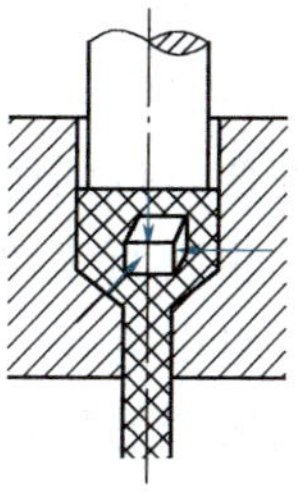

图 5-4　挤压应力状态

拔制时的应力状态为沿坯料轴向受拉，其他方向受压，其塑性较低；镦粗时应力状态为坯料中心部分三向受压，周边部分则两向受压和一向受拉，周边部分塑性较差，易镦裂；挤压时三向受压，无拉应力，塑性最好。由此可见，三向压应力状态使金属具有较高的塑性，压应力数目越多，则塑性越好（当然总值不能超过强度极限）；若存在拉应力，则会使金属塑性降低，拉应力数目越多，其塑性越差。这是因为拉应力会使金属内部的气孔、小裂纹等缺陷扩展，甚至破坏材料；而压应力则不会扩展内部缺陷，反而会使金属内部组织紧密，增大变形抗力。

综上所述，金属的可锻性取决于金属的本质和变形条件。在压力加工实际生产中，选择零件的材料时就应注意从金属的化学成分和组织结构上来选择可锻性好的金属材料（在满足使用性能的条件下），并正确选择变形方式以提高金属可锻性。特别是对于某些塑性差、变形抗力高的难变形金属（如高合金钢、低塑性有色合金）来说，显得尤为重要。

5.2 金属塑性成形方法

5.2.1 锻造方法综述

1. 特点

锻造是指通过对坯料锻打或锻压，使其产生塑性变形而得到所需制件的一种成形加工方法。

锻造主要生产各种性能要求高、承载能力强的机器零件或毛坯，如机床主轴、齿轮、连杆等关键零件的毛坯都是通过锻造加工获得的。锻造加工方法具有以下特点：

1）具有较好的力学性能。由于锻造的毛坯内部缺陷（气孔、粗晶、缩松等）得以消除，使组织更致密，强度得到提高，但锻造流线会使金属呈现力学性能的各向异性。

2）节约材料。锻造毛坯是通过体积的再分配（非切削加工）获得的，且力学性能又得以提高，故可减少切削废料和零件的用料。

3）生产率高。与切削加工相比，其生产率高，成本低，适用于大批量生产。

4）适应范围广。锻造的零件或毛坯的质量、体积范围大。

5）锻件的结构工艺性要求高，难以锻造复杂的毛坯和零件。

6）锻件的尺寸精度低，对于高精度要求的零件，还需经过切削加工来满足要求。

2. 锻造方法

常见的基本锻造方法主要有自由锻和模锻。

（1）自由锻

1）自由锻的特点和分类。自由锻是利用冲击力或压力使在上、下砧块之间的金属材料产生塑性变形得到所需锻件的一种锻造加工方法。自由锻时，金属变形的特点是：金属沿上、下砧块表面流动，不受其他限制，虽然有时采用锻造工具控制局部金属的流动，但其他部分仍是自由流动。

自由锻造的特点是：工具简单，应用广泛，对设备精度要求低，生产周期短；但生产率低，尺寸精度不高，表面粗糙度差，对工人的操作水平要求高，自动化程度低。

由于自由锻具有上述特点，故适用于形状简单的单件、小批量、大型锻件的生产。自由锻分手工锻造和机器锻造两种，前者用于生产率低的小型锻件生产，后者生产率高，为自由锻的主要生产方法。

自由锻的主要设备有锻锤和液压机（如水压机）两大类。其中锻锤有空气锤和蒸汽-空气锤两种。锻锤的吨位用落下部分的质量来表示，一般在5t以下，可锻造1500kg以下的锻件；液压机以水压机为主，吨位用最大实际压力来表示，为500~12000t，可锻造1~300t的锻件。锻锤进行打击工作，故振动大、噪声高、安全性差、机械自动化程度低，因此吨位不宜过大，适于锻造中、小锻件；水压机以静压力成形方式工作，无振动、噪声小、工作安全可靠、易实现机械化，故以生产大、巨型锻件为主。

2）自由锻工艺规程的制订。自由锻的一些基本方法称为自由锻的基本工序，包括切割、镦粗、拔长、冲孔、弯曲、错移和扭转等。常用的基本工序有镦粗、拔长和冲孔。除基本工序外，有时因操作和制件需求，相应增加辅助工序和精整工序，其中辅助工序（如切肩、压钳口等）是为了方便操作，精整工序（如整形）则是为了减少表面缺陷。

在锻造生产前，需做好制订工艺规程、填写工艺卡等技术准备工作。自由锻工艺规程的制订包括绘制锻件图、计算所需坯料的尺寸和质量、选择锻造工序以及选定锻造设备。

① 绘制锻件图。锻件图以零件图为基础绘制，绘制时应考虑锻件余量和锻件公差。锻件的余量是指供以后切削加工用的金属层，其大小取决于零件的形状和尺寸，数值可查表确定；锻件的公差是指锻件的名义尺寸的允许偏差，可由锻件形状、尺寸并考虑到实际生产加工情况加以选取。为了便于锻造，有时加上一定的余料，在锻件图中，以双点画线画出零件的主要轮廓形状，并在锻件尺寸线的下面用括号标注出零件尺寸，如图5-5所示。

② 计算所需坯料的质量。锻件坯料的质量由锻件质量、材料烧损量和料头质量组成。

③ 选择锻造工序。各类锻件是由几种基本工序及其他工序的不同组合完成的，即使是同一种锻件也可能采用不同的基本工序，按不同的顺序完成。

自由锻工序的选择主要是根据锻件的形状和尺寸、生产批量、各工序变形特点及其相互关系、车间设备和技术条件等因素来决定的。根据锻件的形状可选用基本工序，而选择各工序的变形特点及相互关系又可确定各工序的先后顺序。

④ 选定锻造设备。锻造设备可参考有关手册查表选定。在绘制锻件图、计算所需坯料的尺寸和质量、选择锻造工序及选定锻造设备后，就可以编写工艺规程和填写工艺卡。

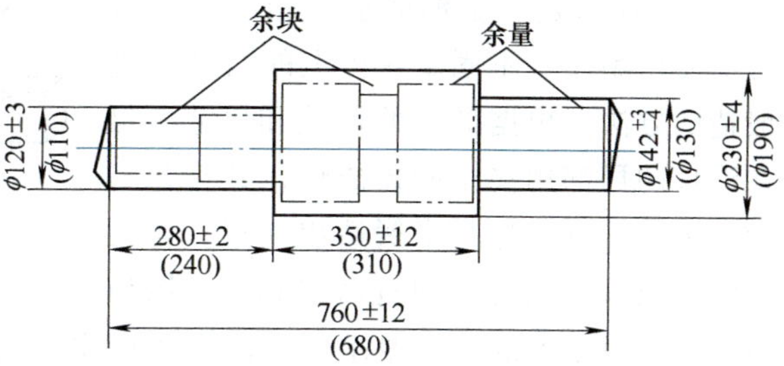

图 5-5　锻件图

3）自由锻锻件的结构工艺性。由于自由锻是在平砧块上用简单工具进行的，因此要求锻件形状简单。在设计自由锻成形的零件毛坯时，除满足使用性能外，还应结合工艺特点，考虑零件的结构要符合自由锻的工艺要求，锻件结构设计应合理，具体见表 5-1。

表 5-1　自由锻锻件的结构工艺性

原则	不合理结构	合理结构
锻件外形简单、对称、平直，不应有锥形、楔形	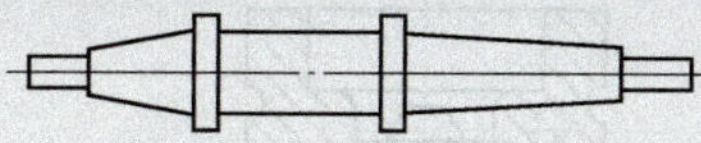	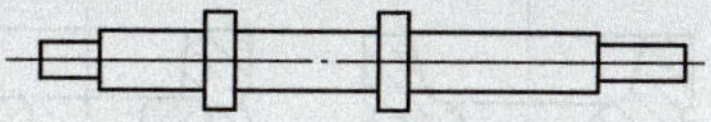
	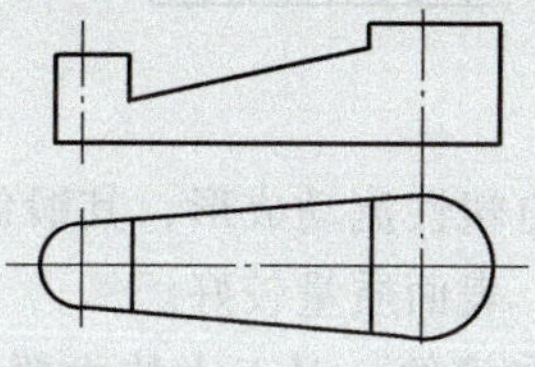	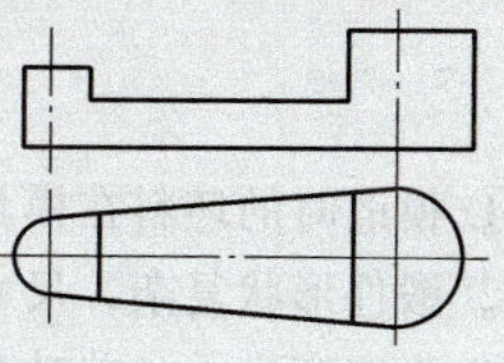
横截面尺寸相差较大和外形较复杂的零件，应设计成由几个简单件连接而成的形式	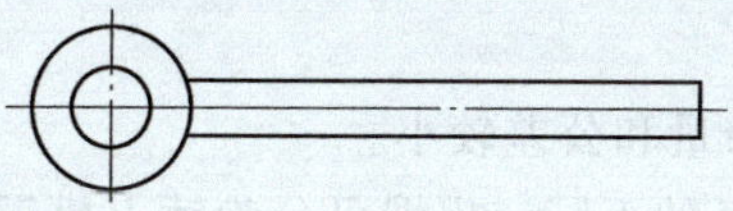	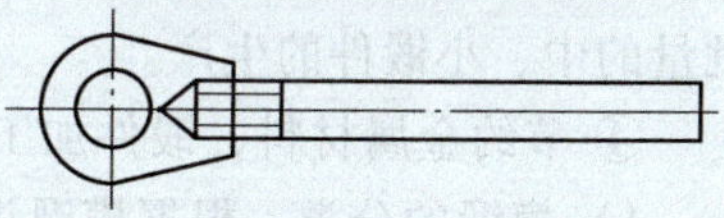
	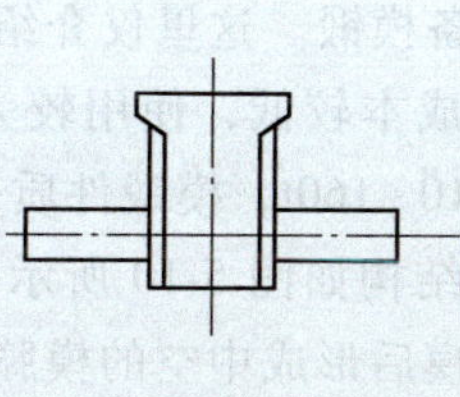	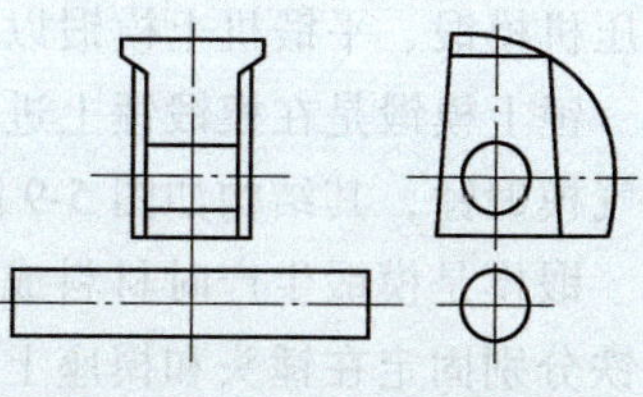
锻件由几个简单几何体构成时，其表面交接处不应有较复杂的空间曲线（如相贯线）	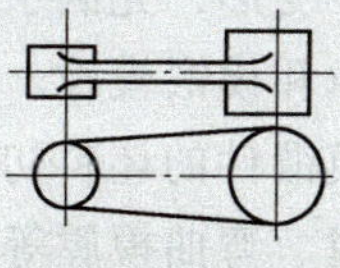	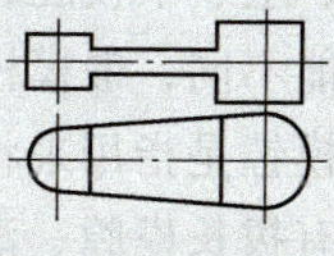
自由锻锻件上不应有加强筋、凸台、形状复杂的截面或空间曲线表面	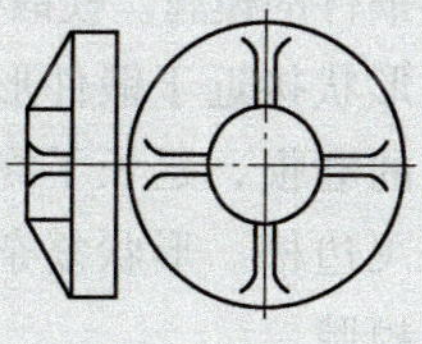	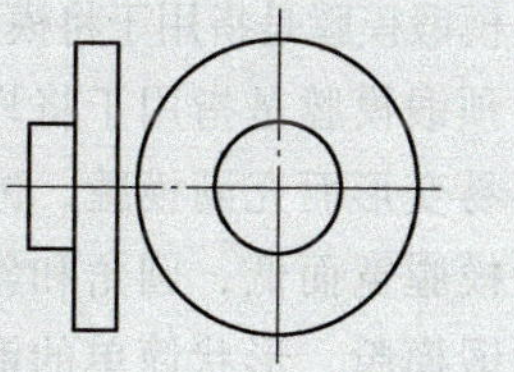

4）胎模锻造。胎模锻造是指在自由锻设备上使用胎模（不固定在锤上的锻模）进行锻造的方法。根据锻件的形状和尺寸，可以在锻件的局部用多个胎模成形，其工艺方式较为灵活，可以先自由锻造出初形，再用胎模锻造出最终锻件。同自由锻相比，胎模锻造降低了对工人的技术要求，提高了生产率，精度较高，加工余量较小，节省了金属材料，内部组织致密，并扩大了自由锻设备的应用范围，特别在没有模锻设备的中小型企业中更为适用。但胎模容易损坏，只适于中小批量生产。胎模主要有扣模、筒模、合模三种，如图 5-6~图 5-8 所示。

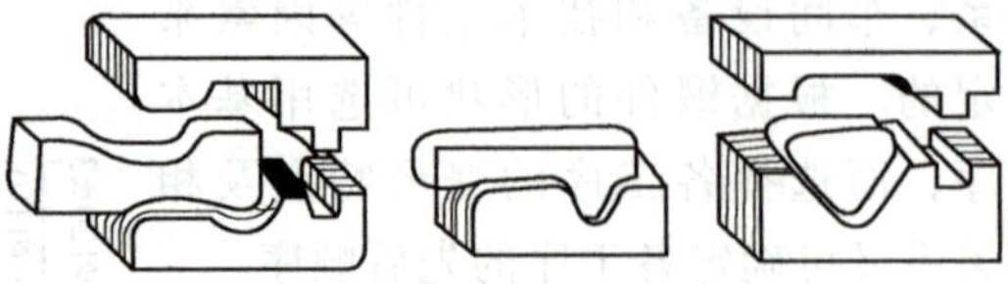

图 5-6 扣模

（2）模锻 模锻是指利用模具使毛坯在模膛内受压变形而获得锻件的锻造方法。和自由锻相比，模锻具有以下特点：

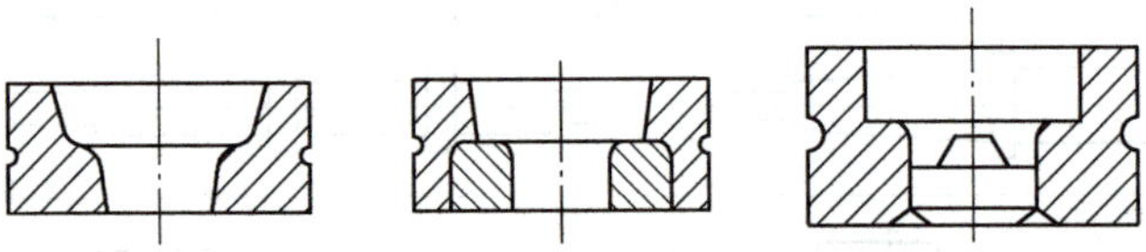

图 5-7 筒模

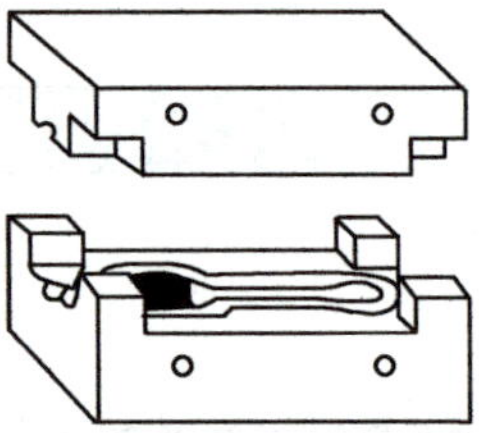

图 5-8 合模

① 模锻时的坯料在模具模膛中被迫塑性流动成形，其锻件质量较高，力学性能较好。

② 锻件形状复杂，尺寸精度更高，表面质量较好。

③ 生产率高，且劳动强度小，操作简便，对工人技术要求低，易实现机械化，适于大批量的中、小锻件的生产。

④ 节约金属材料，锻件加工余量和公差较小。

1）模锻的分类。根据模锻设备的不同，模锻可分为锤上模锻、曲柄压力机模锻、摩擦旋压机模锻、平锻机上模锻以及其他专用设备模锻。这里仅介绍应用较广的锤上模锻。

锤上模锻是在模锻锤上进行的，因设备成本较低，使用较为广泛，其主要设备是蒸汽-空气模锻锤，其结构如图 5-9 所示，吨位为 10~160t，模锻件质量为 0.5~150kg。

锻模是模锻生产时材料成形的模具，其结构如图 5-10 所示。上、下模带有燕尾，通过楔铁分别固定在锤头和模座上，上、下模合模后形成中空的模膛，坯料在此成形，上模随锤向下运动，上、下模膛合拢，坯料就完成了变形，充满了模膛，形成所需的锻件。

按功能不同，锻模模膛可分为制坯模膛和模锻模膛。

制坯模镗是指用来将形状较为复杂的模锻件的坯料初步模锻成形为接近模锻件形状的模膛，主要有拔长模膛、滚压模膛、成形模膛、弯曲模膛等，如图 5-11 所示。

模锻模膛是指用于将模锻件成形为最终锻件的模膛。模锻模膛分为预锻模膛和终锻模膛。

预锻模膛是指用于将坯料成形为基本形状接近于锻件形状的模膛，它可使终锻时的坯料更容易变形而充满模膛，减小了终锻模膛的磨损，延长了终锻模膛的使用寿命。预锻模膛比终锻模膛宽而低，圆角和斜度较大，没有飞边槽。形状复杂的锻件进行大批量生产时，常采用预锻模膛，形状简单的锻件可不设预锻模膛。

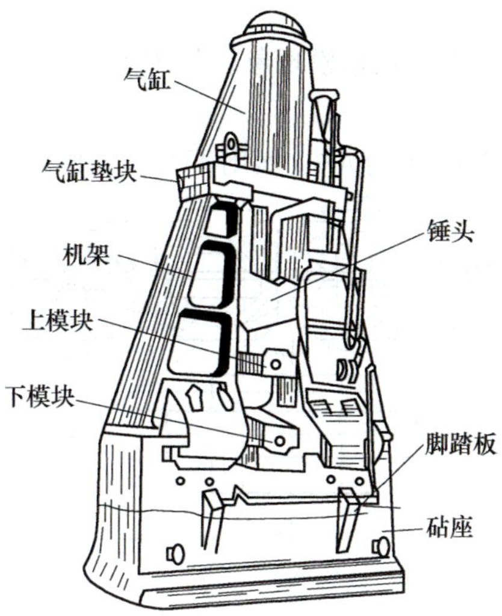

图 5-9　蒸汽-空气模锻锤

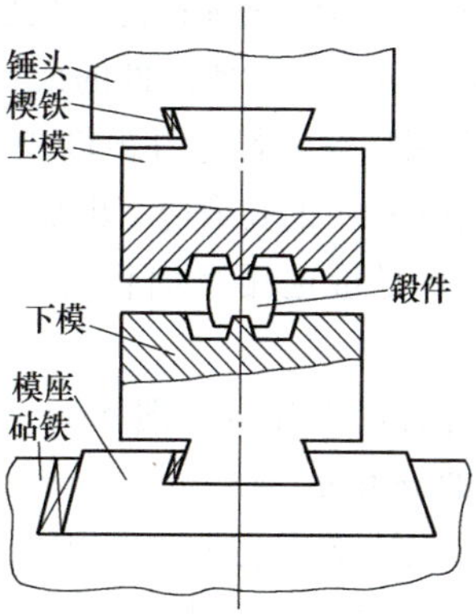

图 5-10　锻模结构

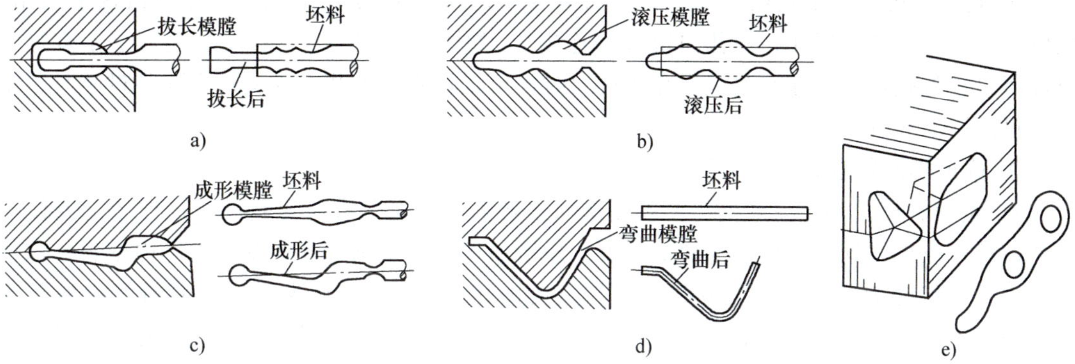

图 5-11　制坯模膛种类

a）拔长模膛　b）滚压模膛　c）成形模膛　d）弯曲模膛　e）切断模膛

终锻模膛是指将锻件最终锻造成形的模膛。其形状必须和锻件一致且模膛尺寸应比锻件尺寸放大一个收缩量（如钢件取 1.5%），并且沿模膛四周设有飞边槽，可以增加金属从模膛中流出的阻力，以保证金属充满模膛，同时可容纳多余的金属，如图 5-12 所示。

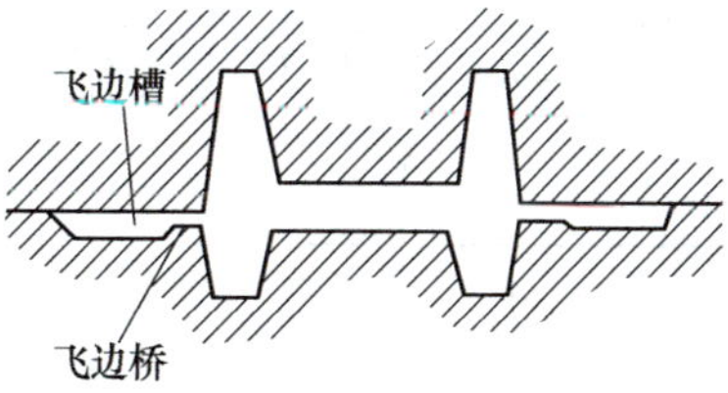

图 5-12　飞边槽

此外，根据模锻件实际生产的需要，还可制作多膛锻模（一副锻模中有两个以上模膛）。

2）模锻工艺规程的制订。模锻工艺规程制订包括以下几个方面的内容：

① 绘制模锻锻件图。模锻锻件图同样要根据零件图来绘制，应综合考虑以下几点：

A. 选择合理的分型面。分型面是上、下模在模锻件上的分界面，可以为平面或曲面。分型面的位置合理与否，直接影响锻件成形、出模、质量及材料的利用率。选择分型面应遵守以下原则：

a）保证模锻件能顺利地从模膛中取出。分型面应选在模锻件最大尺寸截面处，如

图 5-13 中的 d—d 面；若选 a—a 面，则锻件无法取出。

b）应尽量使上、下模膛在分型面处的轮廓一致，避免出现错模现象。如图 5-13 中 c—c 面为分型面，就易引起错模。

c）分模面应选在能使模膛深度最浅的位置上，图 5-13 中的 b—b 面则不符合该原则。

d）分模面应使锻件的余料最小，这样可以节约金属材料。若选图 5-13 中 b—b 面作为分型面，则零件中的孔锻造不出来，余料被浪费。

e）尽量选用平面作为分型面，便于模具制造。

综合以上几点，图 5-13 中的 d—d 面是最合理的分型面。

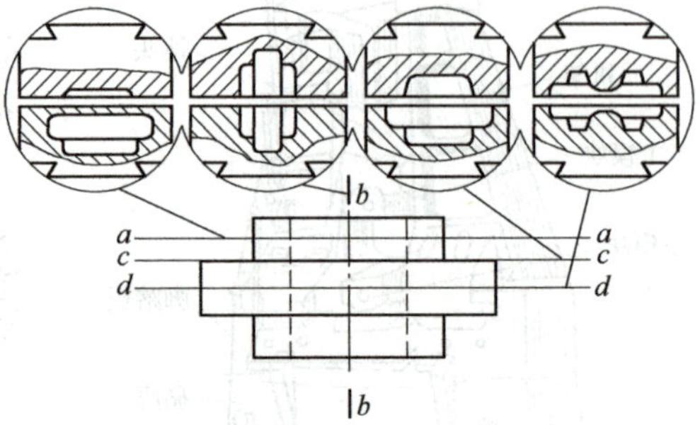

图 5-13 分模面的选择

B. 余量及公差。模锻件在锻模中成形，其加工余量和公差比自由锻件要小，加工余量一般为 1~4mm，公差一般取±(0.3~3)mm。具体余量和公差数据可查阅有关手册。

C. 确定连皮。对于孔径 $d \geqslant 25$mm，且 $h/d \leqslant 2$（h 为深度）的孔，应在模锻件上锻出，但模锻工艺无法冲出通孔，圆孔内留有“连皮”，如图 5-14 所示。“连皮”金属层不宜过厚或过薄，它与孔径、孔深有关。当孔径过大时，可采用斜底形状的连皮；当孔径过小时，模锻时只需压出凹坑。

D. 确定模锻斜度和圆角半径。

a）模锻斜度的确定。锻件与模膛侧壁的接触表面一定要有一定斜度，这样才能方便锻件从模膛中取出，这一斜度即为模锻斜度。模锻斜度分外壁斜度和内壁斜度。内壁斜度取值一般比外壁斜度大 2°~5°。当模膛深度与宽度的比值（h/b）较大时，模锻斜度应取较大值。模锻斜度一般取标准度数 3°、5°、7°、10°、12°等；在同一锻件上，所有的内壁斜度和外壁斜度应分别取相同的数值为好，这样便于模具制造。模锻斜度图例如图 5-15 所示。

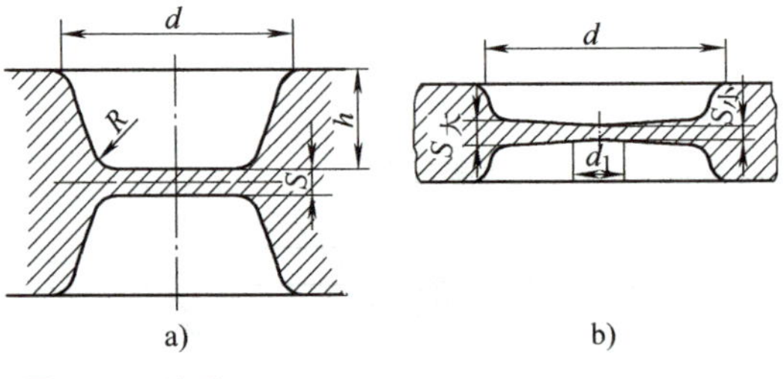

图 5-14 连皮

a）直边连皮 b）斜底连皮

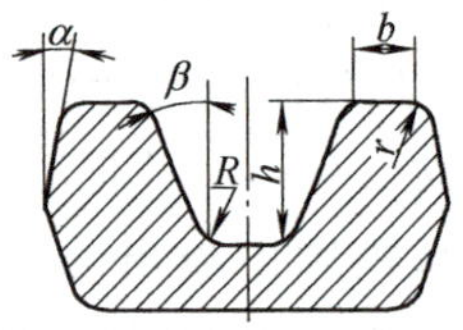

图 5-15 模锻斜度和圆角半径

b）模锻圆角半径的确定。在模锻件上所有两表面相交处均应有圆角过渡，以避免出现热应力集中而破坏锻件，同时还可提高模具的寿命。通常模锻件的外圆角半径 $r=2\sim12$mm，内圆角半径 R 比外圆角半径 r 大 3~4 倍（图 5-15），圆角半径可查阅有关手册。

E. 绘制模锻件图。图 5-16a、b 所示分别为齿轮的零件图和锻件图。

② 计算坯料质量和尺寸。坯料的质量由锻件质量、飞边质量和金属损耗量等组成，尺寸由坯料体积、高径比决定。

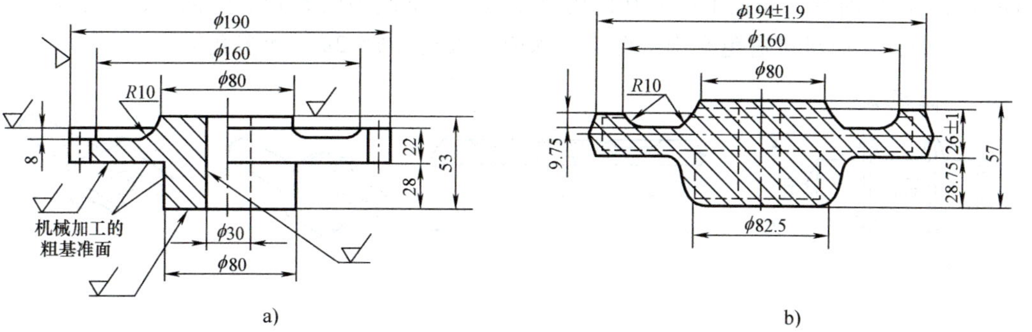

图 5-16 齿轮的零件图和锻件图

a）零件图 b）锻件图

③ 确定模锻工序。盘类模锻件（或短轴类）和杆轴类模锻件的模锻工序有所不同。

A. 盘类模锻件。盘类模锻件是指在分型面上的投影为圆形或长度接近于直径（或宽度）的锻件，如齿轮、法兰盘等。盘类模锻件在锻造过程中，其锤击的方向与锻件轴线一致，终锻时金属沿其高、宽、长三个方向均产生流动，其工序常选用先镦粗制坯后终锻成形的工序。必要时，中间还经过预锻再终锻成形。

B. 杆轴类模锻件。杆轴类模锻件是指长径（宽）方向比较大的锻件，如台阶轴、曲轴、连杆、弯曲摇臂等。杆轴类模锻件在锻造过程中，其锤击方向与锻件轴线垂直，终锻时金属主要沿其高度与宽度两个方向流动，长度方向上的流动不显著，常选用拔长、滚压、弯曲、预锻和终锻等工序。例如：当坯料的横截面面积大于锻件最大横截面面积（$S_{锻件m}$）时，只需拔长工序；当 $S_{坯}<S_{锻件m}$ 时，则同时采用拔长和滚压两个工序。

此外，根据锻件的质量要求，有时还需对锻件进行修正工序。修正工序包括切边、冲孔、校正、精压、热处理、清理等。其中，冲孔是冲去连皮的工序，切边是切掉锻件飞边的工序，通常在模锻后立即进行大锻件和合金钢锻件的切边与冲孔，以利用锻后余热，有利于切除；对于尺寸较小和精度较高的模锻件，则常冷切冲压，以保证尺寸和精度要求。在进行大批量生产时，切边和冲孔可在复合模或连续模上进行。校正工序是在校正模或终锻模膛内对其他工序（如冲孔、切边等）引起的锻件变形进行校正。精压工序主要是提高锻件精度和降低表面粗糙度值，通过精压模在压力机上进行。热处理的作用是消除模锻件中的过热组织或加工硬化组织，以提高锻件的力学性能，其主要方式是正火或退火。清理工序主要是去除表面氧化皮、所沾油污及残余飞边等。

④ 选择锻造设备。根据锻件质量、形状、尺寸、精度等要求，考虑实际生产条件等，查阅有关资料选取适宜的、较经济的锻造设备。

3）模锻件的结构工艺性。设计模锻零件时，根据模锻的特点和工艺要求，应使零件除了满足设计要求外，还有较好的工艺性。具体原则如下：

① 模锻件必须有一个合理的分型面，与分型面垂直的非加工表面应有模锻斜度；两非加工表面的交接处应有圆角设计。

② 模锻件形状力求简单、对称、平直，尽量避免薄壁、高肋、凸起结构，便于金属充满模膛和顺利取出锻件。图 5-17a 所示的结构是不合理的；图 5-17b 所示的零件扁而薄，锻造时坯料易快速冷却又不易充满模膛；图 5-17c 所示的零件有高薄的凸缘，使锻模的制造和

锻件的取出都很困难，如在不影响其使用性能的条件下改为图 5-17d 所示的结构较合理。

③ 模锻件上应尽量避免窄沟、深沟、深槽、深孔（$h \geqslant 2d$）和多孔结构。

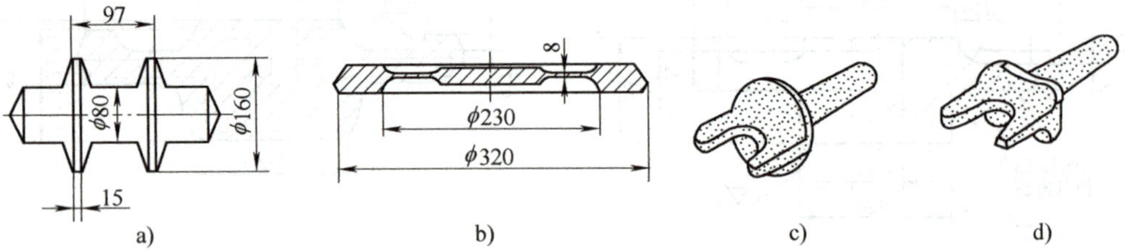

图 5-17　模锻件零件设计

5.2.2　板料冲压

板料冲压是指利用冲模使板料产生分离或变形的加工方法，它通常是在常温下进行的。当板料厚度超过 8~10mm 时，采用热冲压。板料冲压具有以下特点：

1）可冲压形状复杂、强度高、刚性好、重量轻的薄壁零件。

2）冲压件的精度高、表面粗糙度值较低、互换性较好。

3）节省材料。

4）生产率高。

冲压件的原材料主要为塑性较好的材料，有低碳钢、铜合金、镁合金、铝合金及其他塑性好的合金等。材料形状有板料、条料、带料、块料四种。其加工设备是剪床和压力机。

1. 冲压工序

冲压基本工序按其性质可分为分离工序和成形工序两大类。

（1）分离工序　分离工序是指使板料分离开的工序，如切断、冲裁等。其中，切断是将板料沿不封闭的轮廓曲线分离的一种冲压方法；而冲裁则是将板料沿封闭的轮廓曲线分离的冲压方法，它包括冲孔和落料。冲孔是指将废料冲落，得到带孔的板料制件；而落料则是指将所需制件或坯料冲裁下来。图 5-18 所示为冲孔和落料示意图。

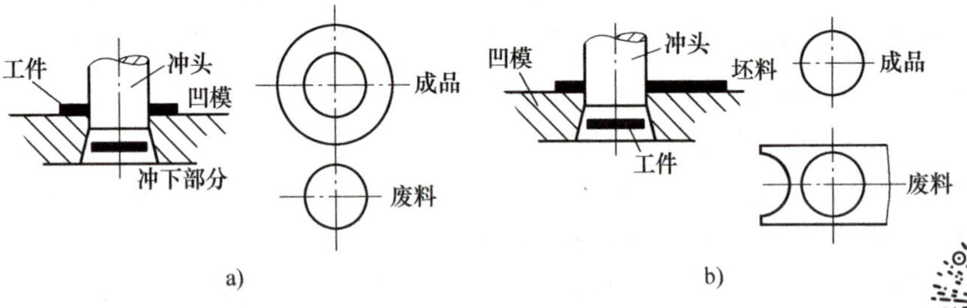

图 5-18　冲孔与落料示意图

a）冲孔　b）落料

1）冲裁工序。

① 冲裁变形过程。冲裁变形过程可分为三个阶段，如图 5-19 所示。

a. 弹性变形阶段。冲裁凸模压缩板材的开始阶段，使板料产生局部弹性拉伸、压缩及弯曲变形，其变形结果是在冲件上形成圆角带，如图 5-19a 所示。

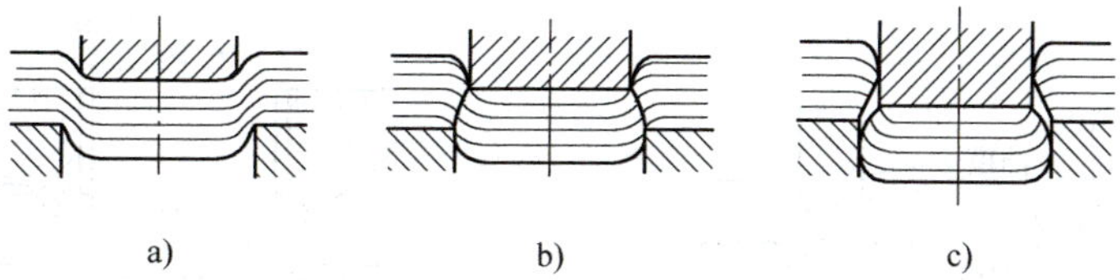

图 5-19 冲裁变形过程图

a）弹性变形阶段 b）塑性变形阶段 c）断裂分离阶段

b. 塑性变形阶段。当凸模继续下行时，材料内应力值超过材料屈服极限，就产生了塑性变形，材料开始出现裂纹，被挤入凹模，并且在模具刃口处的材料硬化加剧，其作用的结果将在冲件上形成光亮带，如图 5-19b 所示。此时冲裁力为最大值。

c. 断裂分离阶段。凸模再继续下行，上下裂纹迅速扩大、伸展并重合，材料开始分离，直到最后完全被剪断分离。分离时形成比较粗糙的断裂表面，即为断裂带，如图 5-19c 所示。

② 冲裁间隙。冲裁间隙是指冲裁凸、凹模刃口直径的差值，它是冲裁工艺中极为重要的参数。间隙过大，则会导致光亮带小，断裂带和飞边大而厚，从而影响到冲件尺寸和断面质量；间隙过小，则会出现挤长的飞边，冲裁力增大，并大大降低了模具寿命。同时，间隙的大小对卸料、推件也有影响。因此，选择合理的冲裁间隙极为重要。当冲裁件要求较高的断面质量时，应选较小的间隙值；反之，当断面质量无严格要求时，应选较大的间隙值，以延长模具的寿命。具体的间隙值可查阅有关手册。

③ 凸、凹模刃口尺寸的计算。冲裁件尺寸及冲裁间隙均取决于凸、凹模刃口尺寸，因此必须正确确定凸、凹模刃口尺寸。

落料时，先由落料件尺寸确定凹模刃口尺寸，凸模刃口尺寸则为凹模刃口尺寸减去间隙值，即 $d_{凸落}=D_{凹落}-Z$（Z 为间隙值）；冲孔时，由所冲孔的尺寸先确定凸模刃口尺寸，然后由凸模刃口尺寸加上间隙值即得凹模刃口尺寸，即 $D_{凹冲}=d_{凸冲}+Z$。

由于工作过程中有磨损现象，故设计落料模时，先确定的凹模刃口尺寸一般接近落料件公差范围内最小尺寸；设计冲孔模时，先确定的凸模刃口尺寸一般接近冲孔的公差范围内最大尺寸。

④ 冲裁力的计算。为了充分发挥设备潜力和保护模具及设备，应选用合理的设备，冲裁力是选用设备的重要数据，其具体计算公式可查阅有关手册。

⑤ 冲裁件的排样。排样是指落料件在条料、带料或板料上的合理安排。合理地排样可提高材料利用率。

2）整修工序。整修工序利用整修模将落料件的外缘或冲孔件内缘刮去一层薄的金属层，以提高冲件尺寸精度，降低表面粗糙度值。冲件一般公差等级为 IT10～IT12，而经整修后可达 IT6～IT7，表面粗糙度 Ra 值为 0.8～1.6μm，整修示意图如图 5-20 所示。整修工序属于切削加工性质的加工工序，其整修量可查阅有关手册。

3）精密冲裁。冲件在经整修工序后可获得高精度和低表面粗糙度值的断面，但其成本较高，生产率低，而通过精密冲裁就可以降低成本和提高生产率。

精密冲裁经一次冲裁即可获取高精度和低表面粗糙度值断面的冲裁件，应用最广泛的就是强力压边精密冲裁，如图 5-21 所示。冲裁件的剪切表面平直光洁，其冲件的公差等级为 IT6～IT7，表面粗糙度 Ra 值为 0.4～0.8μm。

值得注意的是，精密冲裁的坯料应具有较高的塑性。一般在精密冲裁前，先进行退火处理，软化材料，以提高板料塑性。

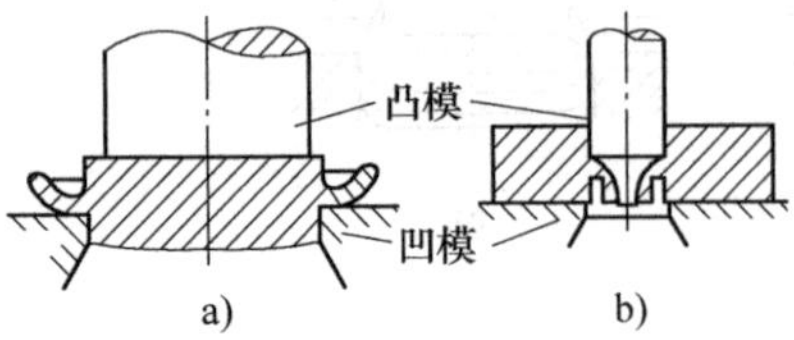

图 5-20 整修示意图

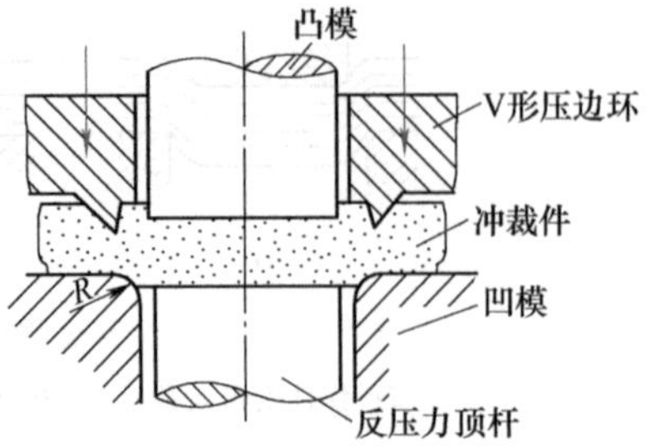

图 5-21 强力压边精密冲裁

（2）成形工序 成形工序则是使板料产生塑性变形以达到所需形状的工序，使坯料的一部分相对另一部分产生位移而不破裂。它主要包括弯曲、拉深、翻边、缩口、成形等工序。

1）弯曲工序。弯曲是指将板料弯成所需要的半径和角度的成形方法。图 5-22 所示为弯曲变形过程简图。由该图可见，板料放在凹模上，随着凸模的下行材料发生弯曲，而且弯曲半径越来越小，直到凸模、凹模、板料三者重合，弯曲过程结束。

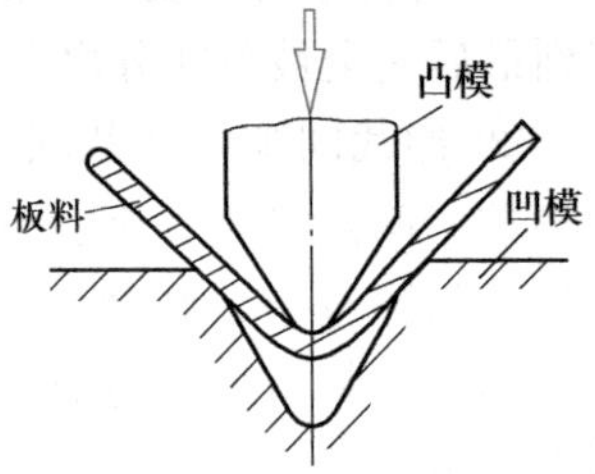

图 5-22 弯曲变形过程简图

弯曲变形只发生在弯曲圆角部位，且其内侧受压应力，外侧受拉应力。内外侧大部分属塑性变形（含少量的弹性变形），而中心部分为弹性变形区域。弯曲件弯曲变形程度是由弯曲半径 R 和板料厚度 t 的比值 R/t（相对弯曲半径）决定的。弯曲半径不应小于相应的最小弯曲半径 $R_{\min}$，若小于此值，则弯曲件的外侧就会弯裂，内侧则易起皱。

由于弯曲件在弯曲过程结束后，其中还有部分弹性变形的存在，弹性变形的恢复就使弯曲件的实际弯角变大，这就是弯曲件的回弹。一般回弹角 α 为 $0°\sim10°$，材料的屈服极限越高，回弹角就越大；其弯曲角越大，回弹值也越大。因此，设计弯曲模时，应预先考虑模具弯曲角比工件弯曲角少一个回弹角度，或采用校正弯曲模。

2）拉深工序。拉深是指将板料毛坯在具有一定圆角半径的凸、凹模作用下加工成开口零件的方法，也称拉延。

① 拉深变形过程。拉深变形过程简图如图 5-23 所示，将直径为 D 的坯料拉深成直径为 d、高度为 h 的筒形件。在拉深过程中，将拉深件分为图 5-24 所示的五个变形区。在凸缘区大部分区域的最大应力为周向压应力，此应力使凸缘区略有增厚，当应力过大而坯料相对厚度（t/D）较小时，材料会发生失稳起皱；在凸模圆角区，主要应力为径向拉应力，此应力使此处的材料最薄，严重时会使此处材料拉裂，起皱和拉裂是影响拉深件质量的两种形式。

② 主要拉深参数。

a. 拉深系数。拉深系数是衡量变形程度的参数，用 m 表示，$m_1=d_1/D$，$m_n=d_n/d_{n-1}$。式中，m_1、m_n 为首次拉深系数和 n 次拉深系数，d_n 为 n 次拉深后筒形件直径，D 为坯料直径。可见，m 越小，变形程度就越大。在拉深件的一次或多次拉深成形过程中，其 $m_{总}>m_{极限}$（其中 $m_{总}=m_1m_2\cdots m_n=d_n/D$）。在材料塑性好、相对厚度（$t/D$）大、凸凹模圆角半径大、润滑条件好等情况下，拉深系数可适当选小一些。有时为了采用小的拉深系数，但又不能引起起皱，则可加压边装置。但压边力过大会引起凸凹模圆角处的材料拉裂。

b. 凸、凹模圆角半径。凸、凹模圆角半径对拉深变形也起着非常重要的作用。凹模圆角半径过小，坯料会在此处产生严重的弯曲和变薄，导致拉裂；凹模圆角半径大，有利于拉

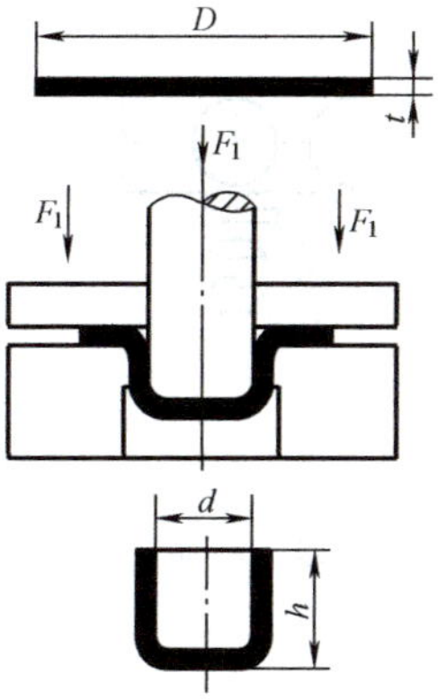

图 5-23 拉深变形过程简图

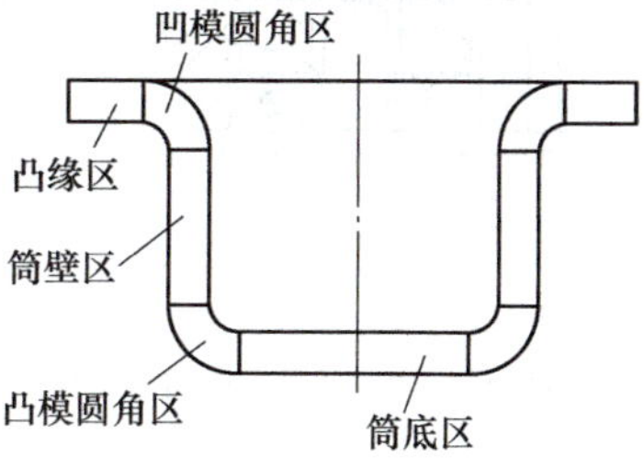

图 5-24 拉深变形区

深，且降低拉深力，拉深系数也可小一些；但凹模圆角半径过大会使此处材料悬空，导致起皱，因此应适当地加大凹模圆角半径。凸模圆角半径过小，会导致此处材料发生严重变薄或产生破裂；凸模圆角半径过大时，在拉深开始阶段此处材料因悬空而起皱。

c. 拉深间隙。间隙过小，材料内应力增加，使制件严重变薄，影响尺寸精度甚至破裂，且磨损严重，减小模具寿命；间隙过大，工件易弯曲起皱，制件会出现口大底小的锥度。

③ 拉深件毛坯尺寸及拉深力。在不变薄拉深情况下，可采用拉深前后面积不变原则计算拉深件毛坯尺寸，毛坯的总面积就是拉深中各部分面积之和；在变薄拉深时，可根据体积相等原则计算。拉深力是确定设备的重要数据，可根据有关经验公式得出。

3）翻边工序。翻边工序是指用扩孔的方法在带孔件的孔口周围冲出凸缘的一种成形工序，如图 5-25 所示。带凸缘的环类或套筒类零件常应用翻边工序加工。

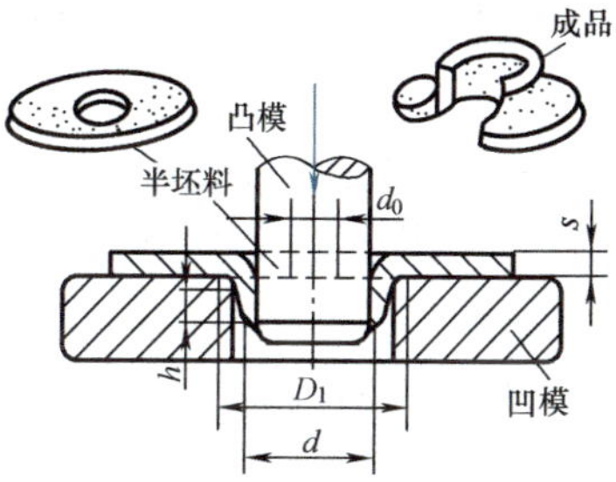

图 5-25 翻边工序简图

2. 冲模

冲模是保证冲裁顺利进行的重要装备。冲裁工序在冲模上进行。冲模可分为简单冲模、连续模和复合模三种，如图 5-26～图 5-28 所示。

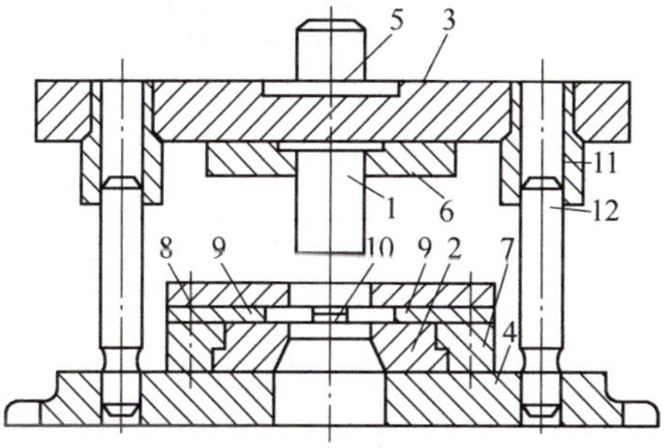

图 5-26 简单冲模

1—凸模 2—凹模 3—上模板 4—下模板
5—模柄 6、7—压板 8—卸料板
9—导板 10—定位销 11—套筒 12—导柱

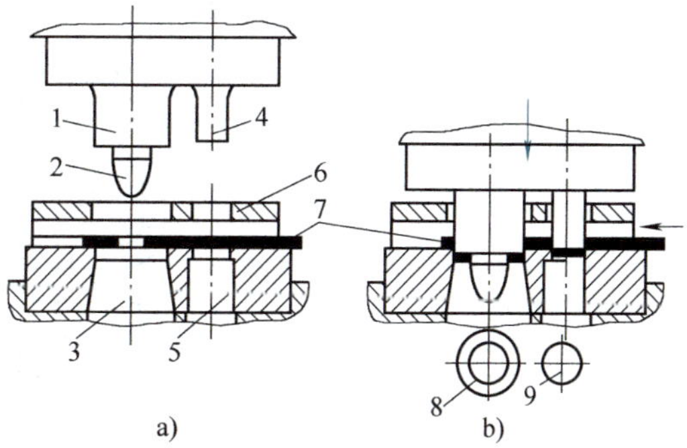

图 5-27 连续模

1—落料凸模 2—定位销 3—落料凹模
4—冲孔凸模 5—冲孔凹模 6—卸料板
7—坯料 8—成品 9—废料

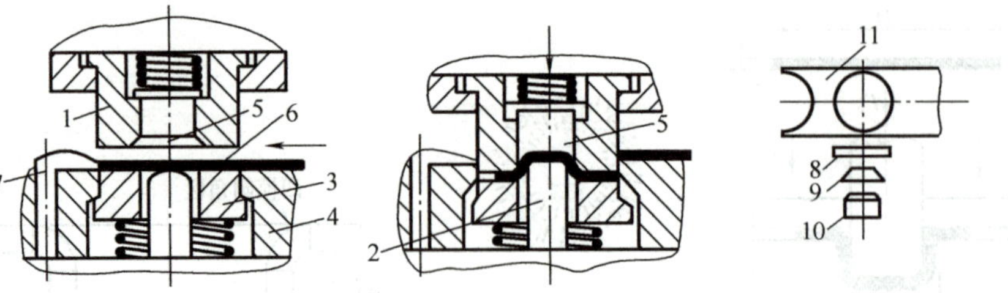

图 5-28 落料及拉深复合模

1—凸凹模 2—拉深凸模 3—压板（卸料板） 4—落料凹模 5—顶出器 6—条料
7—挡料销 8—坯料 9—拉深件 10—零件 11—切余材料

3. 板料冲压件结构工艺性

在保证有良好的使用性能外，板料冲压还应具有良好的工艺性能，这可减少材料的消耗，减少工序数目，保证质量，简化模具制造，延长模具寿命，提高生产率。其具体要求见表 5-2。

表 5-2 板料冲压件结构工艺性具体要求

工件	要求	不合理结构	合理结构
冲压件	合理冲压件外形便于排样、节约材料，同时外形和孔形力求简单、对称	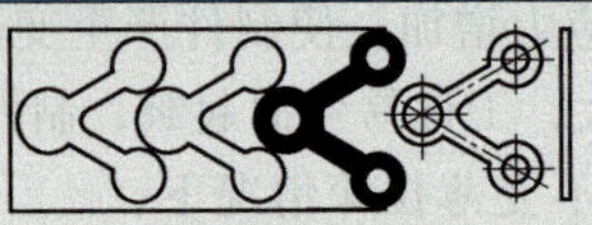	
	凸、凹部分宽度不能太小，孔间距与零件边缘距离不宜太小	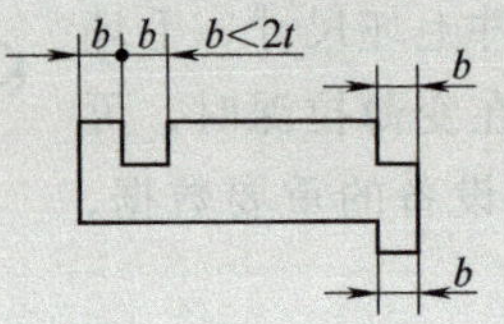	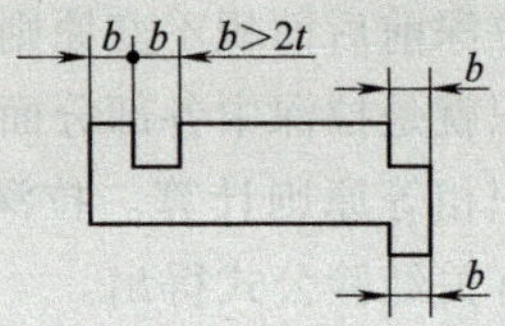
	冲孔尺寸不宜太小		与孔的形状、材料厚度有关
	冲压件转角处需圆弧过渡	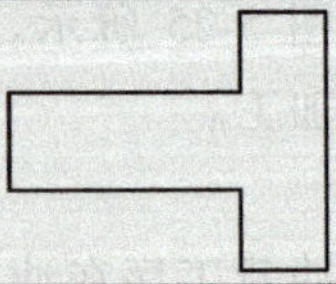	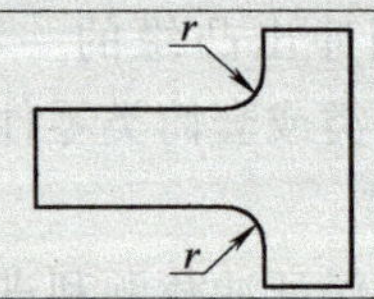
弯曲件	弯曲件外形尽量对称	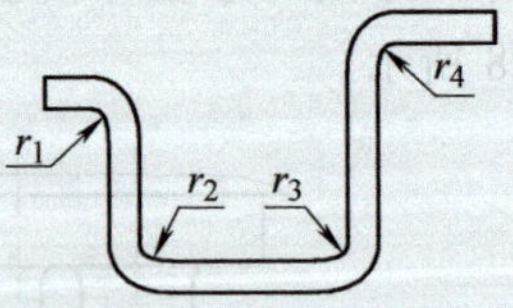	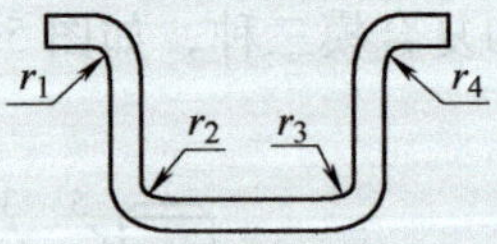
	弯曲半径 R_{min}		有关数值可查阅资料
	带孔弯曲件的孔边缘与弯曲线的距离不能太小	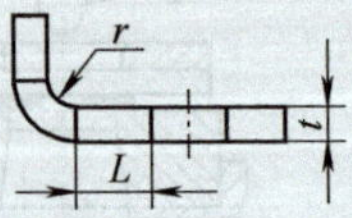 ($L<t$, $t<2mm$) ($L<2t$, $t>2mm$)	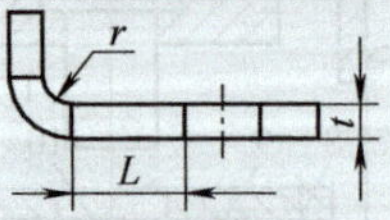 ($L>t$, $t<2mm$) ($L>2t$, $t>2mm$)
	弯曲直边高度 $H>2t$	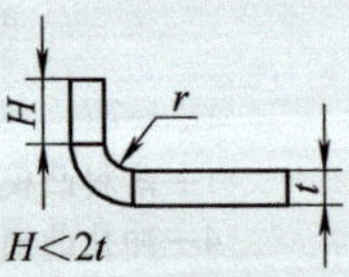	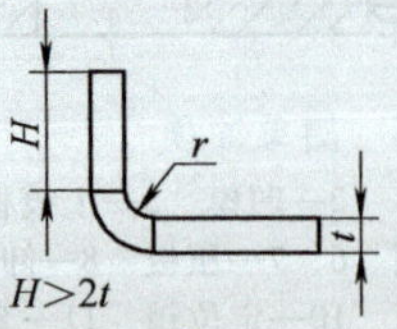

（续）

工件	要求	不合理结构	合理结构
拉深件	拉深件外形应简单、对称，且不宜过高		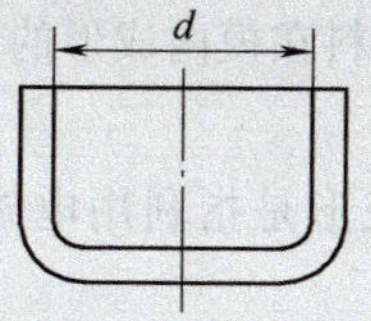
拉深件	拉深件的圆角半径在不增加工艺程序的情况下不宜取得过小		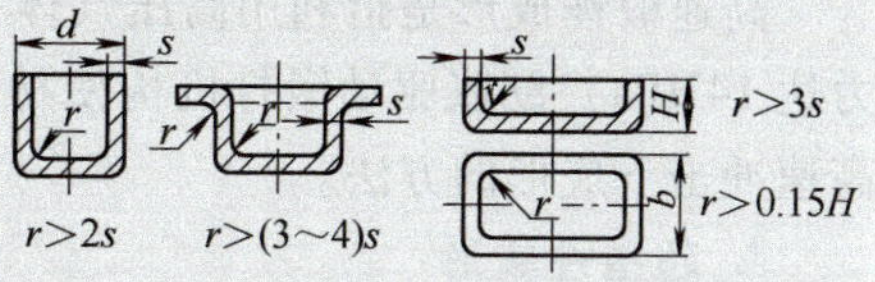

5.3 其他先进塑性成形技术及发展

随着社会生产的发展，各种高精度、高速度的特殊成形方法得到了发展和应用，其中主要有精密模锻、高能成形、超塑性成形和粉末锻造等；同时，计算机技术也在成形加工中得到了广泛应用，如锻模 CAD/CAM 系统、冷冲模 CAD/CAM 系统等的应用。

5.3.1 其他先进塑性成形技术和应用

1. 精密模锻

精密模锻是在锻模上锻造出复杂、精度高、表面质量好、实现少或无屑加工的锻件。要求锻前坯料计算准确，表面质量好，采用少或无氧化的加热法，减少表面氧化皮。主要有高温、中温、室温三种精密模锻方法。

2. 高能成形

高能成形是以高能量源为动力的快速成形方法，高能成形变形速度快、精度高、成本低，可改善金属材料的锻造性。高能成形方法常以压力波、电磁场、高速锤为能源，主要有爆炸成形、电液成形、电磁成形、高速锻锤成形等方法。

爆炸成形是指利用炸药爆炸后产生强大的压力使坯料成形的方法，如图 5-29 所示。其中，图 5-29a 所示为封闭式爆炸成形，用于生产小型零件；图 5-29b 所示为非封闭式爆炸成形，适合生产大型零件。

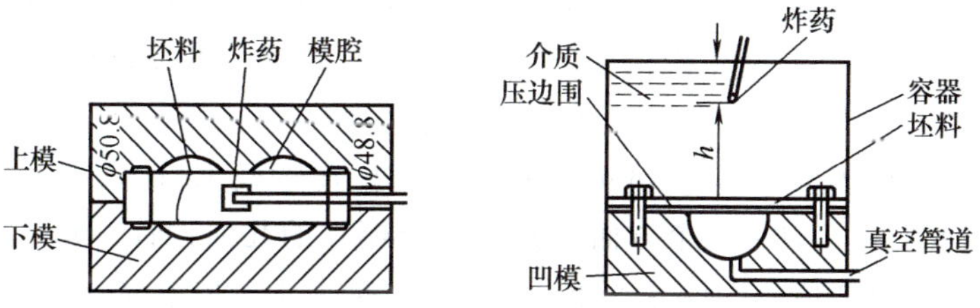

a) b)

图 5-29 爆炸成形

a）封闭式爆炸成形 b）非封闭式爆炸成形

电液成形是指通过电路中电极在液体中放电而产生强大的电流冲击波，形成液体压力使材料在模内成形的方法，如图 5-30 所示。

电磁成形是指利用电磁力使坯料成形的方法。

高速锻锤成形是指利用高压气体（压力达 14MPa）膨胀驱动锻打机构使材料在高速冲击下成形的方法。

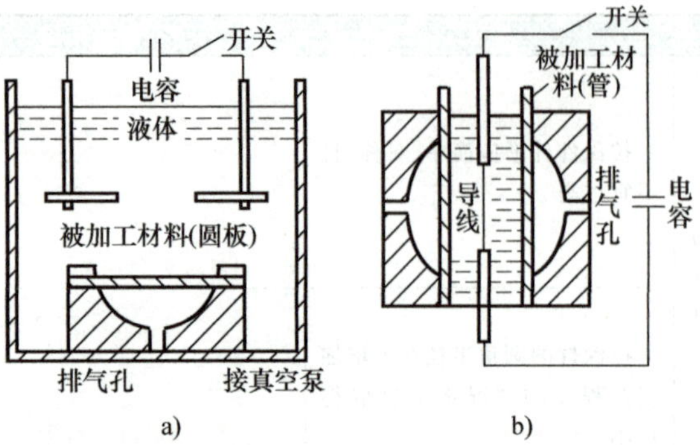

图 5-30 电液成形

a）板料电液成形 b）管料电液成形

3. 超塑性成形

超塑性成形是指利用材料的超塑性进行成形加工的方法。超塑性是金属在特定的温度、特定的变形速度或特定的组织条件下进行变形时，具有比常态高几倍甚至几十倍的塑性的性质。其主要成形方法有超塑性模锻、超塑性挤压、超塑性拉深等。

用作超塑性加工的材料主要有锌铝合金、铜合金、钛合金和高温合金。

4. 粉末锻造

粉末锻造是指将粉末烧结的预成形坯经加热后，在闭式锻模中锻造成零件的成形工艺方法。它是将传统的粉末冶金和精密锻造结合起来的一种新工艺，并兼有两者的优点。粉末锻造可以制取密度接近材料理论密度的粉末锻件，克服了普通粉末冶金零件密度低的缺点，使粉末锻件的某些物理和力学性能达到甚至超过普通锻件的水平，同时，又保持了普通粉末冶金少切屑、无切屑工艺的优点。通过合理设计预成形坯和实行少、无飞边锻造，具有成形精确，材料利用率高，锻造能量消耗少等特点。常用的粉末锻造方法有粉末锻造、烧结锻造、锻造烧结和粉末冷锻几种。

5.3.2 计算机技术在塑性成形中的应用

1. 塑性成形过程的数值模拟

计算机技术已应用于模拟和计算工件塑性变形区的应力场、应变场和温度场，以及预测金属充填模膛情况、锻造流线的分布和缺陷产生情况，可分析变形过程的热效应及其对组织结构和晶粒度的影响。

2. CAD/CAE/CAM 的应用

CAD/CAE/CAM 系统有很多，具有代表性的有叶片类锻模和铝制件锻模 CAD/CAM 系统、精锻模 CAD 系统、成形模和模拟成形工序的 CAE 系统，以及热模锻 CAD/CAM 系统。其研究发展方向为进一步完善复杂锻件几何形状的处理及设计分析。

冲压加工中，冲模 CAD/CAE/CAM 主要有 PDDC 连续模 CAD 系统和冲模 CAD-NC 系统，冲模 CAD 主要应用于以下几个方面：完成复杂模具的几何设计、建立标准零件和典型模具结构的图库、完成数值分析计算工作、数据库数据用于数控编程。

3. 实现产品-工艺-材料的一体化

在锻造生产和板料冲压成形中，数控冲压设备更适合产品多变的场合，柔性加工具有较强的竞争力，计算机控制和检测技术已广泛应用于自动生产线。近年来由于机械合金化的出现，塑性加工可以自配材料经热等静压（HIP）再经温锻得到产品，从而为实现产品-工艺-材料的一体化创造了条件。

复习思考题

1. 何为金属塑性变形的实质？
2. 金属塑性变形后组织和性能会发生哪些变化？何谓冷作硬化？应如何消除？
3. 影响金属可锻性的因素有哪些？何谓锻造温度？
4. 常见的塑性成形方法有哪些？各有何特点？
5. 进行自由锻件的结构设计时应注意哪些问题？
6. 模锻模膛按功能分为哪几类？各有何功能？
7. 哪种模膛应设置飞边槽？飞边槽的作用是什么？应如何选择模锻件的分型面？
8. 设计模锻件时应注意哪几点？分析归纳选择锻造的方法。
9. 板料冲压有哪几种常见冲压工序？
10. 什么是冲裁工序、弯曲工序、拉深工序？它们各有何变形特点？

第6章 材料的连接技术

构成机器零件毛坯的制造方法大致分为三类：由熔化金属一次成形为毛坯形状的铸造；用板材、型材制造毛坯的冲压加工、锻造；以及将板材、型材切割成坯料，再将其连接成毛坯的方法。本章主要讲述毛坯制造方法中的第三种方法。

材料、型材或零件连接成零件或机器部件的方式有机械连接、物理和化学连接、冶金连接三类。其中，机械连接主要是指螺钉、螺栓和铆钉等紧固件，将两分离型材或零件连接成一个复杂零件或部件的过程，此种连接一般是可拆卸的；物理和化学连接是用粘胶或钎料通过毛细作用、分子扩散及化学反应等作用，将两个分离表面连接成不可拆卸接头的过程，这主要是指钎焊、封接以及黏结；冶金连接是指通过加热或加压（或两者并用）使两个金属分离表面的原子达到晶格距离，并形成金属键而获得不可拆卸接头的工艺过程。

从传统的观点认识焊接连接，一般包括熔焊、压焊、钎焊三大类，本章讲述焊接连接和黏结技术。

6.1 焊接工艺基础

焊接是指通过加热或加压，或两者并用，并且用或不用填充材料，使工件达到接合的一种加工方法。它是现代工业生产中用来制造各种金属结构和机械零件的主要工艺方法之一，在许多领域得到了广泛的应用，如船体、建筑构架、锅炉与压力容器、桥梁等的生产制造。

焊接与其他加工方法相比，具有适应性广的特点。不但可以焊接同种金属，还可以焊接异种金属；可以将型材、锻材、铸件等焊接成复合结构件；既可以焊接简单结构件，又可以焊接复杂结构件。尤其是焊接的方法可用来生产密封的产品零件，这是其他工艺方法无法替代的。

焊接的方法很多，按其工艺特点可分为熔焊、压焊和钎焊，如图 6-1 所示。

6.1.1 焊接冶金过程

焊接冶金过程是指熔焊时焊接区内各种物质之间（如液态金属、熔渣和气体间）在高温下相互作用的过程，其实质是金属在焊接条件下的再熔炼过程。它和一般冶炼相比既有相似之处，又有其自身的特点和规律。

1. 焊接电弧

它是指由焊接电源供给的、具有一定电压的两极间或电极与母材间，在气体介质中产生的强烈而持久的放电现象。此处的电极可以是金属丝、钨极、碳棒或焊条。

用直流电焊接时，焊接电弧由阴极区、阳极区和弧柱区三部分组成，如图 6-2 所示。电

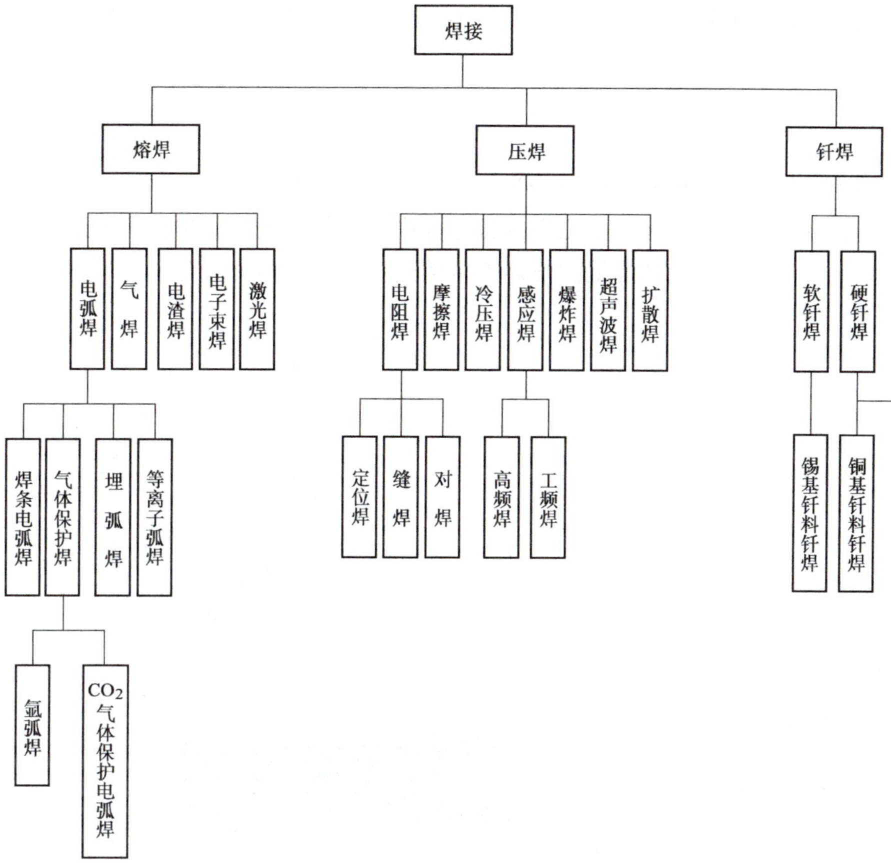

图 6-1 常用焊接方法的分类

弧中各部分产生的热量和温度是不同的，集中在阳极区的热量占电弧总热量的43%，阴极区的热量占36%。阳极区的温度约为2600℃，阴极区的温度约为2400℃，弧柱区的温度约6000~8000℃。使用直流弧焊电源时，如焊接厚大的焊件，宜将焊件接电源正极，焊条接负极，这种接法称为正接法；当焊接薄的焊件且要求熔深小时，采用反接法，即焊条接正极，焊件接负极。若使用的是交流弧焊机，因电流正负极交替变化，所以两极温度都在2500℃左右，故无正接和反接之分。

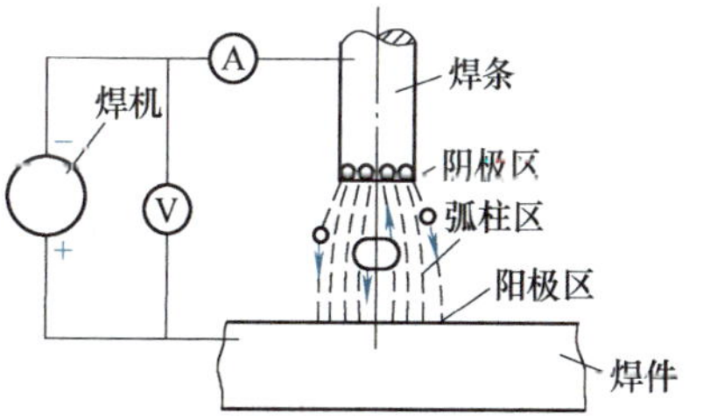

图 6-2 焊接电弧的组成

2. 焊接冶金过程的特点

在焊接冶金过程中，焊接熔池可以看成是一座微型的冶金炉，在其中进行着一系列的冶金反应。但焊接冶金过程与一般冶金过程不同，一是冶金温度高，造成金属元素强烈的烧损和蒸发，同时熔池周围又被冷的金属包围，常使焊件产生应力和变形；二是冶炼过程短，焊接熔池从形成到凝固的时间很短（约10s），各种冶金反应不充分，难以达到平衡状态；三是冶炼条件差，有害气体容易进入熔池，形成脆性的氧化物、氮化物和气孔，使焊缝金属的塑性、韧性显著下降。因此，焊前必须对焊件进行清理，在焊接过程中必须对熔池金属进行机械保护和冶金处理。机械保护是指利用熔渣、保护气体（如二氧化碳、氩气）等机械地把熔池与空气隔开；冶金处理是指向熔池中添加合金元素，以便改善焊缝金属的化学成分和组织。

6.1.2 焊接接头的组织和性能

以低碳钢为焊接接头的横截面可以分为三种性质不同的部分：一是由熔池凝固后在焊件之间形成的结合部分，称为焊缝；二是在焊接过程中，焊件受热的影响而发生组织性能变化的区域，称为热影响区；三是从焊缝到热影响区的过渡区域，称为熔合区。上述三个区域构成了焊接接头，如图 6-3 所示。

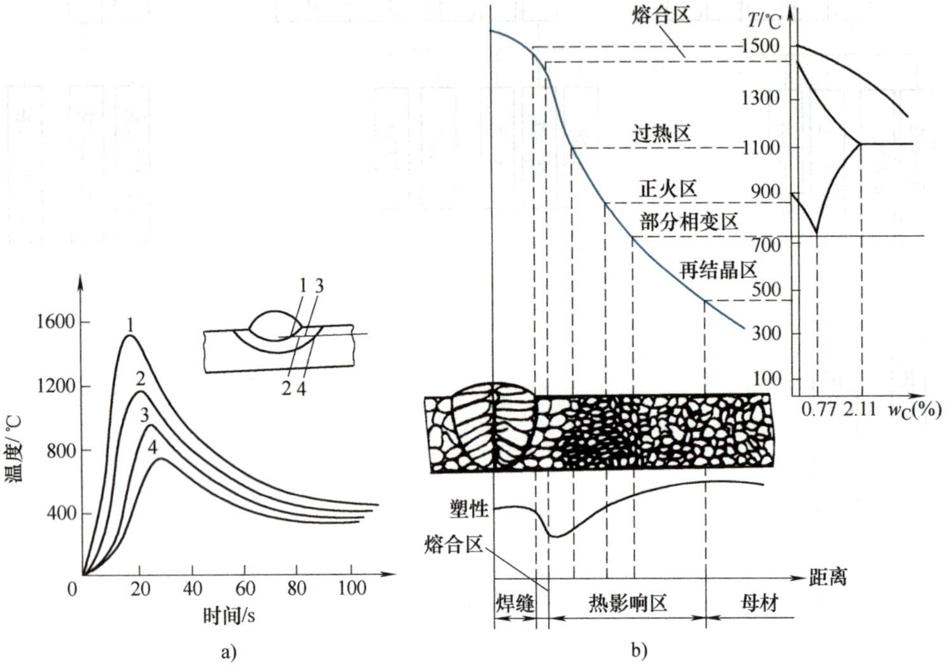

图 6-3 低碳钢焊接接头的温度分布和各区划分

a）焊缝区各点温度变化情况 b）低碳钢焊接热影响区的组织变化

1. 焊缝

焊接加热时，焊缝金属区的温度在液相线上，母材金属和填充金属熔化后共同形成液态熔池。冷却结晶以熔池和母材交界处半熔化状态的母材金属晶粒为结晶核心，沿着垂直于散热面的反方向生长，成为柱状晶的铸态组织。由于低熔点的硫、磷杂质和氧化铁等容易形成偏析或熔渣集中在焊缝中心区，使得焊缝塑性降低，易产生热裂纹。由于焊条的渗合金等作用，焊缝区的强度一般不低于母材。

2. 熔合区

熔合区是焊缝和基体金属的交界区。此区温度处于固相线和液相线之间，由于焊接过程中母材部分熔化，所以也称为半熔化区。此时，熔化的金属凝固成铸态组织，未熔化金属因加热温度过高而成为过热粗晶。在低碳钢焊接接头中，熔合区虽然很窄（0.1~1mm），但因其强度、塑性和韧性都下降，而且此处接头断面变化，易引起应力集中，所以熔合区在很大程度上决定着焊接接头的性能。

3. 热影响区

焊接接头中，材料因受热的影响（但未熔化）而发生金相组织和力学性能变化的区域称为热影响区。它包括过热区、正火区、部分相变区、再结晶区等。

1）过热区。焊接热影响区中，具有过热组织或晶粒显著粗大的区域称为过热区。该区的温度范围为固相线至1100℃，宽度为1~3mm。由于温度高，晶粒粗大，使材料的塑性和韧性降低，且常在过热处产生裂纹。

2）正火区。该区的温度范围为1100℃~Ac_3，宽度为1.2~4.0mm。由于金属发生了重结晶，随后在空气中冷却，因此可以得到均匀细小的正火组织。正火区的金属力学性能良好。

3）部分相变区。该区温度范围在Ac_1~Ac_3之间，只有部分组织发生相变。由于部分金属发生了重结晶，冷却后可获得细化的铁素体和珠光体，而未重结晶的部分则得到粗大的铁素体。由于晶粒大小不一，故力学性能不均匀。

一般情况下，焊接时焊件被加热到Ac_1以下的部分，钢的组织不发生变化。对于经过冷塑性变形的钢材，则在450℃~Ac_1的部分，还将产生再结晶过程，使钢材软化。

热影响区的大小和组织性能变化的程度取决于焊接方法、焊接规范和接头形式等因素。在热源热量集中、焊接速度快时，热影响区就小。所以电子束焊的热影响区最小，总宽度一般小于1.44mm；气焊的热影响区总宽度一般达到27mm。实际上，接头的破坏常是从热影响区开始的。为减轻热影响区的不良影响，焊前可预热工件，以减小焊件上的温差及冷却速度。对于淬硬性高的钢材，如中碳钢、高强度合金钢等，热影响区中最高加热温度在Ac_3以上的区域，焊后易出现淬硬组织马氏体；最高加热温度在Ac_1~Ac_3的区域，焊后形成马氏体-铁素体混合组织。所以，淬硬性高的钢焊接热影响区的硬化和脆化，比低碳钢严重得多，并且碳含量、合金元素含量越高越严重。

6.1.3 焊接应力与变形

1. 焊接应力与变形的产生及危害

焊接时焊件及接头受到不均匀的加热和冷却，同时又受到焊件自身结构和外部约束的限制，使焊接接头产生不均匀的塑性变形，这是焊接应力和变形产生的根本原因。

焊接过程中产生的焊接应力是导致焊接裂纹的根本原因。当焊接应力超过材料的强度极限时，焊件将会产生裂纹，甚至断裂。焊后焊件内残留的应力不仅影响机械加工精度，而且使焊件的承载能力下降，产生变形、裂纹或断裂，严重影响焊件的质量，甚至可能酿成重大事故。

2. 焊接变形的形式

焊接变形的基本形式有收缩变形、角变形、弯曲变形、波浪变形、扭曲变形和错边变形等，如图6-4所示。

3. 焊接应力与变形的预防措施

为防止焊接应力与焊接变形，在实际生产中主要采取以下工艺措施：

(1) 合理选择焊件结构　尽量减少焊缝的数量、长度及横截面面积。在结构设计时，尽量使焊缝对称，减少焊缝交叉。

(2) 焊前预热　减小焊件各部分的温差，可有效地减小焊接应力与变形。

(3) 采用反变形法　根据计算、试验或经验，确定焊件焊后产生变形的方向和大小，

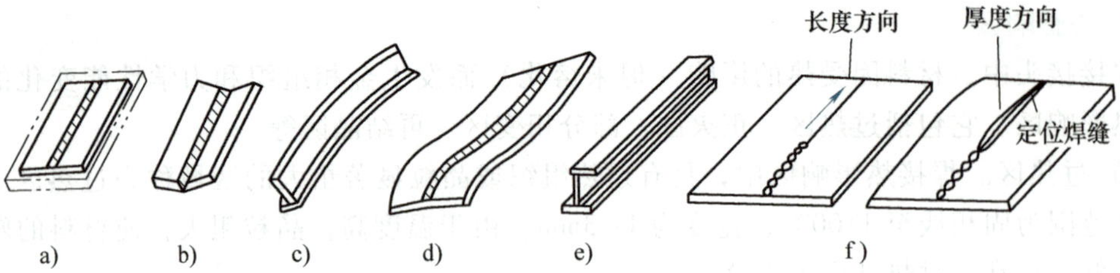

图 6-4　焊接变形的基本形式

a）收缩（纵向、横向）变形　b）角变形　c）弯曲变形　d）波浪变形

e）扭曲变形　f）错边（长度方向、厚度方向）变形

将焊件预先置成反向角度，以抵消焊接变形，如图 6-5 所示。

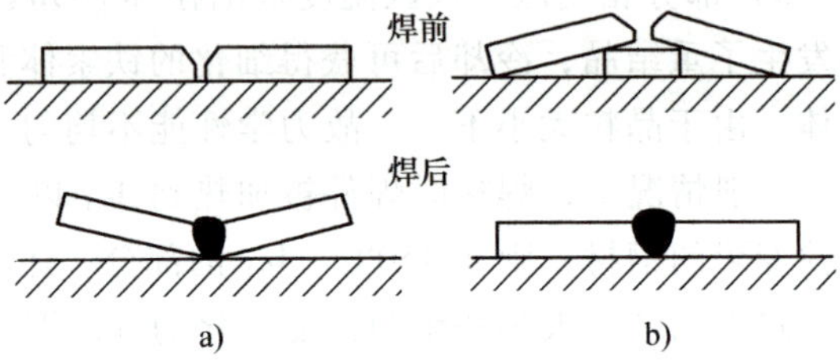

图 6-5　反变形法

a）焊接变形　b）反变形法

（4）刚性固定法　采用工装夹具或定位焊固定能限制焊接变形的产生，如图 6-6 所示。

（5）选择合理的焊接顺序　一般来说，应尽量使焊缝的纵向和横向都能自由收缩，减小应力和变形。交叉焊缝、对称焊缝和长焊缝的合理焊接顺序如图 6-7 所示。

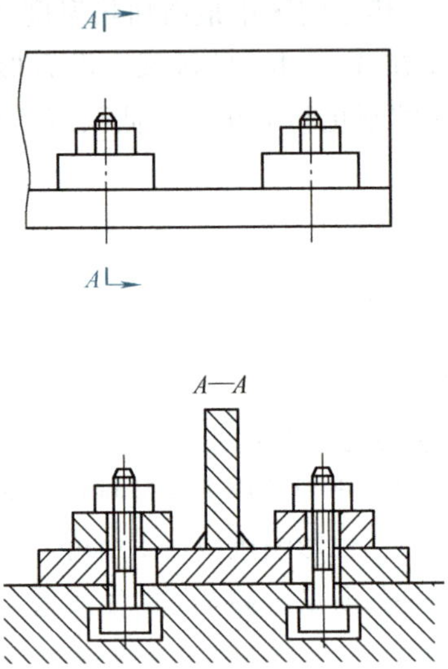

图 6-6　刚性固定法

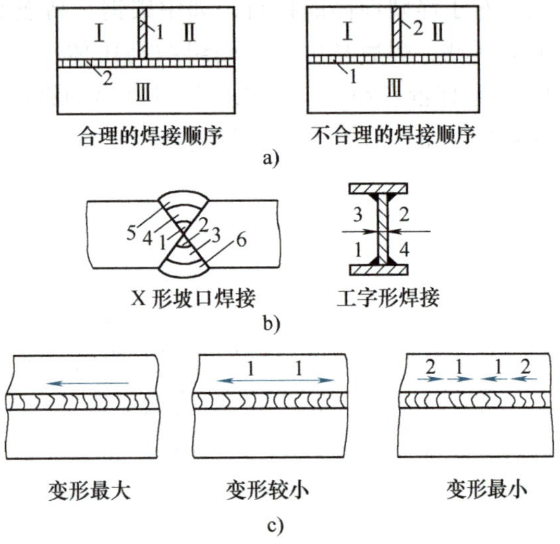

图 6-7　合理的焊接顺序

a）焊接顺序应能使焊件自由收缩　b）对称焊接法

c）长焊缝的分段焊接法

（图中数字为焊接顺序）

（6）锤击焊缝法　用圆头小锤对焊后红热的焊缝金属进行均匀、适度的锤击，以延伸变形，补偿其收缩，同时使应力释放，以减小焊接应力和变形。

（7）焊后热处理　采取去应力退火的方法将焊件整体或局部加热到 550～650℃，保温后缓冷，可消除 80%以上的焊接残余应力。

4. 焊接应力与变形的矫正方法

在焊接过程中，应尽量采取上述措施预防焊接应力和变形，但仍很难避免变形的产生，一旦变形超过了允许的范围，必须加以矫正。常用的矫正方法有以下两种：

（1）机械矫正法　用机械加压或锤击的办法，产生塑性变形来矫正焊接变形。

（2）火焰矫正法　通过局部加热焊件的某些部位（通常温度在 600～800℃），使其受热时膨胀，又受周围冷金属制约而引起长度方向上的压缩，冷却收缩而矫正变形，如图 6-8 所示。

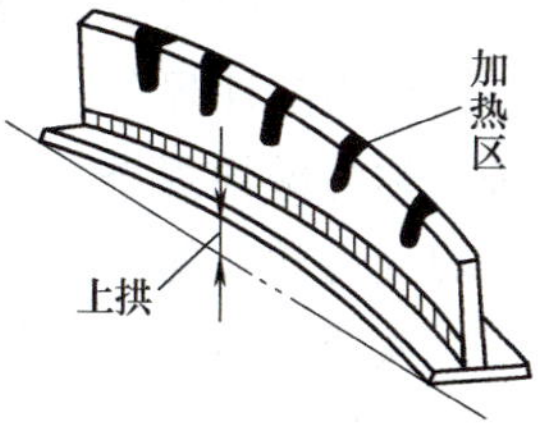

图 6-8　火焰矫正法

6.2 常用的焊接方法

6.2.1　焊条电弧焊

利用电弧作为焊接热源的熔焊方法称为电弧焊。用手工操纵焊条进行焊接的电弧焊方法称为焊条电弧焊，如图 6-9 所示。焊条电弧焊适用于室内、室外、高空和各种位置施焊；所用设备简单、易维护、使用灵活方便。焊条电弧焊适于焊接各种碳钢、低合金钢、不锈钢及耐热钢，也适于焊接高强度钢、铸铁和有色金属，是焊接生产中应用最广泛的一种方法。

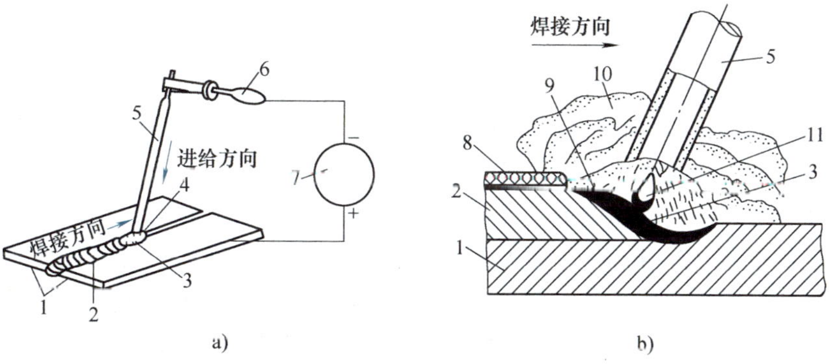

图 6-9　焊条电弧焊及其焊接过程

a）焊条电弧焊　b）焊条电弧焊的焊接过程

1—焊件　2—焊缝　3—熔池　4—电弧　5—焊条　6—焊钳　7—电焊机

8—渣壳　9—熔渣　10—气体　11—熔滴

焊条电弧焊使用的电焊机有两种，即交流电焊机和直流电焊机。直流电焊机一般由交流电动机拖动直流发电机，向焊件和焊条之间提供直流电。交流电焊机具有结构简单、价廉、轻巧、使用维修方便及效率高等优点；其缺点是电源极性交变，焊条药皮要有稳弧剂，以保护电弧的稳定性。

焊条电弧焊焊条按其用途可分为十大类，它由焊芯和药皮两部分组成，如图 6-10 所示。焊芯起导电作用，并作为焊缝的填充金属。药皮是压涂在焊芯表面上的涂料层。焊条、药皮的种类、名称及作用见二维码。

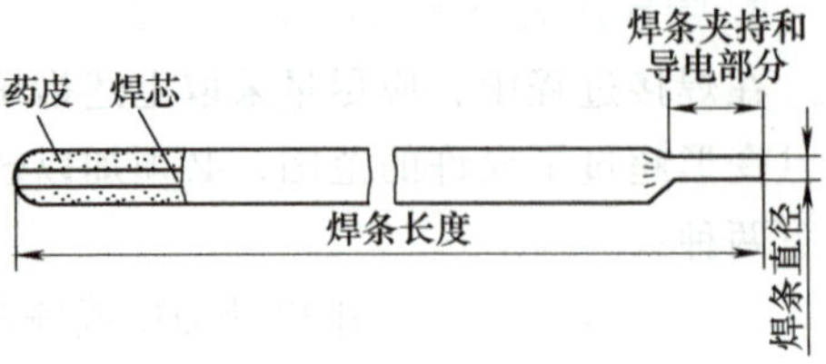

图 6-10 焊条

按熔渣化学性质的不同，焊条可分为酸性焊条和碱性焊条两大类。熔渣以酸性氧化物为主的焊条，称为酸性焊条；熔渣以碱性氧化物为主的焊条，称为碱性焊条。酸性焊条的氧化性强，焊接的焊缝力学性能差，但工艺性好，适合各种电源，对铁锈、油污和水分等容易导致气孔的有害物质敏感性较低。碱性焊条有较强的脱氧、去氢、除硫和抗裂纹的能力，焊接的焊缝力学性能好，但焊接工艺性不如酸性焊条的好。

选用焊条时，通常是根据焊件化学成分、力学性能、抗裂性、耐蚀性以及高温性能等要求，选择相应的焊条种类；再考虑焊接结构形状、受力情况、焊接设备条件和焊条价格来选定具体型号。

1）低碳钢和普通低合金钢构件，一般都要求焊缝金属与母材等强度，因此可根据钢材的强度等级来选用相应的焊条。但应注意，钢材是按屈服强度确定等级的，而结构钢焊条的等级是指焊缝金属抗拉强度的最低保证值。

2）同一强度等级的酸性焊条或碱性焊条的选定，主要应考虑焊接件的结构形状（简单或复杂）、钢板厚度、载荷性质（静载或动载）和钢材的抗裂性能而定。通常对要求塑性好、冲击韧度高、抗裂能力强或低温性能好的结构，要选用碱性焊条。如果构件受力不复杂、母材质量较好，应尽量选用较经济的酸性焊条。

3）低碳钢与低合金结构钢焊接，可按异种钢接头中强度较低的钢材来选用相应的焊条。

4）铸钢的含碳量一般都比较高，而且厚度较大，形状复杂，很容易产生焊接裂纹。一般应选用碱性焊条，并采取适当的工艺措施（如预热）进行焊接。

5）焊接不锈钢或耐热钢等有特殊性能要求的钢材时，应选用相应的专用焊条，以保证焊缝的主要化学成分和性能与母材相同。

焊条电弧焊的焊接过程如图 6-9 所示。焊接开始时，使焊条和焊件瞬时接触（短路），随即分离一定的距离（2~4mm），即可引燃电弧。利用高达 6000℃ 的高温使母材（焊件）和焊条同时熔化，形成金属熔池。随着母材和焊条的熔化，焊条向下和向焊接方向同时前移，保证电弧的连续燃烧并同时形成焊缝。熔化或燃烧的焊条药皮会产生大量的 CO_2 气体使熔池与空气隔绝，保护熔化金属不被氧化，并与熔化金属中的杂质发生化学反应，结成较轻的焊渣漂浮在熔池表面。随着电弧的不断前移，原先的熔池也逐渐成为固态渣壳，这层焊渣和渣壳对焊缝质量的优劣和减缓焊缝金属的冷却速度有着重要的作用。

6.2.2 埋弧焊

埋弧焊是指使电弧在较厚的焊剂层（或称熔剂层）下燃烧，利用机械自动控制引弧、焊丝送进、电弧移动和焊缝收尾的一种电弧焊方法。

埋弧焊及其焊接过程如图 6-11 所示。电弧引燃后，焊丝盘中的光焊丝（一般丝径 $d=2\sim6$mm）由机头上的滚轮带动，通过导电嘴不断送入电弧区；电弧则随着焊接小车的前进而匀速地向前移动。焊剂（相当于焊条药皮，呈透明颗粒状）从漏斗中流出撒在焊缝表面。电弧在焊剂层下的光焊丝和焊件之间燃烧。电弧的热量将焊丝、焊件边缘以及部分焊剂熔化，形成熔池和熔渣，最后得到受焊剂和渣壳保护的焊缝，大部分未熔化的焊剂，可收回重新使用。

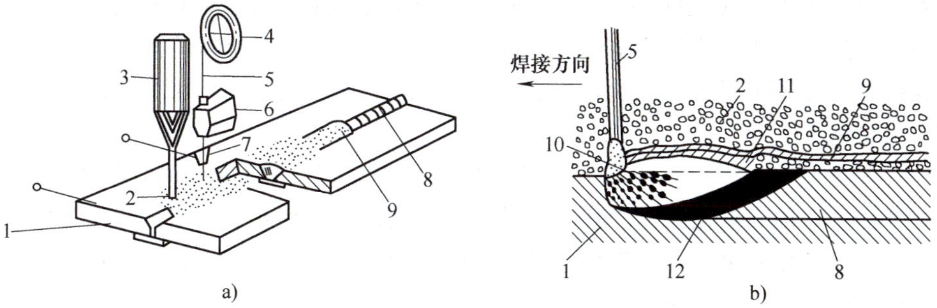

图 6-11　埋弧焊及其焊接过程

1—焊件　2—焊剂　3—焊剂漏头　4—焊丝盘　5—焊丝　6—焊接机头　7—导电嘴
8—焊缝　9—渣壳　10—电弧　11—熔化了的焊剂　12—熔池

埋弧焊与焊条电弧焊相比具有如下特点：

1）埋弧焊采用大电流（比焊条电弧焊高 6~8 倍）且连续送进焊丝，故生产率可提高 5~10 倍。

2）由于电弧区被焊剂保护严密，故焊接质量高且稳定。

3）由于避免了焊条头的损失，且薄件不需开坡口，故节约了大量的焊接材料。

4）由于弧光被埋在焊剂层下，焊剂层外看不见弧光，大大减少了烟雾，并且实现了自动焊接，大大改善了劳动条件。

基于上述特点，埋弧焊在焊接中得到了广泛应用，常用来焊接长的直线焊缝和较大直径的环形焊缝。当焊件厚度增加和进行批量生产时，其优点尤为显著。

6.2.3　气体保护焊

气体保护焊的全称是气体保护电弧焊。它是指用外加气体作为电弧介质并保护电弧和焊接区的电弧焊。按保护气体的不同，常用的气体保护焊有氩弧焊和二氧化碳气体保护焊。

（1）氩弧焊　氩弧焊是指使用氩气作为保护气体的气体保护焊。按所用电极的不同，氩弧焊可分为熔化极氩弧焊和钨极氩弧焊两种，如图 6-12 所示。熔化极氩弧焊也称为直接电弧法，其焊丝直接作为电极，并在焊接过程中熔化为填充金属；钨极氩弧焊也称为间接电弧法，其电极为不熔化的钨极，填充金属由另外的焊丝提供。

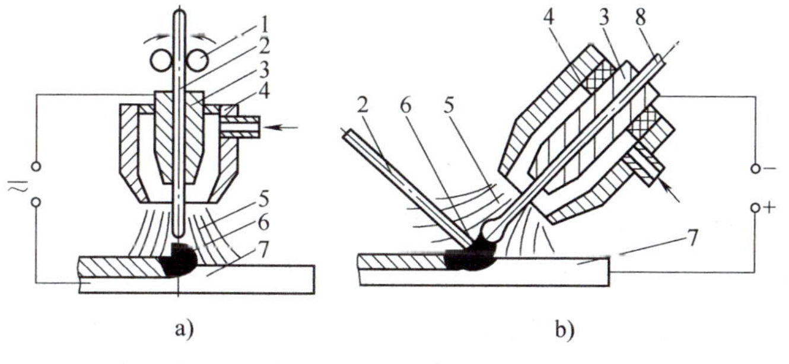

图 6-12　氩弧焊示意图

a）熔化极氩弧焊　b）钨极氩弧焊

1—送丝滚轮　2—焊丝　3—导电嘴　4—喷嘴　5—保护气体
6—电弧及熔滴　7—焊件　8—钨极

从图 6-12 中可以看出，喷

嘴中喷出的氩气在电弧及熔池的周围形成连续封闭的气流，由于氩气是惰性气体，既不溶于液态金属，又不与金属发生化学反应，因而能很有效地保护熔池，获得高质量的焊缝。另外，氩弧焊由于明弧可见、便于操作，故适用于全位置焊接；又由于其表面无焊渣，故表面成形美观。氩弧焊的特点使其几乎可以焊接所有的金属和合金，但氩气较贵，焊接成本高。故目前氩弧焊主要用于焊接易氧化的有色金属（如铝、镁、铜、钛及其合金）、高强度钢、不锈钢、耐热钢等。

（2）二氧化碳气体保护焊　二氧化碳气体保护焊是以二氧化碳（CO_2）作为保护气体的电弧焊方法，简称二氧化碳焊。其焊接过程和熔化极氩弧焊相似，用焊丝作为电极并兼作填充金属，以机械化或手工方式进行焊接。目前应用较多的是手工焊，即焊丝送进靠送丝机构自动进行，由焊工手持焊炬进行焊接操作。

二氧化碳焊的特点类似于氩弧焊，但 CO_2 气体来源广、价格低廉，其缺点是易产生熔滴飞溅、氧化性较强。因此，它主要适用于低碳钢和低合金结构钢件的焊接，不适用于焊接易氧化的有色金属及其合金。

6.2.4 压焊

压焊是指在焊接过程中必须对焊件施加压力（加热或不加热），以完成焊接的方法。压焊包括电阻焊、摩擦焊、超声波焊等多种，这里仅对电阻焊进行简单介绍。

电阻焊是指工件组合后通过电极施加压力，利用电流通过接头的接触面及邻近区域产生的电阻热进行焊接的方法。电阻焊主要有三种：定位焊、缝焊和对焊。

电阻定位焊是指焊件装配成搭接接头，并压紧在两电极之间，利用电阻热熔化母材金属形成焊点的电阻焊方法，如图 6-13 所示。它主要用于薄板与薄板的焊接。

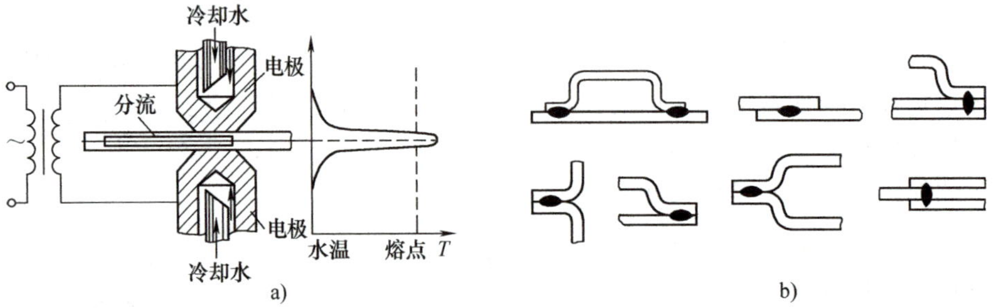

图 6-13　电阻定位焊

a）电阻定位焊示意图　b）电阻定位焊的接头形式

缝焊的焊接过程与定位焊相似，只是用转动的滚轮电极取代定位焊时所用的柱状电极。焊接时，滚轮电极压紧焊件并转动，依靠摩擦力带动焊件向前移动，通过连续或断续地送电，形成许多连续并彼此重叠的焊点，完成缝焊焊接，如图 6-14 所示。其主要用于有密封要求的薄壁容器（如水箱）和管道的焊接，焊件厚度一般在 2mm 以下，低碳钢的板厚可达 3mm。

对焊是指利用电阻热使对接接头的焊件在整个接触面上焊合的焊接工艺。按工艺的不同可分为电阻对焊和闪光对焊两种。电阻对焊是指将焊件装配成对接接头，使其端面紧密接触，利用电阻热加热至塑性状态，然后迅速施加顶锻力并同时断电，从而实现焊接的焊接方法，如图 6-15a 所示。它适用于形状简单、小断面的金属型材的对焊。闪光对焊是将焊件装配成对接接头，接通电源，并使其端面逐渐移近达到局部接触，利用电阻热加热这些接触点（产生闪光），使端面金属迅速熔化，直至端部在一定深度范围内达到预定温度时，迅速施加顶锻力而实现焊接的焊接方法，如图 6-15b 所示。闪光对焊接头质量高，焊前焊件清理要求低，目前其应用比电阻对焊广泛，适用于受力要求高的重要焊件。

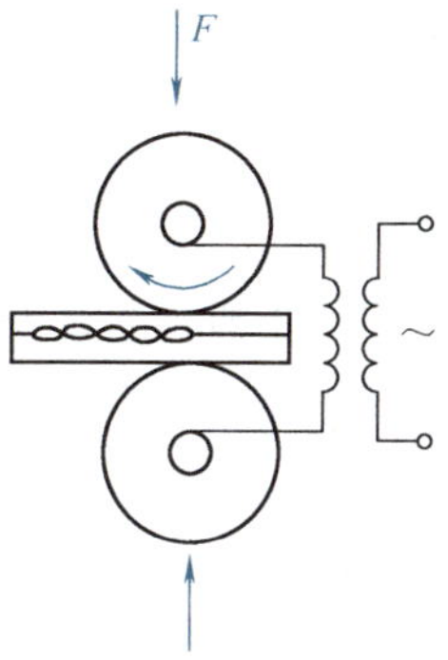

图 6-14　缝焊示意图

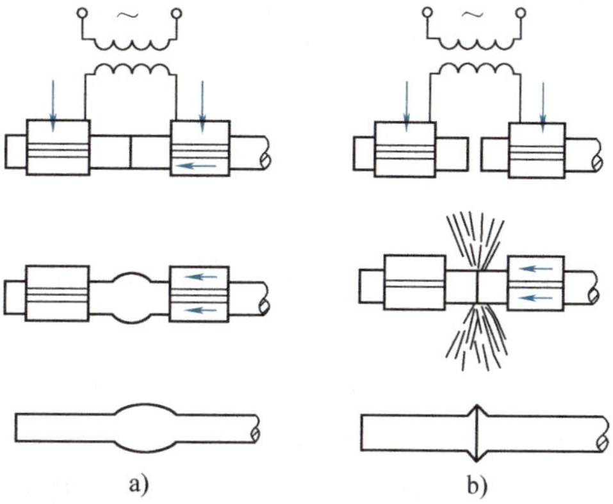

图 6-15　对焊示意图

a）电阻对焊　b）闪光对焊

6.2.5　电渣焊

电渣焊是利用电流通过液体熔渣所产生的电阻热进行焊接的熔焊方法。根据使用的电极形状，可分为丝极电渣焊、板极电渣焊、熔嘴电渣焊和熔管电渣焊。

电渣焊一般处于立焊位置焊接，其焊接过程如图 6-16 和图 6-17 所示。将两焊件相距 20~60mm 垂直放置，其两侧各装有一个通冷却水的铜滑块。在焊接起始端和结束端加引弧板、引入板和引出板。焊接时，先在引弧板上撒上焊剂，将焊丝伸入焊剂中，通电引弧，焊剂受热熔化，形成渣池。随即将焊丝插入渣池，电弧熄灭，电弧过程转变为电渣过程。电流通过渣池产生的电阻热把不断送进的焊丝熔化，沉积于渣池下部，形成熔池。随着焊丝送进，熔池液面升高，冷却滑块上移，熔池不断凝固形成焊缝。

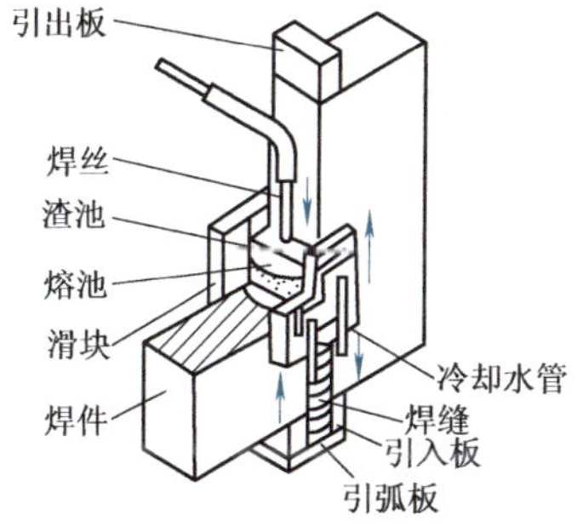

图 6-16　电渣焊过程示意图

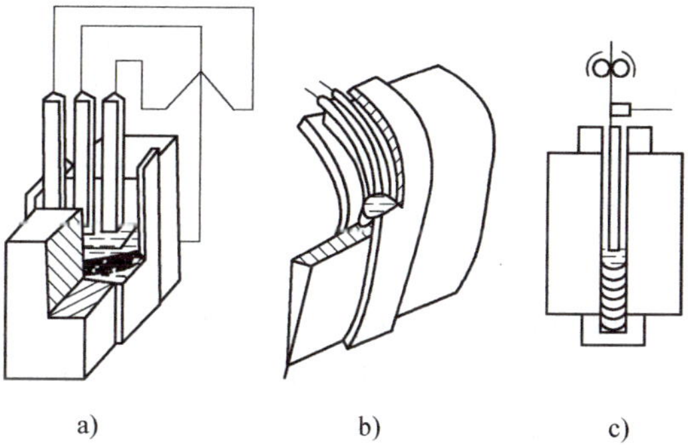

图 6-17　电渣焊方法示意图

a）板极电渣焊　b）熔嘴电渣焊　c）熔管电渣焊

电渣焊可一次焊接厚而大的焊件，生产率高，成本低。不摆动单丝可焊接厚度为 40~60mm 的焊件，单丝摆动可焊接厚度为 60~100mm 的焊件，三丝摆动可焊接厚度达 450mm 的焊件。焊接更大厚度的焊件时，可采用金属板来代替焊丝。目前，电渣焊可焊接厚度达 2m、焊缝长达 10m 以上的巨型工件。我国自制的万吨水压机立柱、工作缸、横梁、工作台等零部件以及重型机床的机座和部件等均采用电渣焊工艺。

电渣焊焊缝金属较纯净，但因高温停留时间较长，晶粒粗大，焊后庆进行正火处理。电渣焊主要用于碳钢、低合金钢、不锈钢等厚大工件的焊接，以及铸-焊、锻-焊组合构件的焊接。

6.2.6 钎焊

钎焊是指采用比母材熔点低的金属材料作为钎料，将焊件和钎料加热到高于钎料熔点、低于母材熔点的温度，利用液态钎料润湿母材，填充接头间隙并与母材相互扩散而实现连接的焊接方法。根据钎料熔点的不同，钎焊分为硬钎焊和软钎焊两种。

使用钎料熔点高于 450℃ 的钎焊称为硬钎焊。常用的钎料有铜基、银基、铝基、镍基等合金。钎剂常用硼砂、硼酸、氯化物、氟化物等。硬钎焊的加热源有焊炬火焰、电阻加热、感应加热、盐浴加热及炉内加热等。硬钎焊焊接接头强度高，适用于受力较大及工作温度较高焊件的焊接，如自行车车架、工具和刀具等。

使用的钎料熔点低于 450℃ 的钎焊称为软钎焊。应用最广泛的软钎料是锡基合金，多数软钎料适合的焊接温度为 200~400℃，钎剂为松香、松香酒精溶液、氯化锌溶液等，加热方法常为烙铁加热。软钎焊适用于焊接受力不大、工作温度较低的焊件，如电子元器件、仪器、仪表、导线等。

6.2.7 高能高效焊接技术

科学技术的迅速发展，对焊接技术提出了更广和更高的要求，也促进了焊接技术的大力发展。新技术、新能源的开发应用，使新的高能高效焊接技术不断出现。这些新的焊接技术的应用在缩小焊接热影响区、减小焊接应力与变形、改善焊接质量和提高焊接效率等方面都取得了重大进展，特别是在高精尖产品零件、难熔金属及高合金零件的焊接中获得了广泛应用。下面对几种常用高能高效焊接方法进行简单介绍。

（1）电子束焊　利用加速和聚焦的电子束轰击置于真空或非真空中的焊件所产生的热能实现焊接的方法称为电子束焊。电子束焊分为真空电子束焊和非真空电子束焊，真空电子束焊示意图如图 6-18 所示。当阴极被灯丝加热到 2600K 时，能发出大量电子，这些电子在高压作用下经聚焦成电子流束，以极大的流速射向焊件表面，电子的动能转化为热能，能量密度比普通电弧可大 5000 倍，它使焊件金属迅速熔化甚至气化。

电子束焊具有不使用填充材料、焊透能力强、热影响区小等优点。它不仅可以焊接一般材料，而且可以用来焊接用其他工艺方法难以焊接的材料，如易氧化金属、高熔点金属等。由于这种焊接工作成本高，目前主要用于其他工艺方法难以胜任的焊接。

（2）超声波焊　利用超声波的高频振荡对焊件接头进行局部加热和表面清理，然后施加压力实现焊接的一种压焊方法即为超声波焊。超声波焊示意图如图 6-19 所示。首先用两个压脚对焊接面施以垂直的压紧力，其中一个压脚上连接着一个超声波传感器，它能发出平行和垂直于焊件表面的振动。振动产生的切应力和正应力把焊接面的氧化层和杂质击碎并排除，通过压紧力便可实现焊件间的结合。

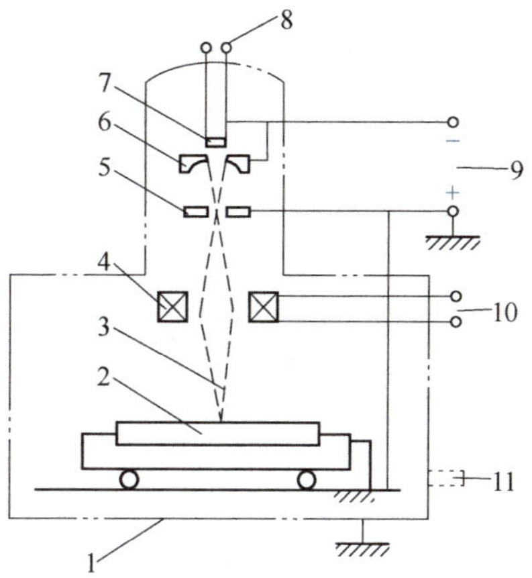

图 6-18　真空电子束焊示意图

1—真空室　2—焊件　3—电子束　4—聚焦透镜
5—阳极　6—阴极　7—灯丝　8—交流电源
9—直流高压电源　10—直流电源
11—排气装置

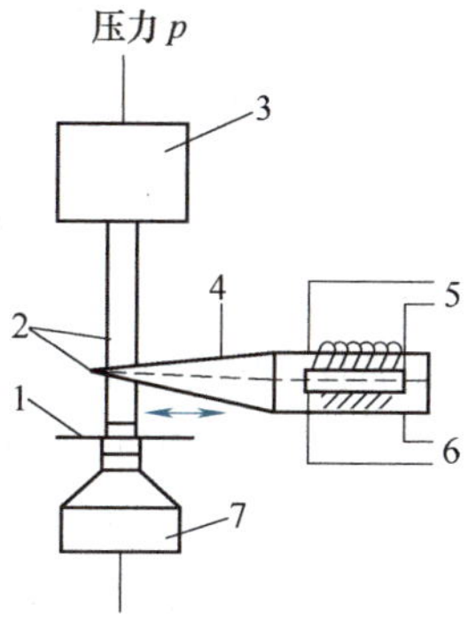

图 6-19　超声波焊示意图

1—焊件　2—偶联系统　3—重物
4—传感器　5—直流偏振源
6—交流电源　7—砧台

超声波焊主要用于各种相同材料或不同材料的金属或非金属薄板、箔材和线材的搭接，尤其在电子工业中得到广泛应用。

（3）激光焊　以聚焦的激光束（$10^9 \sim 10^{12}$ W/m²）作为能源轰击焊件所产生的热量进行焊接的方法称为激光焊。此光束由专门的激光器产生，目前，二氧化碳激光器已在焊接中得到广泛应用。由于激光焊具有热影响区小和变形小、生产率高、适应性强等特点，故广泛应用于电子和仪器仪表工业中微型、精密、排列非常密集和热敏感的焊件，如集成电路的引线等。另外，激光焊较容易实现异种金属材料的焊接，如钢与铝、不锈钢与铜等。

6.3　材料的焊接

6.3.1　金属材料的焊接性

1. 焊接性概念

金属材料的焊接性是指金属材料对焊接加工的适应性，而在一定的焊接工艺条件下，金属材料获得优质焊接接头的难易程度；或材料在限定的施工条件下，焊接成按规定设计要求的构件，并满足预定服役要求的能力。焊接性包括两个方面：一是工艺焊接性，它是指焊接接头产生缺陷的倾向，尤其是出现裂纹的可能性；二是使用焊接性，它是指焊接接头在使用过程中的可靠性，如焊接接头的力学性能、耐热、耐蚀、导电、导磁等方面性能的持久性，它对于铁路、化工、桥梁、航空、建筑等各个领域均具有重要意义。

2. 焊接性的评价

影响金属材料焊接性的因素很多。焊件材料、焊接材料、焊接方法与工艺、焊接结构以及焊件的工作条件等都会影响到焊接性。因而评价焊接性的指标有多种，这里仅介绍碳当量法。

碳当量法是指用钢材中的碳、锰等化学成分估算冷裂纹倾向来评定钢材焊接性的方法。计算碳当量 CE（%）的经验公式为：

$$CE = w_{C} + \frac{1}{5}(w_{Cr} + w_{Mo} + w_{V}) + \frac{1}{6}w_{Mn} + \frac{1}{15}(w_{Cu} + w_{Ni})$$

其中 w_{C}、w_{Cr}、w_{Mo}、w_{V}、w_{Mn}、w_{Cu}、w_{Ni} 分别表示该元素的质量分数（%）。

CE 越大，钢的焊接性越差。根据实践经验，当 CE<0.4%时，钢的焊接性良好；当 CE=0.4%~0.6%时，钢的焊接性中等；当 CE>0.6%时，钢的焊接性较差。当钢中碳当量 CE 或板厚较大时，必须采取预热等工艺措施。碳钢和低合金钢焊接时，预热温度与碳当量、板厚的关系如图 6-20 所示。

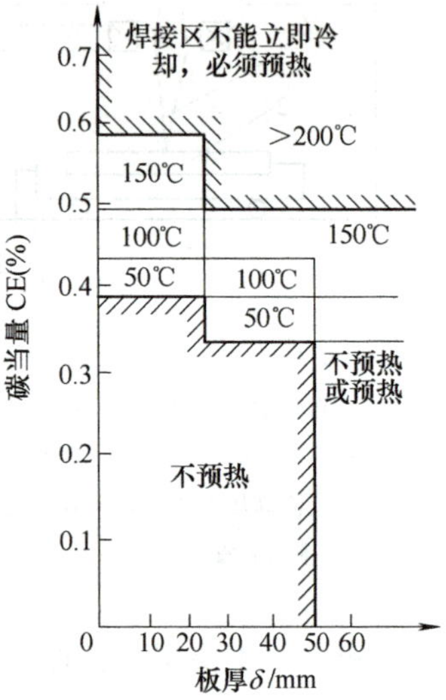

图 6-20 预热温度与碳当量、板厚的关系

必须指出的是，金属材料的焊接性是一个相对的概念，不是固定不变的。对于同一种材料，采用不同的焊接方法、焊接材料、焊接工艺及焊后热处理方法，其焊接性有较大差异。另外，随着科技的发展，新的焊接方法的出现，原来认为不好焊，甚至不可焊的材料可能会变得比较容易焊。例如：曾认为焊接性较差的钛合金，在氩弧焊出现后，便改善了其焊接性。

6.3.2 常用金属材料的焊接

（1）低碳钢的焊接　低碳钢一般是指碳的质量分数不大于 0.25%的钢材，其塑性好，一般没有淬硬倾向，对焊接热过程不敏感，焊接性好。一般情况下，焊接时不需要采取特殊的工艺措施，选择各种焊接工艺方法都易于获得优质的焊接接头。但对于厚度大于 50mm 的构件，需用多层焊，焊后应进行去应力退火；在低温条件下焊接刚度大的构件时，易导致较大的焊接应力，焊前应进行预热。

（2）中、高碳钢的焊接　中碳钢碳的质量分数在 0.25%~0.6%之间，随着碳的质量分数的增加，其淬硬倾向趋于严重，焊接性变差，焊接接头易形成气孔和裂纹。焊接时需采用适当的措施：一是选择适当的焊条，如抗裂性好的低氢焊条或奥氏体不锈钢焊条等；二是采用一定的焊接工艺措施，如焊前预热焊件，采用细焊条、小电流、多层焊，以及开坡口减少母材过多地熔入焊缝，以防止产生热裂纹，并采取焊后缓冷以防止冷裂纹的产生等。

对于碳的质量分数大于 0.6%的高碳钢，由于其焊接性更差，故一般不用于制造焊接结构件，但有时需要对其进行补焊。

（3）低合金高强度结构钢的焊接　低合金高强度结构钢在焊接结构生产中应用较广。其含碳及合金元素的含量越高，焊后热影响区的淬硬倾向越大，致使热影响区的脆性增加，塑性、韧性下降。对于屈服极限大于>500MPa 的低合金高强度结构钢，为避免产生裂纹，焊前应预热，焊后应及时进行去应力退火。

(4) 铸铁的补焊 为修补工件（铸件、锻件、机械加工件或焊接结构件）的缺陷而进行的焊接称为补焊。铸件是含碳量很高的铁碳合金，在焊接过程中极易形成白口组织、裂纹和气孔等，因此，在补焊时必须采取适当的措施。

铸铁的补焊一般采用气焊和焊条电弧焊等。按焊前是否预热可分为热焊法和冷焊法两大类。热焊法的预热温度为600~700℃，用于补焊形状复杂的重要件。用冷焊法进行补焊时，焊前不预热或在400℃以下进行低温预热，用于补焊要求不高的铸件。

(5) 铝及铝合金的焊接 铝及铝合金的焊接性较差，其主要原因是：

1）易氧化。铝及铝合金易被氧化，生成的 Al_2O_3 熔点高、密度大，氧化铝薄膜致密、难破坏，易引起焊缝熔合不良及夹渣缺陷。

2）易形成气孔。氢能溶于液态铝，但几乎不溶于固态铝，故易形成气孔。

3）易开裂。铝的线胀系数大，焊接应力与变形大，加之高温下铝的强度和塑性很低，因此易开裂。

4）易烧穿和塌陷。铝在液固状态转化时无明显的色泽变化及塑性流动迹象，故不易控制加热温度，易烧穿。

目前铝及铝合金常用的焊接方法有氩弧焊、气焊、定位焊、缝焊和钎焊。其中尤以氩弧焊最理想，其保护效果好。气焊主要用于焊接不重要的薄壁构件。

(6) 铜及铜合金的焊接 铜及铜合金的焊接性较差，其主要原因是：

1）导热性强，为钢的7~11倍，因此焊接时热量散失严重而达不到焊接温度，造成焊不透等缺陷。

2）线胀系数和收缩率都较大，焊接热影响区宽，易产生较大的焊接应力，产生变形和裂纹的倾向大。

3）液态铜易氧化，生成的 Cu_2O 与 Cu 形成脆性低熔点共晶体，分布于晶界上，易产生热裂纹。

4）液态铜吸气性强，易形成气孔。

铜及铜合金可用氩弧焊、气焊、电弧焊、钎焊等方法焊接。采用氩弧焊能有效地保护铜液不被氧化和不溶于气体，能获得较好的焊接质量。

6.3.3 难熔金属材料及其合金的焊接

钛、锆、钼、铌等难熔金属在航空、航天、原子能和电子等工业中均具有广泛的用途。这些金属化学活性极强，加热时会强烈吸收氧、氢和氮等气体，使焊接接头性能恶化，很难用一般焊接方法进行焊接。因此，必须采用特种焊接方法。

难熔金属的焊接通常采用氩弧焊、等离子弧焊和电子束焊等焊接方法。

钛及钛合金在高纯度的氩气保护下进行焊接，焊接时需用氩气流对焊缝根部和尚未冷却到350℃的焊缝区进行附加保护，焊前需通过真空退火使焊丝和母材脱气。此外，钛合金焊接时有形成冷裂纹的倾向，重要部件应在可控氩气室或氩气环境中焊接，亦可采用等离子弧焊和电子束焊进行焊接。

锆材料的焊接性与钛很接近，故其焊接工艺与钛相似。

钼、铌及其合金与钛相比更容易被气体所饱和，特别是被氧所饱和。当氧的质量分数超过0.01%时，其塑性会急剧下降。钼、铌及其合金应在可控氩气室中采用电弧焊进行焊接或在真空中采用电子束焊进行焊接。

6.3.4 非金属材料的焊接

1. 塑料的焊接

塑料按其热行为可分为热固性材料和热塑性材料。热固性材料在过高的温度下只会发生碳化破坏，因此固化后的热固性材料无法进行熔化连接，只能采用粘接和机械连接。

热塑性材料在加热时会变软或熔化，因此可进行熔化焊接。通常将分离的塑料用局部加热或加压等手段，在热熔状态连接在一起，形成永久性接头的过程称为塑料的焊接。

塑料焊接可以使用填充焊料、也可以不使用填充焊料进行，通常焊接前被焊表面需清洁，不被污染，还须做平整与平行加工处理。目前，塑料焊接方法主要有以下几种。

(1) 热气焊/热工具焊　利用热气体（在大多数情况下即热风）对塑料表面加热熔化，并通过手动或机械方式对焊接区施加压力，从而进行焊接的方法称为热气焊。通常，热气流温度可达200~300℃，适宜热气焊进行焊接的塑料品种有聚氯乙烯、聚乙烯、聚丙烯、聚甲醛、聚酰胺、聚苯乙烯、ABS和聚碳酸酯等。

热工具焊（如热板）焊接时将热源的热板置于待连接件间，热板直接与待连接件表面接触，同时将两个待连接件表面加热至软化再迅速移出热板，并对零件进行加压焊接即可。

利用一个或多个发热工具（如热板）对两个被焊塑料待连接的表面进行加热熔化后，再迅速移出发热工具，并在压力作用下进行焊接的方法称为热工具焊。

目前，热气焊和热工具焊都是应用最广泛的塑料焊接方法。

(2) 超声波焊接　使塑料的焊接面在超声波能量的作用下做高频机械振动而发热熔融，同时施加焊接压力，从而进行焊接的方法称为塑料超声波焊接。

超声波焊接原则上适用于焊接大多数热塑性塑料，主要用于焊接模塑件、薄膜、板材和线材等，通常不需要填充焊料。塑料超声波焊接的焊接面预加工有一些特殊的要求，在焊接面上，常设计有带尖边的超声波能量定向唇（又称为导能筋），如图6-21所示。

其他热塑性材料常用的熔化焊接方法还有摩擦焊、光致热能焊、挤塑焊等。

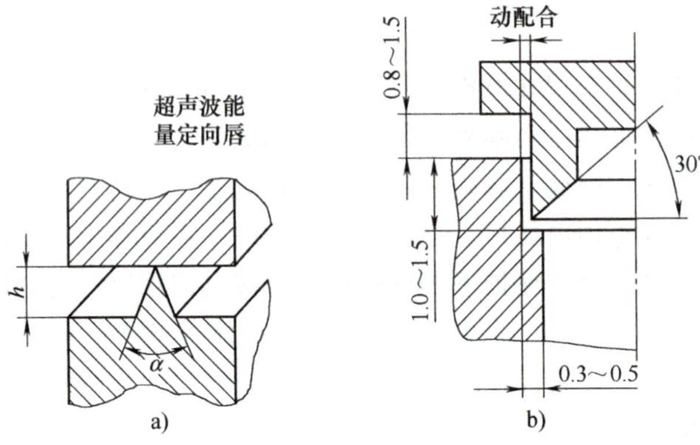

图6-21　塑料超声波焊接面上的超声波能量定向唇

2. 复合材料的焊接

复合材料通常可分为树脂基复合材料、金属基复合材料、陶瓷基复合材料。树脂基复合材料之间的焊接与同基体的高分子材料的焊接方法相同，可采用热气焊、热工具焊、摩擦焊和超声波焊等。树脂基复合材料与金属之间的焊接可采用内藏加热元体（插入物）的电阻加热焊工艺，如高性能的碳纤维增强热塑性树脂聚醚醚酮复合材料（C/PEEK）与铝合金的焊接，采用固结在两层 PEEK/S2 玻璃纤维预浸料中的 0.18mm 厚的不锈钢网作为电阻加热元件，放在 C/PEEK 和铝合金搭接接头的连接界面间。两层 PEEK/S2 预浸料作为不锈钢网的托架，并使不锈钢网与铝合金之间绝缘。加热元件的两端接到电阻焊设备上，通电加热并加足够压力即可形成焊接接头。

按焊接特征金属基复合材料可分为非连续纤维增强和连续纤维增强两种。非连续纤维增强金属基复合材料的焊接可采用 TIG 焊、扩散连接（中间层固态扩散连接和过渡液相扩散连接）、摩擦焊、电子束焊、电容放电焊接、电阻点焊、钎焊等；连续纤维增强金属基复合材料的焊接较前者困难，通常可采用激光焊、扩散连接、钎焊等。

陶瓷基复合材料的焊接工艺处在积极开发中，有些仍待进一步完善。其焊接可采用微波连接、过渡液相连接、原位或自蔓延高温合成法连接、无压固相反应连接，以及采用金属或玻璃作钎料的钎焊等，其中钎焊工艺相对成熟一些。

3. 陶瓷的焊接

陶瓷的熔点高、硬度与强度高、不易变形，而热导率和电导率很低，从而导致陶瓷的焊接性很差，用常规焊接方法难于焊接。目前，陶瓷材料常用的焊接方法包括钎焊、固相扩散焊、超声波压焊、微波连接、粘接、反应烧结连接方法等，其中钎焊和固相扩散焊比较成熟。

钎焊是连接陶瓷与陶瓷或陶瓷与金属最常用的方法之一，陶瓷的钎焊可分为两步钎焊法和直接钎焊法。两步钎焊法先将陶瓷表面预金属化后再进行普通钎焊的方法。常用的陶瓷预金属化的方法有传统的氧化铝陶瓷封装的 Mo-Mn 法、物理气相沉积法（PVD）、化学气相沉积法（CVD）、离子注入法和热喷涂法等。例如，将活性元素钛用离子注入法直接注入 Al_2O_3 陶瓷表面，形成 50~100nm 深的预金属比层；又如用低压等离子弧喷涂的方法在 Si_3N_4 陶瓷表面喷涂两层约 200μm 厚的铝等。经过预金属化的陶瓷表面可与金属钎料产生良好的湿润，能提高钎焊接头的力学性能。

直接钎焊法是在钎料中加入过渡金属 Ti、Zr、Hf、Nb、Ta 及 In 等活性元素形成活性钎料，如 Ag、Cu 或 Ag-Cu 钎料中常加入质量分数为 1%~5%的 Ti。这些活性元素与陶瓷通过化学反应形成由金属和陶瓷的复合物组成的反应层，该层可与熔化的金属钎料互相湿润，形成较好的钎焊接头。钎焊时应对活性元素进行保护，生产中常用真空或高纯气体来保护。目前，应用较多的陶瓷 ZrO_2、Al_2O_3、Si_3N_4、SiC 和 AlN 等，均可由 Ag 基、Cu 基、Ag-Cu 基钎料来进行钎焊。

除上述介绍的连接外，钎焊还广泛用于金属与玻璃、陶瓷等非金属材料的连接。

6.4 焊接结构设计的工艺性

焊接结构设计的好坏对焊接质量、生产率和经济性等方面都将产生重大的影响。焊接结构设计不仅要考虑结构的使用性能、环境要求和国家的技术标准与规范，而且要充分考虑焊接结构的焊接工艺性和现场的具体条件，如焊接结构件材料的选择、焊接方法的选择、焊接接头的工艺设计等，才能获得优化的设计方案，实现高效、优质、低成本的焊接件生产。

6.4.1 焊接结构材料的选择

焊接结构选材，总的原则是在满足使用性能的前提下，选用焊接性好的材料。如 $w_C<0.25\%$ 的低碳钢、$w_{C_{当量}}<0.4\%$ 的低合金钢应优先选用。而镇静钢脱氧完全，组织致密，重要的焊接结构应选用镇静钢。对于用异质钢材或异种金属拼焊的复合构件，需要保证焊缝与低强度金属等的强度；工艺上应按焊接性较差的高强度金属设计。另外，工程上应尽量采用工字钢、槽钢、角钢、钢管等型材制作焊接结构，以减少焊缝、简化工艺。表 6-1 列出了常用金属材料的焊接性，以供参考。

表 6-1 常用金属材料的焊接性

焊接方法	气焊	焊条电弧焊	埋弧焊	二氧化碳保护焊	氩弧焊	电子束焊	电渣焊	点焊、缝焊	对焊	摩擦焊	钎焊
低碳钢	A	A	A	A	A	A	A	A	A	A	A
中碳钢	A	A	B	B	A	A	A	B	A	A	A
低合金钢	B	A	A	A	A	A	A	A	A	A	A
不锈钢	A	A	B	B	A	A	B	A	A	A	A
耐热钢	B	A	B	C	A	A	D	B	C	D	A
铸钢	A	A	A	A	A	A	A	(-)	B	B	B
铸铁	B	B	C	C	B	(-)	B	(-)	D	D	B
铜及其合金	B	B	C	C	A	B	D	D	D	A	A
铝及其合金	B	C	C	D	A	A	D	A	A	B	C
钛及其合金	D	D	D	D	A	A	D	B~C	C	D	B

注：A—焊接性良好，B—焊接性较好，C—焊接性较差，D—焊接性不好，(-) —很少采用。

焊接结构选材除应满足载荷、环境等工作条件外，还要考虑材料的各种工艺性能、体积与质量的要求（比强度要高）以及经济性等。

6.4.2 焊接方法

焊接方法的选择，应根据材料的焊接性、焊件厚度、生产率、各种焊接方法的适用范围和现场设备条件等综合考虑决定。例如：选择焊接方法时，由于低碳钢的焊接性都良好，焊接中等厚度（10~20mm）焊件时，采用焊条电弧焊、埋弧焊、气体保护焊等方法均适宜，但由于氩弧焊成本较高，一般不用。焊接长直焊缝或圆周焊缝，且生产批量较大时，宜选用埋弧焊；如焊件为单件生产或焊缝短是处于不同空间位置，则采用焊条电弧焊最为方便；如焊接厚度较大（通常 35mm 以上）的重要结构，条件具备时可用电渣焊；如焊接铝合金等易氧化材料或合金钢、不锈钢等重要零件，则应采用氩弧焊，以保证接头质量。总之，在选用焊接方法时，需要分析和比较各种焊接方法的特点及适用范围，结合焊件的具体结构和工艺特点，合理地加以选择。表 6-2 为常用焊接方法的比较表，可供选择焊接方法时参考。

表 6-2 常用焊接方法比较表

焊接方法	热影响区大小	变形大小	生产率	可焊空间位置	适用板厚[1]/mm	设备费用[2]
气焊	大	大	低	全	0.5~3	低
焊条电弧焊	较大	较小	较低	全	可焊1以上，常用3~20	较低
埋弧自动焊	小	小	高	平	可焊3以上，常用6~60	较高
氩弧焊	小	小	较高	全	0.5~25	较高
二氧化碳保护焊	小	小	较高	全	0.8~30	较低~较高
电渣焊	大	大	高	立	可焊25~1000以上，常用35~450	较高
等离子焊	小	小	高	全	可焊0.025以上，常用1~12	高
电子束焊	极小	极小	高	平	5~60	高
点焊	小	小	高	全	可焊10以下，常用0.5~3	较低~较高
缝焊	小	小	高	平	3以下	较高

① 主要指一般钢材；

② “低”表示小于5000元，“较低”表示5000~10000元，“较高”表示10000~20000元，“高”表示大于20000元。

6.4.3 焊接接头的设计

（1）接头形式的确定 接头形式应根据结构形状、强度要求、焊件厚度、焊后变形大小等方面的要求和特点，合理地加以选择，以达到保证质量、简化工艺和降低成本的目的。以熔焊为例，接头形式有对接、搭接、角接和T形接等，如图6-22所示。

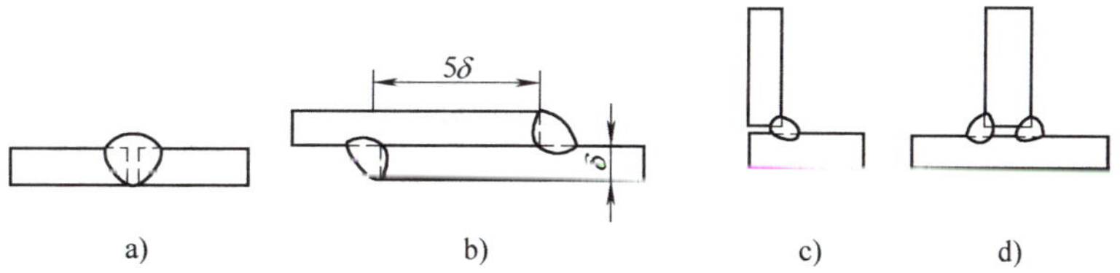

图 6-22 焊接接头形式

a）对接 b）搭接 c）角接 d）T形接

对接接头受力比较均匀，接头质量容易保证，是用得最多的形式，各种重要的受力焊缝应尽量选用对接接头。搭接接头因两焊件不在同一平面，受力时焊缝处易产生应力集中和附加弯曲应力，降低了接头强度，一般尽量不用。角接接头和T形接头受力情况比较复杂，当焊件需要成一定角度连接时只能选用此种形式。

（2）坡口形式的确定 坡口是指为满足工艺的要求在焊件的待焊部位加工并装配成具有一定几何形状的沟槽。坡口形式的确定应考虑在施焊及坡口加工允许的条件下，尽可能减小焊接变形，节省焊接材料，提高生产率和降低成本，通常主要根据板厚确定。板厚较大时，为保证焊透，接头处应根据焊件厚度预制各种坡口，坡口角度和装配尺寸可按标准选用。坡口的形式很多，常用的坡口有I形、V形、X形、U形和双U形。图6-23所示为对接接头的坡口形式。

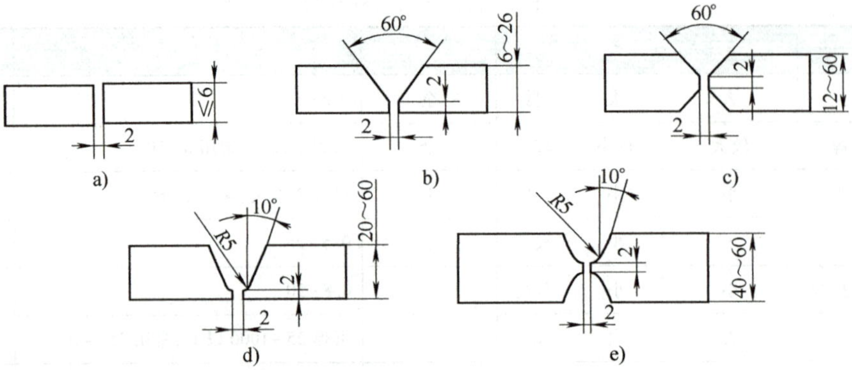

图 6-23 对接接头的坡口形式

a）I 形坡口 b）V 形坡口 c）X 形坡口 d）U 形坡口 e）双 U 形坡口

6.4.4 焊缝的设计

合理地设计焊缝是焊接结构设计的关键问题之一，它对产品质量、生产率、生产成本及工人劳动条件等都有很大影响。因此，焊缝设计时在满足使用要求的前提下，应遵循一些原则。例如：尽可能多地采用型材、锻件等结构件的焊接，以减少焊缝的数量，焊缝应便于施焊操作，焊缝布置应尽可能地减少应力集中、变形、破坏加工面等。表 6-3 给出了焊缝设计的典型原则及图例。

表 6-3 焊缝设计的典型原则及图例

序号	设计原则	不合理的设计	合理的设计
1	要考虑焊条操作空间	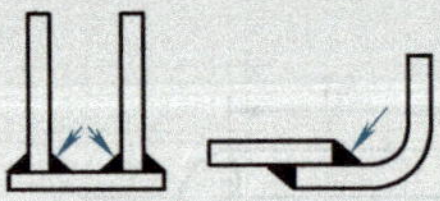	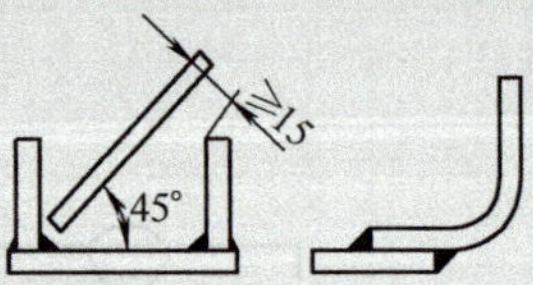
2	焊缝应避免过分集中或交叉，以减小应力与变形	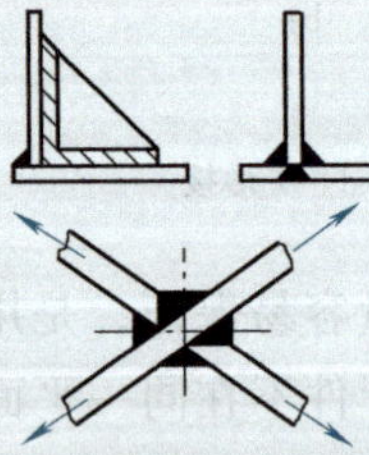	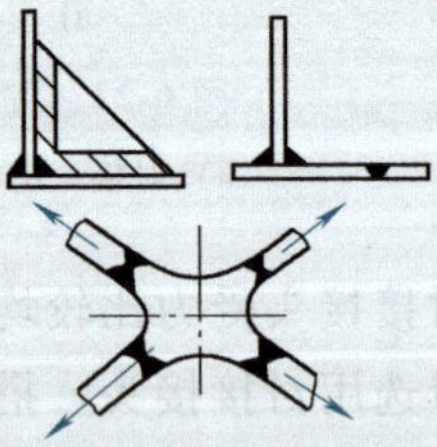
3	尽量减少焊缝数量（适当采用型钢和冲压件），以减小应力与变形	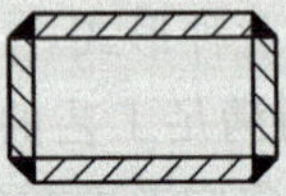	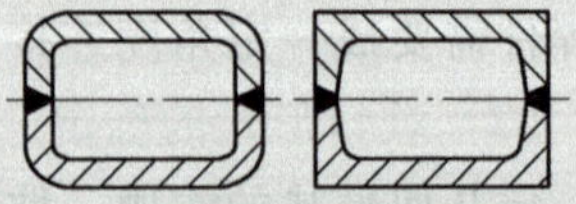
4	焊缝应尽量对称布置，以减小应力与变形		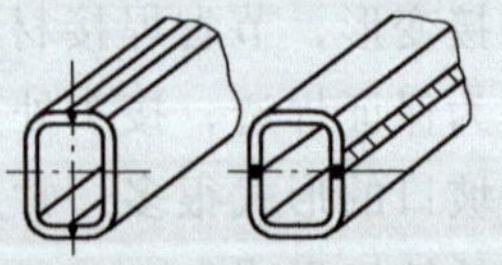

（续）

序号	设计原则	不合理的设计	合理的设计
5	焊缝端部的锐角处应去掉，以减小应力与变形	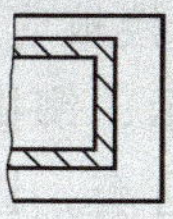	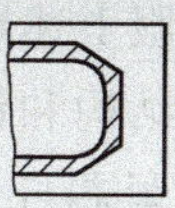
6	焊缝应尽量避开最大应力或应力集中处	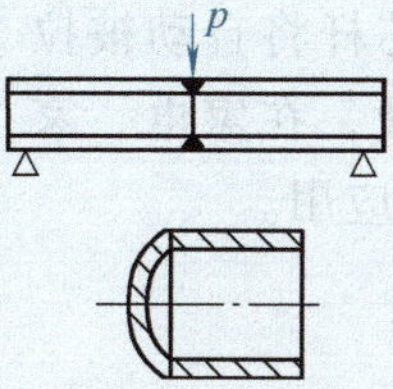	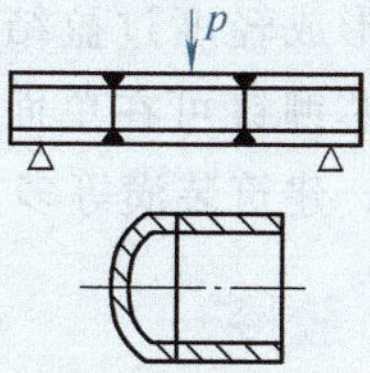
7	不同厚度件焊接时，接头处应平滑过渡		
8	焊缝应避开加工表面	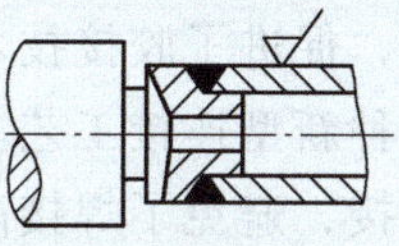	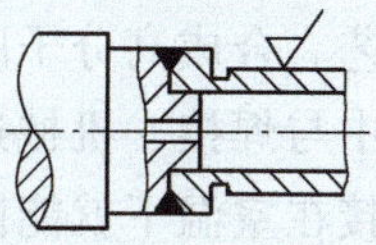

6.5　材料的其他连接技术

6.5.1　铆接

将铆钉穿过被连接件（通常为板材或型材）的预制孔经铆合而成的连接方式称为铆钉连接，简称为铆接，如图 6-24 所示。

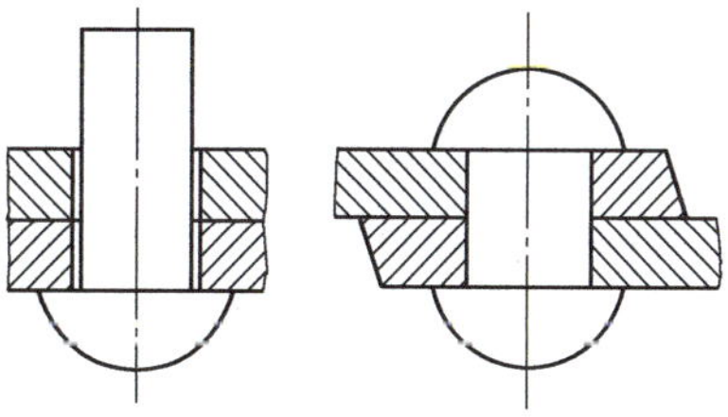

图 6-24　铆钉连接

铆接分冷铆和热铆。钉杆直径 $d \geqslant$ 12mm 的钢制铆钉，通常是将铆钉加热（常加热到 1000~1100℃）后进行铆接。一般情况下，钉杆直径 d<10mm 的钢制铆钉和塑性较好的有色金属、轻金属及其合金（如铜、铝等合金）制成的铆钉在常温下进行冷铆。

铆钉有空心的和实心的两大类。实心的多用于受力大的金属零件的连接；空心的用于受力较小的薄板或非金属零件的连接。

按工作要求，铆缝可分为三种：①要求有足够可靠连接强度的强固铆缝，如金属桁架、飞机蒙皮和框架等结构中的铆缝；②要求有足够强度和足够紧密性的强密铆缝，如蒸汽锅炉、压缩空气贮存器等高压容器的铆缝；③要求有足够紧密性的紧密铆缝，如油箱、水箱的铆缝。

铆接具有工艺设备简单，工艺过程比较容易控制，质量稳定，铆接结构抗振、耐冲击，连接牢固可靠，对被连接材料的力学性能没有不良的影响等特点。目前在承受严重冲击、受力较小的薄板或非金属零件、异性材料的连接及船舶及重型机械业、航空航天工业、轻工产品上都得到应用，故其仍然是一种重要的连接方法。但与焊接或胶接相比，上述的铆接工艺有费工费时、易应力集中、劳动强度大等缺点，故铆接的应用日益减少。

为了克服上述缺点，一种抽芯铆钉连接被应用。抽芯铆钉的结构和铆接过程如图 6-25 所示，铆接时用拉铆枪拉紧芯杆，使其底端圆柱挤入钉套，钉套与钉孔形成轻度过盈结合。铆好后芯杆将自动被拉断。抽芯铆钉可在单面进行铆接作业，在家电、家具制作、建筑装潢等多方面得到广泛应用。

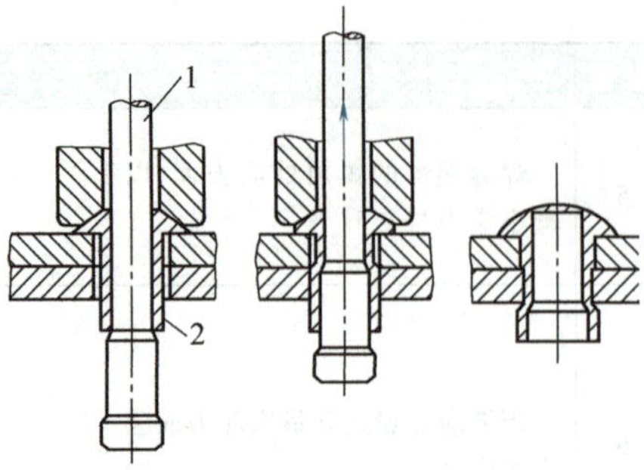

图 6-25 抽芯铆钉

1—芯杆 2—钉套

6.5.2 胶接

1. 胶接的基本概念

胶接（粘接）是指用胶黏剂把两个工件连接在一起，并使结合处获得所需连接强度的连接工艺。合成高分子胶黏剂的出现，促进了胶接技术的迅速发展，使得胶接成为在机械制造领域中与焊接、机械连接并列的一种新型连接工艺。

胶接在室温下就能固化并实现连接，避免了焊接高温，减少了焊接应力和变形。胶接接头为面积连接，应力分布均匀，耐疲劳性能和密封性好；胶接不受材料类型的限制，其适应性强，如同种或异种金属、塑料、橡胶、陶瓷、木材等。但胶接也有其不足之处，如胶接强度低于焊接、胶黏剂易老化而使强度下降，胶黏剂耐热性差，胶接件不宜在高温下工作等。随着科技的发展，胶接技术越来越受到人们的重视，胶接技术在航空、航天、造船、机械制造、仪器仪表、石油化工等领域得到了广泛的应用。

2. 胶接的基本原理

胶接的原理尚未完全搞清楚，但多数观点认为胶接是多种因素综合作用的结果，是靠胶黏剂和工件结合面之间的机械作用、吸附作用、化学作用和扩散作用等实现连接的。胶接强度受到胶黏剂、被胶接工件材料及胶接工艺的影响。一般来说，由分子间产生的吸附作用对胶接强度起主要作用，机械作用对多孔材料的胶接作用较大，化学作用在一定条件下才能发挥作用。

3. 常用胶黏剂的分类与选用

（1）胶黏剂的分类　胶黏剂是以某些胶性物质为基料，加入各种添加剂构成的。按基料的化学成分来分，可分为有机胶黏剂和无机胶黏剂。天然的有机胶黏剂有骨胶、松香、淀粉胶等，合成的有机胶黏剂有环氧树脂胶、橡胶等；无机胶黏剂有磷酸盐、硅酸盐等。胶黏剂按用途可分为结构胶黏剂和非结构胶黏剂两类。结构胶黏剂连接的接头强度高，具有一定的承载能力；非结构胶黏剂主要用于修补、密封和连接软质材料。

（2）胶黏剂的选用　胶黏剂的选择主要考虑被胶接材料的种类、受力条件、工作温度和工艺可行性等因素。不同的胶接件应当选择不同的胶黏剂，如钢铁和铝合金材料宜选用环氧、环氧-丁腈、酚醛丁腈等类胶黏剂，热固性塑料宜选用环氧、酚醛类胶黏剂，橡胶宜选用酚醛氯丁、氯丁-橡胶类胶黏剂。对于工作时承受载荷的受力构件，宜选用胶接强度高、接头韧度好的结构胶黏剂。不同温度下工作的胶接结构，应选用不同的胶黏剂。例如，在−120℃以下工作的胶接结构，宜选用聚氨酯、苯二甲酸等类胶黏剂；在 500℃以下工作的胶接结构，宜选用无机胶黏剂。选用胶黏剂还需考虑工艺上的可行性，因为有的胶黏剂可在室温下固化，有的胶黏剂则需加热、加压才能固化。

4. 胶接工艺

胶接工艺过程主要包括设计和加工胶接接头、被黏材料表面处理、胶黏剂的准备、涂胶、晾置以及装配、固化、检验、修整等。

（1）胶接接头的基本类型及应用　所有胶接接头可以概括为角接、T形接、对接与表面接四种基本类型，根据需要可以组合成各种具有不同特点的接头形式。一般单面搭接可用于结构连接；T形、L形和Ⅱ型接头主要用于平板与型材的连接；套接接头主要用于管材、棒材的连接。

（2）胶接件的表面处理　胶接件是发生胶接的物质两相界面间分子相互作用的结果，因而要创造条件使胶接表面的分子接近。为此，必须使用物理方法和化学方法等除掉被胶接体表面的各种覆盖物，使表面达到无灰尘、无油污、无锈蚀，并适当粗化以利于胶黏剂的润湿和黏附力的形成，从而有效地提高胶接强度和耐久性。

（3）涂胶　涂胶时胶层厚度一般控制在0.08~0.15mm，且保证胶层均匀，在两个贴合面不缺胶的情况下胶层越薄越好。胶层薄，产生缺陷的可能性小、固化时产生的内应力小，胶接强度高。

（4）固化　胶黏剂在固化过程中要控制压力、温度、时间三个要素。固化时加压要均匀；要严格控制固化温度，温度不能过高，否则会导致胶接强度下降；温度高时，固化时间可以缩短，降低温度则应适当延长固化时间。

6.6 焊接技术的发展

1. 焊接过程的自动化、智能化

焊接过程的自动化、智能化是提高焊接效率、保证产品质量的一个极其重要的手段。焊接质量控制的对象是焊接参数及其合理调节。其控制效果一方面可表现在焊缝金属的内在质量，如金相组织好、内部缺陷少等方面；另一方面表现在几何形状，如焊缝成形、焊接熔深和熔透控制等方面。在焊接控制中，都利用了计算机高精度的运算和大容量存储的功能，同时将神经元网络和模糊控制引入到熔透控制中，实现了焊接过程的质量自动控制。各种类型的微型化、智能化设备大量涌现，如数控焊接电源、智能焊机、焊接机器人等。

智能焊接机器人能自动检测材料的厚度、工件形状、焊缝轨迹和位置、坡口的尺寸和形式、对缝的间隙等，并自动设定焊接规范参数、电弧焊枪运动点位或轨迹、填丝或送丝速度、焊钳摆动方式等；未来智能焊接机器人应带有视觉、听觉、触觉功能，逐步代替人去从事劳动强度高、劳动环境恶劣并具有一定危险性的焊接作业。

2. 计算机技术的应用

焊接过程的计算机模拟对焊接过程获得定量认识（如焊接温度场、焊接热循环、焊接冷裂敏感性判据、焊接区的强度和韧度等），可以免去大量试验而得到定量的预测信息，使得焊接过程从经验走向定量控制成为现实。

焊接生产中已实际应用了计算机辅助焊接结构设计（CAD）、计算机辅助焊接工艺设计（CAPP）、计算机辅助执行与控制焊接生产过程（CAM）及计算机辅助焊接材料配方设计（MCDD）等。多种类型和用途的焊接数据库和焊接专家系统已被开发和应用，更高级的智能专家系统也将逐步成熟并应用。

3. 焊接热源的开发及应用

焊接工艺几乎运用了世界上一切可以利用的热源，每一种能用于焊接工艺的新的能源都伴随着新的焊接工艺出现，并带来焊接技术的突破。焊接热源的开发可概括为两方面：一方面是对现有的改善，使其更方便、有效和经济适用，如电子束和激光束的改善比较显著；另一方面是开发新的更有效的热源，如等离子弧和激光、电弧和激光、电子束和激光等采用两种热源叠加的方法，以期获得能量密度更大、利用效率更高的焊接热源。

4. 焊接生产现代化管理和焊接新技术的开发应用

焊接生产过程的现代化管理将材料运输、材料表面去油、喷砂和涂漆保护，以及钢板划线、切割、开坡口、部件组装等全部实现机械化、自动化、智能化，能提高生产率、提高产品质量。

焊接新技术涉及新焊接设备、新型焊接材料、焊接过程自保护、特殊材料焊接方法等的开发，必然会推动焊接科学技术的跨越式发展，能够支持整个焊接过程现代化、智能化，保证国防建设和社会发展的需求。如扩大焊接结构的应用、焊接工艺的改进，适应新兴工业发展所需要的微型连接工艺和设备的发展，复合材料和陶瓷材料等特殊材料、新的材料应用对焊接技术提出的新要求等。

复习思考题

1. 焊接的实质是什么？熔焊、压焊、钎焊有哪些区别？

2. 什么是焊接电弧？电弧由哪些区域组成？各区域有何特点？

3. 什么是直流电弧的极性？了解直流电弧的极性有何实用价值？

4. 焊接冶金过程的特点是什么？焊条的药皮在冶金过程中起何作用？

5. 何谓焊接热影响区？低碳钢热影响区中各区域的组织和性能如何？从焊接方法和工艺上考虑，能否减少或消除焊接热影响区？

6. 产生焊接应力和变形的原因是什么？如何防止和矫正焊接变形？

7. 产生焊接裂纹的原因是什么？应如何防止？

8. CO_2 气体保护焊有哪些特点？主要用于何种情况？

9. 电子束焊和激光焊的热源是什么？焊接过程有何特点？各自的适用范围如何？

10. 钎焊与熔焊的实质有何差别？钎焊的主要适用范围有哪些？

11. 判断表 6-4 中各材料的焊接性。

表 6-4　题 11 表

钢号	主要化学成分(质量分数,%)				板厚 δ/mm	R_m/MPa	σ_s/MPa
	C	Si	Mn	V			
25	0.22~0.30	0.17~0.37	0.50~0.80	—	20	450	275
Q345(16Mn)	0.12~0.20	0.20~0.55	1.20~1.60	—	40	550	345
Q390(15MnV)	0.12~0.18	0.20~0.55	1.20~1.60	0.04~0.12	40	570	390
ZG200-400	0.20	0.50	0.80	—	20	400	200

12. 焊接铜、铝合金时，需要考虑的主要问题是什么？选用何种焊接方法最适宜？

13. 下列情况应选择何种焊接方法？

(1) 汽车油箱的大量生产
(2) 减速器箱体的单件生产
(3) 在45钢刀杆上焊接硬质合金
(4) 自行车钢圈的大量生产
(5) 铝合金板焊接容器的批量生产
(6) 壁厚为20mm的锅炉筒体的批量生产
(7) ϕ30mm 铝-铜接头的批量生产
(8) 低碳钢桁架结构的焊接
(9) 低碳钢薄板带罩的大批生产
(10) 供水管的维修

14. 分析图6-26所示焊接件的结构工艺性。如不合理应如何改正？

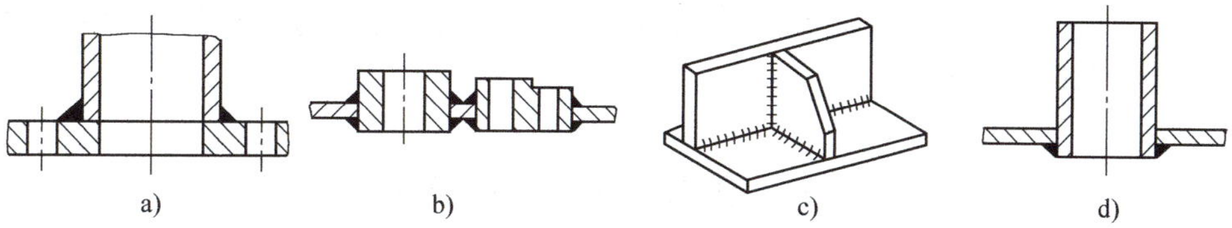

图6-26 题14图

15. 试述铆接、胶接方法和优缺点。

第7章

其他材料的成形

随着材料科学技术和现代工业的发展，非金属材料的应用越来越广。非金属材料也必须经过加工才能得到符合图样和技术要求的产品，本章简要介绍高分子材料（塑料、橡胶）、陶瓷材料及复合材料的成型。

7.1 高分子材料的成型

7.1.1 塑料的成型

塑料的成型一般是在400℃以下，采用注射、挤压、压塑、吹塑、模压等方法。此外，还可以采用喷涂、浸渍、粘接等工艺覆盖于其他材料表面上，也可以在塑料表面上电镀、着色，从而得到需求的制品。

1. 塑料的成型方法

（1）注射成型　注射成型又称为注塑成型或注射法，注射成型过程是将粒状或粉状塑料放在注射成型机（图7-1）的料筒内加热熔化至黏流态后，由柱塞或螺杆柱塞或螺杆以很高的压力和速度通过料筒端部的喷嘴，并注入温度较低的闭合的模具型腔内，待冷却固化后从模具内取出成品。

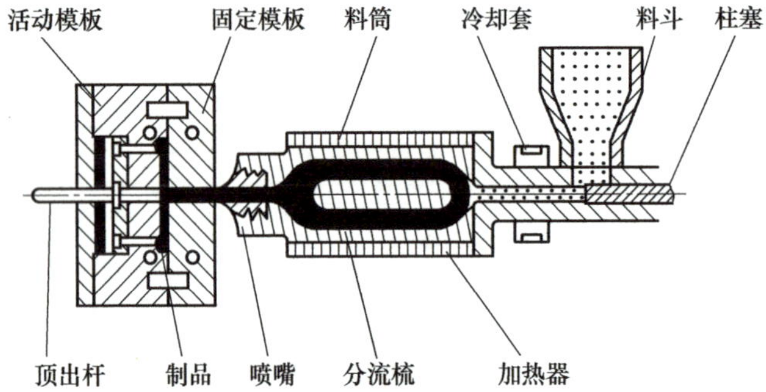

图7-1　注射成型机和塑模的剖面图

注射成型适用于热塑性塑料或流动性大的热固性塑料，成型周期短，生产率很高，能一次成型空间几何形状复杂、尺寸精度高、带有各种嵌件的塑料制品，可用于自动化大批量生产。目前注塑制品占塑料制品总产量的 20%～30%。

（2）挤出成型　挤出成型又称为挤塑成型，它是把塑料放在挤压机的料筒内加热熔化，利用螺旋推杆将塑料连续不断地自模具的型孔中挤出，经冷却凝固而成所需型材或制品（图 7-2）的方法。挤出成型主要适用于热塑性塑料的管、板、棒及丝、网、薄膜等连续的塑料型材。

挤出成型生产过程连续，生产效率高，工艺适应性强、尺寸比较稳定，制品断面形状较简单，一般需二次加工才制成零件。目前挤出制品占热塑制品生产量的 40%～50%。

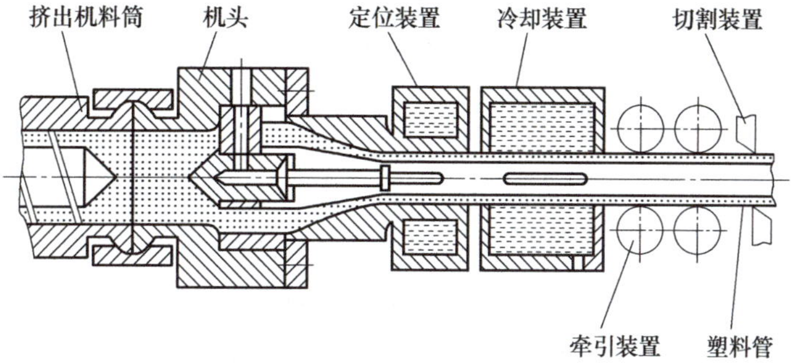

图 7-2　挤出成型原理图

（3）压塑成型　压塑成型通常用于热固性塑料的成型。其工艺过程是将粉状、粒状或纤维状塑料放入模具型腔中，在温度和压力作用下熔融成黏流态，并流满模具型腔而成型，随后发生交联反应，原来线型分子结构转变为网线分子结构，塑料也由黏流态转化为玻璃态，即硬化定型塑料制品，最后脱模取出制品。压制成型工艺多为间歇成型，周期长，效率低，模具成本高，多用于电闸板、插座等制品。

（4）压延成型　压延成型是将加热塑化的物料通过一系列相向旋转的辊筒之间，受挤压和延展作用成为平面状连续材料的成型方法。该方法具有生产效率高、产品质量好、生产连续、易实现自动化等优点，但设备庞大，前期投资高，维修复杂，制品宽度受压延机辊筒长度的限制。压延成型适用于生产薄膜、片材等热塑性塑料制品。

2. 塑料成型后的机械加工和修饰

塑料的机械加工是在一次成型的制品或半成品上进行车、铣、磨、钻孔、切螺纹、锯切、剪切、冲切、粘合、焊接、机械连接及抛光等工序，目的是完成一次成型时不能完成或完成不够准确的工作。

塑料的机械加工性能一般较好，切削金属材料的各种方法（如车、铣等）都可以用于塑料的加工，但由于塑料的导热性和耐热性差，有弹性，加工时容易变形、分层、开裂、崩落等，为此应在刀具的角度、冷却方式及切削用量上适当调整，以便加工出符合要求的制品。对塑料件的连接，除用焊接、胶接方法以外，还可用机械连接方法，如铆接、螺钉接合等。

塑料修饰的目的是去除塑料制品的废边和附生的赘物，美化塑料制品的表面或外观，以提高其性能。常用的方法有挫削、转鼓滚光、抛光、磨削、涂盖金属、溶浸增亮及透明涂层。

3. 塑料制品的结构工艺性

塑料制品的形状、尺寸大小等对成型工艺和模具结构的适应性称为塑料制品的结构工艺性。制品的结构设计的具体原则如下：

1）制品的壁厚应均匀。为保证塑料的流动性，制品的最小壁厚一般不小于 1mm，通常取 1~4mm，大型制品的壁厚可达 6mm 或更厚。

2）制品的开口部分应设计出翻边凸缘，以增加该处的刚度。

3）为保证制品的顺利脱模，制品应有一定的脱模斜度（35′：1°20′）。

4）有利于脱模，制品应避免有内凸的形状。

5）在高壁或宽平底部应设计加强筋或球面、拱形面，以增加其刚度与强度。

6）为保证制品的强度，制品中的孔与壁边的距离应不小于孔径。

7）一些受力的制品，可在其中心镶嵌金属芯，以增加强度和刚度。

8）两壁相接处应有圆角过渡。

7.1.2 橡胶的成型

橡胶是另一类重要的高分子材料，是在室温下具有高弹性的高聚物，伸长率可达 100%~1000%，所以又称为弹性体。在国防、交通运输、机械制造、农业、医学卫生、日常生活方面都有着广泛的用途，其地位与日俱增。

1. 橡胶加工的工艺过程

橡胶成型加工需将生胶（天然胶、合成胶、再生胶）经塑炼后，加入各种配合剂（硫化剂、防老化剂、填充剂等）再混炼而成炼胶后才能进行成型加工的，成型加工前根据需要可加入能保持制品形状和提高其强度的各种骨架材料（如天然纤维、化学纤维、玻璃纤维、钢丝等），经混合均匀后放入一定形状的模具中，在通用或专用设备上经过加热、加压（即硫化处理）制成各种橡胶制品。因此，橡胶制品生产的基本过程包括生胶的塑炼、胶料的混炼、橡胶成型和制品的硫化，如图 7-3 所示。生胶的塑炼、胶料的混炼为橡胶成型加工前的备料阶段。硫化（一般在 140~180℃和一定的压力下才能进行）使橡胶各部位的组织不同程度地形成了三维网状结构，即通过改变橡胶的化学结构（如交联）而赋予橡胶弹性，或改善、提高并将橡胶弹性扩展到更宽温度范围。硫化是橡胶制品加工的主要工艺过程之一，必须安排在制品成型后进行。硫化时除模具加热，还可在常压情况下利用饱和蒸汽、过热蒸汽、热空气或热水等介质加热。

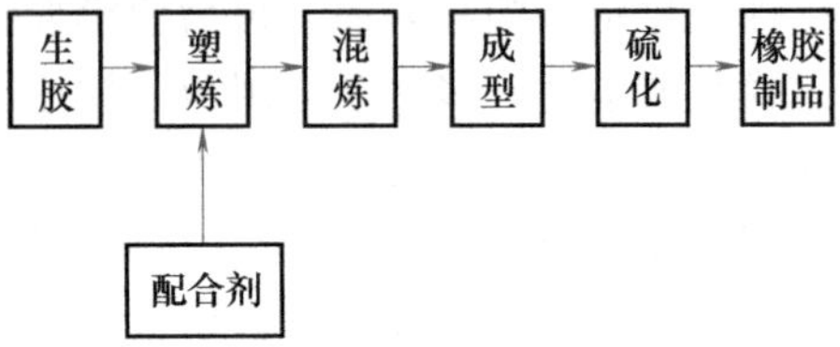

图 7-3 橡胶加工过程

2. 橡胶成型方法

（1）压延成型 指经过混炼的胶料通过专用压延设备上的两对转辊筒，利用两辊筒之间的挤压力，使胶料产生塑性延展变形，制成具有一定断面尺寸规格、厚度和几何形状的片状或薄膜状聚合物或使纺织材料或金属材料表面实现挂胶的工艺过程。压延主要包括压片、贴合、压型、贴胶等工艺。压延成型是一个连续的生产过程，具有生产效率高、制品厚度尺寸精确、表面光滑、内部紧实等特点。但其工艺条件控制严格、操作技术要求较高，主要用于制造胶片和胶布等。图 7-4 所示为胶布压延工艺过程。

（2）模压成型 模压成型是将预先压延好的橡胶半成品按一定规格下料后置于压制模具中，合模后在液压机上按规定的工艺条件进行加热、加压，使胶料呈现塑性流动充满型

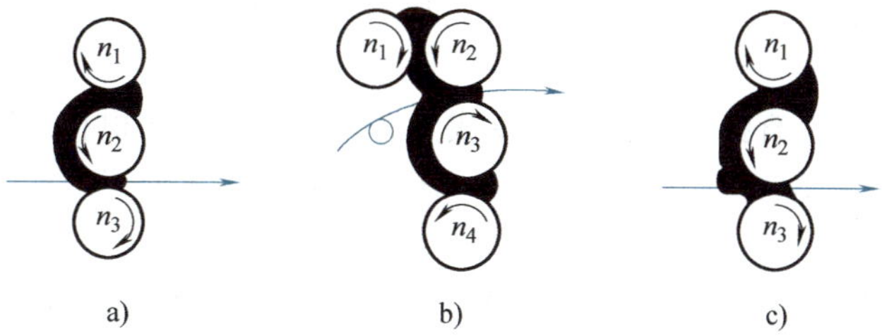

图 7-4　胶布压延工艺过程

腔、持续加热完成硫化，再经脱模和修边后得到制品的成型方法。橡胶的模压成型过程包括加料、闭模、硫化、脱模及模具清理等操作步骤，其中最重要的是硫化过程。模压生产橡胶制品的工艺流程如图 7-5 所示。

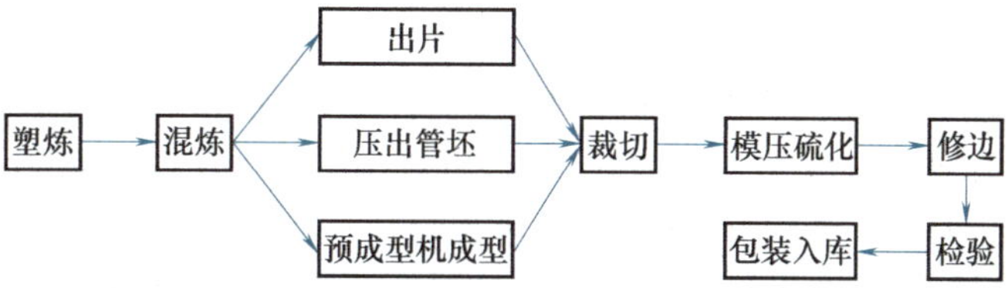

图 7-5　橡胶模压成型工艺流程

（3）挤压成型　使胶料在挤出机中塑化和熔融，并在一定的温度和压力下连续均匀地通过机头模孔挤出，成为具有一定的断面形状和尺寸的连续材料。挤出成型常用于成型轮胎外胎胎面、内胎胎筒和胶管等，其生产设备和生产特点基本与塑料挤出成型相同。

（4）注射成型　注射成型先将胶料加热塑化成熔融态，再将胶料直接从机筒高压注射到模具的模腔中热压硫化成型的生产工艺。工艺主要包括喂料塑化、注射保压、硫化、出模几个过程，并且要严格控制料筒温度、注射温度、模具/硫化温度、注射压力等工艺参数，合理掌握硫化时间以得到高质量的硫化橡胶制品。

橡胶注射机的基本结构与塑料注射机相同，制品从模具中取出后，也需要经过修整工序。注射成型能一次成型外形复杂、带有嵌件的橡胶制品，尺寸精确，质量稳定，生产效率高，主要用于生产密封圈、减振垫和鞋类等。

聚合物薄膜由天然、人造或合成的聚合物制成，应用最多的是以合成聚合物为基础的塑料薄膜，大部分薄膜是由聚合物熔体用挤出法或压延法制成，限于篇幅，本节从略。

7.2　陶瓷材料的成型

7.2.1　陶瓷制品的生产过程

陶瓷制品的生产过程包括坯体成型前的坯料准备、坯体成型（含彩绘、施釉等）和坯体的后处理（即烧结）三大内容。

1. 坯体成型前的坯料准备

首先是利用物理方法、化学方法或物理化学方法进行精选原料，并根据需要与否，对原料进行预烧以改变原料的结晶状态及物理性能，利于破碎、造粒。然后将细碎、造粒的原料按不同的成型方法配制成供成型用的坯料（如浆料、可塑泥团、压制粉料）。

2. 坯体成型

陶瓷成型就是将粉料直接或间接地转变成具有一定形状、体积和强度的形体，也称为素坯。成型方法很多，主要有可塑法、注浆法、压制法和注射成型等。选择成型方法时可以从以下几方面考虑：

1）根据产品的形状、大小和厚薄。一般形状复杂、尺寸精度要求不高产品可采用注浆法成型，简单的回转体可采用可塑成型中的旋压成型或滚压成型。

2）根据坯料的成型性能。可塑性较好的坯料适用于可塑成型，可塑性较差的坯料应用注浆法成型或压制成型。

3）根据产品的产量和质量要求。产量较大的产品采用可塑成型，产品批量小的可用注浆法成型；产品质量要求高的采用压制成型。

3. 烧结

陶瓷制品成型后需烧结，未经烧结的陶瓷制品称为生坯。成型后的坯体经适当的干燥后，先对其施釉（有浸釉、淋釉、喷釉等），再将成型后的生坯体加热到高温（有时还须同时加压）并保持一定时间，通过固相或部分液相物质原子的扩散迁移或反应的过程，消除坯料中的孔隙并使材料致密化，同时形成特定的显微组织结构后得到陶瓷制品。

陶瓷经成型、烧结后可根据需要进行机械加工。

7.2.2 陶瓷制品的成型方法

1. 注浆法成型

注浆法成型是将陶瓷颗粒悬浮于液体中成为具有流动性的液态料浆，再把料浆注入多孔模具中（模型为石膏模、多孔树脂模等），借助于模具的毛细吸水能力，把料浆中的液体吸出，而在模具内留下坯体（图 7-6）。其工艺过程包括料浆准备、模具制备和料浆浇注三个阶段。注浆法成型的适应性强，可制造形状复杂、大型薄壁的坯体。根据成型压力的大小和方式的不同，注浆法又可分为基本注浆法、强化注浆法、热压铸成型法和流延法等。

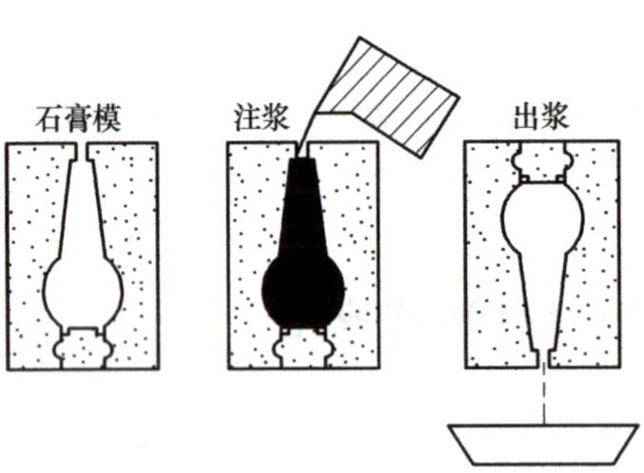

图 7-6 空心注浆法示意图

现代成型将金属铸造工艺的离心铸造、压力铸造等引入注浆成型，从而形成了离心注浆、真空注浆、压力注浆等方法。离心注浆适用于制造大型环状制品，且坯体壁厚均匀；真空注浆可有效地去除料浆中的气体；压力注浆可提高坯体的致密度，减少坯体中的残留水分，缩短成型时间，减少制品缺陷，是一种较先进的成型工艺。

2. 可塑成型

可塑成型是利用可塑性坯料在外力作用下发生塑性变形而制成坯体的方法。可塑成型方法有旋压成型、滚压成型、塑压成型、注塑成型和轧膜成型等类型。

图 7-7 所示为滚压成型，成型时，盛放着泥料的石膏模型和滚压头分别绕自己的轴线以一定的速度同方向旋转，滚动头在转动的同时，逐渐靠近石膏模型，对泥料的受力由小到大均匀进行，泥料在滚压头滚碾作用下均匀展开，滚头与泥料的接触面积逐步增大直至达到制品要求。在这个过程中，泥料受压时间长，坯体致密均匀，成型坯体强度较大。

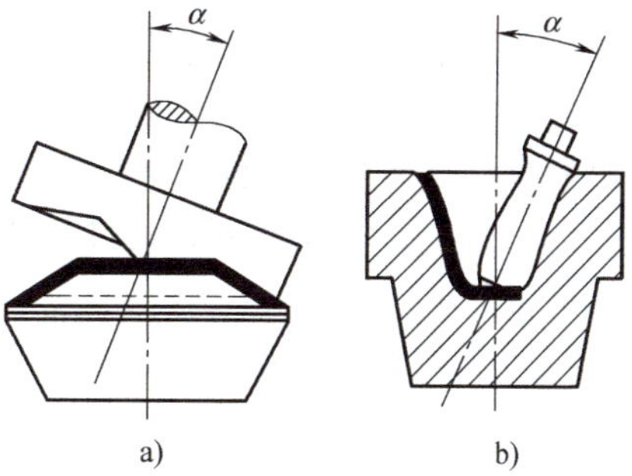

图 7-7　滚压成型

滚压成型坯体质量好、生产效率高，滚压机可以组成生产流水线，减轻了劳动强度，适合自动化批量生产。

3. 压制成型

压制成型是将含有一定水分的粒状粉料填充到模具中，使其在压力下成为具有一定形状和强度的陶瓷坯体的成型方法。一般粉料含水量在 3%～7%时为干压成型，粉料含水量在 7%～15%时为半干压成型，特殊的压制成型方法（如等静压法）粉料含水量可低于 3%。

图 7-8 所示为热压铸机结构示意图。其工作原理是利用蜡类材料热熔冷固的特点，把粉料与熔化的蜡料黏合剂迅速搅和成具有流动性的料浆放置在热压铸机浆桶内，在热压铸机中加热，用压缩空气把桶内的浆料通过供料管注入模腔，根据产品的形状和大小保持一定时间后，去掉压力，浆料在模腔中冷却成型，然后脱模，取出坯体。根据需要，有时坯体还需进行加工处理，如车削或打孔等。该方法操作简单，模具损耗小，可成型复杂制品，但坯体密度较低，生产周期长。

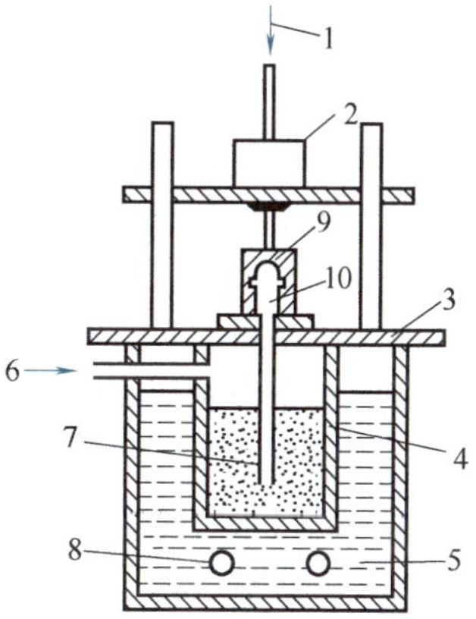

图 7-8　热压铸机结构示意图

1、6—压缩空气　2—压紧装置　3—工作台　4—浆桶　5—油浴恒温槽　7—供料管　8—加热元件　9—铸模　10—铸件

7.3　复合材料的成型

复合材料是以金属材料、合成树脂和陶瓷材料等为基体，另外加入各种增强纤维或增强颗粒而形成。本节重点介绍金属基复合材料、树脂基复合材料、陶瓷基复合材料的成型方法。

7.3.1　复合材料的制备

根据基体材料不同和增强相的性质和形态，复合材料有通用的制备方法。

1. 颗粒、晶须、短纤维增强复合材料

制备方法通常包括下列三个步骤：

（1）混合 基体材料熔化（溶化）为液体，采用搅拌方法均匀混入增强材料；或制成粉末，采用滚筒或球磨等方法混入增强材料，并均匀化。

（2）制坯 采用铸造、液体模锻、喷射、粉末热压等方法使复合成分凝固或固化，制备出复合材料坯体或零件。

（3）成型 根据需要，通过挤压、轧制、锻造、机加工等二次加工，制备出性能、形状均满足要求的零件。

2. 纤维增强体增强复合材料

制备方法通常包括下列两个基本步骤：

（1）增强体预成型 按设计要求将增强纤维（或纤丝）排列成特定形状或模式，对长纤维（或纤丝）采用缠绕、织物铺层、三维编织等成型；对晶须或较短的纤维采用磁力、静电、振荡、压延或悬浮法进行预处理，再用挤压等方法成型。

（2）复合 将基体材料与增强体复合，通常采用粉末冶金法、液态浸透法、化学气相沉积法等。

7.3.2 金属基复合材料的成型

制备金属基复合材料（MMC），关键在于获得基体金属与增强材料之间良好的浸润和合适的界面结合。目前主要有固态法、液态法和其他制造方法（主要包括原位自生成法、物理或化学气相沉积法、化学镀或电镀或复合镀等）三大类成型方法。

1. 固态法

固态法是指基体处于固态下制造金属基复合材料的方法。在制造过程中，温度控制在基体合金的液相线和固相线之间。该法包括扩散黏结法、粉末冶金法等。

（1）扩散黏结法 扩散黏结法是在较长时间、较高温度和压力下，使固态金属基体与增强材料的接触界面通过原子间相互扩散黏结而成。制造时，先把增强纤维用不同的方法，如等离子喷涂法、液态金属浸渍法、化学涂覆法等制成预成型坯，处理、清洗后，按一定形状、尺寸和排列形式叠层封装，加热压制。压制过程可以在真空、惰性气体或大气环境中进行。常用的压制方法有以下三种：

1）热压法。将预制带或复合丝材料按要求铺在金属箔上，交替叠层，再放入金属模具中或封入真空不锈钢套内，加热、加压一定时间后取出冷却，去除封套。

2）热等静压法。将预制坯装入金属或非金属包套中，抽真空并封焊。再将包套装入高压容器内，注入高压惰性气体（氦或氮）并加热。气体受热膨胀后均匀地对高压容器内的受压件施以高压，扩散黏结成复合材料。此法可制造形状较为复杂的零件，但设备昂贵。

3）热轧法。经预处理的纤维、复合丝同铝箔交替排成坯料，用不锈钢薄板包裹或夹在两层不锈钢薄铁之间加热和多次反复轧制，制成板材或带材。

扩散黏结工艺可以焊接品种广泛的金属，易控制纤维取向；但因条件受限只能制造有限尺寸的零件；该方法已经用于 SiC/Al、SiC/TiC/Al 等制品的生产。

（2）粉末冶金法 粉末冶金法是将金属粉末与陶瓷颗粒、晶须或短纤维，经均匀混合后放入模具中，而后进行高温、高压成型。该方法可直接制成零件，也可制坯进行二次成型。制得的材料致密度高，增强材料分布均匀。目前，该方法已经用于 SiCp/Al、SiC/Al、TiB_2/Ti 等制品的生产，所得铝基复合材料用于飞机、航天器等零部件。粉末冶金法成型工艺如图 7-9 所示。

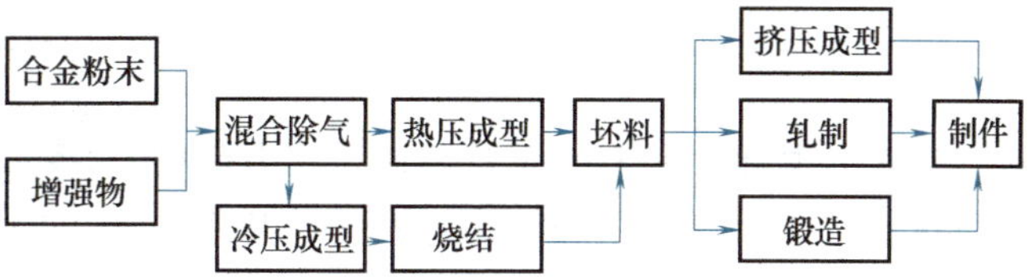

图 7-9 粉末冶金法成型工艺示意图

2. 液态法

根据熔融金属浸渍纤维、晶须、颗粒的不同工艺方法，液态法制备金属基复合材料可分为液态金属浸润法、共喷沉积法等。

(1) 液态金属浸润法 液态金属浸润法的实质是使基体金属呈熔融状态时与增强材料浸润结合，然后凝固成型。常用方法有常压铸造法、液态金属搅拌法、真空压力浸润法和挤压铸造法。

1) 常压铸造法。将经过预处理的纤维制成整体或局部形状的零件预成型坯，预热后放入浇注模，浇入液态金属，靠重力使金属渗入纤维预成型坯后并凝固。此法适合较大规模生产。但复合材料制品易存在宏观或微观缺陷。

2) 液态金属搅拌法。首先将基体金属放入坩埚中熔化，插入旋转叶片，搅拌金属液，并逐步加入弥散增强材料，直至在熔体中均匀分布为止，然后进行脱气处理，注入模具中凝固成型。该方法设备较为简单，生产成本低，主要用于陶瓷颗粒增强金属基复合材料的制造。

3) 真空压力浸润法。先将预成型坯放入密闭容器中，在真空（或惰性气体）密闭容器中加热纤维预成型坯和熔化金属，随后将铸模的引流管插入熔融金属中，并通入惰性气体对金属液面施以一定压力，强制液态金属渗入预成型坯，冷却凝固后制成复合材料或制品。该方法适用于生产小型零件，但生产力较低。该法示意图见真空压力浸润炉结构二维码。

4) 挤压铸造法。先将增强材料放入配有黏结剂和纤维表面改性溶质的溶液中，充分搅拌，而后压滤、干燥，烧结成具有一定强度的预制坯件；随后将预热后的预制坯件放入固定在液压机上经预热的模具中，注入液态金属，加压，使金属渗透预成型坯，并在高压下凝固成型为复合材料制品，或通过直接抽吸、脱模和干燥（图 10-8c ~ g），烧结成具有一定强度的预成型坯；浇注入熔融金属并加压，使液态金属浸渗入预制件，并在高压下凝固成型为复合材料制品。该成型方法可生产材质优良、加工余量小的制品，成本低，生产率高。该方法已经用于 SiC/Al、SiCp/Al、C/Mg 等制品的生产。

(2) 共喷沉积法 共喷沉积法是用于生产陶瓷颗粒增强金属基复合材料的一种新工艺（图 7-10）。熔融金属从炉子底部的浇铸孔流出，经雾化器被高速惰性气体流雾化，同时由气体携带陶瓷颗粒加入雾化流中使其混合、沉降，在金属熔滴尚未完全凝固前喷射在基板或特定模具上，并凝固成固态（复合材料）。该法材料的致密度高，陶瓷颗粒分布均匀，生产率高，可直接生产不同规格的空心管、板、锻坯和挤压锭等。

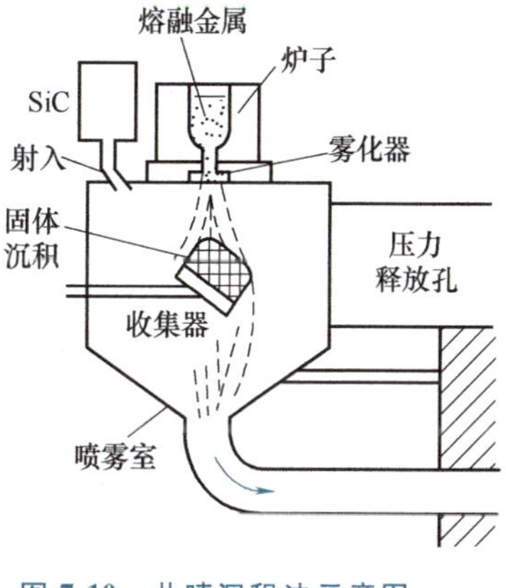

图 7-10 共喷沉积法示意图

7.3.3 树脂基复合材料的成型

树脂基复合材料（RMC）技术中材料、设计和制造三者间密切联系，构件性能即质量在很大程度上依赖于制造技术。其成型方法有手糊成型、喷射成型、层压成型、模压成型、缠绕成型和拉挤成型。

1. 手糊成型

手糊成型是指用不饱和聚酯树脂或环氧树脂将增强材料黏结在一起的成型方法。手糊成型是制造玻璃钢制品最常用和最简单的一种成型方法。用手糊成型可生产波形瓦、浴缸、汽车壳体、飞机机翼、大型化工容器等。手糊成型操作简单，设备投资少，可生产大型、复杂结构的制品，适合多品种、小批量生产，且不受尺寸和形状的限制，模具材料适应性广；但生产周期长，制品的质量与操作者的技术水平有关，操作者的劳动强度大。

手糊成型工艺过程：配制树脂胶液，剪裁增强材料，准备模具并在模具上涂刷脱模剂，喷涂胶衣，成型操作、脱模、修边和装配。其中的成型操作主要是指糊制及固化。又根据成型方式的不同分接触成型和低压成型两种，前者包括手糊法和喷射法成型，后者有袋压成型法。

2. 喷射成型

喷射成型是利用喷枪将短纤维及树脂同时喷射到模具上，压实固化成制件的工艺方法。喷射成型的材料、模具准备等与手糊成型工艺基本相同，区别主要是手工裱糊和叠层工序由喷枪的机械连续作业完成。具体作业时，加了引发剂的树脂和加了促进剂树脂分别由喷枪上两个喷嘴喷出，同时由喷枪的第三个喷嘴将被切割成的短纤维均匀地喷到模具表面，待沉积到一定厚度后用小辊排气压实，再继续喷射，直至完成坯件制作，然后固化成制品。该法半机械化操作，生产效率高，尤其适用制造船体、浴盆、汽车车身等大型制品。

3. 层压成型

层压成型是将纸、布、玻璃布等浸胶材料，制成浸胶布或浸胶纸半成品，然后将一定量的浸胶布（或纸）层叠在一起，送入液压机，使其在一定温度和压力的作用下压制成板材（包括玻璃钢管材）的工艺方法。

层压成型的工艺过程：叠合→进模→热压→冷却→脱模→加工→热处理。

4. 模压成型

模压成型是将模压料约束在两个模具型面之间形成制品形状，并在一定温度下加压使之固化，该法是一种对热固性树脂和热塑性树脂都适用的纤维增强复合材料成型方法。根据所使用模压料的形式和状态不同，模压成型又可分为短纤维料模压法、毡料模压法、层压料模压法等方法。在工业中占主导地位的是增强模压料模压和树脂注入（传输）模压。

5. 缠绕成型

缠绕成型是制造具有回转体形状的复合材料制品的基本成型方法。它是将浸渍树脂的纤维，按照要求的方向有规律、均匀地布满在芯模表面，再送入固化炉固化，脱去芯模即可得到所需制品。该方法的基本设备是缠绕机、固化炉和芯模。

缠绕成型可按设计要求确定缠绕方向、层数和数量，获得等强度结构。该方法机械化、自动化程度高，产品质量好。

6. 拉挤成型

拉挤成型是一种可连续制造恒定截面复合材料型材的工艺方法，与铝材的挤压成型或热塑性塑料的挤出成型相似，可制造实心、空心以及各种复杂截面的制品，并且可以设计型材的性能，以满足各种工程和结构要求。如在连续拉挤过程中埋入金属件、木材或泡沫等。

拉挤成型有六个基本工艺环节（图 7-11）。首先，将增强纤维送入树脂槽浸渍树脂；在牵引机构的牵引下，在预成型模中按照产品形状预成型；随后，进入固化模中精成型；热固型树脂基体在热的引发下进行放热反应，固化成所需截面的型材；固化后的型材在牵引机构的牵引下，连续从热模具中脱出，在空气或水中冷却；最后，进入自动切割装置切成所需长度。

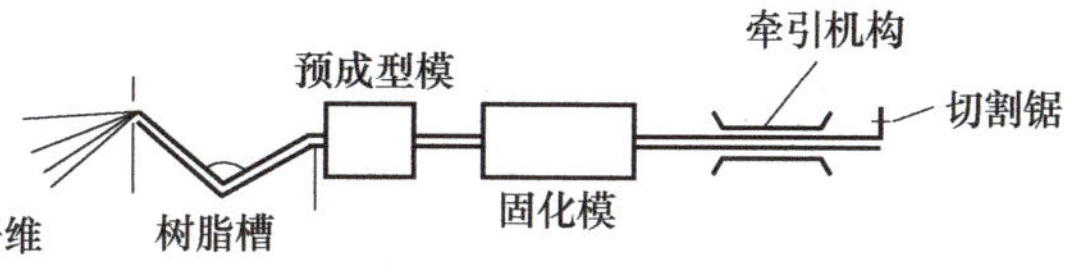

图 7-11 拉挤成型工艺流程示意图

7.3.4 陶瓷基复合材料的成型

陶瓷基复合材料（CMC）制备时，颗粒增强复合材料多沿用传统制备工艺，纤维增强的陶瓷基复合材料要考虑纤维的处理、分散、烧结与致密等问题对复合材料的性能影响。本节主要介绍模压成型、等静压成型、注浆成型、直接氧化法、化学气相渗透法。

1. 模压成型

模压成型又称为干压成型，是将粉料装入钢模内，通过冲头对粉末单向或双向施加压力，压制成具有一定形状和尺寸压坯的成型方法。模压成型工艺一般包括原料的准备、装模、加压、保压、脱模等阶段。干压成型坯体密度大、尺寸精确、收缩小、强度高，但成型时粉料易团聚，对大型坯体生产有困难，难于制造出形状复杂的零件，一般适用于形状简单、尺寸较小的制品。

2. 等静压成型

普通的金属模具干压成型的坯体密度不均匀，即坯体的应力分布与显微结构均匀性差，采用等静压成型能避免上述问题。等静压成型是利用液体或橡胶等在各个方向传递压力相等的原理对坯体进行压制的。等静压成型可分为湿式、干式等静压成型两种。湿式等静压就是将粉料装入橡胶等可变形的容器中，密封后放入液压油或水等流体介质中，加压获得所需的形状。该方法粉料不需要加黏合剂、坯体密度均匀性好、成型制品尺寸几乎不受限制，并具有良好的烧结体性能。

干式等静压成型是将加压橡胶袋在高压容器中封紧，将加料后的弹性模送入压力室加压成型后退出脱模；也可将模具固定在高压容器中，加料后再加压成型，这时模具不和加压液体直接接触。该方法适用于大量压制同一类产品或有较高要求的电子元件产品等。

3. 注浆成型

注浆成型是传统的成型方法之一。该法首先将陶瓷颗粒悬浮于液体中，然后注入多孔质模具，由模具的气孔把料浆中的液体吸出，而在模具内留下坯体，经脱模、干燥后获得具有一定形状和强度的坯体。通常有料浆制备、模具制备和料浆浇注三个阶段。其中料浆制备是关键工序，要求料浆具有良好的流动性，足够小的黏度，良好的悬浮性和稳定性等。常用模具为石膏模、多孔塑料模。料浆浇注入模具并成坯体后，需去除余料，在室温下自然干燥或在调温装置中干燥。

4. 直接氧化法

将熔融金属在高温下与气、液或固态氧化剂的特定条件下直接氧化而制备 CMC 材料的方法称为直接氧化法或气-液反应工艺。该方法具有工艺简单、成本低廉、反应温度低、反应速度快等优点，且制品的形状及尺寸几乎不受限制，其性能还可由工艺调控。其致命弱点是存在残余金属，使高温强度显著下降，但常温性能优越。

5. 化学气相渗透法

化学气相渗透法（Chemical Vapor Infiltration，CVI）是将具有特定形状的纤维预制体置于沉积炉中，通入的气态前驱体通过扩散、对流等方式进入预制体内部，在一定温度下（950～1000℃）和压力（2～3kPa）下由于热激活而发生复杂的化学反应，生成固态的陶瓷类物质并以涂层的形式沉积于纤维丝表面；随着沉积的继续进行，纤维表面的涂层越来越厚，纤维间的空隙越来越小，最终各涂层相互重叠，成为材料内的连续相，即陶瓷基体。

与粉末烧结和等静压等常规工艺相比，CVI 工艺具有以下优点：①在无压和相对低温条件下进行，对纤维类增强物的损伤较小，可制备出高性能（特别是高断裂韧性）的陶瓷基复合材料；②通过改变气态前驱体的种类、质量分数、沉积顺序、沉积工艺，可方便地对陶瓷基复合材料的界面、基体的组成与微观结构进行设计；③由于不需要加入烧结助剂，所得到的陶瓷基体在纯度和组成结构上优于常规方法制备的复合材料；④可成型形状复杂、纤维体积分数较高的陶瓷基复合材料，但成型周期长，成本高。

根据控制气体输送模式和反应温度不同，CVI 方法主要有等温 CVI（ICVI）、等温强制流动 CVI、热梯度 CVI、强制流动热梯度 CVI（FCVI）和脉冲 CVI。

除上述介绍的成型方法之外，还有其他一些方法，受篇幅所限，本章从略。

复习思考题

1. 塑料的成型方法主要有哪些？其适用范围及工艺过程如何？
2. 橡胶的成型方法主要有哪些？其适用范围如何？
3. 陶瓷的成型方法主要有哪些？其工艺过程有何特点？
4. 简述制备复合材料的通用方法。
5. 金属基复合材料主要有哪些成型方法？
6. 树脂基复合材料有哪些成型方法？
7. 陶瓷基复合材料有哪些成型方法？
8. 什么是扩散黏结法？有何特点？
9. 模压成型、等静压成型和注浆成型各有何特点？
10. 什么是化学气相渗法（CVI）？有何特点？

第8章

切削加工工艺基础

制造零件时，应该高效率地加工到图样所需的形状和尺寸，用焊接、铸造、粉末冶金、精密成形、增材制造等方法制造零件时，有时不需要进行后续加工即可使用；但在大多数情况下，为了经济地达到零件更高精度的要求，必须采用切削、磨削进行零件的精加工。

切削加工是指利用切削工具从工件上切去多余材料以获得所要求的几何形状、尺寸精度和表面质量的零件加工方法。

切削加工分为钳工和机械加工两部分，钳工一般是指通过工人手持工具来进行切削加工，现代加工有一种钳工与机工模糊的倾向；但是钳工在机器装配、修理以及一些特殊的场所有其独特价值。机械加工是指通过工人操纵机床或其他切削设备来完成加工。这里设备、刀具、切削（含磨削）运动、切削过程的物理现象，以及零件加工精度、表面质量等问题是切削加工最基本的知识，它对于以正确、经济、合理的加工方法保证被切削加工零件的质量有着重要意义。

8.1 常用切削机床

8.1.1 常用机床的类型

机床种类繁多，根据其工作原理以及结构性能特点和使用范围，可分为11大类，而每类机床又分为若干组，每组再划分为10个系。按照有关规定，我国常用机床的类、组划分见二维码，机床的通用特性代号见表8-1。通用机床型号的表示方法如下：

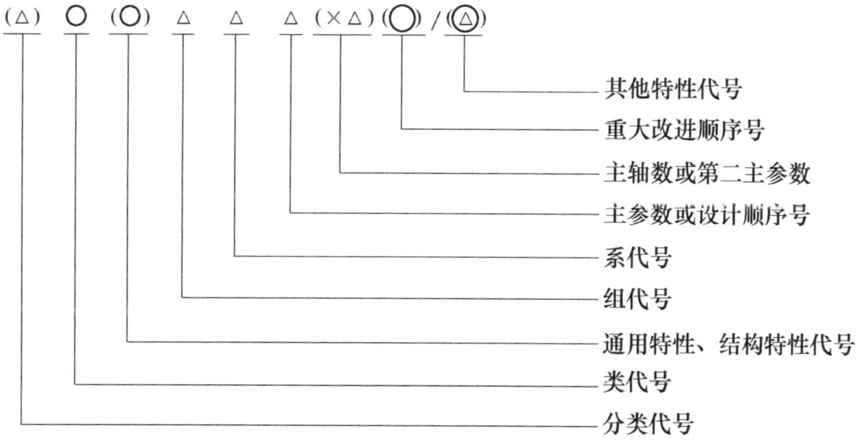

其中，△表示数字，○表示大写汉语拼音字母；括号中内容表示可选项，无内容时此项不表示，有内容时不带括号；◎表示大写的汉语拼音字母或阿拉伯数字或两者兼有之。

表 8-1 机床的通用特性代号

通用特性	高精度	精密	自动	半自动	数控	加工中心（自动换刀）	仿形	轻型	加重型	柔性加工单元	数显	高速
代号	G	M	Z	B	K	H	F	Q	C	R	X	S
读音	高	密	自	半	控	换	仿	轻	重	柔	显	速

除了上述基本分类法之外，还可以按其他方法进行分类。

上述各种机床若按使用上的万能性来分，则可分为万能机床（通用机床）、专门化机床和专用机床三种；若按精度来分，则可分为普通精度、精密和高精度三种；若按质量来分，则可分为一般机床、大型机床和重型机床三种；若按主轴结构或主轴数量来分，则可分为立式、卧式或单轴、多轴机床。

8.1.2 常用机床的基本构造

1. 分析机床结构的基本思路

机床产品的设计制造，综合了机械制造专业许多知识。无论是设计一台机床，或是分析一台现有设备，均应从以下几方面考虑：

(1) 加工对象　即加工零件的外形、材料、精度、表面粗糙度、强度性能、生产率及批量。

(2) 加工方法、工装夹具以及自动化程度　如加工方法包括成形法、切削法、电加工方法、激光加工方法、腐蚀方法等。自动化方面的考虑包括手动操作和手动上下料、半自动操作、全自动操作、测量控制等。

(3) 机床的总体布局　这包括工作空间的尺寸和布局、运动的坐标表示、部件的功能计算（静力、动力、驱动）、控制装置类型、传感器、测量手段、夹具、工件运输装置等。

2. 机床的基本结构

机床的基本组成是由机床所承担的任务决定的。现代机床尽管结构、外形、布局各不相同，但其最基本的组成仍然为以下几个主要部分。

(1) 动力源　为机床提供动力（功率）和运动的驱动部分，如各种交流电动机、直流电动机和液压传动系统的液压泵、液压马达等。

(2) 传动系统　实现一台机床加工过程中全部成形运动和辅助运动所有的传动链称为该台机床的传动系统，包括主传动系统、进给传动系统和其他运动的传动系统，如主轴箱、进给箱、变速箱、溜板箱等。按功能划分，传动系统的传动机构主要有四类：

1）定比传动机构。定比传动机构的特点是传动副传动比不变，如齿轮副、带轮副、齿轮齿条副、蜗杆副和丝杆副等。

2）变速机构。变速是传动系统的主要功能。在数控机床上以采用调速电动机变速为主，通用机床多采用滑移齿轮、离合器、交换齿轮变速组等机构完成。

3）运动形式转换机构。运动形式转换机构能够改变传动链中传动件的运动形式，如将直线（回转）运动转变成回转（直线）运动的有齿轮齿条传动副、丝杆传动副。

4）变向机构。指用来改变机床执行件的运动方向的机构，如滑移齿轮和端面齿离合器两种机械式变向机构。

在通用机床上，由于传统交流异步电动机的变速能力有限，变速的主要任务都是由传动装置完成的，这类传动系统所涉及的传动件多，而且复杂。数控机床上变速、变向的任务主要由新型的交流调速电动机完成，因而传动装置较简单，但性能要求较高。传动装置一般有机械、液压和电气传动三种方式。

（3）支承件　用来支承和连接机床各零部件，承受其重力和切削力，是机床的基础构件。例如各类机床的床身、立柱、底座、横梁等。

（4）工作部件

1）与最终实现切削加工的主运动和进给运动有关的执行部件。例如，主轴及主轴箱、工作台及其滑板或滑座、刀架、溜板及滑枕等，用来安装工件或刀具的部件。

2）与工件和刀具安装及调整有关的部件或装置。如自动上下料装置、自动换刀装置、砂轮修整器等。

3）与上述部件或装置有关的分度、转位、定位机构和操纵机构等。

（5）控制系统　用于控制各工作部件的正常工作，主要是电气控制系统，有些机床局部采用液压或气动控制系统。数控机床则是数控系统，它包括数控装置、主轴和进给的伺服控制系统（伺服单元）、可编程控制器和输入输出装置等。

（6）冷却系统　用于对加工工件、刀具及机床的某些发热部位进行冷却。

（7）润滑系统　用于对机床的运动副（如轴承、导轨等）进行润滑，以减小摩擦、磨损和发热。

（8）其他装置　如排屑装置、自动测量装置等。

图8-1~图8-3所示为几类普通机床示意图。

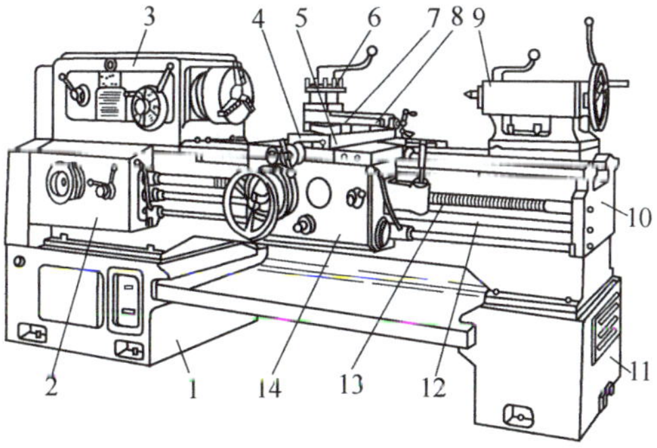

图8-1　CA6140型卧式车床

1、11—床腿　2—进给箱　3—主轴箱　4—床鞍　5—中滑板
6—刀架　7—回转盘　8—小滑板　9—尾座　10—床身
12—光杠　13—丝杠　14—溜板箱

3. 机床的传动

分析机床运动和传动情况常借助于机床传动系统图，该图以简单的规定符号（见二维码）代表传动元件。各传动元件按照运动传递的先后顺序，以展开图的形式画出来。传动系统图只能表示传动关系，而不能代表各元件的实际尺寸和空间位置。一般用罗马数字代表传动轴的编号，阿拉伯数字代表齿轮齿数或带轮直径，字母M代表离合器等。

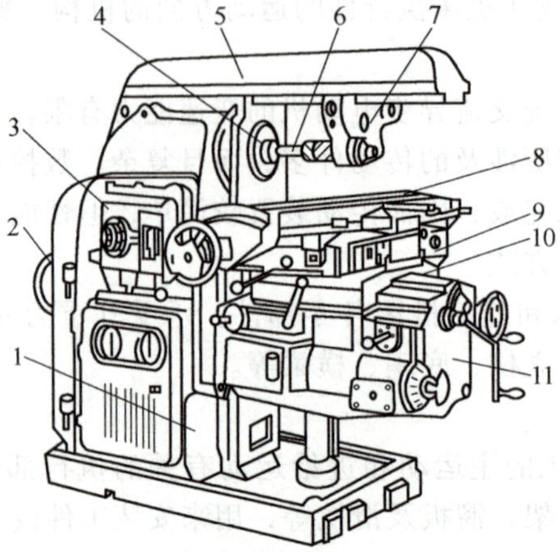

图 8-2 X6132 型万能升降台式铣床外形图

1—床身 2—电动机 3—主轴变速机构 4—主轴
5—横梁 6—刀杆 7—吊架 8—纵向工作台
9—转台 10—横向工作台 11—升降台

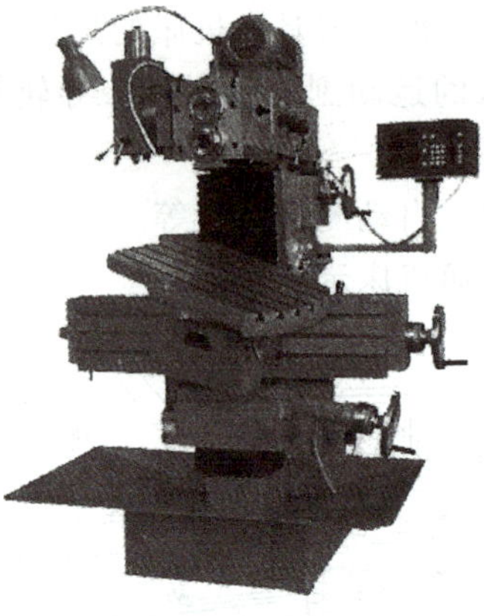

图 8-3 万能工具铣床

图 8-4 所示为 CA6140 型卧式车床传动系统，为了简化和方便分析，该车床的全部传动可以用框图 8-5 表示。

8.1.3 自动机床与组合机床

1. 自动机床和半自动机床的概念

在机械加工中，凡是切削运动和辅助运动全部自动化，并且能够自动重复一定的加工工作循环的机床，称为自动机床（自动循环）。操作者的任务是在机床工作前根据加工要求调整机床，在机床加工过程中仅观察工作情况，检查加工质量、定期上料和更换磨损的刀具等（见图 8-6）。

为了使自动机床能够按照规定的程序自动完成加工过程，机床要有完善的辅助运动机构和相应的自动控制系统。

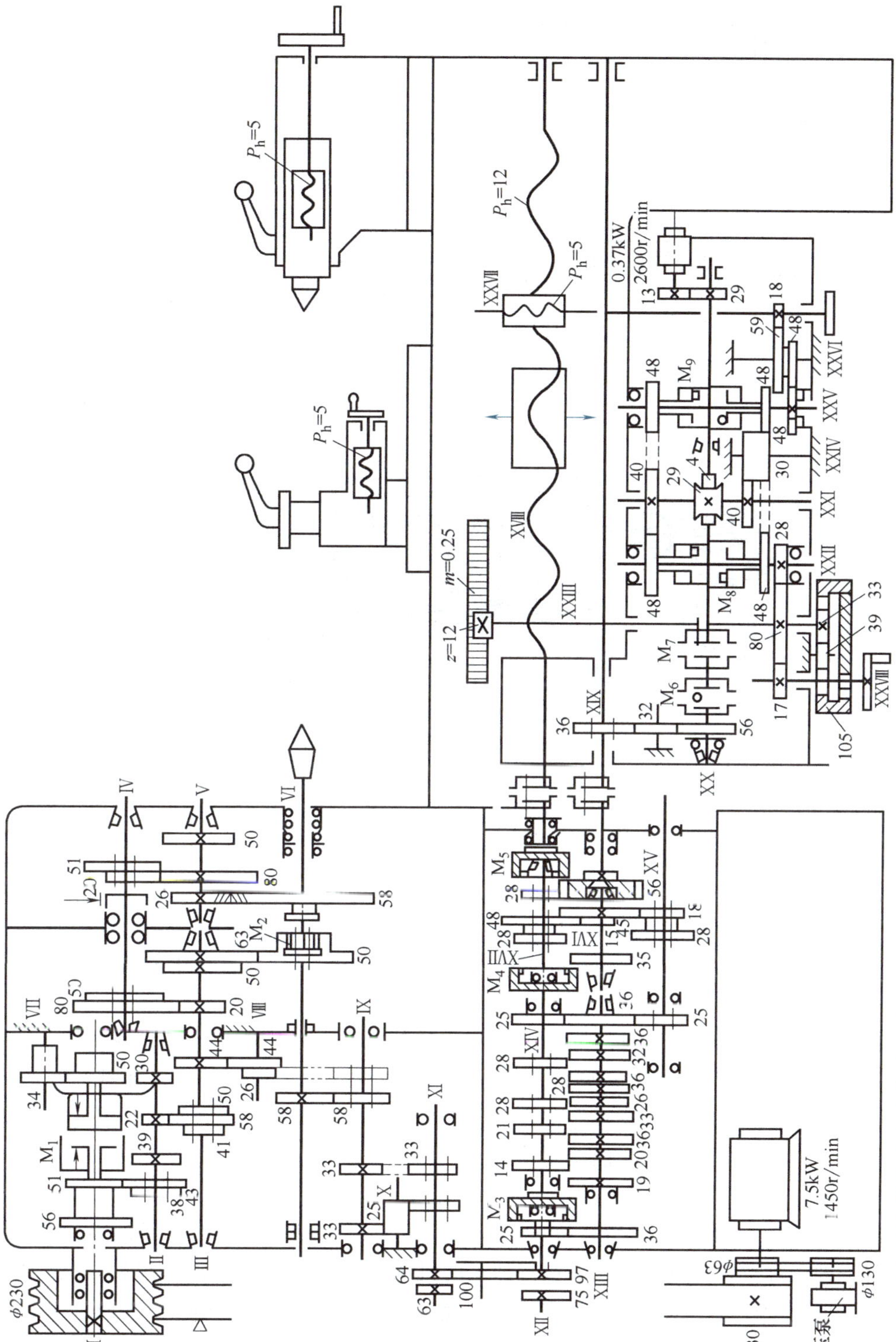

图 8-4　CA6140 型卧式车床传动系统

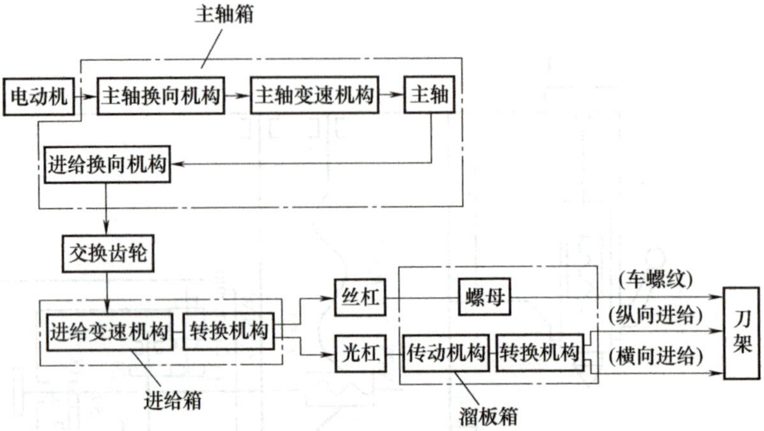

图 8-5 CA6140 型卧式车床传动系统原理框图

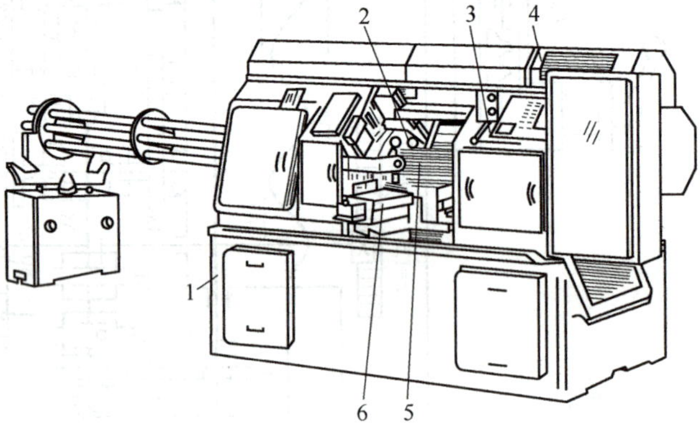

图 8-6 卧式六轴自动车床外形图

1—床身 2—装有六个主轴的主轴筒 3—刀具主轴变速箱

4—横梁 5—纵刀架 6—横刀架

自动机床按控制方式可分为机械程序控制、油液程序控制、电程序控制和数字控制等。

除装上坯件和卸下完工的零件由操作者进行外，其余一切运动都自动化了的机床称为半自动机床（半自动循环）。

自动和半自动机床适于大批和大量地生产形状不太复杂的小型零件（如螺钉、螺母、轴套等)。其加工精度较低，生产率很高，但当产品变更时，需要根据新的零件设计制造一套新的凸轮，并重新调整机床，这势必花费大量的生产准备时间，生产周期长。因此，不能适应多品种，中小批量生产自动化的需要。

2. 组合机床

(1) 组合机床组成及特点 组合机床是指以通用部件为基础，配以少量的专用部件，对一种或若干种工件按预先确定的工序进行加工的机床。它与一般专用机床相同，是针对特定工序加工要求而设计的。因此，易于实现自动化，以及采用多刀（多轴)、多面、多工位同时加工等工序高度集中的高效加工方法。组合机床具有专用、高效、自动化和易于保证加工精度等优点。组合机床最适合加工箱体类零件，也可加工轴类、套类、叉架类零件；可以完成钻孔、扩孔、铰孔、镗孔、攻螺纹、车削、铣削、磨削、滚压、平面加工甚至冲压、焊接等工序。

在组合机床的主要部件中，除多轴箱和夹具是专用部件外，其余都是通用部件。通用部件是根据各自功能按国家制定的标准化、系列化、通用化原则设计，并由专业厂生产的；而专用部件中绝大多数零件也是通用的。一台组合机床中通常有70%~80%的零件是通用件和标准件。

组合机床和一般专用机床比较，具有以下特点：

1）设计制造周期短。组合机床的专用部件少，通用零部件由专门工厂生产，可以按需要直接选购。

2）当变换被加工的零件时，组合机床的通用部件和标准零件可以重复利用，不必重新设计和制造。

3）组合机床广泛采用多刀、多轴、多面、多件加工，加工效率高，易于联合构成组合机床自动线，以适应大规模生产的需要。

（2）组合机床分类和基本配置　按组合机床的通用部件大小来分，可分为大型组合机床和小型组合机床。大型通用部件指滑台的台面宽在200mm以上的动力部件及配套部件，这类部件多为箱体移动式结构。小型通用部件是指滑台宽在200mm以下的动力部件，这类部件多为套筒移动式结构。用大型通用部件组成的机床为大型组合机床，用小型通用部件组成的机床为小型组合机床。

通常大型组合机床配置形式有三类：

1）单工位组合机床。这类组合机床的夹具和工作台固定不动，动力滑台做进给运动，主轴旋转为主运动。根据主轴方向不同可分为卧式、立式、倾斜式、复合式。

2）多工位组合机床。这类机床有两个或两个以上加工工位。夹具在工作台上按预定的工作循环使工件顺次从一个工位输送到下一个工位，即换位，以便在各工位上完成同一加工部位多工步或不同部位加工，从而完成一个或数个面的较复杂的加工工序。这类机床工序较集中，生产率比单工位组合机床高。多用于大批大量生产中复杂中小型零件的加工。

3）转塔主轴箱式组合机床。这类机床可分为单轴和多轴转塔式组合机床。前者在转塔头的每个结合面上安装刚性主轴；后者在转塔头的每个结合面上安装主轴箱。安装刀具的转塔头中的主轴旋转为主运动。转塔主轴箱式组合机床共有两种形式的进给运动，一种形式是将转塔头装在滑台上，滑台沿滑座的导轨做进给运动；另一种形式是将安装工件的工作台装在滑台上，滑台沿滑座的导轨做进给运动。安装工件的回转工作台可做转位运动，以变换被加工面；转塔回转工作台也可做转位运动，以变换工作刀具。这种组合机床可用于中小批量生产。

图8-7所示立卧复合式三面钻孔组合机床由床身（侧底座）、中间底座、滑座、滑台、动力箱、多轴箱、夹具等部件组成。加工时，工件安装在夹具上，多轴箱的各主轴上安装钻头或其他孔加工刀具。电动机经动力箱、多轴箱驱动各主轴旋转是主运动。动力箱安装在动力滑台上（由滑台和滑座组成），滑台沿滑座导轨做进给运动，滑座安装在床身（侧底座）上。

8.1.4 数控机床

在现代制造领域中，用数字化信息进行控制的技术称为数字控制技术。装备了数控系

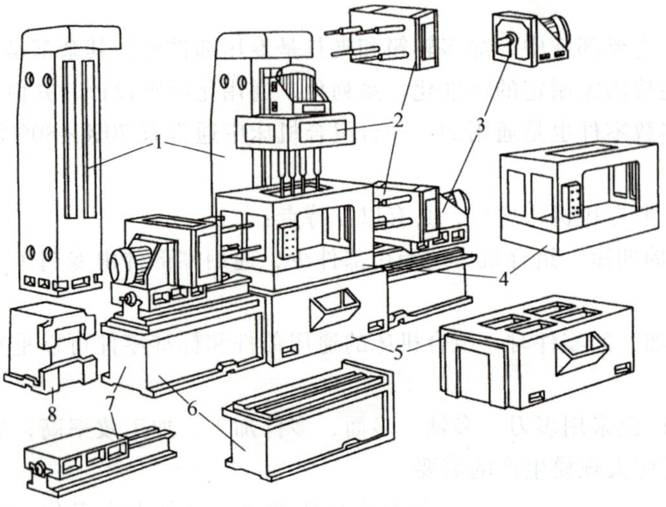

图 8-7 立卧复合式三面钻孔组合机床

1—立柱 2—主轴箱和刀具 3—动力箱 4—夹具 5—立柱底座 6—侧底座 7—动力滑台 8—中间底座

统，能应用数字控制技术完成自动化加工的机床称为数控机床，如数控车床、数控铣床及加工中心等。

1. 数控机床的分类

数控机床一般可以按下面三种原则来进行分类，见表 8-2。

表 8-2 数控机床的分类

分类方式	工艺用途		运动轨迹			控制方式		
机床类型	普通数控机床	加工中心	点位控制系统	点位直线控制系统	轮廓控制系统（连续控制系统）	开环控制	半闭环控制	闭环控制

（1）按工艺用途分类

1）普通数控机床。用数字化信息对机床运动及加工过程进行控制的机床称为数控机床，相对于加工中心，普通数控机床一般工艺单一、没有自动换刀装置。按工艺性划分，有：①金属切削类数控机床，如数控车床、数控铣床、数控钻床等；②金属成形类数控机床，如数控折弯机等；③数控非常规加工机床，如数控线切割机床、数控电火花机床、数控激光切割机床等。

2）加工中心。加工中心是在数控镗床、数控铣床或数控车床的基础上增加自动换刀装置，可在一次装夹中通过换刀装置改变主轴上的加工刀具，能够在一定范围内对工件进行多工序加工的数字控制机床。加工中心适用于加工形状复杂、精度要求高的单件或中小批量多品种生产，按机床主轴与工作台相对位置可分为立式加工中心、卧式加工中心、复合加工中心等，

（2）按控制运动轨迹方式分类

1）点位控制。点位控制数控机床的特点是精确地控制机床运动部件从一个坐标点到另一个坐标点的定位，而不对其行走轨迹做限制，在运动和定位过程中不能加工。点位控制数

控机床如数控钻床、数控冲床、数控焊机等，如图 8-8a 所示。

2）点位直线控制。点位直线控制的特点是不仅实现精确移动和定位，还要求保证一个坐标点到另一个坐标点的移动轨迹是直线，且路线和速度要可控。点位直线数控机床如数控车床、数控磨床等，如图 8-8b 所示。

3）轮廓控制。轮廓控制又称为连续轨迹控制，其的特点是同时控制两个或两个以上坐标轴，不仅控制机床运动部件的起点和终点坐标位置，而且要求整个加工过程每一点的速度和位移量，即控制运动轨迹，将零件加工成在平面内的直线、曲线或空间曲面。连续轨迹数控机床有数控铣床、加工中心等，如图 8-8c 所示。

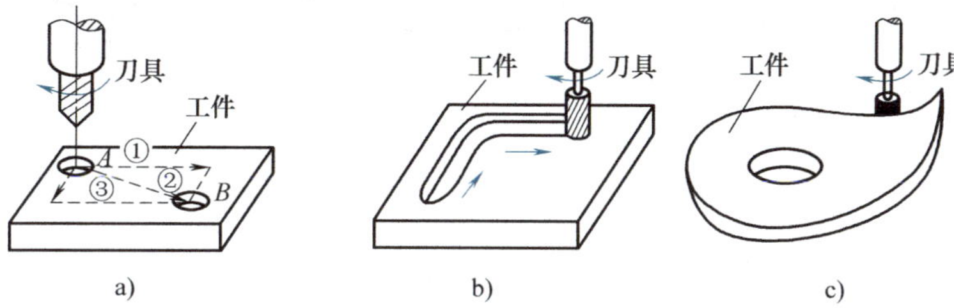

图 8-8　数控机床控制运动方式

(3) 按控制（伺服系统）方式分类

1）开环控制。即不带位置反馈装置的控制方式。其精度取决于驱动器件和步进电机性能，适用于机床精度、速度要求不高的场合。图 8-9 所示为开环控制数控机床框图。

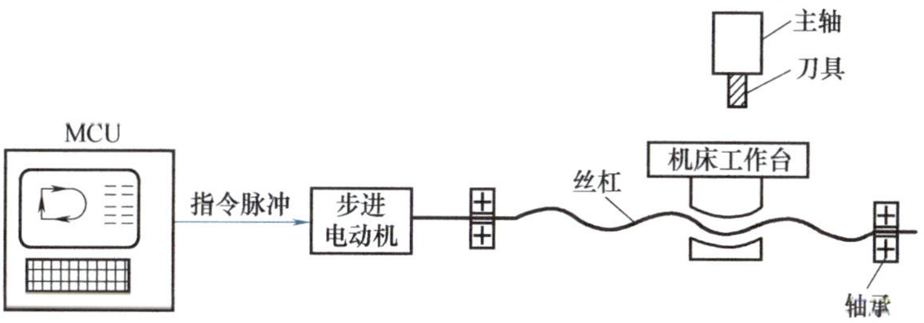

图 8-9　开环控制数控机床框图

2）闭环控制。是在机床的最终运动部件的相应位置直接安装检测装置，将运动末端测得的实际位置信号反馈给数控装置的比较器中，与输入指令进行比较，并根据差值信号进行误差纠正，直至误差达到允差值时为止。适用于机床加工精度高、速度要求高的场合，如精密大型数控机床、超精车床等。图 8-10 所示为闭环控制数控机床框图。

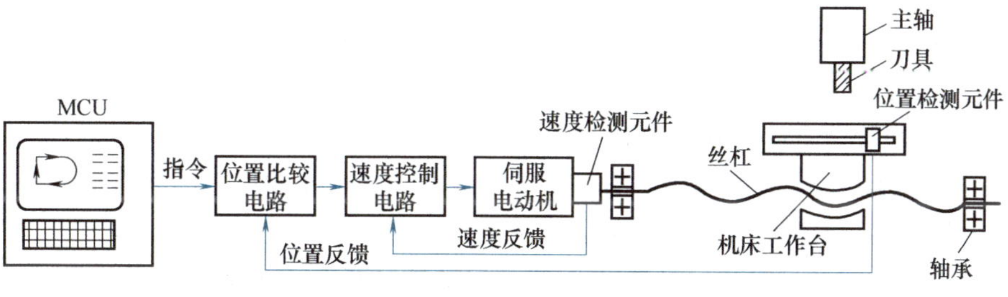

图 8-10　闭环控制数控机床框图

3）半闭环控制。指在开环控制伺服电动机轴上装有角位移检测装置，通过检测伺服电动机的转角间接地检测出运动部件的位置反馈给数控装置比较器，与输入指令进行比较，并根据差值信号控制运动部件进行误差纠正。其控制精度介于开环与闭环之间。图 8-11 所示为半闭环控制数控机床框图。

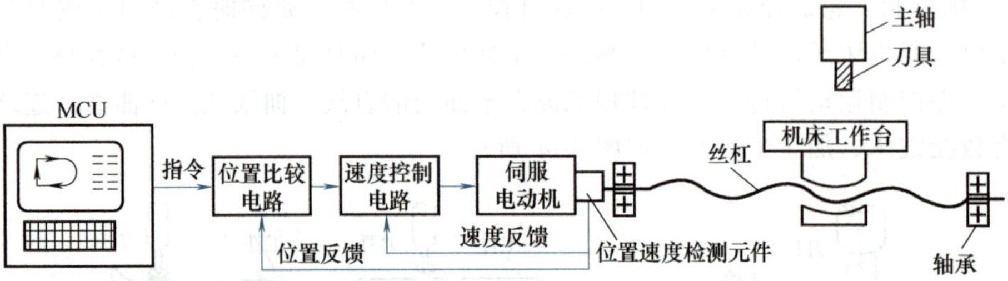

图 8-11 半闭环控制数控机床框图

2. 数控机床的应用范围

数控机床具有一般机床所不具备的优点，通常最适合加工具有以下特点的零件。

1）多品种、小批量生产的零件。图 8-12 所示为零件加工批量数与综合费用的关系。

2）结构比较复杂的零件。图 8-13 所示为三类机床加工零件复杂程度与批量数的关系。

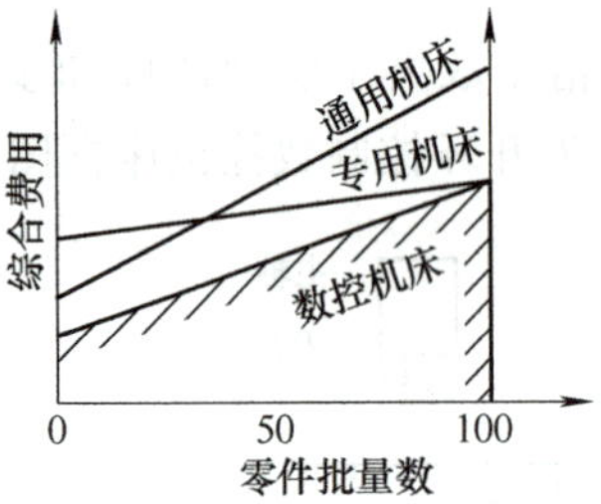

图 8-12 零件加工批量数与综合费用的关系

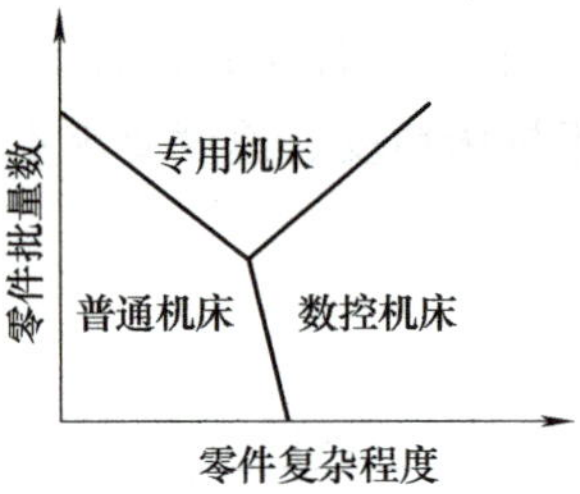

图 8-13 三类机床加工零件复杂程度与批量数的关系

3）需要频繁改型的零件。

4）价格昂贵，不允许报废的关键零件。

5）需要最少生产周期的急需零件。

3. 数控机床的主要性能指标

（1）精度指标

1）定位精度。定位精度是指机床移动部件在确定的终点所达到实际位置的精度，由实际位置与理想位置之间的定位误差来衡量。

2）分度精度。分度精度是指分度工作台在分度时，理论要求回转的角度值与实际回转的角度值的差值，它影响零件加工部位的角度位置和孔系加工的同轴度。

3）分辨率和脉冲当量。分辨率对于测量系统而言是指可测出的最小增量，对于数控系统则是指可以控制的最小位移增量，分辨率即可以分辨的最小差值。脉冲当量是指机床移动部件在一个脉冲信号内的移动量，其值大小决定机床的加工精度和表面质量。

（2）可控轴数与联动轴数　数控机床的可控轴数是指数控装置能够控制的坐标数，它与数控装置的运算处理能力、速度、内存容量有关。数控机床的联动轴数是指所控制的坐标轴能同时达到空间某点的坐标数目，联动数目越多，就越能加工更为复杂的零件。目前有两轴联动（加工复杂平面曲线）、三轴联动（加工复杂空间曲面）、四轴和五轴联动（加工宇航叶轮、螺旋桨等复杂零件）。

（3）运动性能指标　数控机床的运动性能指标主要包括主轴转速、进给速度、坐标行程、摆角范围和刀库容量及换刀时间。

几十年来，数控机床在品种、数量、加工范围与加工精度等方面有了惊人的发展。它是综合应用了微电子、计算机、自动控制、自动检测以及精密机械等技术的最新成果而发展起来的完全新型的机床，它标志着机床工业进入了一个新的阶段。

图 8-14 所示为以车削为主的复合数控机床，图 8-15 所示为以铣削为主的复合数控机床。

图 8-14　以车削为主的复合数控机床

图 8-15　以铣削为主的复合数控机床

8.2　工件的安装和机床夹具

8.2.1　工件的定位方法

工件在加工前，必须在机床或夹具上占据正确的位置，称为定位；为了保证工件在机床或夹具上占据的正确位置不被改变，就必须夹紧；由定位到夹紧的整个过程统称为安装。在机械加工中，根据生产批量、加工精度、工件大小及复杂程度，可选择的定位方法有以下两种：

（1）找正定位　将工件装在机床上，然后按工件某一（或某些）表面，或按工件表面上事先划好的线，用划针或百分表等其他量具进行找正，使工件在机床上处于正确的位置。此方法简便、经济，能较好地适应加工对象和工序的变换，其定位精度与工人的技术水平和所采用的量具有关；但生产率低，劳动强度大，故常用于单件小批量生产或一般夹具精度达不到的高精度场合。

（2）夹具定位　事先在机床上安装一个附加装置，即夹具，将工件放在夹具上使它们的定位表面与夹具上的定位元件的定位面接触，即完成了定位，然后将工件夹紧，这样就可以迅速且方便地使工件处于所要求的正确位置。工件无须找正，生产率高。因此，在成批或大批量生产中都广泛采用夹具来装夹工件。

8.2.2 工件定位原理

（1）六点定位原理　如图 8-16 所示，任何刚体在空间内都有六个自由度，即沿空间三个互相垂直的坐标轴的移动 $\overset{\leftrightarrow}{x}$、$\overset{\leftrightarrow}{y}$、$\overset{\leftrightarrow}{z}$ 和绕三个坐标轴的转动 $\overset{\frown}{x}$、$\overset{\frown}{y}$、$\overset{\frown}{z}$。如果工件的六个自由度用六个支承点与工件接触使其完全被限制，则该工件在空间的位置就完全确定了，这就是六点定位原理。

（2）完全定位与不完全定位　工件在定位时应限制的自由度数，完全由工件在该工序中的加工要求所决定。如图 8-17 所示的工件，要求其顶面加工后与底面的距离为 h，则按此要求只需限制 $\overset{\leftrightarrow}{z}$、$\overset{\frown}{x}$、$\overset{\frown}{y}$ 三个自由度。如果要求在工件顶面铣削一个槽，要求其侧面和底面分别平行于工件的侧面和底面，且此槽与侧面和底面还有一定的距离要求，那么除了限制 $\overset{\leftrightarrow}{z}$、$\overset{\frown}{x}$、$\overset{\frown}{y}$ 三个自由度外，还应限制 $\overset{\frown}{z}$、$\overset{\leftrightarrow}{y}$ 两个自由度。若在工件上钻图 8-17 所示的两个孔，就必须限制工件的六个自由度。工件的六个自由度全部被限制，在空间占有完全正确的唯一位置的定位，称为完全定位。被限制的自由度数少于六个，但符合零件加工所要求限制的自由度数，称为不完全定位。

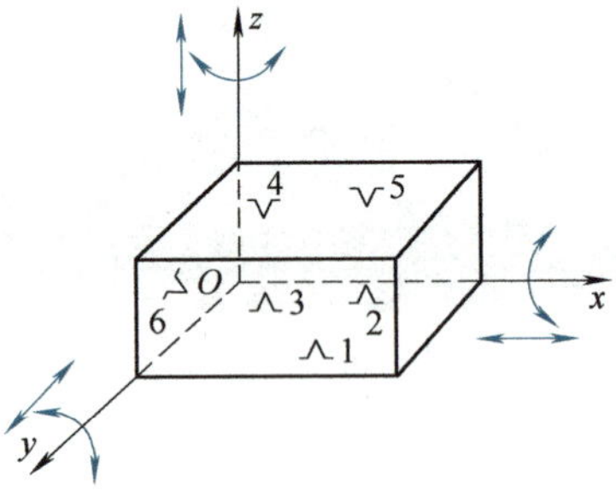

图 8-16　刚体在空间的六个自由度

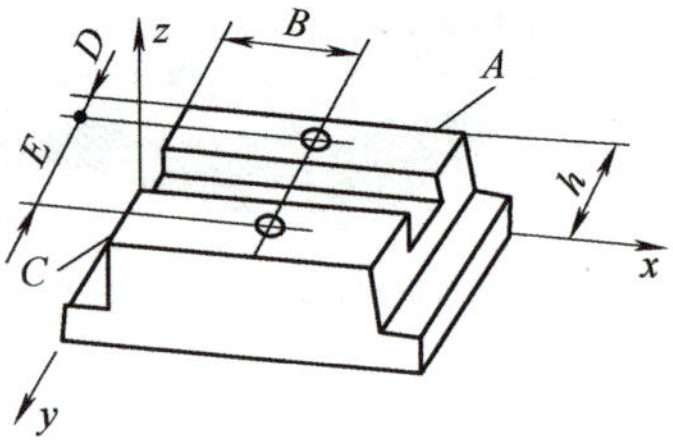

图 8-17　工件的定位要求

（3）欠定位与过定位　按工艺要求应该被限制的自由度未被限制的定位称为欠定位。欠定位不能保证加工精度，因而是不允许的。工件的某一自由度同时被一个以上的定位支点来限制的定位称为过定位，或称重复定位。

如图 8-18 所示，齿轮的内孔用长销定位，底面用大平面定位，即为过定位。因为平面限制了 $\overset{\leftrightarrow}{z}$、$\overset{\frown}{x}$、$\overset{\frown}{y}$ 三个自由度，长销限制了 $\overset{\leftrightarrow}{x}$、$\overset{\leftrightarrow}{y}$、$\overset{\frown}{x}$、$\overset{\frown}{y}$ 四个自由度，其中 $\overset{\frown}{x}$、$\overset{\frown}{y}$ 被重复限制了。由于工件和夹具都有误差，这时就有两种可能性：使用长销定位时，工件底面不能贴合定位大平面；按底面定位时，定位件长销会被压弯。

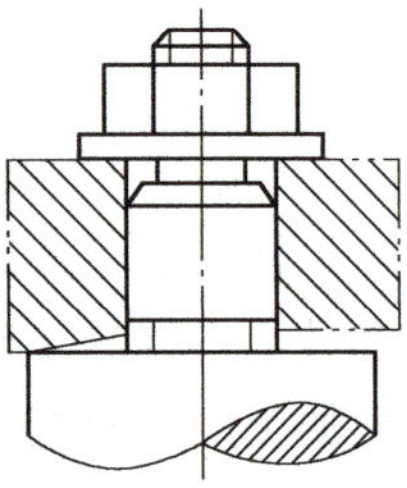

图 8-18　过定位分析

过定位虽有坏处，但若工件的定位面与夹具的定位元件的精度都较高，则过定位的影响就不大，反而可提高加工时的刚度，使加工精度改善。所以过定位不提倡，但在特殊情况下是允许的。

8.2.3 机床夹具的功用、分类和组成

1. 机床夹具的功用

所谓机床夹具，是指在机床上用于装夹工件（和引导工具）的装置。机床夹具在机械

加工中的功用可归纳为以下四个方面：

（1）保证加工质量　采用夹具后，工件各加工表面间的相互位置精度是由夹具保证的，而不是依靠工人的技术水平与熟练程度，所以产品质量容易保证。

（2）提高劳动生产率和降低成本　使用夹具使工件安装迅速方便，从而大大缩短了辅助时间，提高了生产率。特别是对于加工时间短、辅助时间长的中、小零件，效果更为显著。

（3）减轻工人的劳动强度　有些工件，特别是大型的工件，调整和夹紧很费力气，而且注意力要高度集中，很容易疲劳，如使用夹具，则不用调整。例如：使用气，动或液动等自动化夹紧装置，工人只需按下按钮就能完成工作。

（4）扩大机床的加工范围　在机床上安装一些夹具可以扩大机床的加工范围。例如：在铣床上加装一个回转台或分度装置，则可以加工有等分要求的零件。

夹具有很大的作用，但是夹具的设计和制造要耗费一定的时间和费用。如果在单件生产情况下，不使用通用夹具而采用专用夹具，那么设计和制造专用夹具的工作量就可能比加工工件的工作量还要大，这显然是不合理的。因此，某道工序是否需要采用专用夹具，与生产规模有关。生产批量大时，一般都广泛使用专用夹具，因为工件数量大，制造夹具的费用虽高，但分摊到每个工件上的费用则很少。同时，由于使用夹具提高了生产率，成本就降低了，所以经济上是合理的。对于单件小批量生产，一般只有在不用夹具难以保证加工精度时才用夹具。为提高单件小批量生产的生产率，可使用成组夹具和组合夹具等。

2. 机床夹具的分类

根据通用程度不同，机床夹具可分为以下几类：

（1）通用夹具　这类夹具具有很大的通用性，现已标准化，在一定范围内无须调整或稍加调整就可用于装夹不同的工件，如车床上的卡盘，铣床上的平口钳、分度头、回转盘等。这类夹具通常作为机床附件，由专业工厂生产。其使用特点是操作费时、生产率较低，主要适用于单件小批量生产。

（2）专用夹具　这类夹具是针对某一工件的某一固定工序而专门设计和制造的。因为不需要考虑通用性，所以设计目标是结构紧凑、操作迅速及方便。这类夹具比通用夹具的生产率高，但在产品变更后就无法使用，因此适用于大批量生产。

（3）成组可调夹具　在多品种小批量生产中，通用夹具的生产率较低，产品质量不高，采用专用夹具也不经济。这时，可采用成组加工的方法，即将零件按形状、尺寸和工艺特征等进行分组，并为每一组零件设计一套可调整的“专用夹具”。使用时只需稍加调整或更换部分元件即可用于同一组内的各个零件，如滑柱式钻模和带可调换钳口的平口钳等夹具。

（4）组合夹具　组合夹具是一种由预先制造好的通用标准零部件经组装而成的夹具。当产品变更时，夹具可拆卸、清洗，并可在短期内重新组装成另一形式的夹具。因此，组合夹具既能适应单件、小批量生产，又可用于中等批量生产。

（5）随行夹具　在自动线上，工件安装在随行夹具上，由运输装置输送到各机床，并在机床夹具或机床工作台上进行定位夹紧。

机床夹具也可按适用机床分为钻床夹具、车床夹具、铣床夹具、磨床夹具、镗床夹具、拉床夹具、插床夹具、齿轮加工机床夹具和现代机床夹具等。

若按所使用的动力源，机床夹具又可分为手动夹具、气动夹具、液压夹具、电动夹具、磁力夹具、真空夹具及离心力夹具等。

3. 机床夹具的组成

机床夹具虽然可以分成不同的类型，但它们都由下列共同的基本部分所组成。

(1) 定位装置 用于确定工件在夹具中的位置，它由各定位元件构成。常用的定位元件有V形块、定位销和定位块等。图8-19中的定位销2即为定位元件。

(2) 夹紧装置 用于保持工件在夹具中的既定位置，使它不致因加工过程中外力的作用而产生位移。它通常是一种机构，包括夹紧元件（如压板和压脚等）、增力元件（如杠杆、螺旋和凸轮等）及动力源（如气缸和液压缸等）等。图8-19中的开口垫圈6、螺母7及定位销2上的螺栓等构成了夹紧装置。

(3) 对刀元件 对刀元件是指在夹具中起对刀作用的零部件，如对刀块等。

(4) 导向元件 导向无件是指在夹具上起引导刀具作用的零部件，如图8-19中的钻套5。

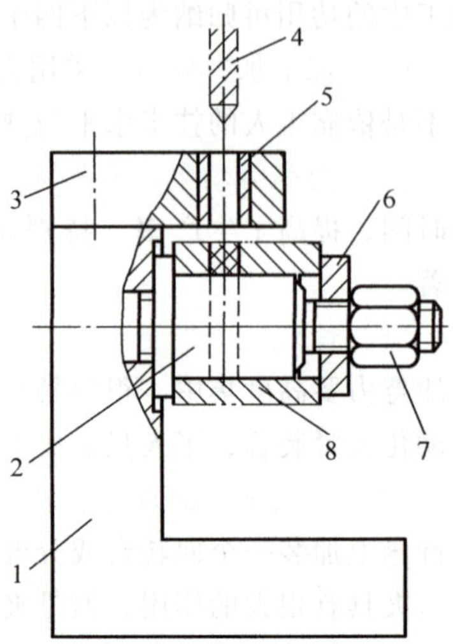

图8-19 钻床夹具的组成

1—夹具体 2—定位销 3—钻模板 4—钻头 5—钻套 6—开口垫圈 7—螺母 8—工件

(5) 夹具体 用于连接夹具上各个元件或装置，使之成为一个整体的基础件，如图8-19中的夹具体1。夹具体也用来与机床的有关部位相连接。为了使夹具体在机床上占有准确的位置，一般夹具（小型夹具例外）设有供夹具体在机床上定位和夹紧用的连接元件，如定位键、定位销及紧固螺栓等。

(6) 其他元件和装置 根据需要，夹具上还可有其他组成部分，如分度装置、自动上下料装置、导向链等。

在夹具的组成部分中，定位、夹紧和夹具体三部分是每个夹具都必不可少的，至于对刀元件、导向元件及其他装置等，应视使用要求而定。

工件的加工精度在很大程度上取决于夹具的精度和结构，因此，整个夹具及其零件都应具有足够的刚度和精度，并且结构紧凑，形状简单，可方便地装卸工件和清除切屑。

8.2.4 机床夹具

1. 常见定位方法与定位元件

工件在机床上的定位包括工件在夹具上的定位和夹具在机床上的定位两个方面。本节只讨论工件在夹具上的定位问题（夹具在机床上定位原理与此相同）。通常，工件定位靠夹具中的定位元件来确定其加工位置，满足其工序规定的加工精度要求。而定位元件的结构、形状和尺寸主要取决于工件上被选定的定位基面的结构、形状和大小等因素，因此即使同一工件也有不同的定位方式。工件定位方式常按工件定位表面形状来划分。

(1) 工件以平面定位 平面定位的主要形式是支承定位。夹具上常用的支承元件有以下几种：

1) 固定支承。固定支承有支承钉和支承板两种形式。图8-20a、b、c所示为国家标准规定的三种支承钉。其中A型多用于精基准面的定位，B型多用于粗基准面的定位，C型多用于工件侧面的定位。图 8-20d、e 所示为国家标准规定的两种支承板，其中 B 型用得较多，A 型由于不利于清除切屑，故常用于侧面定位。

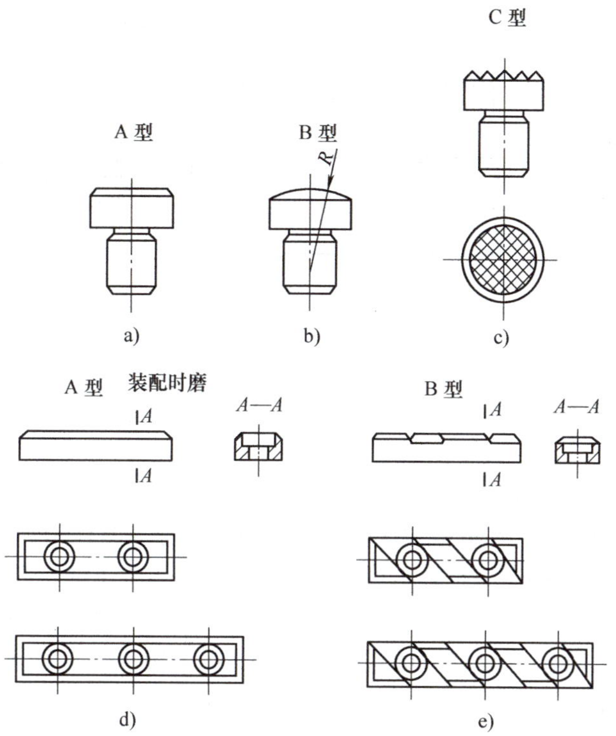

图 8-20　支承钉与支承板

2）可调支承。支承点位置可以调整的支承称为可调支承。图 8-21 所示为几种常见的可调支承。当工件定位表面不规整以及工件批与批之间的毛坯尺寸变化较大时，常使用可调支承。有时，可调支承也可用作成组夹具的调整元件。

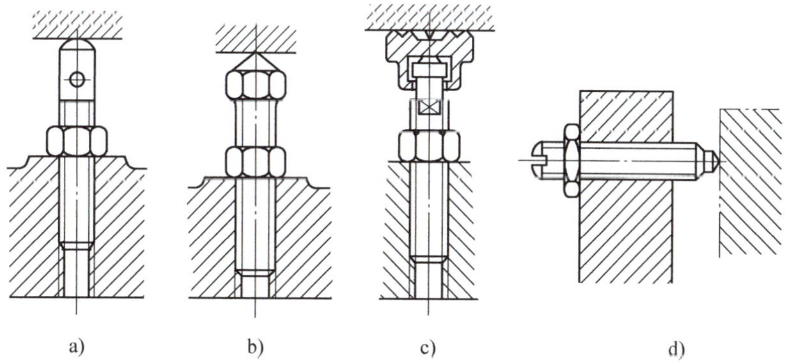

图 8-21　可调支承示例

3）自位支承。在定位过程中，支承本身可以随工件定位基准面的变化而自动调整并与之相适应。图 8-22 所示为几种常见的自位支承形式。自位支承一般只起一个自由度的定位作用，即一点定位。常用于毛坯表面、断续表面、阶梯表面的定位以及有角度误差的平面定位。

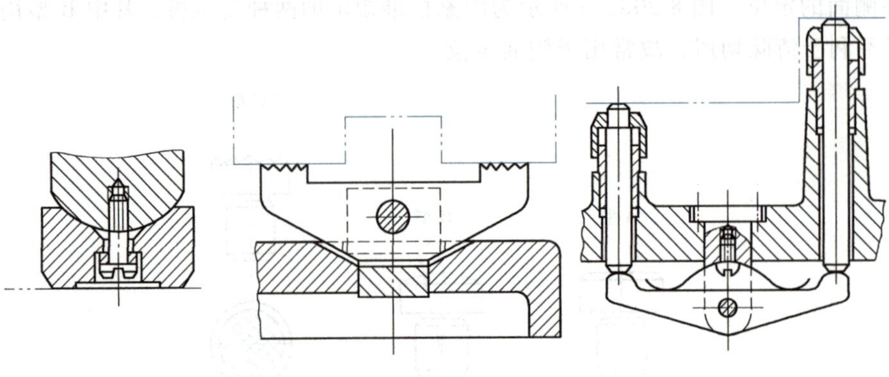

图 8-22 自位支承示例

4）辅助支承。辅助支承是在工件定位后才参与支承的元件，它不起定位作用。

（2）工件以圆孔定位 工件以圆孔作为定位面，通常属于定心定位（基准为孔的轴线），其中常见的定位元件有定位销、锥销和心轴。

1）定位销。它分固定式和可换式两类。每类中又可分为圆柱销和菱形销两种。圆柱销限制两个自由度，菱形销限制一个自由度。它们主要用于零件上的小孔定位，一般直径不大于 50mm。图 8-23 所示为各种圆柱销的结构，图 8-23a 所示的圆柱定位销用于直径小于 10mm 的孔；图 8-23b 所示为带突肩的定位销；图 8-23c 所示为直径大于 16mm 的定位销；图 8-23d 所示为带有衬套的定位销，它便于磨损后进行更换。图 8-24 所示为菱形定位销。

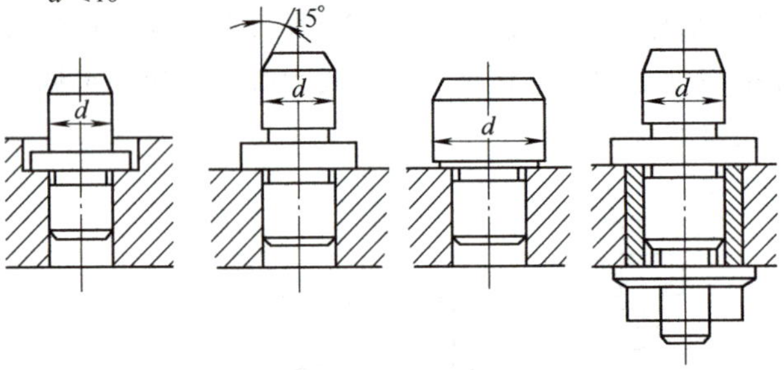

图 8-23 圆柱定位销

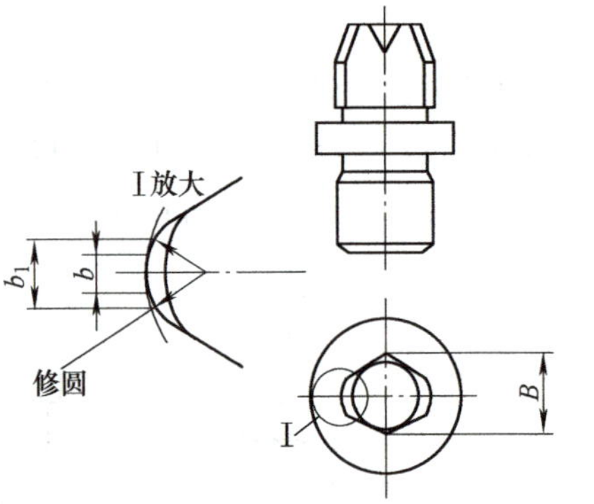

图 8-24 菱形定位销

2）锥销。常用于工件孔端的定位，可限制三个自由度；浮动锥销限制两个自由度。

3）心轴。主要用于加工盘类或套类零件的定位。常用的几种心轴如图 8-25 所示，图 8-25a 所示为间隙配合心轴，与端面配合能限制五个自由度。该心轴装卸方便，但定心精度低。图 8-25b 所示为过盈配合心轴，能限制四个自由度。该心轴的特点是定心精度高，但装卸费时，故常用于定心精度要求高的情况。图 8-25c 所示为小锥度心轴，锥度 $K=1/5000\sim1/1000$。该心轴不仅定心精度高，而且能借助配合处的摩擦力来带动工件转动。由于定位孔的直径在其公差范围内变动，工件在心轴上的轴向位置是变化的，它只能限制工件的四个自由度。

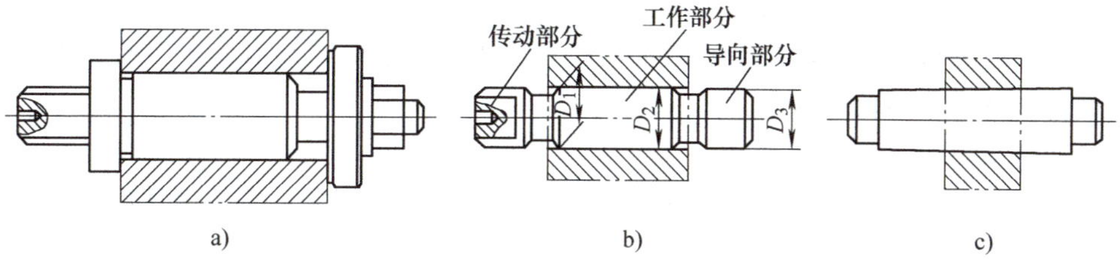

图 8-25 常用的几种心轴

(3) 工件以外圆表面定位 工件以外圆柱面定位也是生产中常见的定位方式，常用的定位元件有定位套、半圆定位座、V 形块等。

1) 定位套。定位套筒的形式如图 8-26a 所示。它装在夹具体上，用以支承外圆表面，起定位作用。这种定位方法，定位元件结构简单，定心精度不高，当工件外圆与定位孔配合较松时，还易使工件偏斜，因而常采用套筒内孔与端面一起定位，以减少偏斜。如果工件以台阶面为主要定位基准，应采用短的定位套定位，则短定位套只限制两个移动自由度；如果工件以外圆柱面为主要定位基准，应采用长定位套定位，则长定位套限制四个自由度。

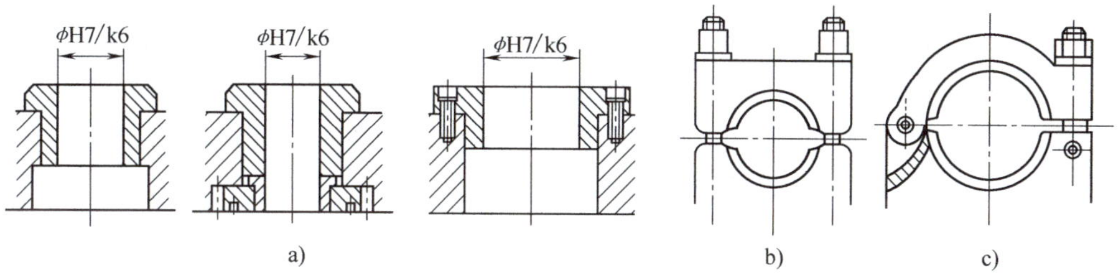

图 8-26 工件以外圆柱面定位的定位套筒和半圆孔定位座

2) 半圆定位座。半圆定位座的形式如图 8-26b、c 所示。下面的半圆部分起定位作用，装在夹具体上；上半圆部分有可拆卸和铰链式两种，起夹紧作用。两半圆工作表面用耐磨材料制成两个半圆衬套，并镶在基体上以便于更换。半圆孔定位方式主要用于大型轴类零件及不便于轴向装夹的零件，其稳固性优于 V 形块，定位精度取决于定位基准面的精度。半圆孔的最小内径取工件定位基准面的最大直径。

3) V 形块。工件以外圆表面支承定位常用的定位元件是 V 形块。V 形块两斜面之间的夹角 α 一般取 60°、90°或 120°，其中以 90°最多。

(4) 组合表面定位 实际生产中经常遇到的不是单一定位表面，而是几个定位表面的组合。常见的组合表面定位有平面与平面的组合、平面与圆孔的组合、平面与外圆表面的组合、平面与其他表面的组合、锥面与锥面的组合等。

在多个表面同时参与定位的情况下，各表面在定位中所起的作用有主次之分。一般称定位点数最多的定位表面为第一定位基准面或主要定位面或支承面，定位点数次多的定位表面称为第二定位基准面或导向面，对于定位点数为 1 的定位表面称为第三定位基准面或止动面。

定位误差是指一批工件在夹具中定位时，工件的设计基准（或工序基准）在加工尺寸方向上的最大变动量，定位误差包括基准不重合误差与基准位移误差两部分。实际应用中常选用被加工零件所在工序公差的 1/3~1/2 作为夹具的定位误差。

如果采用试切法加工，一般就不做定位误差的分析计算。

定位误差的分析计算比较复杂，限于篇幅和应用的要求不同，本教材不做详述，有兴趣的读者可选择更专业的教材学习。

2. 工件在夹具中的夹紧

(1) 夹紧装置的基本要求　夹紧装置是夹具的重要组成部分，它应满足以下基本要求：

1）在夹紧过程中不破坏工件已有的正确定位。

2）夹紧应可靠和适当，既不允许工件产生不适当的变形和表面损伤，也不会在加工过程中产生松动、振动。

3）夹紧装置应操作方便、省力、安全。

4）夹紧装置的结构设计应力求简单、紧凑、工艺性好。

(2) 夹紧力的确定　夹紧力包括大小、方向和作用点三个要素，相关选择原则和注意点如下：

1）夹紧力方向的选择原则：

① 主要夹紧力应垂直于主要定位面，如图 8-27 所示。在直角支座上镗孔要保证孔与端面的垂直度，故夹紧力应指向 *A* 面，而不是 *B* 面。

② 夹紧力的作用方向应尽可能与切削力、工件重力方向一致，以减小所需夹紧力。

③ 夹紧力的作用方向应尽量与工件刚度最大的方向相一致，以减小工件变形。如图 8-28 所示，由于工件的轴向刚度比径向刚度大，故采用图 8-28b 所示的夹紧形式，工件不易产生变形，比图 8-28a 所示的夹紧形式好。

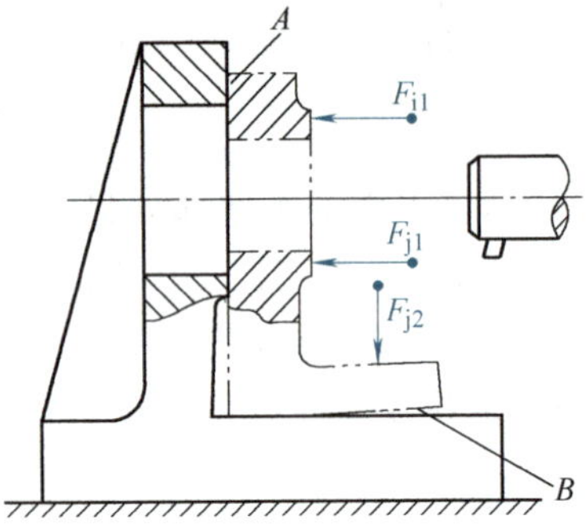

图 8-27　夹紧力方向的选择

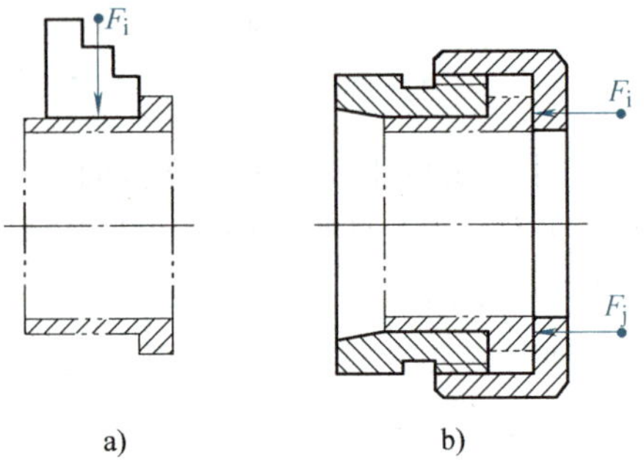

图 8-28　薄壁套筒的夹紧

2）夹紧力作用点的确定：

① 夹紧力应作用在刚性较好的部位，以减小工件的夹紧变形。如图 8-29a 所示，夹紧时连杆容易产生变形，图 8-29b 所示的方案较合理。

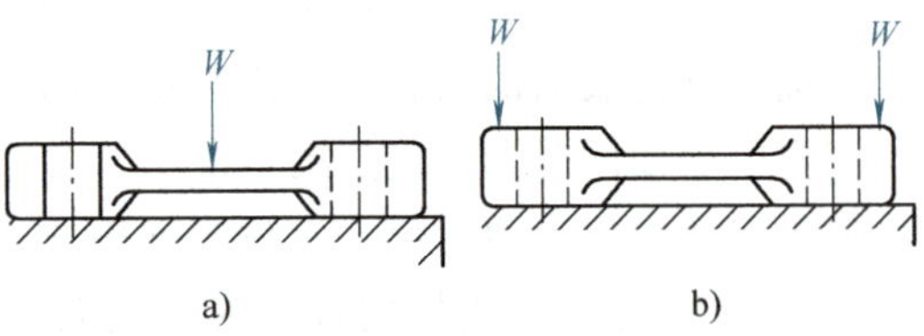

图 8-29　夹紧力作用点对工件变形的影响

② 夹紧力作用点应正对支承元件或位于支承元件所形成的支承面内，以保证工件获得的定位不变。如图 8-30 所示，夹紧力作用点不正对支承元件，产生了使工件翻转的力矩，破坏了定位，图中双点画线表示夹紧力作用点的正确位置。

③ 夹紧力作用点应尽可能靠近被加工表面，以便减小切削力对工件造成的翻转力矩。必要时应在工件刚度差的部位增加辅助支承并施加夹紧力，以减小切削过程中的振动和变形。图 8-31 所示的零件加工部位刚度较差，在靠近切削部位处增加辅助支承并施加附加夹紧力，可有效地防止切削过程中的振动和变形。

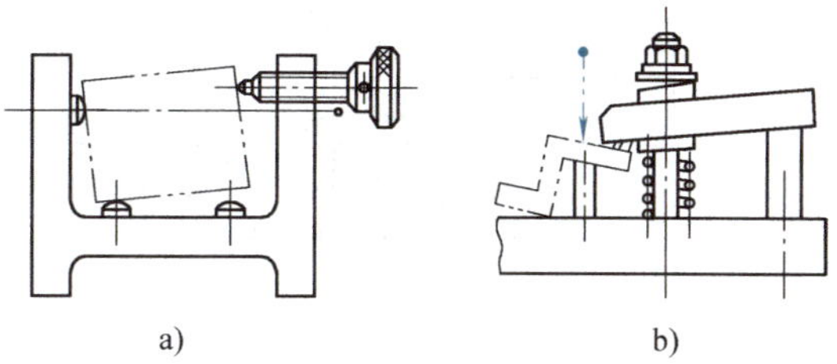

图 8-30　夹紧力作用点的位置

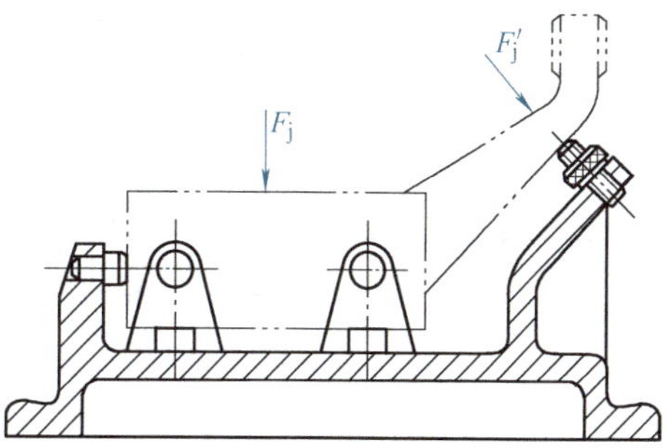

图 8-31　辅助支承与辅助夹紧

3）夹紧力大小的估算：在夹紧力方向和作用点位置确定后，还需合理地确定夹紧力的大小。避免夹紧力不足，引起加工过程中工件的位移、夹紧力过大使工件产生变形。为此应对所需夹紧力进行估算。

夹紧力的大小与夹紧力、切削力和工件重力的相互作用方向及大小有关。一般可按切削原理的公式计算出切削力的大小 F；分析作用在工件上的所有力。再根据力学平衡条件，计算出确保平衡所需的最小夹紧力。将最小夹紧力乘以一个适当的安全系数 K（一般精加工 $K=1.5 \sim 2$，粗加工 $K=2.5 \sim 3$）即可得到所需夹紧力。

图 8-32 所示为在车床上用自定心卡盘装夹工件加工外圆表面的情况。加工部位的直径为 d，装夹部分的直径为 d_0。取工件为分离体，忽略次要因素，只考虑主切削力 F_c 所产生的力矩与卡爪夹紧力 F_j 所产生的摩擦力矩相平衡，可列出如下关系式：

$$F_c \frac{d}{2} = 3F_{jmin}\mu \frac{d_0}{2}$$

式中　μ——卡爪与工件之间的摩擦因数；

F_{jmin}——所需最小夹紧力。

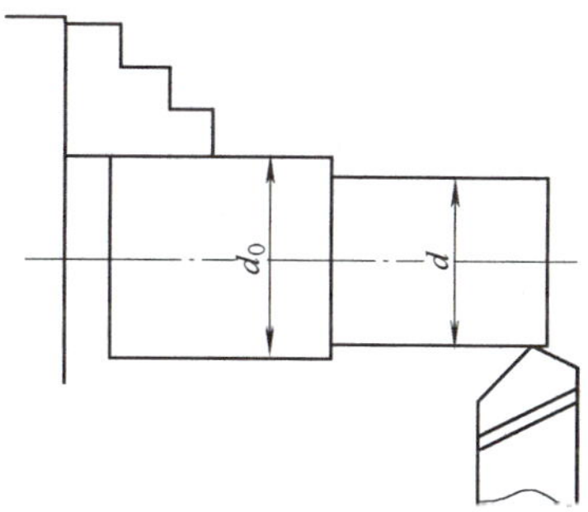

图 8-32　车削时夹紧力的估算

由上式可得到

$$F_{jmin} = \frac{F_c d}{3d_0\mu}$$

将最小夹紧力乘以安全系数 k，得到所需的夹紧力为

$$F_j = k\frac{F_c d}{3d_0\mu}$$

（3）常用夹紧机构　图 8-33a 所示为最简单的螺旋夹紧机构，直接用螺钉来压紧工件表面。因其头部与工件接触面积较小，容易压伤工件表面。如图 8-33b 所示，在螺杆末端装有可摆的垫块，可扩大接触面积，使夹紧更可靠，不易压伤工件表面。螺钉旋紧时，不会带动工件偏转而破坏定位。图 8-34 所示为压板式螺旋夹紧机构。

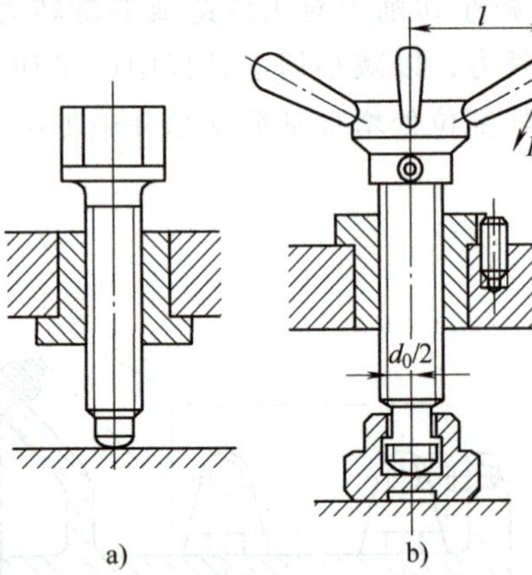

图 8-33 螺旋夹紧机构

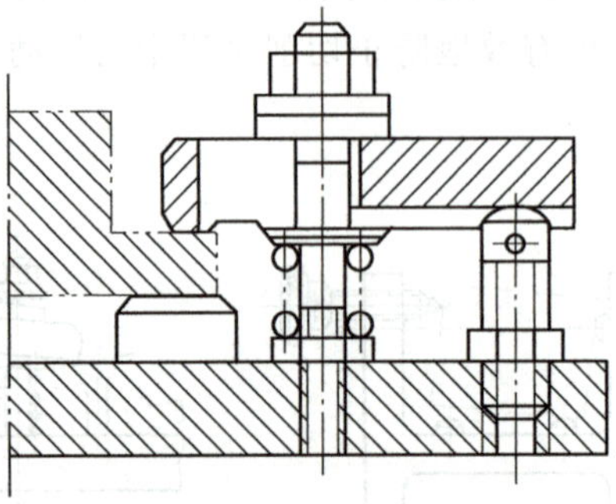

图 8-34 压板式螺旋夹紧机构

螺旋夹紧机构结构简单，制造容易，自锁性好，夹紧可靠，增力比大，夹紧行程不受限制，但效率低，辅助时间长，所以出现了许多快速螺旋夹紧机构。

其他夹紧机构在此不一一列举，读者学习时应根据工件形状、加工方法、生产类型等因素，结合有关手册，确定夹紧机构的种类和具体形式。

现代高效率的夹具多采用机动夹紧方式，因此在夹紧装置中，一般设有产生机动夹紧力的力源装置，如气动、液压、电磁、真空等。其中以气动夹紧应用最为普遍，液压夹紧应用也较广泛。各动力装置的具体结构、特点及应用范围可结合其他课程学习和查阅有关夹具设计手册完成。

3. 夹具的连接元件、对刀装置和引导元件

(1) 连接元件　夹具在机床上必须定位夹紧，在机床上进行定位夹紧的元件称为连接元件，它一般有以下几种形式。

1) 在铣床、刨床、镗床上工作的夹具通常通过定位键与工作台 T 形槽的配合来确定其在机床上的位置。图 8-35 所示为定位键的结构及应用情况。定位键与夹具体的配合多采用 H7/h6，安装时应将其靠在 T 形槽的一侧面，以提高定位精度。

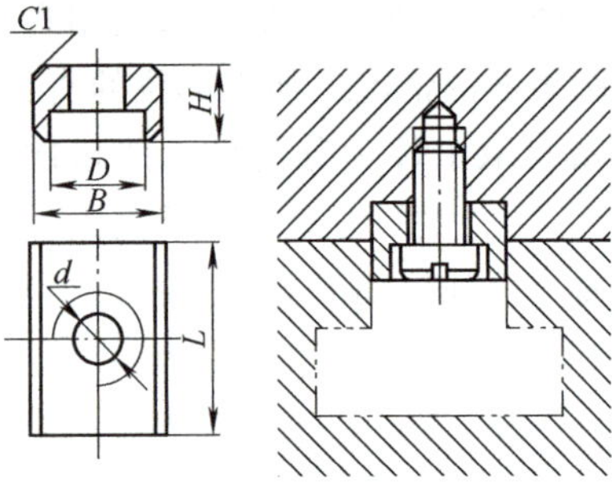

图 8-35 定位键的结构及应用情况

对于定位精度要求高的夹具和重型夹具，不宜采用定位键，而采用夹具体上精加工过的狭长平面来找正安装。

2) 车床和内外圆磨床的夹具一般安装在机床的主轴上，连接方式为采用长锥柄（莫氏维度）安装在主轴锥孔内；或用端面和圆孔在主轴上定位，孔与主轴轴颈的配合一般取 H7/h6；或用端面和短锥面定位，这种方法不但定心精度高，而且刚性也好。值得注意的是，这种定位方法是过定位，因此，要求制造精度很高，夹具上的端面和锥孔需进行配磨加工。

除此之外还经常使用过渡盘与机床主轴连接。

(2) 对刀装置　对刀装置是用来确定刀具和夹具相对位置的装置，它由对刀块和塞尺组成。图 8-36 表示了水平面、直角 V 形和圆弧形加工的几种对刀块，实际加工时在刀具和

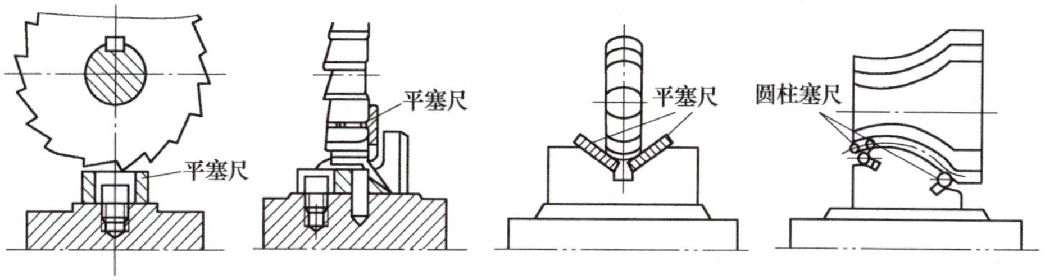

图 8-36 几种对刀块

对刀块之间还使用塞尺，以防止刀具和对刀块直接接触，损坏切削刃与对刀块。

(3) 引导元件 在钻、镗等孔加工夹具中，常用引导元件来保证孔加工的正确位置，常用引导元件主要有钻床夹具中的钻套、镗床夹具中的导套等。

钻套按其结构特点可分为四种类型，如图 8-37 所示，即固定钻套、可换钻套、快换钻套。固定钻套直接压入钻模板或夹具体的孔中，位置精度较高，但磨损后不易拆卸，故多用于中小批量生产。可换钻套以间隙配合安装在衬套中，而衬套则压入钻模板或夹具体的孔中。为防止钻套在衬套中转动，加一固定螺钉。可换钻套在磨损后可以更换，故多用于大批量生产。快换钻套具有快速更换的特点，更换时不需拧动螺钉，而只要将钻套逆时针方向转动一个角度，使螺钉头部对准钻套缺口，即可取下钻套。快换钻套多用于同一孔需经多个工步（钻、扩、铰等）加工的情况。上述三种钻套均已标准化，其规格可查阅有关手册。

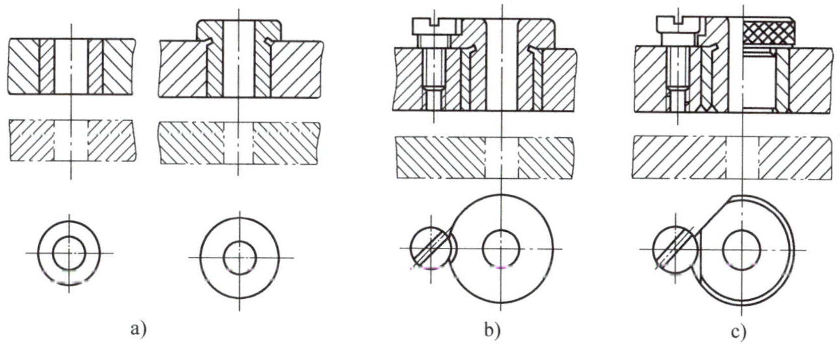

图 8-37 钻套

a）固定钻套 b）可换钻套 c）快换钻套

4. 夹具与夹具设计

各类机床夹具的设计除了定位、夹紧方式，导向装置与前述内容基本相同外，其余结构、种类、样式繁多。限于篇幅，设计者可结合夹具图册学习，本节仅对车床、钻床具体夹具进行简单介绍和说明。

(1) 车床夹具 车床夹具主要用于加工零件的内外圆柱面、圆锥面、回转成形面、螺纹及端平面等。

根据工件的定位基准和夹具本身的结构特点，车床夹具可分为以下四类：

1）以工件外圆定位的车床夹具，如各类夹盘和夹头。

2）以工件内孔定位的车床夹具，如各种心轴。

3）以工件顶尖孔定位的车床夹具，如顶尖、拨盘等。

4）用于加工非回转体的车床夹具，如各种弯板式、花盘式车床夹具。

图8-38所示为一弯板式车床夹具，用于加工轴承座零件的孔和端面。工件以底面及两孔在弯板6上定位，用两个压板5夹紧。为了控制端面尺寸，在夹具上设置了供测量用的测量基准（测量圆柱2的端面），同时设置了平衡块1，以平衡弯板及工件引起的偏重。

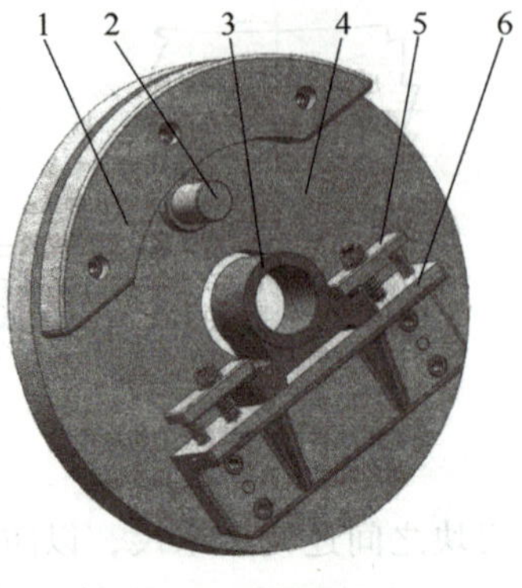

图 8-38 弯板式车床夹具

1—平衡块 2—测量圆柱 3—工件 4—夹具体 5—压板 6—弯板

车床夹具的设计特点是：

1）整个车床夹具随机床主轴一起回转，所以要求它结构紧凑、轮廓尺寸尽可能小、质量小，而且重心应尽可能靠近回转轴线，以减小惯性力和回转力矩。

2）应有平衡措施消除回转中的不平衡现象，以减轻振动等的不利影响。平衡块的位置应根据需要可以调整。

3）与主轴端连接的部分是夹具的定位基准，所以应有较准确的圆柱孔（或锥孔），其结构形式和尺寸，依具体使用的机床主轴端部结构而定。

4）高速回转的夹具，应特别注意使用安全，如尽可能避免带有尖角或凸出部分；夹紧力要足够大，且自锁可靠等。必要时回转部分外面可加罩壳，以保证操作安全。

（2）钻床夹具 钻床夹具因大都有前述刀具导向（钻套）装置，习惯上又称为钻模。按其结构特点，一般分为固定式、回转式、翻转式、盖板式和滑柱式钻模等。钻模结构主要有钻套（前述导向元件）、钻模板（用于安装钻套）、夹具体等几部分。

图8-39所示为回转式钻模，用于加工扇形工件上三个有角度的径向孔。拧紧螺母4，通过开口垫圈3将工件夹紧，转动手柄9可将分度盘8松开。此时用捏手11将定位销1从定位套2中拔出，使分度盘连同工件一起回转20°，将定位销1重新插入定位套2′或2″，即实现了分度。再将手柄9转回，将分度盘锁紧，即可进行加工。

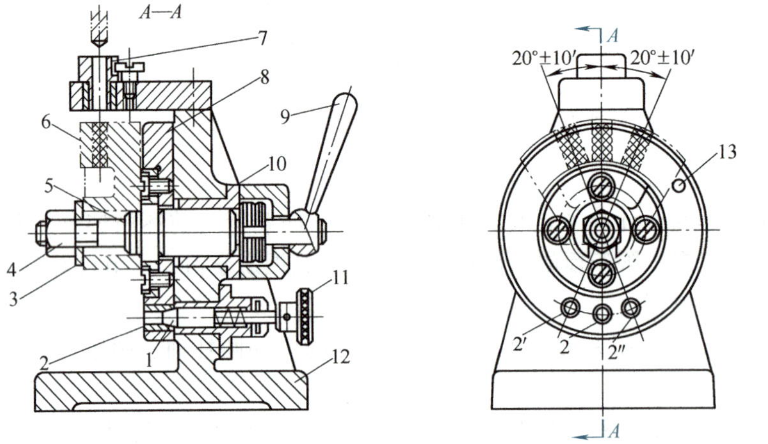

图 8-39 回转式钻模

1—定位销 2—定位套 3—开口垫圈 4—螺母 5—定位销 6—工件 7—钻套 8—分度盘 9—手柄 10—衬套 11—捏手 12—夹具体 13—挡销

回转式钻模的结构特点是夹具具有分度装置，而某些分度装置已标准化，在设计回转式钻模时可以充分利用这些装置。有些夹具利用立轴式通用回转工作台来设计回转式钻模。此时，立轴式通用回转工作台既是夹具的分度装置，也是夹具体。

数控机床夹具介绍见二维码。

5. 机床夹具设计步骤

设计机床夹具是一个复杂的过程，从技术上需要解决工件在夹具中的定位、夹紧以及刀具引导、工件装卸、分度，夹具在机床上的定位、安装以及对夹具使用性能、误差的评定等问题；从经济上需考虑是否使用夹具、使用什么类型的夹具以及夹具自动化程度等问题；从设计思想上要引进成组概念；从结构工艺性评价上需考虑夹具本身零件的结构工艺性，夹具寿命和保持精度生命周期等问题。只有解决好上述问题才能设计出优秀的机床夹具。常用夹具设计的一般步骤如下：

1）研究原始资料，明确设计要求。

2）拟订夹具结构方案，绘制夹具结构草图。此阶段主要考虑以下问题：根据工艺所给的定位基准和六点定位原理确定工件的定位方法并选择定位元件；确定刀具引导方式，确定夹紧方法及其机构；考虑各种元件和装置的布局，构思夹具总体方案，并在多种方案中择优取用。

3）绘制夹具装配图，并标注有关尺寸及技术要求。夹具总图应按国家标准绘制，比例尽量取 1：1，可参照如下顺序进行：用假想线（双点画线）画出工件轮廓（注意将工件视为透明体，不挡夹具），并应画出定位面、夹紧面和加工面；画出定位元件及刀具引导元件；按夹紧状态画出夹紧元件及夹紧机构（必要时用假想线画出夹紧元件的松开位置）；绘制夹具体和其他元件，将夹具各部分连成一体；标注必要的尺寸、配合、技术条件；对零件进行编号，填写零件明细表和标题栏。

8.3 刀具与刀具切削运动

8.3.1 切削加工的基本概念

1. 切削运动

用切削刀具切除工件毛坯上预留的切削层，从而使工件的尺寸精度、形状及表面质量合乎预定要求，这样的加工称为切削加工。切削加工所得到的工件表面是由刀具的切削刃与工件做相对的切削加工运动而形成的。图 8-40 所示为车削、钻削、刨削、铣削、磨削和拉削的切削运动。按照在切削过程中所起的作用，切削运动可分为主运动和进给运动两类。

（1）主运动　直接切除工件上的切削层，以形成工件新表面的基本运动称为主运动。切削运动中速度最大、消耗功率最多的运动就是主运动，主运动只有一个。如车削时工件的旋转运动、刨削时刀具（或工作台）的往复直线运动、钻削和铣削时刀具的旋转运动、拉削时拉刀的直线运动等均属于主运动。

主运动的速度以 v_c 表示，称为切削速度。当主运动为旋转运动时，主运动方向为圆周上选定点的切线方向，其大小即为该点的圆周线速度。

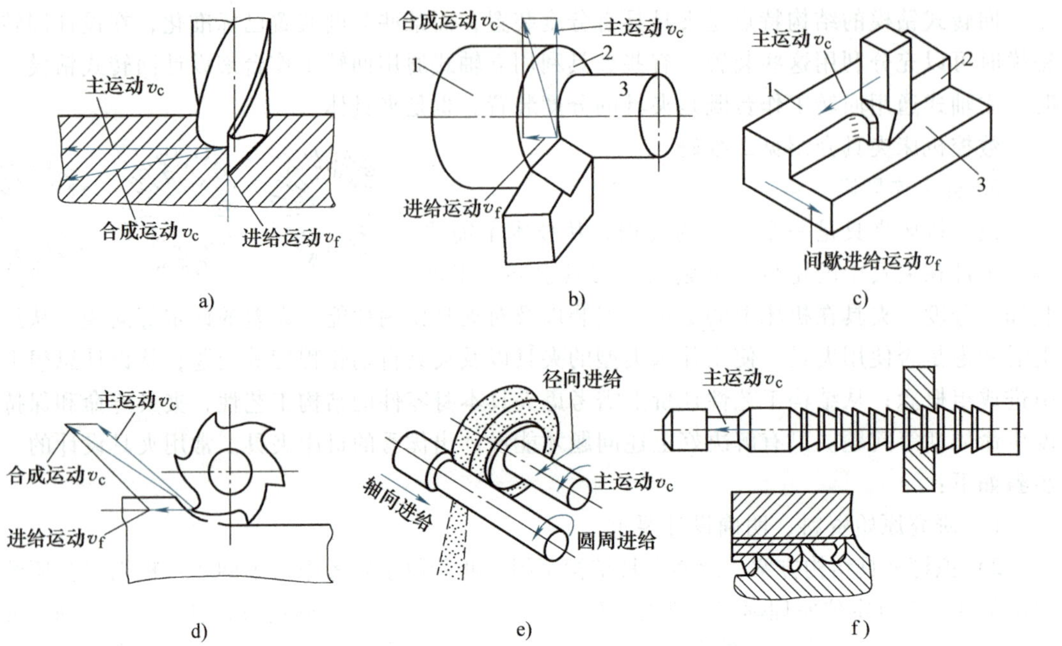

图 8-40 各种加工的切削运动

1—待加工表面 2—过渡表面 3—已加工表面

(2) 进给运动 进给运动是指不断地把切削层投入切削的运动。在切削运动中它的速度较低；进给运动可能是连续性的运动，也可能是间歇性的运动；有时仅有一个进给运动，有时有多个进给运动。进给运动的速度称为进给速度，以 v_f 表示。

许多切削加工的主运动与进给运动是同时进行的，因此刀具切削刃上某一点与工件的相对运动应是上述两运动的合成，其合成速度$v_e=v_c+v_f$。显然，沿切削刃各点的合成速度矢量不会完全相等。

在主运动和进给运动的共同作用下，工件表面上的被切削层不断地被刀具切除下来，并转化为切屑，从而获得需要的工件新表面。在形成新表面的过程中，工件上存在三个不断变化着的表面：待加工表面——即将被切除切削层的表面，过渡表面——切削刃正在切削着的表面，已加工表面——已经切去切屑而形成的新表面。

2. 切削用量

切削加工中与切削运动直接相关的三个主要参数是切削速度、背吃刀量和进给量。通常把这三个参数总称为切削用量三要素。

(1) 切削速度 v_c 是指切削刃选定点相对于工件在主运动方向上的瞬时速度，单位为 m/s。它是主运动的参数。

当主运动为旋转运动时，如车削、铣削等（见图 8-41），切削速度的计算公式为

$$v_c=\frac{\pi dn}{1000\times60} \tag{8-1}$$

式中 d——切削刃选定点的回转直径（mm）；

n——工件或刀具的转速（r/min）。

当主运动为往复直线运动时（如牛头刨床刨削时），则常以其平均速度为切削速度，即

$$v_c = \frac{2Ln_r}{1000 \times 60} \tag{8-2}$$

式中　L——往复运动行程长度（mm）；

n_r——主运动每分钟的往复次数（行程/min）。

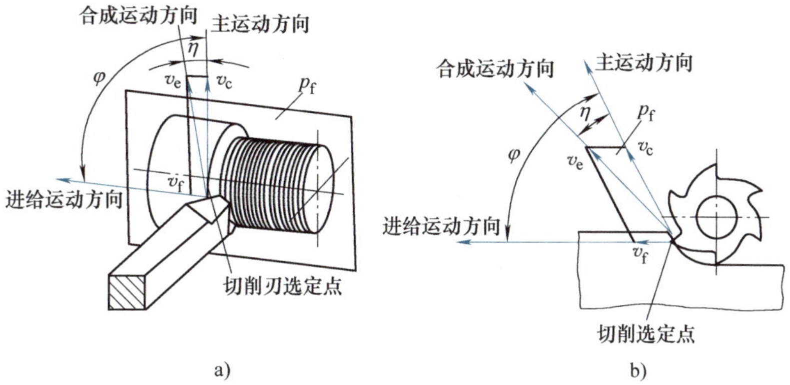

图 8-41　刀具和工件的运动

a）车削　b）铣削

（2）背吃刀量（切削深度）a_p　工件上待加工表面与已加工表面之间的垂直距离（mm）。

（3）进给量 f　进给量 f 是指刀具在进给运动方向上相对工件的位移量，可用刀具或工件每转或每行程的位移量来表述和度量。

当主运动为旋转运动（如车削、钻孔、铣削等）时，进给量 f 的单位是 mm/r（称为每转进给量）；当主运动为往复直线运动（如牛头刨床刨削、插削）时，进给量 f 的单位是 mm/行程。对于铰刀、铣刀等多齿刀具，进给量是指每齿进给量 f_z，其含义为多齿刀具每转或每行程中每齿相对于工件在进给运动方向上的位移量（单位为 mm/z），即 $f_z = \frac{f}{z}$。

进给速度(单位为 mm/s)与进给量的关系可表示为

$$v_f = fn$$

式中　n——主运动为旋转运动时的转速（r/s）。

3. 切削层参数

切削层是指由切削部分的一个单一动作（或指切削部分切过工件的一个单程，或指只产生一圈过渡表面的动作）所切除的工件材料层。如图 8-42 所示，当工件旋转一圈时，车刀由位置Ⅰ行进到位置Ⅱ，车刀轴向移动的距离为进给量 f。位置Ⅰ与位置Ⅱ的切削表面之间的一层金属即为切削层。切削层的剖面形状和尺寸通常都在垂直于切削速度 v_c 的基面 p_r 内度量。由图 8-42 可见，主切削刃为直线的车刀，切削层的剖面形状是一个平行四边形。度量切削层大小可通过以下三个要素：

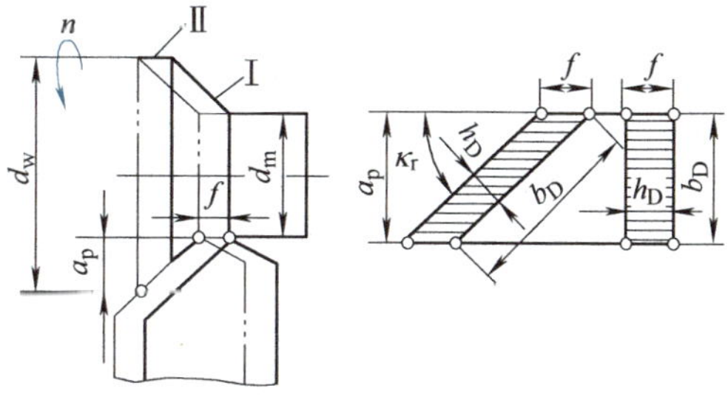

图 8-42　外圆纵车时切削层的参数

（1）切削层公称厚度 h_D　在同一瞬间的切削层横截面面积与其公称切削层宽度之比称为切削层公称厚度。它与进给量之间的关系为

$$h_D = f\sin\kappa_r$$

式中　κ_r——主偏角。

（2）切削层公称宽度 b_D（切削宽度 a_w）　切削层公称宽度是指在给定瞬间，在切削层尺寸平面中测量作用于主切削刃截形上两个极限点间的距离。它与背吃刀量之间的关系为

$$b_D = a_p/\sin\kappa_r$$

（3）切削层公称横截面面积 A_D（切削面积 A_C）　切削层公称横截面面积是指在给定瞬间，切削层在切削尺寸平面里的实际横截面面积。其计算公式为

$$A_D = h_D b_D = f a_p$$

切削用量和切削层参数合称为切削要素。

8.3.2　刀具

在切削过程中，刀具由工作部分和夹持部分组成，如图 8-43 所示。对夹持部分的要求是保证刀具正确的工作位置，传递动力，夹固可靠、方便。工作部分决定了切削性能的优劣，由刀体材料、几何参数、结构三种因素决定。

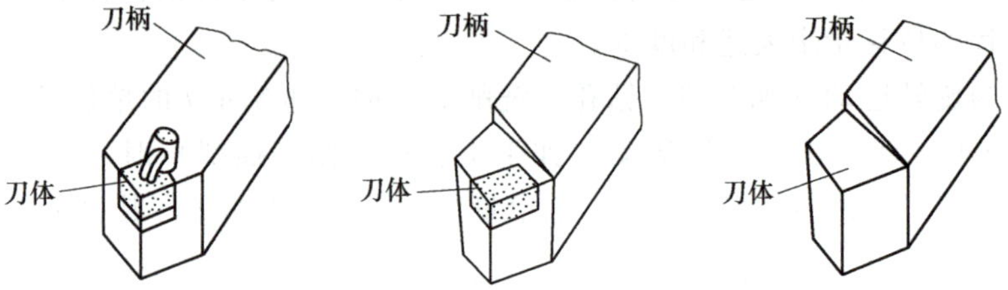

a)　b)　c)

图 8-43　车刀的组成

a）可转位车刀　b）焊接式车刀　c）整体式车刀

1. 刀具材料

（1）刀具材料应具备的基本性能

1）高硬度。刀具材料的硬度必须大于工件材料的硬度。刀具材料的硬度在常温下一般要求在 60HRC 以上。

2）高耐磨性。高耐磨性是指能抵抗切削过程中的磨损，维持一定的切削时间，以便提高其尺寸稳定性与刀具寿命。一般来说，材料的硬度越高，耐磨性越好。耐磨性还与材料的物理化学性能、金相组织有关。

3）高耐热性。耐热性是指刀具材料在高温下仍能保持其切削性能（硬度、强度、韧性等）的能力，又称热硬性。常用热硬温度，即维持切削性能的最高温度来评定。

4）足够的强度和韧性。刀具材料只有具备足够的强度和韧性，才能承受切削力以及切削时产生的冲击和振动，以免刀具脆性断裂和崩刃。这两项常用抗弯强度 σ_{bb} 和冲击韧度 a_k 来评定。

5）良好的工艺性和经济性。为便于刀具的制造和刃磨，刀具材料还应具备一定的工艺性能，如锻造性能、焊接性能及切削加工性能等。同时，刀具选材应尽可能满足切削和经济性两方面的要求。

（2）刀具材料

1）常用刀具材料。

① 碳素工具钢。碳素工具钢是含碳量较高的优质碳素钢和高级优质碳素钢，其 w_C 在 0.7%～1.2%之间。碳素工具钢淬火后的硬度可达 60～64HRC。但碳素工具钢耐热性差，在 200～250℃便开始失去原有的硬度，而且在淬火时容易产生变形和开裂。一般用来制造低速（v_c<8m/min）、简单的手工工具，如锉刀、刮刀、手工锯条等。常用的牌号有 T10、T12、T12A 等。

② 合金工具钢。在碳素工具钢中加入适量的铬（Cr）、钨（W）、锰（Mn）等合金元素就形成了合金工具钢，其硬度、耐磨性、耐热性均比碳素工具钢有所提高。其淬火后的硬度可达 61～65HRC，耐热温度为 350～400℃，而且热处理变形小，淬透性好。常用来制造低速、复杂的刀具，如丝锥、板牙、铰刀等。常用的牌号有 CrWMn、9SiCr 等。

③ 高速工具钢。它是含钨（W）、铬（Cr）、钼（Mo）、钒（V）等合金元素较多的合金工具钢。这些合金元素形成各种合金碳化物，使其硬度、耐磨性、耐热性都有明显提高。高速工具钢淬火、回火后的硬度可达 63～70HRC。其耐热温度为 500～650℃，允许的切削速度为 30～50m/min，比碳素工具钢和合金工具钢高得多，故称其为高速工具钢。高速工具钢具有较高的抗弯强度和冲击韧度。由于高速工具钢的使用性能好，成形性好，热处理变形小，刃磨性能较好，所以广泛用于制造钻头、铣刀、拉刀、齿轮刀具和其他成形刀具。常用的牌号有 W18Cr4V、W6Mo5Cr4V2 等。其中前者为钨系高速工具钢，后者为钼系高速工具钢。后者的韧性和高温塑性优于前者，但刃磨时易产生脱碳现象，主要用于制造热轧刀具（如麻花钻）。

④ 硬质合金。硬质合金是指用具有高耐磨性和高耐热性的碳化钨（WC）、碳化钛（TiC）等金属碳化物粉末，以钴（Co）、镍（Ni）作为黏结剂，用粉末冶金法制得的合金。其硬度为 89～93HRA（相当于 74～82HRC），耐热温度为 850～1000℃，具有很好的耐磨性，允许使用的切削速度可达 100～300m/min。与高速工具钢刀具相比，硬质合金刀具的寿命提高了几倍至几十倍，且可切削包括淬硬钢件在内的多种材料。但硬质合金的抗弯强度和冲击韧度远低于高速工具钢，所以很少用于制造形状复杂的整体刀具。一般将其制成各种形状的刀片，焊接或直接夹固在刀体上使用。

根据 GB/T 18376.1—2008，常用的硬质合金可分为以下六类，见表 8-3。

表 8-3 硬质合金的分类和使用领域

组别		基本成分	作业条件、使用领域	相当于原牌号
类别	分组号			
P	01	以 TiC、WC 为基，以 Co(Ni+Mo、Ni+Co)作黏结剂的合金/涂层合金 组号的数字越大，则 TiC 的含量越少。Co 的含量越多，其耐磨性越低而韧性越高	主要用于长切屑材料的加工，如钢、铸钢、长切屑可锻铸铁等的加工。不适宜切削含 TiC 元素的不锈钢，因为两者的 TiC 元素之间亲和作用会加剧刀具磨损 P01 适合精加工，P10、P20 适合半精加工，P30 适合粗加工	YT
	10			
	20			
	30			

（续）

组别		基本成分	作业条件、使用领域	相当于原牌号
类别	分组号			
M	01	以 WC 为基，以 Co 作黏结剂，添加少量 TiC（TaC、NbC）的合金/涂层合金 组号的数字越大，则 TiC 的含量越少。Co 的含量越多，其耐磨性越低而韧性越高	主要用于通用合金，即不锈钢、铸钢、锰钢、可锻铸铁、合金钢、合金铸铁等的加工 M01 适合精加工，M10、M20 适合半精加工，M30 适合粗加工	YW
	10			
	20			
	30			
K	01	以 WC 为基，以 Co 作黏结剂，或添加少量 TaC、NbC 的合金/涂层合金 组号的数字越大，则 Co 的含量越多，其韧性越高	主要用于短切屑材料的加工，如铸铁、冷硬铸铁、短切屑可锻铸铁、灰口铸铁等的加工 Co 的含量多，适合粗加工；Co 的含量少，适合精加工	YG
	10			
	20			
	30			
	40			
N	01	以 WC 为基，以 Co 作黏结剂，或添加少量 TaC、NbC 或 CrC 的合金/涂层合金 组号的数字越大，其韧性越高	主要用于有色金属、非金属材料的加工，如铝、镁塑料、木材等的加工 组号的数字越大，也越适合粗加工	
	10			
	20			
	30			
S	01	以 WC 为基，以 Co 作黏结剂，或添加少量 TaC、NbC 或 TiC 的合金/涂层合金 组号的数字越大，其韧性越高	主要用于耐热材料和优质合金材料的加工，如耐热钢，含镍/钴/钛的各类合金材料的加工 组号的数字越大，也越适合粗加工	
	10			
	20			
	30			
H	01	以 WC 为基，以 Co 作黏结剂，或添加少量 TaC、NbC 或 TiC 的合金/涂层合金 组号的数字越大，其韧性越高	主要用于硬切削材料的加工，如淬硬钢、冷硬铸铁等材料的加工 组号的数字越大，也越适合粗加工	
	10			
	20			
	30			

⑤ 涂层刀具材料。涂层刀具材料是在硬质合金或高速工具钢的基体上，涂一层或多层几微米厚的高硬度、高耐磨性的金属化合物（TiC、TiN、Al_2O_3 等）而构成的。涂层硬质合金刀具的寿命比不涂层刀具的至少可提高 1~3 倍，涂层高速工具钢刀具的寿命比不涂层的可提高 2~10 倍。

2）超硬刀具材料。超硬刀具材料目前用得较多的有陶瓷、人造聚晶金刚石和立方氮化硼等。

① 陶瓷。常用的陶瓷刀具材料主要是由纯 Al_2O_3 以及在 Al_2O_3 中添加一定量的金属元素或金属碳化物构成的，采用热压成形和烧结的方法获得。陶瓷刀具有很高的硬度（91~95HRA），耐磨性很好，有很高的耐热性，在 1200℃ 的高温下仍能切削，常用的切削速度为 100~400m/min，有时甚至可高达 750m/min，切削效率比硬质合金刀具提高 1~4 倍。但抗弯强度低、冲击韧度差。陶瓷材料可做成各种刀片，主要用于冷硬铸铁、高硬钢和高强钢等难加工材料的半精加工和精加工。

② 人造聚晶金刚石（PCD）。人造聚晶金刚石是在高温高压下将金刚石微粉聚合而成的多晶体材料。其硬度极高（5000HV 以上），仅次于天然金刚石（10000HV），耐磨性极好，

可切削极硬的材料而长时间保持尺寸的稳定性，其刀具寿命比硬质合金高几十倍至300倍。但这种材料的韧性和抗弯强度很差，只有硬质合金的1/4左右；热稳定性也很差，当切削温度达到700~800℃时，就会失去其硬度，因而不能在高温下切削；与铁的亲和力很强，一般不适宜加工黑色金属。主要用于精加工有色金属及非金属，如铝、铜及其合金以及陶瓷、合成纤维、强化塑料和硬橡胶等。近年来，为了提高金刚石刀片的强度和韧性，常把人造聚晶金刚石与硬质合金结合起来做成复合刀片，即在硬质合金的基体上烧结一层约0.5mm厚的聚晶金刚石构成的刀片。其综合切削性能很好，在实际生产中应用较多。

③ 立方氮化硼（CBN）。立方氮化硼也是高温高压下制成的一种新型超硬刀具材料。其硬度也仅次于金刚石，达8000~9000HV，耐磨性很好，耐热性比金刚石高得多，达1300~1500℃，在1300℃的高温下也不与铁金属起化学反应。因此，可以进行淬火钢、耐磨铸铁、高温合金等难加工材料及有色金属的半精加工和精加工。立方氮化硼可做成整体刀片，也可与硬质合金做成复合刀片。刀具寿命是硬质合金和陶瓷刀具的几十倍。

2. 刀具几何参数

切削刀具的种类很多，形状复杂，但它们切削部分的几何形状与参数方面具有共同的特征——切削部分为楔形。车刀是最典型的楔形刀头的代表，其他刀具可以视为由车刀演变或组合而成的。多刃刀具的每个刀齿都相当于一把车刀，如图8-44所示。

（1）刀具切削部分的组成（图8-45）

1）前面（A_γ）。前面是指刀具上切屑流过的表面。

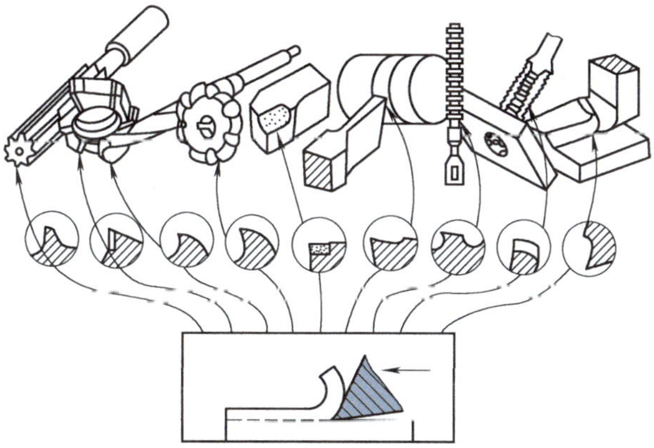

图8-44　各种刀具切削部分的形状

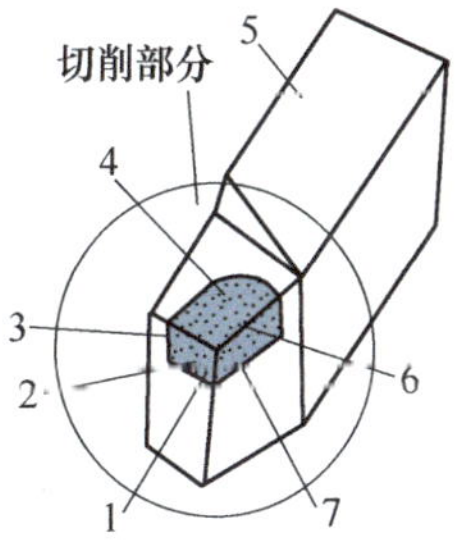

图8-45　外圆车刀切削部分的要素

1—刀尖　2—副后面A'_α　3—副切削刃S'　4—前面A_γ　5—刀柄　6—主切削刃S　7—后面A_α

2）后面（A_α）。后面是指与工件上过渡表面相对的表面。

3）副后面（A'_α）。副后面是指与工件上已加工表面相对的表面。

4）主切削刃（S）。主切削刃是指前面与后面相交而得到的交线，用以形成工件的过渡表面。它完成主要的金属切除工作。

5）副切削刃（S'）。副切削刃是指前面与副后面相交而得到的交线。它协同主切削刃完成金属切除工作，以最终形成工件的已加工表面。

6）刀尖。刀尖是指主切削刃与副切削刃的连接处相当少的一部分切削刃。为了增加刀尖处的强度，改善散热条件，通常在刀尖处磨有圆弧或直线过渡刃。

（2）确定刀具角度的静止参考系　为了确定上述刀具切削刃的空间位置和刀具几何角度的大小，必须建立适当的参考系（即坐标平面），通常用静止参考系。所谓刀具静止参考系，是指在不考虑进给运动，规定车刀刀尖安装得与工件轴线等高，刀杆的中心线垂直于进给方向等简化条件下的参考系。

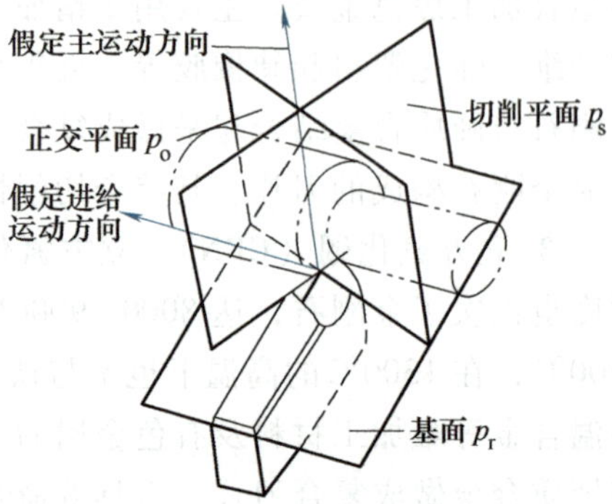

图 8-46　外圆车刀静止参考系

刀具静止参考系的主要坐标平面有基面、切削平面和正交平面，如图 8-46 所示。

1）基面（p_r）。基面是指通过主切削刃上某一点，并与该点切削速度方向相垂直的平面。

2）切削平面（p_s）。切削平面是指通过主切削刃选定点，与主切削刃相切并垂直于基面的平面。若主切削刃为直线，切削平面则为主切削刃和主运动方向所构成的平面。

3）正交平面（p_o）。正交平面是指通过主切削刃选定点并同时垂直于基面和切削平面的平面。因此，它必然是垂直于主切削刃在基面上投影的平面。

显然，$p_o \perp p_r \perp p_s$，此三个平面构成一空间直角坐标系，即刀具静止参考系（又称正交平面参考系）。

（3）刀具的标注角度　所谓刀具的标注角度，是指刀具在静止参考系中的一组角度，是刀具设计、制造、刃磨和测量时所必需的，它主要包括前角、后角、主偏角、副偏角和刃倾角，如图 8-47 所示。

1）前角（γ_o）。前角是前面与基面间的夹角，在正交平面中测量。前角有正负之分，当前面在基面下方时为正值，反之为负值，如图 8-48 所示。

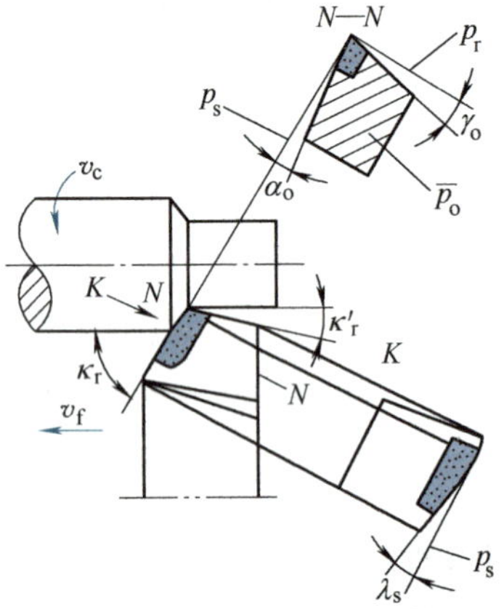

图 8-47　车刀的主要标注角度

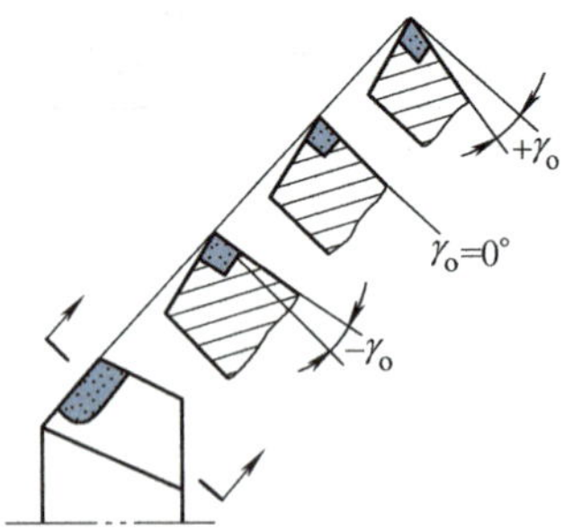

图 8-48　前角正、负的规定

前角的大小反映了前面倾斜的程度，它影响切屑变形、切削力和切削刃强度。前角大，刀具锋利，这时切削层的塑性变形和摩擦阻力减小，切削力和切削热降低。但前角过大会使切削刃强度减弱，散热条件变差，刀具寿命下降，甚至会造成崩刃。前角的大小主要根据工件材料、刀具材料和加工要求进行选择。

① 工件材料的强度、硬度低，塑性好，应取较大前角；加工脆性材料、特硬材料，应取小前角，甚至是负前角。

② 高速工具钢刀具可取较大前角，硬质合金刀具应取较小前角。

③ 精加工应取较大前角，粗加工或断续切削应取较小前角甚至负前角。

通常，用硬质合金车刀切削一般钢件，$\gamma_o=10°\sim25°$；切削灰铸铁工件，$\gamma_o=5°\sim15°$；切削高强度钢和淬火钢，$\gamma_o=-15°\sim-5°$。

2）后角（α_o）。后角是后面与切削平面间的夹角，在正交平面中测量。

后角的作用是减小刀具后面与工件过渡表面之间的摩擦和磨损。增大后角，有利于提高刀具寿命。但后角过大，也会减弱切削刃强度，并使散热条件变差，常取 $\alpha_o=4°\sim12°$。一般粗加工或工件材料的强度和硬度较高时，取 $\alpha_o=6°\sim8°$，精加工或工件材料的强度和硬度较低时，取 $\alpha_o=10°\sim12°$。

3）主偏角（κ_r）。主偏角是在基面中测量的，它是主切削刃在基面上的投影与进给方向的夹角。

主偏角的大小将影响切削刃的工作长度、切削层公称厚度、切削层公称宽度、背向力 F_p 和进给力 F_f 的比例关系，以及刀尖强度和散热条件等，如图 8-49 所示。

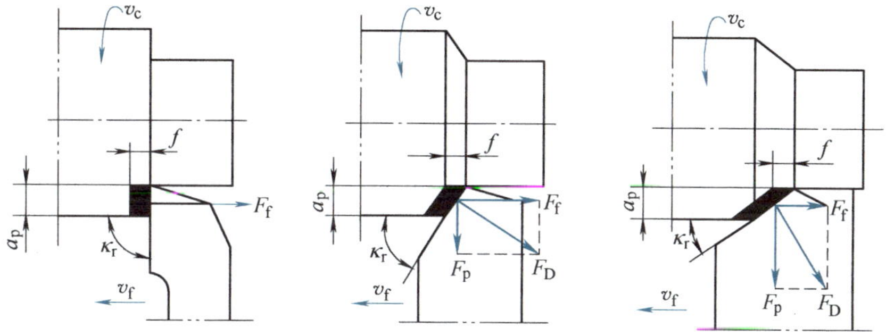

图 8-49　主偏角的作用

在相同的背吃刀量 a_p 和进给量 f 的情况下，主偏角 κ_r 减小，可使主切削刃单位长度上的负载减小，且改善刀尖散热条件，提高刀具寿命。但主偏角 κ_r 减小，又会使背向力 F_p 增大，容易引起振动和使刚度较差的工件产生弯曲变形。一般使用的车刀主偏角 κ_r 有 45°、60°、75°和 90°等几种。加工阶梯轴类工件的台肩时，取 $\kappa_r\geqslant90°$；加工细长轴时，常使用 90°偏刀。

4）副偏角（κ_r'）。副偏角也是在基面中测量的，它是副切削刃在基面上的投影与进给反方向的夹角。

副偏角的作用是减小副切削刃与工件已加工表面的摩擦，减小切削振动。副偏角（假设主偏角为某一定值）的大小影响工件表面残留面积的大小，进而影响已加工表面的表面粗糙度 *Ra* 值，如图 8-50 所示。副偏角一般在 5°～15°之间选取，粗加工取较大值，精加工取较小值。

5）刃倾角（λ_s）。刃倾角是主切削刃与基面间的夹角，在主切削平面中测量。刃倾角有正负之分，如图 8-51 所示。当刀尖处于主切削刃的最低点时，$\lambda_s<0°$；当刀尖处于主切削刃的最高点时，$\lambda_s>0°$；当主切削刃成水平时，$\lambda_s=0°$。

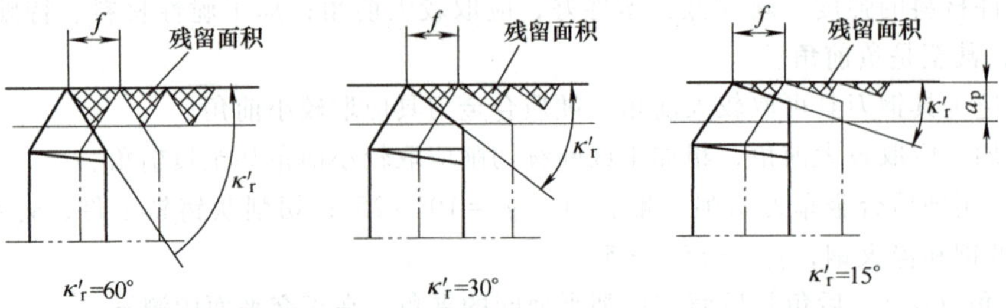

图 8-50 副偏角对表面粗糙度 *Ra* 值的影响

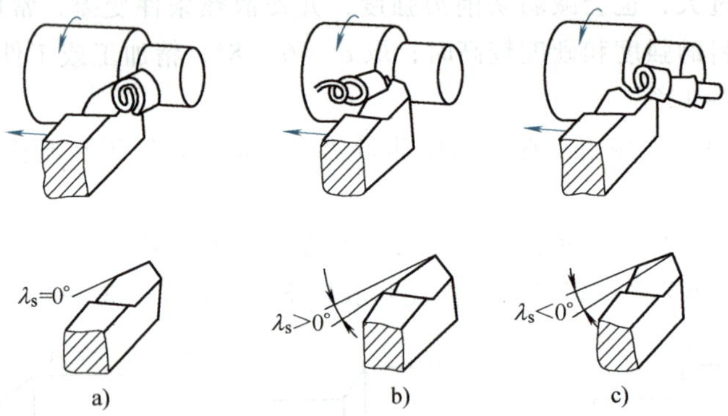

图 8-51 刃倾角的正负及作用

a）刃倾角为零 b）刃倾角为正值 c）刃倾角为负值

刃倾角的作用主要是控制切屑的流向，如图 8-51 所示。其大小对刀尖的强度也有一定的影响。当 $\lambda_s<0°$时，切屑流向工件已加工表面，刀尖强度较高，适用于粗加工；当 $\lambda_s>0°$时，切屑流向工件待加工表面，保护已加工表面免遭切屑划伤，但此时刀尖强度较低，适合于精加工。

上述刀具标注角度是在静止参考系中假定不考虑进给运动，刀尖与工件轴线等高，刀柄中心线垂直于进给方向的条件下的一组角度。在实际切削过程中并不完全是这种理想状况，刀具实际切削时的工作角度会发生某些变化，并对切削加工产生一定的影响。一般来说，刀具高于工件中心，刀具的前角会增大；刀具低于工件中心，刀具的前角会减小。加大进给量，会增大刀具的前角；刀具相对工件轴线的倾斜会改变主副角和副偏角。

8.3.3 切削过程中的物理现象

1. 切屑

（1）切屑形成过程 通过切削加工的机器零件材料往往都有较高的强度和硬度。因此，除了要求作为切削刀具的材料具有更高的硬度外（一般比工件材料硬度高 3 倍以上），切削刀具还必须具有一定的几何形状，在一定的运动关系下以楔形的刀头部分挤压被切削工件的切削层，使这部分切削层产生很大的弹性变形与塑性变形，直至沿着切削刃切离工件本体而转化为切屑。因此，金属切削过程与其他物质切割的本质区别在于：金属被切下之前，存在一个受刀具切削刃挤压而产生复杂塑性变形的过程。

切屑形成过程可简述如下：当刀具切入工件时，被切削层首先受到挤压而产生弹性变形；随着刀具的继续切进，切削层金属内部的应力、应变逐渐增大，当应力达到工件材料屈服强度时，开始发生塑性变形，沿着滑移线滑移，即沿金属晶体结构中晶面的剪切变形，并不断硬化；塑性变形进一步加大，当应力达到材料的断裂强度时，发生挤裂。此时，应力迅速下降，又重新开始了弹性变形、塑性变形以至挤裂的过程，周而复始地进行下去。

切削过程中形成切屑的变形情况如图 8-52 所示。图 8-52a 所示是切削塑性工件材料时切削区的金相放大照片，图 8-52b 所示为晶粒变形的示意图。切削区大致存在以下三个变形区域：

1）第一变形区（*OAM* 范围）。工件材料的晶粒原为圆形颗粒，当受到刀具挤压作用，产生切应力时，晶格内的晶面间就发生滑移，使晶粒变为椭圆形。从 *OA* 线开始塑性变形，到 *OM* 线晶粒的剪切滑移基本完成。此区域是切屑变形的主要区域，称为第一变形区。

2）第二变形区（a_2 范围）。切屑沿前面排出时，进一步受到前面的挤压和摩擦，使靠近前面处的金属纤维化，其方向基本上与前面相平行。此区域称为第二变形区。

3）第三变形区（a_3 范围）。已加工表面受到切削刃钝圆部分和后面的挤压、摩擦与回弹，造成其纤维化和加工硬化。

这三个变形区无严格的界限划分，汇集在切削刃附近，金属被切削层在它们的交界处被分离，一部分变成切屑，另一部分仍留在已加工表面上。它们是相互关联的，在一定的切削条件下会出现一些特殊的现象，如积屑瘤等。

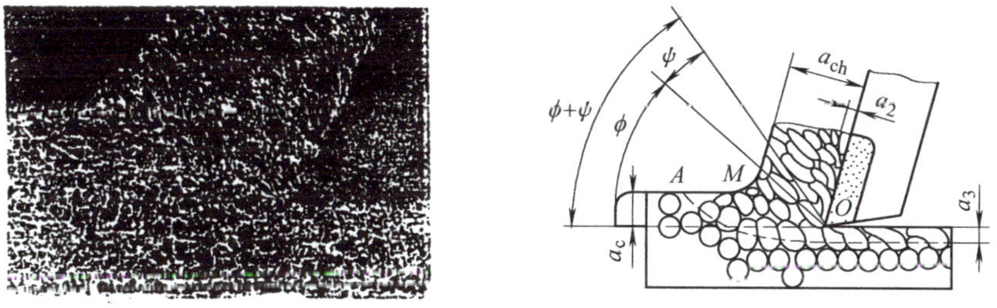

a)　　　　b)

图 8-52　切削过程中形成切屑的变形情况

a）切削塑性工件材料时切削区的金相放大照片　b）晶粒变形的示意图

总之，金属切削过程的本质是：被切削金属层在刀具切削刃和前面的作用下，经受挤压而产生剪切滑移变形的过程。被切削的金属层通过剪切滑移后变为切屑。由于切削条件、加工材料性质、刀具切削角度的不同，滑移变形的程度有很大差异，产生的切屑也就有不同的形态大小、颜色。

（2）切屑分类　要正确认识金属切削过程，首先要对切屑进行研究。由于工件材料、刀具几何角度和切削用量的不同，所切出切屑形状也就不同，如带状屑、C 形屑、崩碎屑、螺卷屑、发条状卷屑、长紧卷屑、宝塔状卷屑等，如图 8-53 所示。在现代切削加工中，尤其在自动线加工时，能够有效地控制切屑形状，对正常生产和操作安全有着重要的意义。

从变形的机理出发，各种不同形状的切屑可分为以下四类，如图 8-54 所示。

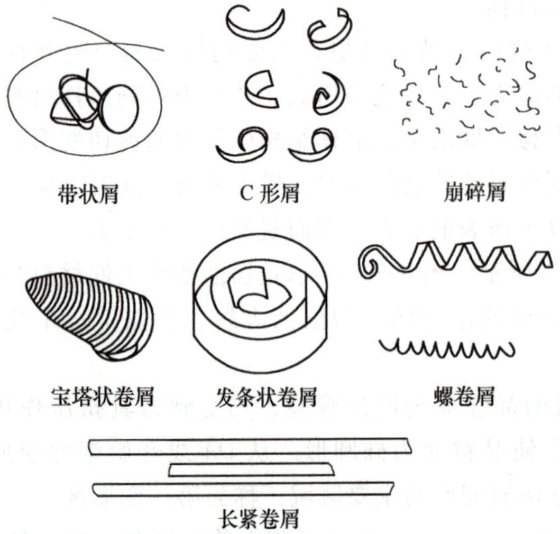

图 8-53　切屑的各种形状

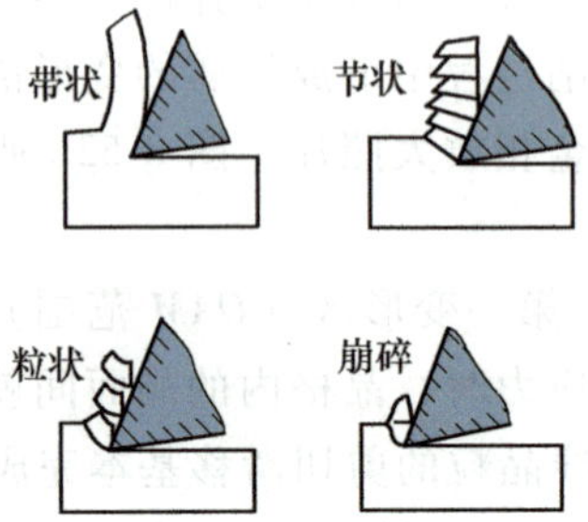

图 8-54　切屑种类

1）带状切屑。其内表面光滑，外表面毛茸。它是在加工塑性金属、切削速度高、切削厚度较小、刀具前角较大时的常见切屑。此时，切削过程较平稳，已加工表面的表面粗糙度值较小。

2）节状切屑。节状切屑又称挤裂切屑，其外表面呈锯齿形，内表面基本上仍相连，有时出现裂纹。当切削速度较低和切削厚度较大时易得到此种切屑。

3）粒状切屑。粒状切屑较特别，当整个剪切面上的切应力超过材料的破裂强度，使整个单元被切离时，才形成粒状切屑。

以上三种切屑均是在切削塑性金属工件时得到的，如果改变切削条件，可以使它们进行转化。

4）崩碎切屑。当切削脆性金属时，因工件材料的塑性很小、抗拉强度低，刀具切入后，在切削刃附近的接触区中，局部金属并不经过明显塑性变形，就在拉应力状态下脆断，形成不规则的碎块状切屑。刀具前角越小或切削厚度越大时，越易产生崩碎切屑，此时切削力波动大，同时使已加工表面凹凸不平。

（3）切屑收缩与变形系数　金属切削加工中，经滑移变形形成的切屑，其外形已与原来的切削层不同；相比之下，切屑厚度 a_{ch} 膨胀了，切屑长度 l_{ch} 却缩短了，如图 8-55 所示。这种现象称为切屑收缩。若要衡量切屑变形的程度，就需要引入切屑变形系数 ξ 的概念：切屑厚度 a_{ch} 与切削层厚度 a_c 之比称为厚度变形系数 ξ_a，而切削层长度 l_c 与切屑长度 l_{ch} 之比称为长度变形系数 ξ_l，即

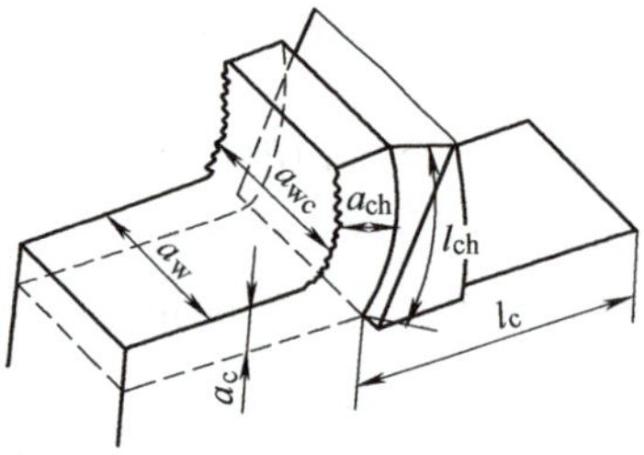

图 8-55　切屑收缩

$$\xi_a=\frac{a_{ch}}{a_c},\quad \xi_l=\frac{l_c}{l_{ch}}$$

由于工件上切屑层的宽度与切屑宽度的变化很小，假如符合体积不变原理，则有 $\xi_a=\xi_l=\xi$。通常情况下，$\xi>1$。切屑变形系数又称为收缩系数，切削比为变形系数的倒数。

变形系数能直观地反映切屑变形程度，且容易测量。其值越大，则切屑越厚越短，标志

着切屑变形越厉害，意味着切削力大、切削温度高，工件表面的表面粗糙度值也增大。因此，在加工过程中，可以按照具体情况采取相应的措施来减小变形程度，改善切削过程。例如：在中速或低速切削时，可增大刀具前角以减小变形；或者对工件进行适当的热处理，以降低工件材料的塑性，也可减小变形。

（4）积屑瘤　用较低的切削速度切削塑性金属时，往往会发现在刀具前面上黏附着一小块很硬的金属，称为积屑瘤（见图 8-56）。

图 8-56　车刀上的积屑瘤

工件材料：40

切削用量：$f=0.54\mathrm{mm/r}$，$v_c=0.416\mathrm{m/s}$（$25\mathrm{m/min}$）

刀具角度：$\gamma_o=30°$

由于切屑和前面间具有强烈的摩擦，当切屑顺着前面流出时，与前面接触的切屑底层受到了很大的摩擦阻力，使此层金属的流速降低。当此层金属与前面的外摩擦力超过切屑材料分子间的结合力时，切屑底层中的一部分金属停滞和堆积在刃口附近，形成了积屑瘤。随着切削的继续进行，积屑瘤逐渐长大增高，长大到一定程度后，就容易破裂而被工件或切屑带走，然后又重复上述过程形成新的积屑瘤。

积屑瘤对切削过程有一定的影响，大致可分为以下两个方面：

1）有利的方面。

① 积屑瘤包覆在切削刃附近的前面上，对切削刃起到一定的保护作用。

② 积屑瘤的存在增大了刀具的实际工作前角，使切削力减小。

2）不利的方面。

① 当积屑瘤突出于切削刃外端时，引起了一定的过切量，使切削力增大，同时影响到零件的尺寸精度。

② 由于积屑瘤局部不稳定，容易使切削力产生波动而引起振动。

③ 积屑瘤形状不规则，使得切削刃形状发生畸变，直接影响加工精度。

④ 积屑瘤若被撕裂，一部分被切屑带走，加快刀具的磨损；另一部分留在已加工表面上，形成毛刺，使工件表面质量降低。

可见，积屑瘤对切削加工弊多利少。特别在精加工时应设法避免积屑瘤。在很低或很高的切削速度下，或在良好的冷却润滑条件下，切屑与前面之间的摩擦力较小，就不会产生积屑瘤。

残余应力是指在外力消失以后，残存在物体内部而总体又保持平衡的内应力。在切削过程中，由于金属的塑性变形以及切削力、切削热等因素的作用，在已加工表面的表层内会产生残余应力。表面残余应力往往与加工硬化同时出现。

切削加工所造成的工件表面硬化层以及随之产生的残余应力会加剧刀具的磨损，给某些后续工序的加工（如刮削）带来不便；引起工件变形，影响加工精度的稳定性；影响塑性材料的屈服强度，致使脆性材料产生裂纹，降低工件的静态强度，残余拉应力还会使零件的疲劳强度和抗化学腐蚀性下降。

2. 切削力和切削功率

（1）切削力　在切削过程中，刀具上所有参与切削的各切削部分所产生的总切削力的合力称为刀具总切削力；一个切削部分切削工件时所产生的全部切削力称为一个切削部分总

切削力 F。

车削外圆时，总切削力 F 指向刀具的左上方（见图 8-57）。为了便于设计和工艺分析，通常将总切削力分解成三个互相垂直的分力。

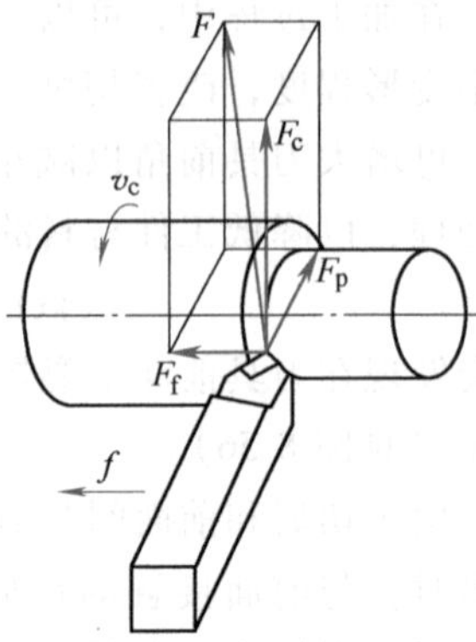

图 8-57 切削力的分解

1）切削力 F_c。总切削力在主运动方向上的正投影为切削力。其大小占总切削力的 80%~90%，它是计算车刀强度、设计机床主运动系统零部件、确定机床功率的主要依据。

2）进给力 F_f。总切削力在进给运动方向上的正投影为进给力。它是设计和验算机床进给机构强度所必需的数据。

3）背向力 F_p。总切削力在垂直于工作平面方向上的分力为背向力。所谓工作平面，是指通过切削刃选定点并同时包含主运动方向和进给运动方向的平面。背向力 F_p 因其作用方向为工件的尺寸敏感方向，故对工件的加工精度和表面质量影响较大。如车削时，F_p 有把工件顶弯的趋势。在使用两顶尖安装方法加工细长轴时，工件常出现腰鼓形误差；在使用卡盘夹紧，另一端不用尾座顶尖时，工件常出现倒锥形误差。当工艺系统刚性不足时，还容易引起振动。

显然，三个切削分力与总切削力的关系为

$$F=\sqrt{F_c^2+F_f^2+F_p^2}$$

在切削过程中，切削力使工艺系统变形，影响加工精度，故应设法增大工艺系统刚性，减小切削力。

（2）影响切削力的主要因素

1）工件材料性能。材料的强度及硬度越高，或塑性、韧性越好，则切削力越大。

2）刀具几何角度。前角越大，切屑变形越小，切削力减小；后角越大，后面与工件间摩擦减小，切削力也变小；改变主偏角，可改变轴向切削分力与径向切削分力的比例。例如：当主偏角增大至约 90°时，径向力可大幅度减小，并趋于零，这对车削细长轴工件特别有利。

3）切削用量。增大吃刀量和进给量时，切削面积增大，切除的金属量越多，切削力也越大。而吃刀量对切削力的影响更为显著。

（3）切削功率　切削功率（单位为 W）的计算公式为

$$P_c=\frac{F_c v_c}{60}$$

式中　F_c——切削力（N）；

v_c——切削速度（m/min）。

机床主电动机功率 P_E 必须满足

$$P_E \geqslant \frac{P_c}{\eta}$$

式中　η——机床传动效率，一般取 $\eta=0.75\sim0.85$。

3. 切削热

（1）切削热的产生与传出　切削过程中，机床所消耗的功绝大部分转化为热。切削热产生的直接来源是：切削层金属的弹、塑性变形，切屑与前面、工件与后面间消耗的摩擦功（见图 8-58a）。若假设主运动所消耗的功全部转化为热能，则单位时间内所产生的切削热（J/s）可用下式估算，即

$$Q = F_c v_c$$

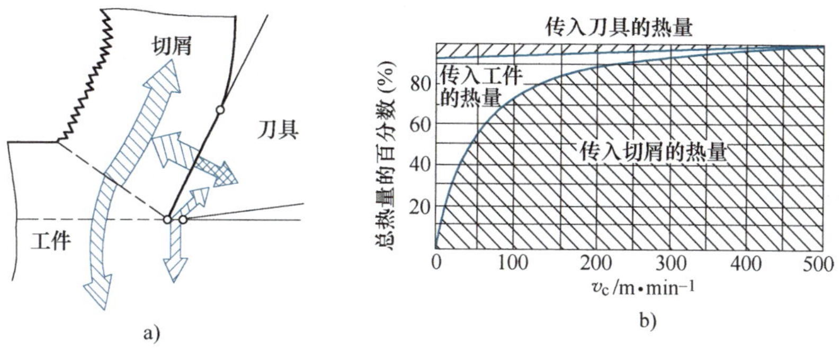

图 8-58　切削热的产生与传出

切削热将传递至工件、刀具、切屑及周围介质中去（见图 8-58b）。一般在车削、铣削、刨削加工时，刀具传出的热量占切削热的 10%～40%，工件传出的热量不足切削热的 3%～9%，通过切屑带走的热量占切削热的 50%～80%。切削速度越高，切削厚度越大，由切屑带走的热量的比例越大。

传给工件的热量会造成工件温升而产生变形，影响尺寸与形状精度，对精密加工、细长轴及薄壁件的影响更为严重。传给刀具的热量虽然比例较小，但刀具质量小，比热容小，仍会使它有较高的温升。一方面会引起刀具的热磨损，另一方面又会影响工件的加工尺寸。

钻孔时传给工件的热量较多，往往占切削热的 50%，传入刀具的热量占切削热的 15%。

（2）影响切削温度的因素　切削温度的高低取决于切削热的产生和传出情况。它受切削用量、工件材料、刀具材料、刀具角度和冷却条件等因素的影响。

一般工件材料的强度、硬度越高，切削时消耗的功越多，切削温度越高，工件材料的导热性越好，传出的热量越多，切削温度也就越低。

从切削用量、刀具角度与切削热的关系看，切削用量增大，切削热相应地增多，切削温度上升。但三要素对切削温度的影响各不相同，其中，切削速度影响最大，进给量次之，背吃刀量影响最小。刀具角度对切削温度的影响以前角和主偏角最大，前角增大，一般切削热减少，切削温度降低（注意前角过大，对刀具强度、刀体散热面积不利）。

（3）降低切削温度的措施　在工件材料、切削用量、刀具角度已确定的条件下，降低切削温度的主要措施是冷却。目前，人工冷却方法主要是浇注大量切削液和绿色射流冷却。使用同样的方法，可以用不同方式，其效果的差别也特别明显。绿色射流冷却是一种集约环保型冷却方法，在当前推行清洁生产模式中，它的应用能产生巨大的社会效益和经济效益，具有十分重要的意义。

4. 刀具磨损及刀具寿命

（1）刀具磨损　在切削过程中，前面、后面经常与切屑、工件间发生强烈的摩擦，在

切削区域中又有很高的温度和压力，使刀具的前面和后面都会产生磨损。这种随着切削加工的延续而出现的逐渐磨损称为正常磨损。另外，由于其他原因刀具突然崩刃、卷刃或碎裂等先期性的损坏称为非正常磨损。

(2) 刀具的正常磨损和刀具寿命 刀具的正常磨损可分为后面磨损、前面磨损和前面与后面同时磨损三种形式（见图 8-59）。

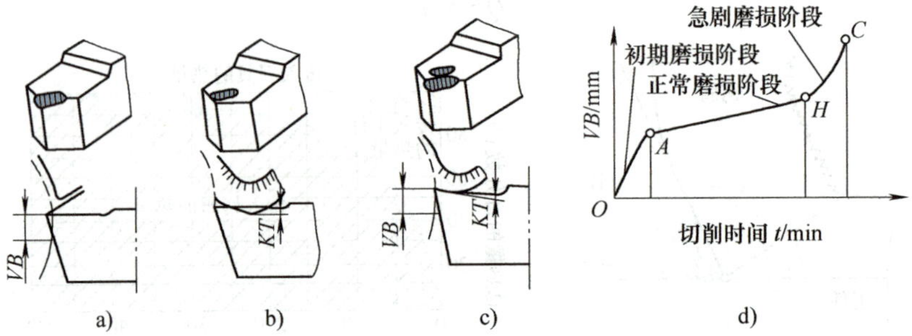

图 8-59 刀具磨损形式和磨损过程

a) 后面磨损 b) 前面磨损 c) 前面与后面同时磨损 d) 磨损过程

1) 后面磨损。加工脆性金属或用较低的切削速度和较小的切削层公称厚度切削塑性金属时，在切削刃及切削刃附近的后面上，形成一个后角等于零度的磨损带。刀具后面磨损量通常以磨损带宽度 VB 的大小来表示刀具的磨损程度。

2) 前面磨损（又称月牙洼磨损）。加工塑性金属时，在切削速度较高和切削层公称厚度较大的情况下，切屑会逐渐在刀具前面上磨出一个月牙形的小凹坑，随着切削时间的增加，凹坑的深度和宽度逐渐增大，导致刀具前面磨损。其磨损值常以月牙洼的最大深度 KT 表示。

3) 前面与后面同时磨损。加工塑性金属材料时，在切削层公称厚度为 0.1~0.5mm 的情况下，常发生刀具前、后面同时磨损，这是一种兼有以上两种磨损的磨损形式。

随着切削时间的增加，刀具磨损逐渐增大，刀具的典型磨损过程曲线如图 8-59d 所示。刀具磨损后将降低加工表面的尺寸精度和增大其表面粗糙度值，因此需要定时更换刀具，在自动化生产加工中通过检查磨损带的宽度大小来更换刀具很不方便，通常用刀具的实际切削时间来衡量磨损程度。刀具由刃磨后开始切削直到磨损量达到磨钝标准的总切削时间 T(单位为 min）称为刀具寿命。各种切削状况下的刀具寿命可查阅有关手册，也可通过试验获得。

8.3.4 磨具与磨削加工过程概况

1. 磨具

磨具是指以磨料为主制成的一种切削工具。它是用黏结剂将许多细微、坚硬和形状不规则的磨料磨粒按一定要求黏结制成的。磨具的种类很多，有砂轮、油石、砂纸、砂布、砂带以及用油剂调制的研磨膏等。其中砂轮、油石称为固结磨具，如图 8-60 所示。气孔在切削过程中起裸露磨粒棱角（即切削刃）、容屑和散热的作用。砂纸、砂布和砂带称为涂覆磨具，如图 8-61 所示。

固结磨具的特性对加工精度、表面粗糙度和生产率影响很大，其主要特性包括磨料、粒度、结合剂、硬度、组织、形状和尺寸等。

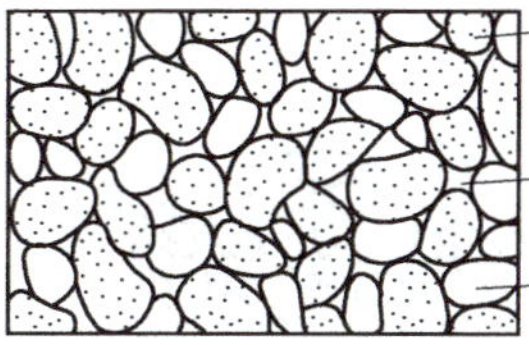

图 8-60 固结磨具结构示意图

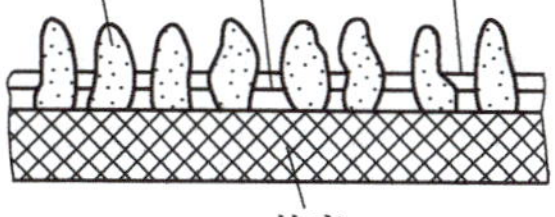

图 8-61 涂覆磨具（砂带）结构示意图

（1）磨料 磨料是组成磨具的主要原料，直接进行切削工作。它除了与刀具材料一样应具备各方面性能以外，还要求在切削过程中受力破碎后能形成尖锐的棱角。

棕刚玉（A）用于加工硬度较低的塑性材料，如中、低碳钢和普通合金钢等；白刚玉（WA）用于加工硬度较高的塑性材料，如高碳钢、高速工具钢和淬火钢等；黑色碳化硅（C）用于加工硬度较低的脆性材料，如铸铁、铸铜等；绿色碳化硅（GC）用于加工高硬度的脆性材料，如硬质合金、宝石、陶瓷和玻璃等。

（2）粒度 粒度是指磨料颗粒的尺寸，其大小用粒度号表示。GB/T 2481.1—1998 规定了磨粒和微粉两种粒度号。

1）磨粒。磨粒用筛选法分级，其粒度号用 1in（1in = 25.4mm）长度上的筛孔数来表示。粗磨粒标示为 F4 ~ F220 共 26 级。一般来说，粗磨选用较粗的磨粒，如 F36 ~ F46；精磨选用较细的磨粒，如 F60 ~ F120。

2）微粉。微粉是用水力按不同沉降速度进行分级的，其粒度号用该级颗粒的实际最大尺寸（μm）来表示。微粉标示为 F230 ~ F1200 共 11 级。它多用于研磨等精密加工和超精密加工。

（3）结合剂 结合剂是指磨具中用以黏结磨料的物质。GB/T 2484—2006 列出的常用结合剂有陶瓷结合剂（V），它适用于外圆磨削、内圆磨削、平面磨削、无心磨削和成形磨削等；树脂或其他热固性有机结合剂（B），它适用于切断和开槽的薄片砂轮及 v_c>50m/s 的高速磨削砂轮；橡胶结合剂（R），它适用于无心磨削导轮、抛光砂轮等。

（4）硬度 磨具硬度是指磨具工作时在外力作用下磨料颗粒脱落的难易程度。磨料颗粒容易脱落的磨具，则硬度低；反之，则硬度高。GB/T 2484—2006 对磨具硬度规定了 7 个等级，用英文字母标记，“A”到“Y”由软至硬，即极软（A、B、C、D）、很软（E、F、G）、软（H、J、K）、中级（L、M、N）、硬（P、Q、R、S）、很硬（T）、极硬（Y）。

（5）组织 磨具的组织表示磨具中磨粒、结合剂和气孔三者之间体积的比例关系。当磨粒率较大时，气孔体积小，则组织紧密；反之，则组织疏松。GB/T 2484—2006 规定了 0 ~ 14 共 15 个组织号，数字越大，表示组织越疏松。普通磨削常用 4 ~ 7 号组织（即中等组织）的砂轮。

（6）形状和尺寸 磨具的形状和尺寸是根据机床类别和加工要求设计的。一般用 1——平形砂轮、12——碟形砂轮表示。常用的砂轮、油石的形状、代号及用途见 GB/T 2484—2023。

2. 磨削过程

（1）磨削过程的实质 磨削也是一种切削加工。砂轮表面上分布着为数甚多的磨粒，每个磨粒相当于多刃铣刀的一个刀齿，因此磨削可以看作是众多刀齿铣刀的一种超高速铣削。

砂轮表面磨粒形状各异，排列也很不规则，其间距和高低均随机分布。砂轮磨粒切削时的前角 γ_o 和后角 α_o 如图 8-62 所示。据测量，刚修整后的刚玉砂轮，γ_o 平均为 $-80°\sim-65°$，磨削一段时间后为 $-85°$。由此可见，磨削时是负前角切削，且负前角的绝对值远大于一般刀具切削的负前角绝对值。负前角切削是磨削加工的一大特点，磨削过程中的许多物理现象均与此有关。

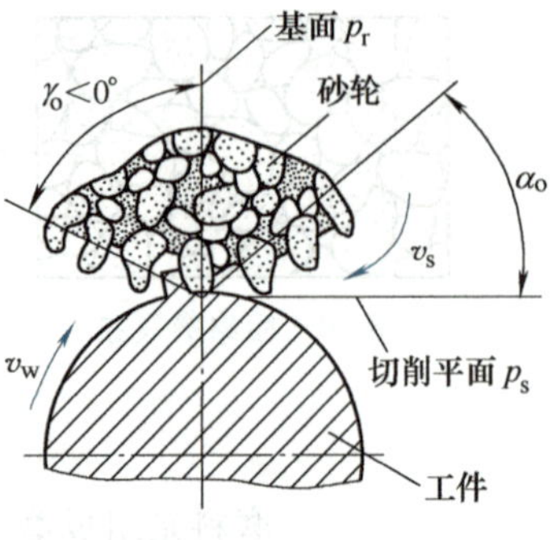

图 8-62 砂轮磨粒切削时的前角和后角

磨粒的磨削过程如图 8-63 所示。砂轮表面凸起高度较大和较为锋利的磨粒，切入工件较深且有切屑产生，起切削作用（见图 8-63a）；凸起高度较小和较钝的磨粒，只能在工件表面刻划出细微的沟痕，工件材料被挤向两旁而隆起，此时无明显的切屑产生，仅起刻划作用（图 8-63b）；比较凹进和已经钝化的磨粒，既不切削，也不刻划，只是从工件表面滑擦而过，起摩擦抛光作用（见图 8-63c）。

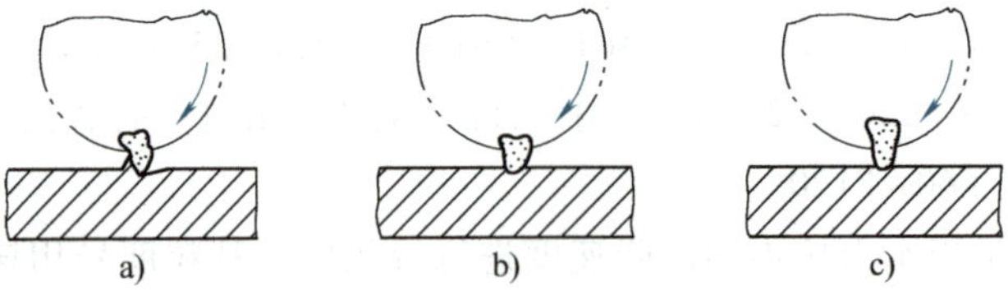

图 8-63 磨粒的磨削过程

a）切削作用 b）刻划作用 c）摩擦抛光作用

由此可见，磨削过程的实质是切削、刻划和摩擦抛光的综合作用过程，因此可获得较小的表面粗糙度 Ra 值。显然，粗磨时以切削作用为主，精磨时切削作用和摩擦抛光作用并存。

（2）磨削过程的特点　磨削过程与刀具切削过程一样，也要产生切削力、切削热、表面变形强化和残余应力等物理现象。由于磨削是以很大的负前角切削，所以磨削过程又有自身的特点。

1）背向磨削力 F_p 大。磨削时砂轮作用在工件上的力称为总磨削力 F，总磨削力 F 也可分解成三个相互垂直的分力，即磨削力 F_c（又称切向磨削力 F_t）、背向磨削力 F_p（又称法向磨削力 F_n）和进给磨削力 F_f（又称轴向磨削力 F_a），如图 8-64 所示。

磨削时，由于背吃刀量很小，所以磨削力 F_c 较小，进给磨削力 F_f 则更小，一般可忽略不计。但背向磨削力 F_p 很大，$\frac{F_p}{F_c}\approx 1.5\sim4$。这是因为砂轮的宽度较大，磨粒又是以很大的负前角切削的缘故。这是磨削加工的一个显著特点。而在刀具切削加工中，一般是切削力 F_c 最大。

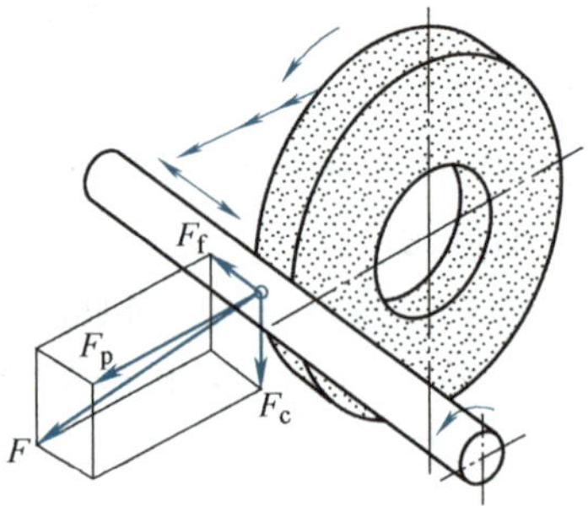

图 8-64 总磨削力及其分解

背向磨削力 F_p 作用于砂轮切入方向，砂轮以很大的力推压工件，加速砂轮钝化，使砂轮轴和工件均产生弯曲变形，工件易产生圆柱度误差，直接影响工件的形状精度和表面质量。

为此，磨削尤其精磨时，需要一定的光磨次数，或采用辅助支承，以消除或减小因 F_p 所引起的形状误差。所谓光磨，是指工件磨到接近最后尺寸（余量一般为 0.005~0.01mm）时不再吃刀的磨削。光磨可提高工件的形状精度，减小表面粗糙度值。磨削质量随光磨次数增多而提高。光磨次数一般以火花消失为宜。

2）磨削温度高。磨削时，不仅产生的切削热要比刀具切削时多得多，而且切削热传散情况也与刀具切削有很大不同。磨削属于高速切削，切屑与工件分离时间短，砂轮导热性又很差，切削热不能较多地通过砂轮和切屑传出，一般有 80%（传给砂轮 12%）的切削热传入工件（刀具和切屑低于 20%），而且瞬时聚集在工件表层，形成很大的温度梯度。工件表层温度可高达 1000℃以上，而表层 1mm 以下的温度则接近室温。当局部温度很高时，表面易产生热变形，甚至烧伤。为此，磨削时需施加大量切削液，以降低磨削温度。

3）表面变形强化和残余应力严重。与刀具切削相比，虽然磨削的表面变形强化和残余应力层要浅得多，但程度却更为严重。这对零件的加工工艺、加工精度和使用性能均有一定的影响。例如：对磨削后的机床导轨面进行刮削修整就比较困难。残余应力使零件磨削后变形，丧失已获得的加工精度，有时还会导致细微裂纹，影响零件的疲劳强度。及时用金刚石工具修整砂轮、施加充足的切削液、增加光磨次数，均可在一定程度上减小零件表面变形强化和残余应力。

8.4 切削加工概述

8.4.1 零件的种类及组成

1. 零件的种类

切削加工的具体对象不是机械产品本身，而是组成机械产品的各种零件。虽然零件随其功用、形状、尺寸和精度等因素的不同而变化，但按其结构一般可分为六类，即轴类（见图 8-65）、盘套类（见图 8-66）、支架箱体类（见图 8-67）、六面体类（见图 8-68）、机身机座类（见图 8-69）和特殊类零件（见图 8-70）。其中轴类零件、盘套类零件和支架箱体类零件是常见的三类零件。由于每一类零件不仅结构类似，而且加工工艺也有许多共同之处，因此将零件分类有利于学习和掌握各类零件的加工工艺特点。

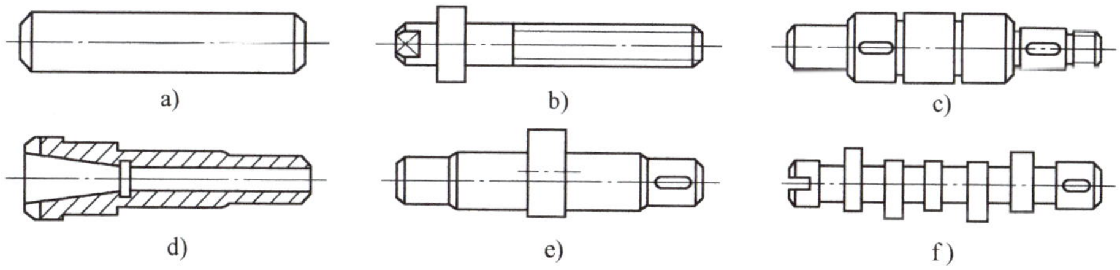

图 8-65 轴类零件

a）光滑轴 b）拉杆 c）传动轴 d）主轴 e）偏心轴 f）凸轮轴

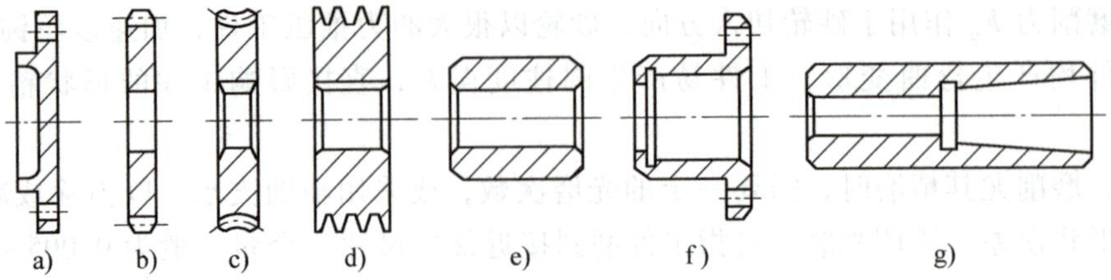

图 8-66 盘套类零件

a）端盖 b）齿轮 c）蜗轮 d）带轮 e）轴套 f）轴承套 g）尾座套筒

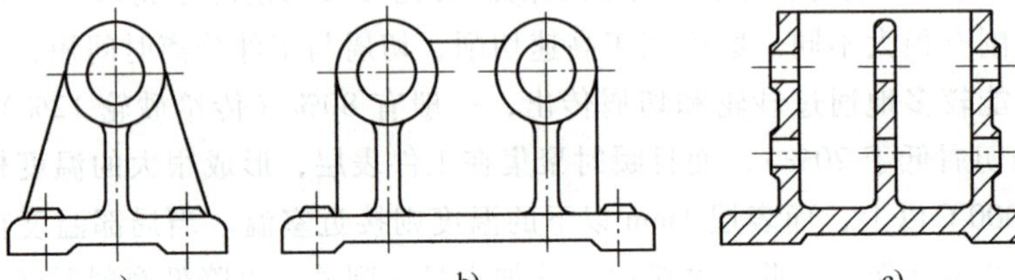

图 8-67 支架箱体类零件

a）单孔支架 b）双孔支架 c）箱体

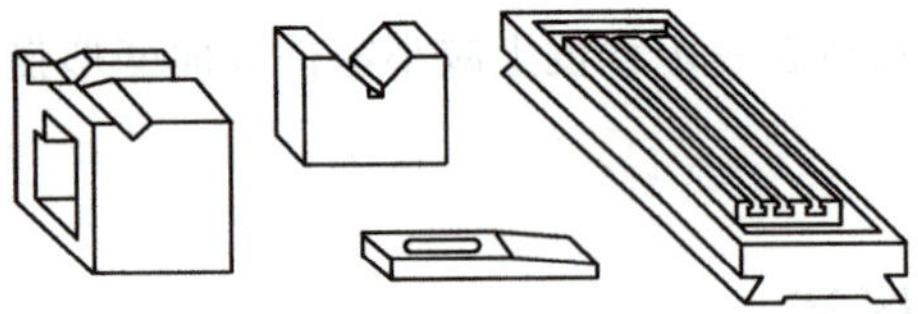

图 8-68 六面体类零件

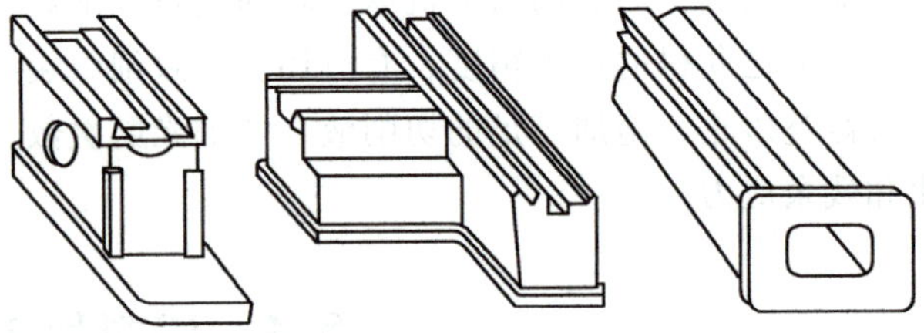

图 8-69 机身机座类零件

2. 组成零件的表面

切削加工的对象虽然是零件，但具体切削的却是零件的一个个表面。组成零件常见的表面有外圆、内圆、锥面、平面、螺纹、齿形、成形面以及各种沟槽等。图 8-71 所示的心轴体零件就是由外圆、内圆、外锥面、内锥面、外螺纹、内螺纹、直角槽、回转槽、轴肩平面和端平面等组成的。切削加工的目的之一即使用各种切削方式在毛坯上加工出这些表面。

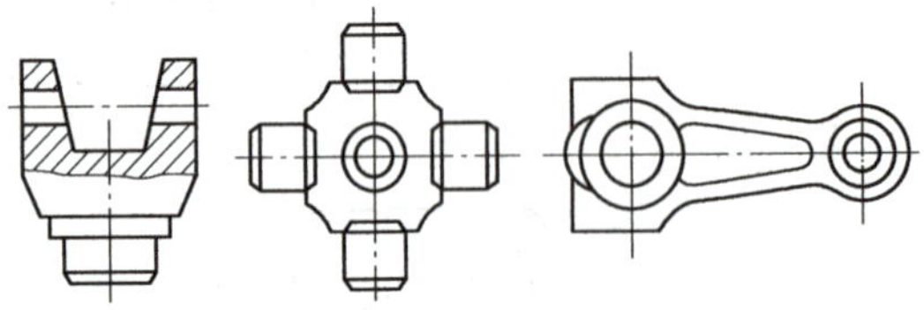

图 8-70 特殊类零件

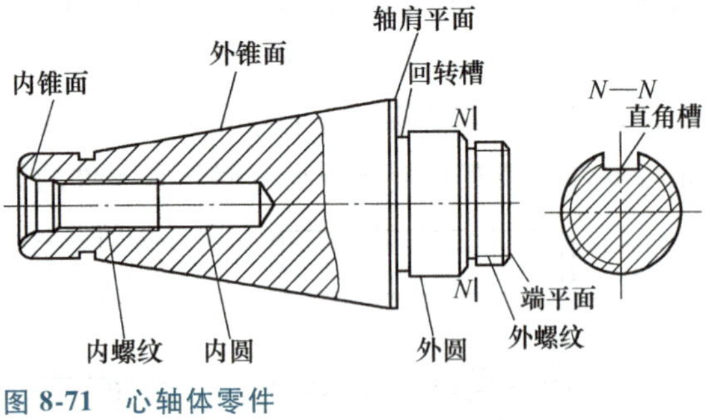

图 8-71 心轴体零件

8.4.2 常用刀具切削加工方法

零件的最终成形，实际上是由一种表面形式向另一种表面形式的转化，包括不同表面的转化、不同尺寸的转化及不同精度的转化。转化过程的实现主要依靠切削运动。不同切削运动（主运动和进给运动）的组合便形成了不同的切削加工方法。常用的切削加工方法有车削、钻削、镗削、铣削、刨削、插削、拉削、磨削等。对某一表面的加工可采用多种方法，只有了解了各种加工方法的特点和应用范围，才能合理选择加工方法，进而确定最佳加工方案。

1. 车削加工

工件旋转作为主运动，车刀做进给运动的切削加工方法称为车削加工。车削是加工回转面的主要方法，而回转面是机械零件中应用最广泛的一种表面形式，因此车削在各种加工方法中所占比重最大。一般在机加工车间内，车床约占机床总数的50%。

（1）工件的安装　车削加工时，常用的安装工件的方法有自定心卡盘安装、单动卡盘安装、花盘安装、顶尖安装和心轴安装等。

（2）车削的工艺特点　车削具有易于保证加工面间的位置精度、切削过程平稳、生产率高、应用范围广、刀具简单等特点。

（3）车削的应用　车削常用来加工各种回转表面，如外圆（含外回转槽）、内圆（含内回转槽）、平面（含台肩端面）、钻孔、锥面以及螺纹和滚花面等，如图8-72所示。根据所选用的车刀角度和切削用量的不同，车削可分为粗车（IT12，表面粗糙度 *Ra* 值为25μm左右）、半精车（IT10，表面粗糙度 *Ra* 值为6.3μm左右）和精车（IT7，表面粗糙度 *Ra* 值为0.8μm左右）。当使用不同的车刀（如45°弯头刀、左偏车刀等）、钻头、镗刀时，适当调整机床某些部位就可以完成更多的工艺内容。

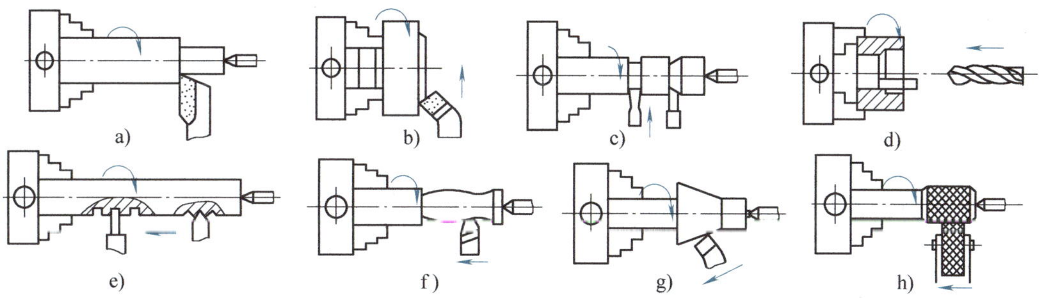

图8-72　车削的应用

a）车削外圆　b）车削端面　c）车削槽　d）钻、镗孔　e）车削螺纹
f）车削成形面　g）车削锥面　h）滚花

2. 钻削加工

用钻头或铰刀、锪刀在工件上加工孔的方法统称钻锪铰加工，它可以在台式钻床、立式钻床、摇臂钻床上进行，也可以在车床、铣床、铣镗床等机床上进行。

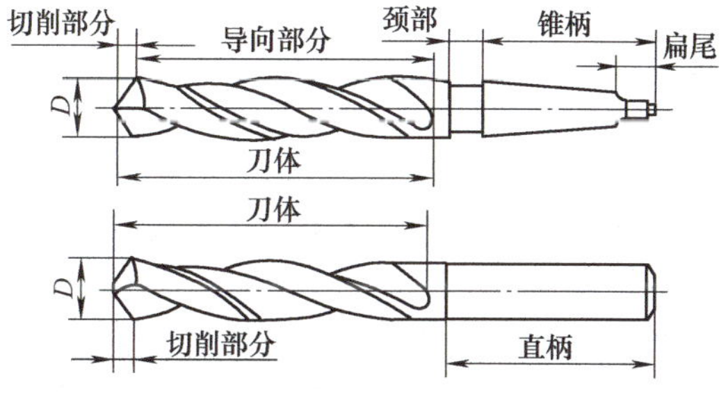

图8-73　麻花钻的结构

（1）钻孔　用钻头在实体材料上加工孔的方法称为钻孔。钻孔是最常用的孔加工方法之一。钻孔属于粗加工，其尺寸公差等级为IT11~IT12，表面粗糙度 *Ra* 值为12.5~

25μm。钻孔所使用的刀具通常为麻花钻（见图 8-73），麻花钻切削部分的结构如图 8-74所示。

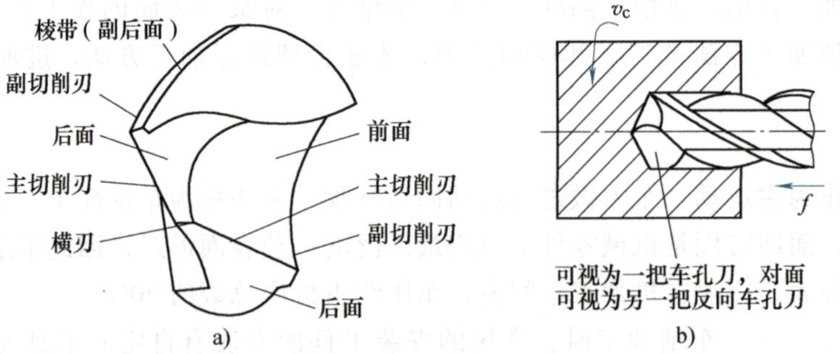

图 8-74 麻花钻切削部分的结构

a）麻花钻的切削部分 b）麻花钻可视为两把车孔刀

1）钻孔的工艺特点。

① 钻头容易引偏。由麻花钻的结构特点可知，钻头的刚性很差，且定心作用也很差，因而导致钻孔时孔的中心线歪斜（见图 8-75）。在实际加工中，常采用如下措施来减小引偏：

a. 预钻锥形定心坑（见图 8-76a）。利用大直径短麻花钻刚性好的特点，预钻锥形定心坑可以起定心作用。

b. 用钻套为钻头导向（见图 8-76b）。这样可减小钻孔开始时的引偏，特别是在斜面或曲面上钻孔时，更为必要。

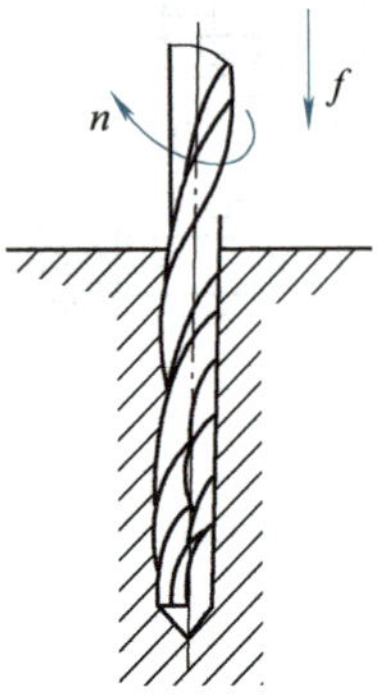

图 8-75 钻孔时孔的中心线歪斜

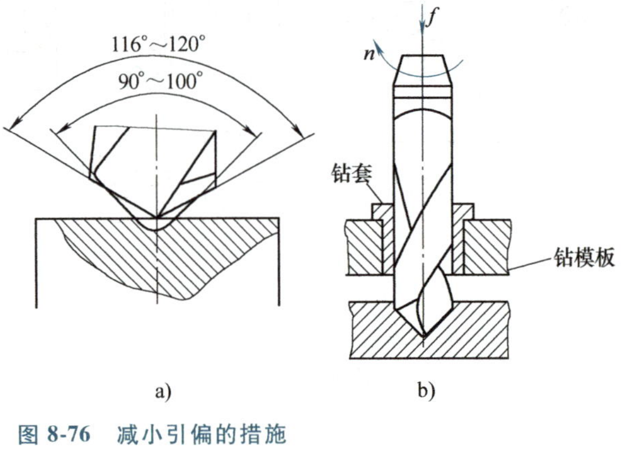

图 8-76 减小引偏的措施

c. 刃磨钻头时注意使两个主切削刃对称，这样可使其径向切削力相互抵消。

d. 钻孔前预先加工端面，使表面平整。

② 易出现孔径扩大现象。这不仅与钻头引偏有关，而且主要是由钻头的两个主切削刃磨损不对称造成的。

③ 排屑困难。钻孔时由于切屑较宽，容屑槽尺寸又受到限制，所以排屑困难。切屑与孔壁发生较大的摩擦、挤压，会拉毛和刮伤已加工表面，降低表面质量，特别是当切屑阻塞在钻头的容屑槽里并卡死钻头时，易将钻头扭断。

④ 切削热不易传散。钻削时大量高温切屑不能及时排出，切削液又难以注入切削区，因此切削温度较高，刀具磨损加快。

2）钻孔的应用。由上述特点可知，钻孔的加工质量较差，但对精度要求不高的孔，钻孔可以作为终加工方法，如螺栓孔、润滑油通道的孔等。对于精度要求较高的孔，由钻头进行预加工后再进行扩孔、铰孔或镗孔。

（2）扩孔　扩孔是指用刀具扩大工件孔径的一种加工方法（见图 8-77）。由于扩孔时工件余量小，扩孔刀齿数较多，刀具刚性、导向性能均比钻孔工作条件好，其加工后工件的尺寸公差等级可达 IT9～IT10，表面粗糙度 Ra 值为 3.2～6.3μm。

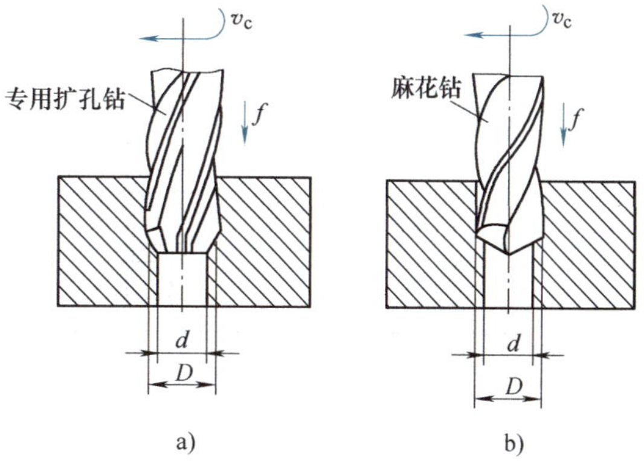

图 8-77　钻床扩孔的方法

a）扩孔钻扩孔　b）麻花钻扩孔

扩孔既可作为精加工前的预加工，也可作为精度要求不高的孔的终加工，因此广泛应用于成批及大量生产中。

（3）铰孔　用铰刀在未淬硬工件孔壁上切除微量切削层，以提高工件尺寸公差等级和减小表面粗糙度值的方法称为铰孔。铰孔可加工圆柱孔和圆锥孔，可以在机床上进行（机铰）也可以手工进行（手铰），如图 8-78 所示。机铰时所用机床与钻孔相同。

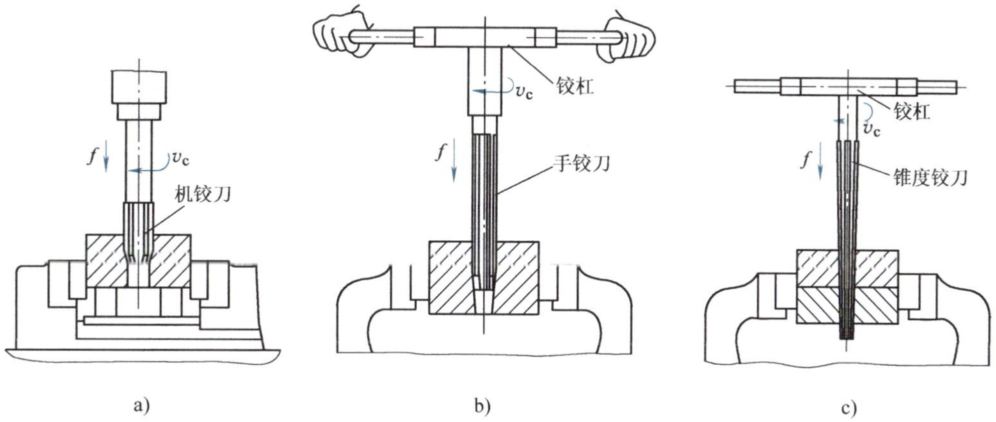

图 8-78　铰孔的方法

a）机铰圆柱孔（在钻床上）　b）手铰圆柱孔（台虎钳）　c）手铰圆锥孔（台虎钳）

“钻—扩—铰”是生产中常用的加工较高精度孔的工艺，但铰孔只能保证孔本身的精度，而不能校正孔轴线的偏斜及孔与其他相关表面的位置误差。

铰削适用于加工钢、铸铁和有色金属材料，但不能加工硬度很高的材料（如淬火钢、冷硬铸铁等）。

（4）锪孔　用锪钻（或代用工具）加工平底和锥面沉孔的方法称为锪孔。锪孔一般在钻床上进行。用锪钻扩孔已做过介绍，其他应用如图 8-79 所示。

3. 镗削加工

镗刀旋转作为主运动，工件或镗刀做进给运动的切削加工方法称为镗削加工。镗削加工主要在铣床、镗床上进行，所用的刀具是镗刀。镗削是加工较大孔径常用的方法之一。

镗刀分单刃镗刀和浮动镗刀两种结构形式，如图 8-80 所示。

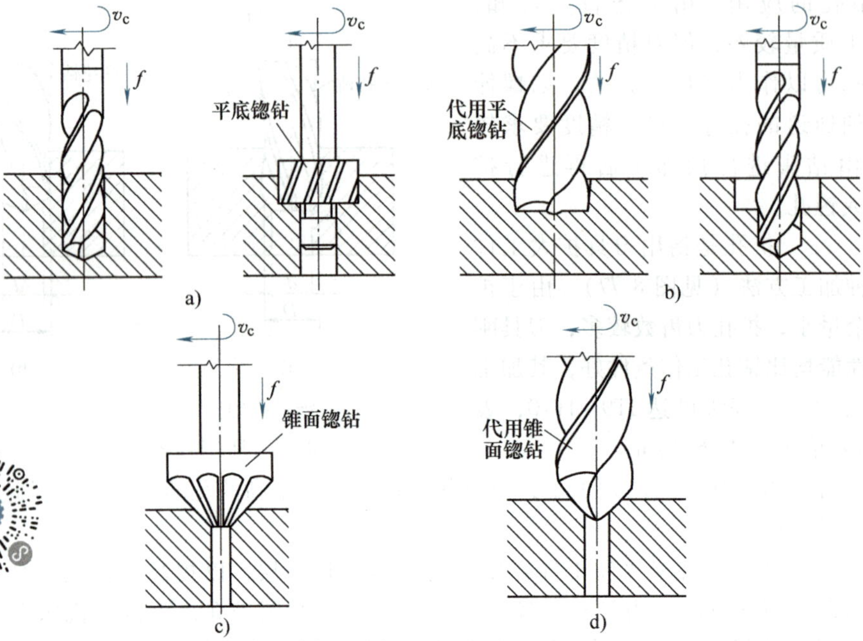

图 8-79 锪孔的方法

a）用平底锪钻 b）用代用平底锪钻 c）用锥面锪钻 d）用代用锥面锪钻

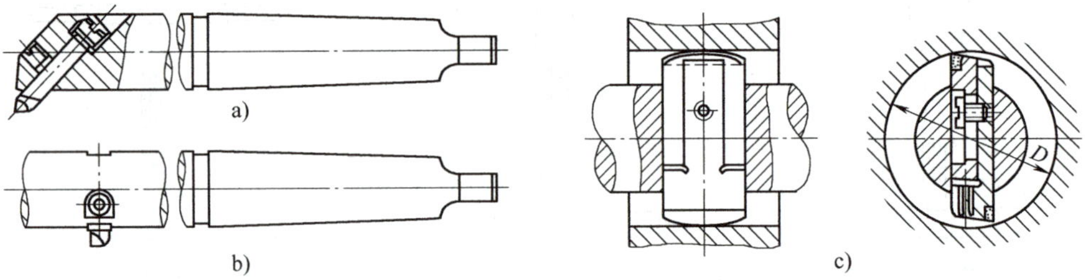

图 8-80 镗刀

a）不通孔镗刀 b）通孔镗刀 c）浮动镗刀

单刃镗刀的结构与车刀类似，其孔径大小依靠调整刀头的悬伸长度来保证，因此一把镗刀可加工直径不同的孔，并可修正上一工序造成的轴线歪曲、偏斜等缺陷。一般单刃镗刀刀具刚性差，切削用量小，生产率低，多用于单件小批量生产。

浮动镗刀刀片在镗杆上不固定，工作时它插在镗杆的矩形孔内，并能沿镗杆径向自由滑动，由两个对称的切削刃产生的切削力自动平衡其位置，以消除镗刀刀片的安装误差所引起的不良影响。此时的浮动镗刀刀片相当于与机床浮动连接的具有两个对称刀齿的铰刀，因此浮动镗孔的实质是铰孔，只适于精镗，不能纠正原有孔的轴线歪斜，而且刀具成本比单刃镗刀高，常用于批量生产孔径较大（$D=40\sim330\text{mm}$）的孔。

在镗床上除可进行一般孔的钻削、扩削、铰削、镗削外，还可镗削大孔及端面，车削螺纹，铣削平面，镗削同轴孔、平行孔及垂直孔等。

4. 铣削加工

铣刀旋转作为主运动，工件做进给运动的切削加工方法称为铣削加工。铣削加工可以在卧式铣床、立式铣床、数控铣床、龙门铣床、工具铣床以及各种专用铣床上进行。

(1) 铣削方式　铣削平面是平面加工的主要方法之一。铣削平面的方式有周铣和端铣两种。

1）周铣。用圆柱铣刀的圆周刀齿加工平面的方法称为周铣。周铣有逆铣和顺铣两种方式，如图 8-81 所示。

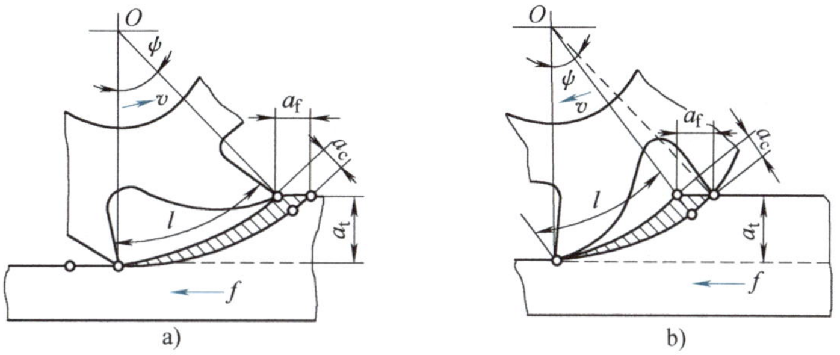

图 8-81　逆铣和顺铣

a）逆铣　b）顺铣

① 逆铣是指在切削部位刀齿的旋转方向和工件的进给方向相反的铣削方式。铣削时，每齿 a_c 从零逐渐增大到最大后切出。

② 顺铣是指在切削部位刀齿的旋转方向和工件的进给方向相同的铣削方式。铣削时，每齿 a_c 从最大逐渐减小到零。

由图 8-81 可知，逆铣的铣刀刚切入工件时 $a_c = 0$，此时切削刃将在加工表面滑行一段距离。滑行过程中，因刃口呈圆弧形，前角为很大的负值，故对已加工表面产生较严重的挤压和摩擦，在加工表面形成硬化层，加速了刀齿的磨损，加工表面质量下降。而顺铣由于切削厚度从最大减到零，避免了刀齿滑动，减小了磨损，铣刀寿命大大提高，工件表面粗糙度值也有所降低。

如图 8-82a 所示，逆铣时工件向右移动，螺母必须对丝杠施加向右的推动，于是丝杠螺母牙型在左侧紧贴，间隙位于右侧。铣削时，水平方向的进给力 $F_平$ 从小到大变化，其方向与进

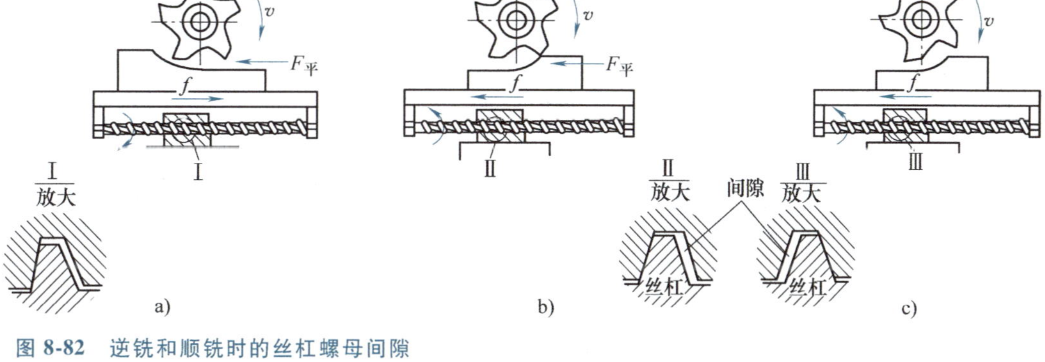

图 8-82　逆铣和顺铣时的丝杠螺母间隙

a）逆铣　b）顺铣（有 $F_平$）　c）顺铣（无 $F_平$）

给运动方向相反，这一方向也是使丝杠螺母牙型在左侧紧贴，因而逆铣时间隙始终位于右侧。

顺铣时，丝杠反向转动，工作台向左进给，丝杠螺母牙型应在右侧紧贴，间隙位于左侧。由于 $F_{平}$ 与工作台进给方向相同，且 $F_{平}$ 由大到小变化，当 $F_{平}$ 足够大时，就会把工作台及丝杠向左拉动，间隙移到右侧（见图 8-82b）。当 $F_{平}$ 变小直至刀齿切出时，即在 $F_{平}=0$ 的瞬间（见图 8-82c），在传动力作用下，间隙恢复到左侧。由此可知，顺铣过程中因力 $F_{平}$ 的变化会造成丝杠螺母间隙忽左忽右移动，即导致工作台左右窜动，使铣削过程不平稳，影响表面粗糙度，甚至损坏刀具。

实际铣削时常采用逆铣，只有在具有消除丝杠螺母间隙装置的铣床上以及加工表面没有硬皮的工件时才使用顺铣。

2）端铣。用端铣刀的端面刀齿加工平面的方法称为端铣法。根据铣刀和工件相对位置的不同，端铣法可以分为对称铣削法、不对称逆铣法及不对称顺铣法，如图 8-83 所示。

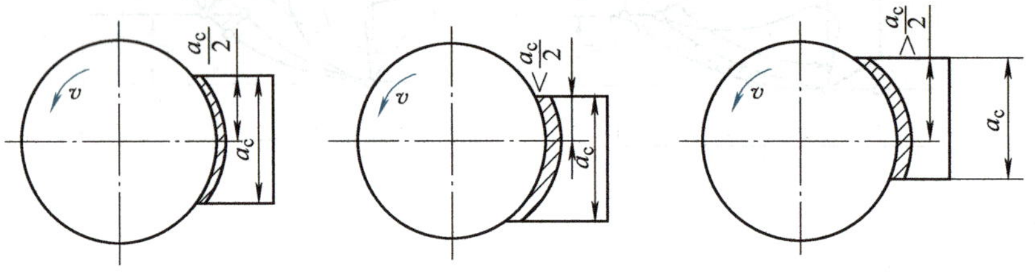

图 8-83　端铣的方式

(2) 铣削的工艺特点

1）生产率高，铣削属多齿切削，可采用较高的切削速度。

2）切削过程不平稳，铣削是断续切削过程，刀齿切入切出时受到的机械冲击很大，易引起振动；铣削时总切削面积是一个变量，铣削力的不断变化使铣削处于不平稳的工作状态。

3）刀齿冷却条件较好，由于刀齿间歇切削，故散热条件好，有利于提高铣刀的寿命。

(3) 铣削的应用　铣削可分为粗铣、半精铣、精铣，是目前应用最广泛的切削加工方法之一。铣削加工的主要应用如图 8-84 所示。如加上附件分度头、回转工作台、镗杆等，铣削还可以加工齿轮、凸轮以及进行镗孔等。

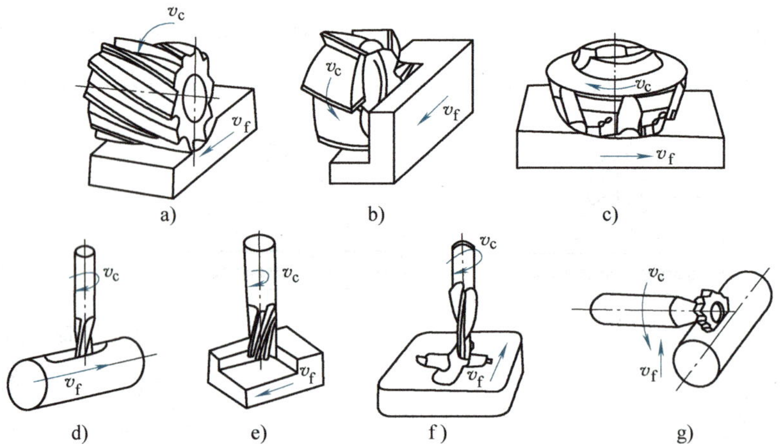

图 8-84　铣削加工的主要应用

a)、c) 铣削平面　b)、e) 铣削台阶面　d)、g) 铣削键槽　f) 铣削型腔

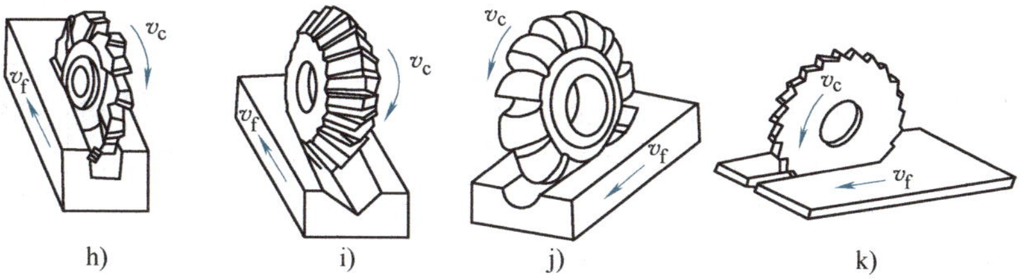

图 8-84 铣削加工的主要应用（续）

h）铣削沟槽 i）、j）铣削成形面 k）切断

5. 刨削加工

在水平面内，用刨刀相对工件做直线往复运动的切削加工方法，称为刨削加工。由于刨床结构简单，通用性差，生产率低，故多适用于单件小批量生产。一般牛头刨床用于加工中小型零件，龙门刨床用于加工大中型零件，两者在狭长平面加工时有其特殊的优点。刨削加工的主要应用如图 8-85 所示。

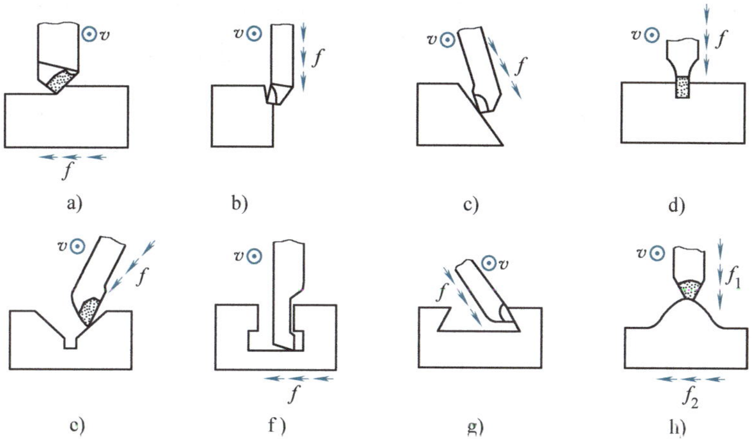

图 8-85 刨削加工的主要应用

a）刨削平面 b）刨削垂直面 c）刨削斜面 d）刨削直槽
e）刨削 V 形槽 f）刨削 T 形槽 g）刨削燕尾槽 h）刨削成形面

6. 插削加工

用插刀相对工件做垂直方向的直线往复运动的切削加工方法称为插削加工。插削在插床上进行，可以看作是“立式刨床”加工。插削主要用于加工单件小批生产中零件的某些内表面，如图 8-86 所示。工业应用表明，插床的许多工作可由线切割机床完成。

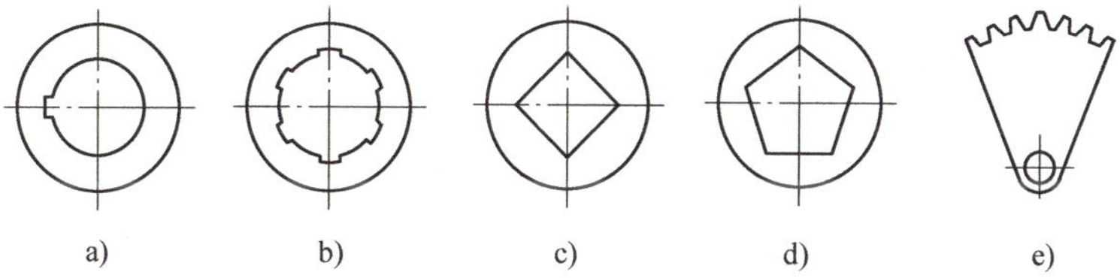

图 8-86 插削表面举例

a）孔内单键槽 b）内花键 c）方孔 d）五边形孔 e）扇形齿轮

7. 拉削加工

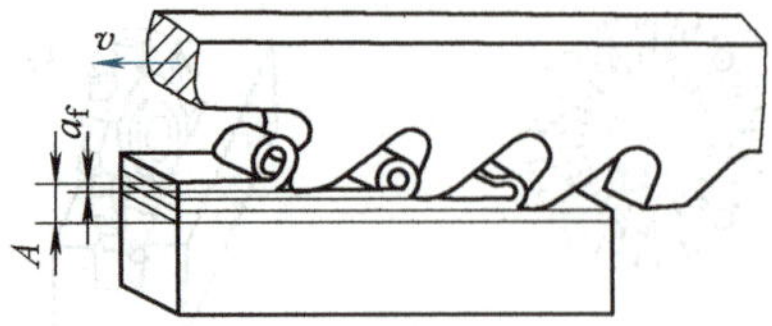

图 8-87 平面拉削

用拉刀加工工件内、外表面的方法称为拉削加工。拉削可在卧式拉床和立式拉床上进行。如图 8-87 所示，拉刀的直线运动为主运动。拉削无进给运动，其进给靠拉刀每齿升高量来实现，因此，拉削可以看作是按高低顺序排列成队的多把刨刀进行的刨削。

(1) 拉刀　图 8-88 所示为圆孔拉刀的组成，其主要工作部分如下：

1）头部供拉床夹头夹持，传递动力。

2）颈部连接头部与其他部分，并可在此处打标记（刀具材料、尺寸规格等）。

3）过渡锥使拉刀易于进入待加工孔内并起定心作用。

4）前导部起导向和定心作用，防止拉刀进入工件后，发生歪斜，并可检查拉孔前后孔径是否过小，以免拉刀第一个刀齿负荷太大而损坏。

5）切削部完成全部切削工作，由粗切齿、过渡齿和精切齿三部分组成。这些刀齿的直径由前导部向后逐渐增大，最后一个精切齿的直径应保证被拉削孔获得所要求的尺寸。

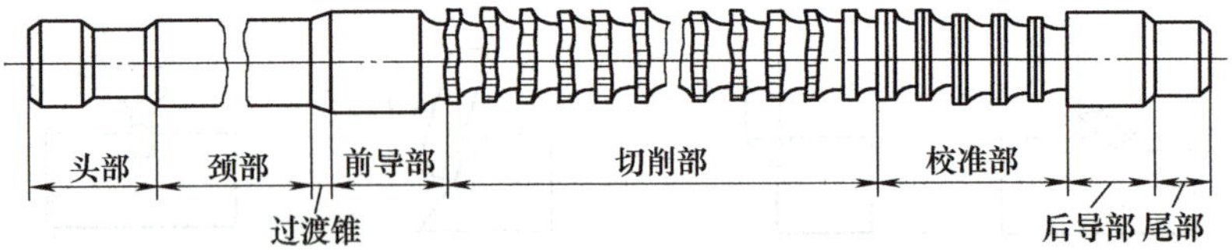

图 8-88 圆孔拉刀的组成

6）校准部有几个校准齿，其直径与拉削后的孔径相同，只起校准与修光作用，以提高加工精度，降低表面粗糙度值。

7）后导部保持刀具最后的正确位置，防止拉刀离开工件时损坏已加工表面或刀齿。

8）尾部用于支承较长的拉刀。

(2) 拉削的应用　拉削的生产率高，加工质量好，但拉刀制造复杂，成本高。因此，拉削主要用于成批大量生产，适于加工拉刀前进方向没有障碍的各种截面形状，如图 8-89 所示。

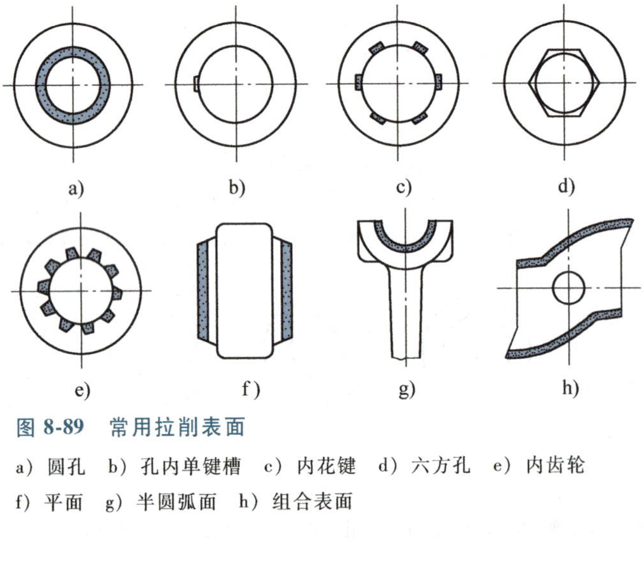

图 8-89 常用拉削表面

a) 圆孔　b) 孔内单键槽　c) 内花键　d) 六方孔　e) 内齿轮
f) 平面　g) 半圆弧面　h) 组合表面

8.4.3 磨削加工方法

用砂轮或涂覆磨具以较高的线速度对工件表面进行加工的方法称为磨削加工。它大多在磨床上进行。磨削加工可分为普通磨削、高效磨削、低粗糙度磨削和砂带磨削等，其中低粗糙度磨削属于精密加工范畴。

1. 普通磨削

普通磨削是一种应用十分广泛的精加工方法，它可以用外圆、内外圆、平面、无心、专用等磨床加工外圆、内孔、平面、锥面以及其他特殊型面等。它和一般刀具切削加工相比有以下特点：能方便地加工零件淬火表面，能经济地完成尺寸公差等级为 IT6~IT7、表面粗糙度 *Ra* 值为 0.2~0.8μm 的零件的表面加工，利用砂轮的自锐作用（当外力超过磨粒强度极限时，磨粒破碎，以保持自身锋锐的性能）能提高磨削加工的生产率。

（1）磨削外圆 外圆磨削的具体方法有纵磨（砂轮高速旋转，进给运动为工件旋转圆周进给和磨床工作台一起往复纵向进给，且砂轮做周期性径向进给）、横磨（砂轮高速旋转，进给运动包括工件旋转圆周进给及砂轮连续横向进给）、综合磨（开始横磨，最后纵磨）以及深磨（同纵磨）四种（见图 8-90）。纵磨法的磨削力小，散热条件好，磨削工件的质量高，但生产率低，适用于单件小批量生产；横磨生产率高，适用于大批量生产，但磨削力大，热量多，要求工件的刚性好；综合磨结合了纵磨、横磨两者的优点；深磨适用于大批量生产刚度好的工件。

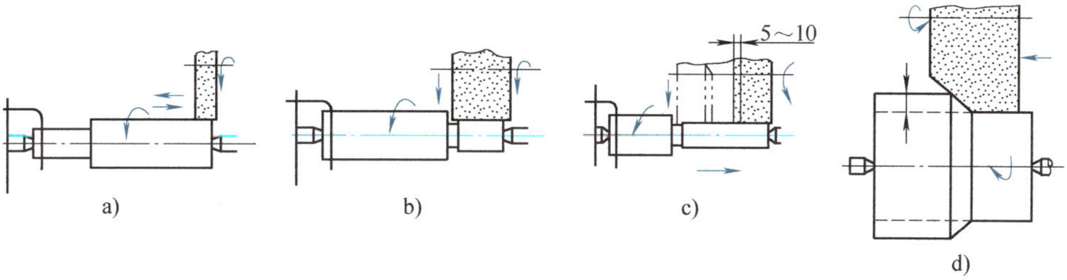

图 8-90 磨削外圆的方法

a）纵磨法 b）横磨法 c）综合磨法 d）深磨法

（2）磨削内圆（包括内锥面） 磨削内圆的砂轮受孔径限制，切削速度难以达到磨削外圆时的速度；砂轮轴直径小，悬伸长，刚度差；易弯曲变形和振动，且只能采用很小的背吃刀量；砂轮与工件成内切圆接触，接触面积大，磨削热多，散热条件差，表面易烧伤。因此，磨削内圆生产率低。但是与铰孔和拉孔相比，内圆磨削的适应性较强，在一定范围内可磨削不同直径的孔，还可纠正孔的位置误差；能加工淬火工件；加工不通孔、大孔等（见图 8-91）。

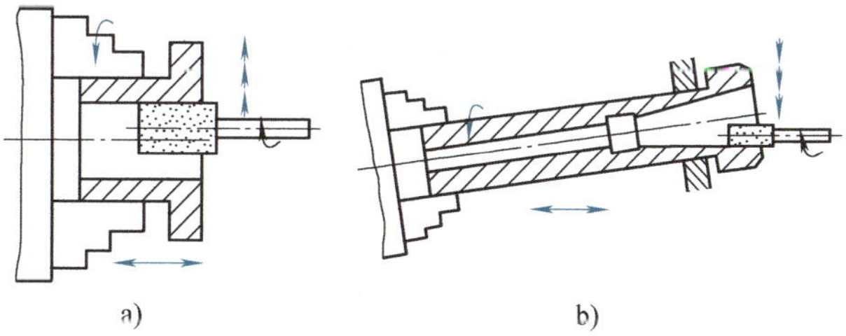

图 8-91 磨削内圆的方法

a）磨削内圆 b）扳转上工作台磨削锥孔

（3）磨削平面 磨削平面的方法有周磨法和端磨法两种。图 8-92a 所示为周磨法，图 8-92b

所示为端磨法。

用周磨法磨削平面时，砂轮与工件的接触面积小，排屑和散热条件好，工件热变形小，砂轮周面磨损均匀，因此表面加工质量高，但生产率低，适用于单件小批量生产。

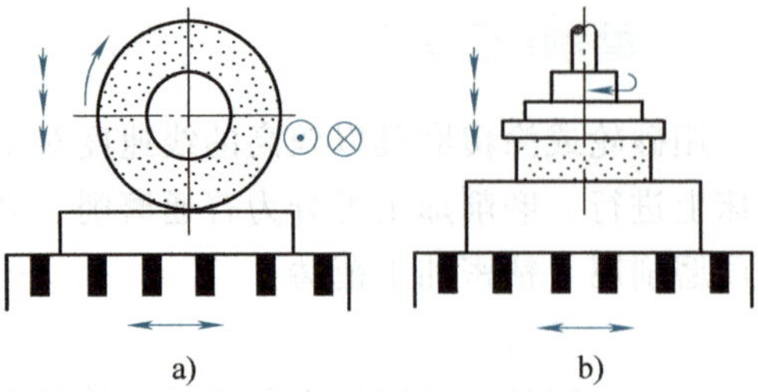

图 8-92　磨削平面的方法

a）周磨法　b）端磨法

用端磨法磨削平面时，由于砂轮轴立式安装，刚性好，可采用较大的磨削用量，且砂轮与工件接触面积大，同时工作的磨粒数多，故生产率高。但砂轮端面上径向各处切削速度不同，磨损不均匀，因此加工质量差，故仅适用于粗磨。

（4）无心磨削　无心磨削在无心磨床上进行，也有纵磨法和横磨法两种。

无心纵磨法如图 8-93 所示。大轮为工作砂轮，起切削作用；小轮为导轮，无切削能力。两轮与托板构成 V 形定位托住工件。由于导轮的轴线与砂轮轴线倾斜 β 角（$\beta=16°$），故 $v_{导}$ 分解成 $v_{工}$ 和 $v_{进}$。$v_{工}$ 带动工件旋转，$v_{进}$ 带动工件轴向移动。为使导轮与工件直线接触，应把导轮圆周表面的素线修整成双曲线。无心纵磨法主要用于大批大量生产中磨削细长光滑轴及销钉、小套等零件的外圆。

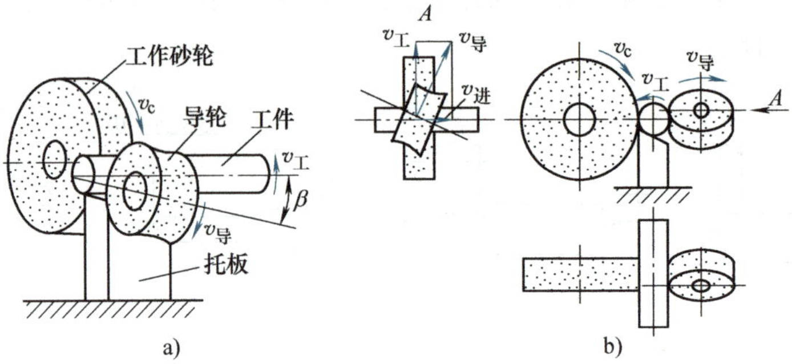

图 8-93　无心纵磨法磨削外圆

2. 高效磨削

随着科学技术的发展，作为传统精加工方法的普通磨削也在逐步向高效率和高精度的方向发展。高效磨削常见的有高速磨削、缓进给深磨削、宽砂轮与多砂轮磨削、砂带磨削等。

（1）高速磨削　通常，砂轮的线速度高于 45m/s 的磨削称为高速磨削。目前，磨削速度已达到（或超过）200~250m/s，我国已生产出 50~60m/s 的高速外圆磨床、凸轮磨床和轴承磨床等。

（2）缓进给深磨削　缓进给深磨削又称深槽磨削或蠕动磨削。其磨削深度为普通磨削的 100~1000 倍，可达 3~30mm，是一种强力磨削方法，如图 8-94 所示。磨削过程大多

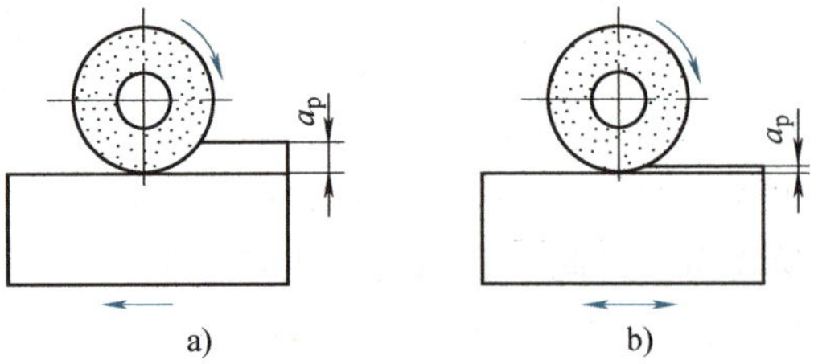

图 8-94　缓进给深磨削与普通磨削比较

a）缓进给深磨削　b）普通平面磨削

经一次行程磨削即可完成。缓进给深磨削生产率高，砂轮损耗小，磨削质量好；其缺点是设备费用高。将高速快进给磨削与深磨削相结合，其效果更佳。

（3）宽砂轮与多砂轮磨削　宽砂轮磨削是用增大磨削宽度来提高磨削效率的。普通外圆磨削的砂轮宽度为 50mm 左右，而宽砂轮外圆磨削的砂轮宽度可达 300mm，平面磨削可达 400mm，无心磨削可达 1000mm。宽砂轮外圆磨削一般采用横磨法。多砂轮磨削是宽砂轮磨削的另一种形式。宽砂轮与多砂轮磨削主要用于大批大量生产中（见图 8-95）。

（4）砂带磨削　用高速运动的砂带作为磨削工具磨削各种表面的方法称为砂带磨削。它是近年来发展起来的一种新型高效工艺方法，图 8-96 所示为砂带磨削的几种形式。

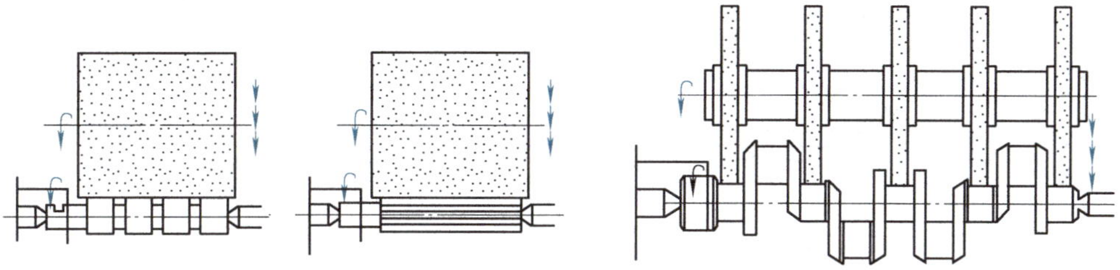

a)　　b)　　c)

图 8-95　宽砂轮与多砂轮磨削

a）磨削滑阀外圆　b）磨削花键轴外圆　c）多砂轮磨削曲轴

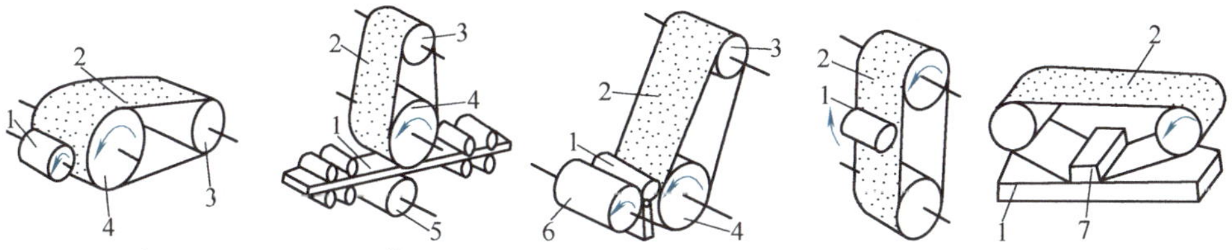

a)　　b)　　c)　　d)　　e)

图 8-96　砂带磨削的几种形式

a）磨削外圆　b）磨削平面　c）无心磨削　d）自由磨削　e）砂带成形磨削

1—工件　2—砂带　3—张紧轮　4—接触轮　5—承载轮　6—导轮　7—成形导向板

砂带磨削的优点是：生产率高，加工质量好，能保证恒速工作，不需修整，磨粒锋利，发热少；适于磨削各种复杂的型面；砂带磨床结构简单，操作安全。

砂带磨削的缺点是：砂带消耗较快，砂带磨削不能加工小直径孔、不通孔，也不能加工阶梯外圆和齿轮等。

8.4.4　常用表面光整加工方法

除了上述常用的切削、磨削加工外，为了提高尺寸精度，获得更好的表面粗糙度或所需要的表面形貌，通常在切削、磨削加工的基础上，还可以采用刮削、宽刀细刨、研磨、珩磨、抛光等工艺方法。

（1）刮削　刮削是指用刮刀刮除工件表面薄层的加工方法。它一般在普通精刨和精铣基础上，由钳工手工操作进行，如图 8-97 所示。刮削余量为 0.05～0.4mm，被刮削面的精度用 $25\times25mm^2$ 面积内均匀分布的点子数目表示，一般固定接触面为 6～10 点，机器工作面和量具接触面为 8~15 点，平板和精密机床的导轨为 16~24 点。

(2) 宽刀细刨　宽刀细刨是指在普通精刨的基础上，通过改善切削条件，使工件获得较高的形状精度和较低的表面粗糙度值的一种表面光整加工方法，如图 8-98 所示。宽刃细刨刀以很低的切速（v_c<5m/min）和很大的进给量在工件表面上切去一层极薄的金属。它要求机床精度高，刚性好，刀具刃口平直光洁，常用于批量生产中加工大型工件上精度较高的平面（如导轨面），尺寸公差等级可达 IT7~IT5，表面粗糙度 *Ra* 值可达 0.008~1.25μm。

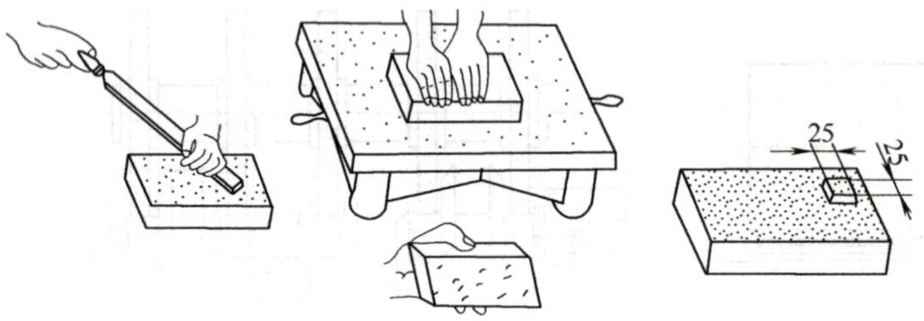

图 8-97　刮削

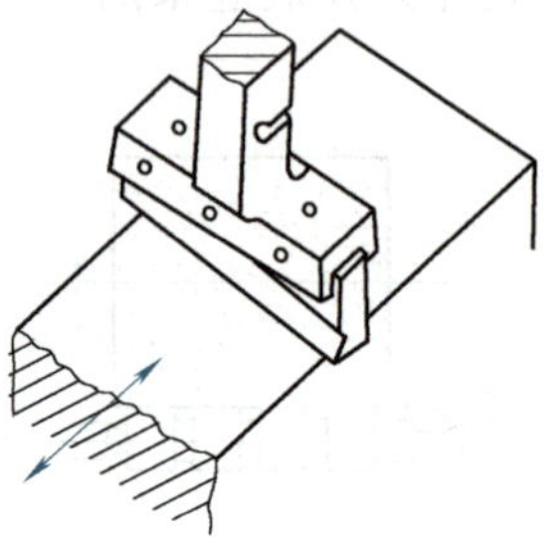
图 8-98　宽刀细刨

(3) 研磨　研磨是指用研具与研磨剂对工件表面进行光整加工的方法。研磨时，研磨剂置于研具与工件之间，在一定压力作用下，研具与工件表面做复杂的相对运动，通过研磨剂的机械及化学作用，研去工件表面极薄的一层材料，从而达到很高的精度和很小的表面粗糙度值。研磨常用于精加工量块、喷油嘴，以及光学电子工业中的棱镜、半导体晶体、陶瓷元件等。

研具的材料常用铸铁、塑料等材料制造。研磨剂由磨料、研磨液和辅助填料等混合而成，有液态、膏状和固态三种供选用。常用磨料有刚玉、碳化硅等；常用研磨液有煤油、汽油、机油等；常用辅助填料是硬脂酸、油酸等化学活性物质。研磨余量一般为 0.01~0.03mm。研磨的尺寸公差等级可达 IT5~IT3，表面粗糙度 *Ra* 值可达 0.1~0.008μm。

(4) 珩磨　珩磨是指利用珩磨工具对工件表面施加一定压力，珩磨工具同时做相对旋转和直线往复运动，切除工件极小余量的一种表面光整加工方法。珩磨多在精镗后进行，多用于加工飞机、汽车发动机的气缸、气缸套、炮筒等圆柱孔类零件表面，如图 8-99 所示。与其他精密加工方法相比，珩磨具有以下特点：有多个油石条同时连续工作，生产率较高；珩磨能提高孔的表面质量、尺寸和形状精度，但不能提高孔的位置精度；珩磨已加工表面有交叉网纹，有利于油膜形成，润滑性能好；但珩磨头结构复杂。珩磨余量一般铸铁件为 0.02~0.15mm，钢件为 0.005~0.08mm；珩磨的尺寸公差等级可达 IT6~IT4，表面粗糙度 *Ra* 值可达 0.05~0.2μm。

(5) 抛光　抛光是指用涂有抛光膏的软轮（即抛光轮）高速旋转对工件表面进行光整加工，从而降低工件表面粗糙度值，提高光亮度的一种精密加工方法。图 8-100 所示为抛光立铣头壳体刻度盘。抛光轮一般用毛毡、橡胶、皮革或布等制成，抛光膏由磨料（氧化铬、氧化铁等）和油酸、软脂酸等配制而成。经过抛光，表面粗糙度 *Ra* 值可达 0.1~0.012μm。

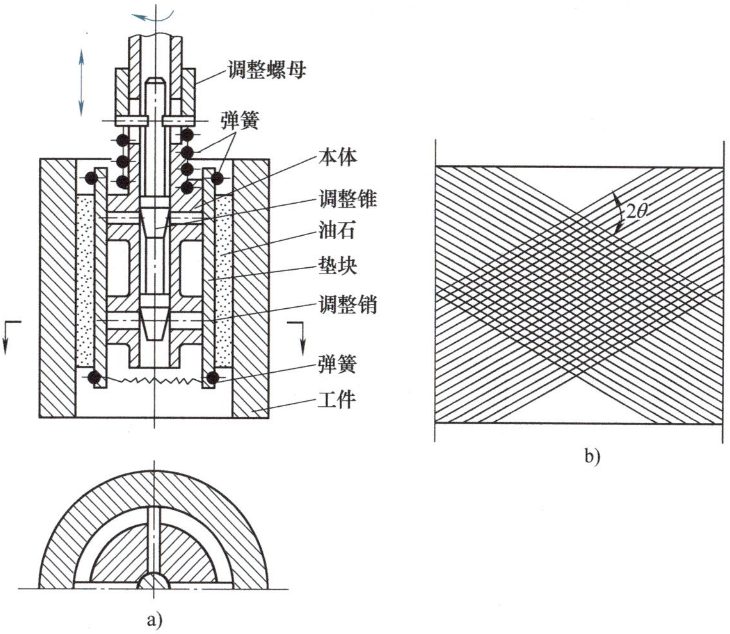

图 8-99 珩磨

a）机械式珩磨头 b）磨削网状轨迹

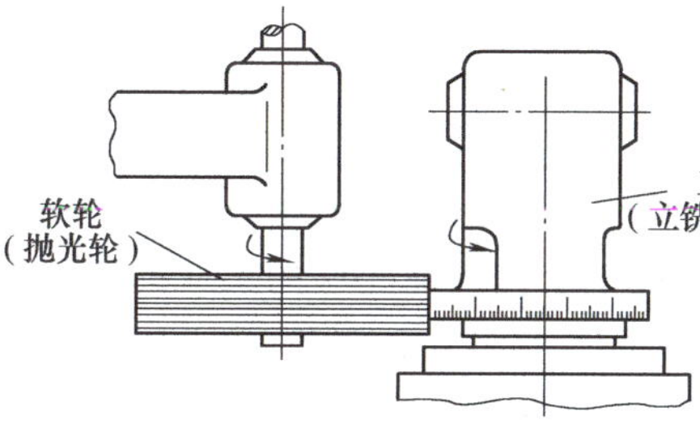

图 8-100 抛光立铣头壳体刻度盘

8.5 互换性简介和零件的加工质量与技术要求

机器零件的使用性能和寿命与组成产品零件的加工质量和产品的装配精度有关。一般来讲，零件的加工质量是保证产品装配精度的基础，但产品的装配精度并不完全取决于零件的加工质量，它还可以通过合理的产品结构设计和正确的装配方法、配合关系来实现。通常，零件的加工质量包括加工精度和表面质量两个方面，其内容如图 8-101 所示。而对机器提出的技术要求又是通过零件之间的装配方法、位置和配合性质以及一定的管理手段来实现的。要很好地阐述以上问题，必须具备一些与加工质量和常用技术要求有关的

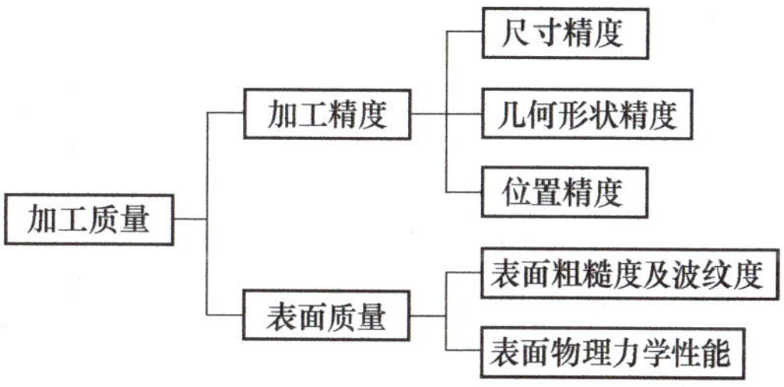

图 8-101 零件的机械加工质量内容

互换性的基本概念。下面将对有关的术语定义、加工精度、表面质量、技术要求以及影响加工精度和表面质量的因素进行分述。

8.5.1 互换性、极限与配合的基本概念

1. 互换性

互换性是现代化生产的原则。它通常是指在同一规格的零件或部件中不需要做任何挑选、修配、调整，装配后就可以达到原设计的使用要求。互换性包括几何参数、材料性能（如硬度、强度）和理化性能等方面的互换性。

2. 孔和轴

在极限与配合中，孔和轴这两个术语有特殊的意义，它关系到公差标准的应用范围。

(1) 孔　孔是指工件的圆柱形内表面，也包括非圆柱形内表面（由两平行平面或切面形成的包容面）。孔的尺寸用 D 表示。

(2) 轴　轴是指工件的圆柱形外表面，也包括非圆柱形外表面（由两平行平面或切面形成的被包容面）。轴的尺寸用 d 表示。

3. 尺寸

(1) 尺寸　尺寸是指以特定单位表示线性尺寸值的数值，如直径、半径、长度、宽度、高度、中心距等。图样上的尺寸通常以 mm 为单位，标注时予以省略。

(2) 公称尺寸　通过它应用上、下极限偏差可计算出极限尺寸。它是依据零件使用要求，通过计算和试验确定的，一般应尽量选用标准尺寸系列。

(3) 实际组成要素　实际组成要素是指通过测量获得的某一孔、轴的尺寸。由于存在测量误差，所以实际尺寸并非被测零件的真值，它包含了测量误差。由于工件存在几何误差，故同一零件不同部位的实际组成要素也不一样。

(4) 极限尺寸　极限尺寸是指一个孔或轴允许的尺寸的两个极端，也就是允许尺寸变动的两个界限值。提取组成要素的局部尺寸应位于其中，也可达到极限尺寸。其中较大的一个极限尺寸称为上极限尺寸，较小的一个极限尺寸称为下极限尺寸。

4. 偏差

偏差是指某一尺寸（极限尺寸、实际尺寸）减去其公称尺寸所得的代数差。上极限尺寸减去其公称尺寸所得代数差称为上极限偏差，下极限尺寸减去其公称尺寸所得代数差称为下极限偏差，实际尺寸减去其公称尺寸所得代数差称为实际偏差。

5. 公差

公差是指允许尺寸变动量，其值等于上极限尺寸与下极限尺寸之差的绝对值，或上极限偏差与下极限偏差之差的绝对值。就其某一具体尺寸来讲，其给定的公差值越小，说明精度越高，则加工越困难；反之，精度越低，公差越大，制造越容易。尺寸、偏差、公差之间的关系如图 8-102 所示。

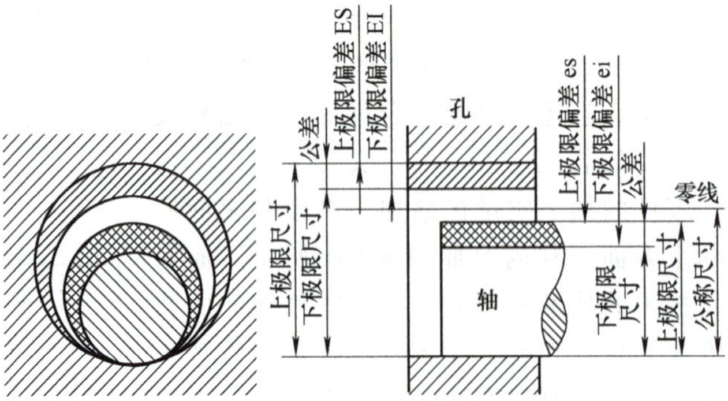

图 8-102　尺寸、偏差、公差之间的关系

6. 公差带图与零线

(1) 公差带图 由于公差及偏差的数值与尺寸数值相比差别极大，不便用同一比例表示，故采用公差与配合图解，简称公差带图，如图 8-103 所示。

(2) 零线 在公差带图中，用以确定偏差的一条基准直线即为零线。

在公差带图中，零线表示公称尺寸，其单位是 mm，偏差及公差的单位是 μm。孔、轴公差带的相互位置及大小应按协调比例给出。

(3) 公差带 在公差带图中，由代表上、下极限偏差的两条直线所限定的一个区域称公差带。公差带有两个基本参数，即公差带大小与公差带位置。公差带大小由标准公差确定，公差带位置由基本偏差确定。GB/T 1800.1—2009 将标准公差和基本偏差进行了标准化。

(4) 基本偏差 基本偏差是指用来确定公差带相对于零线位置的那个极限偏差。它可以是上极限偏差或下极限偏差，一般为靠近零线的那个偏差。当公差带位于零线上方时，其基本偏差为下极限偏差；当公差带位于零线下方时，基本偏差为上极限偏差，如图 8-104 所示；当公差带对称于零线时，基本偏差为上极限偏差或下极限偏差。

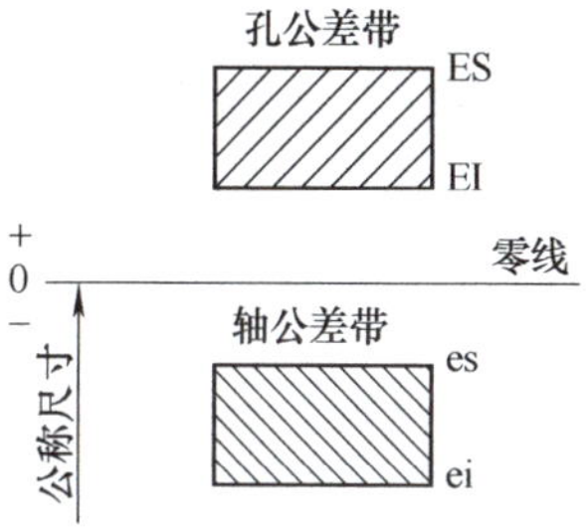

图 8-103 公差带图

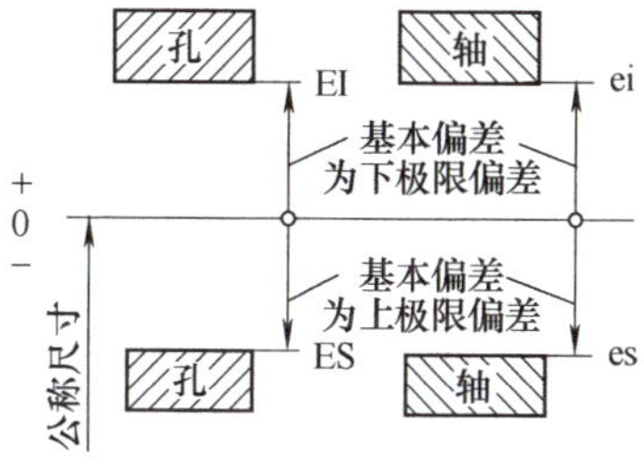

图 8-104 基本偏差示意图

7. 配合与基准制

(1) 配合 配合是指公称尺寸相同、相互接合的孔和轴公差带之间的关系。由于配合是指一批孔、轴的装配关系，而不是指单个孔和轴的装配关系，所以用公差带关系反映配合就比较准确。

(2) 间隙或过盈 间隙或过盈是指孔的尺寸减去相配合的轴的尺寸所得的代数差。差值为正时，称为间隙，用 X 表示；差值为负时，称为过盈，用 Y 表示。

(3) 配合种类

1) 间隙配合。间隙配合是指孔与轴相配合时，具有间隙（包括最小间隙等于零）的配合。此时，孔的公差带在轴的公差带之上，如图 8-105 所示。其极限值为最大间隙和最小间隙。

孔的上极限尺寸减去轴的下极限尺寸所得的代数差称为最大间隙，用 X_{max} 表示，即

$$X_{max}=D_{max}-d_{min}=ES-ei$$

孔的下极限尺寸减去轴的上极限尺寸所得的代数差称为最小间隙，用 X_{min} 表示，即

$$X_{min}=D_{min}-d_{max}=EI-es$$

配合公差是指组成配合的孔、轴公差之和。它是允许间隙的变动量，其值等于最大间隙

与最小间隙之代数差的绝对值，也等于相互配合的孔公差与轴公差之和。配合公差用 T_f 表示，即

$$T_f=|X_{max}-X_{min}|=T_h+T_s$$

2）过盈配合。过盈配合是指具有过盈（包括最小过盈等于零）的配合。此时，孔的公差带在轴的公差带之下，如图 8-106 所示。其极限值为最大过盈和最小过盈。

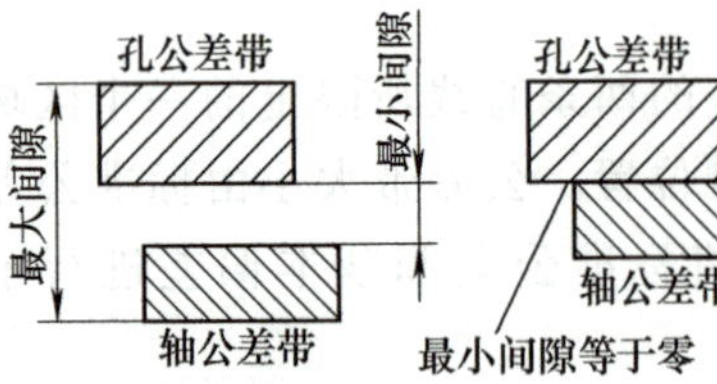

图 8-105　间隙配合

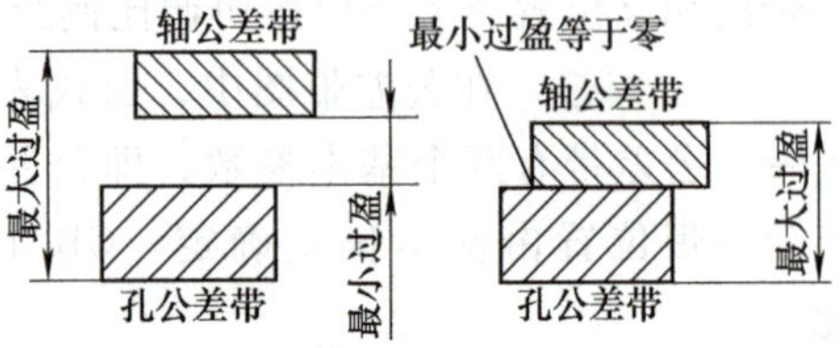

图 8-106　过盈配合

孔的下极限尺寸与轴的上极限尺寸之差称为最大过盈，用 Y_{max} 表示，即

$$Y_{max}=D_{min}-d_{max}$$

孔的上极限尺寸与轴的下极限尺寸之差称为最小过盈，用 Y_{min} 表示，即

$$Y_{min}=D_{max}-d_{min}$$

配合公差（即过盈公差）是指允许过盈的变动量，其值等于最小过盈与最大过盈代数差的绝对值，也等于相互配合的孔公差与轴公差之和，即

$$T_f=|Y_{min}-Y_{max}|=T_h+T_s$$

3）过渡配合。过渡配合是指可能具有间隙或过盈的配合。此时，孔的公差带与轴的公差带相互交叠。其极限值为最大间隙和最大过盈，如图 8-107 所示。

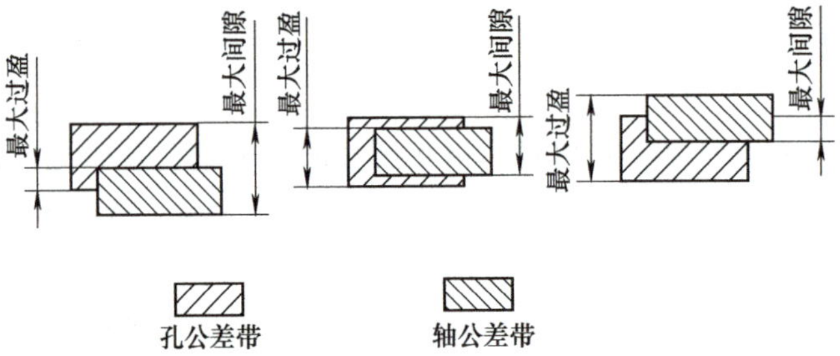

图 8-107　过渡配合

配合公差等于最大间隙与最大过盈代数差的绝对值，也等于相互配合的孔公差与轴公差之和，即

$$T_f=|X_{max}-Y_{max}|=T_h+T_s$$

（4）配合制（基准制）　配合制是指同一极限制的孔和轴组成的一种配合制度。

GB/T 1800. 1—2020 规定了两种配合制，即基孔制配合和基轴制配合。

1）基孔制配合。基孔制配合是指基本偏差为一定的孔的公差带，与不同基本偏差的轴的公差带形成各种配合的一种制度。基孔制的孔为基准孔，其代号为 H，标准规定的基准孔的基本偏差（下极限偏差）为零，如图 8-108a 所示。

2）基轴制配合。基轴制配合是指基本偏差为一定的轴的公差带，与不同基本偏差的孔

的公差带形成各种配合的一种制度。基轴制的轴为基准轴，其代号为 h，标准规定基准轴的基本偏差（上极限偏差）为零，如图 8-108b 所示。

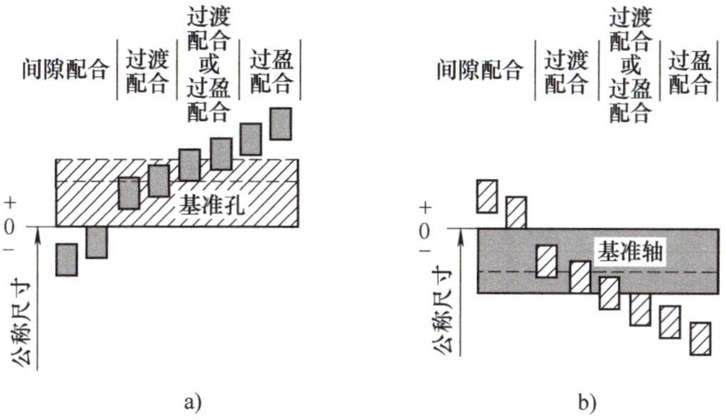

图 8-108 基准制

a）基孔制 b）基轴制

8.5.2 加工精度

加工精度是指零件加工后的实际几何参数（尺寸、形状和位置）与理想几何参数的符合程度。而上述实际几何参数对理想几何参数的偏离程度称为加工误差。偏离程度越低，即符合程度越高，则加工误差越小，加工精度越高。

在实际生产中，任何一种机械加工方法都不可能将零件加工得绝对精确，总会产生一些误差。从零件的使用要求看，也没有必要把零件做得绝对准确，只要其加工误差不超过零件图上所规定的范围，就为合格产品。加工精度的高低是通过加工误差的大小来评定的，为了保证零件的加工精度，必须将加工误差控制在公差允许的范围内，即合格零件的加工误差受它本身公差的限制。

零件的加工精度包括尺寸精度、形状精度和位置精度。

1. 尺寸精度

尺寸精度是指零件的实际尺寸与设计的理想尺寸的接近程度，而尺寸误差是指零件的实际尺寸与设计的理想尺寸的偏离程度。误差的大小反映了尺寸精确程度，这是一个问题的两个角度描述；换言之，尺寸精度是用尺寸误差的大小来表示的，尺寸误差又受到尺寸公差的控制。在公称尺寸相同的情况下，尺寸公差越小，则尺寸精度越高。GB/T 1800.1—2020 将确定尺寸精度的标准公差等级分为 20 级，分别为 IT01、IT0、IT1…IT18。IT 表示标准公差（IT 是国际公差 ISO Tolerance 的英文缩写），公差的等级代号用阿拉伯数字表示，从 IT01～IT18 精度依次降低，公差数值依次增大。标准公差见表 8-4。

表 8-4 标准公差（GB/T 1800.1—2020）

公称尺寸/mm		标准公差等级																	
		IT1	IT2	IT3	IT4	IT5	IT6	IT7	IT8	IT9	IT10	IT11	IT12	IT13	IT14	IT15	IT16	IT17	IT18
大于	至	μm											mm						
—	3	0.8	1.2	2	3	4	6	10	14	25	40	60	0.1	0.14	0.25	0.4	0.6	1	1.4
3	6	1	1.5	2.5	4	5	8	12	18	30	48	75	0.12	0.18	0.3	0.48	0.75	1.2	1.8

（续）

公称尺寸/mm		标准公差等级																	
		IT1	IT2	IT3	IT4	IT5	IT6	IT7	IT8	IT9	IT10	IT11	IT12	IT13	IT14	IT15	IT16	IT17	IT18
大于	至	μm											mm						
6	10	1	1.5	2.5	4	6	9	15	22	36	58	90	0.15	0.22	0.36	0.58	0.9	1.5	2.2
10	18	1.2	2	3	5	8	11	18	27	43	70	110	0.18	0.27	0.13	0.7	1.1	1.8	2.7
18	30	1.5	2.5	4	6	9	13	21	33	52	84	130	0.21	0.33	0.52	0.84	1.3	2.1	3.3
30	50	1.5	2.5	4	7	11	16	25	39	62	100	160	0.25	0.39	0.62	1	1.6	2.5	3.9
50	80	2	3	5	8	13	19	30	46	74	120	190	0.3	0.46	0.74	1.2	1.9	3	4.6
80	120	2.5	4	6	10	15	22	35	54	87	140	220	0.35	0.54	0.87	1.4	2.2	3.5	5.4
120	180	3.5	5	8	12	18	25	40	63	100	160	250	0.4	0.63	1	1.6	2.5	4	6.3
180	250	4.5	7	10	14	20	29	46	72	115	185	290	0.46	0.72	1.15	1.85	2.9	4.6	7.2
250	315	6	8	12	16	23	32	52	81	130	210	320	0.52	0.81	1.3	2.1	3.2	5.2	8.1
315	400	7	9	13	18	25	36	57	89	140	230	360	0.57	0.89	1.4	2.3	3.6	5.7	8.9
400	500	8	10	15	20	27	40	63	97	155	250	400	0.63	0.97	1.55	2.5	1	6.3	9.7
500	630	9	11	16	22	32	44	70	110	175	280	440	0.7	1.1	1.75	2.8	4.4	7	11
630	800	10	13	18	25	36	50	80	125	200	320	500	0.8	1.25	2	3.2	5	8	12.5
800	1000	11	15	21	28	40	56	90	140	230	360	560	0.9	1.4	2.3	3.6	5.6	9	14
1000	1250	13	18	24	33	47	66	105	165	260	420	660	1.05	1.65	2.6	4.2	6.6	10.5	16.5
1250	1600	15	21	29	39	55	78	125	195	310	500	780	1.25	1.95	3.1	5	7.8	12.5	19.5
1600	2000	18	25	35	46	65	92	150	230	370	600	920	1.5	2.3	3.7	6	9.2	15	23
2000	2500	22	30	41	55	78	110	175	280	440	700	1100	1.75	2.8	4.4	7	11	17.5	28
2500	3150	26	36	50	68	96	135	210	330	540	860	1350	2.1	3.3	5.4	8.6	13.5	21	33

2. 形状和位置精度

以图 8-109 所示的 $\phi25_{-0.013}^{\ 0}$mm 外圆为例，在加工中虽然同样保持在尺寸公差范围之内，却可能加工成八种不同形状的外圆，同样在装配时这同一尺寸的零件也不可能保持在一个装配位置。因此，为了保证机器零件正确装配和性能，单靠尺寸精度来控制零件的几何形状已不能满足要求，还必须对零件的形状和位置误差加以控制。

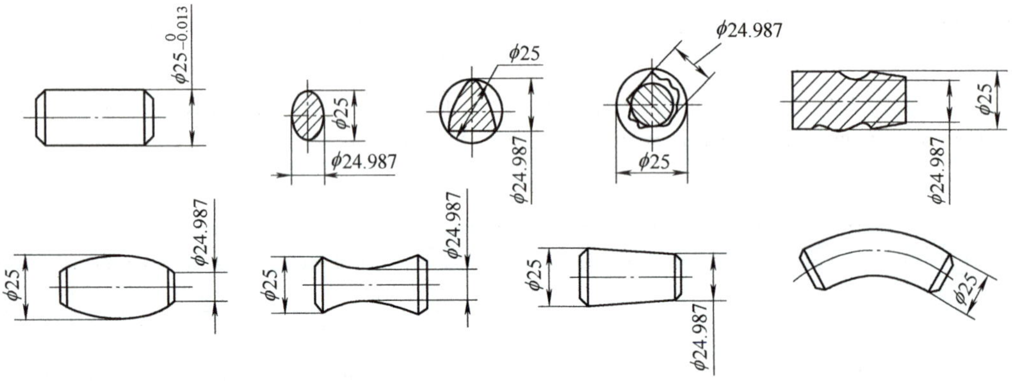

图 8-109 轴的形状误差

（1）几何公差的特征、符号和标注

1）几何公差的特征及符号。GB/T 1182—2018 规定的几何公差的特征项目分为形状公差、方向公差、位置公差和跳动公差四大类，共有 19 项，用 14 种特征符号表示，它们的名称和符号见表 8-5。其中，形状公差特征项目有 6 个，它们没有基准要求；方向公差特征项目有 5 个，位置公差特征项目有 6 个，跳动公差特征项目有 2 个，它们都有基准要求。没有基准要求的线轮廓度、面轮廓度公差属于形状公差，而有基准要求的线轮廓度、面轮廓度公差则属于方向、位置公差。

表 8-5　几何公差特征及符号

公差类型	几何特征	符号	有无基准
形状公差	直线度	—	无
	平面度	▱	无
	圆度	○	无
	圆柱度	⌭	无
	线轮廓度	⌒	无
	面轮廓度	⌓	无
方向公差	平行度	∥	有
	垂直度	⊥	有
	倾斜度	∠	有
	线轮廓度	⌒	有
	面轮廓度	⌓	有
位置公差	位置度	⌖	有或无
	同心度（用于中心点）	◎	有
	同轴度（用于轴线）	◎	有
	对称度	⌯	有
	线轮廓度	⌒	有
	面轮廓度	⌓	有
跳动公差	圆跳动	↗	有
	全跳动	⌰	有

如果要求在公差带内进一步限定被测要素的形状，则应在公差值后面加注符号，见表 8-6。

表 8-6　加注符号及举例

含义	符号	举例
只许中间向材料内凹下	(—)	— | t (—)
只许中间向材料外凸起	(+)	▱ | t (+)
只许从左至右减小	(▷)	⌭ | t (▷)
只许从右至左减小	(◁)	⌭ | t (◁)

2）几何公差的代号。标准规定，在图样中几何公差应采用代号标注。当无法采用代号标注时，允许在技术要求中用文字说明。几何公差的代号包括：几何公差有关项目的符号、几何公差框格和指引线、几何公差数值和其他有关符号、基准符号等。最基本的代号如图 8-110 所示。

3）基准。对于有位置要求的零件，在图样上必须标明基准，如图 8-111 所示。

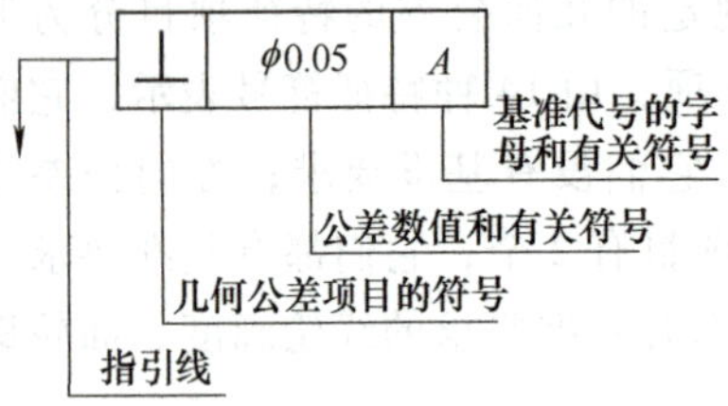

图 8-110 几何公差代号

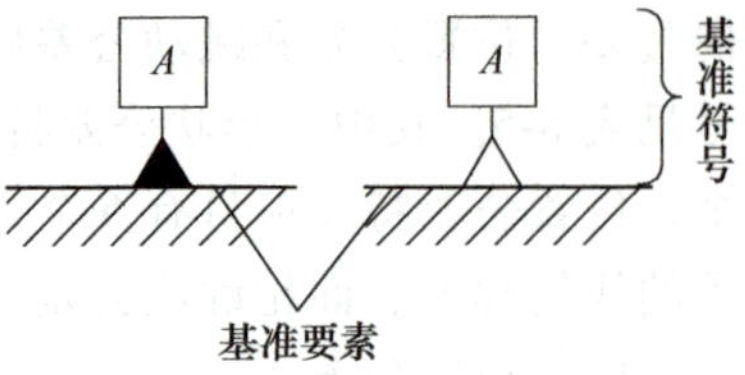

图 8-111 基准

（2）零件的几何要素 要表述零件的形状精度，就必须研究零件几何要素（点、线、面）本身的形状精度和有关要素之间的位置精度问题。零件的几何要素可按不同的方式来分类，一般有：

1）按结构特征分类。

① 组成要素。组成要素（轮廓要素）是指构成零件外形的点、线、面各要素，如图 8-112 中的球面、圆锥面、圆柱面、端平面，以及圆锥面和圆柱面的素线。

② 导出要素。导出要素（中心要素）是指组成要素对称中心所表示的点、线、面各要素，如图 8-112 中的轴线和球心。

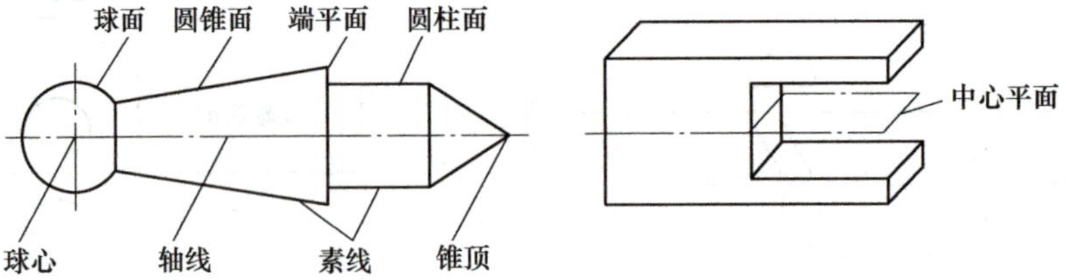

图 8-112 零件的几何要素

2）按存在状态分类。

① 实际要素。实际要素是指零件实际存在的要素。通常用测量得到的要素代替。

② 拟合要素。拟合要素是指具有几何意义的要素，它们不存在任何误差。机械零件图样表示的要素均为拟合要素。

3）按所处地位分类。

① 被测要素。被测要素是指图样上给出几何公差要求的要素，是检测的对象。

② 基准要素。基准要素是指用来确定被测要素方向或（和）位置的要素。

4）按功能关系分。

① 单一要素。单一要素是指仅对要素自身提出功能要求而给出形状公差的被测要素。

② 关联要素。关联要素是指相对基准要素有功能要求而给出方向、位置和跳动公差的被测要素。

（3）几何公差带 用以限制实际要素变动的区域称为几何公差带。显然，实际要素在几何公差带内为合格；反之，则为不合格。

几何公差带的主要形状有 11 种，如图 8-113 所示。它们由被测要素的几何特征和功能要求所确定。几何公差带的大小用以体现几何精度的高低，由给定的几何公差值 t 所确定，一般是指几何公差带的宽度或直径，且为全值。

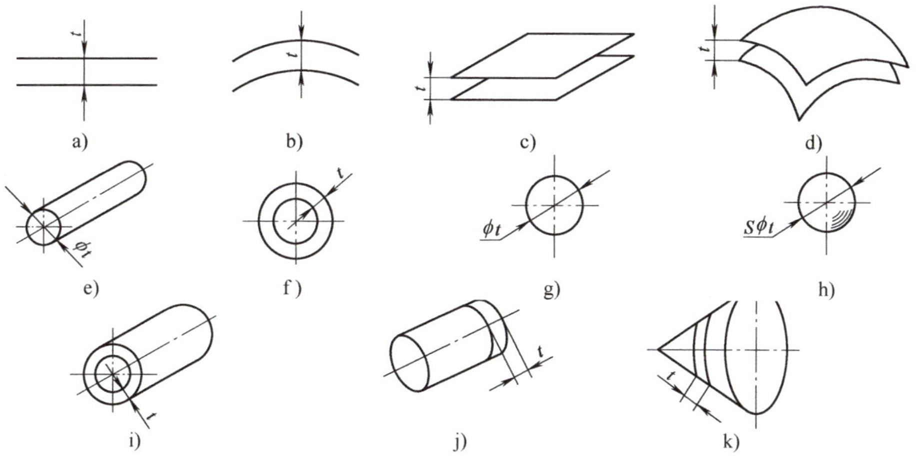

图 8-113　几何公差带的形状

a）两平行直线　b）两等距曲线　c）两平行平面　d）两等距曲面　e）圆柱面　f）两同心圆
g）一个圆　h）一个球　i）两同心圆柱面　j）一段圆柱面　k）一段圆锥面

几何公差带除大小和形状外，还应注意方向和位置问题，本书不再详述。

（4）几何公差的标注　几何公差的标注代号如图 8-110、图 8-111 所示，这里仅就具体标注做一些说明：

1）指引线及箭头。

① 原则：指引线用细实线表示，一端可从框格左端或右端引出，并垂直于框格；另一端带有箭头，应指向公差带宽度或直径方向；整个指引线弯折不得多于两次。

② 当被测要素为组成要素时，箭头应指向轮廓线或其延长线上，且明显与尺寸线错开。

③ 当被测要素为中心线时，箭头应与该要素的尺寸线对齐（见图 8-114）。

2）基准要素的标注。基准要素可用基准符号（见图 8-111）标注。当基准要素为组成要素时，基准三角形紧靠轮廓线或其延长线（见图 8-115），且明显与尺寸线错开。当基准要素为导出要素时，基准符号的连线与有关尺寸线对齐。

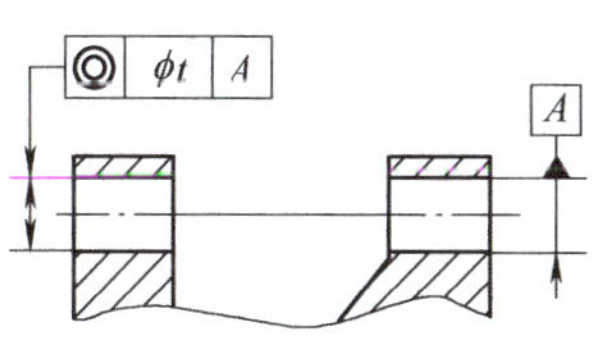

图 8-114　被测要素为中心线

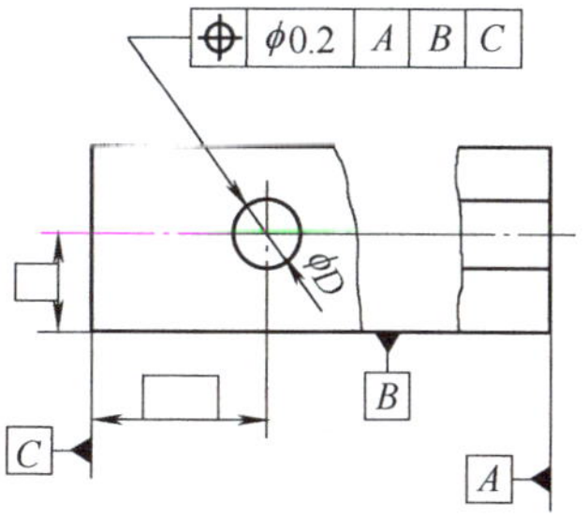

图 8-115　基准要素为组成要素

3）同一被测要素有多项几何公差要求或不同被测要素有相同几何公差要求的标注。当同一被测要素有多项几何公差要求时，可将各公差框格重叠并只用一根带箭头的指引线将被测要素与公差框格相连，如图 8-116 所示。不同被测要素有相同的几何公差要求时，可以从框格引出的指引线上绘制多个指示箭头，并分别指向各被测要素，如图 8-117 所示。几何公差的详细规定可查阅 GB/T 1182—2018。

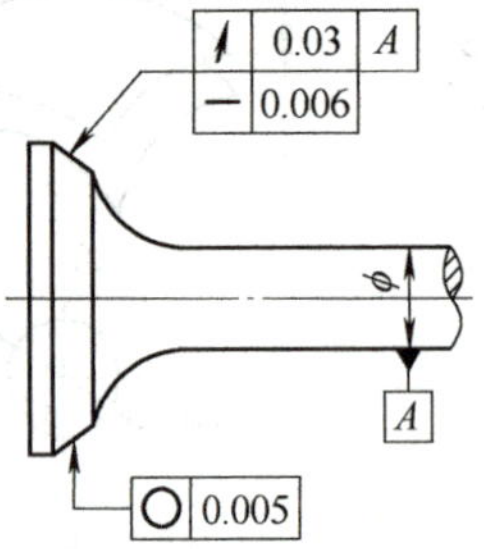

图 8-116 同一被测要素有多项几何公差要求

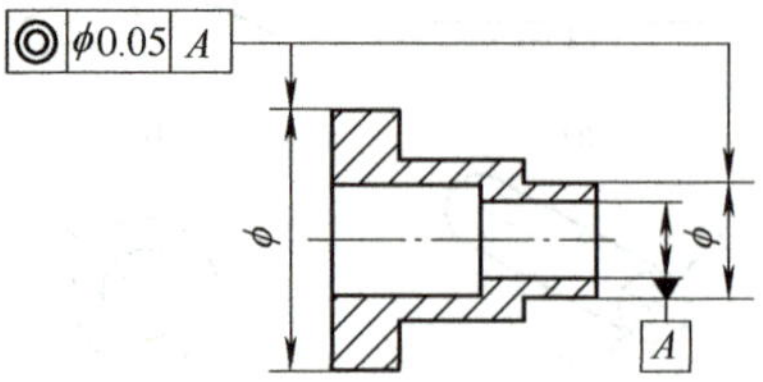

图 8-117 不同被测要素有相同几何公差要求

（5）形状精度 形状精度是指零件的实际要素形状与拟合要素形状符合的程度，而形状误差是指零件实际要素的形状与拟合要素形状的变动量。一个合格的零件误差数值的大小，既反映该零件形状精度的高低，又受到该零件形状公差的限制。一般形状公差是指单一实际被测要素对其拟合要素的允许变动量，形状公差带反映单一实际被测要素允许变动的区域，且具有方向、位置的浮动。

评定形状精度的项目有直线度、平面度、圆度、圆柱度、线轮廓度和面轮廓度 6 项。形状精度是用形状公差来控制的，各项形状公差，除圆度、圆柱度分 13 个公差等级外，其余均分为 12 个公差等级。1 级最高，12 级最低。

使用形状公差评定形状精度时应注意：形状公差中的直线度、平面度、圆度和圆柱度的公差带几何图形都不涉及尺寸，也不涉及基准；而线轮廓度、面轮廓度公差带几何图形理想形状需由零件图样中带框格的尺寸决定，按功能有时也涉及基准；圆柱度要求包容了直线度、圆度要求，一般标注了圆柱度就不应再标注直线度、圆度，除非后者有比圆柱度更高的要求。同样除特殊情况外，面轮廓度一般也包括了线轮廓度要求，表 8-7 是常用形状公差的名称、符号、标注及说明。

表 8-7 常用形状公差的名称、符号、标注及说明

序号	项目	图形	说明	
1	直线度	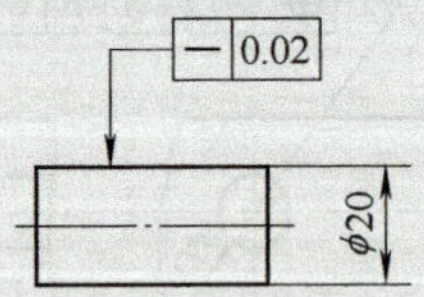	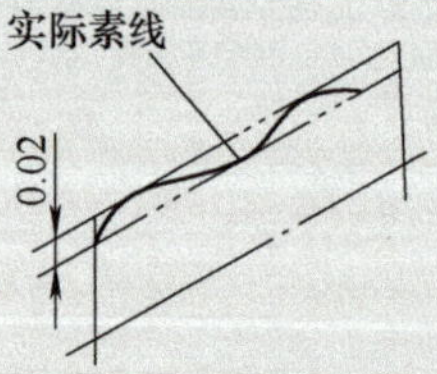	直线度公差为 0.02mm，任一实际素线必须位于轴向平面内距离为 0.02mm 的两平行直线之间
2	平面度	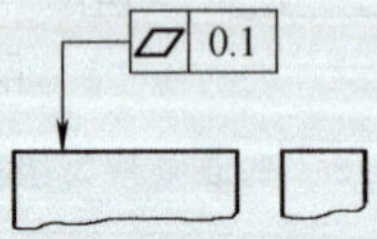	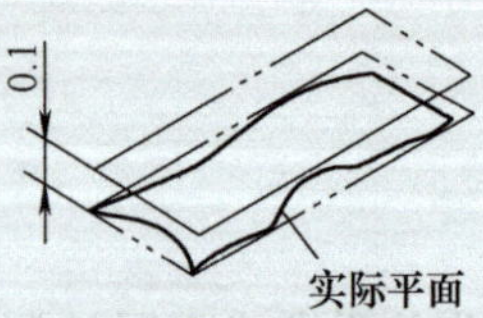	平面度公差为 0.1mm，实际平面必须位于距离为 0.1mm 的两平行平面内
3	圆度	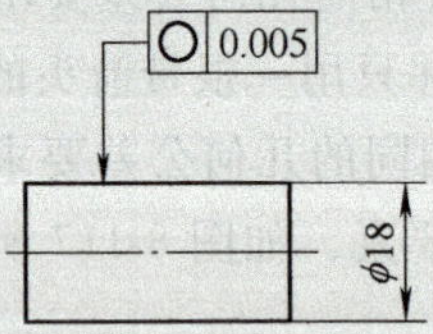	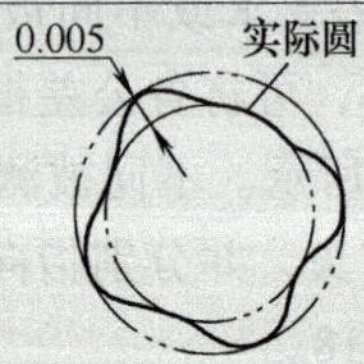	圆度公差为 0.005mm，在任一横截面内，实际圆必须位于半径差为 0.005mm 的两同心圆之间

（续）

序号	项目	图形	说明	
4	圆柱度	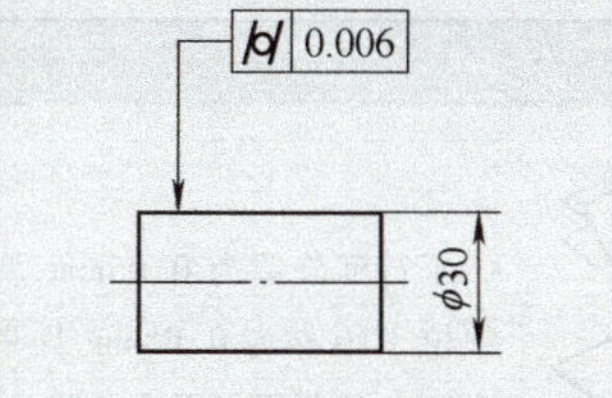	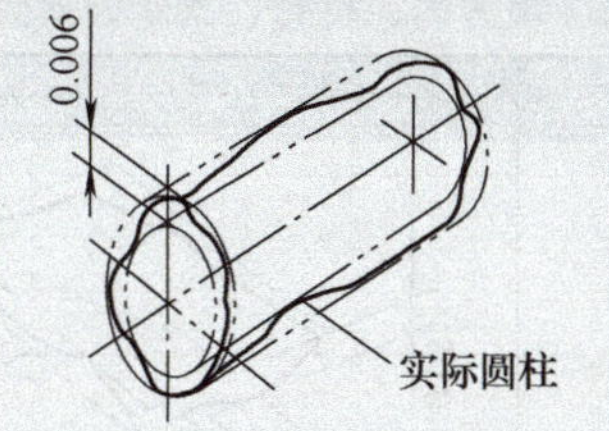	圆柱度公差为0.006mm，实际圆柱面必须位于半径差为0.006mm的两同轴圆柱之间
5	线轮廓度	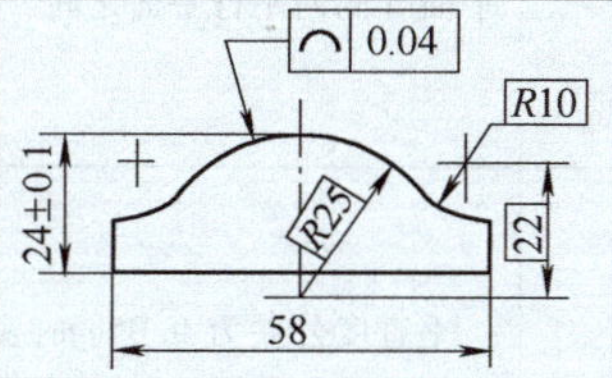	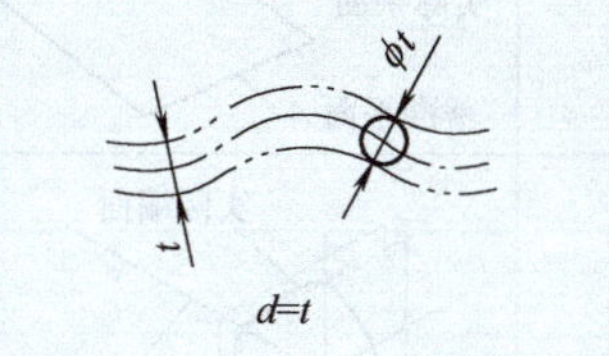	线轮廓度公差为0.04mm，在平行于图样所示投影面的任一截面上，被测轮廓线必须位于包络一系列直径为公差值0.04mm且圆心位于具有理论正确几何形状的线上的两包络线之间
6	面轮廓度	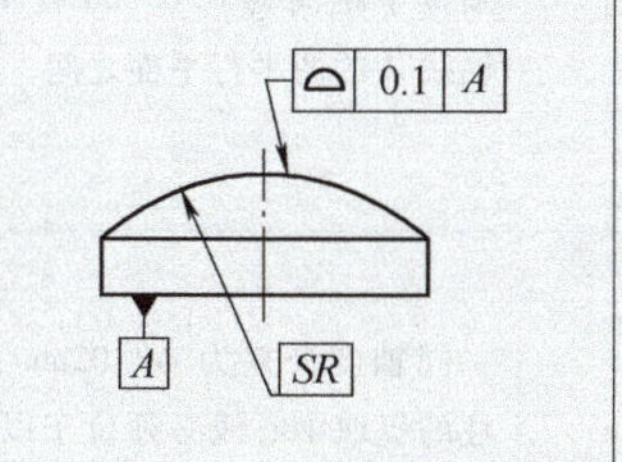	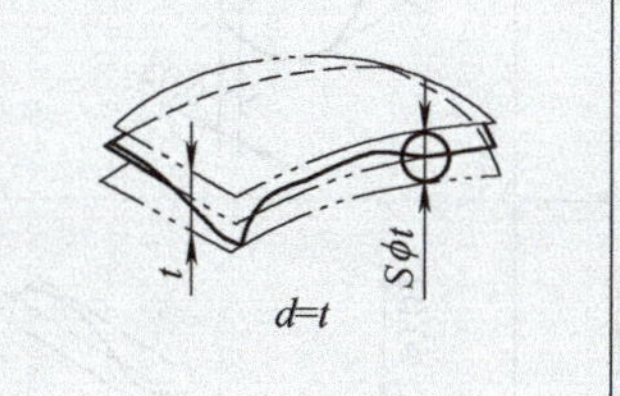	面轮廓度公差是非球面的实际轮廓线对理想轮廓面的允许变动量，用以限制空间曲面的形状误差。公差带是包络一系列直径为公差值（此图 $t=0.1$mm）的球的两包络面之间的区域，各球的球心应位于具有理论正确几何形状的面上

（6）位置精度　位置精度是指零件的点、线、面的实际位置相对于理想位置的符合程度，而位置误差是指零件的关联被测提取要素对其拟合要素的变动量。同样，一个合格零件的位置误差的大小既反映位置精度高低，又受到该零件位置公差的限制。方向公差具有确定方向的功能，即确定被测提取要素相对基准要素的方向精度；位置公差具有确定位置的功能，即确定被测提取要素相对基准要素的位置精度；跳动公差具有综合控制的能力，即确定被测提取要素的形状和位置两方面的综合精度。各项目公差也分为12个公差等级。

方向公差带具有综合控制被测要素方向和形状的职能，通常对某一要素给出方向公差后，不需再给出形状公差，除非形状公差有更高的要求。位置公差带均对称分布于被测要素的理想位置，被测要素的理想位置由基准及理论正确尺寸确定，所以公差带具有确定的位置。这里应指出：同轴度、对称度公差带有不同于位置度公差带之处，即同轴度、对称度公差带中被测要素理想位置与基准位置重合，所以其公差带均以基准为中心对称分布；此外，位置公差带同样具有综合控制被测要素位置、方向和形状的职能。因此，在保证功能要求的前提下，对被测要素给定了位置公差，通常对该被测要素不再给出方向公差和形状公差。如果对方向、形状有更高精度要求，则另行给定方向公差和形状公差。

跳动公差是被测提取要素绕基准轴线回转一周或连续回转时（零件和测量仪器间无轴向移动为圆跳动，有轴向移动为全跳动）所允许的最大跳动量，跳动量可由指示表的最大与最小示值之差反映出来；被测要素为回转表面或回转体端面，基准要素为轴线。跳动公差带相对于基准轴线有确定的位置，同样具有综合控制被测要素位置、方向和形状的职能，一般给出跳动公差，尤其是全跳动公差后，不再提出其他几何公差要求，除非其他单项有更高要求。

按照 GB/T 1182—2018 规定，常用的 4 项方向、位置、跳动公差的名称、图形及说明见表 8-8。

表 8-8 常用的 4 项方向、位置、跳动公差的名称、图形及说明

序号	名称	图形	说明	
1	平行度	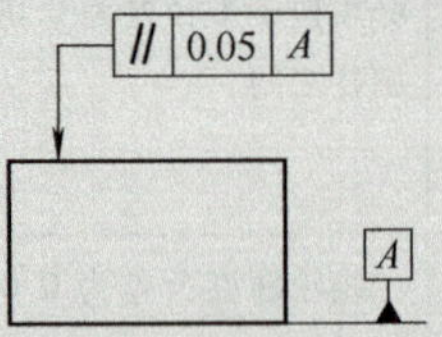	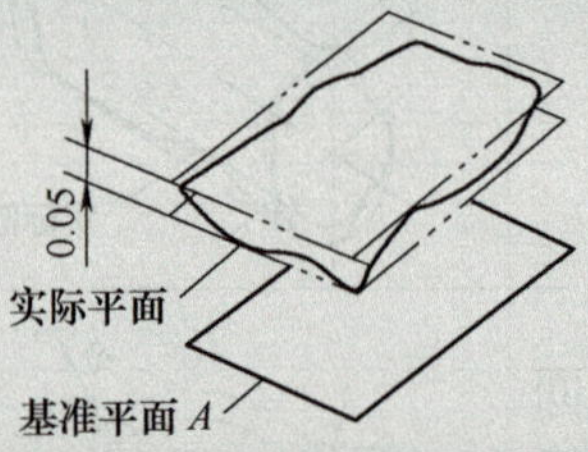	平行度公差为 0.05mm，实际平面必须位于距离为 0.05mm 且平行于基准平面 A 的两平行平面之间
2	垂直度	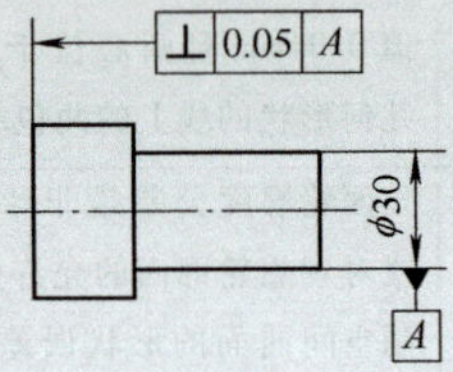	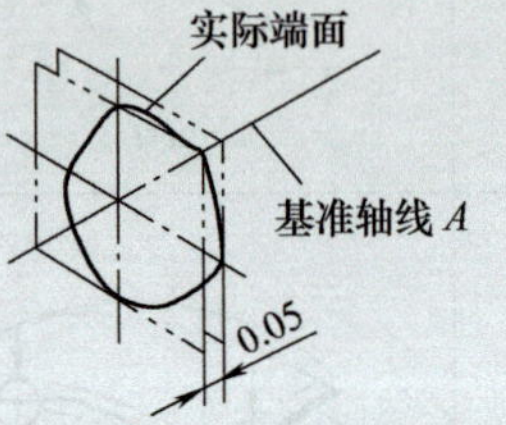	垂直度公差为 0.05mm，实际端面必须位于距离为 0.05mm 且垂直于基准轴线 A 的两平行平面之间
3	同轴度	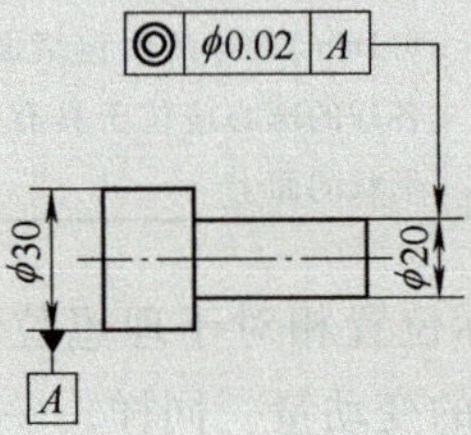	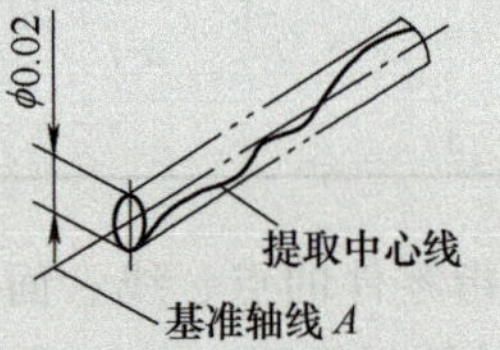	同轴度公差为 ϕ0.02mm，ϕ20mm 圆柱的提取中心线必须位于以 ϕ30mm 圆柱基准线 A 为轴线的以 0.02mm 为直径的圆柱面内
4	圆跳动	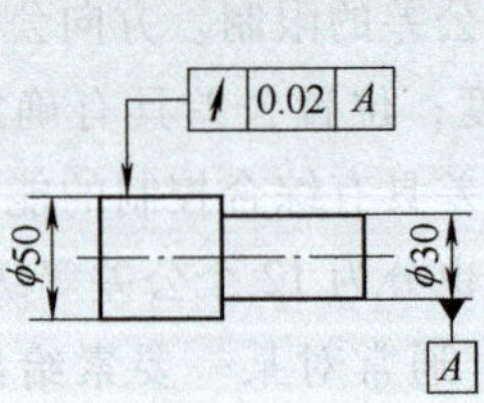	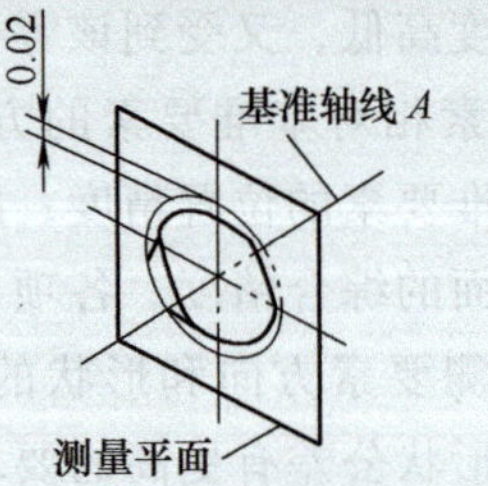	径向圆跳动公差为 0.02mm，ϕ50mm 圆柱面绕 ϕ30mm 圆柱基准轴线做无轴向移动回转时，在任一测量平面内的径向跳动量均不得大于 0.02mm
		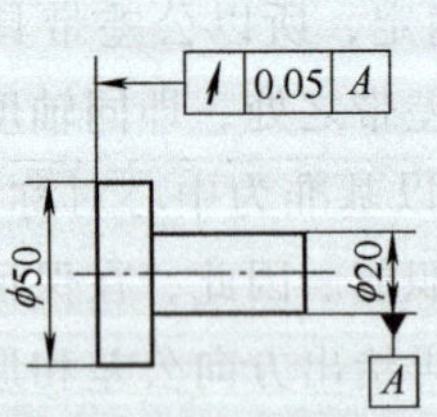	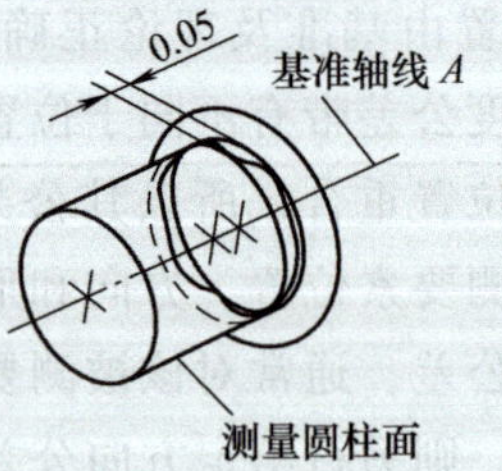	轴向圆跳动公差为 0.05mm，当零件绕 ϕ20mm 圆柱基准轴线做无轴向移动回转时，在左端面上任一测量直径处的轴向跳动均不得大于 0.05mm

8.5.3 几何公差与尺寸公差的关系——公差原则[㊀]

同一被测要素上，既有尺寸公差又有几何公差时，确定尺寸公差与几何公差之间相互关系的原则称为公差原则，它分为独立原则和相关要求两大类。

㊀ 此小节为选修内容。

1. 有关术语及定义

(1) 局部实际尺寸（简称实际尺寸 d_a、D_a） 实际尺寸是指在实际要素的任意正截面上，两对应点之间测得的距离（见图 8-118）。各处实际尺寸往往不同。

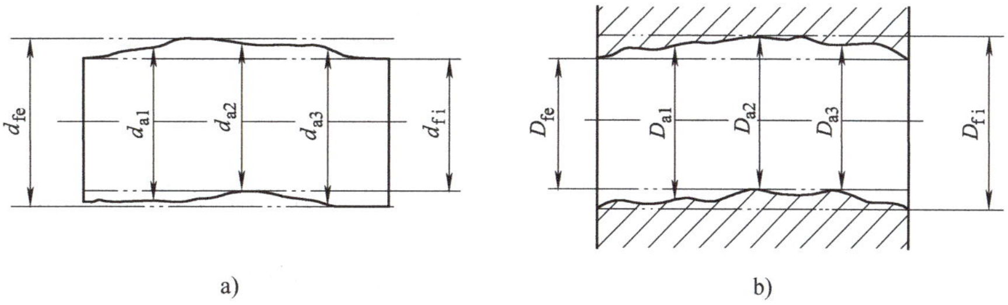

图 8-118 实际尺寸和作用尺寸

a）外表面（轴） b）内表面（孔）

(2) 体外作用尺寸（d_{fe}、D_{fe}） 体外作用尺寸是指在被测要素的给定长度上，与实际外表面体外相接的最小理想面或与实际内表面体外相接的最大理想面的直径或宽度，如图 8-118 所示。

对于关联要素，该理想面的轴线或中心平面必须与基准保持图样给定的几何关系。

(3) 体内作用尺寸（d_{fi}、D_{fi}） 体内作用尺寸是指在被测要素的给定长度上，与实际外表面体内相接的最大理想面或与实际内表面体内相接的最小理想面的直径或宽度，如图 8-118 所示。

对于关联要素，该理想面的轴线或中心平面必须与基准保持图样给定的几何关系。

必须注意：作用尺寸是由实际尺寸和几何误差综合形成的，对于每个零件而言是不同的。

(4) 最大实体状态、尺寸、边界 实际要素在给定长度上处处位于尺寸极限之内并具有实体最大时的状态称为最大实体状态。

最大实体状态下的尺寸称为最大实体尺寸。对于外表面为上极限尺寸，用 d_M 表示；对于内表面为下极限尺寸，用 D_M 表示。即

$$d_M = d_{max} \qquad D_M = D_{min}$$

由设计给定的具有理想形状的极限包容面称为边界。边界的尺寸为极限包容面的直径或距离。尺寸为最大实体尺寸的边界称为最大实体边界，用 MMB 表示。

(5) 最小实体状态、尺寸、边界 实际要素在给定长度上处处位于尺寸极限之内并具有实体最小时的状态称为最小实体状态。

最小实体状态下的尺寸称为最小实体尺寸。对于外表面为下极限尺寸，用 d_L 表示；对于内表面为上极限尺寸，用 D_L 表示（图 8-119）。即

$$d_L = d_{min} \qquad D_L = D_{max}$$

尺寸为最小实体尺寸的边界称为最小实体边界，用 LMB 表示。

(6) 最大实体实效状态、尺寸、边界 在给定长度上，实际要素处于最大实体状态，且其中心要素的形状或位置误差等于给出公差值时的综合极限状态，称为最大实体实效状态。

最大实体实效状态下的体外作用尺寸称为最大实体实效尺寸。对于外表面，它等于最大

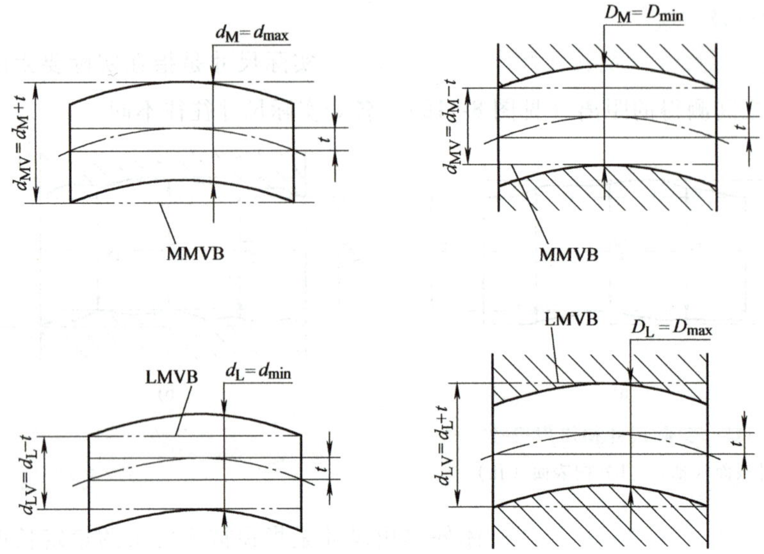

a)　　b)

图 8-119　最大、最小实体实效尺寸及边界

a）外表面（轴）　b）内表面（孔）

实体尺寸加几何公差值 t，用 d_{MV} 表示；对于内表面，它等于最大实体尺寸减几何公差值 t，用 D_{MV} 表示（见图 8-119）。即

$$d_{MV} = d_M + t \qquad D_{MV} = D_M - t$$

尺寸为最大实体实效尺寸的边界称为最大实体实效边界，用 MMVB 表示（见图 8-119）。

（7）最小实体实效状态、尺寸、边界　在给定长度上，实际要素处于最小实体状态，且其中心要素的形状或位置误差等于给出的公差值时的综合极限状态，称为最小实体实效状态。

最小实体实效状态下的体内作用尺寸称为最小实体实效尺寸。对于外表面，它等于最小实体尺寸减几何公差值 t，用 d_{LV} 表示；对于内表面，它等于最小实体尺寸加几何公差值 t，用 D_{LV} 表示（见图 8-119）。即

$$d_{LV} = d_L - t \qquad D_{LV} = D_L + t$$

尺寸为最小实体实效尺寸的边界称为最小实体实效边界，用 LMVB 表示（见图 8-119）。

2. 独立原则

独立原则是指被测要素在图样上给出的尺寸公差与几何公差各自独立，应分别满足要求的公差原则。

图 8-120 所示为独立原则应用示例，标注时不需要附加任何表示相互关系的符号。图中表示轴的局部实际尺寸应在 $\phi29.979 \sim \phi30$mm 之间，不管实际尺寸为何值，轴线的直线度误差都不允许大于 $\phi0.12$mm。

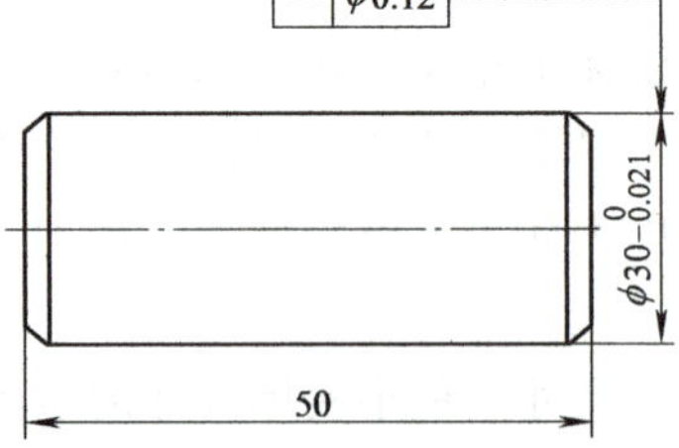

图 8-120　独立原则应用示例

独立原则是标注几何公差和尺寸公差相互关系的基本公差原则。

3. 相关要求

相关要求是指图样上给定的尺寸公差与几何公差相互有关。它分为包容要求、最大实体

要求、最小实体要求和可逆要求。可逆要求不能单独使用，只能与最大实体要求或最小实体要求一起应用。

(1) 包容要求

1) 包容要求用于单一要素。在图样上，单一要素的尺寸极限偏差或公差带代号之后注有Ⓔ时，则表示该单一要素采用包容要求，如图 8-121a 所示。

包容要求是指当实际尺寸处处为最大实体尺寸（图 8-121 中的 ϕ20mm）时，其几何公差为零；当实际尺寸偏离最大实体尺寸时，允许的几何误差可以相应增加，增加量为实际尺寸与最大实体尺寸之差（绝对值），其最大增加量等于尺寸公差，此时实际尺寸应处处为最小实体尺寸（见图 8-121b 中实际尺寸为 ϕ19.97mm 时，允许轴线直线度公差为 ϕ0.03mm）。这表明，尺寸公差可以转化为几何公差。

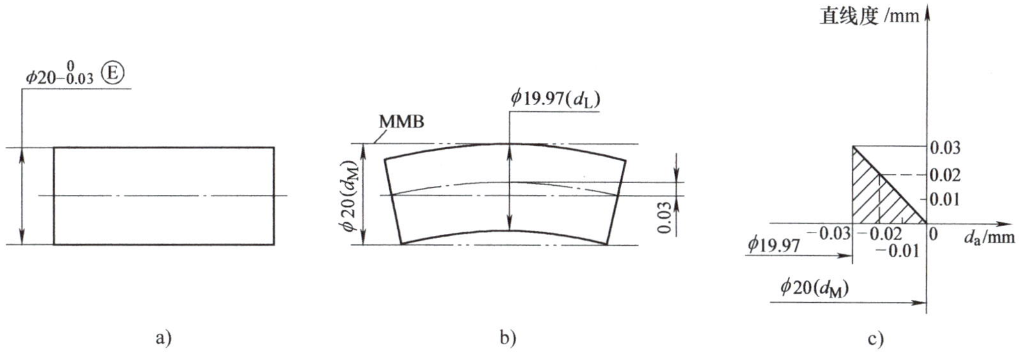

图 8-121 包容要求用于单一要素示例

采用包容要求时，被测要素应遵守最大实体边界，即要素的体外作用尺寸不得超越其最大实体尺寸，且局部实际尺寸不得超越其最小实体尺寸。即

对于外表面（轴） $d_{fe} \leqslant d_M(d_{max})$ $d_a \geqslant d_L(d_{min})$

对于内表面（孔） $D_{fe} \geqslant D_M(D_{min})$ $D_a \leqslant D_L(D_{max})$

图 8-121c 所示为图 8-121a 标注示例的动态公差图，此图表达了实际尺寸和几何公差变化的关系。图 8-121c 中横坐标表示实际尺寸，纵坐标表示几何公差（如直线度），粗的斜线为相关线。如虚线所示，当实际尺寸为 19.98mm，偏离最大实体尺寸（ϕ20mm）0.02mm 时，允许直线度误差为 0.02mm。

由此可见，包容要求是将尺寸和几何误差同时控制在尺寸公差范围内的一种公差要求，主要用于必须保证配合性质的要素。用最大实体边界保证必要的最小间隙或最大过盈，用最小实体尺寸防止间隙过大或过盈过小。

2) 包容要求用于关联要素（零几何公差）。在图样上，在相应的几何公差框格中的公差值用“0 Ⓜ”或“ϕ0 Ⓜ”表示，如图 8-122 所示。

图 8-122 所示为孔 $\phi50_{-0.08}^{+0.13}$mm 的轴线对基准面在任意方向的垂直度公差采用最大实体要求的零几何公差。其实际尺寸为 ϕ49.92 ~ ϕ50.13mm，体外作用尺寸 $D_{fe} = D_{MV} = D_{min} =$ 49.92mm。当被测要素处于最大实体状态 ϕ49.92mm 时，其轴线垂直度公差为给定的 ϕ0mm。当被测要素偏离最大实体状态时，垂直度公差获得补偿而增大，补偿量为被测要素偏离最大实体状态的差值。当被测要素为 ϕ50mm 时，偏离量 0.08mm 补偿给垂直度公差，

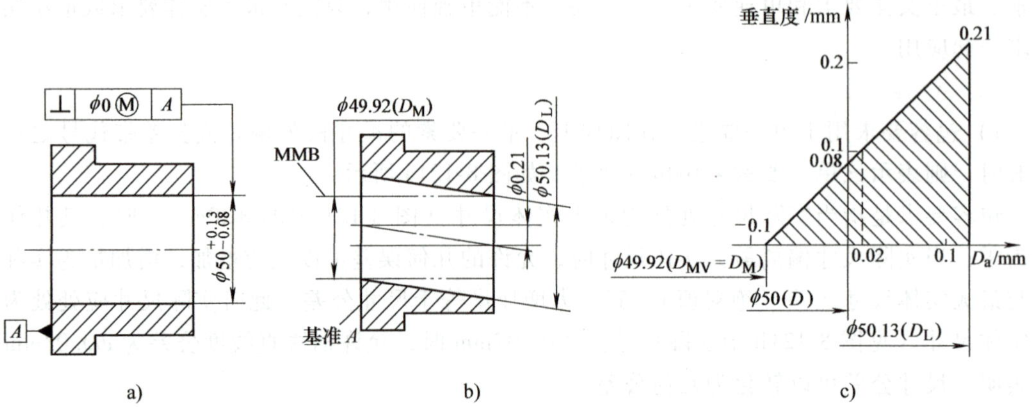

图 8-122　包容要求用于关联要素示例

为 $\phi0.08$mm；当被测要素处于最小实体状态 $\phi50.13$mm 时，获得的补偿量最大，其轴线垂直度误差允许达到最大值，即等于图样给出的垂直度公差值 $\phi0$mm 与轴的尺寸公差 $\phi0.21$mm 之和 $\phi0.21$mm。图 8-122c 所示为表达上述关系的动态公差图。

（2）最大实体要求及其可逆要求

1）最大实体要求用于被测要素。图样上几何公差框格内公差值后标注Ⓜ，表示最大实体要求用于被测要素，如图 8-123a 所示。

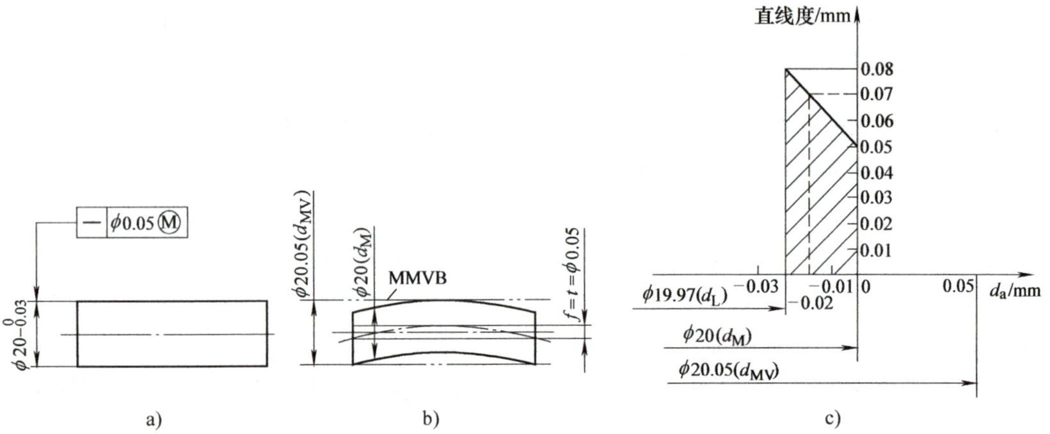

图 8-123　最大实体要求用于被测要素示例

最大实体要求用于被测要素时，被测要素的几何公差值是在该要素处于最大实体状态时给定的。当被测要素的实际轮廓偏离其最大实体状态，即实际尺寸偏离最大实体尺寸时，允许的几何误差值可以增加，偏离多少，就可增加多少，其最大增加量等于被测要素的尺寸公差值，从而实现尺寸公差向几何公差转化。

最大实体要求用于被测要素时，被测要素应遵守最大实体实效边界，即要素的体外作用尺寸不得超越最大实体实效尺寸，且局部实际尺寸在最大与最小实体尺寸之间。即

对于外表面　　$d_{fe} \leqslant d_{MV} = d_{max} + t$　　$d_{max} \geqslant d_a \geqslant d_{min}$

对于内表面　　$D_{fe} \geqslant D_{MV} = D_{min} - t$　　$D_{max} \geqslant D_a \geqslant D_{min}$

图 8-123c 所示为图 8-123a 的动态公差图。从图中可见，当轴的实际尺寸为最大实体尺

寸 ϕ20mm 时，允许的直线度误差为 ϕ0.05mm（见图 8-123b）。随着实际尺寸的减小，允许的直线度误差相应增大，若尺寸为 ϕ19.98mm（偏离 d_M0.02mm），则允许的直线度误差为 (ϕ0.05+ϕ0.02)mm=ϕ0.07mm；当实际尺寸为最小实体尺寸 ϕ19.97mm 时，允许的直线度误差为最大(ϕ0.05mm+ϕ0.03mm=ϕ0.08mm)。

2）可逆要求用于最大实体要求。图样上几何公差框格中，在被测要素几何公差值后的符号Ⓜ后标注Ⓡ时，则表示被测要素遵守最大实体要求的同时遵守可逆要求，如图 8-124a 所示。

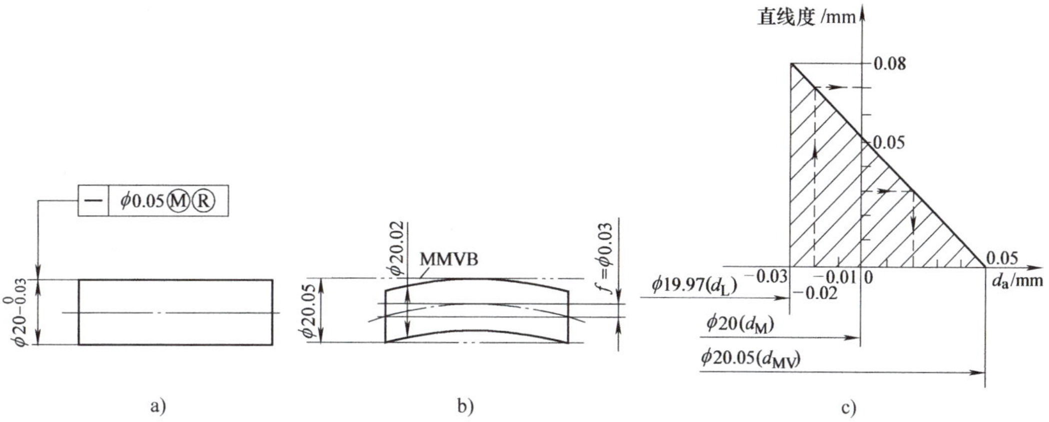

图 8-124 可逆要求用于最大实体要求示例

可逆要求用于最大实体要求，除了具有上述最大实体要求用于被测要素时的含义（即当被测要素实际尺寸偏离最大实体尺寸时，允许其几何误差增大，即尺寸公差向几何公差转化）外，还表示当几何误差小于给定和几何公差值时，也允许实际尺寸超出最大实体尺寸；当几何误差为零时，允许尺寸的超出量最大，为几何公差值，从而实现尺寸公差与几何公差相互转换的可逆要求。此时，被测要素仍然遵守最大实体实效边界。

如图 8-124a 所示，轴线直线度公差 ϕ0.05mm 是在轴的尺寸为最大实体尺寸 ϕ20mm 时给定的，当轴的尺寸小于 ϕ20mm 时，直线度误差的允许值可以增大。例如：尺寸为 ϕ19.98mm，允许的直线度误差为 ϕ0.07mm；当实际尺寸为最小实体尺寸 ϕ19.97mm 时，允许的直线度误差最大，为 ϕ0.08mm。当轴线的直线度误差小于图样上给定的 ϕ0.05mm 时，如为 ϕ0.03mm，则允许其实际尺寸大于最大实体尺寸 ϕ20mm 而达到 ϕ20.02mm（见图 8-124b）；当直线度误差为零时，轴的实际尺寸可达到最大值，即等于最大实体实效边界尺寸 ϕ20.05mm。图 8-124c 所示为上述关系的动态公差图。

3）最大实体要求用于基准要素。图样上公差框格中基准字母后标注符号Ⓜ时，表示最大实体要求用于基准要素，如图 8-125a 所示。此时，基准要素应遵守相应的边界。若基准的实际轮廓偏离相应的边界，即其体外作用尺寸偏离相应的边界尺寸，则允许基准要素在一定范围内浮动，其浮动范围等于基准要素的体外作用尺寸与其相应的边界之差。

基准要素本身采用最大实体要求时，其相应的边界为最大实体实效边界；基准要素本身不采用最大实体要求时，其相应的边界为最大实体边界。

图 8-125a 表示最大实体要求同时用于被测要素和基准要素，基准本身采用包容要求。当被测要素处于最大实体状态（实际尺寸为 ϕ12mm）时，同轴度公差为 ϕ0.04mm（见图 8-125b）。被测要素应满足下列要求：局部实际尺寸 d_{1a} 应在 ϕ11.95~ϕ12mm 内；体外（关

联）作用尺寸小于（或等于）最大实体实效尺寸（ϕ12mm+ϕ0.04mm=ϕ12.04mm），即其轮廓不超越最大实体实效边界；当被测轴的实际尺寸小于ϕ12mm时，允许同轴度误差增大，当d_{1a}=ϕ11.95mm时，同轴度误差允许达到最大值，为（ϕ0.04+ϕ0.05）mm=ϕ0.09mm（见图8-125c）。当基准的实际轮廓处于最大实体边界，即$d_{2fe}=d_{2M}$=ϕ25mm时，基准线不能浮动（见图8-125b、c）；当基准的实际轮廓偏离最大实体边界，即其体外作用尺寸小于ϕ25mm时，基准线可以浮动；当其体外作用尺寸等于最小实体尺寸ϕ24.95mm时，其浮动范围达到最大值ϕ0.05mm（见图8-125d）。基准浮动，使被测要素更容易达到合格要求。

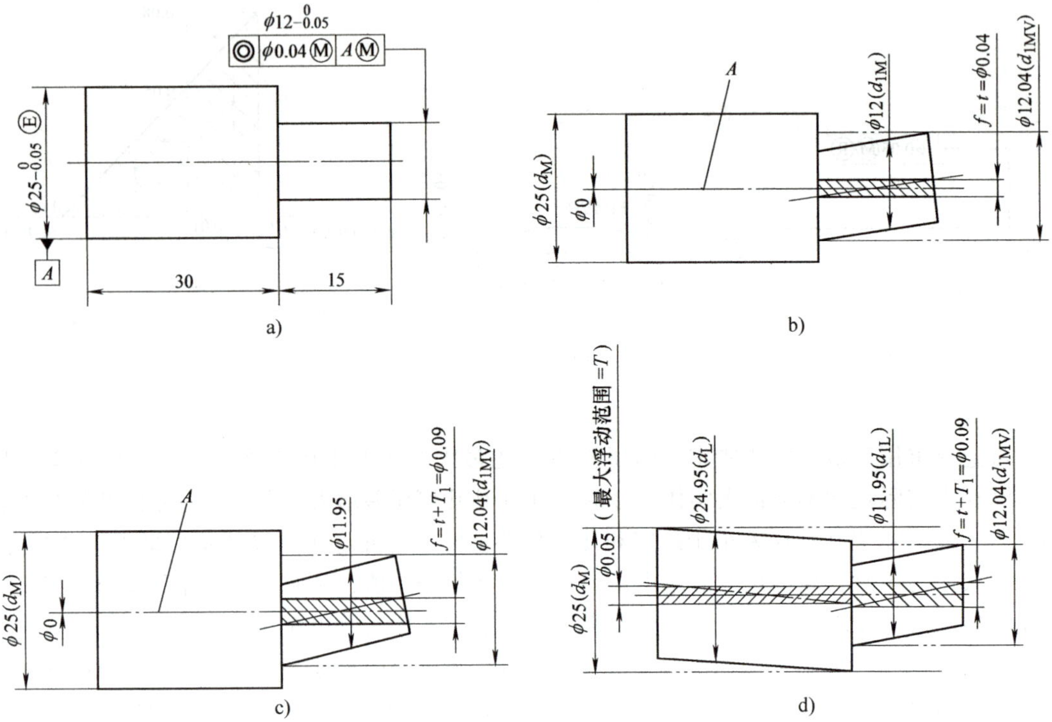

图8-125　最大实体要求同时用于被测要素和基准要素

最大实体要求适用于中心要素，主要用在仅需要保证零件可装配性的场合。

（3）最小实体要求及其可逆要求

1）最小实体要求用于被测要素。图样上几何公差框格内公差值后面标注符号Ⓛ时，表示最小实体要求用于被测要素，如图8-126a所示。

最小实体要求用于被测要素时，被测要素的几何公差是在该要素处于最小实体状态时给定的。当被测要素的实际轮廓偏离其最小实体状态，即实际尺寸偏离最小实体尺寸时，允许的几何误差值可以增大，偏离多少，就可增加多少，其最大增加量等于被测要素的尺寸公差值，从而实现尺寸公差向几何公差转化。

最小实体要求用于被测要素时，被测要素应遵守最小实体实效边界，即被测要素的实际轮廓在给定长度上处处不得超出其最小实体实效边界，也就是其体内作用尺寸不应超出最小实体实效尺寸，且其局部实际尺寸在最大与最小实体尺寸之间。即

对于外表面　　$d_{fi} \geqslant d_{LV} = d_{min} - t$　　$d_{max} \geqslant d_a \geqslant d_{min}$

对于内表面　　　　　$D_{fi} \leqslant D_{LV} = D_{max} + t \qquad D_{max} \geqslant D_a \geqslant D_{min}$

如图 8-126 所示，当轴的实际尺寸为最小实体尺寸 ϕ19.7mm 时，轴线的直线度公差为给定的 ϕ0.1mm（见图 8-126b）；当轴的实际尺寸偏离最小实体尺寸时，直线度误差允许增大，即尺寸公差向几何公差转化；当轴的实际尺寸为最大实体尺寸 ϕ20mm 时，直线度误差允许达到最大值(ϕ0.1+ϕ0.3)mm=ϕ0.4mm。图 8-126c 所示为其动态公差图。

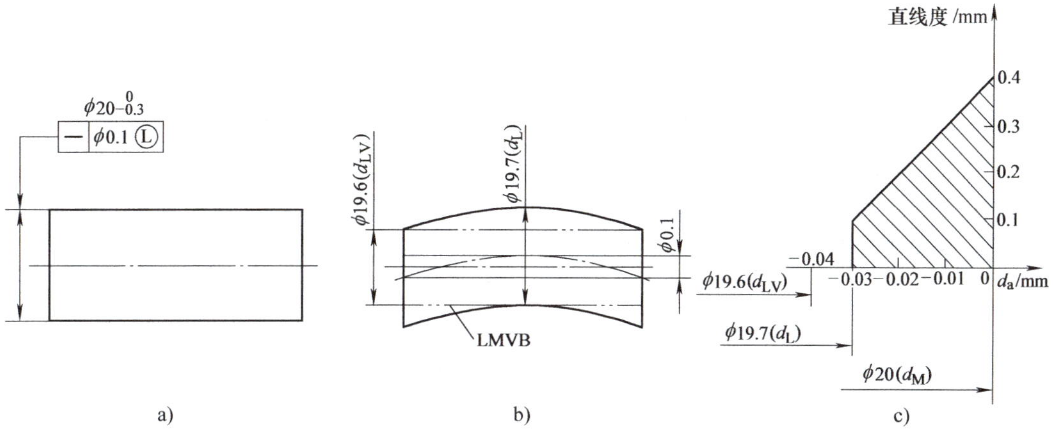

图 8-126　最小实体要求用于被测要素示例

2）可逆要求用于最小实体要求。图样上在公差框格内公差数值后面的Ⓛ符号后标注Ⓡ时，表示被测要素遵守最小实体要求的同时遵守可逆要求，如图 8-127 所示。

可逆要求用于最小实体要求，除了具有上述最小实体要求用于被测要素的含义外，还表示当几何误差小于给定的公差值时，也允许实际尺寸超出最小实体尺寸；当几何误差为零时，允许尺寸的超出量最大，为几何公差值，从而实现几何公差与尺寸公差相互转换的可逆要求。此时，被测要素仍遵守最小实体实效边界。

图 8-127 表示不但尺寸公差可以转化为几何公差，而且几何公差也可转化为尺寸公差。即当直线度误差小于给定值 ϕ0.1mm 时，允许实际尺寸小于最小实体尺寸 ϕ19.7mm；当直线度误差为零时，允许实际尺寸为 ϕ19.6mm。

3）最小实体要求用于基准要素。图样上在公差框格内基准字母后面标注Ⓛ时，表示最小实体要求用于基准要素，如图 8-128 所示。此时，基准应遵守相应的边界。若基准要素的实际轮廓偏离相应的边界，即体内作用尺寸偏离相应的边界尺寸，则允许基准要素在一定范围内浮动，浮动范围等于基准要素的体内作用尺寸与相应边界尺寸之差。

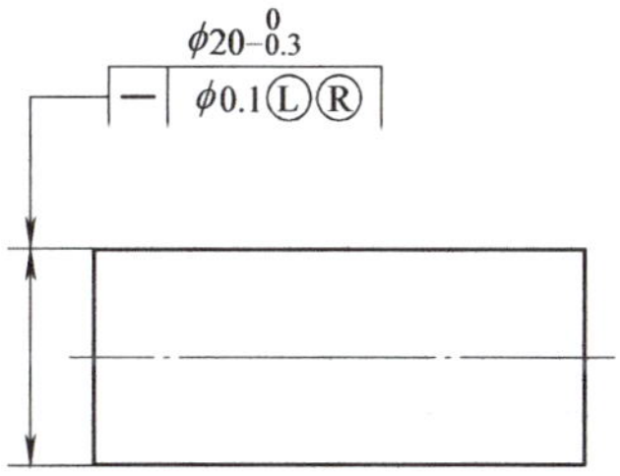

图 8-127　可逆要求用于最小实体要求示例

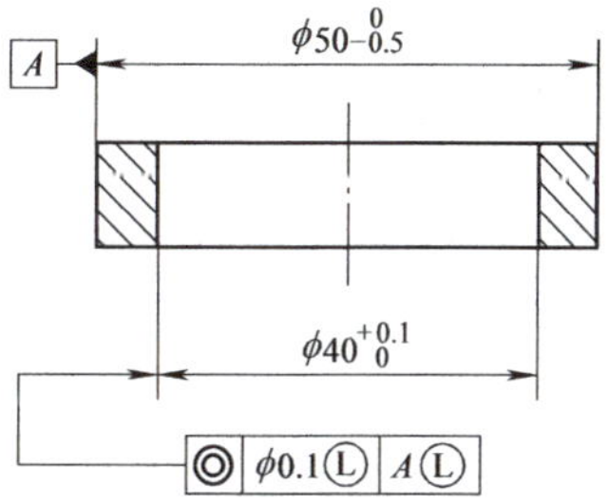

图 8-128　最小实体要求同时用于被测要素和基准要素示例

基准要素本身采用最小实体要求时，则其相应的边界为最小实体实效边界；基准要素本身不采用最小实体要求时，其相应的边界为最小实体边界。

图 8-128 表示最小实体要求同时用于被测要素和基准要素，基准本身（$\phi50_{-0.5}^{\ 0}$mm）不采用最小实体要求，其相应边界为最小实体边界，边界尺寸为 ϕ49.5mm，当基准要素实际轮廓大于 ϕ49.5mm 时，基准可在一定范围内浮动，浮动范围为基准的体内作用尺寸与 ϕ49.5mm 的差。

8.5.4 几何公差的选择

零部件的几何误差对机器或仪器的正常工作有很大的影响，因此，合理、正确地确定几何公差值，对保证机器与仪器的功能要求、提高经济效益是十分重要的。

确定几何公差值的方法有类比法和计算法。通常多按类比法确定其公差值。所谓类比法，就是参考现有手册和资料，参照经过验证的类似产品的零部件，通过对比分析，确定其公差值。总的原则是：在满足零件功能要求的前提下选取最经济的公差值。

根据几何公差相关标准的规定：零件所要求的几何公差值若用一般机床加工就能保证，则不必在图样上注出，而按 GB/T 1184—1996《形状和位置公差　未注公差值》中的规定确定其公差值，且生产中一般也不需检查。若零件所要求的几何公差值高于或低于未注公差值，则应在图样上注出。其值应根据零件的功能要求，并考虑加工经济性和零件结构特点按相应的公差表选取。

各种几何公差值分为 1~12 级，其中圆度、圆柱度公差值为了适应精密零件的需要，增加了一个 0 级。各公差项目的公差值见表 8-9~表 8-12。

表 8-9　直线度、平面度公差值　（单位：μm）

主参数 L 图例

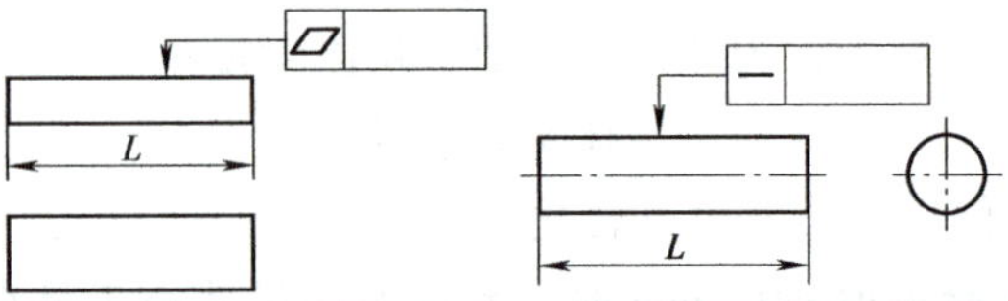

主参数 L/mm	公差等级											
	1	2	3	4	5	6	7	8	9	10	11	12
≤10	0.2	0.4	0.8	1.2	2	3	5	8	12	20	30	60
>10~16	0.25	0.5	1	1.5	2.5	4	6	10	15	25	40	80
>16~25	0.3	0.6	1.2	2	3	5	8	12	20	30	50	100
>25~40	0.4	0.8	1.5	2.5	4	6	10	15	25	40	60	120
>40~63	0.5	1	2	3	5	8	12	20	30	50	80	150
>63~100	0.6	1.2	2.5	4	6	10	15	25	40	60	100	200

表 8-10　圆度、圆柱度公差值　（单位：μm）

主参数 d(D) 图例

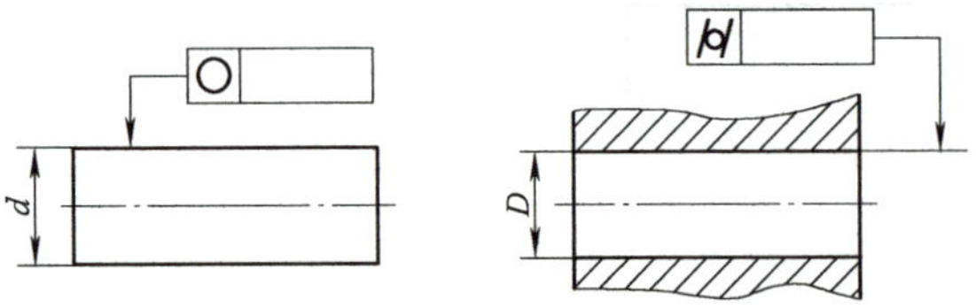

（续）

主参数 d(D)/mm	公差等级												
	0	1	2	3	4	5	6	7	8	9	10	11	12
≤3	0.1	0.2	0.3	0.5	0.8	1.2	2	3	4	6	10	14	25
>3~6	0.1	0.2	0.4	0.6	1	1.5	2.5	4	5	8	12	18	30
>6~10	0.12	0.25	0.4	0.6	1	1.5	2.5	4	6	9	15	22	36
>10~18	0.15	0.25	0.5	0.8	1.2	2	3	5	8	11	18	27	43
>18~30	0.2	0.3	0.6	1	1.5	2.5	4	6	9	13	21	33	52
>30~50	0.25	0.4	0.6	1	1.5	2.5	4	7	11	16	25	39	62
>50~80	0.3	0.5	0.8	1.2	2	3	5	8	13	19	30	46	74

表 8-11 平行度、垂直度、倾斜度公差值 （单位：μm）

主参数 L、d(D)图例

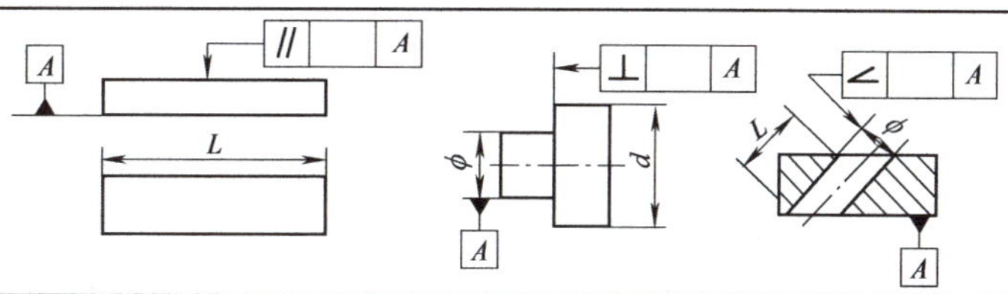

主参数 L、d(D)/mm	公差等级											
	1	2	3	4	5	6	7	8	9	10	11	12
≤10	0.4	0.8	1.5	3	5	8	12	20	30	50	80	120
>10~16	0.5	1	2	4	6	10	15	25	40	60	100	150
>16~25	0.6	1.2	2.5	5	8	12	20	30	50	80	120	200
>25~40	0.8	1.5	3	6	10	15	25	40	60	100	150	250
>40~63	1	2	4	8	12	20	30	50	80	120	200	300
>63~100	1.2	2.5	5	10	15	25	40	60	100	150	250	400

表 8-12 同轴度、对称度、圆跳动和全跳动公差值 （单位：μm）

主参数 d、B、L 图例

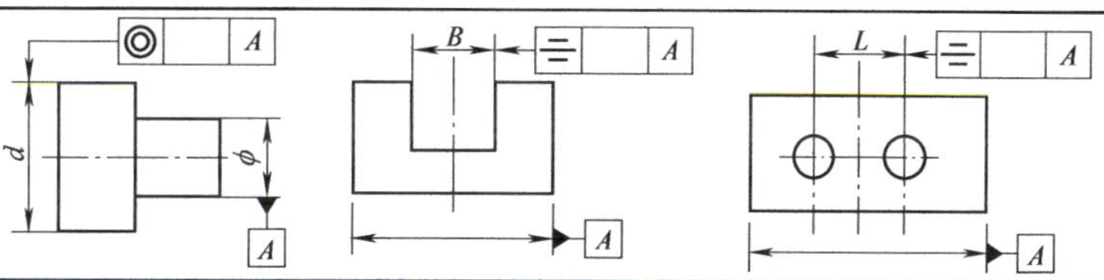

主参数 d(D)、B、L/mm	公差等级											
	1	2	3	4	5	6	7	8	9	10	11	12
≤1	0.4	0.6	1.0	1.5	2.5	4	6	10	15	25	40	60
>1~3	0.4	0.6	1.0	1.5	2.5	4	6	10	20	40	60	120
>3~6	0.5	0.8	1.2	2	3	5	8	12	25	50	80	150
>6~10	0.6	1.0	1.5	2.5	4	6	10	15	30	60	100	200
>10~18	0.8	1.2	2	3	5	8	12	20	40	80	120	250
>18~30	1	1.5	2.5	4	6	10	15	25	50	100	150	300
>30~50	1.2	2	3	5	8	12	20	30	60	120	200	400
>50~120	1.5	2.5	4	6	10	15	25	40	80	150	250	500

按类比法确定几何公差值时，应考虑下列因素：

1）在同一要素上给定的形状公差值应小于方向公差值。如同一平面上，平面度公差值应小于该平面对基准的平行度公差值。

2）圆柱形零件的形状公差值（轴线直线度除外）一般情况下应小于其尺寸公差值。

3）平行度公差值应小于其相应的距离公差值。

4）对于下列情况，考虑到加工难易程度和除主参数外其他参数的影响，在满足零件功能要求下，适当降低 1~2 级选用。

① 孔相对于轴。

② 细长比较大的轴或孔。

③ 距离较大的轴或孔。

④ 宽度较大（一般大于长度的一半）的零件表面。

⑤ 线对线和线对面相对于面对面的平行度。

⑥ 线对线和线对面相对于面对面的垂直度。

位置度常用于控制螺栓或螺钉连接中孔距的位置精度要求，其公差值取决于螺栓与光孔之间的间隙。设螺栓（或螺钉）的最大直径为 d_{max}，光孔最小直径为 D_{min}，则位置度公差值（T）按式（8-3）、式（8-4）计算，即

螺栓连接 $$T \leqslant K(D_{min}-d_{max}) \tag{8-3}$$

螺钉连接 $$T \leqslant 0.5K(D_{min}-d_{max}) \tag{8-4}$$

式中 K——间隙利用系数，考虑到装配调整对间隙的需要，一般取 $K=0.6\sim0.8$；若不需调整，则取 $K=1$。

按式（8-3）、式（8-4）计算出的公差值，经圆整后应符合国家标准推荐的位置度数系（表 8-13）。

表 8-13 位置度数系 （单位：μm）

1	1.2	1.5	2	2.5	3	4	5	6	8
1×10^n	1.2×10^n	1.5×10^n	2×10^n	2.5×10^n	3×10^n	4×10^n	5×10^n	6×10^n	8×10^n

注：表中的 n 为正整数。

必须指出：尺寸公差和几何公差的参数往往是相互关联的，当几何精度能用尺寸公差控制或一般加工设备可以保证时就不标出，也不检验，只有在用一般加工机床不能满足精度要求或几何公差要求比规定的公差等级要低时才标出。典型型面几何公差的选择见表 8-14。

表 8-14 典型型面几何公差的选择

类别		选择项目	类别		选择项目	选择比例
零件的几何特征	圆柱面	○、—、⌭、◎、↗	零件的功能要素	支承轴颈	⌭、○、◎、↗	1） $T_{形}<T_{位}<T_{尺寸}$ 2）考虑配合： $T_{形}=(0.25\sim0.63)T_{尺寸}$ 3）考虑表面粗糙度： 表面粗糙度 Ra 值 $=(0.2\sim0.25)T_{形}$ 4）考虑刚性条件：远距离几何公差按上述原则适当放宽
	圆锥面	○、—、⌭、◎、↗				
	凸轮	⌒、⌓		齿轮箱轴线	//、⊥	
	平面	▱、—				
	孔	⌭、◎、○、⌖、↗		床身	//、—、▱	
	槽	⌯				

8.5.5 表面质量

1. 表面质量及其对零件使用性能的影响

（1）表面质量 表面质量包括以下几项：

1）表面粗糙度。表面粗糙度是指微观的几何形状误差。图 8-129 中 H 表示表面粗糙度的高度。

2）波纹度。波纹度是周期性的几何形状误差。图 8-129 中 A 表示波纹度的高度。

3）表面层的物理、力学性能。它主要是指零件表面层机械加工后的塑性变形、加工硬

化、残余应力和金相组织变化等。

(2) 表面质量对零件使用性能的影响

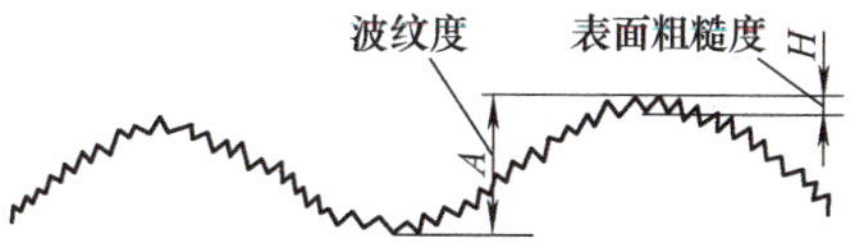

图 8-129 表面粗糙度及波纹度

1) 对零件耐磨性的影响。表面粗糙度对零件耐磨性的影响很大。对于不使用润滑剂的零件，由于零件表面有微观不平度，使得接触面积变小，一般粗加工零件表面的有效接触面积只有 15%~20%，精加工表面为 30%~50%。相对运动的零件，由于接触面积小，压强大，故磨损大。对于使用润滑剂的零件，表面粗糙度值过高会使油膜破坏，致使轮廓峰处出现干摩擦，加剧了零件表面间的磨损。但是，当表面粗糙度值很低时，因不利于润滑油的储存，故也会加剧磨损。

2) 对零件疲劳强度的影响。当零件承受变载荷时，零件的破坏往往是由于表面粗糙度引起应力集中的缘故。这是因为在粗糙表面的波谷处最容易形成应力集中和出现微观疲劳裂纹。

除表面粗糙度外，表面层的物理、力学性能对零件的疲劳强度也有影响。如未淬火钢表面的加工硬化层能防止疲劳裂纹的产生与蔓延；表面层存在残余压应力时，可以提高零件的疲劳强度。但若存在残余拉应力，则反而会降低零件的疲劳强度。

3) 对零件耐蚀性的影响。零件的腐蚀是由于各种腐蚀性气体或液体的作用所引起的。表面越粗糙，轮廓谷越深，则吸附在表面上的腐蚀性气体或液体越多，腐蚀作用越强烈。

表面加工硬化或金相组织变化时，常引起裂纹，因而也会降低零件的耐蚀性。

除了上述发生在轮廓谷处的化学腐蚀外，在轮廓峰处还会有电化学腐蚀。

4) 对零件配合性质的影响。在间隙配合中，若表面粗糙度过高，则初期磨损严重，配合间隙增大，以致配合精度降低。特别是对尺寸小、精度高的间隙配合影响更大；对于过盈配合表面，由于装配时配合表面的轮廓峰被挤平，使实际有效配合过盈量减少，从而降低配合强度。

2. 表面粗糙度

经过加工所得的零件表面，总会存在着许多高低不平的较小峰谷，具有这种峰谷特征的形状误差，属于表面微观性质的形状误差。它和前述表面宏观形状误差以及表面波纹度误差三者之间，通常以一定的波距与波高来区别；其比值大于 1000 者为表面宏观形状误差，小于 40 者为表面微观形状误差，介于两者之间者为表面波纹度误差。而表述加工表面上具有较小间距和峰谷所组成的微观几何形状特性的术语称为表面粗糙度。

(1) 表面粗糙度的评定标准

1) 取样长度。取样长度是用于判别具有表面粗糙度特征的一段基准线长度，它在轮廓总的走向上量取。规定和选择这段长度是为了限制和削弱表面波纹度对表面粗糙度测量结果的影响。

2) 评定长度。由于加工表面存在不同程度的不均匀性，为了充分合理地反映某表面的粗糙度特性，标准规定：评定表面轮廓粗糙度所必需的一段长度称为评定长度。它可以包含几个取样长度（一般按五个取样长度确定），在特殊情况下，当测量表面很均匀时也可以仅有一个取样长度。

3) 基准线。用以评定表面粗糙度参数的给定线称为基准线。规定以轮廓的最小二乘中线（简称中线）为基准线。

轮廓的最小二乘中线为具有几何轮廓形状并划分轮廓的基准线，它的位置用最小二乘法确定，即在取样长度内使轮廓上各点至该线之间的距离（Z_1、$Z_2 \cdots Z_n$）的二次方和为最小，如图 8-130 所示。由于其计算比较复杂，因此标准规定也可采用轮廓的算术平均中线作为基准线。

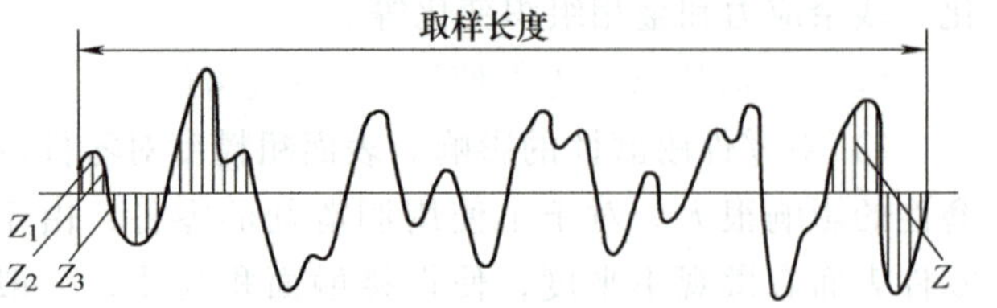

图 8-130 轮廓的最小二乘中线

轮廓的算术平均中线是指具有几何轮廓形状，在取样长度内与轮廓走向一致并划分轮廓，使上、下两边的面积相等的基准线，如图 8-131 所示。面积的计算公式为

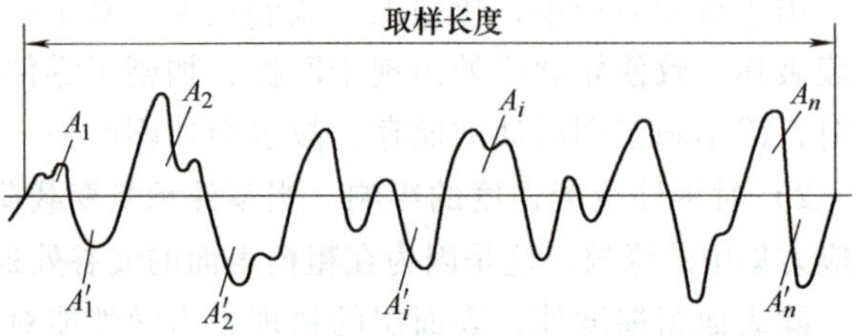

图 8-131 轮廓的算术平均中线

$$\sum_{i=1}^{n} A_i = \sum_{i=1}^{n} A'_i$$

式中 A_i——轮廓峰面积；

A'_i——轮廓谷面积。

4）表面粗糙度主要评定参数。

① 轮廓算术平均偏差 Ra。轮廓算术平均偏差是指在取样长度内，轮廓上各点至基准线偏距绝对值的算术平均值。其计算公式为

$$Ra = \frac{1}{l}\int_0^l |Z(x)|\,dx$$

Ra 参数能充分反映表面微观几何形状高度方面的特性，并且所用仪器（轮廓仪）的测量方法比较简便，因此是普遍采用的评定参数。

② 轮廓最大高度 Rz。轮廓最大高度是指在取样长度内，最大轮廓峰高与最大轮廓谷深之和，如图 8-132 所示。

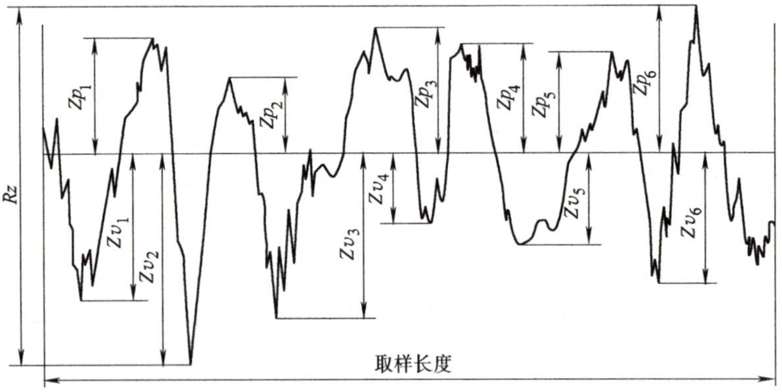

图 8-132 轮廓最大高度

（2）表面粗糙度的符号 图样上的零件表面粗糙度符号及其说明见表 8-15。

表 8-15 表面粗糙度符号（摘自 GB/T 131—2006）

符号	意义及说明
√	基本符号，表示表面可用任何工艺获得。仅用于简化代号标注，没有补充说明时不能单独使用

（续）

符号	意义及说明
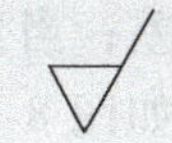	扩展图形符号，基本符号加一短横，表示表面用去除材料的方法获得，如通过机械加工获得的表面。如果单独使用，则仅表示所标注表面“被加工并去除材料”
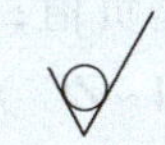	扩展图形符号，基本符号加一小圈，表示表面用不去除材料的方法获得。也可用于表示保持上道工序形成的表面，不论这种状况是通过去除材料或不去除材料形成的
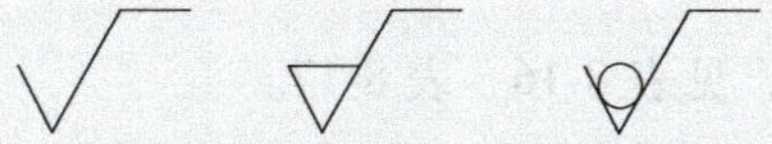	完整图形符号，在上述三个符号的长边上均加一横线，用于标注补充信息，如评定参数和数值、取样长度、加工工艺、表面纹理及方向、加工余量等
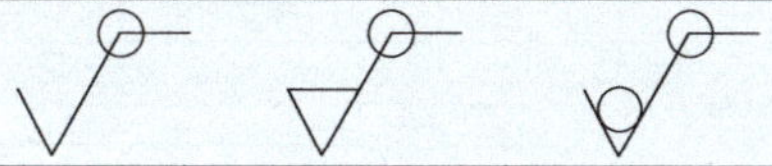	在上述三个符号上均可加一小圆，表示对投影视图上封闭的轮廓线所表示的各表面具有相同的表面粗糙度要求

（3）零件表面粗糙度参数值的选择　零件表面粗糙度参数的选择既要满足零件表面功能要求，又要考虑经济性。选择时可参照一些经过验证的实例，用类比法来确定，一般选择原则如下：

1）在满足零件表面功能要求的情况下，尽量选用较大的表面粗糙度参数值。

2）摩擦表面比非摩擦表面的表面粗糙度参数值要小；滚动摩擦表面比滑动摩擦表面的表面粗糙度参数值要小；运动速度高、单位压力大的摩擦表面比运动速度低、单位压力小的摩擦表面的表面粗糙度参数值要小。

3）同一零件上，工作表面比非工作表面的表面粗糙度参数值要小。

4）受循环载荷的表面，易引起应力集中的表面（如圆角、沟槽），表面粗糙度参数值应取小些。

5）配合性质要求高的配合表面、配合间隙小的配合表面以及要求连接可靠、受重载的过盈配合表面，表面粗糙度参数值应取较小值。

6）配合性质相同，零件尺寸越小则表面粗糙度参数值应越小。同一精度等级，小尺寸比大尺寸、轴比孔的表面粗糙度参数值要小。

通常尺寸公差、形状公差要求严时，表面粗糙度参数值也应取小些。但表面粗糙度参数值要求很小的，不一定要求尺寸公差也很小（如手柄之类）。

3. 加工表面的物理力学性能

在机械加工中，工件表面层由于受到切削力和切削热的作用而产生很大的延性变形，使表面层的物理力学性能发生变化，主要表现在加工表面的加工硬化、表面残余应力和表面金相组织变化等。这些变化不同程度地影响金属已加工表面质量，进而影响其使用性能。因此，对于一般零件只要规定表面粗糙度的数值范围；对于重要零件，则除了限制其表面粗糙度外，还要控制其表面层的加工硬化程度和深度，以及表面残余应力的性能和大小。

8.5.6　零件的技术要求

如前所述，零件的加工精度是产品装配精度的基础，但装配精度并不完全取决于零件加工质量，为了保证机器的良好工作性能，对零件提出的要求不仅包括尺寸、几何公差等信息，还应包括影响加工精度、加工方法、刀具调整以及材料、配合、公差和偏差、表面粗糙度之间关系等一系列的综合信息，本书前面就材料问题已进行了论述，这里主要讲述基本偏差、配合及其在图样上的标注问题。

1. 基本偏差

基本偏差是指用来确定公差带相对零线位置的上极限偏差或下极限偏差，一般为靠近零线的那个极限偏差。当公差带位于零线上方时，其基本偏差为下极限偏差；当公差带位于零线下方时，基本偏差为上极限偏差。国家标准设置了 28 个基本偏差，如图 8-133 所示。其中对于轴，a~h 的基本偏差为上极限偏差 es，除 h 为零外，其余全部是负值；j~zc 为下极限偏差 ei，多数为正值。对于孔，A~H 的基本偏差为下极限偏差 EI，J~ZC 为上极限偏差 ES，其正负号情况与轴的基本偏差情况基本相反。

实际使用时按照 GB/T 1800.1—2020 提供的数值选用，见表 8-16、表 8-17。

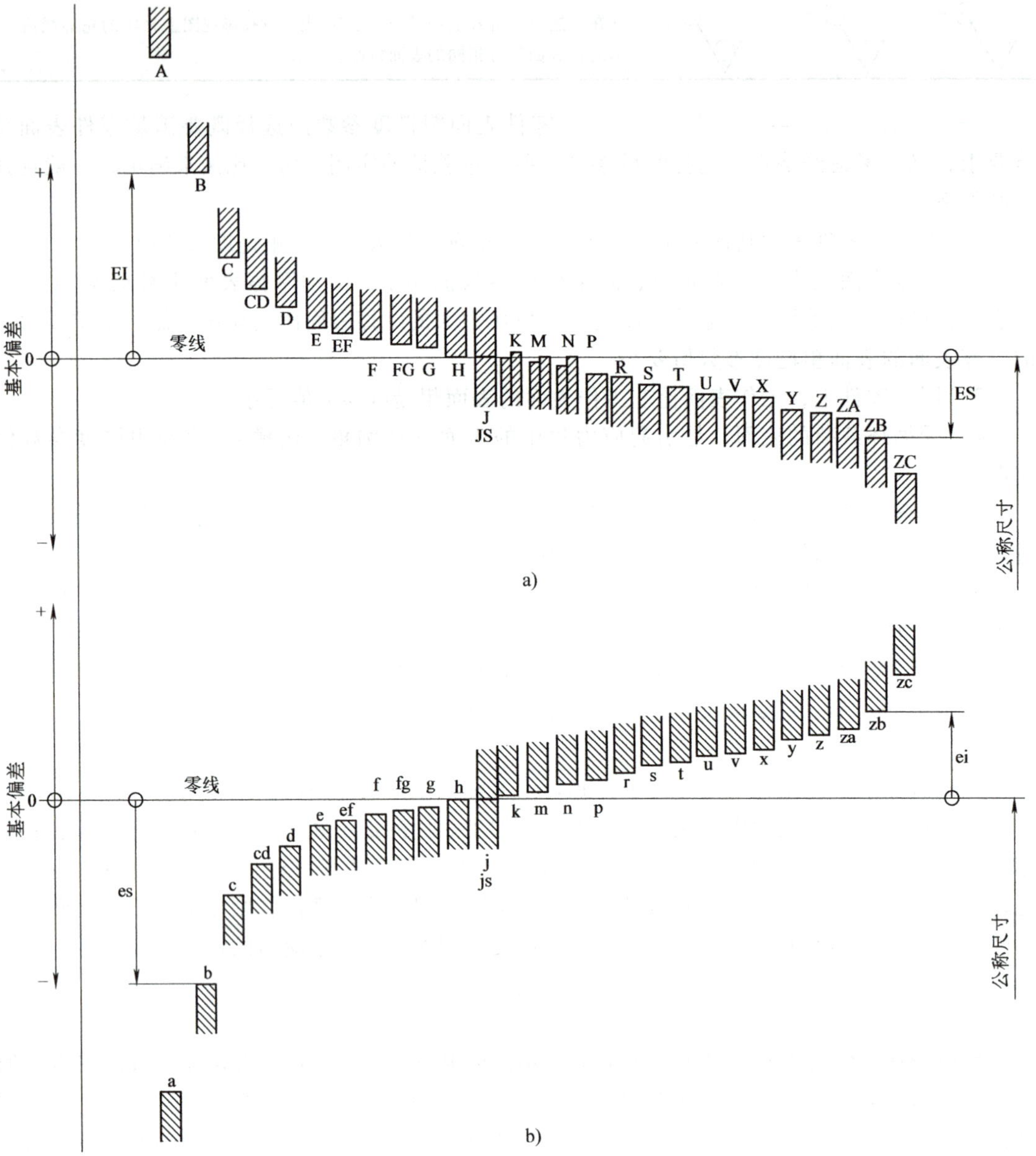

图 8-133　基本偏差系列

a）孔　b）轴

表 8-16 轴的基本偏差数值 (单位：μm)

公称尺寸/mm		基本偏差数值(上极限偏差 es)												基本偏差数值(下极限偏差 ei)				
		所有标准公差等级												IT5 和 IT6	IT7	IT8	IT4~IT7	≤IT3 >IT7
大于	至	a	b	c	cd	d	e	ef	f	fg	g	h	js	j			k	
—	3	-270	-140	-60	-34	-20	-14	-10	-6	-4	-2	0	偏差 = $\pm\frac{IT_n}{2}$，式中 IT_n 是 IT 值数	-2	-4	-6	0	0
3	6	-270	-140	-70	-45	-30	-20	-14	-10	-6	-4	0		-2	-4		+1	0
6	10	-280	-150	-80	-56	-40	-25	-18	-13	-8	-5	0		-2	-5		+1	0
10	14	-290	-150	-95		-50	-32		-16		-6	0		-3	-6		+1	0
14	18																	
18	24	-300	-160	-110		-65	-40		-20		-7	0		-4	-8		+2	0
24	30																	
30	40	-310	-170	-120		-80	-50		-25		-9	0		-5	-10		+2	0
40	50	-320	-180	-130														
50	65	-340	-190	-140		-100	-60		-30		-10	0		-7	-12		+2	0
65	80	-360	-200	-150														
80	100	-380	-220	-170		-120	-72		-36		-12	0		-9	-15		+3	0
100	120	-410	-240	-180														
120	140	-460	-260	-200														
140	160	-520	-280	-210		-145	-85		-43		-14	0		-11	-18		+3	0
160	180	-580	-310	-230														
180	200	-660	-340	-240														
200	225	-740	-380	-260		-170	-100		-50		-15	0		-13	-21		+4	0
225	250	-820	-420	-280														
250	280	-920	-480	-300		-190	-110		-56		-17	0		-16	-26		+4	0
280	315	-1050	-540	-330														

（续）

公称尺寸/mm		基本偏差数值（上极限偏差 es）												基本偏差数值（下极限偏差 ei）				
		所有标准公差等级												IT5 和 IT6	IT7	IT8	IT4~IT7	≤IT3 >IT7
大于	至	a	b	c	cd	d	e	ef	f	fg	g	h	js	j			k	
315	355	-1200	-600	-360		-210	-125		-62		-18	0	偏差 = $\pm\frac{IT_n}{2}$，式中 IT_n 是 IT 值数	-18	-28		+4	0
355	400	-1350	-680	-400														
400	450	-1500	-760	-440		-230	-135		-68		-20	0		-20	-32		+5	0
450	500	-1650	-840	-480														
500	560					-260	-145		-76		-22	0					0	0
560	630																	
630	710					-290	-160		-80		-24	0					0	0
710	800																	
800	900					-320	-170		-86		-26	0					0	0
900	1000																	
1000	1120					-350	-195		-98		-28	0					0	0
1120	1250																	
1250	1400					-390	-220		-110		-30	0					0	0
1400	1600																	
1600	1800					-430	-240		-120		-32	0					0	0
1800	2000																	
2000	2240					-480	-260		-130		-34	0					0	0
2240	2500																	
2500	2800					-520	-290		-145		-38	0					0	0
2800	3150																	

（续）

公称尺寸/mm		基本偏差数值（下极限偏差 ei）													
		所有标准公差等级													
大于	至	m	n	p	r	s	t	u	v	x	y	z	za	zb	zc
—	3	+2	+4	+6	+10	+14		+18		+20		+26	+32	+40	+60
3	6	+4	+8	+12	+15	+19		+23		+28		+35	+42	+50	+80
6	10	+6	+10	+15	+19	−23		+28		+34		+42	+52	+67	+97
10	14	+7	+12	+18	+23	+28		+33		+40		+50	+64	+90	+130
14	18								+39	+45		+60	+77	+108	+150
18	24	+8	+15	+22	+28	+35		+41	+47	+54	+63	+73	+98	+136	+188
24	30						+41	+48	+55	+64	+75	+88	+118	+160	+218
30	40	+9	+17	+26	+34	+43	+48	+60	+68	+80	+94	+112	+148	+200	+274
40	50						+54	+70	+81	+97	+114	+136	+180	+242	+325
50	65	+11	+20	+32	+41	+53	+66	+87	+102	+122	+144	+172	+226	+300	+405
65	80				+43	+59	+75	+102	+120	+146	+174	+210	+274	+360	+480
80	100	+13	+23	+37	+51	+71	+91	+124	+146	+178	+214	+258	+335	+445	+585
100	120				+54	+79	+104	+144	+172	+210	+254	+310	+400	+525	+690
120	140	+15	+27	+43	+63	+92	+122	+170	+202	+248	+300	+365	+470	+620	+800
140	160				+65	+100	+134	+190	+228	+280	+340	+415	+535	+700	+900
160	180				+68	+108	+146	+210	+252	+310	+380	+465	+600	+780	+1000
180	200	+17	+31	+50	+77	+122	+166	+236	+284	+350	+425	+520	+670	+880	+1150
200	225				+80	+130	+180	+258	+310	+385	+470	+575	+740	+960	+1250
225	250				+84	+140	+196	+284	+340	+425	+520	+640	+820	+1050	+1350
250	280	+20	+34	+56	+94	+158	+218	+315	+385	+475	+580	+710	+920	+1200	+1550
280	315				+98	+170	+240	+350	+425	+525	+650	+790	+1000	+1300	+1700

（续）

公称尺寸/mm		基本偏差数值（下极限偏差 ei）													
		所有标准公差等级													
大于	至	m	n	p	r	s	t	u	v	x	y	z	za	zb	zc
315	355	+21	+37	+62	+108	+190	+268	+390	+475	+590	+730	+900	+1150	+1500	+1900
355	400				+114	+208	+294	+435	+530	+660	+820	+1000	+1300	+1650	+2100
400	450	+23	+40	+68	+126	+232	+330	+490	+595	+740	+920	+1100	+1450	+1850	+2400
450	500				+132	+252	+360	+540	+660	+820	+1000	+1250	+1600	+2100	+2600
500	560	+26	+44	+78	+150	+280	+400	+600							
560	630				+155	+310	+450	+660							
630	710	+30	+50	+88	+175	+340	+500	+740							
710	800				+185	+380	+560	+840							
800	900	+34	+56	+100	+210	+430	+620	+940							
900	1000				+220	+470	+680	+1050							
1000	1120	+40	+66	+120	+250	+520	+780	+1150							
1120	1250				+260	+580	+840	+1300							
1250	1400	+48	+78	+140	+300	+640	+960	+1450							
1400	1600				+330	+720	+1050	+1600							
1600	1800	+58	+92	+170	+370	+820	+1200	+1850							
1800	2000				+400	920	+1350	+2000							
2000	2240	+68	+110	+195	+440	+1000	+1500	+2300							
2240	2500				+460	+1100	+1650	+2500							
2500	2800	+76	+135	+240	+550	+1250	+1900	+2900							
2800	3150				+580	+1400	+2100	+3200							

注：公称尺寸小于或等于 1mm 时，基本偏差 a 和 b 均不采用。公差带 js7 ~ js11，若 IT_n 值为奇数，则取偏差 = $\pm\frac{IT_n-1}{2}$。

表 8-17 孔的基本偏差数值

（单位：μm）

公称尺寸/mm		基本偏差数值																					
		下极限偏差 EI												上极限偏差 ES									
大于	至	所有标准公差等级												IT6	IT7	IT8	≤IT8	>IT8	≤IT8	>IT8	≤IT8	>IT8	≤IT7
		A	B	C	CD	D	E	EF	F	FG	G	H	JS	J			K		M		N		P~ZC
—	3	+270	+140	+60	+34	+20	+14	+10	+6	+4	+2	0	偏差 = $\pm\frac{IT_n}{2}$，式中 IT_n 是 IT 值数	+2	+4	+6	0	0	-2	-2	-4	-4	在大于 IT7 的相应数值上增加一个 Δ 值
3	6	+270	+140	+70	+46	+30	+20	+14	+10	+6	+4	0		+5	+6	+10	-1+Δ		-4+Δ	-4	-8+Δ	0	
6	10	+280	+150	+80	+56	+40	+25	+18	+13	+8	+5	0		+5	+8	+12	-1+Δ		-6+Δ	-6	-10+Δ	0	
10	14	+290	+150	+95		+50	+32		+16		+6	0		+6	+10	+15	-1+Δ		-7+Δ	-7	-12+Δ	0	
14	18																						
18	24	+300	+160	+110		+65	+40		+20		+7	0		+8	+12	+20	-2+Δ		-8+Δ	-8	-15+Δ	0	
24	30																						
30	40	+310	+170	+120		+80	+50		+25		+9	0		+10	+14	+24	-2+Δ		-9+Δ	-9	-17+Δ	0	
40	50	+320	+180	+130																			
50	65	+340	+190	+140		+100	+60		+30		+10	0		+13	+18	+28	-2+Δ		-11+Δ	-11	-20+Δ	0	
65	80	+360	+200	+150																			
80	100	+380	+220	+170		+120	+72		+36		+12	0		+16	+22	+34	-3+Δ		-13+Δ	-13	-23+Δ	0	
100	120	+410	+240	+180																			
120	140	+460	+260	+200		+145	+85		+43		+14	0		+18	+26	+41	-3+Δ		-15+Δ	-15	-27+Δ	0	
140	160	+520	+280	+210																			
160	180	+580	+310	+230																			
180	200	+660	+340	+240		+170	+100		+50		+15	0		+22	+30	+47	-4+Δ		-17+Δ	-17	-31+Δ	0	
200	225	+740	+380	+260																			
225	250	+820	+420	+280																			
250	280	+920	+480	+300		+190	+110		+56		+17	0		+25	+36	+55	-4+Δ		-20+Δ	-20	-34+Δ	0	
280	315	+1050	+540	+330																			

（续）

公称尺寸/mm		基本偏差数值																					
		下极限偏差 EI												上极限偏差 ES									
		所有标准公差等级												IT6	IT7	IT8	≤IT8	>IT8	≤IT8	>IT8	≤IT8	>IT8	≤IT7
大于	至	A	B	C	CD	D	E	EF	F	FG	G	H	JS	J			K		M		N		P～ZC
315	355	+1200	+600	+360		+210	+125		+62		+18	0	偏差 = $\pm\frac{IT_n}{2}$，式中 IT_n 是IT值数	+29	+39	+60	−4+Δ		−21+Δ	−21	−37+Δ	0	在大于IT7的相应数值上增加一个Δ值
355	400	+1350	+680	+400																			
400	450	+1500	+760	+440		+230	+135		+68		+20	0		+33	+43	+66	−5+Δ		−23+Δ	−23	−40+Δ	0	
450	500	+1650	+840	+480																			
500	560					+260	+145		+76		+22	0					0		−26		−44		
560	630																						
630	710					+290	+160		+80		+24	0					0		−30		−50		
710	800																						
800	900					+320	+170		+86		+26	0					0		−34		−56		
900	1000																						
1000	1120					+350	+195		+98		+28	0					0		−40		−66		
1120	1250																						
1250	1400					+390	+220		+110		+30	0					0		−48		−78		
1400	1600																						
1600	1800					+430	+240		+120		+32	0					0		−58		−92		
1800	2000																						
2000	2240					+480	+260		+130		+34	0					0		−68		−110		
2240	2500																						
2500	2800					+520	+290		+145		+38	0					0		−76		−135		
2800	3150																						

（续）

公称尺寸/mm		基本偏差数值												Δ值					
		上极限偏差 ES																	
大于	至	标准公差等级大于 IT7												标准公差等级					
		P	R	S	T	U	V	X	Y	Z	ZA	ZB	ZC	IT3	IT4	IT5	IT6	IT7	IT8
—	3	-6	-10	-14		-18		-20		-26	-32	-40	-60	0	0	0	0	0	0
3	6	-12	-15	-19		-23		-28		-35	-42	-50	-80	1	1.5	1	3	4	6
6	10	-15	-19	-23		-28		-34		-42	-52	-67	-97	1	1.5	2	3	6	7
10	14	-18	-23	-28		-33		-40		-50	-64	-90	-130	1	2	3	3	7	9
14	18						-39	-45		-60	-77	-108	-150						
18	24	-22	-28	-35		-41	-47	-54	-63	-73	-98	-136	-188	1.5	2	3	4	8	12
24	30				-41	-48	-55	-64	-75	-88	-118	-160	-218						
30	40	-26	-34	-43	-48	-60	-68	-80	-94	-112	-148	-200	-274	1.5	3	4	5	9	14
40	50				-54	-70	-81	-97	-114	-136	-180	-242	-325						
50	65	-32	-41	-53	-66	-87	-102	-122	-144	-172	-226	-300	-405	2	3	5	6	11	16
65	80		-43	-59	-75	-102	-120	-146	-174	-210	-274	-360	-480						
80	100	-37	-51	-71	-91	-124	-146	-178	-214	-258	-335	-445	-585	2	4	5	7	13	19
100	120		-54	-79	-104	-144	-172	-210	-254	-310	-400	-525	-690						
120	140	-43	-63	-92	-122	-170	-202	-248	-300	-365	-470	-620	-800	3	4	6	7	15	23
140	160		-65	-100	-134	-190	-228	-280	-340	-415	-535	-700	-900						
160	180		-68	-108	-146	-210	-252	-310	-380	-465	-600	-780	-1000						
180	200	-50	-77	-122	-166	-236	-284	-350	-425	-520	-670	-880	-1150	3	4	6	9	17	26
200	225		-80	-130	-180	-258	-310	-385	-470	-575	-740	-960	-1250						
225	250		-84	-140	-196	-284	-340	-425	-520	-640	-820	-1050	-1350						
250	280	-56	-94	-158	-218	-315	-385	-475	-580	-710	-920	-1200	-1550	4	4	7	9	20	29
280	315		-98	-170	-240	-350	-425	-525	-650	-790	-1000	-1300	-1700						

（续）

公称尺寸/mm		基本偏差数值 上极限偏差 ES 标准公差等级大于 IT7												Δ值 标准公差等级					
大于	至	P	R	S	T	U	V	X	Y	Z	ZA	ZB	ZC	IT3	IT4	IT5	IT6	IT7	IT8
315	355	-62	-108	-190	-268	-390	-475	-590	-730	-900	-1150	-1500	-1900	4	5	7	11	21	32
355	400		-114	-208	-294	-435	-530	-660	-820	-1000	-1300	-1650	-2100						
400	450	-68	-126	-232	-330	-490	-595	-740	-920	-1100	-1450	-1850	-2400	5	5	7	13	23	34
450	500		-132	-252	-360	-540	-660	-820	-1000	-1250	-1600	-2100	-2600						
500	560	-78	-150	-280	-400	-600													
560	630		-155	-310	-450	-660													
630	710	-88	-175	-340	-500	-740													
710	800		-185	-380	-560	-840													
800	900	-100	-210	-430	-620	-940													
900	1000		-220	-470	-680	-1050													
1000	1120	-120	-250	-520	-780	-1150													
1120	1250		-260	-580	-840	-1300													
1250	1400	-140	-300	-640	-960	-1450													
1400	1600		-330	-720	-1050	-1600													
1600	1800	-170	-370	-820	-1200	-1850													
1800	2000		-400	-920	-1350	-2000													
2000	2240	-195	-440	-1000	-1500	-2300													
2240	2500		-460	-1100	-1650	-2500													
2500	2800	-240	-550	-1250	-1900	-2900													
2800	3150		-580	-1400	-2100	-3200													

注：1. 公称尺寸小于或等于1mm时，基本偏差A和B及大于IT8的N均不采用。公差带JS7～JS11，若IT_n值为奇数，则取偏差 = $\pm\frac{IT_n-1}{2}$。

2. 对小于或等于IT8的K、M、N和小于或等于IT7的P～ZC，所需Δ值从表内右侧选取。例如：18～30mm段的K7，Δ = 8μm，所以ES = -2 + 8 = +6μm；18～30mm段的S6，Δ = 4μm，所以ES = -35 + 4 = -31μm。特殊情况：250～315mm段的M6，ES = -9μm（代替 -11μm）。

对于公差和基本偏差的关系，从使用的角度看：公差大小反映了尺寸的精确程度，而基本偏差反映了零件装配时配合的松紧程度；从加工角度看，公差大小反映了加工的难易程度，基本偏差决定了加工时刀具相对工件的调整位置。

2. 公差与配合的选用

（1）公差等级的选用　公差等级的选用要考虑使用要求、工艺可能性及经济性，其原则是在满足使用要求的前提下，尽量扩大公差值——即选用较低的公差等级。选用公差等级高低，对单一零件某一尺寸表明其合格尺寸大小允许变动程度，对一批零件意味各零件在尺寸大小方面允许存在差别的程度——公差等级越高，合格尺寸的大小越趋于一致，则配合的松紧差别小，该机器在该零件配合部位性能趋于一致。各种加工方法所能达到的公差等级，以及公差与表面粗糙度之间关系等在本书其他章节都有介绍，公差等级的选用，读者可根据上述原则，结合表 8-18 和自己的实践去决定。

表 8-18　公差等级的选用

公差等级	应用条件	应用举例
IT01	用于特别精密的尺寸传递基准	特别精密的标准量块
IT0	用于特别精密的尺寸传递基准及宇航中特别重要的极个别精密配合尺寸	特别精密的标准量块、个别特别重要和精密的机械零件尺寸
IT1	用于精密的尺寸传递基准，高精密测量工具，特别重要的极个别精密配合尺寸	高精密标准量规，校对检验 IT6～IT7 级轴用量规的校对量规，个别特别重要和精密的机械零件尺寸
IT2	用于高精密测量工具，特别重要的精密配合尺寸	检验 IT6～IT7 级孔用塞规的尺寸制造公差，校对检验 IT8～IT12 级轴用量规的校对塞规，个别特别重要和精密机械零件尺寸
IT3	用于精密测量工具、高精度的精密配合和/P4 级、/P5 级滚动轴承配合的轴径和外壳孔径	检验 IT6～IT7 级轴用量规及 IT8～IT10 级孔用塞规，校对检验 IT13～IT16 级轴用量规的校对量规，与特别精密的/P4 级滚动轴承内环孔（直径至 100mm）相配合的机床、主轴、精密机械和高速机械的轴径，与/P4 级向心球轴承外环外径相配合的外壳孔径，航空工业及航海工业中导航仪器上特殊精密的特小尺寸零件的精密配合
IT4	用于精密测量工具，高精度的精密配合和/P4 级、/P5 级滚动轴承配合的轴径和外壳孔径	检验 IT8～IT10 级轴用量规，检验 IT11　IT12 级孔用塞规和/P4 级轴承孔（孔径大于 100mm）及与/P5 级轴承孔相配合的机床主轴，精密机械和高速机械的轴径；与/P4 级轴承相配的机床外壳孔；柴油机活塞销及活塞销座孔径；高精度齿轮的基准孔或轴径；航空及航海工业所用仪器中特殊精密的孔径
IT5	用于机床、发动机和仪表中特别重要的配合，在配合公差要求很小、形状精度要求很高的条件下，这类公差等级能使配合性质比较稳定，它对加工要求较高，一般机械制造中较少应用	检验 IT11～IT12 级孔用塞规和轴用量规；与/P5 级滚动轴承相配合的机床箱体孔；与/P6 级滚动轴承孔相配合的机床主轴、精密机械及高速机械的轴径；机床尾座套筒，高精度分度盘轴颈；分度头主轴、精密丝杠基准轴颈；高精度镗套的外径等；发动机中主轴的外径，活塞销外径与活塞的配合；精密仪器中轴与各种传动件轴承的配合；5 级精度齿轮的基准孔及 5 级、6 级精度齿轮的基准轴
IT6	广泛用于机械制造中的重要配合，配合表面有较高均匀性的要求；能保证相当高的配合性质，使用可靠	检验 IT13～IT16 级孔用塞规；与/P6 级滚动轴承相配合的外壳孔及与滚子轴承相配合的机床主轴轴颈；机床制造中，装配式青铜蜗轮轮壳外径，安装齿轮、蜗轮、联轴器、带轮、凸轮的轴颈；机床丝杠支承轴颈，矩形花键的定心直径、摇臂钻床的立柱等；机床夹具的导向件的外径尺寸；精密仪器、光学仪器、计量仪器中的精密轴；发动机中的气缸套外径、曲轴主轴颈、活塞销、连杆、衬套、连杆和轴瓦外径等；6 级精度齿轮的基准孔和 7 级、8 级精度齿轮的基准轴径，以及特别精密（1 级、2 级）齿轮的齿顶圆直径

（续）

公差等级	应用条件	应用举例
IT7	应用条件与IT6级相类似，但它要求的精度可比IT6级稍低一点，在一般机械制造业中应用相当普遍	检验IT13~IT16级孔用塞规和轴用量规；机床制造中装配式青铜蜗轮轮缘孔径；联轴器带轮、凸轮等的孔径，机床卡盘座孔、摇臂钻床的摇臂孔、车床丝杠的轴承孔等；机床夹具导向件的内孔（如固定钻套、可换钻套、衬套、镗套）；发动机中的连杆孔、活塞孔、铰制螺栓定位孔等；精密仪器、光学仪器中精密配合的内孔；自动化仪表中的重要内孔；7级、8级精度齿轮的基准孔和9级、10级精度齿轮的基准轴
IT8	用于机械制造中属中等精度；在仪器、钟表制造及仪表中，由于公称尺寸较小，所以属较高精度范畴；在配合确定性要求不太高时，可应用较多的一个等级。尤其是在农业机械、纺织机械、印染机械、自行车、缝纫机、医疗器械中应用最广	轴承座衬套沿宽度方向的尺寸配合；手表中跨齿轴、棘爪拨针轮等夹板的配合；无线电仪表工业中的一般配合；电子仪器仪表中较重要的内孔；计算机中变速齿轮孔和轴的配合；医疗器械中牙科车头的钻头套的孔与车针柄部的配合；导航仪器中主罗经粗刻度盘孔月牙形支架与微电动机汇电环孔等；电机制造中铁心与机座的配合；发动机活塞油环槽宽、连杆轴瓦内径、低精度（9~12级精度）齿轮的基准孔和11~12级精度齿轮和基准轴，6~8级精度齿轮的齿顶圆
IT9	应用条件与IT8级相类似，但要求精度低于IT8级时用	机床制造中轴套外径与孔、操纵件与轴、空转带轮与轴、操纵系统的轴与轴承等的配合，纺织机械、印染机械中的一般配合零件；发动机中机油泵泵体内孔、气门导管内孔、飞轮套、衬套、混合气预热阀轴、气缸盖孔径、活塞槽环的配合等；光学仪器、自动化仪表中的一般配合；手表中要求较高零件的未注公差尺寸的配合；单键连接中键宽配合尺寸；打字机中的运动件配合等
IT10	应用条件与IT9级相类似，但要求精度低于IT9级时用	电子仪器仪表中支架中的配合，导航仪器中绝缘衬套孔与汇电环衬套轴，打字机中铆合件的配合尺寸，闹钟机构中的中心管与前夹板，轴套与轴，手表中尺寸小于18mm、要求一般的未注公差尺寸及大于18mm、要求较高的未注公差尺寸，发动机中油封挡圈孔与曲轴带轮轮毂
IT11	用于配合精度要求较粗糙，装配后可能有较大的间隙的场合，特别适用于要求间隙较大，且有显著变动而不会引起危险的场合	机床上法兰止口与孔、滑块与滑轮、齿轮、凹槽等；农业机械、机车车厢部件及冲压加工的配合零件；钟表制造中不重要的零件，手表制造用的工具及设备中的未注公差尺寸；纺织机械中较粗糙的间隙配合；印染机械中要求较低的配合；医疗器械中手术刀片的配合；磨床制造中螺纹制造及粗糙的动连接；不作测量基准用的齿轮齿顶圆直径公差
IT12	配合精度要求很粗糙，装配后有很大的间隙，适用于基本上无配合要求的场合；要求较高未注公差尺寸的极限偏差	非配合尺寸及工序间尺寸，发动机分离杆，手表制造中工艺装备的未注公差尺寸，计算机行业切削加工中未注公差的极限偏差，医疗器械中手术刀刀柄的配合，机床制造中扳手孔与扳手座的连接
IT13	应用条件与IT12级相类似	非配合尺寸及工序间尺寸，计算机、打字机中切削加工零件及圆片孔、两孔中心距的未注公差尺寸
IT14	用于非配合尺寸及不包括在尺寸链中的尺寸	在机床、汽车、拖拉机、冶金、矿山、石油、化工、电机、电器、仪器、仪表、造船、航空、医疗器械、钟表、自行车、缝纫机、造纸与纺织机械等工业中对切削加工零件未注公差尺寸的极限偏差，广泛应用此等级
IT15		冲压件、木模铸造零件、重型机床制造，当尺寸大于3150mm时未注公差尺寸
IT16		打字机中浇注件尺寸，无线电制造中箱体外形尺寸，手术器械中的一般外形尺寸公差，压弯延伸加工用尺寸，纺织机械中木件尺寸公差，塑料零件尺寸公差，木模制造和自由锻造时用
IT17		塑料尺寸公差，手术器械中的一般外形尺寸公差
IT18		冷作焊接尺寸公差

(2) 配合的选用

1）基准制选择。选择基准制应从产品结构、工艺、经济性等方面综合考虑。

① 一般情况下，优先采用基孔制。加工孔比加工轴要困难些，而且所用的刀具、量具尺寸规格也多些。采用基孔制，可大大缩减定值刀具、量具的规格和数量，有利于降低生产成本。

② 直接采用冷拉钢材作轴，外圆不再加工时，或同一公称尺寸的轴的表面需要在不同位置装上不同配合性质的零件（如活塞销）时，采用基轴制具有明显的经济效益。

③ 与标准件配合时，基准制的选择依标准件而定。例如：与滚动轴承配合的轴应按基孔制，与滚动轴承外圈配合的孔应按基轴制。

④ 为了满足配合的特殊需要，允许采用任意孔、轴公差带组成配合。

2）配合的种类。配合分为间隙配合、过渡配合、过盈配合三种。

根据 GB/T 1800. 1—2009 提供的 20 个等级的标准公差及 28 种基本偏差代号可组成公差带，孔有 543 种，轴有 544 种，由孔和轴的公差带又可组成大量的配合。如此多的公差带与配合全部使用显然是不经济的。为了减少定尺寸刀具、量具和工艺装配的品种及规格，对公差带和配合选用应加以限制。

根据生产实际情况，GB/T 1801—2009 对常用尺寸段推荐了孔和轴的一般、常用和优先公差带，如图 8-134 所示。其中方框内为常用公差带，圆圈内为优先公差带。

GB/T 1800. 1—2020 还规定了孔、轴公差带的组合。基孔制常用配合为 59 种，其中有黑◤符号的 13 种为优先配合，见表 8-19。基轴制常用配合为 47 种，其中有黑◤符号的 13 种为优先配合，见表 8-20。

3）配合的选择。选择配合主要是为了解决接合零件孔与轴在工作时的相互关系，以保证机器正常工作。

配合是指公称尺寸相同的相互接合的孔和轴公差带之间的关系，这种关系决定间隙或过盈的大小及变动，反映了配合的性质。

在设计中，根据使用要求，尽量选用优先配合和常用配合；如果不能满足要求，可选用

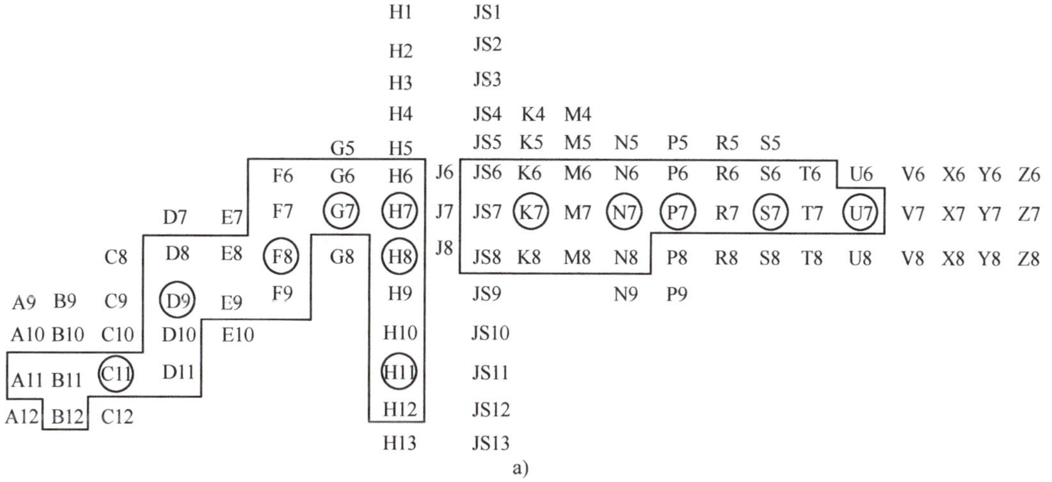

图 8-134 公称尺寸至 500mm 的孔、轴公差带

a）孔

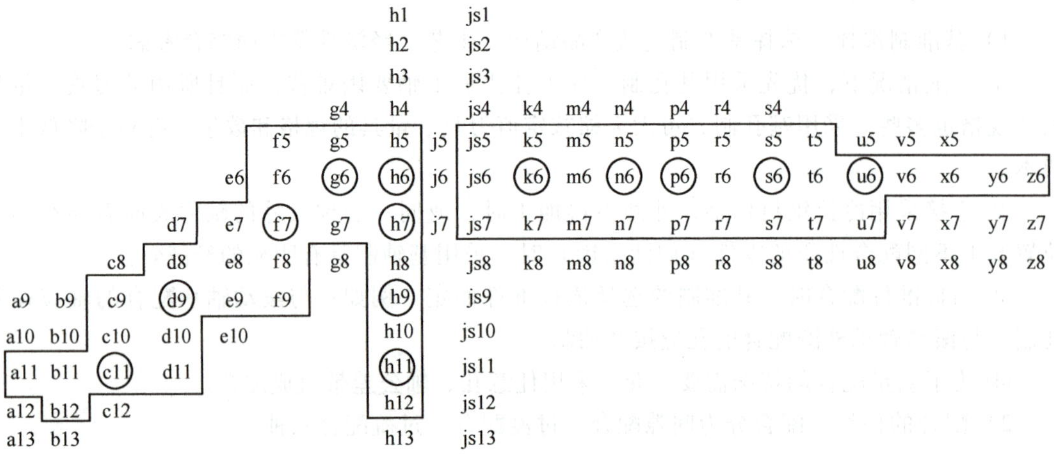

b)

图 8-134 公称尺寸至500mm的孔、轴公差带（续）

b）轴

表 8-19 基孔制优先、常用配合

基准孔	轴																				
	a	b	c	d	e	f	g	h	js	k	m	n	p	r	s	t	u	v	x	y	z
	间隙配合								过渡配合			过盈配合									
H6						$\frac{H6}{f5}$	$\frac{H6}{g5}$	$\frac{H6}{h5}$	$\frac{H6}{js5}$	$\frac{H6}{k5}$	$\frac{H6}{m5}$	$\frac{H6}{n5}$	$\frac{H6}{p5}$	$\frac{H6}{r5}$	$\frac{H6}{s5}$	$\frac{H6}{t5}$					
H7						$\frac{H7}{f6}$	◤$\frac{H7}{g6}$	◤$\frac{H7}{h6}$	$\frac{H7}{js6}$	◤$\frac{H7}{k6}$	$\frac{H7}{m6}$	◤$\frac{H7}{n6}$	◤$\frac{H7}{p6}$	$\frac{H7}{r6}$	◤$\frac{H7}{s6}$	$\frac{H7}{t6}$	◤$\frac{H7}{u6}$	$\frac{H7}{v6}$	$\frac{H7}{x6}$	$\frac{H7}{y6}$	$\frac{H7}{z6}$
H8					$\frac{H8}{e7}$	◤$\frac{H8}{f7}$	$\frac{H8}{g7}$	◤$\frac{H8}{h7}$	$\frac{H8}{js7}$	$\frac{H8}{k7}$	$\frac{H8}{m7}$	$\frac{H8}{n7}$	$\frac{H8}{p7}$	$\frac{H8}{r7}$	$\frac{H8}{s7}$	$\frac{H8}{t7}$	$\frac{H8}{u7}$				
				$\frac{H8}{d8}$	$\frac{H8}{e8}$	$\frac{H8}{f8}$		$\frac{H8}{h8}$													
H9			$\frac{H9}{c8}$	◤$\frac{H9}{d9}$	$\frac{H9}{e9}$	$\frac{H9}{f9}$		◤$\frac{H9}{h9}$													
H10			$\frac{H10}{c10}$	$\frac{H10}{d10}$				$\frac{H10}{h10}$													
H11	$\frac{H11}{a11}$	$\frac{H11}{b11}$	◤$\frac{H11}{c11}$	$\frac{H11}{d11}$				◤$\frac{H11}{h11}$													
H12		$\frac{H12}{b12}$						$\frac{H12}{h12}$													

注：1. $\frac{H6}{r5}$、$\frac{H7}{p7}$在公称尺寸小于或等于3mm和$\frac{H8}{r7}$在公称尺寸小于或等于100mm时，为过渡配合。

2. 标注◤的配合为优先配合。

一般用途的孔、轴公差带按需要组成配合。当有特殊要求时，可以从标准公差和基本偏差中选取合适的孔、轴公差带组成所需的配合。

配合的选择一般采用计算法、类比法、试验法。对于一般的配合，通常采用类比法选择，在新产品的设计过程中，重要部位的配合，为了防止计算或类比不准确而影响使用性能，还需通过试验去解决。表8-21列出配合选择的大致方向，供参考。

为了方便配合的选用，表 8-22 所列为常用轴的基本偏差选用说明，表 8-23 所列为优先配合选用说明。

表 8-20 基轴制优先、常用配合

基准轴	孔																				
	A	B	C	D	E	F	G	H	JS	K	M	N	P	R	S	T	U	V	X	Y	Z
	间隙配合								过渡配合				过盈配合								
h5						F6/h5	G6/h5	H6/h5	JS6/h5	K6/h5	M6/h5	N6/h5	P6/h5	R6/h5	S6/h5	T6/h5					
h6						F7/h6	▲G7/h6	▲H7/h6	JS7/h6	▲K7/h6	M7/h6	▲N7/h6	▲P7/h6	R7/h6	▲S7/h6	T7/h6	▲U7/h6				
h7					E8/h7	▲F8/h7		▲H8/h7	JS8/h7	K8/h7	M8/h7	N8/h7									
h8				D8/h8	E8/h8	F8/h8		H8/h8													
h9				▲D9/h9	E9/h9	F9/h9		▲H9/h9													
h10				D10/h10				H10/h10													
h11	A11/h11	B11/h11	▲C11/h11	D11/h11				▲H11/h11													
h12		B12/h12						H12/h12													

表 8-21 配合选择的大致方向

无相对运动	需要传递转矩	要求精确同轴	永久结合	过盈配合
			可拆结合	过渡配合或基本偏差为 H(h)② 的间隙配合加紧固件①
		不要求精确同轴		间隙配合加紧固件①
	不需要传递转矩			过渡配合或轻的过盈配合
有相对运动	只有移动			基本偏差为 H(h)、G(g)② 等间隙配合
	转动或转动和移动的复合运动			基本偏差为 A~F(a~f)② 等间隙配合

① 紧固件是指键、销钉和螺钉等。

② 非基准件的基本偏差代号。

表 8-22 常用轴的基本偏差选用说明

配合	基本偏差	配合特性及应用
间隙配合	c	可得到很大的间隙，一般用于缓慢、松弛的间隙配合，以及工作条件较差（如农业机械）、受力变形或为了便于装配而必须保证有较大间隙的场合
	d	一般用于 IT7~IT11 级，适用于松的转动配合，如密封盖、滑轮等与轴的配合，也适用于大直径滑动轴承的配合
	e	多用于 IT7~IT9 级，通常用于要求有明显间隙、易于转动的轴承配合，如大跨距轴承、多支点轴承等的配合
	f	多用于 IT6~IT8 级的一级转动配合，当温度影响不大时，广泛用于普通润滑油润滑的支承，如齿轮箱、小电动机、泵等的转轴与滑动轴承的配合
	g	配合间隙很小，制造成本高，除很轻负荷的精密装置外，不推荐用于转动配合。多用于 IT5、IT6、IT7 级，最适合不回转的精密滑动配合，也用于插销等定位配合
	h	多用于 IT4~IT11 级，广泛用于无相对转动的零件，作为一般的定位配合；若无温度、变形影响，也用于精密滑动配合

（续）

配合	基本偏差	配合特性及应用
过渡配合	js	偏差完全对称(±IT/2)，平均间隙较小的配合，多用于 IT4～IT7 级，要求间隙比 h 轴小，并允许略有过盈的配合，如联轴器、齿圈与钢制轮毂，可用木锤装配
	k	平均间隙接近于零的配合，适用于 IT4～IT7 级，推荐用于稍有过盈的定位配合
	m	平均过盈较小的配合，适用于 IT4～IT7 级，一般可用木锤装配，但在最大过盈时，要求有相当的压入力
	n	平均过盈比 m 轴稍大，很少得到间隙，适用于 IT4～IT7 级，用锤或压力机装配，一般推荐用于紧密的组件配合。H6/n5 的配合为过盈配合
过盈配合	p	与 H6 或 H7 孔配合时是过盈配合，与 H8 孔配合时则为过渡配合。对非铁类零件，为较轻的压入配合，当需要时易于拆卸，对钢、铸铁或铜钢组件装配是标准压入配合
	r	对铁类零件为中等打入配合，对非铁类零件为轻打入配合，当需要时可以拆卸，与 H8 孔配合，直径在 100mm 以上时为过盈配合，直径小时为过渡配合
	s	用于钢和铁制零件的永久性和半永久性装配，可产生相当大的接合力。当用弹性材料，如轻合金时，配合性质与铁类零件的 p 轴相当，如套环压装在轴上、阀座等的配合。尺寸较大时，为了避免损伤配合表面，需用热胀或冷缩法装配
	t、u、v、x、y、z	过盈量依次增大，一般很少推荐

表 8-23 优先配合选用说明

优先配合		说明
基孔制	基轴制	
$\frac{H11}{c11}$	$\frac{C11}{h11}$	间隙非常大，用于很松、转动很慢的间隙配合，用于装配方便的很松的配合
$\frac{H9}{d9}$	$\frac{D9}{h9}$	间隙很大的自由转动配合，用于精度为非主要要求，或有大的温度变化、高转速，或大的轴颈压力的场合
$\frac{H8}{f7}$	$\frac{F8}{h7}$	间隙不大的转动配合，用于中等转速与中等轴颈压力的精确转动，也用于装配较容易的中等定位配合
$\frac{H7}{g6}$	$\frac{G7}{h6}$	间隙很小的滑动配合，用于不希望自由转动，但可自由移动和滑动并精确定位的场合，也可用于要求精确的定位配合
$\frac{H7}{h6}$ $\frac{H8}{h7}$ $\frac{H9}{h9}$ $\frac{H11}{h11}$	$\frac{H7}{h6}$ $\frac{H8}{h7}$ $\frac{H9}{h9}$ $\frac{H11}{h11}$	均为间隙定位配合，零件可自由装拆，而工作时，一般相对静止不动，在最大实体条件下的间隙为零，在最小实体条件下的间隙由公差等级决定
$\frac{H7}{k6}$	$\frac{K7}{h6}$	过渡配合，用于精密定位
$\frac{H7}{n6}$	$\frac{N7}{h6}$	过渡配合，用于允许有较大过盈的更精密定位
$\frac{H7}{p6}$	$\frac{P7}{h6}$	过盈定位配合即小过盈配合，用于定位精度特别重要时，能以较高的定位精度达到部件的刚度及对中性要求
$\frac{H7}{s6}$	$\frac{S7}{h7}$	中等压入配合，适用于一般钢件，或用于薄壁件的冷缩配合，用于铸铁件可得到最紧的配合
$\frac{H7}{u6}$	$\frac{U7}{h6}$	压入配合适用于可以承受高压入力的零件，或不宜承受大压入力的冷缩配合

当选定配合之后，需要按工作条件，并参考机器或机构工作时接合件的相对位置状态（如运动速度、运动方向、停歇时间、运动精度等）、承载情况、润滑条件、温度变化、配合的重要性、装卸条件以及材料的物理性能、力学性能等。根据具体条件，对配合的间隙或过盈的大小参照表 8-24 进行修正。

4）公差与配合在图样中的标注。

① 零件图上的公差标注。在零件图上标注公差时通常有三种形式：标注公差代号、标注极限偏差数值、同时标注公差代号与极限偏差，如图 8-135 所示。

② 装配图中的配合标注。装配图中配合标注通常有两种形式：标注配合代号、标注相配件的极限偏差数值，如图 8-136 所示。

表 8-24　工作情况对过盈和间隙的影响

具体情况	过盈应增大或减小	间隙应增大或减小
材料许用应力小	减小	—
经常拆卸	减小	—
工作时孔温高于轴温	增大	减小
工作时轴温高于孔温	减小	增大
有冲击载荷	增大	减小
配合长度较大	减小	增大
配合面几何误差较大	减小	增大
装配时可能歪斜	减小	增大
旋转速度高	增大	增大
有轴向运动	—	增大
润滑油黏度增大	—	增大
装配精度高	减小	减小
表面粗糙度高度参数值大	增大	减小

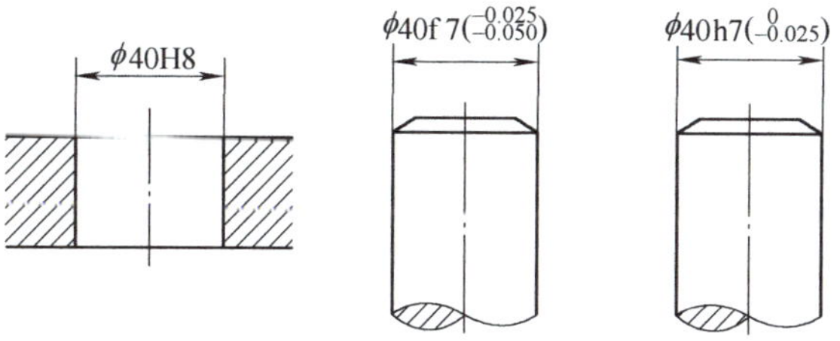

图 8-135　零件图上的公差标注

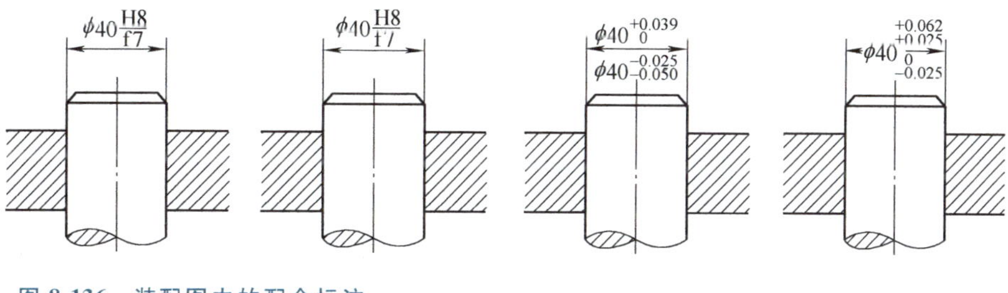

图 8-136　装配图中的配合标注

配合代号用孔和轴公差带的组合表示，写成分数形式，分子为孔公差带代号，分母为轴公差带代号。配合代号中，分子为基本偏差代号“H”的即为基孔制配合，分母为“h”的即为基轴制配合。

③ 未注公差尺寸的极限偏差。未注公差尺寸通常是指在图样上只标注公称尺寸，而不标注极限偏差的尺寸。其极限偏差由相应技术文件做出具体规定。图样上不标注公差尺寸的通常有以下三种情况：

a. 非配合尺寸，即无配合要求，但有从装配方便、减轻重量、节约材料、外形统一美观等方面提出的限制性要求，而这些公差要求很低，不必注明。

b. 工艺方法可以保证达到要求的一些尺寸，如冲压件的尺寸、铸件的尺寸。

c. 为了简化制图，使图面清晰，并突出重要的有公差要求的尺寸，故其余尺寸的公差在图样上不标出。

未注公差尺寸的公差等级规定为IT12~IT18级。

取值方法有以下两种：

a. 一般孔取基本偏差H，轴用h、长度用$\pm\frac{1}{2}$IT（即JS或js）。

b. 必要时，可不分孔、轴或长度，均采用$\pm\frac{1}{2}$IT（即JS或js）。

8.5.7 影响加工精度和表面质量的因素

1. 影响加工精度的主要因素

切削中影响加工精度的主要因素如下：

（1）加工原理误差　加工原理误差是指因采用了近似的加工方法或传动方式及形状近似的刀具而造成的误差。例如：滚齿加工中的滚刀由于制造上困难，采用阿基米德蜗杆或法面直廓蜗杆来代替渐开线蜗杆，因而形成原理上的误差。在保证加工精度的前提下，为提高生产率和降低成本而采用产生原理误差的近似加工方法，有时也具有积极的意义。

（2）机床、刀具及夹具误差　机床刀具及夹具误差包括制造和磨损两方面。它们对加工精度的影响是显而易见的，如卧式车床的纵向导轨在水平面内的直线度误差，直接产生工件直径尺寸误差和圆柱度误差；又如，在车床上精车长轴和加工深孔时，随着车刀的逐渐磨损，工件表面出现锥度而产生其直径尺寸误差和圆柱度误差。

（3）工件装夹误差　工件装夹误差包括定位误差和夹紧误差两方面。它们对加工精度有一定影响。例如：在卡盘上夹紧薄壁套、圆环等刚度较差的工件时，工件很容易产生弹性变形。图8-137所示为自定心卡盘装夹薄壁工件的变形状况，其中图8-137a所示为装夹前工件的形状；图8-137b所示为夹紧后的形状；图8-137c所示为内孔加工完后还未卸下的形状；图8-137d所示为卸下工件，弹性变形恢复后的形状，此时装夹误差反映到加工表面内孔上。因此，加工薄壁零件时，夹紧力应在工件圆周上均匀分布，采用液性塑料夹具可满足这种要求。

（4）工艺系统变形误差　机床、夹具、工件和刀具构成弹性工艺系统，简称工艺系统。工艺系统变形误差包括受力弹性变形误差和热变形误差两方面。例如：轴类工件在两顶尖间加工，近似于一根梁自由支承在两个支点上，在垂直切削分力F_p的作用下，最后加工出的

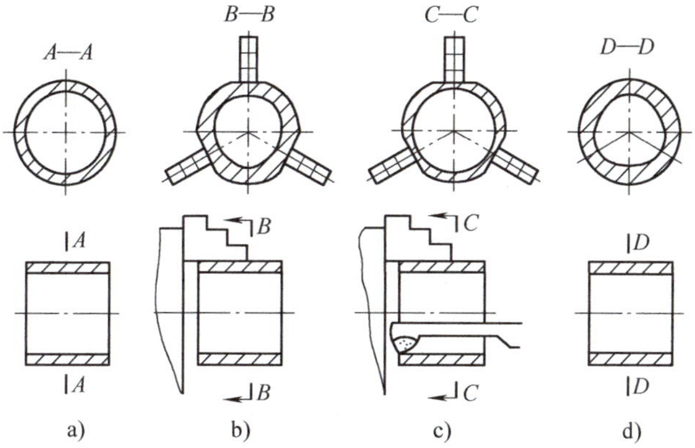

图 8-137　自定心卡盘装夹薄壁工件的变形状况

形状如图 8-138a 所示。图 8-138b、c 所示分别为用卡盘、卡盘-顶尖在垂直切削分力 F_p 的作用下加工出的零件形状。因此，加工刚度较差的细长轴工件时，常采用中心架或跟刀架等辅助支承，以减小工件受力变形。又如在车削加工中，车床部件中受热最多且变形最大的部件是主轴箱，图 8-139 中的双点画线表示车床的热变形，车床主轴前轴承的温升最高，影响加工精度最大的是主轴轴线的抬高和倾斜。

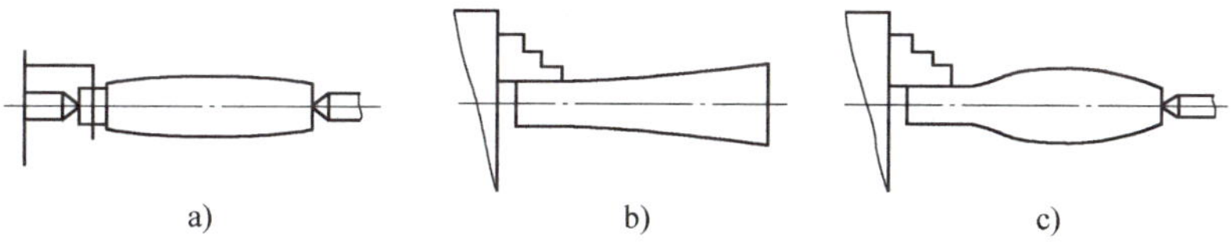

图 8-138　工艺系统受力变形对加工精度的影响

（5）工件内应力　工件内应力状态总为拉应力和压应力并存而总体处于平衡的状态。当外界条件发生变化，如温度改变或从表面再切去一层金属后，内应力的平衡即遭到破坏，引起内应力重新分布，使零件产生新的变形。这种变形有时需要较长时间，从而影响零件加工精度的稳定性。因此，常采用粗、精加工分开，或粗、精加工分开且在其间安排时效处理，以减小或消除内应力。

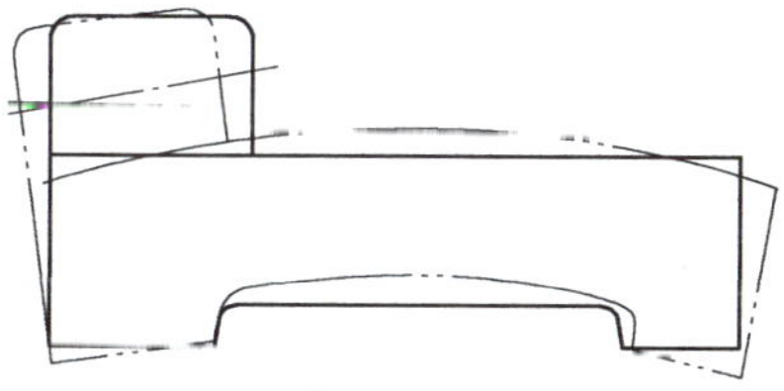

图 8-139　车床的热变形

2. 表面质量

表面质量是指零件在加工后表面层的状况。具体内容包括表面粗糙度、表面变形强化和残余应力等。表面变形强化和残余应力已做过介绍，这里只介绍表面粗糙度。

影响表面粗糙度的主要因素为：

（1）切削残留面积　从图 8-50 中可以看出，减小进给量 f、主偏角 κ_r、副偏角 κ_r' 可有效地减小残留面积，从而降低表面粗糙度值。因此，采用 $\kappa_r'=0°$ 的车刀及宽刃细刨刀均可获得较小的表面粗糙度值。

（2）积屑瘤　由图 8-56 可知，积屑瘤伸出刀尖之外，且不断破碎脱落，在工件表面上刻划出不均匀的沟痕，对表面粗糙度影响很大。因此，精加工塑性金属时，常采用高速切削（v_c>100m/min）或低速切削（v_c<5m/min），以避免产生积屑瘤，获得较小的表面粗糙度 Ra 值。

（3）工艺系统振动　工艺系统振动使刀具对工件产生周期性的位移，在加工表面上形成类似波纹的痕迹，使表面粗糙度值增大，如图 8-140 所示。因此，在切削加工中，应尽量避免振动。

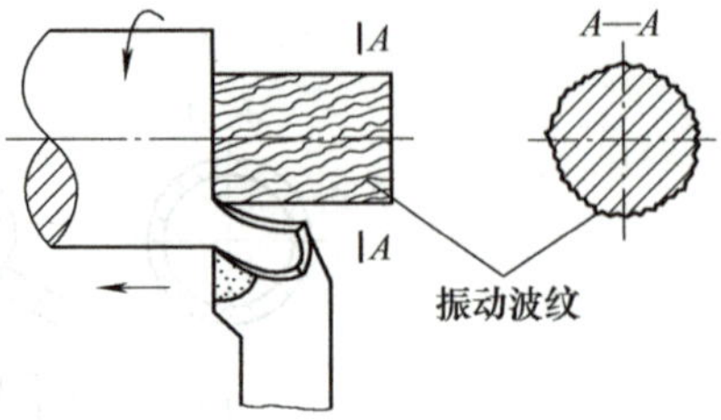

图 8-140　加工表面的振动波纹

复习思考题

1. 一般机床主要由哪几部分组成？它们各起什么作用？

2. 数控机床的加工特点是什么？

3. 说明下列加工方法的主运动和进给运动：车端面、在车床上钻孔、在车床上镗孔、在钻床上钻孔、在镗床上镗孔、在牛头刨床上刨平面、在龙门刨床上刨平面、在铣床上铣平面、在平面磨床上磨平面、在内圆磨床上磨孔。

4. 机床夹具的主要作用是什么？如何分类？

5. 试说明车削的切削用量（名称、定义、代号、单位）。

6. 对刀具材料的性能有哪些基本要求？

7. 高速工具钢和硬质合金在性能上的主要区别是什么？各适合做何种刀具？

8. 切削热对切削加工有什么影响？

9. 简述车刀前角、后角、主偏角、副偏角和刃倾角的作用及选择原则。

10. 何谓工件的六点定位原则？加工时是否都要实行完全定位？

11. 车床上安装工件有哪些方法？各适用于哪些零件？

12. 试述各种车削锥面方法的优缺点及其用途。一锥面大端直径为 50mm，小端直径为 47mm，工件全长 500mm，锥体长 450mm，用偏移尾座法车削时，尾座偏移量是多少？

13. 简述车削加工的特点。

14. 何谓钻孔时的“引偏”？试举出几种减小“引偏”的措施。

15. 孔的加工方法有哪些？其中属于精加工的有哪些？

16. 为什么钻孔精度低，表面粗糙度值大，而铰孔则相反？

17. 为什么一般情况下刨削的生产率比铣削低？比较刨削和铣削加工的特点。

18. 铣削时，端铣和周铣各有何特点？

19. 什么是顺铣和逆铣？各有何特点？通常采用哪种铣削方式？为什么？

20. 铣削的工艺特点有哪些？铣床上能完成哪些工作？

21. 外圆磨削方法有哪些？各有何特点？若加工淬火钢销轴，要求两端不能有中心孔，应选择什么方法磨削？

22. 为什么研磨、珩磨、抛光和超级光磨都能使工件达到很小的表面粗糙度值？

23. 在研磨加工中，若工件材料比研磨工具软，将产生怎样的后果？

24. 按公差关系填写表 8-25 中各空格。

表 8-25　题 24 表　（单位：mm）

公称尺寸	上极限尺寸	下极限尺寸	上极限偏差	下极限偏差	公　差	公差带	尺寸表示
$\phi25$	$\phi25.025$			-0.02			
$\phi40$		$\phi40.01$			0.04		
$\phi65$			-0.03		0.03		
$\phi70$			-0.02	+0.01			

25. 查表说明字母意义：$\phi25$A7、$\phi40$g8、$\phi65$JS6、$\phi70$u5。
26. 画出几何公差各项目所用的符号及 11 种公差带的形状。
27. 举例说明下列几何公差项目的区别。
（1）线轮廓度与面轮廓度；
（2）径向圆跳动与同轴度；
（3）轴向圆跳动与面对线的垂直度；
（4）径向全跳动与圆柱度。
28. 用文字说明图 8-141、图 8-142 中几何公差代号标注的含义。
29. 表面粗糙度对机器零件的使用性能有何影响？

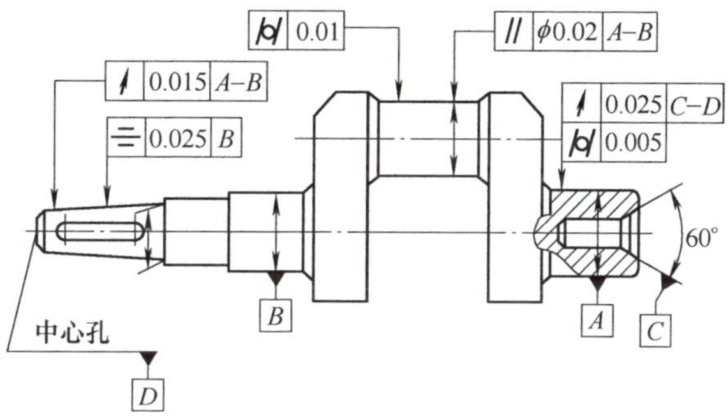

图 8-141　题 28 图（一）

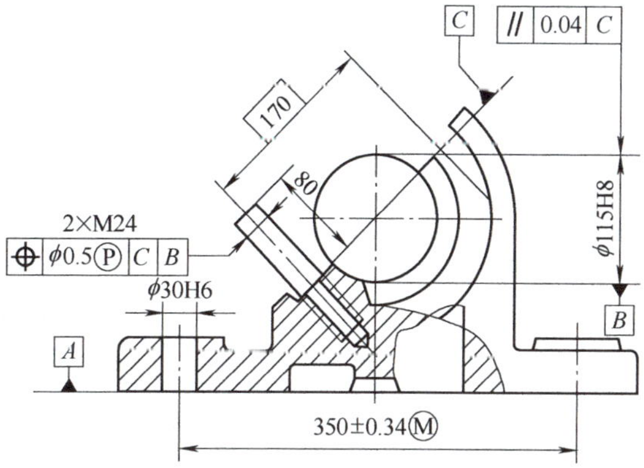

图 8-142　题 28 图（二）

第9章

特种加工

科学和技术的发展提出了许多传统的切削加工方法和加工系统难以胜任的制造任务，如具有高硬度、高强度、高脆性或高熔点的各种难加工金属材料及非金属材料（如硬质合金、钛合金、淬火工具钢、陶瓷、宝石等）的加工，具有较低刚度或复杂曲面形状的特殊零件（如薄壁件、弹性零件、具有复杂曲面形状模具、叶轮机叶片、喷丝头的小孔、窄缝等）的加工等。鉴于此，特种加工方法为完成这些制造任务而产生和不断发展。

所谓特种加工，不是采用常规的刀具或磨具对工件进行切削加工的工艺方法，而是利用电能、化学能、光能、热能或几种能的复合形式（包括与机械能组合）直接作用在被加工部位，以获得图样所要求的形状、尺寸精度、表面质量及性能的加工方法。与常规的切削加工方法相比，特种加工具有以下特点：

1）工具材料的硬度可以大大低于被加工工件材料的硬度。

2）加工过程中，不存在显著的机械力。

3）可直接利用电能、化学能、声能、光能等能量对材料进行加工。

4）各种加工方法可以有选择地复合，形成新的工艺方法对材料进行加工。

本书简要介绍电火花加工、电化学加工、激光加工、电子束加工、离子束加工、超声波加工。

9.1 特种加工的分类

特种加工的分类还没有明确的规定，一般按能量来源和作用形式以及加工原理可分为表9-1所列的形式。

表 9-1 常用特种加工方法分类

特种加工方法		能量来源及形式	作用原理	英文缩写
电火花加工	电火花成形加工	电能、热能	熔化、气化	EDM
	电火花线切割加工	电能、热能	熔化、气化	WEDM
电化学加工	电解加工	电化学能	金属离子阳极溶解	ECM(ELM)
	电解磨削	电化学能、机械能	阳极溶解、磨削	EGM(ECG)
	电解研磨	电化学能、机械能	阳极溶解、研磨	ECH
	电铸	电化学能	金属离子阴极沉积	EFM
	涂镀	电化学能	金属离子阴极沉积	EPM
激光加工	激光切割、打孔	光能、热能	熔化、气化	LBM
	激光打标记	光能、热能	熔化、气化	LBM
	激光处理、表面改性	光能、热能	熔化、相变	LBT

（续）

特种加工方法		能量来源及形式	作用原理	英文缩写
电子束加工	切割、打孔、焊接	电能、热能	熔化、气化	EBM
离子束加工	蚀刻、镀覆、注入	电能、动能	原子撞击	IBM
等离子弧加工	切割(喷镀)	电能、热能	熔化、气化(涂覆)	PAM
超声加工	切割、打孔、雕刻	声能、机械能	磨料高频撞击	USM
化学加工	化学铣削	化学能	腐蚀	CHM
	化学抛光	化学能	腐蚀	CHP
	光刻	光能、化学能	光化学腐蚀	PCM

在发展过程中也形成了某些介于常规机械加工和特种加工工艺之间的过渡性工艺。例如：在切削过程中引入超声振动或低频振动切削，在切削过程中通以低电压、大电流的导电切削、加热切削以及低温切削等。这些加工方法是在切削加工的基础上发展起来的，其目的是改善切削的条件，基本上还属于切削加工。

在特种加工范围内还有一些属于减小表面粗糙度值或改善表面性能的工艺，前者如电解抛光、化学抛光、离子束抛光等，后者如电火花表面强化、镀覆、刻字，激光表面处理、改性，电子束曝光，离子束注入掺杂等。

此外，还有一些不属于尺寸加工的特种加工，如液中放电成形加工、电磁成形加工、爆炸成形加工及放电烧结等。

9.2 常用特种加工方法

9.2.1 电火花加工

1. 电火花加工的原理

电火花加工（Electrical Discharge Machining，EDM）又称放电加工或电腐蚀加工。它是指通过工具电极和工件之间不断产生脉冲性的火花放电的电蚀作用，对工件进行加工的方法。由于在放电过程中可见到火花，故称为电火花加工。电火花加工原理示意图如图 9-1 所示。

电火花加工时，工件 1 和工具 4 分别与脉冲电源 2 的两输出端相连接。自动进给调节装置 3（此处为电动机及丝杠螺母机构）使工具与工件间保持很小的放电间隙，当脉冲电压加到两极之间时，间隙最小处的绝缘工作液（煤油或矿物油）介质被击穿，形成脉冲放电。在放电通道中产生的高温使金属熔化和气化，并在放电爆炸力的作用下将熔化金属抛出，由绝缘工作液带走，工件和工具表面都形成一个小凹坑。由于极间效应（即两极的蚀除量不相等的现象），工件电极的电蚀速度比工具电极的电蚀速度快得多，这样随着一定频

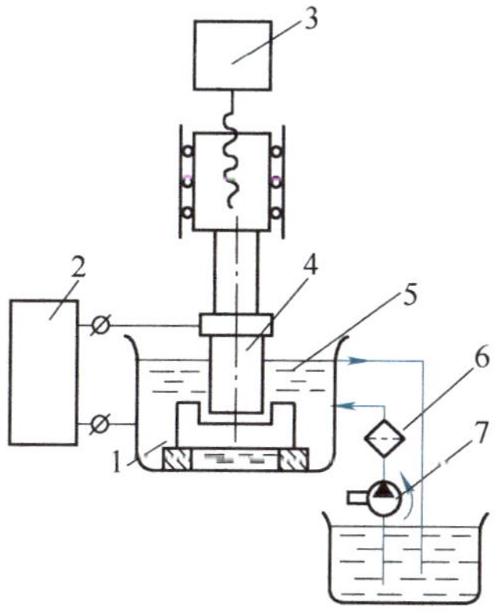

图 9-1 电火花加工原理示意图
1—工件 2—脉冲电源 3—自动进给调节装置 4—工具 5—工作液 6—过滤器 7—工作液泵

率的脉冲连续不断地放电，工具电极不断地向工件进给，就能够按工具的形状准确地完成对工件的加工。

2. 电火花加工的特点与应用

(1) 主要优点

1) 适合于难切削材料的加工，材料的可加工性几乎与其力学性能无关，主要取决于材料的导电性及热学特性，如熔点、沸点、比热容、热导率、电阻率等。可以用软的电极材料(如纯铜、石墨)加工像聚晶金刚石、立方氮化硼等超硬材料。

2) 可以加工特殊及复杂形状的零件，如低刚性的工件加工、微细加工、复杂型腔模具加工等。

(2) 存在的问题或不足

1) 主要用于加工金属等导电材料，在一定条件下也可以加工半导体和非金属材料。

2) 加工速度慢，影响加工效率。一般先用切削来去除大余量，然后用电火花加工，但新的研究成果表明，其生产率有可能接近切削加工。

3) 电极的耗损影响加工精度。

(3) 应用　由于电火花加工具有许多传统切削加工方法无法比拟的优点，其应用领域日益扩大，目前已广泛应用于机械（特别是模具）、宇航、航空、电子、电机电器、仪器仪表等行业，可以解决难加工材料及复杂形状零件的加工问题。加工范围已达到小至几微米的孔、缝以及大到几米的大型模具和零件。

9.2.2 电火花线切割加工

1. 电火花线切割加工的原理

电火花线切割加工（Wire Cut EDM，WEDM）是在电火花加工的基础上发展起来的一种新的工艺形式，简称线切割。其基本原理是利用移动的细金属导线（铜丝或钼丝）作电极，对工件进行脉冲火花放电、切割成形。

电火花线切割机床通常分为两大类：一类是高速走丝电火花线切割机床，另一类是低速走丝电火花线切割机床。图 9-2 所示为高速走丝电火花线切割工艺及装置的示意图，利用钼丝 4 作为工具电极进行切割；储丝筒 7 使钼丝做正反交替移动，加工能源由脉冲电源 3 供给。在电极丝和工件之间浇注工作液介质，根据工件和线电极的相对运动，可以加工不同形状的二维曲线轮廓。相对运动由放置工件的工作台在 X、Y 两方向的运动合成实现。目前，大多数的线切割机床都实现了数控化，新一代的线切割机床普遍采用计算机数字控制（CNC）装置。

2. 电火花线切割加工的工艺特点

与电火花成形加工相比，电火花线切割加工有以下特点：

1) 无需特定形状的工具电极，降低了生产成本，缩短了生产准备时间。

2) 由于加工表面的几何轮廓由 CNC 控制的运动获得，因此容易获得复杂的表面形状。

3) 线电极在加工中不断移动，使单位长度金属丝损耗较少，对加工精度影响小。

4) 由于电极丝较细，可以加工微细异形孔、窄缝和复杂形状的工件。由于切缝很窄，金属去除量少，对工件进行套料加工，可提高材料利用率，节约贵重金属。

5) 易实现自动化，劳动强度低。

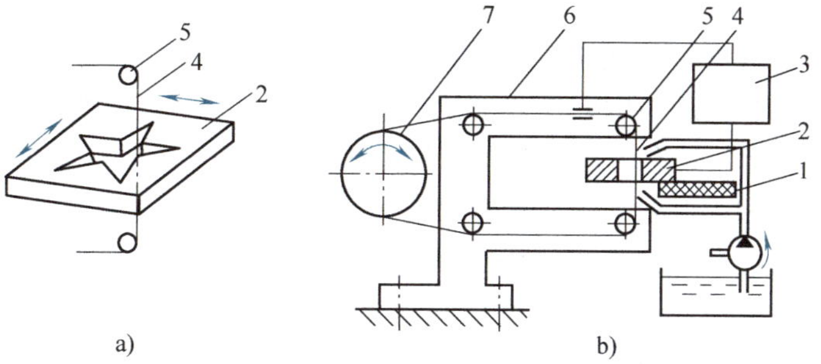

图 9-2 高速走丝电火花线切割工艺及装置的示意图

1—绝缘底板 2—工件 3—脉冲电源 4—钼丝 5—导向轮 6—支架 7—储丝筒

6）不能加工不通孔类零件表面和阶梯形表面（立体成形表面）。

3. 电火花线切割加工的应用

电火花线切割广泛应用于加工各种硬质合金和淬火钢的冲模、拉丝模、冷拔模、样板、成形刀具、形状复杂的零件、窄缝和栅网等，它可将许多同样的零件叠起来加工，并获得一致的尺寸。因此，电火花线切割工艺为新产品试制、精密零件和模具的制造开辟了一条工艺途径，近年来发展很快，在世界各国都引起了高度的重视，得到广泛的应用。

9.2.3 电化学加工

电化学加工（Electrochemical Machining，ECM）按其原理可分为三类：第一类（Ⅰ）是利用电化学阳极溶解来进行加工的方法，主要有电解加工、电解抛光等；第二类（Ⅱ）是利用电化学阴极沉积、涂敷进行，主要有电镀、涂镀、电铸等；第三类（Ⅲ）是利用电化学加工与其他加工方法相结合的电化学复合加工工艺，目前主要有电化学加工与机械加工相结合的方法，如电解磨削、电化学阳极机械加工等。具体分类见表 9-2。在此仅对电解加工做简单介绍。

表 9-2 电化学加工的分类

类别	加工方法（及原理）	加工类型
Ⅰ	电解加工（阳极溶解）	用于形状、尺寸加工
	电解抛光（阳极溶解）	用于表面加工，去毛刺
Ⅱ	电镀（阴极沉积）	用于表面加工、装饰
	局部涂镀（阴极沉积）	用于表面加工、尺寸修复
	复合电镀（阴极沉积）	用于表面加工，磨具制造
	电铸（阴极沉积）	用于制造复杂形状的电极，复制精密、复杂的花纹模
Ⅲ	电解磨削，包括电解珩磨、电解研磨（阳极溶解、机械刮除）	用于形状、尺寸加工，超精加工、光整加工、镜面加工
	电解电火花复合加工（阳极溶解、电火花蚀除）	用于形状、尺寸加工
	电化学阳极机械加工（阳极溶解、电火花蚀除、机械刮除）	用于形状、尺寸加工，高速切断、下料

1. 电解加工的过程及原理

电解加工是指利用金属在电解液中产生阳极溶解的原理来去除工件上多余材料的一种加

工方法。图 9-3 所示为电解加工过程的示意图。加工时，在工件电极和工具电极之间接直流电源，工件接正极（阳极），工具接负极（阴极）。两极之间保持较小的间隙（0.1~1mm），具有一定压力（0.5~2MPa）的氯化钠电解液从间隙中流过，这时阳极工件的金属被逐渐电解腐蚀，电解产物被高速（5~50m/s）的电解液带走。在加工过程中，阴极与阳极距离较近的地方通过的电流密度较大，电解液的流速也较高，阳极溶解速度也较快，随着工具相对工件的不断进给，工件表面形状与工具表面形状越来越接近，直到按工具的形状准确地完成工件的加工为止。

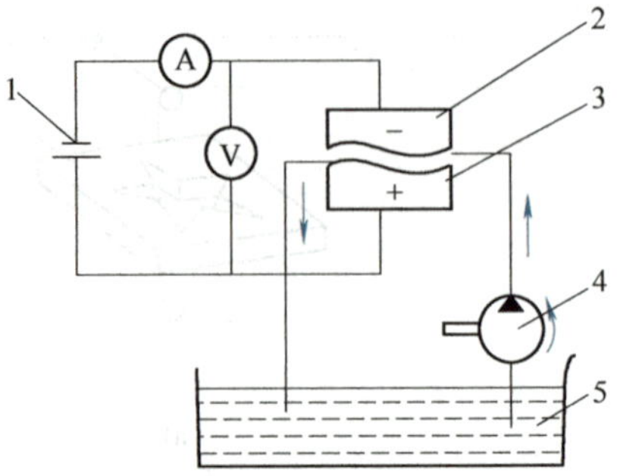

图 9-3　电解加工过程示意图

1—直流电源　2—工具阴极　3—工件阳极
4—电解液泵　5—电解液

2. 电解加工的特点

1）加工范围广，不受金属材料本身力学性能的限制，如硬质合金、耐热合金。

2）电解加工的生产率高，为电火花加工的 5~10 倍。

3）加工表面的表面粗糙度 Ra 值可以达到 0.2~1.25μm，平均加工精度约为±0.1mm。

4）加工过程中阴极工具在理论上是不受损耗的，可长期使用。

5）不易达到较高的精度和加工稳定性，难以实现窄缝、小孔的加工。

6）电极工具设计与制造麻烦。

7）电解液对设备与环境有腐蚀和污染作用，需要防腐和无害化处理。

3. 电解加工的应用

电解加工在各种膛线、内花键、深孔、内齿轮、链轮、叶片、异形零件及模具等方面得到广泛的应用。但由于电解加工优缺点的并存，一般在加工难加工材料、型面复杂、批量大的零件时才选用。电解加工和磨削加工的复合作用形成了电解磨削，用于磨削难加工材料。

9.2.4　激光加工

激光技术是 20 世纪 60 年代初发展起来的一门新兴科学，在材料加工方面形成了一种新的加工方法——激光加工（Laser Beam Machining，LBM）。激光加工是指利用能量密度非常高的单色光，通过一系列的光学系统聚焦成平行度很高的微细光束，可得到极大的能量密度和 10000℃ 以上的高温，以达到去除材料的目的的加工方法。

1. 激光加工的基本原理

激光加工的原理可用图 9-4 所示的固体激光器打孔简图来说明。当激光工作物质 2（如红宝石、二氧化碳）被激发以后，在一定的条件下可使光得到放大，并通过全反射镜 1 和部分反射镜 4 组成的光谐振腔的作用产生光的振荡而输出激光，再通过透镜 5 聚焦到工件 6 的待加工表面，待加工表面吸收并将其转换成的热能使照射斑点的局部区域迅速熔化以至气化蒸发，形成小凹坑，由于热扩散使周围的金属熔化，产生强烈的冲击波爆炸式

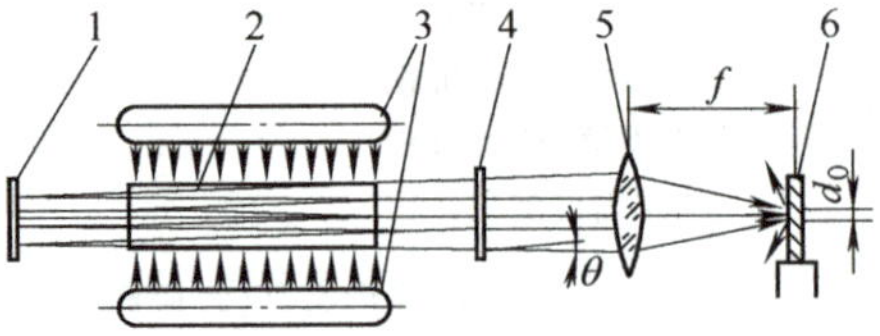

图 9-4　固体激光器打孔简图

1—全反射镜　2—激光工作物质　3—激励能源
4—部分反射镜　5—透镜　6—工件
θ—激光束发散全角　d_0—激光焦点直径　f—焦距

地去除材料，从而完成所需要的加工。

2. 激光加工的工艺特点

（1）对材料的适应性强　激光加工的功率密度是各种加工方法中最高的一种，激光打孔工艺几乎可以用于任何金属材料和非金属材料，如高熔点材料、耐热合金及陶瓷、宝石、金刚石等硬脆性材料。

（2）打孔速度极快，热影响区小　通常打一个孔只需 0.001s，易于实现加工自动化和流水作业。

（3）激光加工不需要加工工具　由于它属于非接触加工，工件无变形，对刚性差的零件可实现高精度加工。

（4）可穿越介质进行加工　可以对由玻璃等光学透明介质制成的窗口隔离室或真空室内的工件进行加工。

（5）符合节能、环保的要求　能源消耗少，无污染。

3. 激光加工的应用

激光加工可用于打孔、切割、电子器件的微调、焊接、热处理以及激光存储等各个领域。在生产实践中已越来越多地显示了它的优越性，受到了广泛的重视。

9.2.5 电子束加工

1. 电子束加工的原理

电子束加工是指在真空条件下，利用聚焦后能量密度极高（$10^6 \sim 10^9 W/cm^2$）的电子束，以极高的速度冲击到工件表面极小的面积上，在极短的时间（几分之一微秒）内，其能量的大部分转变为热能，使被冲击部分的工件材料达到几千摄氏度以上的高温，从而引起材料的局部熔化和气化，被真空系统抽走的加工方法，如图9-5 所示。

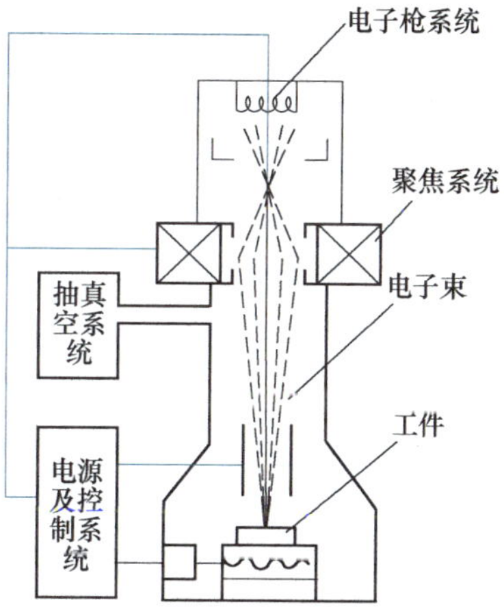

图 9-5　电子束加工原理及设备组成

2. 电子束加工的特点

1）电子束可以微细地聚焦，电子束加工是一种精密、微细的加工方法。

2）能量密度高，生产率高，属于非接触式加工，不产生应力和变形，加工材料范围广。

3）可以通过电场或磁场对电子束的强度、位置、聚焦等直接进行控制，整个加工系统易实现自动化。

4）污染少，工件表面不氧化，特别适合加工易氧化的材料。

5）整个加工系统价格较高，在生产中受到一定的限制。

3. 电子束加工的应用

电子束加工按其能量密度和能量注入时间的不同，可用于打孔、切割、蚀刻、焊接、热处理和光刻加工等。例如：在 0.1mm 厚的不锈钢钢板上加工直径为 0.2mm 的孔，其速度为每秒 3000 个孔。

9.2.6 离子束加工

离子束加工的原理和电子束基本相同，也是在真空条件下，将离子源产生的离子束经过加速聚焦，使之打到工件表面上。不同的是离子带正电荷，其质量比电子质量大数千甚至数万倍，如氩离子的质量是电子质量的 7.2 万倍。所以一旦离子加速到较高速度，离子束比电子束具有更大的撞击动能，它是靠微观的机械撞击能量，而不是靠动能转化为热能来进行加工的。

离子束加工除具有电子束加工的特点外，由于离子束流密度及离子能量可以精确控制，所以离子刻蚀可以达到纳米级的加工精度。离子束加工是所有特种加工中最精密、最微细的加工方法，是当代纳米加工技术的基础。

离子束加工技术正在不断发展，其应用范围正在日益扩大，目前用于改变零件尺寸和表面物理力学性能的离子束加工有离子刻蚀加工、离子镀膜加工和离子注入加工等。

9.2.7 超声波加工

超声波加工（Ultrasonic Machining，USM）也称超声加工。它是指利用工具端面做超声频振动，通过磨料悬浮液加工脆硬材料的一种成形方法。其加工原理如图 9-6 所示。

超声波加工时，超声波发生器产生的超声频电振荡通过换能器变为振幅很小的超声频机械振动，并通过振幅扩大器将振幅放大（放大后的振幅为 0.05～0.1mm），再传给工具使其振动，同时在工件与工具之间不断注入磨料悬浮液。这样做超声频振动的工具端面就会不断锤击工件表面上的磨料，通过磨料将加工区的材料粉碎成很细的微粒，由循环流动的悬浮液带走。随着工具的不断进给，逐渐加工出所要求的工件形状。超声波加工具有以下特点：

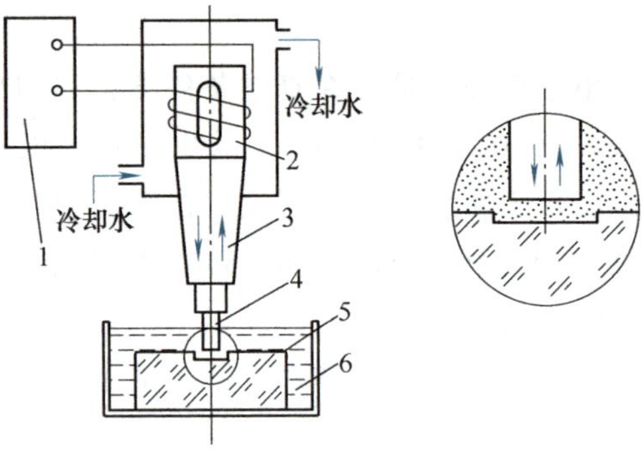

图 9-6 超声波加工原理示意图

1—超声波发生器 2—换能器 3—振幅扩大器 4—工具 5—工件 6—磨料悬浮液

1）适合加工各种硬脆材料，特别是不导电的非金属材料，如玻璃、陶瓷、石英、宝石、金刚石等。

2）工具可用较软的材料做成较复杂的形状，工具与工件相对运动简单，机床结构简单。

3）切削力小，切削热少，不会引起变形及烧伤，精度与表面质量也较好。

超声波加工广泛应用于加工半导体和非导体的脆硬材料，如玻璃、石英、金刚石等；由于其加工精度和表面粗糙度优于电火花、电解加工，通常用电火花加工后的一些淬火钢、硬质合金零件，还常用超声抛磨进行光整加工；此外，还可用于套料、清洗、焊接和无损检测等。

综上所述，各种特种加工方法各有其特点和特定的应用范围，常用特种加工方法的综合比较见二维码，可供选用时参考。

9.3 其他特种加工简介

1. 化学加工

化学加工（Chemical Machining，CHM）是指利用酸、碱、盐等化学溶液对金属产生化学反应，使金属腐蚀溶解，改变工件尺寸和形状的一种加工方法。化学加工的方法已发展出很多种，用于成形加工的主要方法有化学蚀刻和光化学腐蚀加工，用于表面加工的方法有化学抛光和化学镀膜等。

2. 等离子体加工

等离子体加工又称等离子弧加工（Plasma Arc Machining，PAM），是指利用电弧放电使气体电离成过热的等离子体流束，靠局部熔化及气化来去除材料的。

等离子体加工已广泛应用于切割各种金属，特别是不锈钢、铜、铝的成形切割。等离子体表面加工技术也有了很大发展，如使钢板表面氮化等。

3. 挤压珩磨

挤压珩磨也称磨料流动加工（Abrasive Flow Machining，AFM）。它是20世纪70年代发展起来的表面加工技术。其原理是利用一种含磨料的半流动状态的黏性磨料介质，在一定压力下强迫其在被加工表面上流过，由磨料颗粒的刮削作用去除工件表面的微观不平材料。

挤压珩磨可用于边缘光整、倒圆角、去毛刺、抛光和少量的表面材料去除，特别适用于难以加工的内部通道的抛光和去毛刺。目前已用于各类模具、叶轮、齿轮等零件的抛光和去毛刺。

4. 水射流切割

水射流切割（Water Jet Cutting，WJC）又称为液体喷射加工（Liquid Jet Machining，LJM），是利用高压、高速液流对工件的冲击作用来去除材料的加工方法。

水射流切割已用来切割石棉制动片、橡胶基地毯、复合材料板、玻璃纤维增强塑料、印制电路板等。由于一次性投资大，其应用受到一定的限制。

复习思考题

1. 简述电火花加工、电火花线切割加工、电解加工、激光加工、超声波加工、电子束加工和离子束加工等特种加工方法的原理、主要特点及应用。

2. 试举几种采用特种加工工艺之后，对材料的可加工性和结构工艺性产生重大影响的实例。

3. 常规加工工艺和特种加工工艺之间有何关系？应如何正确处理常规加工和特种加工之间的关系？

4. 生产中常用电火花加工型腔模，在编制加工工艺路线时，电火花加工应安排在热处理之前还是之后进行？为什么？

5. 从滴水穿石到水射流工艺的实用化，在思想上有何启迪？要具体解决哪些关键技术问题？

6. 在人们日常工作和生活中，有哪些物品（包括工艺美术品等）是利用本章所介绍的特种加工的方法制造的？

第10章 非金属材料的机械加工

非金属材料一般指具有非金属性质（导电性导热性差）的材料，主要有无机非金属材料（陶瓷、玻璃、石材、耐火材料、水泥、木材等）、高分子材料（塑料、橡胶、纤维等）、复合材料（主要指树脂基、金属基、陶瓷基复合材料）。自19世纪以来，生产和科学技术的进步，尤其近年来在经济的快速发展环境中，机械制造业的迅速发展，特别是电子产业、航空航天技术的突飞猛进，不断地对材料的性能提出了越来越高的要求。非金属材料因具有各种优异的性能，在近代工业中的用途不断扩大，因而非金属材料的加工是机械制造业必须直面的问题。

从某种意义上讲金属材料加工是非金属材料加工的知识之母，有关金属材料机械加工制造的理论和技术都可以不同程度应用于非金属材料的加工制造，但由于非金属材料具有金属材料不同的特异性能，因而非金属材料的加工制造也有不同于金属材料机械加工制造的理论和技术。本节简要介绍无机非金属材料、高分子材料、复合材料的机械加工。

10.1 无机非金属材料的机械加工

10.1.1 工程陶瓷的加工

陶瓷是一种通过高温烧结而成的无机非金属材料，按性能与用途分为传统陶瓷和工程陶瓷两类。工程陶瓷是以人工合成的高纯度化合物为原料，经精致成型和烧结而成，具有传统陶瓷无法比拟的优异性能，故称为精细陶瓷或特种陶瓷。

精细陶瓷具有高强度（抗压）、高硬度、高耐磨性、耐高温、耐腐蚀、耐磨损、低热膨胀系数及低导热系数等优越性能，在化工、冶金、机械、电子、能源和尖端科学技术等领域得到广泛应用。与金属材料、复合材料相同，正在成为现代工程结构材料的三大支柱之一。

1. 加工方法

按照供给能量的方式，目前陶瓷的加工方法分类情况如图10-1所示。这些加工方法中，机械加工方法的效率高，特别是金刚石砂轮磨削、研磨和抛光应用更普遍。

如图10-1所示，1~5、7~10及15所示的加工方法常用于表面精加工，其他加工方法一般适用于打孔、切割和微加工等。切割大多用金刚石砂轮进行磨削切割，打孔则按照不同孔径分别选用超声波加工、研磨或磨削加工方式。选用比陶瓷材料硬度更高的刀具或磨粒材料才能进行切削加工，表10-1给出了金刚石、CBN、Al_2O_3（蓝宝石）与TiC陶瓷的性能比较。

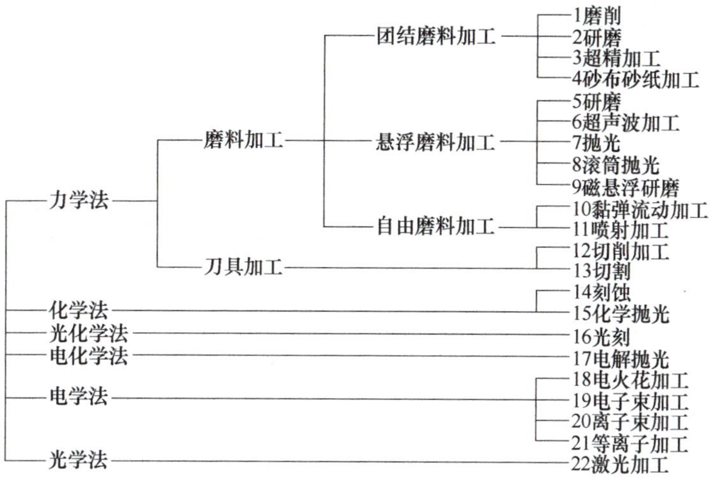

图 10-1　陶瓷材料的常用加工方法

表 10-1　金刚石、CBN、Al_2O_3（蓝宝石）与 TiC 陶瓷的性能比较

材料	E/GPa	σ_s/MPa	硬度　HV	测定面
金刚石	1020	88.2×10^3	9000	{111}
CBN	710		8000	{011}
Al_2O_3(蓝宝石)	380	26.5×10^3	2500	{001}
TiC 陶瓷	390		≈3000	

2. 主要加工技术

（1）机械加工　机械加工是陶瓷材料的传统加工技术和方法，主要有切削加工、磨削、钻削等。

1）陶瓷材料的切削加工是指利用天然金刚石、聚晶金刚石、立方氮化硼（CBN）等超硬刀具对陶瓷材料进行平面加工等。切削陶瓷材料时通常刀尖圆弧半径适当增大，以增强刀尖处的强度和散热性能。用金刚石刀具切削时，无论是湿切或干切，边界磨损均为主要磨损形态。切削用量 v_c、a_p、f 都影响刀具磨损 VB，其中切削速度 v_c 增高，VB 值就加大。切削时背向力 F_p 明显大于主切削力 F_c 和进给力 F_f。选取不同切削用量 v_c、a_p、f 将影响被加工表面状态，a_p、f 的增加将使表面粗糙度值增大，加重表面的恶化程度，但 v_c 越低，表面粗糙度值越小，这与通常切削金属材料有差别；切削 Al_2O_3 陶瓷材料使用乳化液效果优于干切，但切削 Si_3N_4 陶瓷材料干切时刀具磨损小于低速湿切。表 10-2 给出了几种陶瓷材料推荐的切削条件。

表 10-2　几种陶瓷材料推荐的切削条件

材料	硬度　HV	v_c(m/min)	a_p/mm	f/(mm/r)	备注
Al_2O_3	~2300	30~80	~2.0	0.12	铣切，湿切，圆刀片
Si_3N_4	1000~1600	10~50	~0.5	0.05	圆刀片，干切
	800~1000	50~80	~2.0	0.20	圆刀片，湿切

（续）

材料	硬度　HV	v_c(m/min)	a_p/mm	f/(mm/r)	备注
ZrO_2	1000~1200	50~100	~1.0	~0.20	湿切
		200~400	0.2~0.3	~0.05mm/z	铣切，湿切
硬质合金		10~30	0.5	0.20	湿切
Al_2O_3 耐火砖		200~400	~1.0	0.12mm/z	铣切，湿切

陶瓷加工的刀具成本高，由于陶瓷材料高硬度、高脆性，使得机械加工难以加工形状复杂、尺寸精度高、表面粗糙度值小的高可靠性工程陶瓷部件。

2）陶瓷材料的磨削、抛光加工。由于陶瓷烧结体在成型、烧结及加工过程中产生大量凹痕、微裂纹等缺陷，在工程使用前通常需磨削、研磨和抛光处理。在进行磨削、抛光加工时，磨料/磨削液的选择、作用压力和相互滑移速度等工艺因素的控制是关键。

3）陶瓷材料的钻孔加工。在陶瓷发动机、航空航天、化工机械等工程领域经常需要对陶瓷零件上的孔进行钻削加工，这种钻削采用特殊钻头只能加工陶瓷材料数毫米的孔，更微小的孔加工需要用超声、激光、放电加工及复合加工等技术。

（2）特种加工　研究表明，当单相或陶瓷/陶瓷、陶瓷/金属复合材料的电阻小于100Ω·m时，对陶瓷材料可以进行放电加工。陶瓷材料超声波加工常用的磨料是碳化硼、碳化硅和氧化铝等，在加工工具和被加工材料之间加工压强影响材料磨除效率。试验表明：一般碳化硅（反应烧结）为2.4MPa；氮化硅（常压烧结）为4.8MPa；氧化铝（99.5%）为1MPa材料磨除效率较好，一般选用的工作液为水，为提高材料表面的加工质量也可用煤油或机油作液体介质。在陶瓷材料上采用激光钻孔和切割，一般取激光功率为150W~15kW，目前已能加工直径小至4~5μm、深径比达10以上的微孔。

（3）复合加工　针对不同陶瓷材料及其热力学、物化性能，传统的机械加工技术不断完善，近年来利用多种形式能量的综合作用来实现对工件材料的复合加工技术得到进一步发展。复合加工技术将传统加工和特种加工、特种加工与特种加工等几种加工方法融合在一起，集多种能量组合之优点，从而扩大了加工应用范围，提高加工精度、加工表面质量和加工效率。一般认为复合加工主要包括机械复合加工、电化学复合加工、电火花复合加工、超声波复合加工等。限于篇幅，此处仅就超声振动车削 Al_2O_3 陶瓷材料和化学机械加工中的化学机械效应来介绍陶瓷材料的复合加工。

实验对比了不同参数下的普通车削、磨削和超声振动车削，试棒为 ϕ25mm×200mm 的 Al_2O_3 陶瓷材料，普通车削和超声振动车削在相同台车床，选用相同的 v_c、a_p、f 切削用量，普通车削采用金刚石刀具、超声振动车削采用新型硬质合金刀具，均为45°偏刀，前角 $\gamma_0=0°$，后角 $\alpha_0=6°\sim8°$；超声振动频率19~22kHz、湿式切削，普通车削为干式切削；磨削在普通平面磨床上进行，采用150金刚石砂轮，线速度约为27m/s、吃刀深度为0.005~0.01mm。用泰利伦Ⅲ型圆度仪测量：普通车削的圆度为6.7μm，超声振动车削圆度为4μm；用泰勒塞夫4型表面粗糙度仪检测：普通车削（Ra=1.569μm）的 Ra 值是超声振动车削（Ra=0.750μm）的2倍，磨削（Ra=1.200μm）的1.5倍；可见超声振动车削的几何精度高于普通车削，Ra 值最小。这是因为超声振动车削中刀具周期地接触和脱离工件，切削力仅为普通车削的1/10~1/3，径向分力为普通车削的1/50；又因为瞬时接触的脉冲效应，刀具没有始终紧压在工件上，被切削材料表面应力来不及重新分布就被切掉了，因而加工表面没有微裂纹。同时相对静止摩擦变成了相对动摩擦，摩擦热减少，不会使陶瓷因热应力开裂。磨削因存在磨削振动，表面粗糙度值也高于超声振动车削。

化学机械效应是讨论在陶瓷材料磨削、车削过程中，喷射的磨料、切削液通过与加工件表面的加工摩擦产生的机械能，引发许多复杂的相互化学键合等化学反应。这种所谓的“化学机械效应”直接影响机械加工过程中的摩擦因素、刀具或砂轮的磨损率、材料表面的粗糙度及力学性能、材料的去除率等。Liang H. 等研究了切削液、磨削液与蓝宝石、氧化铝多晶材料、单晶硅、碳化硅等在加工过程中的化学机械作用。研究表明：硼酸和硅酸的水溶液作为不同陶瓷材料的切削液，其钻孔效率比水和商用切削液提高 50%左右（可能是硼酸与氧化铝多晶材料的无定形晶界相反应，促使晶粒间发生断裂，提高了加工过程中材料的去除率）；硼酸水溶液作为切削液加工蓝宝石和硅基陶瓷材料则未发现相同的效应；而硅酸的水溶液不与氧化铝相互作用，却可提高单晶硅、氮化硅、碳化硅材料的加工性能。

10.1.2 玻璃的加工

玻璃制品的加工可分为机械加工、热加工和表面处理三大类，其中玻璃的机械加工主要有研磨、抛光、切割和钻孔等。

1. 玻璃的研磨和抛光

研磨的目的是将粗糙不平或成型时余留的玻璃去除，使制品具有设计要求的形状、尺寸或平整面。开始时使用粗磨料研磨，效率高，然后逐级使用细磨料，直至玻璃表面的毛面状态变得较细致，再用抛光料进行抛光，使玻璃表面变得光滑、透明，并具有光泽。研磨、抛光是两个不同的工序，两个工序合起来俗称为磨光。经研磨、抛光后的玻璃制品称为磨光玻璃。

研究表明，研磨时磨料在磨盘负载下对玻璃表面进行划痕和剥离的机械作用，研磨时使用的磨粒越细，玻璃的毛面状态就越细致。抛光料中的水既起冷却作用，同时又与玻璃的新生面产生水解作用，生成硅胶，起抛光液的作用，有利于剥离。通常，抛光磨去的厚度仅为研磨时磨去厚度的 1/40~1/20，但抛光过程所需的时间比研磨过程所需的时间要多得多。

玻璃研磨、抛光过程的机理和传统研磨、抛光基本一致，影响工艺的主要因素有：

（1）研磨、抛光料的性能　由于玻璃研磨时机械作用是主要的，所以与传统研磨一样，磨料的硬度必须大于玻璃的硬度，且磨料的硬度越大，研磨效率越高，但硬度大的磨料使研磨表面的凹陷深度较大。磨粒的粒度大可提高磨除量，但降低了玻璃的研磨质量。为此，研磨开始时采用粒度大的磨料，然后再用相对细磨料逐级研磨，将选用磨料硬度、粒度大小、研磨效率和质量进行综合考量。常用的磨料有金刚砂、刚玉、碳化硅、石英砂等。

常用的抛光材料有红粉（氧化铁）、氧化铈、氧化铬、氧化钍等。抛光材料除了有较高的抛光能力外，必须不含硬度大、颗粒大的杂质，以免玻璃表面被划伤。

（2）研磨、抛光盘的转速和压力　研磨、抛光盘，研磨、抛光盘的效率也随之提高，它们之间存在着正比关系；但同时必须增加研磨或抛光料的给料量，否则不仅会降低抛光效率，甚至会引起被加工面的擦痕缺陷。

（3）研磨、抛光盘材料　研磨盘材料硬度高能提高研磨效率，取研磨盘是铸铁材料的研磨效率为 1，则有色金属为 0.6，塑料仅为 0.2，但材料硬度大的研磨盘使被研磨表面的凹陷深度加深。因此，最后一级粒度的磨料用塑料盘可大大缩短抛光时间。

2. 玻璃的切割

切割是利用玻璃的脆性和残余应力在切割点加一刻痕造成应力集中，使之易于折断。

对不太厚的板、管，均可用金刚石、合金刀或其他坚韧工具在表面刻痕再折断；对厚玻璃可用电热丝在切割的部位加热，用水或冷空气使受热处急冷产生很大的局部应力，形成裂口进行切割；对大块厚玻璃或加工精度要求高的制件，可用金刚石锯片或碳化硅锯片来切割。金刚石锯片是把金刚石颗粒嵌在圆锯片边缘锯齿部分而成，结合剂用青铜，冷却剂用水或煤油；碳化硅锯片是把碳化硅的各种粗细颗粒和酚醛树脂结合在一起，经成形加压硬化后制成，切割时还需加冷却液。切割方法根据用途可分为外圆切割、内圆切割、带锯切割等。

3. 玻璃的钻孔

在仪器玻璃、光学玻璃制品上钻孔的方法主要有研磨钻孔、钻床钻孔、超声波钻孔、冲击钻孔等。

（1）研磨钻孔　是用铜或黄铜棒（大型的机孔可用管）压在玻璃上转动，通过碳化硅等磨料及水的研磨作用使玻璃形成所需要的孔，孔径范围一般为 3~100mm。

（2）钻床钻孔　是用碳化钨或硬质合金钻头，操作与金属材料上钻孔相似，孔径范围一般为 3~15mm，玻璃上钻孔速度比钻金属慢，用水、轻油、松节油冷却。

（3）超声波钻孔　是利用超声波发生器使加工工具发生振幅 20~50μm，频率 16~30kHz 的振动，在振动工具和玻璃之间注入含有磨料的加工液，使玻璃穿孔。采用超声波加工精密度高，可以同时钻多孔，钻孔速度也快，可达每分钟数百毫米以上。

（4）冲击钻孔　是利用电磁振荡器使钻孔凿子连续冲击玻璃表面而形成孔。如将 150W 的电磁振荡器通上 100V 的电压，使硬质合金材料的凿子转速达到 2000r/min 左右，给玻璃表面以 6000 次/min 的冲击，只要 10s 的时间就可钻得直径 2mm、深 5mm 的小孔。

10.1.3　石材的加工

1. 石材的分类和加工工艺流程

石材可分为大理石和花岗石两大类。所谓大理石是指变质的或沉积的碳酸盐及某些含有少量碳酸盐的硅酸盐类岩石，如大理石、石灰石、砂岩、石英岩和石膏岩等。凡属于岩浆岩和变质岩浆岩的石材统称为花岗岩，主要有花岗岩、正长岩、闪长岩和片麻岩等。花岗岩具有耐磨性好、成本低、不导电、不带磁、受温度影响小和精度稳定性好等特性，成为精密仪器和精密机床制造中的重要材料。

天然石材加工工艺流程如图 10-2 所示。

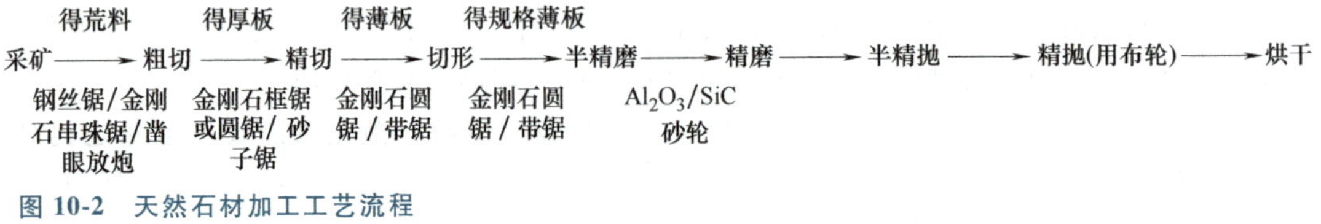

图 10-2　天然石材加工工艺流程

2. 石材的加工方法

石材的加工方法主要是锯切、磨削和抛光三种，它们占石材加工量的 95%，其中磨削、抛光又是最复杂、最关键的工序，约占工作量的 1/2。在石材的切割加工中，除了工艺流程中介绍的方法外，还可以用圆筒切机、仿形切机、数控机床、金刚石绳锯装备加工，或电子束、线电极、超高压水射流、离子束等特种加工方法进行加工。

在石材的研磨加工中，研磨工序也可以细分为粗磨、半细磨、细磨、精磨、抛光五道工序或磨、精磨两道工序，这涉及工艺参数、工艺材料、被加工件技术要求等因素。目前，石材的研磨方法主要有两种：一种是用散状磨料与液体或软膏泥混合作为研磨剂，主要有金刚石微粉、碳化硅微粉、白刚玉微粉等，不同磨料要配合不同材质的磨具，使用碳化硅磨料时一般需配灰铸铁的磨具，使用金刚石磨料时最好用镀锡磨具；另一种是用黏结磨料，即把金刚石、碳化硅、白刚玉微粉作磨料的结合剂，以烧结、电镀或者黏结的方法制成磨块，再将其固定到磨具上，小磨块用沥青或硫磺等材料粘接，大磨块则用燕尾槽装配在磨具上。通常，用磨块加工的磨料分布均匀、易于实现连续作业，从而比磨料散状加工效率高、质量好。根据工件直径大小，磨块的形状、数量和布置方式，以及磨料所用黏结剂、磨料粒度等不同，磨头有不同的结构。磨头直径在 4~12in 范围，最常用的是 10in。

抛光的方法亦有另外两种：一种是毛毡盘加氧化铝粉抛光，抛光时先在板面上洒少量水，然后再均匀地洒上抛光剂进行抛光；另一种是毛毡盘加草酸抛光，它是在板面上加适量的草酸，然后加水抛光，供水量要大于 10L/min，以防止烧坏板面。

雕刻石材也是装饰石材的一种加工方法，传统的手工雕凿生产效率低、加工质量差。目前采用气动凿刻能大大提高生产率，粗凿刻时可使用冲击力较大的气动凿，精凿刻时可使用冲频率较高、冲击力较小的气动凿。若条件允许，可使用近年来研制的超声波精雕系统，表面粗糙度 Ra 值能达到 2.5μm 左右。

石材的加工质量涉及石材本身的理化性能，研磨抛光时选用的磨料、磨头的进给速率及压力和运行方式等因素，分析诸因素对石材加工的影响与金属切削的理论分析和技术方法基本相似，在此不再赘述。

10.2 高分子材料的加工

高分子材料的主要组分是高分子化合物，常用的高分子材料主要有塑料、橡胶、合成纤维等，本节仅叙述在工业上得到广泛应用的塑料的加工。

1. 工程塑料切削的工艺特点

1）切削力小。试验表明，在相同切削条件下，切削 45 钢的主切削力 F_z 是切削热塑性塑料的 14 倍，切削热固性塑料的主切削力 F_z 是切削热塑性塑料的 2 倍。

2）弹性模量小。热塑性塑料的弹性模量仅是普通钢的 1%，是热固性塑料的 80%，在切削力作用下产生的弹性变性大。

3）导热系数小，由于，切削时切削力小、功耗少，产生的热量也少，因而切削区域温度低。但由于塑料的导热系数仅是钢材的 1/458~1/175，因而切削区域温度会有所提高。又因为热塑性塑料的熔点低，切削区域温度达不到熔点就会使被切削材料被软化，产生材料的涂抹现象，从而影响加工质量。

4）线膨胀系数大。热塑性塑料的线膨胀系数又是热固性塑料和钢材的 4~5 倍。采用任何使塑料切削区域温度提高的切削方法时，都必须考虑其加工过程中尺寸变化和加工后的尺寸精度。

2. 塑料的切削加工

通常，车削热固性塑料时刀具采用高速钢、硬质合金或金刚石等新型超硬刀具，选用的刀具前角、后角比车削热塑性塑料的小，取前角 $\gamma_0=0°\sim5°$、后角 $\alpha_0=3°\sim6°$、主偏角 $\kappa_r\geq45°$、切削速度 $v_c>40\text{m/min}$、刀具磨钝标准 $V=0.2\sim0.3\text{mm}$。

切削热塑性塑料宜用高速钢或硬质合金刀具，选用小的进给量（0.1~0.5mm/r）和高的切削速度，并用压缩空气冷却。若刀具锋利，角度合适（一般前角为10°~30°，后角为5°~15°），可产生带状切屑，易于带走热量。若被切下的短切屑和粉尘太多则会使刀具变钝并污染机床，这时需要对机床上外露的零件和导轨进行保护。切削赛璐珞时，容易着火，必须用水冷却。

铣削塑料时，采用高速钢刀具，切削速度一般为35~100m/min。采用硬质合金刀具，切削速度可提高2~3倍。无论切削热塑性塑料还是热固性塑料，切削速度的选取都要视刀具锋利程度，并保证被切削区不能发生材料熔融。

塑料钻孔可用螺旋角较大的麻花钻头，孔径大于30mm时，可用套料钻。采用高速钢钻头时，常用切削速度为40~80m/min。由于塑料的膨缩性，钻孔时所用钻头直径应比要求的孔径加大0.05~0.1mm。钻孔时，塑料下面要垫硬木板，以阻止钻头出口处的孔壁周围的塑料碎落。

攻丝时可采用沟槽较宽的高速钢丝锥，并用油润滑。外螺纹可用螺纹梳刀切削。对尼龙、电木和胶木等热固性塑料，可以用组织疏松的白刚玉或碳化硅砂轮或砂带磨削。热塑性塑料因磨屑容易堵塞砂轮，一般不宜用磨削。

10.3 复合材料的加工

复合材料按基体材料主要分为树脂基复合材料（Resin Matrix Composite，RMC）、金属基复合材料（Metal Matrix Composite，MMC）和陶瓷基复合材料（Ceramic Matrix Composite，CMC）三大类，其中树脂基复合材料包括颗粒增强和纤维增强两大类，本书主要讨论纤维增强树脂基复合材料（Fiber Reinforced Plastics，FRP）的加工。

复合材料的切削加工通常分为常规加工和特种加工两种方法。常规加工基本上可以用金属切削加工工艺和装备，也可以用木工或石材加工设备进行；特种加工有激光束加工、高压水切割、电火花加工、超声波加工、电子束加工和电化学加工等。相同的加工方法因被加工复合材料的类型不同会得到不同的工艺效果。

10.3.1 树脂基复合材料的加工

1. FRP的切削加工特点

1）切削温度高。FRP是纤维组织，切削时有的受拉伸、有的受剪切弯曲联合作用，纤维的抗拉强度高其切断需要消耗较大的切削功率，加上粗糙的纤维断面与刀具摩擦严重，生成大量切削热。同时，FRP的导热系数比金属要低1~2个数量级，因而在切削区会形成高温。

2）刀具磨损严重/使用寿命低。切削区的温度高且集中于刀具切削刃附近很窄的区域内，纤维的弹性恢复及粉末状的切屑会剧烈地擦伤刃口和后刀面，故刀具磨损严重、使用寿命低。

3）易产生沟状磨损。用烧结材料（硬质合金、陶瓷、金属陶瓷）作为刀具切削碳纤维增强复合材料（CFRP）时，后刀面有可能产生沟状磨损。

4）产生残余应力。加工表面的尺寸精度和表面粗糙度不易达到要求，容易产生残余应力，原因是切削温度高，增强纤维和基体树脂的热膨胀系数差别又太大。

5）要控制切削温度。切削纤维增强复合材料时，温度高会使基体树脂烧焦、软化、有机纤维变质，因此必须严格限制切削速度，控制切削温度。同时使用切削液要慎重，以免材料吸入液体，影响其使用性能。

2. 玻璃钢的切削

玻璃钢是玻璃纤维增强热固性树脂复合材料（GFRP）的俗称，有酚醛树脂基、环氧树脂基、不饱和聚酯树脂基等。玻璃纤维填料的主要成分是 SiO_2，坚硬耐磨、强度高、耐热，比木粉作为填料的塑料可切削性差。树脂基体不同，可切削性也不相同，环氧树脂基比酚醛树脂基难切削。切削玻璃钢的刀具材料以高速钢磨损最严重，P 类、M 类次之，K 类磨损最小。K 类中又以 K10 更耐磨损，若选用金刚石或立方氮化硼刀具切削效果更好。切削玻璃纤维含量高的玻璃钢板、模压材料和缠绕材料时，取前角 $\gamma_0=20°\sim25°$；切削纤维缠绕材料取前角 $\gamma_0=20°\sim30°$。由于玻璃钢回弹大，后角宜取较大值，通常取后角 $\alpha_0=8°\sim14°$，副偏角精车时宜取 $\kappa_r'=6°\sim8°$。加工易脱层、起毛的卷管和纤维缠绕玻璃钢时，宜取刃倾角 $\lambda=6°\sim8°$；切削速度 $v_c=40\sim100$m/min、$f=0.1\sim0.5$mm/r，$a_p=0.5\sim3.5$mm，精车时取 $a_p=0.05\sim0.2$mm。

3. 热塑性树脂基复合材料机械加工要点

1）加工时宜充分冷却，以避免过热使工件熔化。

2）采用高速切削。

3）切削刀具要有足够容量的排屑槽。

4）采用小的背吃刀量和进给量。

5）车刀应磨成一定的刃倾角，以尽量减少刀具切削力和推力。

6）应采用碳化钨和金刚石刀具，或特殊的高速钢刀具。

7）工件必须适当支承（背部垫实），以避免切削压力造成分层。

8）刀刃要锋利，尽量减少刀具切削力，以避免切削分层和起毛。

4. FRP 的钻孔

在纤维复合材料构件的连接中，机械连接占据着重要的地位。在复合材料构件装配时，需加工出成千上万个紧固件孔，且孔的质量要求高、加工难度大，是复合材料加工中最难加工的工序之一。由于复合材料层合板的主要特点之一是层间剪切强度很低，使得钻孔中轴向力容易产生层间分层，若不加以防范，就会导致昂贵的复合材料构件的报废。在复合材料上制孔的另一个问题是碳纤维材料质点的硬度高（相当于高速钢的硬度），因此对刀具磨损十分严重，刀具使用寿命很低。

在我国现有材料、工艺条件下，在复合材料上制孔的质量标准如下：

1）表面层没有分层，孔入口处不应有分层，孔边缘毛刺应清除。

2）沉头窝与孔的同轴度不大于 0.08mm。

3）孔壁损伤允许范围深 0.25mm，宽 0.33mm，长度不超过孔或沉头窝圆周长的 25%。

4）孔出口边缘与孔夹层边缘的毛刺必须清除。

5）孔出口边损伤在一定允许范围。

钻孔时，由于强韧的碳纤维难于切断，会在钻入时由钻头外缘转角部位向上拉出纤维，钻出时又把纤维向下拉，经拉伸变形的纤维不是靠主切削刃而是靠副切削刃切断，这样就有可能把纤维从材料层中剥离出来，这就是层间剥离现象，也是 FRP 钻孔时应力集中、龟裂和吸湿的根源。为提高 FRP 的钻孔效果，宜采取如下措施：

1）宜尽量采用硬质合金钻头，修磨钻心处螺旋沟表面，以增大该处前角，缩短横刃长度为原来的 1/4~1/2，降低钻尖高度，钻头刃磨得越锋利越好。主切削刃修磨成双重顶角形式，以减小轴向力。

2）在切削用量选择上，尽量提高切削速度（$v_c=15\sim50$m/min），减小进给量（$f=0.02\sim0.07$mm/r），特别要控制出口处的进给量，以防撕裂和分层，宜加金属或塑料支承垫板。

3）钻芳纶纤维增强复合材料（KFRP）时，用耐磨涂层钻头，每个钻头的钻孔数约为高速钢钻头的 35 倍，每孔费用仅为高速钢钻头的 3/5。

4）用钎焊/机械夹固的烧结金刚石钻头，钻碳纤维增强复合材料（CFRP）效果更好。

5）机械钻 FRP 时所用钻头常用粒度小于 1μm 的碳化钨制成，钻头转速 1.5~3m/s。钻 KFRP 时最好用平头钻，以减少孔边飞毛，也可在材料的两面附撕离层，钻孔后再撕去。钻头转速为 2500~3500r/min，且充分冷却。

6）超声波钻 FRP，可提高金刚石钻头寿命，钻削时应充分冷却。

除钻孔外，FRP 零部件常用的切割方式有机械切割、高压水切割、超声波和激光切割等。机械切割工具主要是砂轮片及各种锯等。

FRP 切削优先使用 PCD 刀具，其次可选用硬质合涂层、高速钢涂层、CBN、金刚石。

10.3.2 金属基复合材料的加工

金属基复合材料（MMC）可分为长纤维增强复合材料、颗粒增强复合材料和短纤维（或晶须）增强复合材料，目前后两种应用较多。

1. 切削加工特点

1）加工后的表面残存有孔沟，纤维含有率越高，孔沟数越多。

2）加工表面形态不同。短纤维增强复合材料加工表面形态呈纤维破断面裸露、纤维易从基体中被拔出和被压入；颗粒增强复合材料加工表面形态易呈挤压破碎、劈开破碎。

3）精加工表面形态不同。用硬质合金刀具精加工后的铝复合材料表面光亮，而用 PCD 刀具精加工后表面显得“发乌”、无光泽。这是由于硬质合金刀具的纯圆半径较 PCD 刀具大，切削时起到“熨烫”作用的结果。

4）切削力与切削钢料不同。用硬合金刀具切削时，有时会出现刀具切深、进给抗力比主切削力大的现象；而用 PCD 刀具则无此特点。在钻削时，钻削扭矩比钻 45 钢时小，而钻削时的轴向力与钻 45 钢接近或大些。

2. MMC 的孔加工

1）高速钢钻头以刀具的后刀面磨损为主，且可见与切削速度方向一致的条痕。

2）在 K10、K20、高速钢及 TiN 涂层高速钢四种材料钻头的钻削中，K10 最耐磨。

3）在孔即将钻透时，应减少进给量，以免损坏孔出口。

4）采用修磨横刃的硬质合金钻头比未修磨的钻头可减小扭矩 25%、减小轴向力 50%。

5）PCD 钻头用于金属基颗粒增强复合材料的较大直径孔的钻削时，效果较好。试验表明，切削速度 $v_c=50\sim200$m/min、进给量 $f=0.05\sim0.2$mm/r，并使用冷却介质时，可以获得较高的钻孔质量。

3. MMC 的切削/切割加工

（1）MMC 的切削加工　刀具切削 MMC 时，一般以后刀面的磨损为主，副后刀面稍有边界磨损，各种硬质合金、陶瓷刀具磨损的形态均相似。切削中 K 类硬质合金耐磨性较 P 类好些。复合材料中纤维含有率对 *VB* 值有较大影响，纤维含有率 25%比 15%的 *VB* 值大 1 倍；同时，铸造法制取的复合材料被加工时 *VB* 值较大。铣削时宜用 K 类硬质合金，采用夹板、顺铣有利于减小 *Rz*，防止铣刀切离处工件掉渣。

金属基颗粒增强复合材料由于增强颗粒的硬度一般接近甚至超过普通机械加工刀具材料的硬度，所以加工时刀具磨损严重。随着颗粒含量的增加，颗粒尺寸的增大，刀具磨损加快，加工精度降低。高速钢刀具一般会在几秒钟内迅速磨损，即使刀具表面涂覆了硬质合金材料，这个过程也只能维持几分钟。用硬质合金刀具加工这类材料，宜采用较低的切削速度和合适的进给量，PCD 是目前最为有效的刀具材料，但不适用于螺孔、小尺寸的钻孔加工。

（2）MMC 的切割加工　MMC 的切割主要采用高压水切割、超声波和激光切割等方式。与其他切割方法相比，电火花切割加工 MMC 不会产生微裂纹，加工的表面粗糙度值较小，但电火花加工的工具磨损太快，无形中增加了切割加工成本。

各种能量的电子束加工金属基纤维增强复合材料只要对基体切割、熔化或蒸发就行了。当电子束能量足够大时，可使长纤维复合材料中的长纤维熔融、气化，更确切地说，就是在电子束产生的机械和热应力作用下纤维发生了断裂。电子束切割的缺点是切割过程中会发生微结构损坏，会产生裂纹和界面脱黏。

10.3.3　陶瓷基复合材料的加工

以碳纤维增强碳化硅陶瓷基复合材料 C_f/SiC 的切削加工为例。经车削试验，选用 PCD 刀具较合适，切削参数取 $v_c=60\sim110$m/min、进给量 $f=0.6\sim1.0$mm/r、$a_p=1\sim2$mm、刀尖圆弧半径=0.2～0.5mm；型面数控铣削加工时，用 ϕ16PCD 立铣刀，粗铣 $v_c=900$m/min、进给量 $f_z=0.4$mm/z，精铣 $v_c=240$m/min、进给量 $f_z=0.3$mm/z，可达到 $Ra=3.2\mu$m、尺寸公差 0.1mm、角度允差为 6′、对称度为 0.1mm 的产品要求。

10.4　薄脆性材料的激光加工

薄脆性材料可以用超声波、离子束、在线电解修整磨削等，以激光加工质量更为突出。

随着激光加工技术本身的不断完善，激光加工凭借在加工质量、加工复杂度、加工效率及环保等优势，不仅在不锈钢、铜、合金等各类金属材料加工中获得广泛地应用，而且也在玻璃、陶瓷、蓝宝石、半导体硅晶圆、PCB 板等各种非金属材料加工中突显出共同优势。

随着智能手机、LED 照明、平板电脑及可穿戴设备等消费电子产品的不断迭代，玻璃、蓝宝石和陶瓷等凭借本身具有的共同优质特点而获得了广泛运用。例如，坚固的钢化玻璃用作于智能手机的显示屏；坚固且化学性质稳定的陶瓷用于制作电子零部件衬底和绝缘资料；

坚固耐刻划的蓝宝石用于LED衬底、智能手机显示屏、智能手表的盖板玻璃等。在这些应用中的玻璃、蓝宝石或陶瓷等材料，厚度一般较薄，硬度越来越高，十分易碎。而在加工要求上，一般需要在这些薄脆易碎的材料上施行十分精细的切开、钻孔乃至开槽等加工过程，这使得传统的铣、钻、磨等机械加工工艺面临着极大的挑战，因为材料极薄极脆，加工进程中因触摸而施加到材料上的任何应力，都可能导致材料碎裂，终究报废。采用非触摸性超快激光精细加工玻璃、陶瓷、蓝宝石等薄脆性非金属材料，激光脉冲持续时间极短，在纳秒、皮秒乃至飞秒级，将适度的激光能量作用在材料外表，经过打断材料的化学键而完成材料去除意图。在这个过程中，激光能量还来不及向加工周围传递，加工进程便已完毕，因此发生的热量几乎能够忽略不计，材料不会发生热损伤。

不难看出，非金属材料加工有许多未知领域需要去探索，其中特种加工具有加工质量高、能加工复杂形状工件、容易监控和经济效益高等优势，在复合材料、超硬脆性等非金属材料加工中比常规机械加工方法的作用更值得期待。

复习思考题

1. 陶瓷加工的主要问题是什么？简述其机械加工主要方法及特点。
2. 玻璃的机械加工主要方法有哪些？其研磨、抛光的原理是什么？
3. 石材锯切、抛光的主要加工方法有哪些？各有何特点？
4. 与金属切削相比，工程塑料的机械加工有哪些特点？
5. 树脂基复合材料与金属基复合材料的机械加工有何异同点？为什么？
6. 为提高FRP的钻孔效果，宜采取哪些措施？为什么？
7. 简述和分析FRP的切削加工特点。
8. 本书所述薄脆材料为什么采用激光切割加工质量更为突出？
9. 本书所述薄脆材料激光切割时间为什么只有皮秒甚至飞秒？如果时间延迟会产生什么后果？
10. 结合具体实例，试述某种非金属材料的本人加工方案。

第11章 机械加工工艺规程设计

机械加工工艺规程是指根据生产条件，规定机械加工工艺过程和操作方法，并以一定的形式写成的工艺文件。它是指导生产准备、生产计划、生产组织、工人操作及技术检验等工作的主要依据。

所谓工艺，是指产品的制造方法。本章主要讨论机械加工工艺规程制订中的一些问题。

11.1 机械加工工艺过程及其组成

原材料经毛坯制造、机械加工、装配而转变为产品的全过程称为生产过程。一台产品的生产，往往由许多厂家共同完成，尤其是一些大型或大批量的产品，如汽车生产涉及几百个厂家。这样做有利于降低成本，也有利于技术的发展、生产的组织等。整个生产过程中，装配之前的生产都是针对各个零件单独进行的，这部分生产过程的整个路线称为工艺路线（或工艺流程）。工艺过程的制订和零件加工的车间分工等都是依据工艺路线而进行的。而在生产过程中，直接改变零件形状、尺寸、性质以及零件表面之间或零件与零件之间相对位置等的生产过程称为工艺过程，包括零件的机械加工工艺过程和机器的装配工艺过程。其他如运输、保管、设备维修等属于辅助过程。

针对不同复杂程度的零件，工艺过程也有长有短，为了便于分析，将工艺过程分为若干工序。

1. 工序

工序是指同一个或一组工人在同一台机床或同一场所，对同一个或同时对几个工件所连续完成的工艺过程（即“三同一连续”）。可见，工作地、工人、零件和连续作业是构成工序的四个要素，若其中任一要素发生变化即构成新的工序。连续作业是指该工序内的全部工作要不间断地连续完成。一个工艺过程需要包括哪些工序，是由被加工零件结构的复杂程度、加工要求及生产类型来决定的。如图11-1所示的阶梯轴，其不同生产类型的工艺过程见表11-1及表11-2。

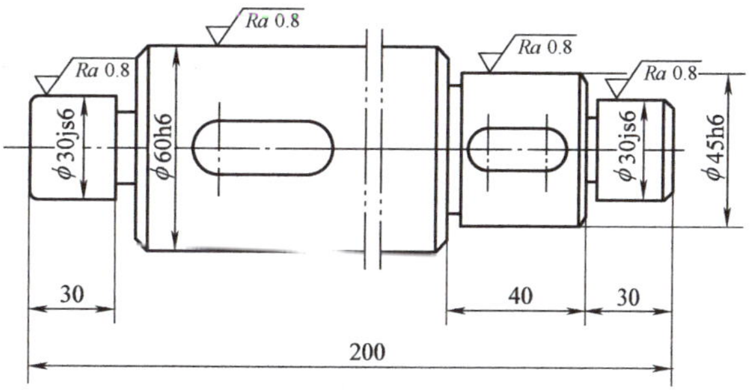

图 11-1　阶梯轴

同一工序中有时也可能包含很多的加工内容。为了更加明确地划分各阶段的加工内容，规定其加工方法，可将一个工序进一步划分为若干个工步。

表 11-1 阶梯轴单件生产的工艺过程

工序号	工序名称	设备
1	车削端面,钻中心孔,车削外圆,切退刀槽,倒角	车床
2	铣削键槽	铣床
3	磨削外圆,去毛刺	磨床

表 11-2 阶梯轴大批大量生产的工艺过程

工序号	工序名称	设备
1	铣削端面,钻中心孔	铣削端面和钻中心孔机床
2	粗车外圆	车床
3	精车外圆,倒角,切退刀槽	车床
4	铣削键槽	铣床
5	磨削外圆	磨床
6	去毛刺	钳工台

2. 工步

工步是指在加工表面不变、加工工具不变、主要切削用量不变的条件下所连续完成的工序内容（即“三不变一连续”）。有时，同一加工表面往往要用同一工具加工几次才能完成，每次加工所完成的工步称为一个工作行程或进给。例如：车削外圆表面，连续车削三次，每次切削所用切削用量中仅背吃刀量这一项逐渐递减，可将这三次切削作为同一工步，每次切削为一次进给，即该工步包含三次进给。

3. 安装

有些零件加工时需要经过几次不同的装夹。第一次装夹所用的夹紧面必须经第二次装夹才能得以加工。每次装夹后所完成的工序称为一次安装。如图 11-1 所示的零件，在大批大量生产的工艺过程中（表 11-2），其工序 2、3 和 5 中必须经过两次安装才能完成其工序的全部内容。可见安装是工序的组成部分，但在一个工序中应尽量减少安装次数，以免增加辅助时间和增大安装误差。

4. 工位

为了减少工件的安装次数，常采用多工位夹具或多轴（或多工位）机床，使工件在一次安装中先后经过若干个不同位置顺次进行加工。此时工件在机床上占据每一个位置所完成的工序称为工位。

工序、安装、工位、工步与进给之间的关系如图 11-2 所示。

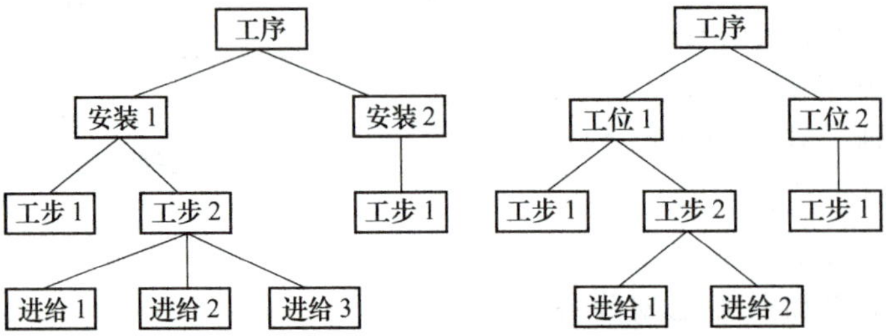

图 11-2 工序、安装、工位、工步与进给之间的关系

11.2 零件加工工艺分析

零件图是制订工艺规程最主要的原始资料，认真分析、深刻理解零件结构上的特征，研究零件在产品部装、总装图中的功用和相关零件间的配合以及主要的技术要求等，是制订工艺规程的基础。

11.2.1 零件的结构工艺性

零件本身的结构，对加工质量、生产率和经济效益有重要的影响。使用性能完全相同而结构不同的两个零件，它们的加工方法与加工经济性可能有很大的差别。因此，在设计零件时不仅要考虑如何满足使用要求，还应当考虑是否符合加工工艺的要求，也就是要考虑零件的结构工艺性。

零件的结构工艺性是指加工这种结构的零件的难易程度。

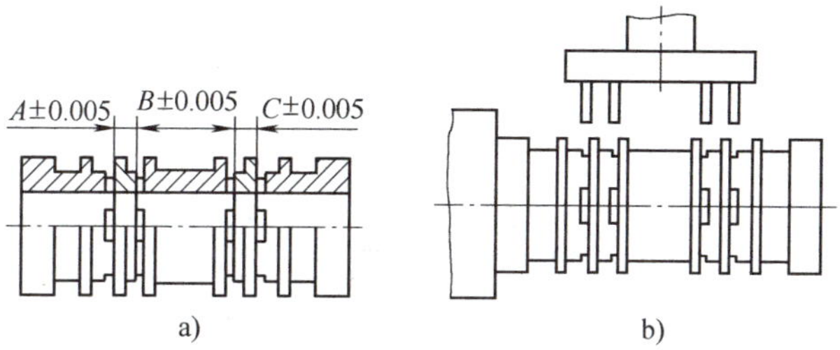

图 11-3 电液伺服阀套结构

零件结构工艺性的优劣是相对的，它随着科学技术的发展和客观条件（如生产类型、设备条件、经济性等）的不同而变化。例如：图 11-3a 所示的阀套上的精密方孔加工，为了保证方孔之间的尺寸公差要求，过去将阀套分成 5 个圆环分别加工，待方孔之间的尺寸精度达到要求后再连接起来，当时认为这样的结构工艺性较好。但随着电火花加工技术的发展，将零件改为整体结构，如图 11-3b 所示，用电火花加工方法进行加工，就可以在既保证尺寸精度又降低成本的前提下完成零件的加工。这种整体结构的阀套的结构工艺性很好。

在具体设计零件结构时，除考虑满足使用要求外，一般应注意以下几个主要方面。

1. 便于加工和测量

（1）刀具的进入和退出要方便　图 11-4a 所示的零件带有封闭的 T 形槽，T 形槽铣刀无法进入槽内；若将零件改成图 11-4b、c 所示的结构，则 T 形槽铣刀就可以进入或退出 T 形槽进行加工和测量。

（2）尽可能避免不敞开的内表面加工　由于外表面加工比内表面加工简单，而且比较经济，所以应该尽可能避免在不敞开的内表面上进行加工。如图 11-5a 所示，箱体内安放轴承座的凸台的加工和测量是极不方便的，改用图 11-5b 所示的带法兰的轴承座，使它和箱体外面的凸台连接，将箱体内表面的加工改为外表面的加工，就会带来很大方便。

（3）尽可能避免深孔、弯曲孔、特殊位置孔的加工　如图 11-6a 所示零件上的弯曲孔，其加工显然是不可能的，改为图 11-6b 所示的结构则较好。深孔加工比较困难，既费工又难以保证质量。图 11-7a 所示为工艺性不好的设计，而图

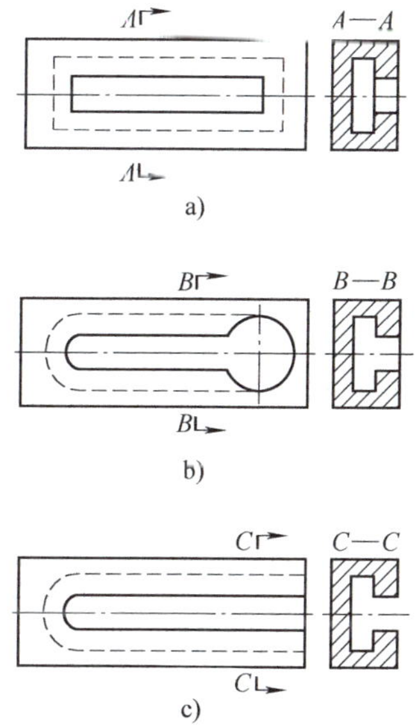

图 11-4 带 T 形槽零件的加工

11-7b所示的结构则避免了深孔加工，是工艺性良好的设计。如图11-8所示，凸缘上的孔要留出足够的加工空间，当孔的轴线距壁的距离 S 小于钻夹头外径 D 的一半时，难以进行加工，一般应保证 $S \geqslant \frac{D}{2}+(2\sim5)\,\text{mm}$ 才便于加工。

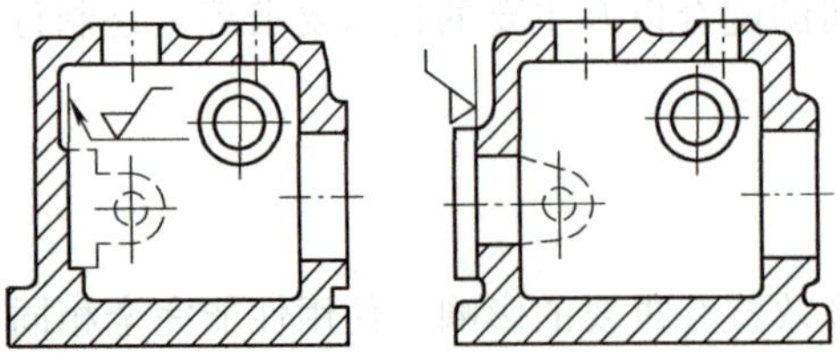

a)　　b)

图11-5 带轴承座箱体的加工

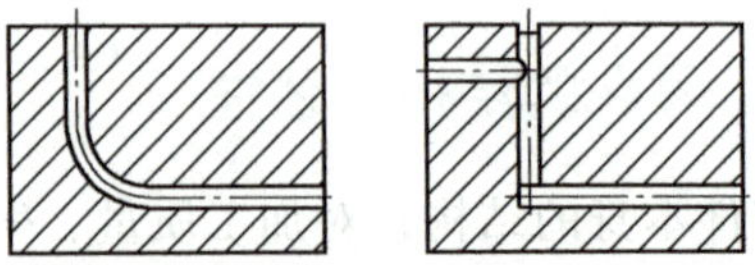

a)　　b)

图11-6 弯曲的孔

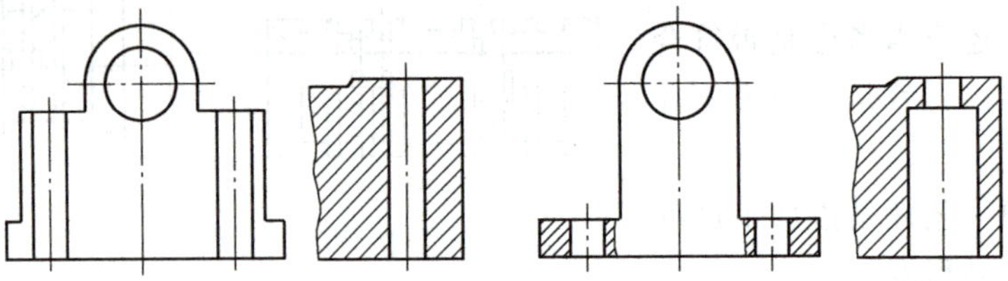

a)　　b)

图11-7 避免深孔加工的结构设计

a）工艺性不好 b）工艺性好

（4）零件的结构（如退刀槽、空刀槽或越程槽等）要适应刀具的要求　为了使刀具正常工作，避免损坏和过早的磨损，必须注意刀具加工时能自由退出。为此，在不能沿全长加工的情况下，必须设有退刀槽。图11-9a所示的各种结构都是不允许的，图11-9b所示的结构是正确的。

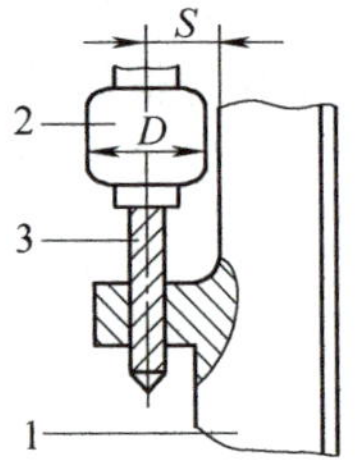

图11-8 钻孔空间

1—工件 2—钻夹头 3—标准钻头

在孔加工中，为了防止刚性较差的钻头过早磨钝或折断，必须尽量避免单边工作。图11-10a所示的各种结构均不正确，图11-10b所示的相应结构是正确的，应予以采用。

当设计零件时，在尺寸相差不大的情况下，对零件的各结构要素如沟槽、圆角、齿轮模数等尽量采取统一数值，并使这些数值标准化，以便采用较少数量的标准刀具便可满足这些结构要求。图11-11b所示的各种结构设计优于图11-11a所示的各种结构设计。

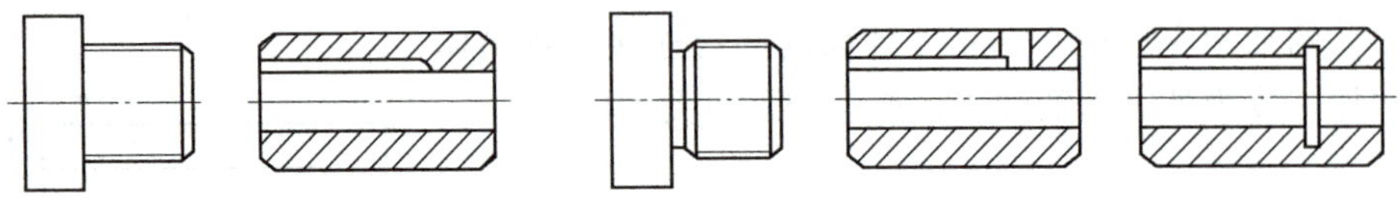

不正确　不正确　正确　正确　正确

a)　　b)

图11-9 保证刀具自由退出的结构设计

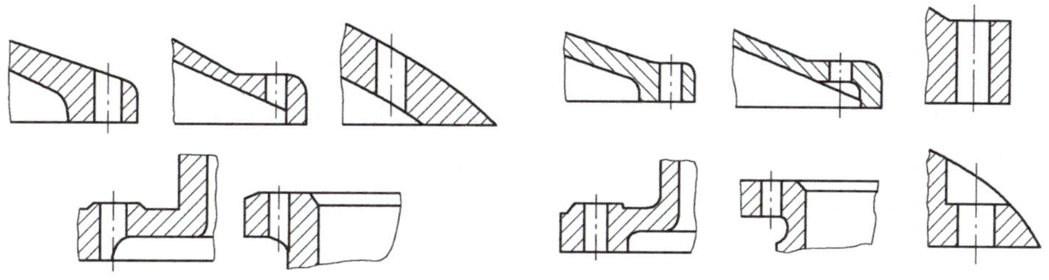

图 11-10　改善结构提高钻头寿命的实例

a）不正确　b）正确

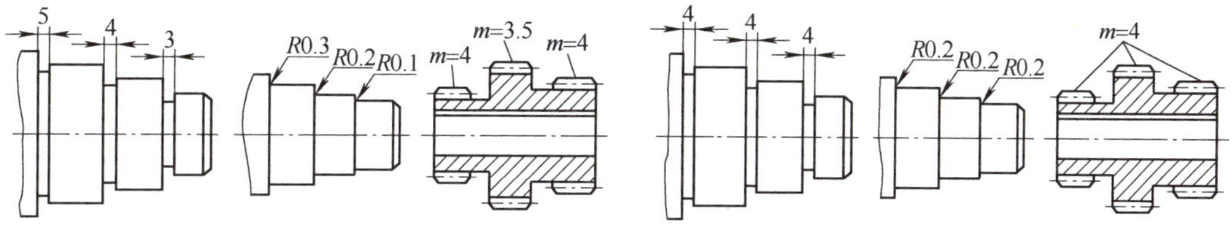

图 11-11　零件结构要素的设计

a）不正确　b）正确

2. 便于安装（即便于准确定位、可靠夹紧）

（1）增设工艺凸台　刨削较大工件时，往往把工件直接安装在工作台上。为了刨削上表面，安装工件时，必须使加工面水平。图 11-12a 所示的零件则较难安装，如果在零件上加一个工艺凸台（图 11-12b），便容易安装找正；精加工后，再把凸台切除。

（2）增设装夹凸缘或装夹孔　如图 11-13a 所示的大平板，在加工时不便用压板、螺钉将其装夹在工作台上。如果在平板侧面增设装夹用的凸缘或孔，便能可靠装夹，且便于吊装和搬运，如图 11-13b 所示。

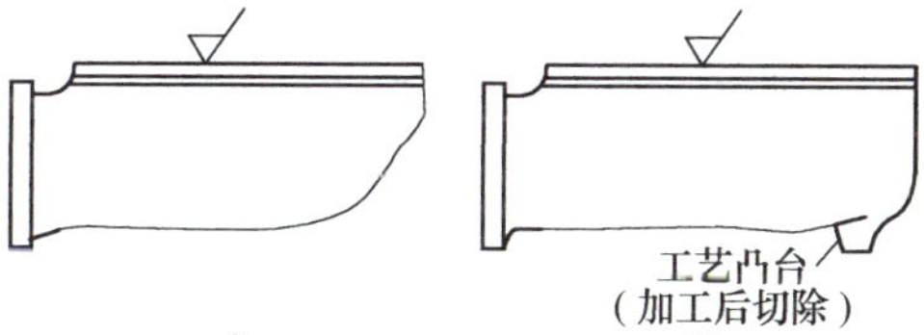

图 11-12　工艺凸台

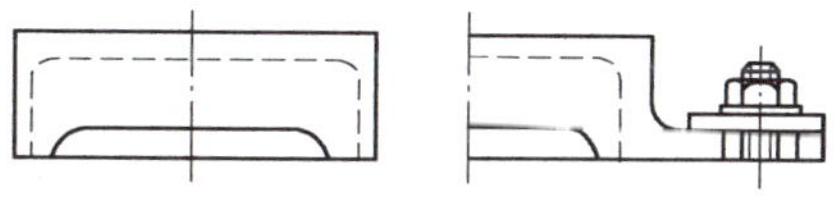

图 11-13　装夹凸缘

（3）改变结构或增加辅助安装面　如图 11-14a 所示的轴承盖，在车床上加工 ϕ120mm 外圆及端面，与卡爪是点接触，无法将工件夹牢，因此装夹不方便。若把工件改为图 11-14b 所示的结构，使之容易夹紧；或在毛坯上加一个辅助安装面，如图 11-14c 中的 *D* 处，用它进行安装，零件加工后，再将这个辅助面切除（辅助安装面可称为工艺凸台）。

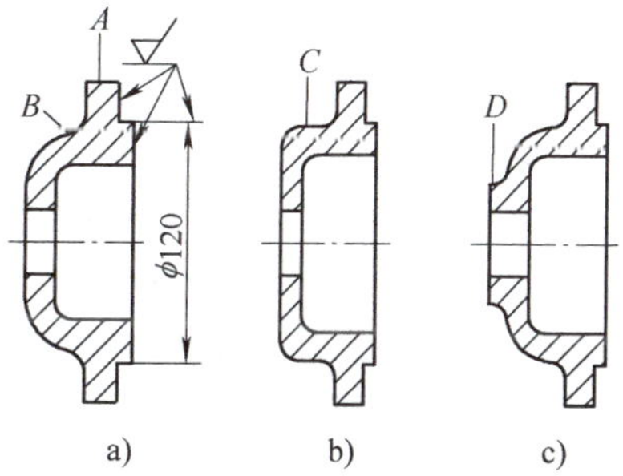

图 11-14　轴承盖结构的改进

3. 提高切削效率，保证产品质量

1）零件结构的刚性必须与机械加工时所采用的加工方法相适应，且便于多件一起加工。图 11-15a 所示的拨叉，其沟槽底部为圆弧形，只能单个地进行加工；图 11-16a 所示的齿轮，由于齿毂与轮缘不等高，多件滚切时，刚性较差，且轴向进给行程较长。若分别改为图 11-15b、图 11-16b 所示的结构，就可以实现多件一起加工，既增加了刚性，又提高了生产率。

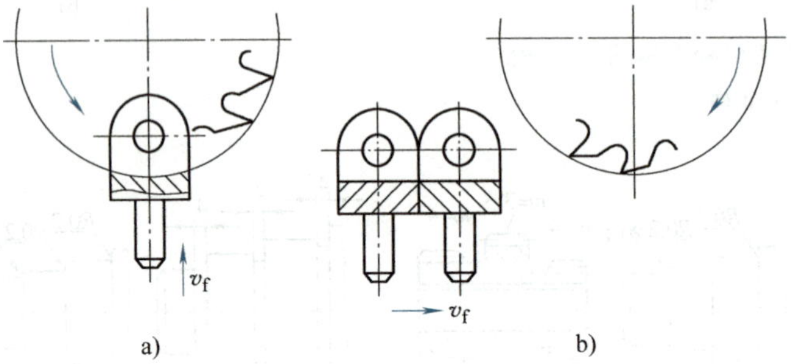

图 11-15　拨叉

2）有相互位置精度要求的表面，最好能在一次安装中加工，这样既有利于保证加工表面间的位置精度，又可减少安装次数，提高生产率。如图 11-17a 所示轴套两端孔需两次安装才能加工出来，若改为图 11-17b 所示结构，则只需一次安装加工。图 11-18a 所示为内花键结构，由于不是通孔，不能采用拉削的方法，只能采用精度较低、效率也低的插削方法进行加工；如改为图 11-18b 所示的组合结构，便可采用拉削方法进行加工。这样既可提高生产率，又能保证产品质量。

图 11-16　齿轮

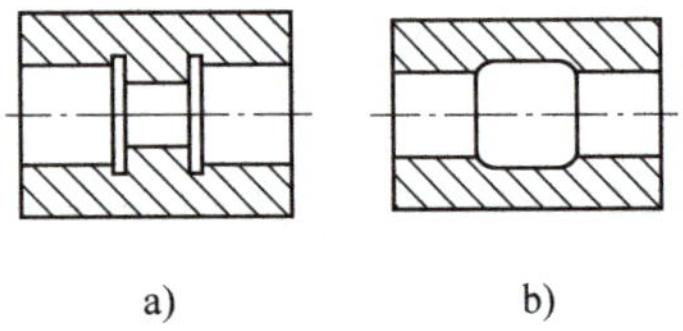

图 11-17　轴套

3）尽量减少加工量。图 11-19b 与图 11-19a 所示的结构相比，其工艺性比较好，减小了加工面积。

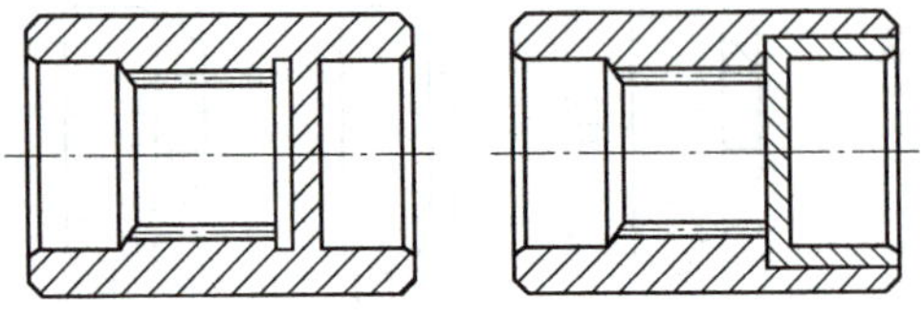

图 11-18　内孔需精加工的零件设计

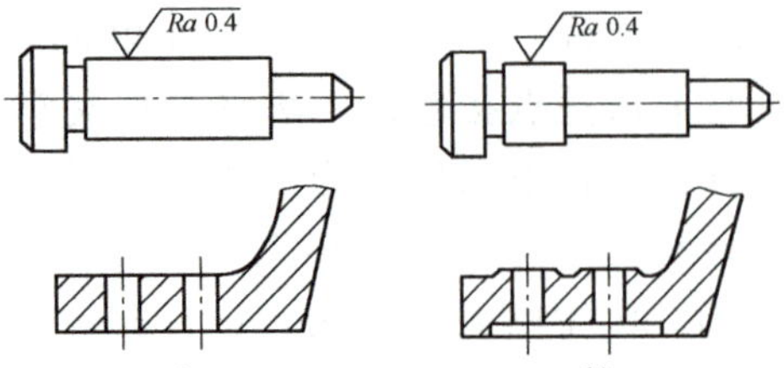

图 11-19　减小加工表面面积的结构设计

4）尽量减少进给次数。铣削牙嵌离合器时，由于离合器齿形的两侧面要求通过中心，呈放射状，如图 11-20 所示。这就使奇数齿的离合器在铣削加工时要比偶数齿的省工。如铣削一个五齿离合器的端面齿，只要五次分度和进给就可以铣削出图 11-20a 所示的零件；而铣削一个四齿离合器，却要八次分度和进给才能完成图 11-20b 所示的零件。因此，离合器应设计成奇数齿为好。

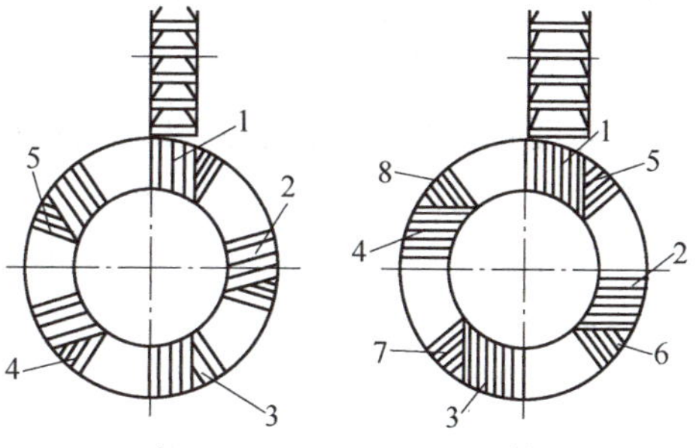

图 11-20 铣削牙嵌离合器
（图中数字为进给次数）

当加工图 11-21a 所示的具有不同高度的凸台表面时，需要逐一地将工作台升高或降低。如果将零件上的凸台设计为等高，如图 11-21b 所示，则能在一次进给中加工所有的凸台表面。这样就可以节省大量的辅助时间。

5）要有足够的刚性，以便减少工件在夹紧力或切削力作用下的变形，保证精度；而且较大的刚性允许采用较大的切削用量进行加工，有利于提高生产率。图 11-22a 所示的薄壁套筒、图 11-23a 所示的床身导轨都是在切削力作用下容易变形、产生较大加工误差的结构；若改成图 11-22b、图 11-23b 所示的结构，则可大大增加刚性，提高加工精度。

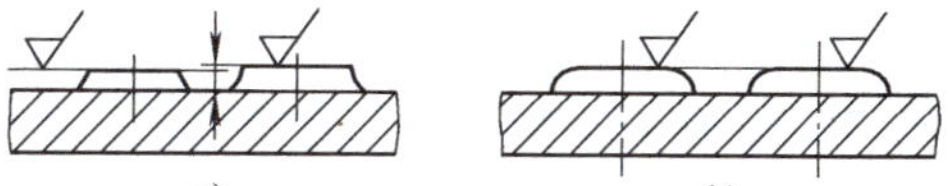

图 11-21 加工面应等高

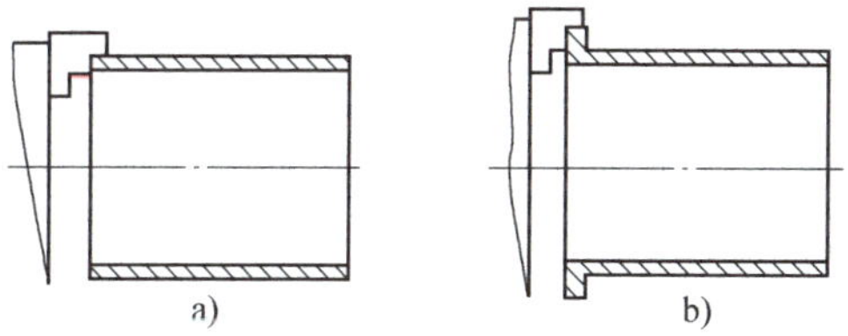

图 11-22 薄壁套筒

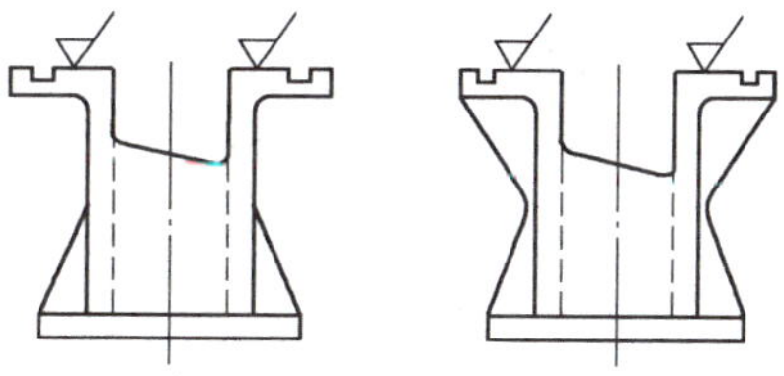

图 11-23 床身导轨

4. 提高标准化程度

（1）设计时尽量采用标准件 加工中应能使用标准刀具，零件上结构要素如孔径及孔底形状、中心孔、沟槽宽度或角度、圆角半径、锥度、螺纹的直径和螺距、齿轮的模数等，其参数值应尽量与标准刀具相符，避免设计和制造特制刀具，降低加工成本。

例如：被加工孔应具有标准直径，否则将需要特制刀具。当加工不通孔时，孔底由一直径到另一直径的过渡最好做成与钻头顶角相同的圆锥，如图 11-24a 所示，而与孔的轴线相垂直的底面或其他锥面将使加工复杂化，如图 11-24b 所示。

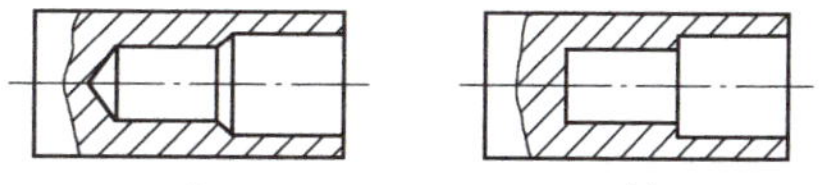

图 11-24 不通孔的结构

又如图 11-25 所示的凹下表面，图 11-25b 所示为结构设计较好的零件，它便于端铣刀粗加工后，用立铣刀铣削内圆角、清边；因此，其内圆角的半径必须等于标准立铣刀的半径。如果设计成图 11-25a 所示的情况，则很难完成加工。

（2）合理地规定表面公差等级和表面粗糙度的值 零件上不需要加工的表面，不要设计成加工面，在满足使用要求的前提下，表面精度越低，表面粗糙度值越大，越容易加工，成本也越低。所规定的尺寸公差、几何公差和表面粗糙度值应按国家标准选取，以便使用通用量具检验。

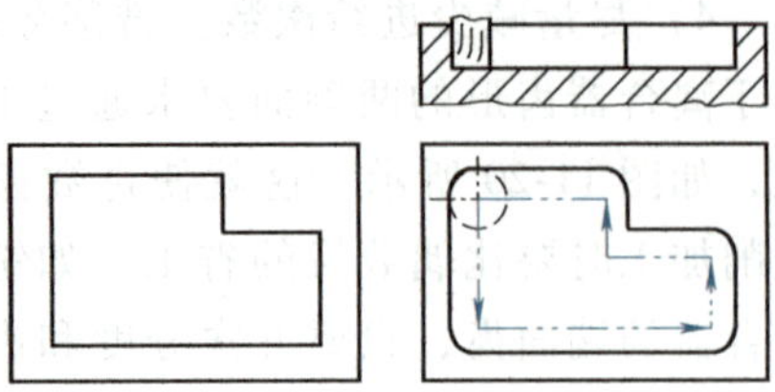

a) b)

图 11-25 凹下表面的形状

(3) 合理采用零件的组合 一般来说，在满足使用要求的前提下，所设计的机器设备、零件越少越好，零件的结构越简单越好。但为了加工方便，合理地采用组合件也是适宜的。例如：图 11-26a 所示的轴带动齿轮旋转，当齿轮较小，轴较短时，可以把轴与齿轮做成一体（称齿轮轴）。当轴较长，齿轮较大时，做成一体则难以加工，必须分成三件：轴、齿轮、键，分别加工后组装到一起，如图 11-26b 所示，这样便于加工。轴和键的组合如图 11-26c、d 所示。这种结构的工艺性好。

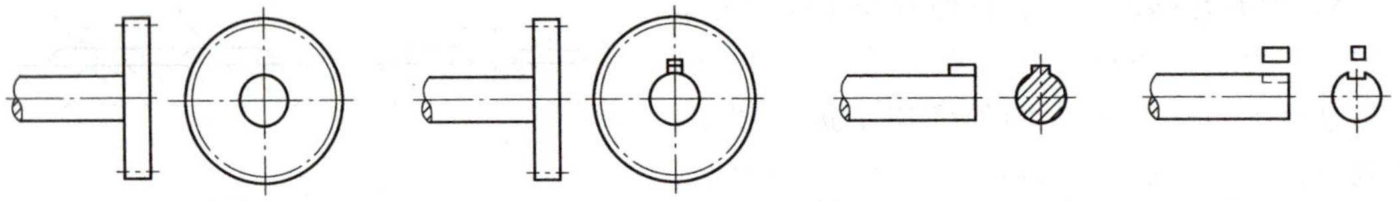

a) b) c) d)

图 11-26 零件的组合

5. 保证装配的方便性与可拆性

当进行结构设计时，除了要保证装配的可能性以外，还必须保证装配的方便性和可拆性，以减小装配难度，提高装配效率，并能及时更换已磨损的零件。

图 11-27 所示为滑动轴承在轴承支架上的装配情况。为了进行润滑，图 11-27a 所示结构为在支架和轴承上各有一孔，以便由此注入润滑油。这种结构要求在装配后两孔对齐，因此两零件装配时在圆周方向有严格的位置要求，给装配带来不便。当采用图 11-27b 所示的结构时，轴承上的径向孔与支架上的孔在圆周方向上不需保证位置即可装配，同样达到将润滑油注入轴承内腔的目的。

图 11-28 所示为轴承装配的三种不同情况，图 11-28a 所示为滚动轴承在装配以后，由于端面支承得太多，整个轴承外环都被端面挡住，所以无法拆卸。图 11-28b、c 所示为具有可拆性的结构。

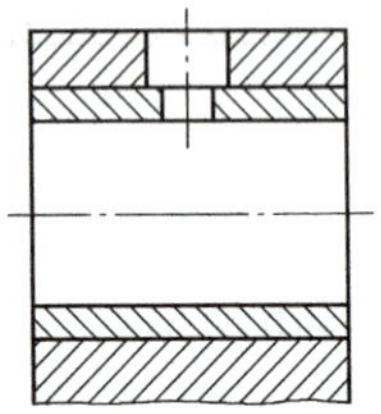

a) b)

图 11-27 滑动轴承在轴承支架上的装配情况

a）不方便 b）方便

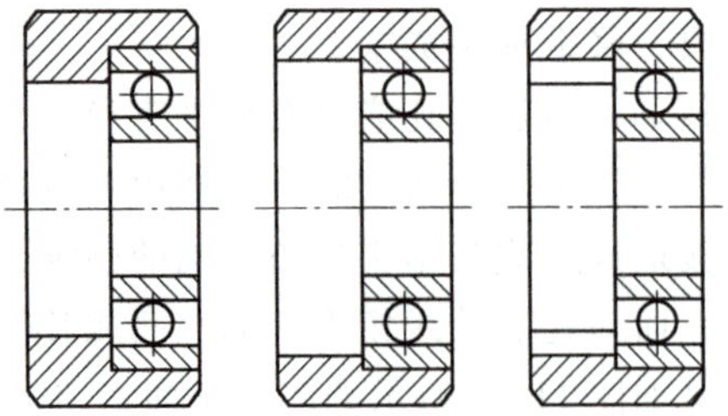

a) b) c)

图 11-28 轴承装配的三种不同情况

a）不可拆卸 b）、c）可拆卸

综上所述，零件的结构工艺性是一个非常实际且重要的问题，零件结构的不同，对零件的制造、装配有很大的影响。结构工艺性良好的零件可“优质、高效、低消耗”地加以制造；结构工艺性差的零件甚至根本不能制造。这里所列举的只不过是一般原则和个别实例。设计零件时，应根据具体要求和条件，综合所掌握的工艺知识和实际状况，灵活地加以运用，以求设计出结构工艺性良好的零件。

11.2.2 零件加工工艺方案的确定原则

确定零件加工工艺方案的工作是一个系统性工程，除了充分理解零件本身若干信息外，还必须了解和拥有产品的生产纲领、产品验收的质量标准、毛坯资料以及现场的生产条件和国内外工艺发展情况等原始资料。这些区别导致相同零件有很多种加工工艺方案。一般来说，确定零件的加工工艺方案的最基本原则是：在一定的生产条件下，以最少的劳动消耗和最低的费用，按国家有关规定允许的手段、方法等，按计划规定的速度，可靠地加工出符合图样及技术要求的零件。为了保证产品质量，争取更大的经济效益，在确定零件加工工艺方案的过程中，还必须注意以下两方面问题。

1. 确定零件加工工艺方案的一般原则

（1）质量第一原则　尽管零件相同，但加工方案有许多种，必须保证制订的零件加工工艺方案满足零件精度和技术要求的需要。为此要了解国内外本行业工艺发展，甚至需要进行一些必要的工艺试验，积极采用适用的先进工艺和工艺装备。

（2）效益优先原则　在一定的生产条件下，可能会出现几个保证零件技术要求的工艺方案，此时，应全面考虑，既要通过核算或评比选择经济上最合理的方案，又要注意方案的社会效益，要用可持续发展的观点指导工艺方案的制订。尤其应注意不要和国家环境保护明令禁止的工艺手段等要求相抵触。

（3）效率争先原则　制订零件加工工艺方案时，要充分考虑本厂人员、设备的现有条件，保证工人在良好而安全的状况下工作，解放、提高生产率。同时又要注意所制订的零件加工方案周期和合同要求的交货期限相吻合。

2. 基准的选择

拟订零件加工工艺方案的首要任务是选择基准，它对于在加工过程中如何保证零件表面之间相对位置精度是相当重要的，所以有必要做进一步的介绍。

（1）基准的类别　一般来说，基准就是用来确定生产对象上几何要素间的几何关系所依据的那些点、线、面。根据基准的不同作用，常分为设计基准和工艺基准两大类。前者用在产品零件的设计图样上，后者用在工艺过程中，工艺基准因其不同的工艺内容又分为工序基准、定位基准、测量基准等。

1）设计基准。设计基准是指设计图样上所采用的基准。图 11-29 所示为三个零件图的部分要求。如图 11-29a 所示，对于平面 A 来说，B 是它的设计基准；对于平面 B 来说，A 是它的设计基准，它们互为设计基准；如图 11-29b 所示，点 D 是平面 C 的设计基准。在图 11-29c 中，虽然 ϕE 和 ϕF 之间没有标注一定的尺寸，但有一定的相互位置精度要求，即两者之间有同轴度要求，因此 ϕE 是 ϕF 的设计基准。

2）工序基准。工序基准是指工序图上用来确定该工序加工表面加工后的尺寸、形状和位置的基准。在图 11-30 中，平面 C 的位置由尺寸 L_1 确定，其设计基准为平面 B；但加工

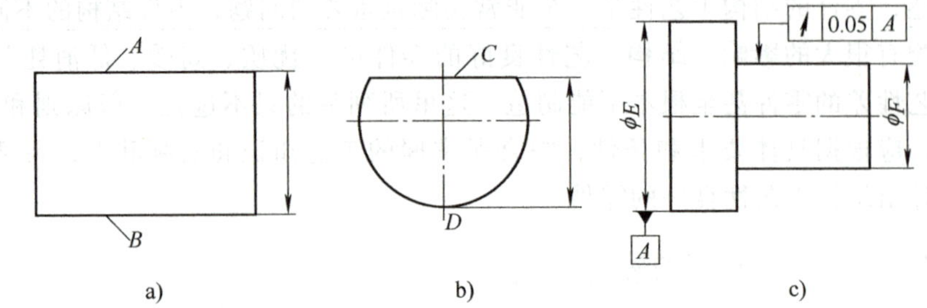

图 11-29 三个零件图的部分要求

时从工艺上考虑，需按尺寸 L_2 加工，则 L_2 为本工序的工序尺寸，平面 A 即为工序基准。

3）定位基准。定位基准是指在加工中用于定位的基准。图 11-31 中，阶梯轴用自定心卡盘装夹，则大端外圆为径向的定位基准，平面 A 为加工端面（保持轴向尺寸 B 和 C）的定位基准。

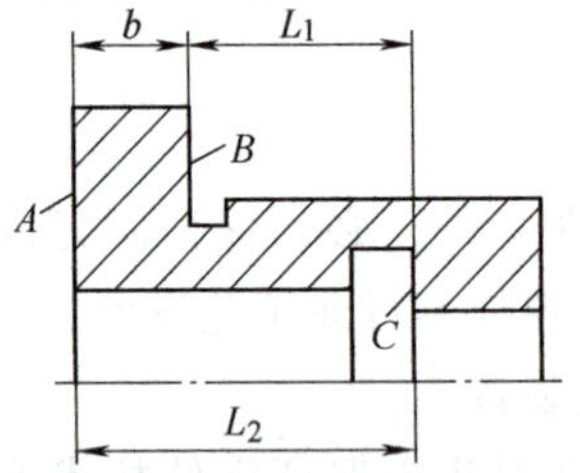

图 11-30 工序基准

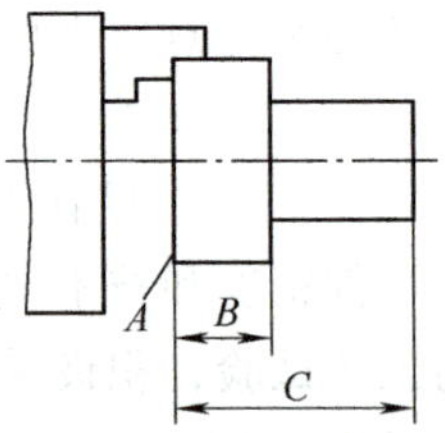

图 11-31 定位基准

定位基准一般都是工件上实际的表面，它虽然是在编制工艺规程时由编制者自行选定的，但它与夹具的定位和夹紧方法密切相关，所以在确定定位基准时还应考虑使其定位方便、夹具结构简单等因素。

4）测量基准。测量基准是指测量时所用的基准。如图 11-32 所示，测量基准都是工件的某个表面、表面上的素线或表面上的点。

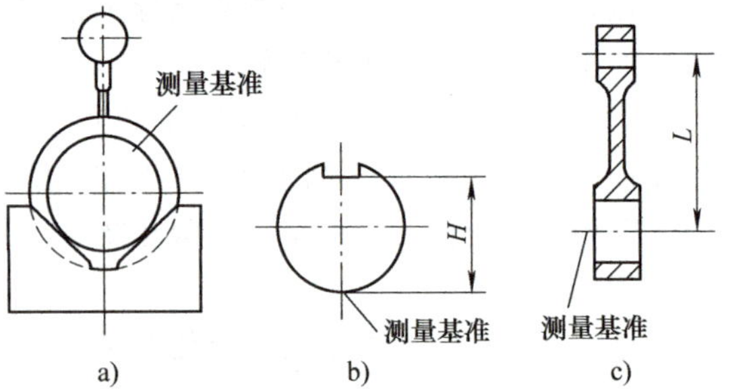

图 11-32 测量基准

a）测同轴度 b）测量槽深 c）测量孔距

（2）定位基准的选择 在零件加工的第一道工序中，只能使用毛坯的表面来定位，这种定位基准称为粗基准。在以后各工序的加工中，可以采用已切削加工过的表面作为定位基准，这种基准称为精基准。

由于粗基准和精基准的情况和用途都不相同，所以在选择粗基准和精基准时所考虑问题的侧重点也不同。下面分别予以介绍。

1）粗基准的选择。当选择粗基准时，考虑的重点是如何保证各加工表面有足够的余量，不加工表面的尺寸、位置符合图样要求。因此粗基准的选择原则是：

① 若零件上有某个表面不需要加工，则应选择这个不需要加工的表面作为粗基准。这样做能提高加工表面和不加工表面之间的相对位置精度。图 11-33 所示的零件，为了保证壁厚均匀，粗基准选择为不加工的内孔和内端面。

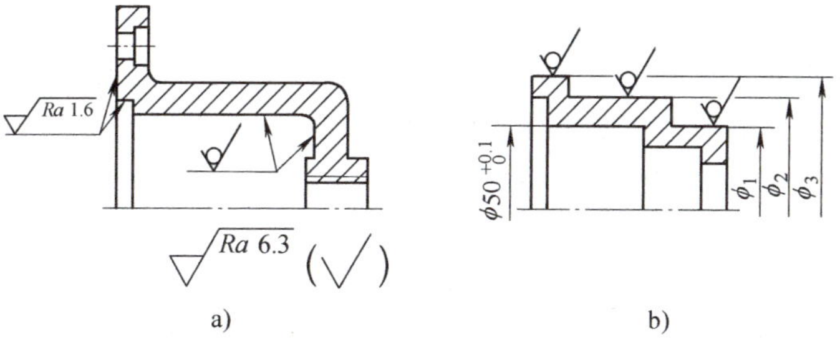

图 11-33　用不加工表面作粗定位基准

若零件上有很多不加工表面，则应选择其中与加工表面有较高相对位置精度要求的表面作为粗基准。

② 零件上的表面若全部需要加工，而且毛坯比较精确，则应选择加工余量最少的表面作为粗基准。如图 11-34 所示，毛坯表面 ϕA 的余量比 ϕB 大，采用 ϕB 作为粗基准就比较合适。

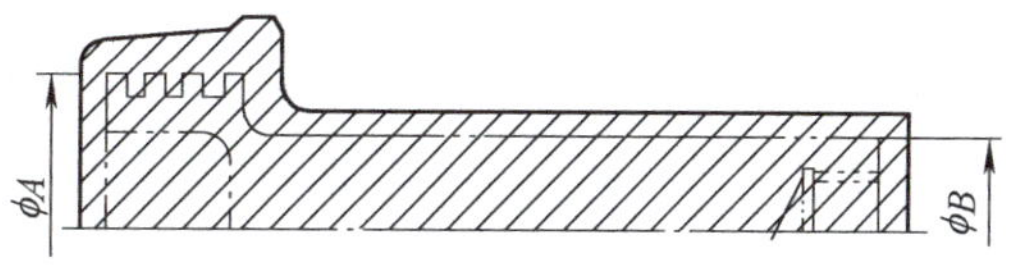

图 11-34　柱塞杆粗定位基准选择

为了保证重要表面、较大面积表面的加工余量均匀，保护重要表面的表层质量，一般应尽量减少总的金属切除量，选择重要表面、加工面积最大的表面作为粗基准。图 11-35 所示的床身加工，因床身导轨面的加工精度要求高，该表层的铸层质量好，且加工余量应尽量均匀，所以，选择导轨作为粗基准来加工床身底面（图 11-35a），然后以床身底面为基准加工导轨面（图 11-35b）。

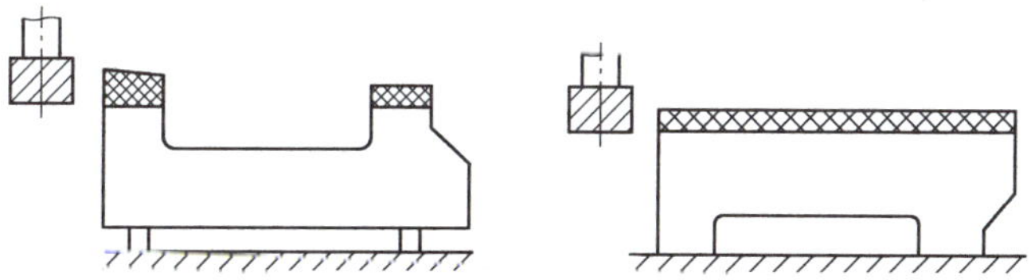

图 11-35　床身加工时的粗基准

③ 应尽量选择平整且没有浇口、冒口、飞边和其他表面缺陷的毛坯表面作为粗基准，以保证定位准确、稳定和夹紧可靠。

④ 所选的粗基准应能用来加工出以后所用的精基准，即粗基准一般仅在开始时使用一次。

2）精基准的选择。选用精基准时，主要解决两个问题，即保证加工精度和装夹方便。精基准一般用于中间工序和最终工序中，因此，精基准的选择原则如下：

① 基准重合原则。即选择被加工表面的设计基准作为定位基准。这样可以避免因基准不重合引起的定位基准误差。图 11-36a 所示为零件图，图 11-36b、c 所示为磨削加工表面 2 的两

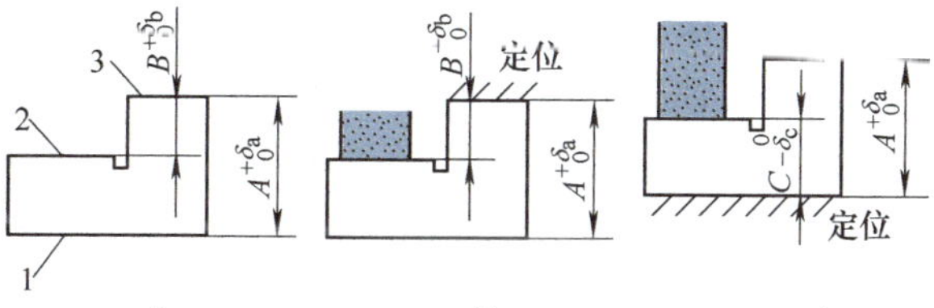

图 11-36　定位基准的选择

a）零件图　b）方案一　c）方案二

种不同方案，由零件图可看出待磨表面 2 的设计基准为表面 3。

第一种方案取表面 3 作为定位基准，如图 11-36b 所示，直接保证尺寸 B。这时定位基准与设计基准重合，影响加工精度的只有磨削平面工序中有关的加工误差，把此公差控制在 δ_b 范围以内，就可以保证规定的加工精度。

第二种方案取表面 1 作为定位基准，如图 11-36c 所示，直接保证尺寸 C，这时定位基准与设计基准不重合，所以尺寸 B 的精度是间接保证的，它取决于尺寸 C 和 A 的加工精度。尺寸 B 的精度除了与磨削平面有关的加工误差 δ_c 有关以外，还与已加工尺寸 A 的加工误差 δ_a 有关。如图 11-37 所示，误差 δ_a 是由于定位基准与设计基准不重合引起的，所以称为定位基准误差。其数值等于定位基准与设计基准之间尺寸的公差。很明显，要保证尺寸 B 的精度，必须控制尺寸 C 和 A 的加工误差，使加工误差 δ_c 和 δ_a 的总和不超过 δ_b，即满足条件 $\delta_b \geqslant \delta_c + \delta_a$。

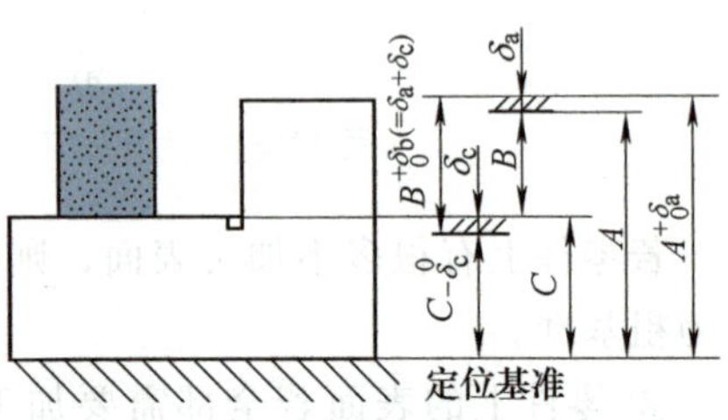

图 11-37 基准不重合误差分析

当 $\delta_a < \delta_b$ 时，上式才有可能成立；如果图样给定公差，则当 $\delta_a > \delta_b$ 时，上式不能成立。实际加工中，常通过压缩 δ_a，使 $\delta_b \geqslant \delta_c + \delta_a$ 的条件得以满足。

从以上的两种方案比较可以看出，第一种方案的基准重合对保证加工精度有利，故基准重合是一条重要的原则。而且这条原则也同样适用于保证加工表面的相互位置精度，如平行度、同轴度等。

② 基准统一原则。即各工序所用的基准尽可能相同，其目的也是减小因变换基准而引起的装夹误差，减少夹具的种类，简化加工工艺过程与夹具的设计和制造，提高各被加工表面的位置精度。例如：轴类零件加工，始终都以两中心孔作为定位基准；齿轮的齿坯外圆及齿形加工多采用齿轮的内孔和其轴线垂直的一个端面作为定位基准，完成尽可能多的工序加工。

③ 互为基准原则。当两个表面的相互位置精度及其自身的尺寸与形状精度要求都很高时，可采用这两个表面互为基准，进行反复多次加工。例如：精密齿轮高频淬火后，为消除淬火变形，提高齿面与轴孔的精度及保证齿面淬硬层的深度和厚度均匀，常以齿面定位加工内孔，再以内孔定位磨削齿面，如此多次反复加工即可保证轴孔与齿面有较高的相互位置精度。为了保证车床主轴的支承轴颈与主轴内锥面的同轴度要求，也是根据互为基准的原则进行加工的。

④ 自为基准原则。某些要求加工余量小而均匀的精加工工序，可选择加工表面自身作为定位基准。图 11-38 所示为磨削床身导轨面，为了保证导轨面上耐磨层的一定厚度及均匀性，可用导轨面自身找正定位进行磨削。浮动镗刀镗孔、圆拉刀拉孔、珩磨及无心磨床磨外圆，都是采用自为基准原则进行零件表面加工的。

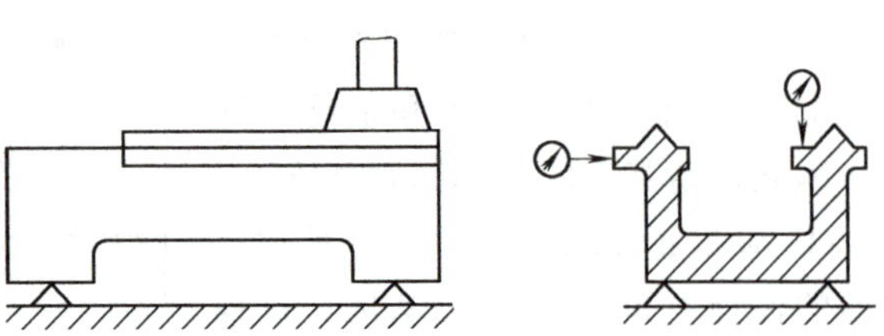
图 11-38 床身导轨面自为基准磨削

这里需要指出，按自为基准原则加工，只能提高加工表面的尺寸精度、形状精度以及降低表面粗糙度值，而其位置精度应由前道工序的加工来保证。

除了上述四项原则外，精基准的选择还应便于工件定位准确、稳定，刚性好，变形小和夹具结构简单。

⑤ 辅助基准。对于某些由于结构特殊很难以零件自身的表面作为定位基准的工件，可以在其上特意加工出专门供定位用的表面，或提高工件上原有某些表面的加工精度以作定位基准用。这些因工艺需要在工件上专门设计出的定位面称为辅助基准。图 11-39a 所示为发动机上的涡轮叶片，在叶身端部增加一个工艺凸台，利用凸台上平面和小孔来进行定位，在加工完成后再将凸台去除。如图 11-39b 所示，加工活塞零件时，先加工出内圆面 D 作为辅助基准，再加工其他有关表面。

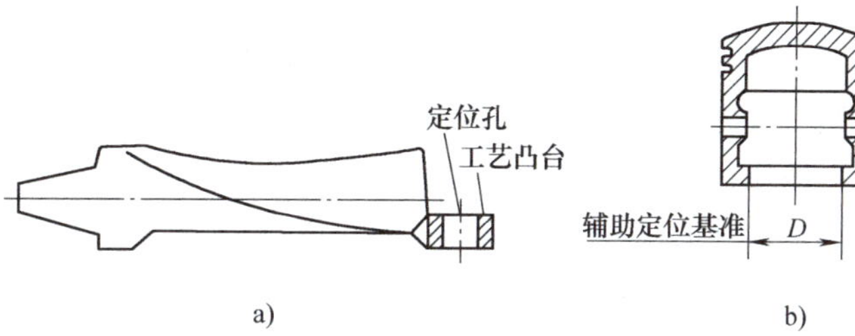

图 11-39 叶片和活塞的辅助定位基准

11.3 毛坯的选择

机械零件的制造通常包括毛坯成形和切削加工两个阶段，除少部分零件直接用圆钢、钢管、钢板或其他型材经切削加工制成外，多数零件都通过铸造、锻造、冲压或焊接等方法制成毛坯，再经过切削加工制成。前面章节已经介绍了各种毛坯成形方法的基本原理、工艺过程、主要特点和适应范围。毛坯成形方法选择是否恰当，不仅直接影响毛坯制造的效率、质量和成本，而且关系到后续工艺的复杂程度、加工质量和制造成本。因此，合理、正确地选择毛坯成形方法对于提高企业的产品质量、生产率和经济效益具有十分重要的意义。

机械制造中常用的毛坯有各种轧制型材、铸件、锻件、冲压件、焊接件、粉末冶金以及非金属材料成形件等。随着制造技术的发展，铸造、锻造、冲压、焊接、型材等联合加工生产毛坯的方法也日益得到应用。

影响毛坯选用的因素很多，包括零件的使用性能要求和工艺性能要求，零件的形状与尺寸、生产批量、生产条件等。因此，对毛坯的选用需要进行系统的分析、对比与综合，以达到优质、高效、低成本的目标。

1. 毛坯的选择原则

（1）保证零件的使用要求　毛坯的使用要求是指将毛坯最终制造成零件的使用要求。零件的使用要求是指零件投入使用后，实际工作条件对零件的形状、尺寸、精度和使用性能的要求。工作条件包括工作时的受力情况、工作环境温度、介质等。不同的机械零件在机器中所起的作用不同，对毛坯的物理、化学、力学等性能的要求差异很大，因此，保证使用要求是选择毛坯的首要原则。

以机器中的轴为例，由于承载及工况不同，对轴的材料要求也不同，既可以用各种碳钢和合金钢，又可以用球墨铸铁制造。轴的结构既有光轴、阶梯轴，又有空心轴等。因此在选择毛坯类型时，既要满足对零件使用性能、材料、结构的综合要求，又要兼顾三者的特点。例如：轴作为机器中受力和传动的零件，一般选锻件为毛坯；但若是直径较小的光轴或小台阶轴，则可直接用圆钢型材作为毛坯；而形状复杂的曲轴也可用球墨铸铁铸造毛坯。

（2）满足经济性要求　这是指在满足使用要求的前提下，做到成本低廉的原则。一般在单件小批量生产的条件下，应选择常用材料、通用设备和工具，采用低精度、低生产率的毛坯生产方法，以利于减少生产准备时间和工艺装备的设计制造费用。因此，钢材和有色金属应优先选择型材或自由锻方法；对适合铸造的合金，应优先选择手工造型砂型铸造；对焊接件应优先选焊条电弧焊制造毛坯等。在大批量生产条件下，应优先选择专用工艺装备和工具，以提高毛坯生产的精度和生产率；对铸件应选机器造型铸造或金属型压铸；对锻件应优先选模锻；对薄壁件则可优先选生产率高、精度高的冲压方法等。考虑毛坯的经济性时除考虑毛坯的生产成本外，还应比较毛坯的材料利用率和后续的机加工成本，从而以零件的总生产成本最低为目标来选择最佳的毛坯生产方法。

随着毛坯生产新技术、新工艺的发展，多种少、无切削毛坯的生产方法已经得到了广泛的应用。它们既能节约大量的金属材料，又能大大降低机械加工费用。例如：以精铸代替模锻、以球墨铸铁代替锻钢件、以工程塑料代替金属件、以焊接代替铸造、以精冲代替切削加工等，都能提高经济效益。

（3）考虑实际生产条件　根据使用要求和经济性所确定的生产方案是否可行，需要考虑企业的实际生产条件。只有实际生产条件能够实现的毛坯生产方案才是合理的方案。在考虑实际生产条件时，应优先考虑本企业的设备条件和技术水平能否满足毛坯生产要求，如不能满足，应考虑与其他企业协作的可能性。考虑方案时可同时提出备选方法，以便在条件不具备时使用替代方案。

2. 典型零件毛坯的选择举例

常用机械零件按其形状和用途不同，可分为杆轴类、盘套类和箱体机架类，根据这几类零件的结构特征、工作条件，对毛坯选择方法给以举例说明。

（1）杆轴类零件毛坯的选择　杆轴类零件一般是各种机械中重要的受力和传动零件。安装齿轮和轴承的轴，其轴颈处要求有较好的力学性能，常选用中碳调质钢；承受重载或冲击载荷以及要求耐磨性较高的轴多选用合金结构钢，用这些材料制造的轴多数采用锻造毛坯。某些异形断面或弯曲轴，如凸轮轴、曲轴等，也可采用球墨铸铁铸造成形。对于一些直径变化不大的轴，可采用圆钢直接切削加工。在有些情况下，毛坯也可选锻-焊、铸-焊结合的方法，如发动机中的排气阀零件，可将合金耐热钢和普通碳素钢焊在一起，以节约贵重材料。

（2）盘套类零件毛坯的选择　盘套类零件常见的有齿轮、飞轮、手轮、法兰、套环、垫圈等，这类零件在机械产品中的功能要求、力学性能要求等差异较大，其材料及毛坯成形方法也多种多样。以齿轮为例，对于承受冲击载荷的重要齿轮，一般选综合力学性能好的中碳钢或合金钢，采用型材锻造而成；结构复杂的大型齿轮可采用铸钢件毛坯或球墨铸铁件毛坯；对于单件小批量生产的小齿轮可选用圆钢为毛坯；对于批量大的中小型齿轮宜采用模锻件；对于低速轻载的齿轮可采用灰铸铁铸造；对于高速、轻载、低噪声的普通小齿轮，可选用铜合金、铝合金、工程塑料等材料的棒料作为毛坯或采用挤压、冲压或压铸件毛坯。

带轮、手轮、飞轮等受力不大的零件可选用灰铸铁或铸钢件毛坯。法兰、套环等零件可采用铸铁件、锻件或圆钢毛坯。垫圈一般采用低碳钢板冲压件。

（3）箱体机架类零件毛坯的选择　这类零件的结构特点是结构比较复杂、形状不规则、结构不均匀等。要求有较好的刚度和减振性，有的要求密封或耐磨等。其工作条件是以承压为主。常见的有机身、机架、底座、箱体、箱盖、阀座等。根据这类零件的特点，一般选铸铁件或铸钢件；单件小批量生产时也可采用焊接件毛坯。航空、军舰发动机中的这类零件通常采用铝合金铸件毛坯，以减轻重量。在特殊情况下，形状复杂的大型零件也可采用铸-焊或锻-焊组合毛坯。

11.4　机械加工工艺规程的制订

审查完零件的结构工艺性，并遵循零件加工工艺方案的确定原则和选择定位基准原则，选择毛坯后具体拟订机械加工工艺规程时，还需要选择零件表面加工方法、划分加工阶段、安排工序的先后顺序、确定工序集中和分散的程度以及热处理和辅助工序的安排等。工艺技术人员应从所提出的多种方案中，通过分析比较，选出最佳方案，并通过实践不断完善，制订出比较合理的工艺规程。

11.4.1　表面加工方法的选择

机械零件的结构形状虽然多种多样，但它们都是由一些最基本的几何表面（外圆、内孔、平面或复杂的成形表面）组合而成的。同一种表面可以选用不同的加工方案，工艺设计者应根据组成零件表面所要求的加工精度、表面粗糙度和零件自身的结构特点，结合具体加工条件（生产类型、设备状况、工人的技术水平等）选用相应的加工方法。选择表面加工方法时一般应注意：

1）在保证完工合同期前提下，尽可能采用加工经济精度方案进行零件加工。在表面加工过程中，影响加工方法的因素很多。每种加工方法在不同条件下所能达到的精度及技术、经济效果均不相同。为了满足加工质量、生产率和经济性等方面的要求，应尽可能采用经济加工精度和经济表面粗糙度值方案来完成对零件表面的加工。所谓加工经济精度（或经济表面粗糙度值），是指在正常加工条件下（采用符合质量要求的标准设备、工装和标准技术等级的工人，在不延长加工时间的前提下）所能达到的加工精度（或表面粗糙度值）。

表 11-3~表 11-5 分别列出了外圆加工、内孔加工、平面加工中各种加工方法的加工经济精度和经济表面粗糙度 Ra 值，供在选择加工方法时参考。

2）在零件的主要表面和次要表面的加工方法中，首先保证主要表面的加工方法。零件的主要表面是零件与其他零件相配合的表面或直接参与机器工作过程的表面。主要表面以外的表面称为次要表面。在选择表面加工方法时，首先要根据主要表面的尺寸、精度和表面质量要求，初步选定主要表面最终工序应该采用的加工方法，然后逐一选定该表面各有关前道工序的加工方法，之后才可选择次要表面的加工方法。

表 11-3　外圆加工中各种加工方法的加工经济精度和经济表面粗糙度 *Ra* 值

加工方法	加工情况	加工经济精度（公差等级）IT	经济表面粗糙度 *Ra* 值/μm
车	粗车	12~13	10~80
	半精车	10~11	25~10
	精车	7~8	1.25~5
	金刚石车(镜面车)	5~6	0.005~1.25
铣	粗铣	12~13	10~80
	半精铣	11~12	2.5~10
	精铣	8~9	1.25~5
车槽	一次行程	11~12	10~20
	二次行程	10~11	2.5~10
外磨	粗磨	8~9	1.25~10
	半精磨	7~8	0.63~2.5
	精磨	6~7	0.16~1.25
	精密磨(精修整砂轮)	5~6	0.08~0.32
	镜面磨	5	0.008~0.08
抛光			0.008~1.25
研磨	粗研	5~6	0.16~0.63
	精研	5	0.04~0.32
	精密研	5	0.008~0.08
超精加工	精	5	0.08~0.32
	精密	5	0.01~0.16
砂带磨	精磨	5~6	0.02~0.16
	精密磨	5	0.008~0.04
滚压		6~7	0.16~1.25

注：加工有色金属时，经济表面粗糙度 *Ra* 值取小值。

表 11-4　内孔加工中各种加工方法的加工经济精度和经济表面粗糙度 *Ra* 值

加工方法	加工情况	加工经济精度（公差等级）IT	经济表面粗糙度 *Ra* 值/μm
钻	φ15mm 以下	11~13	20~80
	φ15mm 以上	10~12	5~80
扩	粗扩	12~13	5~20
	一次扩孔(铸孔或冲孔)	11~13	10~40
	精扩	9~11	1.25~10
铰	半精铰	8~9	1.25~10
	精铰	6~7	0.32~5
	手铰	5	0.08~1.25
拉	粗拉	9~10	1.25~5
	一次拉孔(铸孔或冲孔)	10~11	0.32~2.5
	精拉	7~9	0.16~0.63
推	半精推	6~8	0.32~1.25
	精推	6	0.08~0.32
镗	粗镗	12~13	5~20
	半精镗	10~11	2.5~10
	精镗(浮动镗)	7~9	0.63~5
	金刚镗	5~7	0.16~1.25
内磨	粗磨	9~11	1.25~10
	半精磨	9~10	0.32~1.25
	精磨	7~8	0.08~0.63
	精密磨(精修整砂轮)	6~7	0.04~0.16
珩	粗珩	5~6	0.16~1.25
	精珩	5	0.04~0.32
研磨	粗研	5~6	0.16~0.63
	精研	5	0.04~0.32
	精密研	5	0.008~0.08
挤	滚珠,滚柱扩孔器,挤压头	6~8	0.01~1.25

注：加工有色金属时，经济表面粗糙度 *Ra* 值取小值。

表 11-5 平面加工中各种加工方法的加工经济精度和经济表面粗糙度 *Ra* 值

加工方法	加工情况	加工经济精度(IT)	经济表面粗糙度 *Ra* 值/μm	加工方法	加工情况	加工经济精度(IT)	经济表面粗糙度 *Ra* 值/μm
周铣	粗铣	11~13	5~20	平磨	粗磨	8~10	1.25~10
	半精铣	8~11	2.5~10		半精磨	8~9	0.63~2.5
	精铣	6~8	0.63~5		精磨	6~8	0.16~1.25
端铣	粗铣	11~13	5~20		精密磨	6	0.04~0.32
	半精铣	8~11	2.5~10	刮	25×25mm²内点数 8~10		0.63~1.25
	精铣	6~8	0.63~5		10~13		0.32~0.63
车	半精车	8~11	2.5~10		13~16		0.16~0.32
	精车	6~8	1.25~5		16~20		0.08~0.16
	细车(金刚石车)	6~7	0.008~1.25		20~25		0.04~0.08
刨	粗刨	11~13	5~20	研磨	粗研	6	0.16~0.63
	半精刨	8~11	2.5~10		精研	5	0.04~0.32
	精刨	6~8	0.63~5		精密研	5	0.008~0.08
	宽刀精刨	6~7	0.008~1.25	砂带磨	精磨	5~6	0.04~0.32
插		8~13	2.5~20		精密磨	5	0.008~0.04
拉	粗拉(铸造或冲压表面)	10~11	5~20	滚压		7~10	0.16~2.5
	精拉	6~9	0.32~2.5				

注：1. 加工非铁金属时，表面粗糙度 *Ra* 值取小值。

2. 各种加工方法所能达到的形状、位置的加工经济精度可参阅相关手册。

表 11-6~表 11-8 分别列出了外圆表面、内孔表面、平面的加工方法和各种加工方法所能达到的加工经济精度和表面粗糙度 *Ra* 值，供选择加工方法时参考。

表 11-6 外圆表面加工方案的加工经济精度和表面粗糙度 *Ra*（或 *Rz*）值

加工方案	尺寸加工经济精度(IT)	表面粗糙度 *Ra*(或 *Rz*)值/μm	适用范围
粗车	11~13	12.5~100	适用于除淬火钢以外的金属材料
└→半精车	8~9	3.2~6.3	
└→精车	7~8	0.8~3.2	
└→滚压(或抛光)	6~7	0.05~0.2	
粗车→半精车→磨	6~7	0.4~0.8	不宜用于有色金属，主要适用于淬火钢件的加工
└→粗磨→精磨	5~7	0.1~0.4	
└→超精磨	5	0.012~0.1	
粗车→半精车→精车→金刚石车	5~6	0.025~0.4	主要用于非铁金属加工
粗车→半精车→粗磨→精磨→镜面磨	5以上	0.025~0.2	主要用于高精度要求的钢件加工
└→精车→精磨→研磨(砂带磨)	5以上	0.05~0.2	
└→粗研→抛光	5以上	0.025~0.2	

注：1. 表中“表面粗糙度 *Ra*（或 *Rz*）值”列中数值为 0.025~6.3μm 时为 *Ra* 值，对表面粗糙度要求特别高或特别低，即当表中“表面粗糙度 *Ra*（或 *Rz*）值”列中数值小于 0.025μm 或大于 6.3μm 时为 *Rz* 值。

2. 表中加工方法所能达到的形状、位置的加工经济精度可参阅相关手册。

表 11-7 内孔表面加工方案的尺寸加工经济精度和表面粗糙度 *Ra*（或 *Rz*）值

加工方案	尺寸加工经济精度(IT)	表面粗糙度 *Ra*(或 *Rz*)值/μm	适用范围
钻	11~13	12.5~100	加工未淬火钢及铸铁的实心毛坯，也可用于加工有色金属材料及其上一般孔径的孔（所得表面粗糙度值稍大）
→扩	10~11	6.3~12.5	
→铰	8~9	1.6~3.2	
→粗铰→精铰	7~8	0.8~1.6	
→铰	8~9	1.6~3.2	
→粗铰→精铰	7~8	0.8~1.6	
钻→扩→拉	7~8	0.8~1.6	大批量生产（精度根据拉刀精度确定）如校正拉削，则表面粗糙度 *Ra* 值可降低到 0.2~0.4μm
粗镗(或扩)	11~13	12.5~50	除淬火钢以外的各种钢材，毛坯上已有铸出或锻出孔的孔件加工
→半精镗(或精扩)	8~9	1.6~3.2	
→精镗(或铰)	7~8	0.4~1.6	
→浮动镗	6~7	0.2~0.4	
粗镗(或扩)→半精镗→磨	7~8	0.2~0.8	主要用于淬火钢，也可用于未淬火钢，不宜用于有色金属
→粗磨→精磨	6~7	0.1~0.2	
粗镗→半精镗→精镗→金刚镗	6~7	0.05~0.4	主要用于有色金属材料上精度要求高的孔加工
钻→(扩)→粗铰→精铰→珩磨	6~7	0.025~0.2	主要用于钢铁材料上对尺寸精度要求很高的孔加工，当用研磨代替珩磨时，精度可达 IT5~IT6，表面粗糙度 *Ra* 值<0.1μm
→拉→珩磨	6~7	0.025~0.2	
粗镗→半精镗→精镗→珩磨	6~7	0.025~0.2	

注：1. 表中“表面粗糙度 *Ra*（或 *Rz*）值”列中数值为 0.025~6.3μm 时为 *Ra* 值，对表面粗糙度要求特别高或特别低，即当表中“表面粗糙度 *Ra*（或 *Rz*）值”列中数值小于 0.025μm 或大于 6.3μm 时为 *Rz* 值。

2. 表中加工方法所能达到的形状、位置的加工经济精度可参阅相关手册。

表 11-8 平面加工方案的尺寸加工经济精度和表面粗糙度 *Ra*（或 *Rz*）值

加工方案	尺寸加工经济精度(IT)	表面粗糙度 *Ra*(或 *Rz*)值/μm	适用范围
粗车	11~13	12.5~100	适用于工件的端面加工
→半精车	8~9	3.2~6.3	
→精车	6~7	0.8~1.6	
→磨	6~7	0.2~0.8	
粗刨(粗铣)	11~13	12.5~100	适用于不淬硬的平面加工（面铣加工可获得较低的表面粗糙度值）
→半精刨(半精铣)	9~11	3.2~12.5	
→精刨(精铣)	7~9	1.6~3.2	
→刮研	5~6	0.1~0.8	

（续）

加工方案	尺寸加工经济精度(IT)	表面粗糙度 *Ra*(或 *Rz*)值/μm	适用范围
粗刨(粗铣)→精刨(精铣)→宽刃精刨	6~7	0.2~0.8	用于大批量加工，宽刃精刨效果好
粗刨(粗铣)→精刨(精铣)→磨	6~7	0.2~0.8	适用于精度要求较高的平面加工
└→粗磨→精磨	5~6	0.05~0.2	
粗铣→拉	6~9	0.2~0.8	适用于大量生产中加工较小的不淬火平面
粗铣→精铣→磨→研磨	5~6	0.05~0.2	适用于高精度平面的加工
└→抛光	5以上	0.025~0.1	

注：1. 表中“表面粗糙度 *Ra*（或 *Rz*）值”列中数值为0.025~6.3μm时为 *Ra* 值，对表面粗糙度要求特别高或特别低，即当表中“表面粗糙度 *Ra*（或 *Rz*）值”列中数值小于0.025μm或大于6.3μm时为 *Rz* 值。

2. 表中加工方法所能达到的形状、位置的加工经济精度可参阅相关手册。

3）零件表面的加工方法要和零件的材料、硬度、外形尺寸和质量尽可能一致。零件的形状和大小影响加工方法的选择。如小孔一般可进行铰削，而较大孔则进行镗削加工；非圆的通孔应优先考虑拉削或插削；难以磨削的小孔则多采用研磨加工。箱体类零件上的孔一般不采用磨削，而采用镗、珩、研等加工方法。

经淬火后的零件表面，一般只能采用磨削加工；未经淬硬的精密零件的配合表面可以磨削，也可以刮削；而硬度低、韧性大的有色金属，为避免磨削时砂轮嵌塞，多采用高速精密车削、镗削、铣削等加工方法。

4）加工方法要和生产类型、生产率的要求相适应，必须充分考虑现有的技术力量和设备。对于较大的平面，铣削加工生产率高；而对于窄长的平面，则宜用刨削加工；对于大量的孔系加工，为提高生产率及保证高精度的孔距，宜采用多轴钻；对于批量较大的曲面，宜采用靠模铣削、数控加工等方法。总之，要根据生产类型，充分利用现有设备，平衡设备负荷，既要提高生产率，又应考虑经济效益，充分挖掘企业潜力，合理安排加工方案。

齿轮、螺纹是机械产品中应用较多的零件，其中齿轮是用来传递运动和动力的主要零件。它的主要部分——轮齿的齿面是一种特定形状的成形面，有摆线形面、渐开线形面等，最常见的是渐开线形面。渐开线齿轮精度按现行标准规定分为13级，其中0级最高，12级最低。齿轮的结构形式也是多种多样的，常见的有圆柱齿轮、锥齿轮及蜗杆蜗轮等，其中以渐开线圆柱齿轮齿形的加工应用最广。

常用的齿轮齿形加工方法的工艺特点与应用见常用齿轮加工二维码。常用齿形加工方案见表11-9。

表11-9 齿形加工方案

齿轮精度等级	齿面表面粗糙度 *Ra* 值/μm	热处理	齿形加工方案	生产类型
9级以下	3.2~6.3	不淬火	铣齿	单件小批量
8级	1.6~3.2	不淬火	滚齿或插齿	
		淬火	滚(插)齿—淬火—珩齿	

（续）

齿轮精度等级	齿面表面粗糙度 Ra 值/μm	热 处 理	齿形加工方案	生产类型
7 级或 6 级	0.4~0.8	不淬火	滚齿—剃齿	单件小批量
		淬火	滚(插)齿—淬火—磨齿 滚齿—剃齿—淬火—珩齿	
6 级以上	0.2~0.4	不淬火	滚(插)齿—磨齿 滚(插)齿—淬火—磨齿	

注：未注生产类型的，表示适用于各种批量，此时加工方案的选择主要取决于齿轮精度等级和热处理要求。

螺纹也是零件上常见的表面之一，它是一种特定的成形面。按用途不同，一般分为连接螺纹（如螺栓）和传动螺纹（如车床丝杠）。螺纹的加工方法有车削、铣削、攻螺纹与套螺纹、滚压、磨削、研磨等。

螺纹加工方法的选择主要取决于螺纹种类、精度等级、生产批量及零件的结构特点等，详见常用螺纹加工二维码。

11.4.2 加工阶段的划分

对于质量要求较高的零件，往往不可能在一个工序内集中完成全部加工，需要把整个加工过程划分为以下几个阶段：

（1）粗加工阶段　此阶段的主要任务是去除各表面的大部分余量，使毛坯在形状和尺寸上尽量接近成品。因此，此阶段的主要问题是如何获得高的生产率。

（2）半精加工阶段　此阶段应切除粗加工后留下的误差，使加工工件达到一定的技术要求，使一些次要表面达到图样要求，并为主要表面的精加工做准备，一般在热处理后进行。

（3）精加工阶段　此阶段应保证各主要表面达到零件图规定的质量要求。

（4）光整加工阶段　对于公差等级要求很高（IT5 以上）、表面粗糙度 Ra 值要求很低（$<0.2\mu m$）的表面，还要有专门的光整加工阶段。此阶段以提高加工的尺寸公差等级和降低表面粗糙度值为主，一般不能用来纠正零件各加工表面的几何形状误差和相对位置误差。

将零件的加工过程划分出加工阶段的主要目的是：

（1）保证加工质量　工件粗加工时切除的余量大，切削时需要较大的夹紧力，同时产生较大的切削力和较多的切削热，由此引起工件内应力重新分布，使工件的变形较大，不可避免地引起加工误差。加工过程分阶段进行，粗加工造成的加工误差通过半精加工、精加工逐步得到纠正，从而提高了零件的精度，降低了表面粗糙度值；也可减少安装搬运过程中已加工表面的受损。从而在整个工艺过程中，保证了零件加工质量的要求。

（2）合理使用设备　加工过程分阶段进行，有利于按照不同要求选择不同精度、刚度、功率的机床，充分发挥设备的特点，使设备得到合理使用。

（3）便于安排热处理工序和及时发现毛坯的缺陷　在机械加工工序中间，如果工件需要热处理，则至少应把工艺路线分为两个阶段。因为一些精密零件在进行粗加工后，需进行时效处理，以减小内应力对精加工的影响。半精加工后安排淬火，既易满足零件的性能要求，又可通过精加工工序消除淬火引起的变形。

全部表面先进行粗加工，便于及早发现零件的内部缺陷，以决定零件的修补或报废，减少了盲目加工造成的加工工时和其他制造费用的浪费。

应当指出，加工阶段的划分不是绝对的，主要由工件的变形、对精度的影响程度来决定。对一些毛坯质量高、加工余量小、加工精度要求低而刚度较好的零件，则可以不划分加工阶段。有些重型零件，由于安装运输费时又困难，往往也不划分阶段，而在一个工序中完成全部的粗加工和精加工。为减小工件夹紧变形对加工精度的影响，可在粗加工后松开夹紧装置，以消除夹紧变形，释放压力，然后用较小的夹紧力重新夹紧工件，继续精加工，这对提高工件加工精度有利。

同时，工艺路线的划分阶段是按零件加工的整个过程来确定的，不能从某一表面的加工或某一工序的性质来判断。例如有些定位基准，在半精加工甚至粗加工阶段就需要加工得很精确，而某些粗加工工序，如钻小孔又常安排在精加工阶段。

11.4.3　工序的集中与分散

在选定了各表面的加工方法和划分阶段之后，就可以将同一阶段中的各加工表面组合成若干工序。组合时可以采用工序集中和工序分散两种不同的原则。

工序集中是指使每个工序所包括的加工内容尽量多，使工件的加工集中在不多的几道工序内完成。最大限度的工序集中是指在一个工序内完成工件所有表面的加工。工序分散是指使每个工序所包括的加工内容尽量少，零件的加工内容分散在较多的工序内完成。最大限度的工序分散是指每个工序只包括一个简单的工步。

按工序集中原则组织工艺过程具有以下特点：

1）可减少工件装夹次数，在一次安装中加工出多个表面，有利于提高表面间的位置精度，减少工序间的运输，缩短生产周期。

2）工序数少，减少了设备数量，相应地减少了操作工人数量和生产面积。

3）有利于采用高生产率的先进设备或专用设备、工艺装备，提高加工精度和生产率。

4）设备的一次性投资大，工艺装备复杂。

按工序分散原则组织工艺过程具有以下特点：

1）设备、工艺装备比较简单，调整、维护方便，生产准备工作量少。

2）每道工序的加工内容少，便于选择最合理的切削用量，对操作工人的技术水平要求不高。

3）工序数多，设备数量多，操作人员多，占用生产面积大。

工序集中和工序分散的程度，应根据生产规模、零件的结构特征、技术要求、机床设备等条件综合考虑。一般大批量生产时，可采用多刀、多轴等高效机床将工序集中；小批量生产时，为简化生产管理工作，也可将工序适当集中，使各通用机床完成更多的表面加工工作，以减少工序数目。面对多品种、中小批量的生产趋势，也应多采用工序集中原则，选择数控机床、加工中心等高效、自动化设备，使一台设备完成尽可能多的表面加工工作。由于工序集中的优点较多，现代生产的发展趋于工序集中。但对于形状复杂或刚度差且精度高的精密零件，工序可适当分散，以便应用结构简单的专用装备，保证加工质量，组织流水线生产。

11.4.4 工序顺序的安排

1. 机械加工工序的安排

机械加工工序的安排，一般应遵循以下原则：

（1）先加工基准面，再加工其他表面　其含义是作为定位基准的精基准面应先加工，然后以精基准面定位，加工其他表面。当加工面的精度要求很高时，精加工前精基准面需反复精修。例如：轴类零件先加工中心孔，齿轮先加工孔及基准端面等。

（2）先加工平面，后加工孔　底座、箱体、支架及连杆类零件应先加工平面，后加工孔，因平面的轮廓尺寸较大且平整，安置和定位稳定、可靠。以加工过的平面作为精基准面加工孔，便于保证平面与孔的位置精度。

（3）先加工主要表面，后加工次要表面　主要表面是指设计基准、零件装配、配合和有相互运动关系的表面。主要表面以外的表面称为次要表面，如键槽、螺孔等。安排工艺过程时应优先考虑主要表面的加工顺序，以一定精度的主要表面为基准，穿插加工次要表面。

（4）先安排粗加工工序，后安排精加工工序　当零件需要分阶段进行加工时，应先安排各表面的粗加工，其次安排半精加工，最后安排精加工、光整加工。

2. 热处理工序及表面处理之后的安排

工艺过程中的热处理按其目的大致可分为预备热处理和最终热处理两大类。前者可以改善材料加工性能，消除内应力以及为最终热处理作准备；后者可使材料获得所需要的组织结构与性能。

（1）预备热处理的方法

1）退火和正火。退火和正火的目的是消除组织的不均匀性，细化晶粒，改善可加工性，同时减小工件材料中的内应力。通常这个工序放在毛坯的热加工之后。碳的质量分数大于0.7%的碳钢，一般采用退火工艺，降低硬度，使之便于切削；碳的质量分数小于0.3%的低碳钢，为避免加工时粘刀，常采用正火以提高硬度。为达到时效的目的，常在粗加工后、半精加工和精加工之间安排多次退火和正火工序。

2）调质。调质能获得均匀细致的索氏体组织，为以后表面淬火和渗氮时减小变形做好组织准备，因此，调质可作为预备热处理工序。由于调质后零件的综合力学性能较好，一般硬度和耐磨性要求不高的零件也可将调质作为最终热处理工序。调质处理常安排在粗加工后和半精加工前。

（2）最终热处理　这类热处理的目的主要是提高零件材料的硬度和耐磨性，一般安排在精加工前后。

1）淬火。淬火可提高零件材料的力学性能（硬度和抗拉强度等）。钢质零件经淬火后再回火可获得所需要的硬度与组织，铝质零件则通过时效处理来提高硬度。由于淬火后变形较大，影响已获得的尺寸和形状，因此淬火工序一般不能作为最后工序。淬火分为整体淬火和表面淬火。其中整体淬火变形大，一般放在精加工前；表面淬火变形小，因氧化及脱碳较小而应用较多，但常需预先进行调质及正火处理，一般安排在精加工前，如超精或光整加工前；有时也安排在精加工后，如磨齿、研磨工序后。

2）渗碳。低碳钢及低碳合金钢零件都可以用渗碳淬火来提高其表面硬度，其硬度可达55~65HRC，零件表面渗碳层厚度在0.6~1.2mm内。考虑到淬火后磨削余量不能太大，一般渗碳前表面要进行半精加工（甚至磨削加工），以便减少淬火后的磨削余量。渗碳淬火后再进行精加工（磨削）。

对于不允许渗碳的表面要加以保护。常用的保护方法有：一种方法是加大不渗碳表面余量（余量大于渗碳层深度），待渗碳后将这层余量去掉，然后进行淬火和退火；另一种方法是预先在不需要渗碳表面层镀铜，防止碳分子渗入，渗碳后再进行去铜工序；对于一些不需要渗碳的孔（尤其是小孔），也可用耐火泥、黏土等堵塞，以防止碳的渗入。

3）渗氮、铬、钼、铝等材料的零件，当其工作面要求具有较高的硬度和耐磨性时，常采用表面渗氮处理。渗氮后表面硬度往往大于58HRC。渗氮层较薄（一般小于0.6mm），工件变形小，所以渗氮工序可安排在半精加工甚至精加工之后，渗氮后仅进行研磨或超级光磨即可。渗氮前通常要进行调质预备热处理。对铬、钼、铝、钢的调质处理，因脱碳严重（可达2~2.5mm），所以都把调质安排在半精加工前或粗加工前进行。

3. 其他工序的安排

（1）检验工序　该工序非常重要，它对保证产品质量有极重要的作用。它通常被安排在：零件从一个车间转向另一个车间前后，粗加工全部结束后，重要工序加工前后，零件全部加工结束之后。

（2）毛刺的控制与去除工序　金属切削毛刺是切削加工中产生的特殊现象之一。在现代机械制造技术中，工件的边、角、棱等处形成的毛刺对工件加工质量的影响可以忽略的传统观念受到挑战。随着机械加工精度的要求越来越高，毛刺对工件的尺寸精度、形状和位置精度以及加工表面完整性的影响程度越来越大。因此，毛刺的控制与去除工序是工艺过程中不可忽略的、极其重要的工序之一。

毛刺的去除是指在毛刺产生后采用何种方法予以去除的问题。常用的去毛刺方法可分为机械、磨粒、电、化学及热能五大类。例如：齿加工毛刺可用专门的倒角机去除，一般小毛刺可用滚筒、喷砂、热冲击以及手工的方法去除等。

（3）特种检验工序　特种检验种类很多。X射线、超声波无损检测等都用于工件材料内部的质量检验，一般进行超声波无损检测时零件必须经过粗加工。荧光检验、磁力无损检测等主要用于工件表面质量的检验，通常安排在精加工阶段。密封性、平衡性试验等需视加工过程的需要进行安排。零件的重要检验则应安排在工艺过程的最后进行。

（4）表面处理工序　为了提高零件的耐蚀性、耐磨性、抗高温能力、电导率，甚至为了提高零件或产品的观赏性，一般都要采用表面处理的方法。常用的表面处理方法有表面金属镀（涂）层（镀铬、镍、锌、铜以及金、银、铂等）、非金属涂层（涂装、陶瓷、塑料封装等）、复合材料涂层等。常用的表面处理方法还有钢的发蓝、铝合金的阳极化和镁合金的氧化等。

表面处理工序一般均安排在工艺过程的最后进行（工艺上需要的原因除外，如防渗碳时的镀铜等）。当零件的某些配合表面不要求进行表面处理时，则可采取局部保护或采用机械切除的方法。

（5）洗涤缓蚀工序　该工序应用场合很广，当零件加工出最终表面以后，每道工序结束都需要洗涤工序来保护加工表面，防止氧化生锈。如在抛光、研磨和磁力无损检测后以及总检前均需将工件洗净，检验后还需要进行防护处理。故上述工序前后都应安排洗涤、防护工序。

11.4.5 工艺装备的选择

正确选择机床设备是一件很重要的工作，它不但直接影响工件的加工质量，而且还影响工件的加工效率和制造成本。所选机床设备的尺寸规格应与工件的形体尺寸相适应，精度等级应与本工序加工要求相适应，电动机功率应与本工序加工所需功率相适应，机床设备的自动化程度和生产率应与工件生产类型相适应。

选用机床设备应立足于国内，必须进口的机床设备需经充分论证，严格履行审批手续。

当工件尺寸太大（或太小）或工件的加工精度要求过高，没有现成的设备可供选择时，可以考虑采用自制专用机床。可根据工序加工要求提出专用机床设计任务书。机床设计任务书应附有与该工序加工有关的一切必要的数据资料，包括工序尺寸公差及技术条件，工件的装夹方式，工序加工所用切削用量、工时定额、切削力、切削功率以及机床的总体布置形式等。

工艺装备的选择将直接影响工件的加工精度、生产率和制造成本，应根据不同情况适当选择。在中小批量生产中，应首先考虑选用通用工艺装备（包括夹具、刀具、量具和辅具）；在大批量生产中，可根据加工要求设计制造专用工艺装备。

机床设备和工艺装备的选择不仅要考虑设备投资的当前效益，还要考虑产品改型及转产的可能性，应使其具有足够的柔性。

以上所述的一系列问题，如定位基准的选择、表面加工方法的选择、加工阶段的划分、工序的集中与分散以及热处理和其他工序的顺序位置安排等，它们之间是相互联系的，不能机械地按上述问题的次序单独考虑，而应对这些因素进行综合分析，充分考虑现有工艺条件和可能达到的工艺条件，结合零件所属产品的市场状况，在保证质量的前提下制订出优化的工艺路线原则方案。

11.4.6 工序尺寸的确定和工艺尺寸的计算

制订出工艺路线的原则方案后，必须确定各工序尺寸及公差。要确定工序尺寸，首先要确定加工余量。正确地确定工序尺寸和加工余量是减少加工中废品件和工耗，保证产品质量所必不可少的一环。

1. 加工余量的确定

为了获得零件某一表面的精度和表面质量，需从毛坯的这一表面上切去全部多余的金属层，称为零件的总加工余量，即毛坯尺寸和零件图的设计尺寸之差。而相邻两道工序尺寸之差称为工序加工余量（简称工序余量），工序余量之和等于总余量，即

$$Z_{总} = \sum_{i=1}^{n} Z_i$$

式中 $Z_{总}$——总加工余量；

Z_i——工序余量；

n——工序数目。

通常，工序余量按加工表面形状不同可分为单面余量和双面余量。图 11-40 所示为加工平面，$Z_1=L_2-L_1$（或 $Z_1=L_1-L_2$）属单面余量；图 11-41 所示为加工圆柱表面，则双面余量为 $2Z_1=\phi_2-\phi_1$，也可以用 $(\phi_2-\phi_1)/2=Z_1$ 表示单面余量。在计算和查手册时要注意区分。

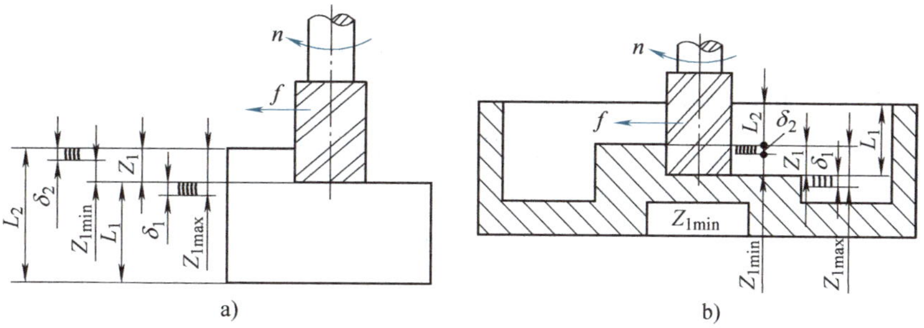

图 11-40　名义加工余量、最大加工余量与最小加工余量

a）外表面　b）内表面

在制订工艺过程中，根据各工序的性质确定工序余量，进而求出各工序尺寸。但在加工过程中，由于工序尺寸有公差，实际切除的余量是变化的，因此，加工余量又有名义加工余量 Z_1、最大加工余量 Z_{1max} 与最小加工余量 Z_{1min} 之分。由图 11-40 可知，无论是外表面还是内表面，名义加工余量 Z_1 均为

$$Z_1 = Z_{1min} + \delta_2$$

外表面

$$Z_{1max} = L_{2max} - L_{1min} = L_2 - (L_1 - \delta_1) = (L_2 - L_1) + \delta_1 = Z_1 + \delta_1$$

$$Z_{1min} = L_{2min} - L_{1max} = (L_2 - \delta_2) - L_1 = (L_2 - L_1) - \delta_2 = Z_1 - \delta_2$$

$$\delta_Z = Z_{1max} - Z_{1min} = \delta_1 + \delta_2$$

内表面

$$Z_{1max} = L_{1max} - L_{2min} = (L_1 + \delta_1) - L_2 = (L_1 - L_2) + \delta_1 = Z_1 + \delta_1$$

$$Z_{1min} = L_{1min} - L_{2max} = L_1 - (L_2 + \delta_2) = (L_1 - L_2) - \delta_2 = Z_1 - \delta_2$$

$$\delta_Z = Z_{1max} - Z_{1min} = \delta_1 + \delta_2$$

式中　L_1——本工序名义尺寸；

δ_1——本工序尺寸公差；

L_2——前工序名义尺寸；

δ_2——前工序尺寸公差；

δ_Z——本工序余量公差。

计算结果表明，无论是内表面还是外表面，本工序余量公差总等于本工序尺寸公差与前工序尺寸公差之和。

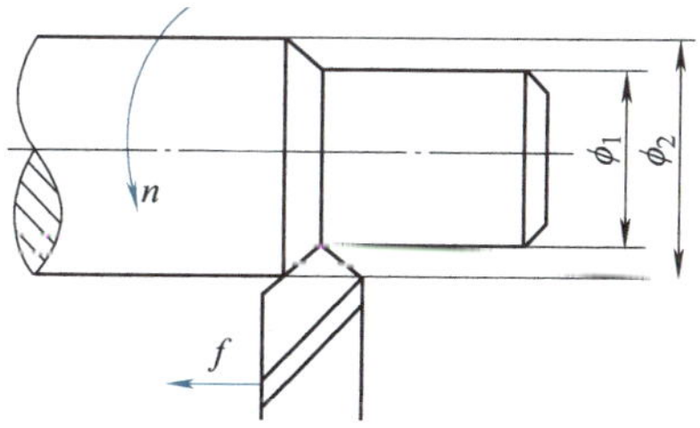

图 11-41　单面余量与双面余量

工序余量的大小往往受诸多因素影响，如上道工序的尺寸公差 δ_2、上道工序表面几何误差、上道工序表面遗留的表面粗糙度和缺陷层以及本工序的安装误差等。在确定工序余量时要仔细分析各因素的影响程度。实际生产中，人们常用分析计算法、经验估算法、查表修正法三种方法来确定工序余量。因为查表修正法方便、可靠，且其本身即为无数次科学试验的结晶，因此应用最广。

2. 工序尺寸及其公差的确定

工序尺寸及其公差的确定经常涉及工艺基准与设计基准重合、工艺基准与设计基准不重合两种工艺尺寸问题。后者必须通过工艺尺寸的计算才能得到工序尺寸及公差；前者当同一表面经过多次加工才达到图样尺寸的要求时，其中间工序尺寸只要根据零件图的尺寸加上或减去工序余量就可以得到，即从最后一道工序向前推算，计算出相应的工序尺寸，一直计算

到毛坯尺寸。

工序尺寸都按“入体原则”标注，即外表面注成上极限偏差为零，内表面注成下极限偏差为零，毛坯尺寸则采用双向等绝对值标注。

现以查表法确定工序余量以及各加工方法的经济精度和相应公差值为例，确定某一箱体零件上的孔加工的各工序尺寸和公差。设毛坯为带孔铸件，零件孔要求达到 $\phi100H7(^{+0.035}_{0})$，表面粗糙度 Ra 值为 0.8μm，材料为 HT200。其工艺路线为：粗镗→半精镗→精镗→精密镗。

根据有关手册查出各工序余量和所能达到的公差等级见表 11-10。

表 11-10 工序尺寸及其偏差（单位：mm）

工序名称	工序余量	工序达到的公差等级	工序公称尺寸	工序尺寸及其偏差
浮动镗孔	0.1	IT7	100	$\phi100^{+0.035}_{0}$
精镗孔	0.5	IT8	100-0.1=99.9	$\phi99.9^{+0.045}_{0}$
半精镗孔	2.4	IT10	99.9-0.5=99.4	$\phi99.4^{+0.14}_{0}$
粗镗孔	5	IT12	99.4-2.4=97	$\phi97^{+0.35}_{0}$
毛坯孔	8	IT17	97-5=92	$\phi92^{+2.5}_{-1}$

3. 工艺尺寸的计算

在工艺过程中，为了便于加工、测量等，出现前述工艺定位基准与设计基准不重合时，需要通过尺寸链的一些基本运算规则进行计算。

(1) 工艺尺寸链的基本概念及计算公式

1) 工艺尺寸链的基本概念。以图 11-42 所示的镗削活塞销孔为例，图 11-42a 所示的尺寸 A_0、A_1、A_2 的关系可以简单地以图 11-42b、c 所示表示。这种相互联系、按一定的顺序、首尾相接排列的尺寸封闭图就定义为尺寸链。

图 11-42 中，尺寸 A_1 和 A_2 是在加工过程中直接获得的，尺寸 A_0 是间接获得（保证）的，由此可见尺寸链的主要特征是：

① 尺寸链是由一个间接获得的尺寸和若干个对此有影响的尺寸（即直接获得的尺寸）所组成的。

② 各尺寸按一定的顺序首尾相接。

③ 尺寸链必然是封闭的。

④ 直接获得的尺寸公差等级都对间接获得的尺寸公差等级有影响，因此直接获得的尺寸公差等级总是比间接获得的尺寸公差等级高。

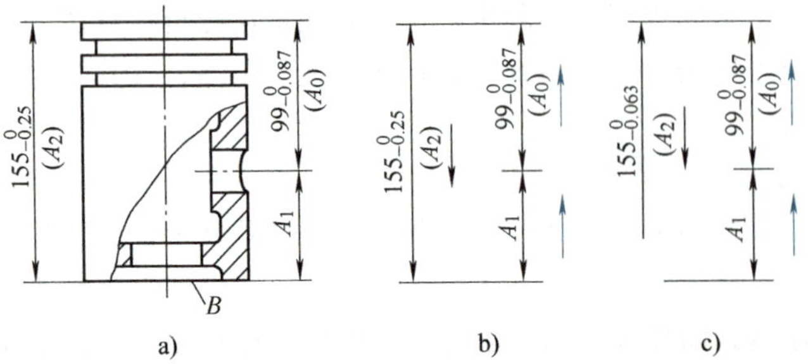

图 11-42 定位基准与设计基准不重合时的工序尺寸换算

由上述特征可定义，在加工过程中直接获得的公称尺寸（如图 11-42 中的 A_1、A_2）称为组成环，而在加工过程中间接获得的、加工过程最后自然形成的环（如图 11-42 中 A_0）称为封闭环。在组成环中，自身的增大或减小会使封闭环随之相应地增大或减小的组成环称为增环（如 A_2），而自身的增大或减小使封闭环随之相应地减小或增大的组成环称为减环（如 A_1）。

尺寸链计算的关键在于画出正确的尺寸链图后，先正确地判断封闭环，其次是确定增环和减环。确定封闭环的关键是要紧紧抓住封闭环“不独立”的性质，它随着其他组成环的变化而变化，封闭环的这一属性，在工艺尺寸链中集中表现为间接获得和加工终了自然形成。增环和减环可以通过一个简便的方法得到。如图 11-42b 所示，先给封闭环任意定个方向，然后像电流一样形成回路，给每一个环画出箭头。凡箭头方向与封闭环方向相反的环为增环（如 A_2），与箭头方向相同的环为减环（如 A_1）。

2）工艺尺寸链的基本计算公式。工艺尺寸链的计算方法有两种：极大极小法和概率法。在大批大量生产中，当各组成环的尺寸分布规律符合正态分布，封闭环的尺寸分布规律也符合正态分布，且尺寸链的环数较多，封闭环公差等级又要求较高时，往往需要应用概率法计算尺寸链。而极值法的特点是简单、可靠。对于组成环的环数较少或环数虽多，但封闭环的公差较大且要求完全互换的场合，生产中一般采用极值法。用极值法解尺寸链的基本计算公式如下：

封闭环的公称尺寸等于增环的公称尺寸之和减去减环的公称尺寸之和，即

$$A_0 = \sum_{i=1}^{m} \overrightarrow{A}_i - \sum_{i=m+1}^{n-1} \overleftarrow{A}_i \tag{11-1}$$

封闭环的上极限尺寸等于增环上极限尺寸之和减去减环下极限尺寸之和，即

$$A_{0\max} = \sum_{i=1}^{m} \overrightarrow{A}_{i\max} - \sum_{i=m+1}^{n-1} \overleftarrow{A}_{i\min} \tag{11-2}$$

封闭环的下极限尺寸等于增环下极限尺寸之和减去减环上极限尺寸之和，即

$$A_{0\min} = \sum_{i=1}^{m} \overrightarrow{A}_{i\min} - \sum_{i=m+1}^{n-1} \overleftarrow{A}_{i\max} \tag{11-3}$$

式（11-2）减去式（11-1）可得

$$\mathrm{ES}(A_0) = \sum_{i=1}^{m} \mathrm{ES}(\overrightarrow{A}_i) - \sum_{i=m+1}^{n-1} \mathrm{EI}(\overleftarrow{A}_i) \tag{11-4}$$

即封闭环的上极限偏差等于增环上极限偏差之和减去减环下极限偏差之和。

式(11-3)减去式(11-1)可得

$$\mathrm{EI}(A_0) = \sum_{i=1}^{m} \mathrm{EI}(\overrightarrow{A}_i) - \sum_{i=m+1}^{n-1} \mathrm{ES}(\overleftarrow{A}_i) \tag{11-5}$$

即封闭环的下极限偏差等于增环下极限偏差之和减去减环上极限偏差之和。

式(11-4)减去式(11-5)得

$$T(A_0) = \sum_{i=1}^{m} T(\overrightarrow{A}_i) + \sum_{i=m+1}^{n-1} T(\overleftarrow{A}_i) \tag{11-6}$$

即封闭环的公差等于组成环公差之和。

式中 A_0——封闭环的公称尺寸；

$\overrightarrow{A}_i$——增环的公称尺寸；

$\overleftarrow{A}_i$——减环的公称尺寸；

A_{max}——上极限尺寸；

A_{min}——下极限尺寸；

ES——上极限偏差；

EI——下极限偏差；

T——公差；

m——增环的环数；

n——包括封闭环在内的总环数。

由式（11-6）可见，封闭环的公差比任何一个组成环的公差都大。为了减小封闭环的公差，就应使尺寸链中组成环的数量尽量少，这就是尺寸链的最短路线原则。

根据尺寸链计算公式解尺寸链时，常遇到以下两种类型的问题：

1）已知全部组成环的极限尺寸，求封闭环的极限尺寸，此类问题称为“正计算”问题。这种情况常用于根据初步拟订的工序尺寸及公差，验算加工后的工件尺寸是否符合设计图样的要求，以及验算加工余量是否足够。

2）已知封闭环的极限尺寸，求一个或几个组成环的极限尺寸，此类问题称为“反计算”问题。通常在制订工艺规程时，由于基准不重合而需要进行的尺寸换算就属于这类计算。

（2）工艺尺寸链的计算举例

1）定位基准与设计基准不重合的尺寸换算。

例 11-1 如图 11-42 所示的活塞，现欲加工销孔，要求保证活塞销孔的轴线至顶部尺寸 A_0 为 $99_{-0.087}^{\ 0}$mm，此时设计基准为活塞顶面。为使加工方便，常采用 B 面作为定位基准，并按工序尺寸 A_1 加工销孔。此时为了保证尺寸 A_0 的设计要求，应正确换算工序尺寸 A_1 及其极限偏差。

解： 首先必须明确，设计尺寸 A_0 虽然已知，但在加工过程中它受到 A_1、A_2 两尺寸变化的影响，不具有独立的性质，随着工序尺寸 A_1、A_2 的获得，A_0 是间接获得的，即为工序中最后自然得到的尺寸，因而 A_0 是封闭环。从封闭环出发，按顺序将尺寸 A_0、A_1、A_2 画成工艺尺寸链简图，如图 11-42b 所示。由画箭头的规则可知，尺寸 A_1 为减环，尺寸 A_2 为增环（由前道工序保证）。根据计算公式可得：

① 计算尺寸 A_1 的公称尺寸。

由
$$A_0=A_2-A_1$$

得
$$A_1=A_2-A_0=(155-99)\text{mm}=56\text{mm}$$

② 验算封闭环公差。

$$T_0=T_1+T_2$$

由于 $T_0=0.087\text{mm}<T_2=0.25\text{mm}$，故采用 B 面定位时无法保证封闭环的尺寸精度，为此应提高前道工序 A_2 的尺寸精度。现把尺寸 A_2 按加工经济精度（公差等级）修正为 $155_{-0.063}^{\ 0}\text{mm}$，修正后的尺寸链简图如图 11-42c 所示。修正后尺寸 A_1 的公差为

$$T_1=T_0-T_2=(0.087-0.063)\text{mm}=0.024\text{mm}$$

③ 计算尺寸 A_1 的上极限偏差 ES_{A_1}、下极限偏差 EI_{A_1}。由式(11-5)

$$EI_{A_0}=EI_{A_2}-ES_{A_1}$$

得

$$ES_{A_1}=EI_{A_2}-EI_{A_0}=[-0.063-(-0.087)]\text{mm}=0.024\text{mm}$$

由式(11-4)

$$ES_{A_0}=ES_{A_2}-EI_{A_1}$$

得

$$EI_{A_1}=ES_{A_2}-ES_{A_0}=0$$

最后求得工序尺寸 $A_1=56_{\ 0}^{+0.024}\text{mm}$。

2）一次加工满足多个设计尺寸要求时工序尺寸及其公差的计算。

例 11-2 图 11-43a 所示为齿轮上内孔及键槽的有关尺寸。内孔和键槽的加工顺序如下。

工序 1：镗内孔至 $\phi39.6_{\ 0}^{+0.062}\text{mm}$。

工序 2：插槽至尺寸 A_1。

工序 3：热处理——淬火。

工序 4：磨内孔至 $\phi40_{\ 0}^{+0.039}\text{mm}$，同时保证键槽深度 $43.3_{\ 0}^{+0.2}\text{mm}$。

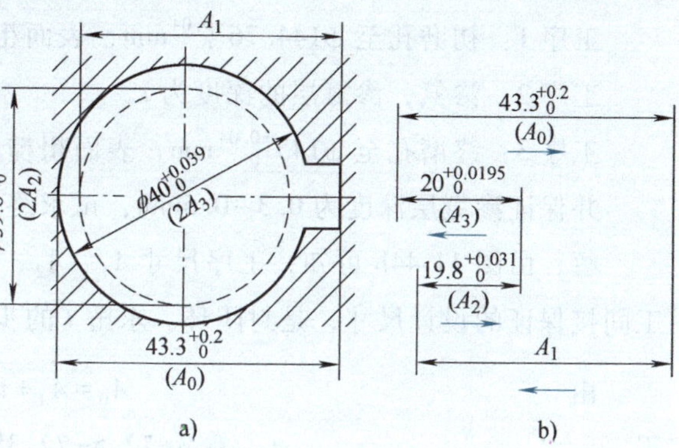

图 11-43　孔及键槽加工的工艺尺寸链

解： 从以上加工顺序可以看出，键槽尺寸 $43.3_{\ 0}^{+0.2}\text{mm}$ 是间接保证的，也是在完成工序尺寸 $\phi40_{\ 0}^{+0.039}\text{mm}$ 后最后自然形成的。所以尺寸 $43.3_{\ 0}^{+0.2}\text{mm}$ 是封闭环，而尺寸 $\phi39.6_{\ 0}^{+0.062}\text{mm}$ 和 $\phi40_{\ 0}^{+0.039}\text{mm}$ 及工序尺寸 A_1 是加工时直接获得的尺寸，为组成环。其工艺尺寸链如图 11-43b 所示（为便于计算，孔磨削前后的尺寸均用半径表示），工序尺寸 A_1、A_3 为增环，A_2 为减环。根据公式计算如下：

① 计算工序尺寸 A_1 的公称尺寸。

由式(11-1)

$$A_0=A_1+A_3-A_2$$

得

$$A_1=A_0+A_2-A_3=(43.3+19.8-20)\text{mm}=43.1\text{mm}$$

② 计算工序尺寸 A_1 的上极限偏差 ES_{A_1}。

由式(11-4)

$$ES_{A_0}=ES_{A_1}+ES_{A_3}-EI_{A_2}$$

得

$$ES_{A_1}=ES_{A_0}+EI_{A_2}-ES_{A_3}=(0.2+0-0.0195)\text{mm}=0.1805\text{mm}$$

③ 计算工序尺寸 A_1 的下极限偏差 EI_{A_1}。

由式（11-5） $$EI_{A_0}=EI_{A_1}+EI_{A_3}-ES_{A_2}$$

得 $$EI_{A_1}=EI_{A_0}+ES_{A_2}-EI_{A_3}=(0+0.031-0)\text{mm}=0.031\text{mm}$$

最后求得插键槽时的工序尺寸 $A_1=43.1^{+0.1805}_{+0.031}\text{mm}$。

3）为保证渗碳或渗氮层深度所进行的工序尺寸及其公差的计算。

例 11-3 图 11-44a 所示为某轴颈衬套，内孔 $\phi145^{+0.04}_{0}\text{mm}$ 的表面需经渗氮处理，渗氮层深度要求为 0.3~0.5mm（即单边为 $0.3^{+0.2}_{0}\text{mm}$）。其加工顺序如下。

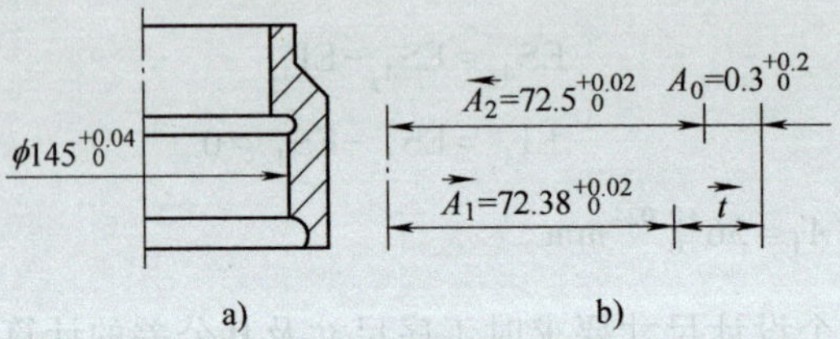

图 11-44 保证渗氮层深度的尺寸计算

工序 1：初磨孔至 $\phi144.76^{+0.04}_{0}\text{mm}$，表面粗糙度 Ra 值为 0.8μm。

工序 2：渗氮，渗氮层的深度为 t。

工序 3：终磨孔至 $\phi145^{+0.04}_{0}\text{mm}$，表面粗糙度 Ra 值为 0.8μm。

并保证渗氮层深度为 0.3~0.5mm，试求终磨前渗氮层深度 t 及其公差。

解：由图 11-44b 可知，工序尺寸 A_1、A_2、t 是组成环，而渗氮层深度 $0.3^{+0.2}_{0}\text{mm}$ 是加工间接保证的设计尺寸，是封闭环。求解 t 的步骤如下：

由 $$A_0=\overrightarrow{A}_1+\overrightarrow{t}-\overleftarrow{A}_2$$

得 $$t=(0.3+72.5-72.38)\text{mm}=0.42\text{mm}$$

由 $$ES_{A_0}=ES_{A_1}+ES_t-EI_{A_2}$$

得 $$ES_t=(0.2+0-0.02)\text{mm}=0.18\text{mm}$$

由 $$EI_{A0}=EI_{A_1}+EI_t-ES_{A_2}$$

得 $$EI_t=(0+0.02-0)\text{mm}=0.02\text{mm}$$

即 $$t=0.42^{+0.18}_{+0.02}\text{mm}=0.44^{+0.16}_{0}\text{mm}$$

即渗氮工序的渗氮层深度为 0.44~0.6mm。

通过以上实例，可以将尺寸链计算步骤总结如下：

1）先正确作出尺寸链图。

2）按照加工顺序找出封闭环。

3）判断增环和减环。

4）进行尺寸链计算。

5）尺寸链计算完毕后，可按封闭环公差等于各组成环公差之和的关系进行校核。

11.4.7 工艺文件的编制

在运用前述知识、确定机械加工工艺过程以后，应以表格或卡片的形式将其规定下来，用于生产准备、生产、工艺管理及指导工人操作。常用的工艺文件有以下几种：

(1) 机械加工工艺过程卡片 机械加工工艺过程卡片以工序为单位，主要列出零件加工的工艺路线和工序内容的概况，指导零件加工的流向。这种卡片由于各工序的说明不够具体，故一般不能用于指导工人操作，而只供生产技术准备、编制作业计划等生产管理方面使用。

在单件、小批量生产中，通常不编制其他较详细的工艺文件，而以这种卡片指导生产。该卡片的格式见表 11-11。

表 11-11 机械加工工艺过程卡片（JB/T 9165.2—1998）

<table>
<tr><td colspan="12">机械加工工艺过程卡片</td></tr>
<tr><td colspan="4" rowspan="2">机械加工工艺过程卡片</td><td>产品型号</td><td></td><td>零(部)件图号</td><td></td><td colspan="4"></td></tr>
<tr><td>产品名称</td><td></td><td>零(部)件名称</td><td></td><td colspan="2">共　页</td><td colspan="2">第　页</td></tr>
<tr><td colspan="2">材料牌号</td><td></td><td>毛坯种类</td><td></td><td>毛坯外形尺寸</td><td></td><td>每毛坯可制件数</td><td></td><td>每台件数</td><td>备注</td><td></td></tr>
<tr><td rowspan="2">工序号</td><td rowspan="2">工序名称</td><td rowspan="2" colspan="2">工序内容</td><td rowspan="2">车间</td><td rowspan="2">工段</td><td rowspan="2">设备</td><td rowspan="2" colspan="3">工艺装备</td><td colspan="2">工时</td></tr>
<tr><td>准终</td><td>单件</td></tr>
<tr><td></td><td></td><td colspan="2"></td><td></td><td></td><td></td><td colspan="3"></td><td></td><td></td></tr>
<tr><td></td><td></td><td colspan="2"></td><td></td><td></td><td></td><td colspan="3"></td><td></td><td></td></tr>
<tr><td></td><td></td><td colspan="2"></td><td></td><td></td><td></td><td colspan="3"></td><td></td><td></td></tr>
<tr><td></td><td></td><td colspan="2"></td><td></td><td></td><td></td><td colspan="3"></td><td></td><td></td></tr>
</table>

<table>
<tr><td></td><td></td><td></td><td></td><td></td><td></td><td></td><td></td><td></td><td></td><td rowspan="2">设计(日期)</td><td rowspan="2">审核(日期)</td><td rowspan="2">(标准化日期)</td><td rowspan="2">(会签日期)</td></tr>
<tr><td></td><td></td><td></td><td></td><td></td><td></td><td></td><td></td><td></td><td></td></tr>
<tr><td>标记</td><td>处数</td><td>更改文件号</td><td>签字</td><td>日期</td><td>标记</td><td>处数</td><td>更改文件号</td><td>签字</td><td>日期</td><td></td><td></td><td></td><td></td></tr>
</table>

（2）机械加工工艺卡片　机械加工工艺卡片以工序为单位，除详细说明零件的机械加工工艺过程外，还具体表示各工序、工步的顺序和内容。它是用来指导工人操作，帮助车间技术人员掌握整个零件加工过程的一种最主要的工艺文件。它广泛用于成批生产的零件和小批生产中的重要零件。其格式见表 11-12。

表 11-12　机械加工工艺卡片

<table>
<tr><td colspan="16">机械加工工艺卡片</td></tr>
<tr><td colspan="5" rowspan="2">机械加工工艺卡片</td><td>产品型号</td><td colspan="2"></td><td>零(部)件图号</td><td colspan="2"></td><td colspan="5"></td></tr>
<tr><td>产品名称</td><td colspan="2"></td><td>零(部)件名称</td><td colspan="2"></td><td colspan="3">共　页</td><td colspan="2">第　页</td></tr>
<tr><td>材料牌号</td><td></td><td>毛坯种类</td><td></td><td>毛坯外形尺寸</td><td></td><td>每毛坯可制件数</td><td colspan="2"></td><td colspan="2">每台件数</td><td colspan="2"></td><td>备注</td><td colspan="2"></td></tr>
<tr><td rowspan="2">工序</td><td rowspan="2">装夹</td><td rowspan="2">工步</td><td rowspan="2">工序内容</td><td rowspan="2">同时加工零件数</td><td colspan="4">切　削　用　量</td><td rowspan="2">设备名称及编号</td><td colspan="3">工艺装备名称及编号</td><td rowspan="2">技术等级</td><td colspan="2">时间定额</td></tr>
<tr><td>背吃刀量/mm</td><td>切削速度/m · min⁻¹</td><td>每分钟转数或往复次数</td><td>进给量/mm(或 mm/双行程)</td><td>夹具</td><td>刀具</td><td>量具</td><td>单件</td><td>准终</td></tr>
<tr><td></td><td></td><td></td><td></td><td></td><td></td><td></td><td></td><td></td><td></td><td></td><td></td><td></td><td></td><td></td><td></td></tr>
<tr><td></td><td></td><td></td><td></td><td></td><td></td><td></td><td></td><td></td><td></td><td rowspan="2">设计(日期)</td><td rowspan="2">审核(日期)</td><td colspan="2" rowspan="2">(标准化日期)</td><td colspan="2" rowspan="2">(会签日期)</td></tr>
<tr><td></td><td></td><td></td><td></td><td></td><td></td><td></td><td></td><td></td><td></td></tr>
<tr><td>标记</td><td>处数</td><td>更改文件号</td><td>签字</td><td>日期</td><td>标记</td><td>处数</td><td>更改文件号</td><td>签字</td><td>日期</td><td></td><td></td><td colspan="2"></td><td colspan="2"></td></tr>
</table>

（3）机械加工工序卡片　机械加工工序卡片是根据机械加工工艺卡片中每一道工序制订的，工序卡中详细地标识了该工序的加工表面、工序尺寸、公差、定位基准、装夹方式、刀具、工艺参数等信息，绘有工序简图和有关工艺内容的符号，是指导工人进行操作的一种工艺文件。它主要用于大批大量生产或成批生产中比较重要的零件。其格式见表 11-13。

合理的工艺规程是依据工艺理论和必要的工艺实验以及广大技术人员、工人在本单位充分实践过程中制订出来的。严格按工艺规程组织生产，既是一条严肃的工艺纪律，又是保证产品质量、稳定生产秩序的一个重要条件。它是组织生产和管理工作的基本依据，是新建和扩建工厂或车间的基本资料。具体拟订时，除前述的许多工作外，还涉及机床、工艺装备、切削参数的选择等。制订时可根据基本规范，查阅本书的有关章节和手册。

表 11-13 机械加工工序卡片（JB/T 9165.2—1998）

<table>
<tr><td colspan="16">机械加工工序卡片</td></tr>
<tr><td colspan="4" rowspan="2">机械加工工序</td><td colspan="2">产品型号</td><td colspan="2"></td><td colspan="2">零(部)件图号</td><td colspan="2"></td><td colspan="4"></td></tr>
<tr><td colspan="2">产品名称</td><td colspan="2"></td><td colspan="2">零(部)件名称</td><td colspan="2"></td><td colspan="2">共　页</td><td colspan="2">第　页</td></tr>
<tr><td colspan="8" rowspan="16">工序简图</td><td colspan="2">车　间</td><td colspan="2">工序号</td><td colspan="2">工序名称</td><td colspan="2">材料牌号</td></tr>
<tr><td colspan="2"></td><td colspan="2"></td><td colspan="2"></td><td colspan="2"></td></tr>
<tr><td colspan="2">毛坯种类</td><td colspan="2">毛坯外形尺寸</td><td colspan="2">每毛坯可制件数</td><td colspan="2">每台件数</td></tr>
<tr><td colspan="2"></td><td colspan="2"></td><td colspan="2"></td><td colspan="2"></td></tr>
<tr><td colspan="2">设备名称</td><td colspan="2">设备型号</td><td colspan="2">设备编号</td><td colspan="2">同时加工件数</td></tr>
<tr><td colspan="2"></td><td colspan="2"></td><td colspan="4"></td></tr>
<tr><td colspan="2">夹具编号</td><td colspan="2">夹具名称</td><td colspan="4">切削液</td></tr>
<tr><td colspan="2"></td><td colspan="2"></td><td colspan="4"></td></tr>
<tr><td colspan="2" rowspan="2">工位器具编号</td><td colspan="2" rowspan="2">工位器具名称</td><td colspan="4">工序工时</td></tr>
<tr><td colspan="2">准终</td><td colspan="2">单件</td></tr>
<tr><td colspan="2"></td><td colspan="2"></td><td colspan="2"></td><td colspan="2"></td></tr>
</table>

<table>
<tr><td rowspan="2">工步号</td><td rowspan="2">工步内容</td><td rowspan="2">工艺装备</td><td rowspan="2">主轴转速/r·min⁻¹</td><td rowspan="2">切削速度/m·min⁻¹</td><td rowspan="2">进给量/mm</td><td rowspan="2">背吃刀量/mm</td><td rowspan="2">进给次数</td><td colspan="2">工步工时</td></tr>
<tr><td>机动</td><td>辅助</td></tr>
<tr><td></td><td></td><td></td><td></td><td></td><td></td><td></td><td></td><td></td><td></td></tr>
<tr><td></td><td></td><td></td><td></td><td></td><td></td><td></td><td></td><td></td><td></td></tr>
</table>

<table>
<tr><td></td><td></td><td></td><td></td><td></td><td></td><td></td><td></td><td></td><td></td><td rowspan="2">设计(日期)</td><td rowspan="2">审核(日期)</td><td rowspan="2">(标准化日期)</td><td rowspan="2">(会签日期)</td></tr>
<tr><td></td><td></td><td></td><td></td><td></td><td></td><td></td><td></td><td></td><td></td></tr>
<tr><td>标记</td><td>处数</td><td>更改文件号</td><td>签字</td><td>日期</td><td>标记</td><td>处数</td><td>更改文件号</td><td>签字</td><td>日期</td><td></td><td></td><td></td><td></td></tr>
</table>

11.5 数控加工工艺规程设计

在零件加工工艺过程中，同时使用传统机床、数控机床是现阶段机械加工工艺过程的显著特点。因此数控加工工艺规程是本章 11.4 节的组成部分；但数控加工工艺规程也有其特殊性，为了突显其重要性将数控加工工艺规程设计编为 11.5 节。读者在讲课和学习时，根据实际情况，也可以将本节（11.5）数控加工工艺规程内容安排在本章 11.4.6 节后进行教与学。

11.5.1 数控加工工艺概述

数控加工是指在数控机床上进行零件加工的一种工艺方法。数控加工过程的控制方式与普通机床加工有着本质区别，数控加工是依靠数控机床用数字化信号对机床的运动及其加工过程进行控制完成的，其整个过程是采用数控信息控制零件和刀具位移，即根据零件图样和工艺要求、编制加工程序并输入到数控机床数控系统自动实现的。

通常，数控加工工艺主要包括以下内容：

1）结合加工表面的特点和数控设备的功能，选择数控加工内容、数控设备和工艺内容。

2）设计数控加工工艺。

3）根据编程的需要，对零件图形进行数学处理和计算。

4）编写加工程序。

5）检验并修改加工程序。

6）编制数控加工工艺技术文件，如数控加工工序卡片、数控加工刀具卡片、程序说明卡、数控加工进给路线图等。

11.5.2 数控加工工艺过程分析

数控机床加工与传统机床加工的工艺规程总体上是一致的，但由于信息控制方式和工序集中等特点也发生了一些明显的变化。因此，在数控加工前，要将数控机床的运动过程、零件工艺过程、工艺参数、对刀点、换刀点及走刀路线等进行工艺分析后，编制成加工程序供加工过程使用。数控加工工艺分析需从以下四个方面进行。

（1）被加工零件的加工工艺分析　根据被加工零件的特点，除本章 11.4 节所要求的工艺分析外，着重于零件结构工艺分析。主要确定零件加工工序的集中度及各工序所用刀具种类和规格，努力减少机床调整，缩短辅助时间，减少编程工作量，有利于保证定位刚度和刀具刚度，充分发挥数控机床的特长，提高加工精度和效率。

（2）确定零件加工方法　根据零件技术要求及结构确定合适的加工方法。对同一零件上不同加工区域或不同类型的零件确定是否适合数控机床上加工、适合哪种类型数控机床上加工等信息。常见的典型零件对应的加工方法包括：旋转体零件一般选择在数控车床上加工；孔系零件一般选择数控钻床、数控坐标镗床、数控加工中心及内圆磨床、珩磨机等机床上加工；平面、简单曲面零件一般选择数控铣床或两坐标联动实现简单曲面的加工；空间曲面零件尤其是复杂的空间曲面一般选择在五轴数控加工中心或数控铣床上加工，三轴、四轴加工也能形成一般空间曲面等。

（3）确定加工定位基准　数控加工应遵循基准统一原则。有些零件需要铣削后再重新装夹铣削另一面，统一基准可避免基面不统一产生接刀痕；箱体类和盘套类零件常采用定位基准孔定位，可以一次定位完成尽可能多的零件内、外表面加工；如果零件没有基准孔，也可以专门设置定位工艺孔或精加工定位工艺面作为本工序的统一基准，以减少二次装夹产生的误差。

（4）注意数控加工工艺与普通加工工艺的衔接　数控加工工序前后一般都有普通机床加工工序，因此，在数控工艺分析时，一定要使制订的数控加工工艺和零件的整个工艺过程协调吻合，明确各工序完成标准和技术要求，制定工序间联系方式或工序联系卡，以保证相互间的加工需要。

11.5.3 数控加工工艺路线的设计

数控加工工艺路线设计仅限于几道数控加工工序的工艺过程，而不是指从毛坯到成品的整个加工工艺过程。

1. 数控加工工艺的设计

在设计数控加工工艺路线时应注意以下四个方面的问题。

(1) 工序的划分　根据数控加工的特点，工序的划分可按以下几种方法进行：

1）按安装划分。一次安装为一个工序，适用于加工内容不多的工件。

2）按刀具划分。每换一把刀为一个工序。

3）按加工部位划分。对于加工内容很多的零件，根据零件的结构特点把加工部位划分为几个部分，每部分为一个工序。

4）按粗、精加工划分。对于易发生变形的零件和精度要求高的零件，应把粗、精加工分在不同的工序中进行。

5）按设备划分。对于带自动换刀的加工中心，应在保证加工质量的前提下，发挥机床的功能，在一次安装中完成尽可能多的加工内容，这时可以按机床划分工序。

(2) 工步的划分

1）先粗后精原则。先对各表面进行粗加工，粗加工全部结束后再进行半精加工和精加工。

2）先近后远原则。先加工距离对刀点最近的部位，后加工距离对刀点最远的部位，以便缩短刀具移动的距离，减少空行程。

3）内外交叉原则。内、外表面加工交替进行。

4）同一刀具加工内容连续原则。把同一把刀具加工的内容连续完成后再更换刀具。

5）保证工件加工刚度原则。先加工工件上刚性较差的部位。

(3) 加工阶段划分　数控加工工艺与普通加工工艺相似，通常也将零件的整个加工过程划分为粗加工、半精加工、精加工和光整加工四个阶段。

(4) 加工顺序的安排　重点是保证工件定位夹紧时的刚性和加工精度。一般按以下原则进行：

1）先加工定位表面，为后续工序提供定位的精基准和夹紧表面。

2）先进行内型腔加工，后进行外表面加工。

3）相同的装夹方式或同一刀具加工的工序尽可能采用集中的连续加工，以减少重复定位误差，减少重复装夹、更换刀具等辅助时间。

4）同一次安装中的加工内容，对工件刚性影响小的内容先行。

2. 数控加工工序的设计

数控加工工序设计的主要任务是：确定工序的具体加工内容、切削用量、装夹方式、刀具运动轨迹，选择刀具、夹具等工艺装备，为编制加工程序做好准备。在设计数控工序时应注意以下五点。

(1) 进给路线的选择　进给路线是指在数控加工中刀具刀位点相对工件运动的轨迹与方向。进给路线反映了工步内容及工序安排的顺序，是编写程序的重要依据，因此要合理选择。影响进给路线的因素很多，主要有工件材料、加工余量、精度、表面粗糙度、机床的类型、刀具寿命及工艺系统的刚度等。合理的进给路线是指在保证零件的加工精度和表面粗糙度的前提下，尽量使用数值计算简单、编程量小、程序段少、进给路线短、空程量最少的高效率路线。

(2) 工件的装夹方式 装夹工件尽量做到基准统一，减少装夹次数，避免采用占机人工调整方案。夹具结构力求简单，尽可能采用组合夹具、可调夹具等标准化、通用化夹具，避免设计、制造专用夹具，以节省费用和缩短生产周期；加工部位要敞开，不因夹紧机构或其他元件而影响刀具进给；夹具在机床上安装要准确可靠，以保证工件在正确位置上按程序操作。

(3) 刀具的选择 与普通机床相比，数控机床对刀具的要求严格得多。一般来说，数控机床使用的刀具必须精度高、刚性好、寿命长，同时安装调整方便。在编程时要规定刀具的结构尺寸和调整尺寸，刀具安装到机床上之前，应根据编程时确定的尺寸和参数，在专用对刀仪上调整好。

(4) 对刀点与换刀点的确定 对刀点是数控机床上加工零件时，刀具相对工件运动的起点，又称为程序起点。对刀的目的是确定编程原点在机床坐标中的位置。对刀点可以设在被加工零件上，也可以设在夹具上，但必须与零件的定位基准有一定的关系。为了提高零件的加工精度，对刀点尽量选在零件的设计基准或工艺基准上。例如，以孔定位的零件，以孔的中心作为对刀点较为合适。对于车削加工，则常将对刀点设在工件外端面的中心上。

对刀点找正的准确度直接影响加工精度。对刀时，应使刀位点与对刀点一致。所谓刀位点，对立铣刀来说应是刀具轴线与刀具底面的交点，对车刀而言是刀尖，对钻头而言是钻尖。在加工过程中如果需要换刀，还要规定换刀点。换刀点是转换刀位置的基准点，应选在工件的外部，以免换刀时碰伤工件。

(5) 切削用量的确定 切削用量可根据以下原则选择：

1) 保证零件加工精度和表面粗糙度。

2) 充分发挥刀具切削性能，保证合理的刀具寿命。

3) 充分发挥机床的性能。

4) 最大限度地提高生产率，降低成本。

在数控机床上，精加工余量可小于普通机床上的精加工余量，轴的转速可按刀具允许的切削速度选取。选取进给量的主要依据：粗加工时考虑系统的变形和保证高效率；精加工时，主要是保证加工精度，尤其是表面粗糙度。切削用量的具体数值选取，可依据数控机床使用说明书和切削原理中介绍的方法结合实践加以确定。

3. 数控加工工艺文件

数控加工工艺文件是进行数控加工和产品验收的依据，主要包括数控加工编程任务书、数控加工工序卡片、数控机床调整单、数控加工刀具调整单、数据加工进给路线图、数控加工程序单。表 11-14 为某工序的数控加工工序卡片，图 11-45 所示为该工序的工序简图。

11.5.4 整体叶轮数控加工工艺设计案例

1. 整体叶轮数控加工工艺分析

图 11-46 所示为整体叶轮零件模型及主要尺寸图，整体叶轮主要由叶片和轮毂构成，叶片与轮毂的交界处俗称为叶根（叶片和轮毂之间为变圆弧过渡）。该叶轮有 15 个叶片，

表 11-14　数控加工工序卡片

（工厂）	数控加工工序卡片		（产品名称或代号）		零件名称		材料		零件图号	
					箱盖		45 钢			
工序号	程序编号	夹具名称	夹具编号		使用设备				车间	
3	0123	机用虎钳			FA800-A 立式加工中心					

工步号	工具内容	加工面	刀具号	刀具规格/mm	主轴转速/(r/min)	进给速度/(mm/min)	背吃刀量/mm	备注
1	精铣右端面	右面外轮廓	T01	40	300	100	1	
	粗/精铣上半部分外轮廓						19~0.3[①]	
2	钻孔	孔	T03	17.5	300	50	8.75	
3	粗、精铣下半部分外轮廓	外轮廓 内轮廓	T02	12	500	100	6~0.3	
	粗、精铣内轮廓，内孔						6~0.3	
4	精镗内孔	孔	T04	24	800	50	0.3	
5	精镗内孔	孔	T05	26	800	50	0.3	
编制		审核		批准			共　页	第　页

① 由于轮廓加工要分多次走刀，本表只列出最大和最小背吃刀量，中间背吃刀量根据表面粗糙度要求和走刀次数决定。

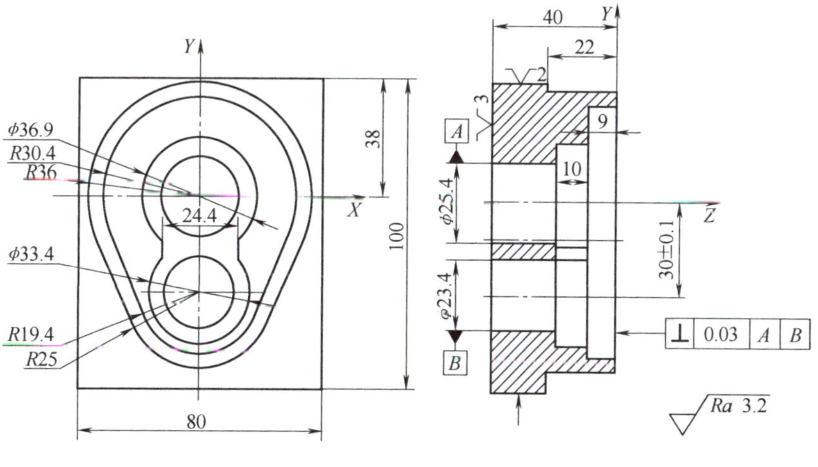

图 11-45　工序 3 的工序简图

叶片的厚度为 2mm。叶轮的加工精度和表面质量应满足设计要求，如表面粗糙度 *Ra* 值为 1.6μm 。通过检测叶轮某些截面（图 11-46c）的轮廓形状来检测叶轮轮廓精度和叶片厚度是否满足要求，叶片厚度偏差应小于 0.03mm。叶轮表面的残留高度不应大于 0.005mm。通过对整体叶轮零件数控加工工艺过程分析，先确定叶轮毛坯、加工方法及所使用的刀具类型和机床类型、夹具、工艺基准，再确定零件的数控加工工艺路线，最后确定刀具的进给路线和加工工艺参数。整体叶轮的数控加工工艺过程见表 11-15。

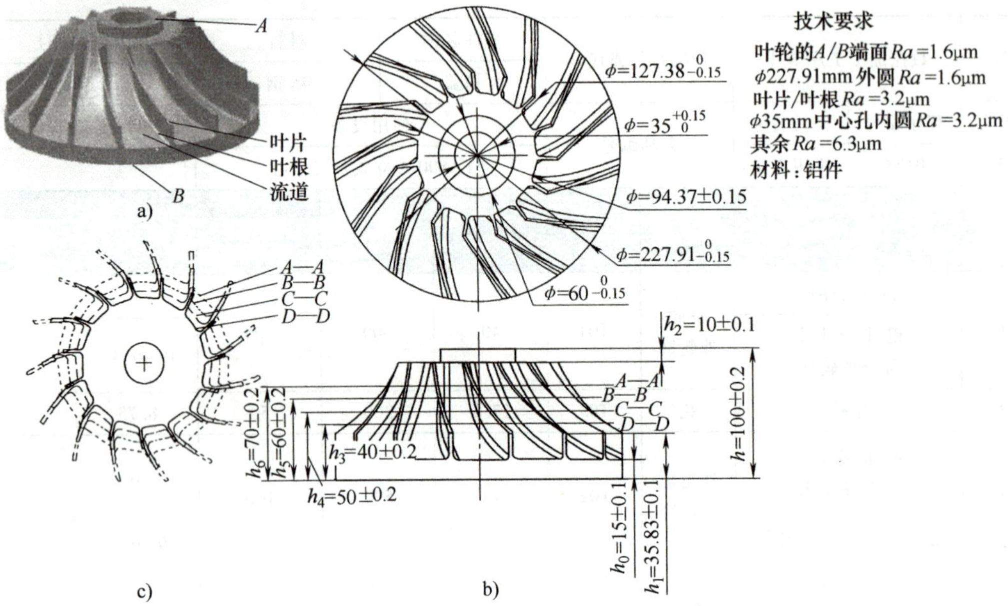

图 11-46　整体叶轮零件模型及主要尺寸图

表 11-15　整体叶轮的数控加工工艺过程（简表）

序号	工序名称	工序内容及要求	设备
1	下料	确定毛坯尺寸、类型、余量等	
2	叶轮锥形加工	1)粗车外圆和端部定位基准面(留余量 1mm) 2)精车外圆和端部定位基准面 3)粗车叶轮外轮廓(留余量 1mm) 4)精车叶轮外轮廓 5)钻中心孔	车削加工中心
3	打定位工艺孔	钻定位销孔(与工装相匹配)	加工中心
4	检验	检验毛坯尺寸和定位工艺孔是否满足要求	高精度检测设备
5	铣整体叶轮	1)叶轮流道粗加工(留余量 0.5mm) 2)叶轮流道精加工 3)叶轮叶片/叶根精加工	五轴加工中心
6	检验	检验叶轮加工精度	
7	去定位工艺孔	车削掉定位工艺孔,满足尺寸要求	车削加工中心
8	最终检验	出具详细的检验报告	轮廓测量仪 三坐标测量机
9	包装、入库	完成零件包装入库	

根据整体叶轮加工工艺过程，在普通车床和五轴加工中心上可完成整体叶轮的加工。在加工件数较少的情况下，不需要大批量锻造毛坯，因此可采用车床将圆柱棒料车成整体叶轮锥形，然后在五轴加工中心上完成剩余工序的加工（具有工序集中的特点）。整体叶轮形成的重要过程如图 11-47 所示。

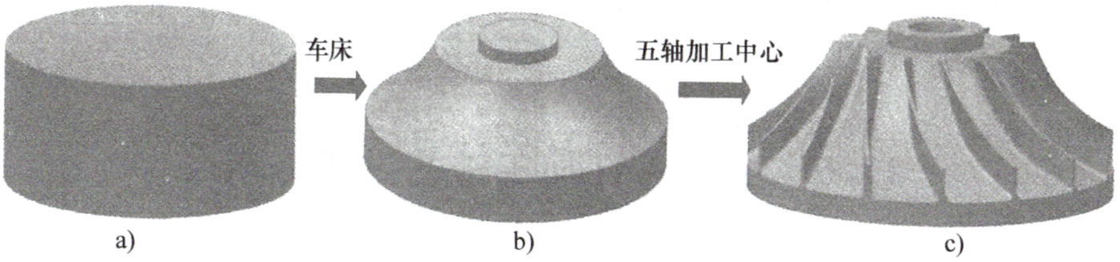

图 11-47　整体叶轮形成的重要过程

a）整体叶轮毛坯　b）叶轮锥形　c）叶轮

2. 叶轮数控加工程序的编制及加工工艺仿真

根据零件轮廓的复杂程度可灵活选择手动编程或自动编程。由于叶轮轮廓较为复杂，本案例选择自动编程。根据 CAM 自动编程的核心思想，首先建立或导入叶轮三维 CAD 模型并进入 CAM 加工环境；接着根据机床坐标系、刀具、加工方法等信息创建几何组、刀具组和加工方法组，进一步创建、设置并生成具体的加工工序（图 11-48），加工工序设置的内容主要有指定的加工切削区域、驱动方法、投影矢量、刀具、刀轴和刀轨等参数。

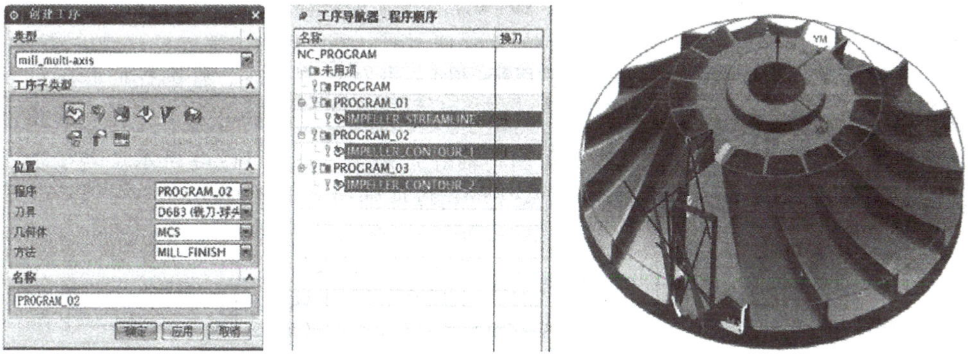

图 11-48　加工工序设置及生成效果示意图

根据上述的创建、设置，最后对完整的刀具轨迹进行确认。基于已确认生成的完整刀具轨迹，进行叶轮切削的可视化动态模拟仿真。本例用模拟加工软件（如 VeriCUT）进行仿真后，仿真结果如图 11-49 所示。仿真完成并确认后再上机床试加工。

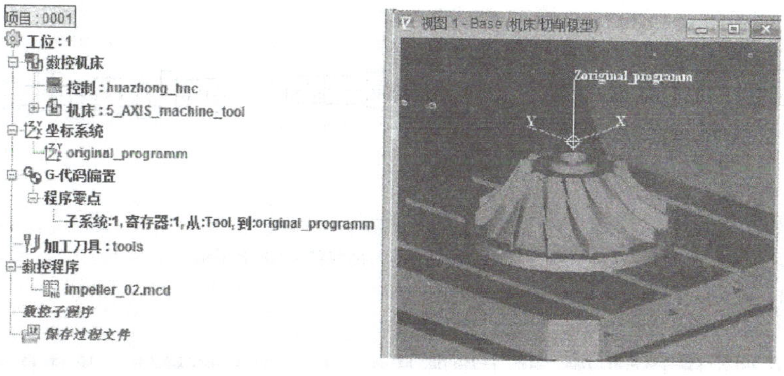

图 11-49　工件模拟加工结构示意图

具体的数控程序、数控程序编写和仿真加工过程实现知识，有关课程和教材将会介绍，限于篇幅，本书不再赘述。

11.6 典型零件加工工艺过程分析

对于典型的零件，运用以上各章节的知识，制订出相对合理的机械加工工艺规程，将有助于提高综合分析问题的能力。必须指出，零件工艺规程的制订千变万化，本节所介绍的轴类零件的工艺编制仅起一个示范作用。在具体学习和实际应用中，读者完全可以根据自己所处的实际工作环境，制订更为切合实际的零件工艺规程。

11.6.1 轴类零件分析

轴类零件是机械加工中经常遇到的典型零件之一，它的作用是在机器中支承传动零件（齿轮、带轮等）、传递转矩、承受载荷。对于机床主轴而言，它把旋转运动和转矩通过主轴端部的夹具传递给工件或刀具，因此，它除了应满足一般轴的要求外，还必须具有很高的扭转和弯曲刚度、回转精度。

轴类零件是旋转体零件，其长度大于直径。加工表面通常有内、外圆柱面和圆锥面，以及螺纹、花键、键槽、径向孔、沟槽等。根据结构形状的特点，轴可分为光轴、阶梯轴、空心轴和异形轴（曲轴、齿轮轴、十字轴和偏心轴等）四类，如图 11-50 所示。若按轴的长度和直径的比例来分，又可分为刚性轴（$L/d \leqslant 12$）和挠性轴（$L/d>12$）两类。

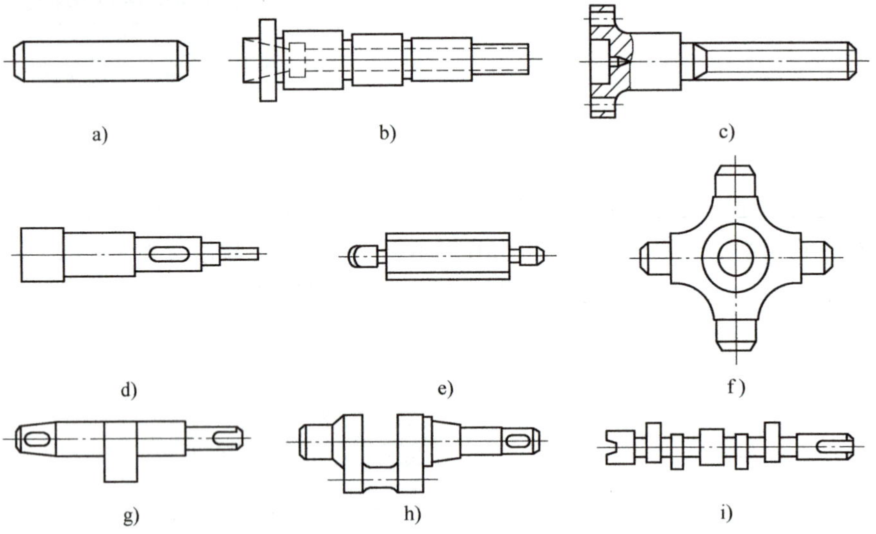

图 11-50 轴的种类

a）光轴 b）空心轴 c）半轴 d）阶梯轴 e）花键轴 f）十字轴
g）偏心轴 h）曲轴 i）凸轮轴

以 CA6140 型车床主轴为例，该主轴既是空心轴，又是阶梯轴，并且是长径比等于 12 的刚性轴。根据其结构特点和精度要求，在加工过程中，对这类轴的定位基准面的选择、深孔加工和热处理变形等问题，应给予足够的重视。下面拟通过该轴技术条件的分析，来说明一般轴类零件加工的共同规律。

1. 主轴的技术要求分析

主轴是机床的关键零件之一，在切削过程中，为了达到所加工零件提出的技术要求，对主轴的扭转变形和弯曲变形以及主轴的回转精度（如径向圆跳动、轴向圆跳动、回转轴线的稳定性等）有很严格的要求；主轴本身的结构尺寸、动态特性（如动态刚度、固有频率等）、主轴本身及轴承的制造精度、轴承的结构及润滑、装在主轴上的齿轮的布置以及主轴和主轴固定件的平衡等因素要有利于主轴回转精度的提高。因此，机床主轴必须具有很高的扭转刚度和弯曲刚度；必须具有合理的结构设计，良好的尺寸精度、形状精度、位置精度和表面质量；必须具有足够的耐磨性、抗振性和尺寸稳定性以及在交变载荷作用下所具有的疲劳强度。机床主轴要达到上述要求，除了通过合理的结构设计、正确地选择主轴材料及热处理工艺外，还要通过合理的机械加工工艺过程来保证，其制造质量直接影响到整台机床的工作精度和使用寿命。

图 11-51 所示为 CA6140 型车床主轴支承轴颈示意图，由图可见由于主轴跨距较大，故采用前后支承为主、中间支承为辅的三支承结构。三处支承轴颈是主轴部件的装配基准，它的制造精度直接影响到主轴部件的回转精度。支承轴颈的同轴度误差会引起主轴的径向圆跳动，影响零件的加工质量，故对它提出很高的要求。

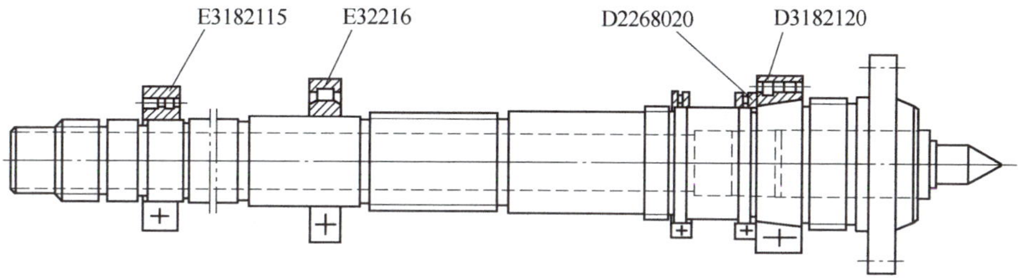

图 11-51　CA6140 型车床主轴支承轴颈示意图

主轴锥孔用于安装顶尖或工具的莫氏锥柄，其轴线必须与支承轴颈的公共轴线尽量重合，否则将影响机床精度，使工件产生同轴度误差。

主轴前端锥面和端面是安装卡盘的定位表面，只有保证锥面与支承轴颈公共轴线尽量同轴，端面与支承轴颈公共轴线尽量垂直，才能确保卡盘的定心精度。

若主轴螺纹表面中心线与支承轴颈中心线歪斜，会使主轴部件装配锁紧螺母后产生轴向圆跳动，导致滚动轴承内圈轴线倾斜，从而会引起主轴的径向圆跳动。因此在加工主轴螺纹时，必须控制其中心线与支承轴颈的同轴度。

若主轴轴向定位面与主轴回转轴线不垂直，则会使主轴产生周期性轴向窜动。当加工工件的端面时，将影响工件端面的平面度及其对轴线的垂直度；加工螺纹时会造成螺距误差。

由上述分析可知：主轴支承轴颈、锥孔、前端锥面及端面、锁紧螺母的螺纹面等加工表面的加工精度（公差等级）要求较高，表面粗糙度 Ra 值要求很小，因而是主要加工表面。保证支承轴颈本身的尺寸精度、几何形状精度、支承轴颈之间的同轴度以及其他表面与支承轴颈相互位置精度和表面粗糙度是主轴加工的关键。

不同公差等级的机床主轴加工精度要求见表 11-16，表面粗糙度 Ra 值见表 11-17。

表 11-16 机床主轴加工精度要求

机床		普通机床	高精度机床	精密机床
支承轴颈的尺寸精度		js5、js6	js5	k5、js5
支承轴颈的圆柱度/mm		0.008(轴长为100)	0.005(轴长为100)	0.003(轴长为100)
支承轴颈的圆度/mm		0.005	0.003	0.002
支承轴颈的同轴度/mm		0.01~0.015	0.005~0.01	0.003~0.005
锥孔对支承轴颈的径向圆跳动/mm	近轴端处	0.005~0.01	0.003~0.005	0.001~0.003
	距轴端300mm处	0.01~0.03	0.005~0.01	0.002~0.005
定位端面对支承轴颈的轴向圆跳动/mm		0.01	0.005	0.0025
装卡盘的端面对支承轴颈的轴向圆跳动/mm		0.01	0.005	0.002~0.003
螺纹对支承轴颈的同轴度/mm		<0.025	<0.025	<0.025
主轴前端锥孔的接触面		65%~75%	75%~80%	80%~85%
其他配合轴颈的尺寸公差等级		IT6	IT5、IT6	IT5
螺纹精度		6h	4h、6h	4h

表 11-17 主轴各表面的表面粗糙度 *Ra* 值

表面类别		表面粗糙度 *Ra* 值/μm	
		一般机床	精密机床
支承轴颈	采用滑动轴承	0.08~0.32	0.01~0.08
	采用滚动轴承	0.63	0.32
工作表面		0.63	0.08~0.32
其他配合表面		1.25	0.32~1.25

2. 主轴材料、毛坯和热处理

(1) 主轴材料及热处理 一般轴类零件常用45钢，并根据不同的工作条件，采用不同的热处理方法（如正火、调质、淬火等），以获得一定的强度、韧性和耐磨性。中等精度而转速较高的零件，一般选用40Gr等牌号的合金结构钢，这类钢的淬透性好，经调质和表面淬火处理后具有较高的综合力学性能。精度较高的轴有时还用轴承钢HT100和弹簧钢65Mn等材料，经调质和表面淬火处理后，具有较高的疲劳强度和较好的耐磨性。

高转速、重载荷等条件下工作的轴，一般选用20CrMnTi、20Mn2B、20Cr等渗碳钢或38CrMoAlA等渗氮钢。低碳合金钢经渗碳淬火处理后，具有较高的表面硬度、冲击韧度和心部强度，但热处理变形较大，渗碳淬火前要留有足够的余量。而渗氮钢经调质和表面渗氮后，有优良的耐磨性、疲劳强度和很高的心部强度，渗氮钢的热处理变形很小，渗氮层厚度也较薄。

所有机床主轴支承轴颈表面的工作表面及其配合表面都受到不同程度的摩擦作用。在滑动轴承配合中，轴颈与轴承相互摩擦，要求轴颈表面有较高的耐磨性；当采用滚动轴承时，摩擦转移给轴承环和滚动体，轴颈表面的耐磨性要求可以比滑动轴承配合情况低些；同样采用滑动轴承时，使用较硬的轴瓦材料比使用较软的轴瓦材料，要求轴颈表面的硬度高；一般使用巴氏合金的轴瓦，轴颈表面硬度可低些；当轴瓦用锡青铜、钢套时，轴颈表面的硬度依次增高；一些定位表面，因为经常拆卸，易于产生毛刺，影响精度，也要求具有一定的耐磨性，以维持机床精度的寿命期限。

综上所述，主轴是机床中的重要零件，除了要求有足够的强度和很高的刚度外，其轴端、锥孔、轴颈及花键部分还需要较高的硬度、耐磨性，热处理工艺应对此有可靠的保证。常用主轴材料的热处理方法及所能达到的表面硬度见表 11-18。

表 11-18　主轴的材料及热处理

主轴类别	材料	预备热处理	最终热处理	表面硬度 HRC
车床主轴 铣床主轴	45	正火或调质	局部加热淬火后回火（铅浴炉加热淬火、火焰加热淬火、高频加热淬火等）	45~52
外圆磨床砂轮轴	65Mn	调质	高频加热淬火后回火	45~50
专用车床主轴	40Cr	调质	局部加热淬火后回火	52~55
齿轮磨床主轴	18CrMnTi	正火	渗碳淬火后回火	58~63
卧式镗床主轴（精密） 外圆磨床砂轮轴	38CrMoAlA	调质、消除内应力处理	渗氮	65 以上

（2）主轴毛坯的制造方法　毛坯的制造方法主要与零件的使用要求和生产类型有关。轴类零件的毛坯一般是棒料和锻件，只有某些大型的、结构复杂的轴（如曲轴）才用铸件。一般要求的光轴和直径相差不大的阶梯轴多以棒料为主；外圆直径相差较大的轴，为了节省材料、减少切削加工的劳动量大都使用锻件。

由于主轴锻造后，能使金属内部纤维组织按轴向排列，分布致密均匀，抗拉、抗弯及抗扭强度显著提高。故重要机器的主轴（机床主轴、高速柴油机的曲轴等）都必须采用锻造；单件、小批量特大型机件，多用自由锻造方式；大批量生产宜采用模锻、精密模锻。

11.6.2　CA6140 车床主轴加工工艺过程示例

表 11-19 为大批量生产 CA6140 型卧式车床主轴（零件工作图见二维码）加工工艺过程。表 11-19 参照本书 11.4.1 中表 11-3 推荐的外圆加工方案等制定，表 11-19 的 CA6140 型卧式车床主轴加工过程可分为三个阶段：粗加工阶段涉及工序 1~8（其中毛坯处理工序 1~3、粗加工工序 4~8）；半精加工阶段涉及工序 9~16（其中半精加工前的热处理工序 9、半精加工工序 10~16）；精加工阶段涉及工序 18~31（其中精加工前的热处理工序 18、精加工前各种工序 19~26、精加工工序 27~31）。需要注意的是工艺过程总是和所用设备密切相关的，如果更多地选用数控和加工中心设备，则该主轴加工工艺过程也会发生相应的变化。

表 11-19　CA6140 型卧式车床主轴加工工艺过程

工序号	工序名称	工序内容	定位基准	所用设备
1	备料			
2	锻造	精锻		立式精锻机
3	热处理	正火		
4	锯头	铣削切除毛坯两端		专用机床

（续）

工序号	工序名称	工序内容	定位基准	所用设备
5	铣、钻	铣端面、钻中心孔	外圆柱面	专用机床
6	粗车	粗车各外圆	中心孔及外圆	卧式车床
7	粗车	粗车大端、外圆短锥、端面及台阶	中心孔及外圆	卧式车床
8	粗车	仿形车小端各部外圆	中心孔、短锥外圆	仿形车床
9	热处理	调质，硬度 220~240HBW		
10	钻、镗	钻、镗 $\phi52$ 导向孔	夹小端，架大端	卧式车床
11	钻	钻 $\phi48$ 的通孔	夹小端，架大端	深孔钻床
12	车	车小端内锥孔（配 1∶20 锥堵），用涂色法检查 1∶20 锥孔，接触率≥50%	夹大端，架小端	卧式车床
13	车	车大端锥孔（配莫氏 6 号锥堵），车外短锥及端面，用涂色法检查莫氏 6 号锥孔，接触率≥30%	夹小端，架大端	卧式车床
14	钻	钻大端端面各孔	大端锥孔	摇臂钻床
15	精车	精车各外圆及切槽	中心孔	数控车床
16	钻、铰	钻、铰 $\phi4H7$ 孔	外圆柱面	立式，钻床
17	检验			
18	热处理	高频淬火前后支承轴颈、前锥孔短锥、$\phi90g5$ 外圆		高频淬火设备
19	研磨	中心孔	外圆柱面	专用磨床
20	粗磨	粗磨两段外圆	堵头中心孔	外圆磨床
21	粗磨	粗磨莫氏 6 号锥孔（重配莫氏 6 号锥堵）	外圆柱面	专用磨床
22	检验			
23	铣花键	粗、精铣花键	堵头中心孔	花键铣床
24	铣键槽	铣 30×12f9 键槽	外圆柱面	立式铣床
25	车螺纹	车大端内侧及三处螺纹	堵头中心孔	卧式车床
26	研磨	中心孔	外圆柱面	专用磨床
27	磨	粗、精磨各外圆及端面	堵头中心孔	万能外圆磨床
28	磨	粗磨 1∶12 两外锥面	堵头中心孔	专用组合磨床
29	磨	精磨 1∶12 两外锥面、端面 *D*、短锥面 *C*	堵头中心孔	专用组合磨床
30	检验	用环规贴紧 *C* 面，环规端面与 *D* 面的间隙 0.05~0.1mm，两处 1∶12 锥面涂色检查接触率≥70%		
31	磨	精磨莫氏 6 号锥孔，莫氏 6 号锥孔用涂色检查，接触率≥70%，莫氏 6 号锥孔对主轴端面的位移为 ±2mm	外圆柱面	专用主轴锥孔磨床
32	检验	终检		
33	涂油/入库			

11.7　工艺方案技术经济分析

在制订零件工艺规程时，既应保证产品的质量，又要注意其经济性，采取措施提高劳动生产率和降低产品成本。

经济性一般是指生产成本的高低，生产率是指每个工人在单位时间内所能生产的合格品的数量。提高生产率意味着有计划、大规模地推进技术改造，采用新技术，合理利用机床和工艺装备，进行科学的生产管理，努力缩减各个工序进行单件生产的时间。

11.7.1　加工成本核算

零件加工成本不仅要计算工人直接参加产品生产所消耗的劳动，而且还要计算设备、工具、材料、动力的消耗等，而占有各种生产资料和生产要素的时间越长，消耗的资源越多，某种产品或零件的生产成本就越高；反之则不然。

1. 时间定额

时间定额是指在一定生产条件下，规定生产一件合格产品或完成某一工序所需要的时间。它是安排生产计划、估算产品成本的重要依据之一，也是新设计或扩建工厂（车间）时决定所需的设备、人员以及生产面积的重要数据。一般采取实测与计算结合的方法来确定时间定额，并随生产水平的提高及时予以修订，使之有利于生产率的提高。

完成一个零件的一道工序所需的时间称为单件时间 T_p，它由以下部分组成：

（1）基本时间 T_b　直接用于改变生产对象的尺寸、形状、相对位置、表面状态或材料性质等工艺过程所消耗的时间称为基本时间。对于切削加工而言，是指切除余量所花费的时间（包括刀具的切入、切出时间），可由计算得出。

（2）辅助时间 T_a　为实现上述工艺过程必须进行的各种辅助动作所消耗的时间称为辅助时间。如装卸工件、开停机床、测量工件尺寸、进退刀具等均属于辅助时间。基本时间与辅助时间之和称为作业时间，用 T_B 表示。

（3）布置工作地时间 T_s　为使加工正常进行，工人照管工作地点所耗时间（如收拾工具、清理切屑、润滑机床等）称为布置工作地时间。一般按作业时间的2%~7%来计算。

（4）休息和生理需要时间 T_r　工人在工作班次内为恢复体力和满足生理上的需要所消耗的时间称为休息和生理需要时间。一般按作业时间的2%~4%来计算。

若用公式表示，则有

$$T_p = T_B + T_s + T_r = T_b + T_a + T_s + T_r$$

对于成批生产来说，在加工一批零件的开始和结束时，工人需要一定的时间做下列工作：熟悉工艺文件，领取毛坯材料，借取和安装工艺装备，调整机床，送验及发送成品，收还工具等。由此而耗费的时间称为准备与终结时间 T_e。设每批工件数为 n，则分摊到每个工件上的准备与终结时间为 T_e/n，将这部分时间加到单件时间上去，即为成批生产的单件计算时间 T_c，即

$$T_c = T_p + T_e/n = T_b + T_a + T_s + T_r + T_e/n$$

在大量生产中，由于 n 的数值很大，$T_e/n \approx 0$，故可忽略 T_e/n。

2. 降低加工成本的措施

降低加工成本涉及产品本身设计、生产组织和管理等多方面因素。这里仅就与机械加工工艺技术有关的措施做一些主要介绍。

（1）缩短单件时间 即缩短 T_p 各组成部分的时间，尤其要缩减其中占比重较大部分的时间。如在通用设备上进行零件的单件小批量生产中，辅助时间占有较大的比重；而在大批大量生产中，基本时间所占的比重较大。

1）缩短基本时间。

① 提高切削用量。随着刀具（砂轮）材料的改进，毛坯的日益精确化，高速、强力切削（磨削）已成为切削加工的主要发展方向。在机床性能允许的前提下，硬质合金车削、铣削普通钢件的切削速度可提高到 150~300m/min；用陶瓷刀具车削灰铸铁的速度将提高到 1000~1500m/min；高速磨削速度已达到 120m/s；切削速度、进给量等切削要素的改进和提高，可显著地缩短基本时间。

② 减少工作行程。在切削加工过程中，可采用多刀切削、多件加工、合并工步等措施来减少工作行程，如图 11-52 所示。

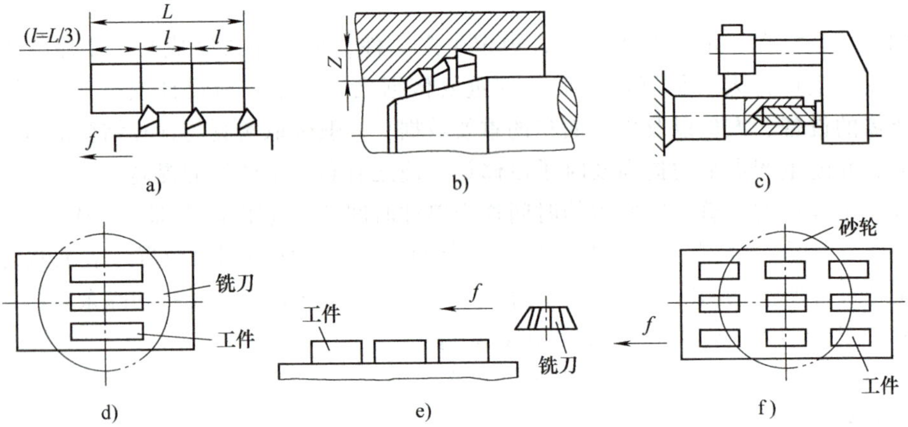

图 11-52 减少工作行程的方法

a）车削外圆 b）镗孔 c）转塔车床加工 d）、e）端铣 f）平面磨削

2）缩短辅助时间。随着基本时间的减少，辅助时间在单件时间中所占比重越来越大，这时应采取措施缩短辅助时间。

① 直接缩短辅助时间。在大批量生产中，采用气动、液动、电磁等高效夹具，中小批量采用成组工艺、成组夹具、组合夹具，都可以大幅缩短辅助时间。

在各类机床上配备数字显示等在线检测和显示装置，使之进行主动检测，节省停机测量的辅助时间。

② 间接缩短辅助时间。将辅助时间与基本时间重合或大部分重合，则间接地减少了辅助时间。

例如：采用多工位连续加工，工件的装卸时间就可完全与基本时间重合，如图 11-53 所示。

3）缩短布置工作地时间。常用的技术措施有提高刀具或砂轮的寿命以减少换刀的次数；采用刀具尺寸的线（机）外预调和各种快速换刀、自动换刀装置，可有效地缩短换刀时间。图 11-54 所示为一些应用广泛的快速换刀装置。

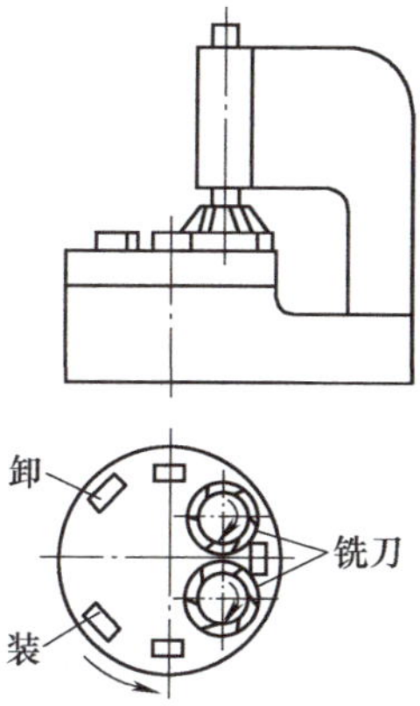

图 11-53 连续加工

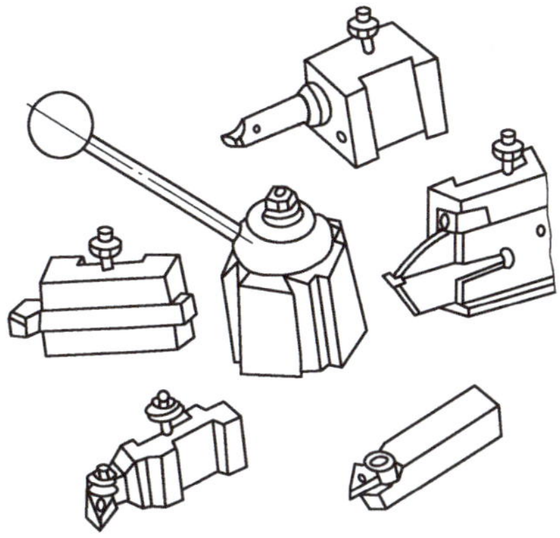

图 11-54 一些应用广泛的快速换刀装置

4）缩短准备与终结时间。在批量生产中，除设法缩短安装刀具、调整机床时间外，应尽量扩大零件的标准化程度；在多品种、小批量生产中，采用成组工艺，人为地扩大相似件批量，减少每个零件所占用的准备、终结时间。

（2）采用先进制造工艺方法 采用先进的工艺方法能有效地提高生产率，降低生产成本。常用的方法有以下几种：

1）先进的毛坯制造方法。在毛坯制造中采用粉末冶金、压力铸造、精密铸造、精密锻造、冷挤压、热挤压和快速成形等工艺，能有效地提高毛坯的精度，减少机械加工量并节约原材料。

2）高效特种加工方法。对于一些特殊性能材料和一些复杂型面，采用特种加工能大大提高生产率，如电磁加工模具、线切割加工淬硬材料等；在大批量生产中用拉削、滚压等工艺方法能有效地缩减加工时间，降低加工成本。

（3）进行高效、自动化加工 随着机械制造中属于大批大量生产产品种类的减少，多品种中小批量生产将是机械加工工业的主流，广泛采用加工中心、数控机床、流水线、非强制节拍自动线等自动化程度高的机床，能快速适应零件加工品种变化，又能大幅地提高生产率，这对制造业具有重要意义。

11.7.2 工艺方案的经济性评价

在对某一零件进行加工时，通常可有几种不同的工艺方案，这些方案虽然都能满足该零件的技术要求，但经济性却不同。为选出技术上较先进，经济上又较合理的工艺方案，就要在给定的条件下从技术和经济两个方面对不同方案进行分析、比较、评价。

1. 工艺成本

制造一个零件或一个产品所需费用的总和称为生产成本。它包括两大类费用：一类是与工艺过程直接有关的费用，称为工艺成本，占生产成本的 70%～75%（通常包括毛坯或原材料费用，生产工人工资，机床设备的使用及折旧费，工艺装备的折旧费、维修费及车间或企业的管理费等）；另一类是与工艺过程无直接关系的费用（如行政人员的工资，厂房的折旧及维护费用，取暖、照明、运输等费用）。在同样的生产条件下，无论采用何种工艺方案，第二类费用大体上是不变的，所以在进行工艺方案的技术经济分析时可不予考虑，只需分析工艺成本。

零件的全年工艺成本 E（元/年）为

$$E=NV+C$$

式中 V——可变费用（元/年）；

N——年产量（件）；

C——全年的不变费用（元）。

单件工艺成本 E_d（元/件）为

$$E_d=V+C/N$$

2. 工艺成本与年产量的关系

图 11-55 及图 11-56 所示分别为全年工艺成本及单件工艺成本与年产量的关系。从图上可看出，全年工艺成本 E 与年产量呈线性关系，说明全年工艺成本的变化量 ΔE 与年产量的变化量 ΔN 成正比；单件工艺成本 E_d 与年产量成双曲线关系，说明单件工艺成本 E_d 随年产量 N 的增大而减小，各处的变化率不同，其极限值接近可变费用 V。

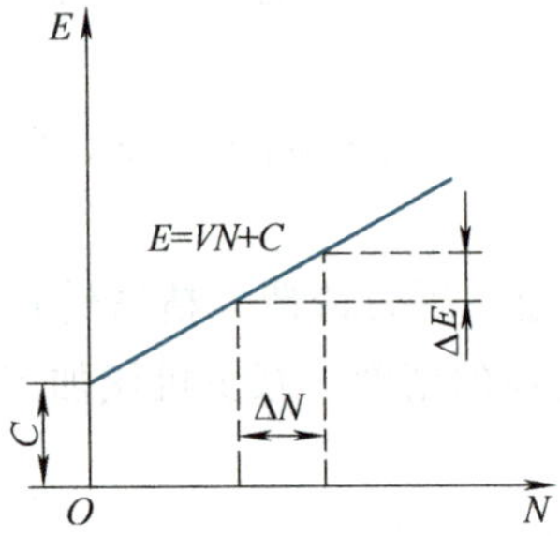

图 11-55 全年工艺成本与年产量的关系

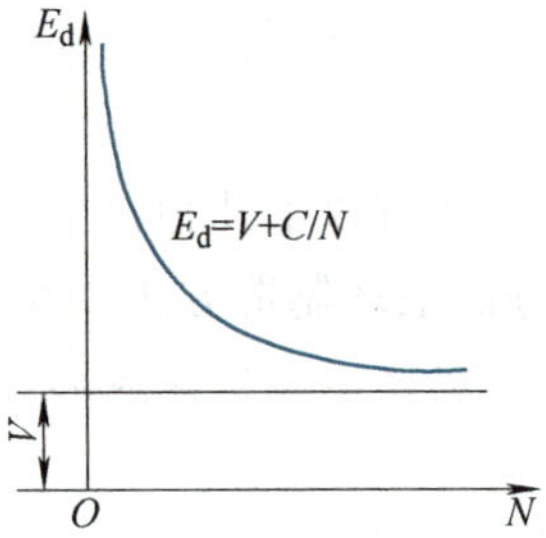

图 11-56 单件工艺成本与年产量的关系

1）当两种工艺方案的基本投资相近或都采用现有设备时，工艺成本可作为衡量各方案经济性的重要依据。

① 若两种工艺方案只有少数工序不同，则可对这些不同工序的单件工艺成本进行比较。当年产量 N 为一定时，有

$$E_{d1}=V_1+C_1/N \qquad E_{d2}=V_2+C_2/N$$

当 $E_{d1}<E_{d2}$ 时，则方案二的经济性好。

若 N 为一变量，则可用图 11-57 所示的曲线进行比较。N_K 为两曲线相交处的产量，称为临界产量。由图可见，当 $N<N_K$ 时，$E_{d1}>E_{d2}$，应采用方案二；当 $N>N_K$ 时，$E_{d1}<E_{d2}$，应采用方案一。

② 当两种工艺方案有较多的工序不同时，可对该零件的全年工艺成本进行比较，两方案全年工艺成本分别为

$$E_1=NV_1+C_1 \qquad E_2=NV_2+C_2$$

根据上式作图，结果如图 11-58 所示，对应于两直线交点处的产量 N_K 称为临界产量。当 $N<N_K$ 时，宜采用方案一；当 $N>N_K$ 时，宜采用方案二。当 $N=N_K$ 时，$E_1=E_2$，两种方案的经济性相当，所以有

$$N_K V_1 + C_1 = N_K V_2 + C_2$$

故

$$N_K = \frac{C_2 - C_1}{V_1 - V_2}$$

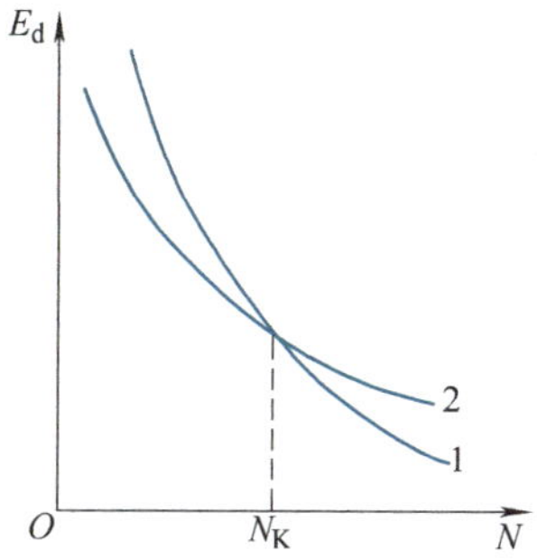

图 11-57　两种方案单件工艺成本比较

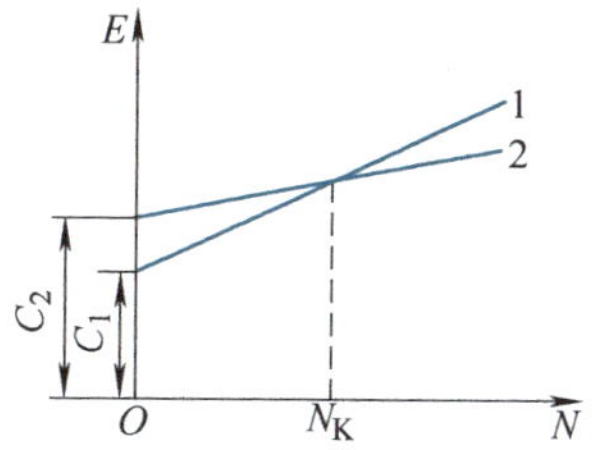

图 11-58　两种方案全年工艺成本比较

2）当两种工艺方案的基本投资相差较大时，必须考虑不同方案的基本投资差额的回收期限。

若方案一采用价格较贵的高效机床及工艺装备，则其基本投资（K_1）必然较大，但工艺成本（E_1）较低；方案二采用价格便宜、生产率较低的一般机床和工艺设备，其基本投资（K_2）较小，但工艺成本（E_2）较高。方案一较低的工艺成本是增加了投资的结果。这时如果仅比较其工艺成本的高低是不全面的，而应该同时考虑两种方案基本投资的回收期限。所谓投资回收期，是指一种方案比另一种方案多耗费的投资由工艺成本的降低收回所需的时间，常用 τ 表示。显然，τ 越小，经济性越好；τ 越大，则经济性越差。且 τ 应小于所用设备的使用年限、国家规定的标准回收年限以及市场预测对该产品的需求年限。它的计算公式为

$$\tau = \frac{K_1 - K_2}{E_2 - E_1} = \frac{\Delta K}{\Delta E}$$

式中　τ——回收期限（年）；

ΔK——两种方案基本投资的差额（元）；

ΔE——当年工艺成本节约额（元/年）。

11.8　装配与检验

现代工业生产是个极其复杂的过程，在这个过程中，工作质量、工程质量的优劣直接决定着产品质量的高低。同时，由于种种主观和客观因素经常变化的影响，必然引起产品质量的波动。例如：在机械制造过程中，随着时间的推移，加工者注意力集中的程度，视力、体力的疲劳状况，机床的振动，刀具的磨损，电源电压的波动，环境温度、湿度的升降等，这些因素的变化，决定性地导致了产品质量的波动。产品质量的波动性是客观存在且无法消除的。因此出现了以下问题：波动的幅度如何？波动是否超出了允许的范围？哪些产品超出了允许的范围？为了判断和回答这些问题，必须进行产品检验。

检验是一个测定、比较及判断的工序。按照技术文件规定的方法测定产品，将测定的结果同规定的质量标准相比较。符合质量标准的产品，判为合格品；不符合质量标准的产品，判为不合格品。

检验的对象可以是原材料、元件、标准件、半成品、单个成品，也可以是产品。根据检验对象的不同，检验可分为工序间检验、零部件检验及产品检验。由于机械产品都是由许多零件和部件组成的，零件质量虽然是机械产品质量的基础，但是产品质量最终还是由装配工作保证，其装配精度直接影响着产品质量。因此，本节首先介绍常用的零部件检验方法以及工序间的检验方法，然后结合装配工艺简要介绍产品检验方法。

11.8.1 检验

检验零件有多种方法，本小节只介绍常用的无损检验、组织检验以及其他特种检验方法。

1. 无损检验

无损检验是在不损害被检工件的前提下，探测其内部或表面缺陷的一种现代检验技术。人们有时把材料的缺陷看作伤痕，因此这种检验方法又称无损探伤。在工业生产中，许多重要产品和设备的原材料、零部件和焊缝等必须进行无损检验，只有在确认其内部和表面不存在危险性或非允许的缺陷后，才可以使用。无损检验的方法很多，工业生产中广泛应用的有如下几种：

（1）磁粉检验　磁粉检验是利用铁磁性材料在磁场中磁化后，表面和近表面的缺陷处会产生漏磁，形成具有 N、S 极的局部磁场。在漏磁处洒上细小的磁粉，就能把磁粉集聚成与缺陷形状和长度相近的磁痕，从而将缺陷显示出来。磁粉检验的灵敏度较高，速度快，能直接观察缺陷的位置、形状和大小，但它只能检验表面或近表面（3mm 以内）的缺陷，而且不能检验非磁化材料，如有色金属、奥氏体钢、非金属等，故常用来检验铁磁性零件的表面及近表面缺陷。

（2）渗透检验　渗透检验是在工件表面涂施黏度、表面张力小（渗润性强）的着色油液，在毛细管作用下油液渗入零件表面缺陷的缝隙中，然后在零件表面施加一层薄薄的吸附油液的显示剂，在毛细管作用下，将缺陷缝隙中残存的着色油液吸出，从而显示出零件表面细小的缺陷。渗透检验的适应性强，既能检验磁性材料，也能检验非磁性材料，对工件的形状无限制。但此方法只能检测出表面的缺陷，不能检测出内部甚至表皮下的缺陷。由于要求工件表面光洁，故不适于毛坯及多孔性材料的检验。

（3）射线检验　射线检验是利用射线能够穿透物质，并在物质中发生能量衰减的特性检查内部缺陷的一种检测方法。按所使用射线种类的不同，可分为 X 射线无损检测和 γ 射线无损检测。射线检验灵敏度较高，容易发现零件内部缺陷，能直观地显示缺陷的形状、大小、位置，检测人员能估计缺陷的种类，无损检测图像（照片）可长期保存。它对零件形状、表面粗糙度无特殊要求，但设备贵重，费用高，且不能发现与射线方向垂直的线性缺陷（如发纹）。

（4）超声波检验　超声波检验是利用超声波传播到两介质的分界面上时能被反射回来的特性来进行无损检验的。它是检验零件尤其是焊缝内部缺陷的一种较先进的方法。超声波检验的灵敏度与探测深度均较高，对磁性与非磁性材料均适用，一般不受零件厚度限制，可以发现很小的缺陷。这种方法设备轻便，操作简单，对人体无害，甚至可对正在工作的零件（如各类机架、容器）进行无损检测。但其应用也有一定限制，超声波检验主要用于检查厚度较大、表面光滑、形状简单的零件。

2. 组织检验

组织检验分为用肉眼或10倍以下的放大镜进行检验（宏观检验）和用金相显微镜进行检验（微观检验）两种。宏观检验用以检查材料的缺陷、组织的致密程度、晶粒的粒度大小等，微观检验用以检查结晶组织、非金属夹杂物等。

（1）宏观检验　宏观检验是指用肉眼或10倍以下的放大镜来观察金属的断口或经过制备的试样表面的方法。用这种方法所观察到的金属组织称为宏观组织。宏观检验的方法很多，常用的有酸浸试验、断口试验、发纹试验和硫印试验。

1）酸浸试验。酸浸试验操作简单，不需要特殊设备。当酸浸试验已能显示出钢中不允许有的缺陷或超过允许程度的缺陷时，可不再进行其他试验。因此，酸浸试验是金属材料宏观检验中最常用的一种方法。它分为热酸蚀试验、电解腐蚀试验、冷酸蚀试验三种类型。热酸蚀试验可以显示金属材料的偏析、疏松、枝晶、白点等缺陷，也能显示工具钢淬硬层深度等。电解腐蚀试验原理与热酸蚀试验原理基本相同，但前者是在室温下进行试验，试验时间短，而且改善了劳动条件和环境卫生。冷酸蚀试验多用于大工件或不方便进行热酸蚀试验的钢材及切片。

2）断口试验。断口试验也是宏观检验中常用的一种方法。通过断口试验，可以确定金属断裂的性质（如脆性断裂、韧性断裂、疲劳断裂），可以确定金属断裂源的位置和裂纹传播的方向，可以发现金属本身的冶炼缺陷和热加工、热处理等制造工艺中存在的问题。

3）发纹试验。发纹是钢中存在的夹杂物、气孔等缺陷在锻造和轧制加工时，沿锻轧方向被延伸而形成的细小裂纹。发纹是应力集中的地方，对疲劳极限有严重的影响。因此，对制造重要机件用钢，发纹的数量、大小及分布情况有严格的限制。塔形车削发纹试验即用于判定钢中发纹存在的情况。

4）硫印试验。通过硫印试验可以直接检验钢坯或钢材整个断面上硫的含量及分布情况，并能间接检验元素在钢中偏析或者分布情况。硫印试验主要用于碳钢及中、低合金钢。

（2）微观检验　钢的微观检验（显微检验）是利用光学显微镜、电子显微镜、X射线微测定器在特制的显微试样上放大50～2000倍来研究金属及其合金的组织和缺陷的方法。通过显微检验可以确定金属及合金在铸态、压力加工及各种热处理后的显微组织；可以确定金属及合金的质量（氧化物、硫化物等在金属中的分布情况）和晶粒大小以及组织与性能的关系，并为发展新材料和新工艺提供依据。

3. 其他特种检验

随着科学技术的发展，一些新型的特种检验方法相继问世，出现了致密性检验、声发射检验、全息检验、中子检验、液晶检验等方法。

（1）致密性检验　致密性检验又称压力检验，通常用来检查铸造或焊接的承压容器的承压能力。其加载方式有水压和气压试验两种。水压试验安全，消耗的动力少，但对于某些试验后排水有困难的产品，使用不便。气压试验比水压试验灵敏、迅速，但只适用于检验承压不高的工件。

（2）声发射检验　声发射是指固体在外加应力的作用下，由于变形或破坏而发生声波的现象。声发射无损检验是指利用声发射现象对载荷作用下的产品或工件进行检验的方法。声发射检验能够检查出缺陷的部位，还能够了解缺陷的形成过程以及在结构使用中缺陷发展和扩大的趋势，因而能够对正在使用的结构质量进行连续的远距离监视工作。

(3) 全息检验　全息检验是全息照相技术在无损检测中的应用。全息检验能够查知工件表面层缺陷和内部缺陷的立体情况，能更清楚地了解缺陷的大小、取向和形状，从而能够较有把握地检验和对工件做出质量评定。因而，它是无损检验的一个发展方向。

(4) 中子检验　一切物体都由原子组成，原子由原子核和电子组成。中子和质子是构成原子核的粒子。中子不带电，具有很强的穿透力。中子在穿透物体的过程中，同物质中的原子核相互作用而被吸收和散射，从而产生能量衰减。中子检验就是根据中子在各种物质中衰减程度不同的特性来进行无损检测的。中子检验可以解决 X 光无损检测中检验不了的物质和难以解决的一些问题。它可用于检查铅罐装填石蜡的情况，子弹、反应堆燃料管等是否有裂纹、燃料装填情况，以及矿石和煤中含水量等。

(5) 液晶检验　液晶检验是指利用热传导的原理和液晶的特性来显示工件内部缺陷的方法。当物体由外部加热时，如果表面或内部有缺陷存在，由于缺陷处与工件的密度、比热容和热导率等不同，引起热传导不均匀，造成工件表面温度分布不均匀，作用到被测表面的液晶膜上（液晶膜是工件加热前均匀地涂上的），由于液晶的光学特性，能够把这种不均匀的温度分布转换成可见的彩色图像，从而显示出工件内部或表面的缺陷以及结构的近表面缺陷，特别适于检验金属（如铝）或非金属的蜂窝结构板的质量。

表 11-20 列出了以上介绍的常用检验方法的适用范围。

表 11-20　常用检验方法的适用范围

检验方法	适用范围
磁粉检验	磁性零件的表面及近表面缺陷
渗透检验	磁性、非磁性零件的表面缺陷，但不适于毛坯及多孔性材料零件的检验
射线检验	能直观检验出零件内部缺陷的形状、大小、位置及种类
超声波检验	能检验厚度较大、表面光滑、形状简单的磁性与非磁性零件的内部缺陷
酸浸试验	能显示金属材料的偏析、疏松、枝晶、白点等缺陷及工具钢淬硬层深度
断口试验	确定金属断裂性质及断裂源的位置和裂纹传播方向，可以发现金属本身的冶炼缺陷及热加工、热处理等制造工艺中存在的问题
发纹试验	判定钢中发纹存在的情况
硫印试验	直接检验钢坯或钢材整个断面上硫的含量及分布情况，并能间接检验元素在钢中偏析或分布情况
显微检验	确定金属及合金在铸态、压力加工及各种热处理后的显微组织、氧化物、硫化物等在金属中的分布情况，晶粒大小以及组织与性能的关系
致密性检验	检查铸造或焊接的承压容器的承压能力
声发射试验	对正在使用的结构质量进行连续的远距离监视工作，了解缺陷的部位及形成过程、缺陷发展和扩大的趋势
全息检验	能够查知工件表面层缺陷和内部缺陷的立体情况，并了解缺陷的大小、取向和形状
中子检验	可用于检查铅罐装填石蜡的情况；检查子弹、反应堆燃料管等是否有裂纹，燃料装填情况；检查矿石和煤中含水量等
液晶检验	检验大面积结构的近表面缺陷，特别适于检验金属（或铝）和非金属的蜂窝结构板的质量

11.8.2 机械装配工艺基础

1. 装配的概念

机械产品由许多零件和部件组成，而零件是组成机械产品的基本元件。机械产品中由若干个零件组成的、具有相对独立性的、能完成一定完整功能的部分称为部件。因为一般的机械结构较复杂，零件数目又多，有时还需要在部件中分出组件，所以在部件中由若干个零件组成的，且结构上在装配中有一定独立性的部分称为组件。组件可分为一级组件、二级组件……

按照规定的技术要求，将若干零件装成一个组件或部件的装配称为部装。将若干零件与部件装成一台机械的装配过程称为总装。部装和总装统称为装配。

2. 装配精度与零件精度间的关系

机械产品质量是以其工作性能、精度、使用效果和寿命等综合指标来评定的。机械产品的质量主要取决于三个方面：机械结构设计的正确性、零件的加工质量（也包括材料及热处理）、机械装配质量的装配精度。在实际的技术工作中，当设计产品时，就需确定好机械的装配精度，进而根据整机的装配精度逐步规定各部件、各组件与每个零件的相关精度。装配精度的具体数值会直接影响产品的质量，又会影响产品加工制造的经济性。机械产品的装配精度是指零件经装配后在尺寸、相对位置及运动等方面所获得的精度。零件的加工精度是保证装配精度的基础。一般情况下，零件的精度越高，装配出的机械质量，即装配精度也越高。例如：图 11-59 所示的车床主轴锥孔轴线和尾座顶尖套锥孔轴线对溜板移动的等高度 A_0，即取决于主轴箱、底板及尾座的尺寸 A_1、A_2 及 A_3 的公差等级。然而装配精度并不完全取决于零件的加工精度，装配中还可采用检测、调整及修配等方法来实现产品装配的精度要求。例如：图 11-59 所示的两轴线的等高度要求很高，如果只靠提高 A_1、A_2 及 A_3 的公差等级来保证是很不经济的，而且 A_1、A_3 实际上是由主轴、轴承、套筒及壳体等组成的装配尺寸，此时若仍按提高零件公差等级来保证装配精度，不仅很不经济，而且在技术上也很难实现，甚至无法实现。在这种情况下，较为合理的方法是，装配中通过检测，对某个零件进行适当的修配来保证装配精度。因此，应从产品结构、生产类型、机械加工和装配等方面进行综合考虑，选择适当的装配方法来保证产品的装配精度。生产中常用的保证产品精度的装配方法有四种，即互换法、选配法、修配法和调整法。

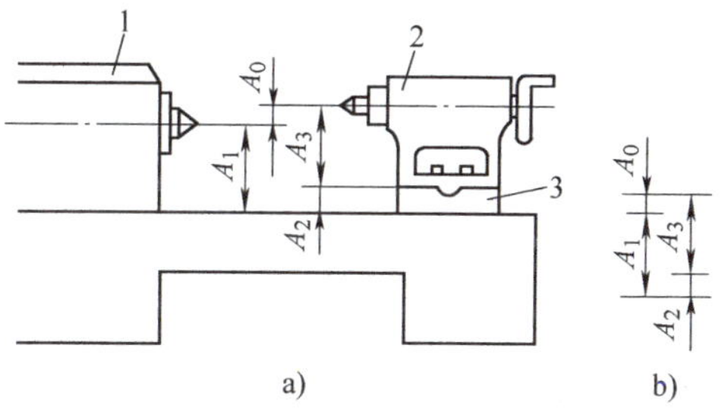

图 11-59 主轴箱主轴锥孔与尾座顶尖套锥孔轴线等高示意图

1—主轴箱 2—尾座 3—底板

3. 装配尺寸链

无论是在产品设计时，还是在制订装配工艺、确定装配方法及解决装配质量问题时，都需应用尺寸链理论来分析计算装配尺寸链。装配尺寸链是指产品或部件在装配过程中，由对某项精度指标有关的零部件尺寸（如表面或轴线间距离）或相互位置关系（如平行度、垂直度等）所组成的尺寸链。图 11-60 所示为 CA6140 型车床主轴局部的装配简图。多联齿轮块空套于轴上，其径向配合应有间隙 N_d，N_d 的大小取决于齿轮内孔尺寸 D 和配合处主轴的尺寸 d。这三个尺寸构成了一个最简单的装配尺寸链。其次，图 11-60 中齿轮在轴向也必须有适当的间隙，以保证转动灵活，又不致引起过大的轴向窜动，故又规定了轴向间隙量 N 为 0.05~0.2mm。由图中可见，N 的大小取决于尺寸 A_1、A_2、A_3、A_4、A_k，即

$$N=A_1-A_2-A_3-A_4-A_k$$

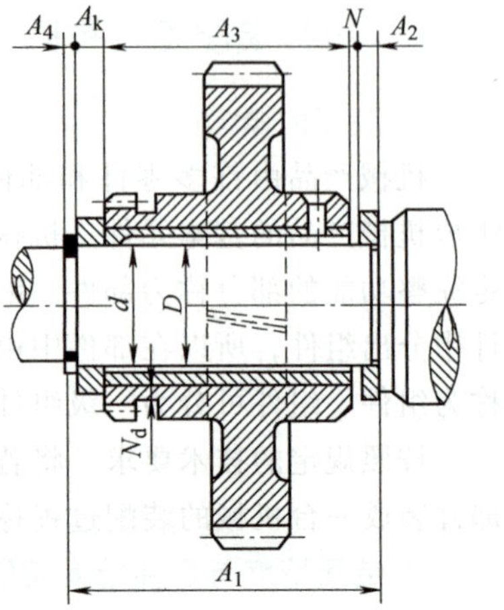

图 11-60 CA6140 型车床主轴局部的装配简图

由于它们处于平行的状态，此装配尺寸链为一线性装配尺寸链。

应用装配尺寸链分析与解决装配精度问题时，第一步是建立装配尺寸链，即正确地确定封闭环，并根据封闭环查明组成环；第二步是确定达到装配精度的工艺方法，也称为解装配尺寸链的方法；第三步则是确定经济的，至少是可行的零件加工公差。第二步和第三步往往需要交叉进行，故可合称为装配尺寸链的解算。

4. 装配工作的基本内容

无论是哪一级的装配（总装或组装），都应该是一系列装配工序以最理想的施工顺序来完成的。常见的基本装配工作有以下内容：

（1）清洗　清洗的目的是去除零件表面或部件中的油污和机械杂质。常用的基本清洗方法有擦洗、浸洗、喷洗和超声波清洗等。清洗工作对保证和提高机器的装配质量、延长产品的使用寿命具有重要的意义。

（2）连接　连接是装配过程中一项工作量很大的工作。连接方式可分为可拆卸连接和不可拆卸连接两大类。可拆卸连接在相互连接的零件拆卸时不损坏任何零件，且拆卸后还能重新连接。常见的可拆卸连接有螺纹连接、键连接以及销钉连接。不可拆卸连接在被连接零件的使用过程中是不应拆卸的，如要拆卸则会损坏某些零件。常见的不可拆卸连接有焊接、铆接和过盈连接等。

（3）校正、调整和配作　校正是指相关零部件间相互位置的找正、找平工作，一般用在大型机械的基体件装配和总装配中。调整是指相关零部件间相互位置的调节工作。调整可以配合校正工作调节零部件间的位置精度，还可用来调节运动副间的间隙以保证运动零部件间的运动精度。配作通常是指配钻、配铰、配刮及配磨等，是装配中附加的一些钳工和机械加工工作。

（4）平衡检验　旋转体的平衡检验是装配过程中的一项重要工作，尤其是对于转速较高、运转平稳性要求高的机器，对其有关零部件的平衡要求更为严格，有时还需要在产品总装后在工作转速下进行整机平衡检验。动不平衡是旋转机械产生振动的主要原因之一。因此对旋转体（以下简称转子）进行动平衡是有效解决机器振动问题的必不可少的工艺措施。通过动平衡测量及校正后，工件中心与旋转中心吻合而得到平衡，从而达到提高产品质量、延长机器使用期限、提高工作速度的目的。

生产中有两种平衡检验方法，即静平衡法和动平衡法。其中静平衡法可消除静力不平

衡，动平衡法除可消除静力不平衡外，还可消除力偶不平衡。一般的旋转体可作为刚体进行平衡，其中直径较大、宽度较小者，如飞轮、带轮等，需要进行静平衡；对于长度较大的零件，如电动机转子和机床主轴等，需要进行动平衡，且当静力不平衡程度过大时需先进行静平衡。对工作转速在一阶临界转速的75%以上的旋转体，应作为挠性旋转体进行动平衡。

动平衡检验一般在动平衡机上进行。目前用得较为广泛的通用动平衡机是硬支承动平衡机以及闪光式动平衡机。前者效率高，操作简易，能根据各种不同类型旋转体的几何尺寸调整校正平面与支承轴承之间的距离，经一次起动运转后即能正确地显示出不平衡量的量值及其相位，因此十分适用于多品种小批量转子的动平衡检验。后者采用闪光灯确定不平衡位置，电表指示不平衡量，由无缝传动带或万向联轴器拖动工件旋转。因此，它对一般圆柱体的旋转工件有比较好的动平衡性能，如电动机转子、机器主轴等。此外，对于带有风叶的旋转工件也能够进行平衡校正。另外还有专门针对某类零件进行动平衡检验的专用动平衡机，如传动轴动平衡机、曲轴动平衡机等，它们适用于大批量零件的动平衡检验。对旋转体内的不平衡质量可用补焊、铆接、胶接或螺纹连接等方法来加配质量；用钻、铣、磨、锉、刮等手段来去除质量；还可在预制的平衡槽内改变平衡块的位置和数量。

（5）验收试验　机械产品装配完成后，应根据产品的有关技术标准和规定进行全面的检验和试验，验收合格后方可出厂。各类产品检验、试验工作的方法、内容是不相同的。金属切削机床的验收工作通常包括机床公差等级检验、空运转试验、负荷试验和工作精度检验等。汽车发动机的检验内容一般包括检验重要的配合间隙、零件之间的位置精度、零件间的接合状况（如固定连接的可靠性、活动连接的表面接触质量）等。

5. 装配工艺规程的制订

将合理的装配工艺过程和操作方法等按一定的格式编写而成的书面文件就是装配工艺规程。它是指导装配工作的技术文件，也是制订装配生产计划、组织以及进行装配生产、设计装配工艺装备乃至整个装配车间的主要依据。

具体制订的内容与步骤如下：

1）熟悉产品装配图和有关零件图，明确装配技术要求和验收标准。

2）将机械产品分解为可以独立装配的单元，装配单元即为各部件及组件。

3）选择确定装配基准件，它通常是产品的基体或主干零部件。

4）绘制装配系统图。

图11-61所示为较常见的一种装配系统图。图中每个零件、组件、部件均用长方格表示，并注明它们的名称、编号和数量。

（1）制订装配工序

1）划分装配工序，确定各工序的工作内容。

2）制定各工序的操作规范，如过盈配合的压入力、变温装配的加热温度等。

3）制定各工序装配质量要求及检测项目。

4）选择和确定装配工具与机械。

5）确定各装配工序的时间定额或需平衡各工序的节拍，以利于实现流水生产。

6）绘制装配工艺系统图及有关文字说明。

7）填写装配工艺卡、工序卡及检验卡等。

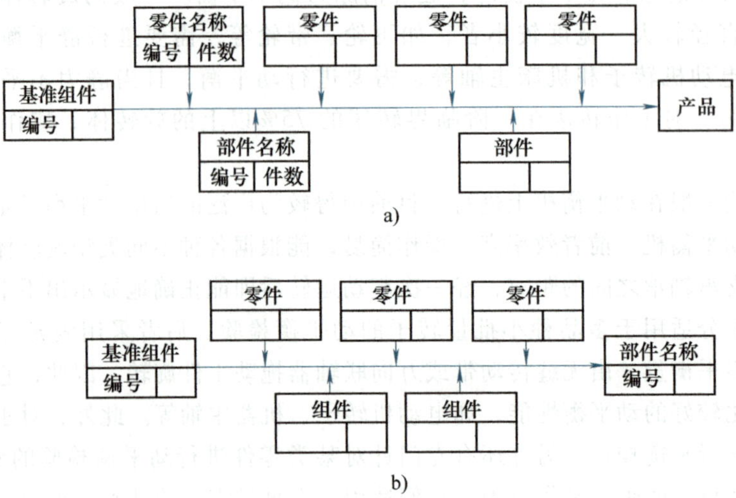

图 11-61 装配系统图

a）产品装配系统图 b）部件装配系统图

（2）产品检测和试验规范 产品总装结束后，应进行质量检测和试运行。因此，在安排装配工艺的技术性工作中，还需确定以下工作内容：检测和试验的项目及质量指标、检测和试验的条件与环境要求、检测和试验所用工艺装备、检测和试验的操作规范、质量问题分析处理方法及措施。

复习思考题

1. 指出图 11-62 所示结构的不合理处，并改进。

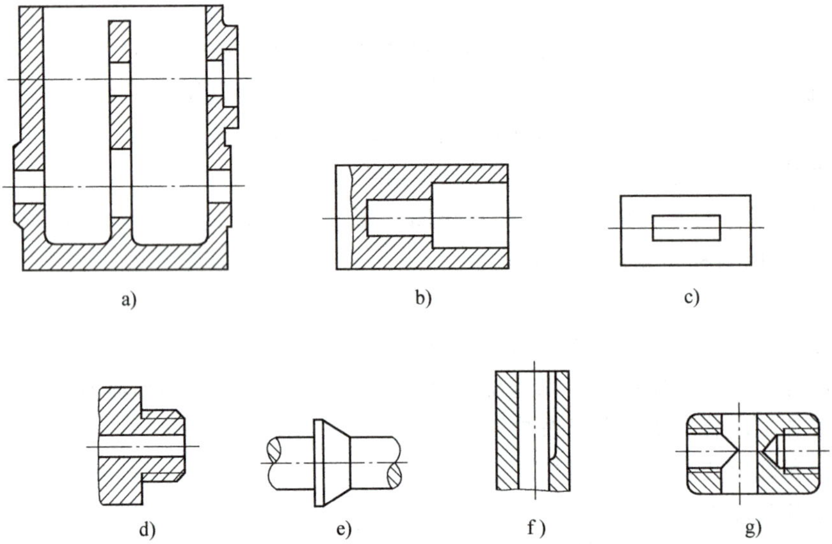

图 11-62 题 1 图

2. 毛坯的种类有哪些？其性能特点如何？简述选用的原则。

3. 正确、合理地选择毛坯成形方法有何意义？简述选用的原则。

4. 试为下列零件选择合适的毛坯：

（1）成批大量生产的垫片　　（2）成批大量生产变速箱箱体

（3）单件生产的机架　　（4）形状简单、承载能力较大的轴

（5）家用液化气钢瓶　　（6）大批量生产直径相差不大的轴

（7）汽车发动机上的曲轴　　（8）承受冲击的高速重载齿轮，批量生产2万件

5. 毛坯的选择与机械加工有何关系？试说明选择不同的毛坯种类以及毛坯精度对零件的加工工艺、加工质量及生产率有何影响。

6. 制订工艺规程时，为什么要划分加工阶段？什么情况下可以不划分或不严格划分加工阶段？

7. 何谓“工序集中”“工序分散”？什么情况下采用“工序集中”？什么情况下采用“工序分散”？影响工序集中与工序分散的主要因素是什么？

8. 加工余量如何确定？影响工序间加工余量的因素有哪些？举例说明是否在任何情况下都要考虑这些因素。

9. 试述机械加工过程中安排热处理工序的目的及其安排顺序。

10. 在解工艺尺寸链时，有时出现某一组成环的公差为零或为负值，其原因是什么？应采取什么措施加以解决？

11. 何谓基准？根据作用的不同，基准分为哪几种？

12. 何谓粗基准？其选择原则是什么？何谓精基准？其选择原则是什么？

13. 切削加工工序安排的原则是什么？

14. 加工轴类零件时，常以什么作为统一的精基准？为什么？

15. 安排箱体类零件的工艺时，为什么一般要依据“先面后孔”的原则？

16. 拟订零件的工艺过程时，应考虑哪些主要因素？有数控机床加工时，如何进行工艺分析和安排？

17. 举例说明切削加工对零件结构工艺性的要求。

18. 为什么制订工艺规程时要“基准先行”？精基准要素确定后，如何安排主要表面和次要表面的加工？

19. 图11-63所示为一套筒零件，除缺口 B 外，其余表面均已加工。试分析当加工缺口 B，保证尺寸 $8^{+0.2}_{0}$mm 时，有几种定位方案，并计算出每种定位方案的工序尺寸。

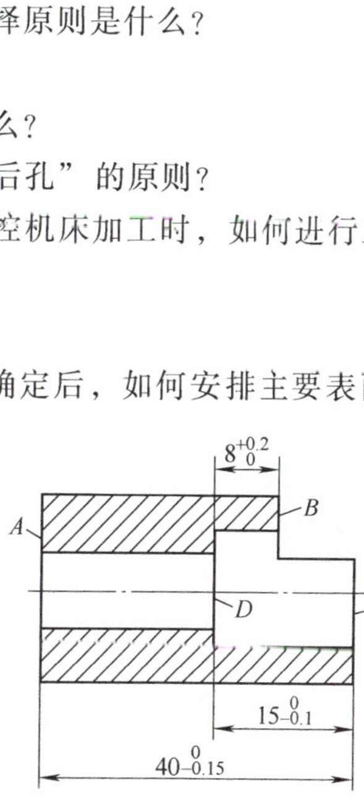

图 11-63　题19图

20. 某轴套类零件，材料为38CrMoAlA渗氮钢，内孔为 ϕ90H7。表面粗糙度 Ra 值为0.03μm，内孔表面要求渗氮，渗氮表面硬度≥58HRC，零件心部调质处理后硬度为28～34HRC。试选择零件孔 ϕ90H7的加工方法，并安排孔的加工工艺路线。

21. 一根长为100mm的轴，材料为12CrNi3A渗碳钢，外圆直径为 ϕ10H7，表面粗糙度 Ra 值为0.03μm，外圆表面要求渗碳、淬火，渗碳淬火后表面硬度≥60HRC。试选择零件外

圆 $\phi10H7$ 的加工方法，并安排外圆加工工艺路线。

22. 一根光轴，直径为 $\phi30f6$，长度为 240mm，在成批生产条件下，试计算外圆表面加工各道工序的工序尺寸及其公差（其加工顺序为：棒料→粗车→精车→粗磨→精磨）。经查手册可知各工序的名义加工余量分别为：粗车为 3mm，精车为 1.1mm，粗磨为 0.3mm，精磨为 0.1mm；其公差分别为 0.39mm（粗车）、0.16mm（精车）和 0.062mm（粗磨）。

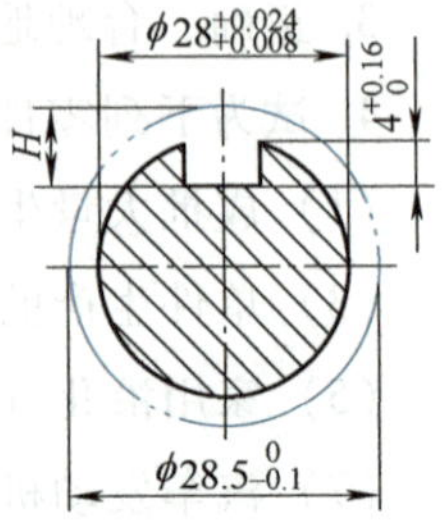

图 11-64　题 23 图

23. 如图 11-64 所示，加工轴上一键槽，要求键槽深度为 $4^{+0.16}_{0}$mm。加工过程如下：

1）车轴外圆至 $\phi28.5^{0}_{-0.1}$mm。

2）在铣床上按尺寸 H 铣键槽。

3）热处理。

4）磨外圆至 $\phi28^{+0.024}_{+0.008}$mm。

试确定工序尺寸 H 及其上、下极限偏差。

24. 某零件的外圆 $\phi106$mm 上要渗碳，渗碳层深度（即单边深度）为 0.9~1.1mm。此外圆加工顺序安排是：先车外圆到 $\phi106.6$mm，然后渗碳并淬火，其后按零件尺寸要求磨圆到 $\phi106$mm，所留渗碳层深度要在 0.9~1.1mm 范围内，则渗碳工序的渗入深度应控制在多大范围？

25. 试分别拟订图 11-65 所示零件在单件小批量生产中的工艺过程。

26. 将相应内容填入表 11-21。

表 11-21　题 26 表

检验方法	适用的零件			
	材料	形状	厚度	表面质量要求
磁粉检验				
渗透检验				
射线检验				
超声波检验				
致密性检验				

27. 对下列零件做无损检验，应分别选用什么方法？

高压锅炉环形焊缝、柴油机气缸头、曲轴、高压液压泵泵体、铸铝支架、高应力螺栓、民用煤气罐、飞机表皮、锻锤锤杆。

28. 为什么某些受交变载荷的重要零件，表面一条细小的裂纹也不允许存在，必须全部通过无损检验？

29. 何谓钢的显微检验？

30. 装配工作的基本内容有哪些？试各举一例说明。

31. 什么是装配工艺规程？它有何作用？其制订步骤及内容有哪些？

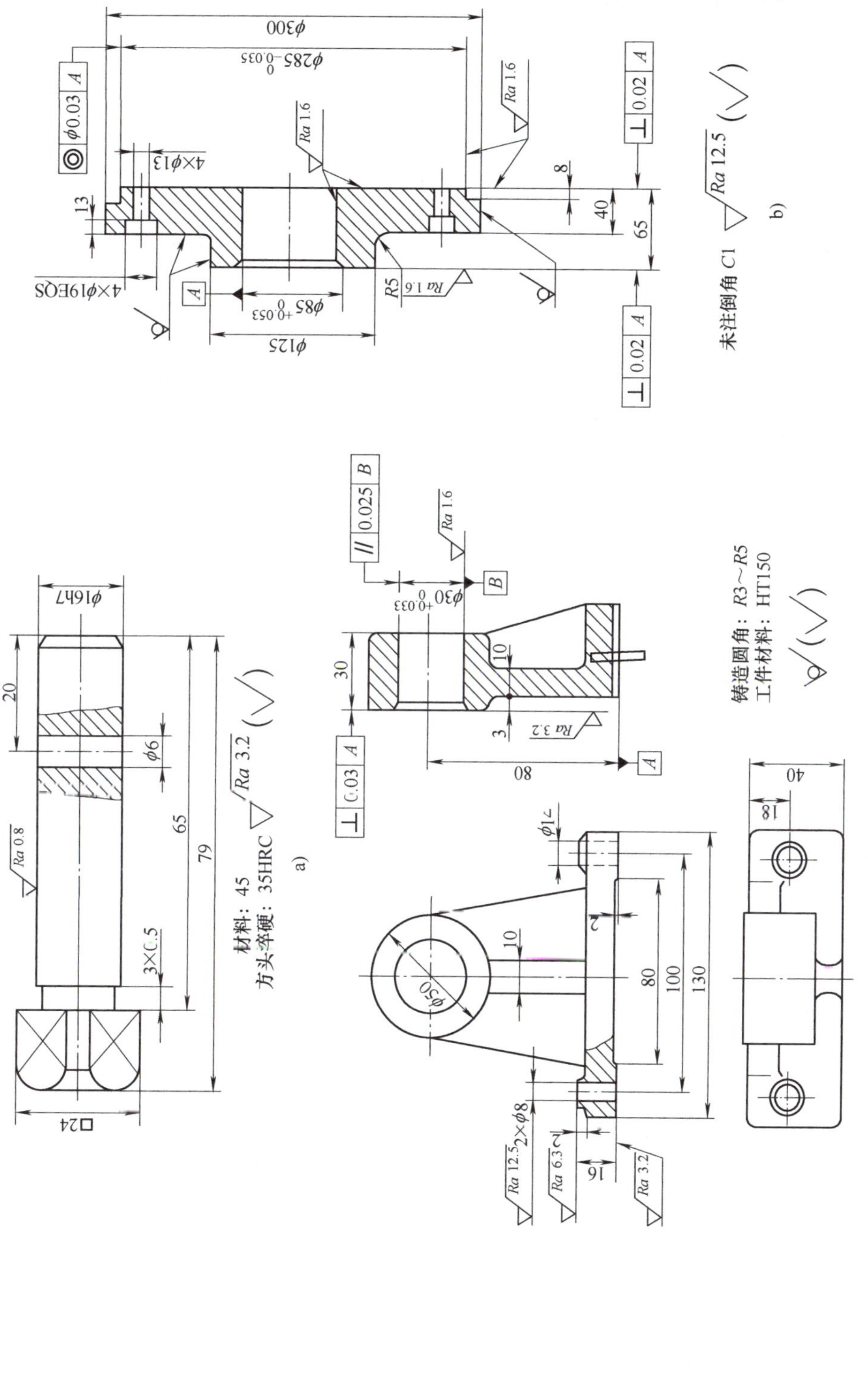

图 11-65　题 25 图
a）小轴　b）法兰　c）支座

第12章

机械制造技术的发展

世界科学技术的迅速发展，特别是信息与互联网技术、计算机技术、微电子技术、控制论及系统工程等与制造技术的结合，促进了现代制造技术的发展，形成了新的制造学科，即制造系统工程学。

总结20世纪以来机械制造学科取得的成就，展望其面向未来的发展趋势，机械制造理论和技术得到长足发展和创新，机械制造技术的新发展主要表现在以下三个方面：

1）与微电子、信息网络、计算机、控制技术发展相融合的制造自动化技术、智能制造等。

2）与微型机械、微小尺度关联的精密加工和超精密加工技术和纳米加工技术等。

3）以可持续发展和现代管理理论为基础的先进生产模式和方法，如绿色制造、精益生产等。

机械制造系统自动化技术自20世纪20年代出现以来，经历了三个主要发展阶段，即刚性自动化、柔性自动化及综合自动化三种方式。综合自动化常与计算机辅助制造、计算机集成制造等概念相联系，它是制造技术、控制技术、现代管理技术和信息技术的综合，旨在全面提高制造企业的劳动生产率和对市场的响应速度。

柔性制造系统（Flexible Manufacturing System，FMS）一般由多台数控机床和加工中心组成，并有自动上、下料装置，以及仓库和输送系统。在计算机及其软件的集中控制下，实现加工自动化。它具有高度柔性，是一种计算机直接控制的自动化可变加工系统。柔性制造系统按系统大小，柔性程度不同，通常分为以下四类：①柔性制造单元（Flexible Manufacturing Cell，FMC）；②柔性制造系统；③柔性制造生产线（Flexible Manufacturing Line，FML）；④柔性制造工厂（Flexible Manufacturing Factory，FMF）。

CAD、CAPP、CAM三者之间的集成关系中，CAD是CAPP的输入，其主要完成的任务是机械零件的设计，即机械零件的几何造型及绘图，它输出的主要是零件的几何信息（图形、尺寸、公差等）和加工信息（材料、热处理、批量等）。CAPP利用计算机制订零件的工艺过程，把毛坯加工成工程图样上所要求的零件。它的输入是零件的信息，它的输出是零件的工艺过程和工序内容。故CAPP的工作属于设计范畴。CAM有两方面的含义。广义的CAM是指利用计算机辅助完成从生产准备到产品制造整个过程的活动，包括工艺过程设计、工艺装备设计、NC自动编程、生产作业计划、生产控制、质量控制等；狭义的CAM主要是指NC自动程序编制（刀具路径规划、刀位文件生成、刀具轨迹仿真及NC代码生成等），它输出的是刀位文件和数控加工程序。CAPP在CAD与CAM之间起着桥梁的作用，CAD的信息只能通过 CAPP 才能形成制造信息。

鉴于本书讲述了从材料、材料成形到产品或零件制造全过程，又限于篇幅，本章在机械制造技术的发展中撷取增材制造（3D 打印）技术、精密工程和纳米加工、绿色制造与再制造和智能制造及其支撑技术四项进行简要介绍，其余略。

12.1 增材制造（3D 打印）技术

目前，按照由原材料或毛坯制造成为零件过程中其质量 m 的变化，可以将获得一定形状零件的制造工艺方法分为材料去除法（质量减小，$\Delta m<0$）、材料成形法（质量不变，$\Delta m=0$）和材料累加法（质量增加，$\Delta m>0$）三种。材料去除法、材料成形法在前面的章节已经讲述，本节简要介绍增材制造技术。

12.1.1 增材制造技术概述

增材制造（Additive Manufacturing，AM）技术是 20 世纪 90 年代逐步发展起来的，期间也被称为材料累加制造（Material Increase Manufacturing，MIM）、快速成形（Rapid Prototyping，RP），同时也被称为 3D 打印（3Dimensional Printing，3DP）。

3D 打印是美国麻省理工学院发明的一种快速成形技术，其工作原理类似喷墨打印机，不过喷出的不是墨水，而是黏结剂、液态的蜡、塑料或树脂。按照喷出的材料不同，可以分为黏结剂打印、熔融蜡打印、熔融塑料涂覆等。如果把打印头换成激光头或其他类型，上述介绍的几种有的也可以视为 3D 打印的特例，所以广义的 3D 打印一词包含了大多数增量叠层制造技术。

在我国，增材制造是以三维 CAD 设计数据为基础，将材料（包括液体、粉材、线材或片材等）自动累加起来成为实体结构的制造方法。国家高度重视增材制造技术的发展，将其作为《中国制造 2025》倡议的发展重点。增材制造技术是中国机械工程学会提出的面向 2035 年，聚焦机械工程技术 10 个基础共性领域之一。面向未来，增材制造技术将向智能化、学科交叉、扩大应用等方向发展，增材制造过程是涉及材料、结构、多种物理场和化学场的多因素、多层次和跨尺度耦合的极端复杂系统；需要结合大数据和人工智能研究这一极端复杂系统，需要在增材制造的多功能集成优化设计原理和方法、发展形性主动可控的智能化等增材制造技术展开更深入研究。

在增材制造过程中，将零件三维实体模型数据经计算机处理，控制材料的累加过程，形成所要的零件。该工艺方法不需要刀具、夹具等生产准备活动，就可以制造复杂物品（没有传统加工的限制），且产品多样化、不增加成本、不需要改动模具、生产周期短、不占空间（实现便携制造及零技能制造）、节省材料（没有废料、回料等）、精确实体复制（3D 照相馆）。制造出来的原型可供设计评估、投标或样件展示，使企业的产品能快速响应市场，提高企业的竞争能力。

12.1.2 增材制造技术几种基本方法

增材制造（3D 打印）技术是将零件以微元叠加方式逐渐累积生成的。该技术已形成了几种成熟方法，进入了商品化阶段。主要有以下六种。

（1）光固化（Stereo Lithography，SL）法 如图 12-1 所示，该技术以光敏树脂为原料，将计算机控制下的紫外激光按预定零件分层截面的轮廓为轨迹对液态树脂逐点扫描，使被扫描区的树脂薄层产生光聚合反应，从而形成零件的一个截面。当一层固化完毕，托盘下降，在原先固化好的树脂表面再敷上一层新的液态树脂以便进行下一层扫描固化。新固化的一层牢固地粘合在前一层上，如此重复直到整个零件原型制造完毕。

SL 法是第一种投入商业应用的技术。这种方法的特点是精度高、表面质量好、原材料利用率接近 100%，适合制造壳体类零件及形状复杂、特别精细的零件（如首饰、工艺品等）。

（2）叠层制造（Laminated Object Manufacturing，LOM）法 如图 12-2 所示，LOM 工艺是将单面涂有热溶胶的纸片通过加热辊加热粘接在一起，位于上方的激光器按照 CAD 分层模型所获数据，用激光束将纸切割成所制零件的内、外轮廓，然后新的一层纸再叠加在上面，通过热压装置和下面已切割层粘合在一起，激光束再次切割。这样反复逐层地切割—粘合—切割……直到整个零件模型制作完成。该法只需切割轮廓，特别适合制造实心零件。

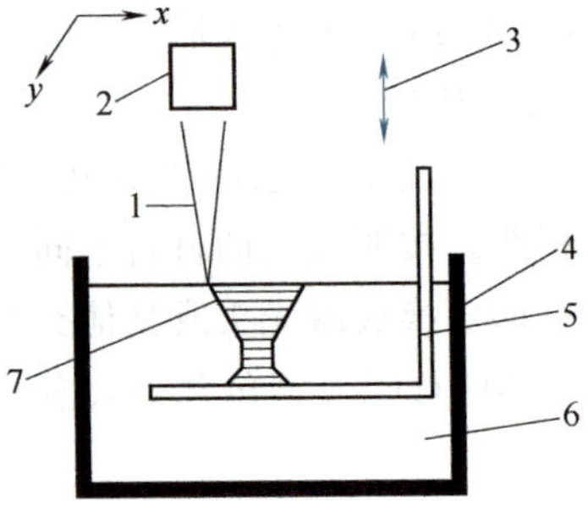

图 12-1 SL 法原理图

1—激光束 2—扫描镜 3—z 轴升降
4—树脂槽 5—托盘 6—光敏树脂
7—零件原形

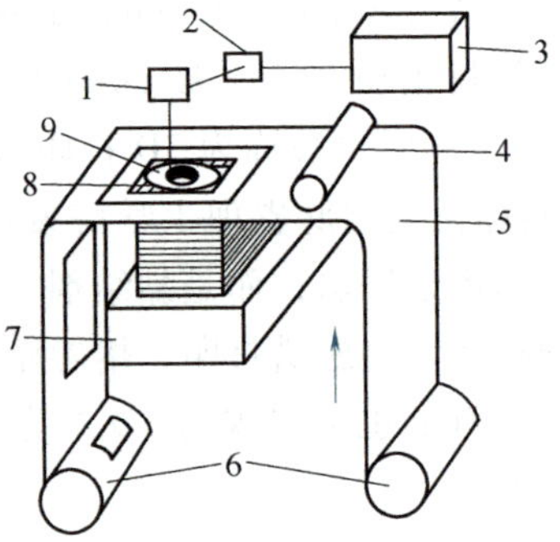

图 12-2 LOM 法原理图

1—扫描系统 2—光路系统 3—激光器
4—加热器 5—纸料 6—滚筒
7—工作平台 8—边角料 9—零件原型

（3）激光选区烧结（Selective Laser Sinering，SLS）法 如图 12-3 所示，该法采用 CO_2 激光器作为能源，目前使用的造型材料多为各种粉末材料。在工作台上均匀铺上一层很薄（100~200μm）的粉末，激光束在计算机控制下按照零件分层轮廓有选择地进行烧结，一层完成后再进行下一层烧结。全部烧结完后去掉多余的粉末，再进行打磨、烘干等处理便获得零件。目前，成熟的工艺材料为蜡粉及塑料粉，用金属粉或陶瓷粉进行直接烧结的工艺正在逐渐得到应用。它可以直接制造工程材料的零件，具有诱人的前景。

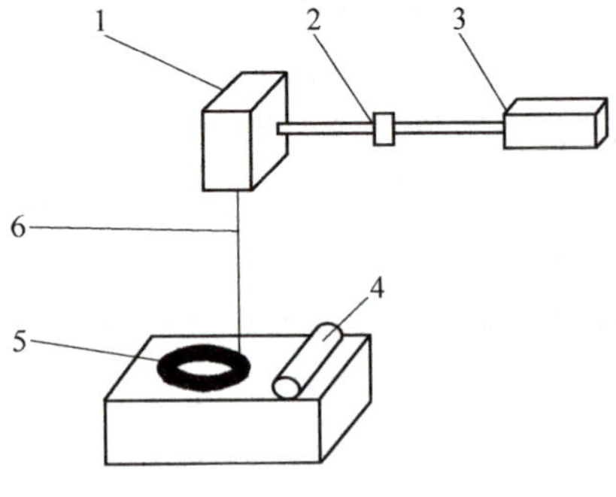

图 12-3 SLS 法原理图

1—扫描镜 2—透镜 3—激光器
4—压平辊子 5—零件原型 6—激光束

（4）熔积（Fused Deposition Modeling，FDM）法 如图 12-4 所示，FDM 工艺的关键是保持半流动成形材料刚好在熔点之上（通常控制在比熔点高 1℃左右）。FDM 喷头受 CAD 分层数据控制，使半流动状态的熔丝材料从喷头中挤压出来，凝固形成轮廓形状的薄层，一层叠一层，最后形成整个零件模型。

（5）喷射印制成形（Jet Printing Modeling，JPM）　这种方法是将热熔成形材料（如工程塑料）熔融后由喷头喷出，扫描形成层面，经逐层堆积而形成零件。也可以在工作台上铺上一层均匀的密实的可粘接粉末，由喷头喷射黏结剂而形成层面，再逐层叠加形成零件，如图 12-5 所示。喷头可以是单个，也可以是多个（可多达 96 个）。这种方法不采用激光，成本较低，但精度不够高。

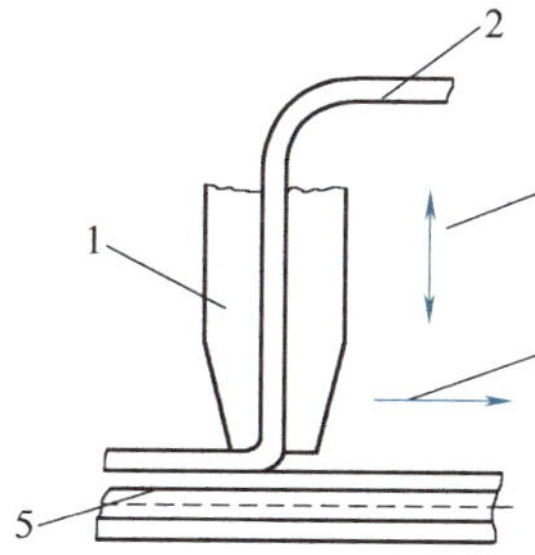

图 12-4　FDM 法原理图

1—加热装置　2—丝材　3—z 向送丝　4—x-y 驱动　5—零件原型

（6）滴粒印制成形　这种方法是将热熔成形材料（如金属等）熔融后由喷头滴出，控制滴粒大小和温度，扫描形成层面，经逐层堆积而形成零件（图 12-6）。其特点是可以制作金属零件，但成形设备要求较高。

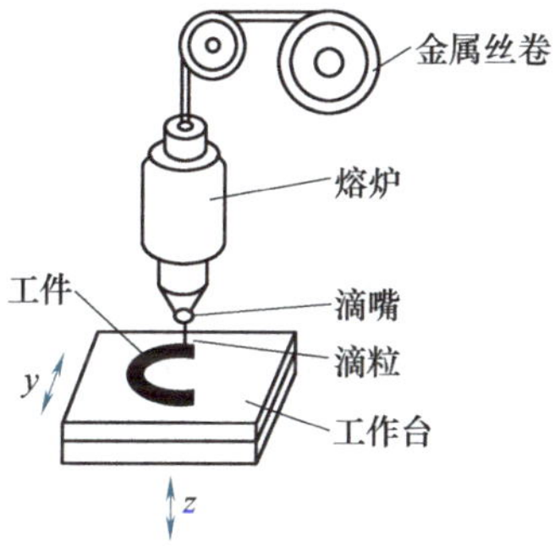

图 12-5　JPM 法原理图

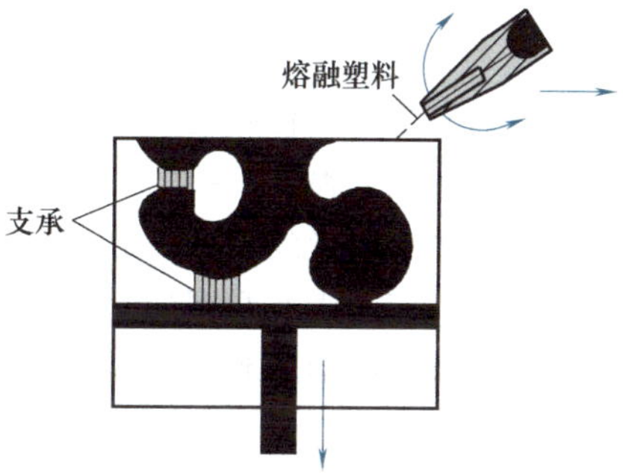

图 12-6　滴粒印制成形法原理图

12.1.3　增材制造技术的发展

参考文献［1］对增材制造（3D 打印）技术有更好、更详细的阐述，下面仅选择几点供参考。

（1）金属增材制造技术　该技术是工程需求迫切和应用价值巨大的技术，其涉及技术工艺多、材料种类宽、应用范围广。其高精度、大尺寸、高效率、多材料是未来发展的方向。

（2）增等减材复合制造（Additive /Forging/Subtractive Hybrid Manufacturing，AFSHM）　该技术也是金属增材制造中的一种，其运用逐层堆叠的增材制造、随动辊压/锤击及适时的切削加工，实现零件在同一台机床上完成“增材成形—等材锻造　减材精整”的连续或同步制造过程，如图 12-7 所示。该技术可以直接获得结构较复杂、力学性能高、形状精度和表面质量高的零件，满足对零件的性能要求。

（3）生物增材制造技术　该技术是利用增材制造的原理和方法，将生物材料、细胞、基因等单元可控组装成具有个性化或活性化特征的生物医疗产品的过程。目前，生物增材制造技术研究主要集中在个性化植入假体增材制造、可降解组织工程支架增材制造技术、活性细胞增材制造技术、药物增材制造技术等。

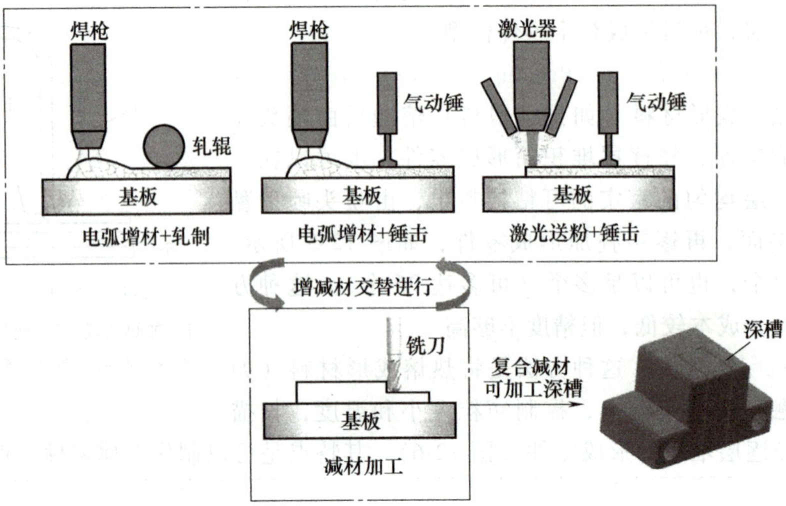

图 12-7 增等减材复合制造示意图

其他，如非金属增材制造（主要包括聚合物、陶瓷及复合材料的增材制造技术）、特种增材制造（微纳增材制造、4D 打印技术、太空增材制造等）等限于篇幅不再赘述。

增材制造之所以受到人们如此重视，焦点并非这项技术的本身，而是它可能引发的社会和经济变革。随着基于互联网的商务和生产模式的发展，人们将以更多的虚拟活动取代现实活动，以减少资源的消耗和浪费，保护环境，使人们和子孙后代能够生活得更好，增材制造在很大程度上体现和顺应了这一潮流，从而将对未来社会、经济、生产、教育产生一定的影响。

12.2 精密工程与纳米加工

在国际上，通常将精密加工与超精密加工技术统称为精密工程（Procision Engineering，PE）。

12.2.1 精密与超精密加工概述

1. 精密与超精密加工的范畴

精密与超精密制造是从制造精度角定义的加工、检测技术的总称，主要涉及材料去除为主的冷加工精度和几何量检测评价，随着制造技术的发展将不断融合其他制造及检测方法。

在不同的发展时期，精密与超精密加工有不同的标准，它们的划分只是相对的，会随着科技的发展而不断更新，如图 12-8 所示。在当今科学技术的条件下，一般工厂已能稳定掌握 3μm 制造公差的加工技术。因此，制造公差大于此值的加工称为普通精度加工，制造公差小于此值的加工称为高精度加工。高精度加工可以进一步划分为精密加工、超精密加工和纳米加工。加工精度为 1.0～0.1μm（大约处于 IT1～IT4 级），表面粗糙度 Ra 值为 0.10～0.025μm 称为精密加工；加工精度为 0.1～0.01μm（大约处于 IT00～IT0 级），表面粗糙度 Ra 值为 0.025～0.005μm 称为超精密加工；加工精度小于 0.01μm，表面粗糙度 Ra 值小于

0.005μm 称为纳米加工。

2. 精密与超精密加工的特点

与一般加工相比，精密与超精密加工具有以下特点：

(1) 蜕化和进化加工原则　一般加工时，工作母机（机床）的精度总要比被加工零件的精度高，这一规律称为蜕化原则。对于精密加工和超精密加工，用高精度的母机来加工加工精度要求很高的零件有时是不可能的，这时可利用精度低于工件精度要求的机床设备和工具，借助工艺手段和特殊工艺装备，加工出精度高于母机的工件，这种方法称为直接式进化加工，通常用于单件小批量生产。借助于直接进化加工，生产出第二代精度更高的工作母机，再以此工作母机加工工件为间接式进化加工，此方法适合于批量生产。两者统称为进化加工，或称为创造性加工，这一规律称为进化原则。

(2) 微量切削　超精密加工时，进给量极小，属于微量切除和超微量切除，因此对刀具刃磨、砂轮修整和机床都有很高要求。

(3) 形成了综合制造工艺系统　在精密加工和超精密加工中，要达到高加工精度和高表面质量要求，需综合考虑加工方法、加工设备与工具、测试手段、工作环境等多种因素，因此，精密加工和超精密加工是一个系统工程，不仅复杂，而且难度较大。

(4) 与自动化技术联系紧密　精密加工和超精密加工中采用了计算机控制、在线检测、适应控制、误差补偿等技术，以减小人为因素的影响，可提高加工质量。

(5) 特种加工和复合加工应用越来越多　精密加工和超精密加工中，不仅有传统加工方法，如超精密车削、磨削等，而且有特种加工和复合加工方法，如精密电加工、激光加工、电子束加工等。

(6) 加工检测一体化　精密加工和超精密加工中，加工和检测紧密相连，有时采用在线检测和在位检测（工件加工完毕后不卸下，在机床上直接进行检测），甚至进行在线检测和误差补偿，以提高加工精度。

3. 精密与超精密加工方法

根据加工机理和特点，精密与超精密加工的方法可分为四大类：刀具切削加工、磨料加工、特种加工及复合加工，如图 12-8 所示。

12.2.2 几种常用精密与超精密加工方法简介

1. 金刚石刀具超精密切削

(1) 金刚石刀具超精密切削的原理　由于金刚石刀具超精密切削属于微量切削，故其原理与一般切削有较大差别。金刚石刀具超精密切削时，其背吃刀量可能小于晶粒的大小，切削就在晶粒内进行。这时，切削力一定要超过晶体内部非常大的原子、分子结合力，切削刃上所承受的切应力急速增加并变得非常大。此时，刀尖处会产生很高的温度，热量极大，使一般刀具很难承受。金刚石刀具具有很高的高温硬度和高温强度。金刚石材料本身质地细密，经过精细研磨刃口钝圆半径可以达到 0.02~0.05μm，且切削刃的几何形状可以加工得很好，表面粗糙度值很小，因此能够进行表面粗糙度 *Ra* 值为 0.05~0.08μm 的镜面切削，达到比较理想的效果。

通常精密切削和超精密切削都是在低速、低压、低温下进行的，这样切削力很小，切削温度低，工件被加工表面塑性变形小，加工精度高，表面粗糙度值小，尺寸稳定性好。金刚

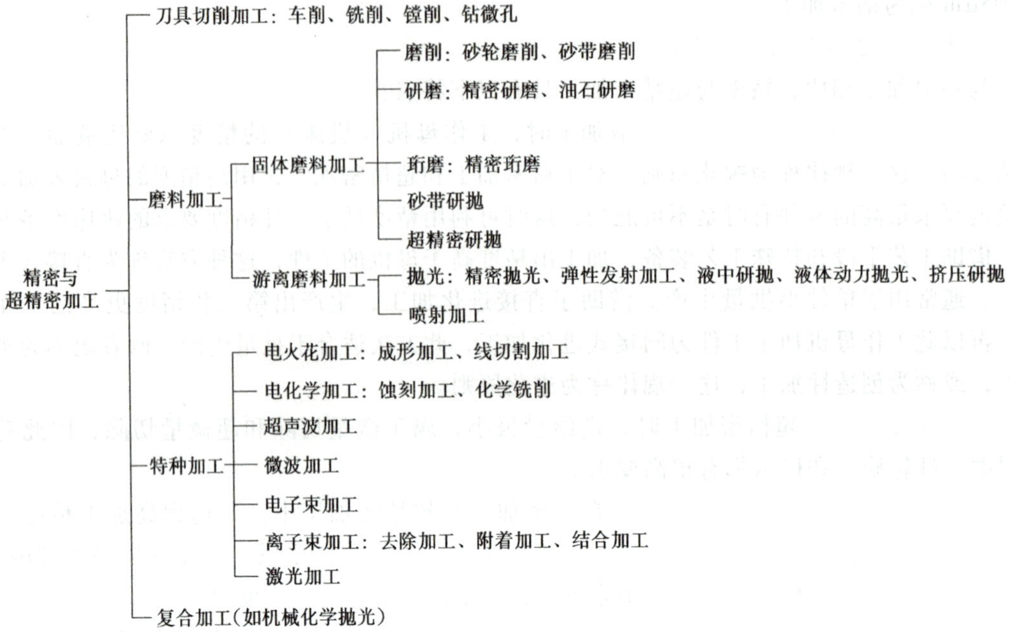

图 12-8　精密加工和超精密加工的方法

石刀具超精密切削是在高速、小背吃刀量、小进给量、高应力、高温下进行的，切屑极薄，切速高，表层高温不会波及工件内层，工件变形小，因而可以获得高精度、低表面粗糙度值的加工表面。

(2) 影响金刚石刀具超精密切削的主要因素

1) 金刚石刀具材料的材质、刀具几何角度设计、晶面选择、刃磨质量及对刀。

2) 使用金刚石刀具的超精密加工机床的精度、刚度、稳定性、抗振性和数控功能。机床应有较高的系统刚度，机床床身多数采用花岗石材料，机床有性能良好的温控系统。

3) 被加工材料的均匀性及微观缺陷。

4) 工件的定位和夹紧。

5) 工作环境应具备恒温、恒湿、净化及抗振条件，以保证加工质量。

目前，金刚石主要用来切削铜和铜合金、铝和铝合金等有色金属以及光学玻璃、大理石和碳素纤维板等非金属材料。由于碳元素的作用，会使金刚石刀具产生炭化磨损，故一般不用于切削铁碳合金。

2. 精密磨削

(1) 精密磨削机理　精密磨削主要是靠砂轮的精细修整，使磨粒具有微刃性和等高性。磨削后，加工表面留下大量极细微的磨削痕迹，残留高度极小，加上无火花磨削阶段的作用，能获得高精度和低表面粗糙度值的加工表面。精密磨削的原理主要归纳为以下三个方面：

1) 微刃的微切削作用。磨粒的微刃性和等高性如图 12-9 所示。

2) 微刃的等高切削作用。

3) 微刃的滑挤、摩擦、抛光作用。

(2) 影响精密磨削质量的因素

1) 精密磨削砂轮及其修整。精密磨削时，磨粒上大量的等高微刃是通过金刚石修整工

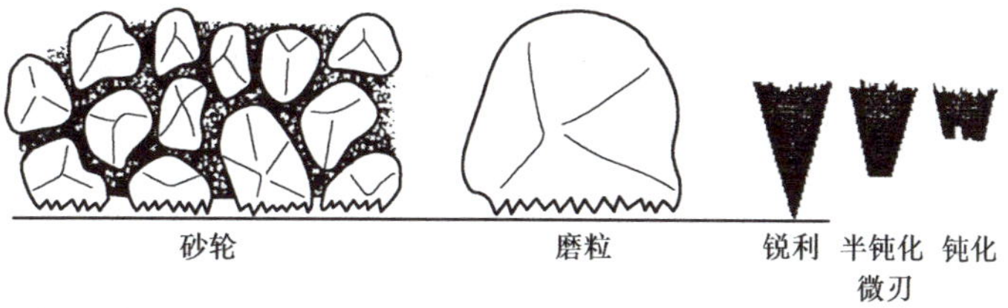

图 12-9 磨粒的微刃性和等高性

具以极低且均匀的进给精细修整而得到的，故砂轮修整是精密磨削的关键之一。

2）精密磨床结构。精密磨床应有高几何精度以保证工件的几何形状精度；应有高精度的横向进给机构，以保证工件的尺寸精度；砂轮修整时应有微刃性与等高性；应有低速稳定性好的工作台作为纵向移动机构，以防产生爬行及振动，保证砂轮修整质量和加工质量。

3）磨削参数的选择。

4）磨削工作环境。

（3）精密和超精密砂带磨削　本书8.4.3节介绍了砂带磨削，它是一种新的高效磨削方法，能得到高的加工精度和表面质量，具有广阔的应用范围，可补充或部分代替砂轮磨削。

1）砂带磨削方式。砂带磨削可分为闭式和开式两大类，如图12-10所示。

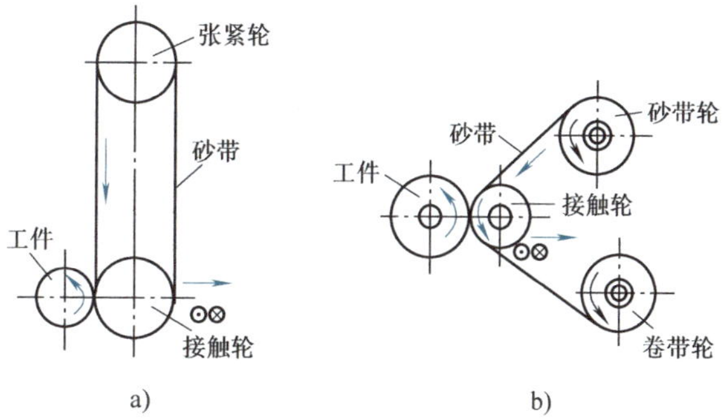

图 12-10 砂带磨削方式

a）闭式砂带磨削　b）开式砂带磨削

2）砂带磨削的特点及其应用范围。

① 砂带与工件柔性接触，磨粒载荷小且均匀，具有抛光作用，同时还能减振，故有弹性磨削之称。加之工件受力小，发热少，因而可获得好的加工表面质量，表面粗糙度 Ra 值可达 0.02μm。

② 用静电植砂法制作砂带，磨粒有方向性，尖端向上，同时磨粒的切削刃间隔长，摩擦生热少，散热时间长，切屑不易堵塞，力、热作用小，有较好的切削性，有效地减少了工件变形和表面烧伤，故又有冷态磨削之称。

③ 强力砂带磨削的效率可与砂轮磨削媲美。砂带不需要修整，磨削比（切除工件质量与砂带磨耗质量之比）较高，因此有高效磨削之称。

④ 可生产各种类型的砂带磨床，用于加工内、外表面及成形表面。

⑤ 砂带振动磨削是通过接触轮带动砂带沿接触轮轴向振动，可降低表面粗糙度值，提高加工效率。

砂带磨削的关键部件是磨削头架，而磨削头架中的关键部件是接触轮（板）。

（4）超硬磨料砂轮精密和超精密磨削　超硬磨料砂轮目前主要是指金刚石砂轮和立方氮化硼（CBN）砂轮，主要用来加工难加工材料，如各种高硬度、高脆性金属及非金属材料。这些材料的加工一般要求较高，故属于精密和超精密加工范畴。

1）超硬磨料砂轮磨削的特点。

① 可加工各种高硬度、高脆性金属材料和非金属材料，对于钢铁等材料适合采用立方

氮化硼砂轮来磨削。

② 磨削能力强，耐磨性好，砂轮寿命长，易于控制加工尺寸及实现加工自动化。

③ 磨削力小，磨削温度低，加工表面质量好。

④ 磨削效率高。

⑤ 加工综合成本低。

2）超硬磨料砂轮的修整。采用金刚石或 CNB 砂轮磨削时，砂轮的修整通常用金刚石或 CNB 砂轮。修整分为整形和修锐两步。

① 整形。通常采用碳化硅砂轮或金刚石笔进行整形。

② 修锐。修锐的目的是去除部分结合剂，使磨粒凸出结合剂一定高度（一般为磨粒尺寸的 1/3 左右），目前多采用电解方法进行在线修锐。

3. 游离磨料加工

(1) 弹性发射加工　弹性发射加工靠抛光轮高速回转（并施加一定的工作压力），造成磨料的弹性发射进行加工。其工作原理如图 12-11 所示。抛光轮通常用聚氨基甲酸（乙）酯制成，抛光液由颗粒直径为 0.01～0.1μm 的磨料与润滑剂混合而成。弹性发射加工的机理为微切削与被加工工件材料的微塑性流动的双重作用。

(2) 液体动力抛光　在抛光工具上开有锯齿槽，如图 12-12 所示。抛光时靠楔形挤压和抛光液的反弹来增加微切削作用。

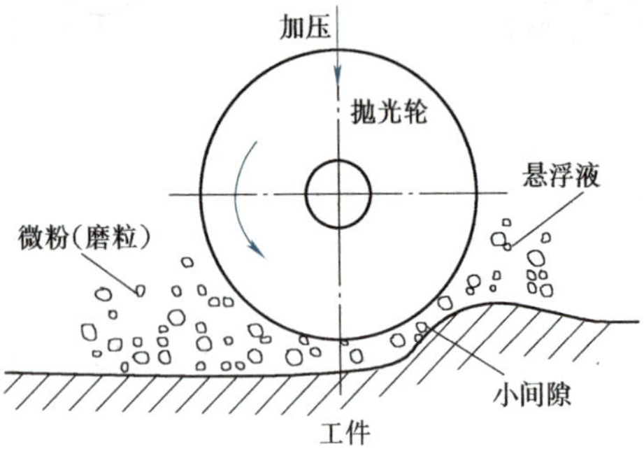

图 12-11　弹性发射加工

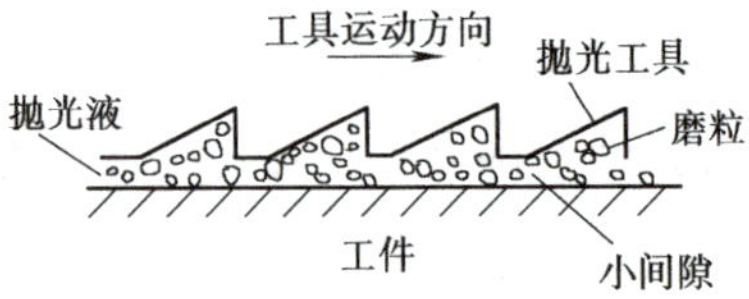

图 12-12　液体动力抛光

12.2.3　微细加工技术

1. 微细加工及其特点

微细加工起源于半导体制造工艺，原来是指制造微小尺寸零件的生产加工技术，其加工尺度在微米和纳米级范围。从广义角度来说，微细加工包含了各种传统精密加工方法（如切削加工、磨料加工等）和特种加工方法（如外延生长、光刻加工、电铸、激光加工、电子束加工、离子束加工等），它属于精密与超精密加工范畴；从狭义角度来说，微细加工主要是指半导体集成电路制造技术。

微小尺寸加工与一般尺寸加工的区别在于：一般尺寸的加工精度用误差尺寸与加工尺寸的比值来表示，而微细加工的精度则用误差尺寸的绝对值来衡量。即用去除材料的大小来表示，从而引入加工单位尺寸（简称加工单位）的概念。加工单位就是指去除的那一块材料的大小。在微细加工中，加工单位可以小到分子级或原子级。

微机械领域的重要部分不仅是微电子部分，更重要的是微机械结构或构件及其与微电子的集成。只有将这些微机械结构与微电子等集成在一起才能实现微传感或微致动器件，进而实现微机械（也称为微型机电系统）。因此，现在的微细加工并不限于微电子制造技术，更重要的是指微机械构件的加工或微机械与微电子、微光学等的集成结构的制作技术。

2. 微细加工方法

微细加工方法与大多数精密加工方法相同。由于微细加工与集成电路密切相关，故按其加工机理可分为分离（去除）加工、结合［附着（如镀膜）、注入（如渗碳）、接合（如焊接）］加工、变形（在力、热作用下使材料产生变形而成形）加工等。更多微纳米加工、生物制造技术的有关专业著作，会有更具体、更详细的介绍，在此不予赘述。

常用的微细加工方法见二维码。

随着科学技术的发展，微细加工正向着高深宽比三维工艺方向发展，其加工精度也小于常用微细加工二维码中所列数值。在微细加工中，光刻加工是其主要的加工方法之一，它又称为光刻蚀加工；目前光刻蚀加工有辐射光刻、电铸/模铸（X 射线光刻）、准辐射光刻、电铸/模铸（紫外线光刻）、光刻-电铸-模铸复合成形技术和立体光刻成形等。

3. 集成电路芯片的制造

现以一个集成电路芯片的制造工艺为例来说明微细加工的应用。图 12-13 所示为一块集成电路芯片的主要工艺方法。

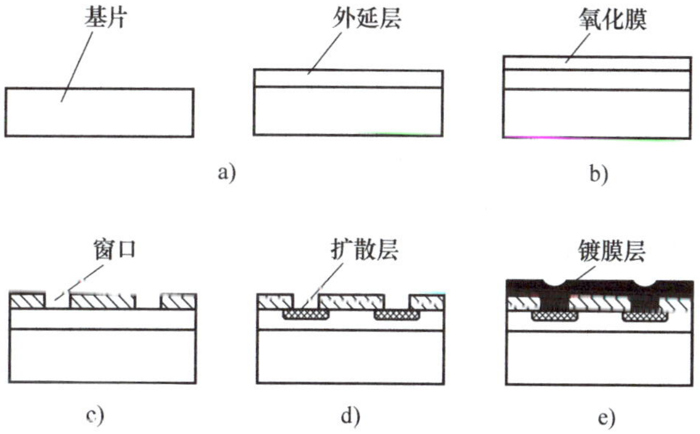

图 12-13 集成电路芯片的主要工艺方法

（1）外延生长 外延生长是半导体晶片表面沿原来的晶体结构晶轴方向通过气相法（化学气相沉积）生长出一层厚度为 10μm 以内的单晶层，以提高晶体管的性能。外延生长层的厚度及其电阻率由所制作的晶体管的性能决定。

（2）氧化 氧化是在外延生长层表面通过热氧化法生成氧气膜。该氧化膜与晶片附着紧密，是良好的绝缘体，可作为绝缘层防止短路和电容绝缘介质。

（3）光刻 即刻蚀，是在氧化膜上涂覆一层光致抗蚀剂，经图形复印曝光（或图形扫描曝光）、显影、刻蚀等处理后，在基片上形成所需要的精细图形，并在端面上形成窗口。

（4）选择扩散 基片经外延生长、氧化、光刻后，置于惰性气体或真空中加热，并与合适的杂质（如硼、磷等）接触，则窗口处的外延生长表面将受到杂质扩散，形成 1～3μm 深的扩散层，其性质和深度取决于杂质的种类、气体流量、扩散时间和扩散温度等因素。选择扩散后就可形成半导体的基区（P 结）或发射区（N 结）。

（5）真空蒸镀　在真空容器中，加热导电性能良好的金、银、铂等金属，使之成为蒸气原子而飞溅到芯片表面，沉积形成一层金属膜，即为真空蒸镀。完成集成电路中的布线和引线准备，再经过光刻，即可得到布线和引线。

12.2.4　纳米加工技术

纳米技术是当前先进制造技术发展的热点和重点，它通常是指纳米级（0.1~100nm）的材料、产品设计、加工、检测、控制等一系列技术。它不是简单的“精度提高”和“尺寸缩小”，而是从物理的宏观领域进入到微观领域，一些宏观的几何学、力学、热力学、电磁学等都不能正常地描述纳米级的工程现象与规律。

纳米技术主要包括纳米材料、纳米级精度制造技术、纳米级精度和表面质量检测、纳米级微传感器和控制技术、微型机电系统和纳米生物学等。

微型机电系统在生物医学、船舶，航空航天、国防、工业、农业、交通、信息等多个部门均有广泛的应用前景，已有微型传感器、微型齿轮泵、微型电动机、电极探针、微型喷嘴等多种微型机械问世，今后将在精细外科手术、微卫星的微惯导装置、狭窄空间及特殊工况下的维修机器人、微型仪表、农业基因工程等各个方面显示出巨大潜力。

目前，微型机电系统的发展前沿主要有微型机械学研究、微型结构加工技术（高深宽比多层微结构的表面加工和体加工技术）、微装配、微键合、微封装技术、微测试技术、典型微器件、微机械的设计技术等。

纳米加工技术是一个涉及范围非常广泛的术语，它包括纳米材料、纳米摩擦、纳米电子、纳米光学、纳米生物和纳米机械等，这里只讨论与纳米加工有关的问题。

纳米加工方法种类很多，此处仅以扫描隧道显微加工为例，介绍纳米加工原理和方法。扫描隧道显微镜（Scanning Tunneling Microscope，STM）可用于测量三维微观表面形貌，也可用于纳米加工。STM 用于纳米加工进行单原子操纵主要包括三个部分，即单原子的移动、提取和放置。使用 STM 进行单原子操纵的较为普遍的方法是在 STM 针尖和被加工表面之间施加一适当幅值和宽度的电压脉冲，一般为数伏电压和数十毫秒宽度。由于针尖与被加工表面某一原子 A（图 12-14）之间的距离非常接近，仅为 0.3~1.0nm。因此在电压脉冲的作用下，将会在针尖和被加工表面之间产生一个强度在 109~1010V/m 数量级的强大电场。这样，被加工表面上的原子被吸附，并在强电场的蒸发下被移动或提取，并在被加工表面上留下原子空穴，实现单原子的移动和提取操纵。同样，被吸附在 STM 针尖上的原子也有可能在强电场的蒸发下而沉积到需要的表面上，从而实现单原子的放置操纵。A 原子被 STM 针尖提取操纵时，探针针尖原子对 A 原子的吸附力将大于工件上其他原子对 A 原子的结合力，探针针尖才能拖动 A 原子跟随探针针尖在加工表面上移动，实现原子搬迁。控制探针针尖与被移动原子之间的偏压和距离是实现原子搬迁的两个关键

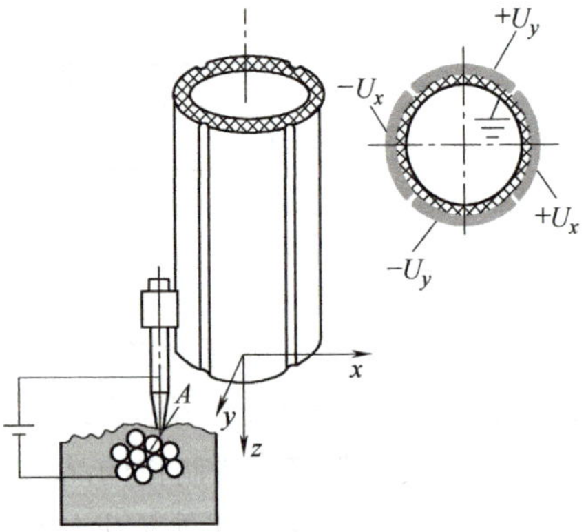

图 12-14　扫描隧道显微镜的工作原理

参数。

在 STM 上除用搬迁原子的方法进行纳米级加工外，还可以应用化学沉积和电流曝光等方法进行纳米加工。

12.3 绿色制造与再制造

12.3.1 概述

1. 可持续发展与绿色制造

在经历了几百年的工业发展之后，当今社会面临着环境、资源、人口三大问题，全世界都意识到不能以牺牲生态环境为代价来追求生产的发展。1972 年 6 月 5 日，联合国在瑞典斯德哥尔摩召开了有 114 个国家代表参加的“人类环境会议”，并通过了著名的《人类环境宣言》。宣言中明确指出：“为了这一代和将来世世代代，保护和改善人类环境已经成为人类一个紧迫的目标，这个目标将同争取和平、全世界的经济与社会发展这两个既定的基本目标共同协调地发展”。1980 年，国际自然资源保护联合会、联合国环境规划署和世界基金会共同发表了《世界自然保护大纲》。指出：人类通过对生物圈进行管理，使生物圈既能满足当代人的最大持续利益，又能保持其满足后代人需求与欲望的能力。

1987 年，挪威前首相布伦特兰夫人领导的联合国环境与发展委员会发表了一份题为《我们共同的未来》的报告，该报告第一次对可持续发展的概念进行了科学的论述，指出：可持续发展是在满足当代人需求的同时，不损害人类子孙后代满足其自身需求的能力。它标志着可持续发展思想逐步走向成熟和完善。1996 年，国际标准化组织正式颁布了环境管理体系 ISO 14000 系列标准，向世界各国及组织的环境管理部门提供了一整套实现科学管理体系的思想和方法。1994 年我国发布了《中国 21 世纪议程——中国 21 世纪人口、环境与发展白皮书》，提出了中国实施可持续发展的总体战略。有鉴于此，如何使制造业减少资源消耗和尽可能少地产生环境污染是 21 世纪制造业面临的重大问题之一。于是一个新的制造模式——绿色制造由此产生。

2. 绿色制造与再制造的简介

（1）绿色制造与再制造内涵　绿色制造（Green Manufacturing，GM）的内涵和技术体系自提出以来不断延拓，已发展成为一种综合考虑环境影响和资源与能源效率的制造模式，其目标是通过绿色设计及制造工艺的改进，使产品从设计、制造、包装、运输、使用、废弃处理的全生命周期中减少资源环境负荷，同时使经济效益和社会效益得到协调优化。再制造（Remanufacturing）是指对废旧产品进行专业化修复或升级改造，使其质量特性（包括产品功能、技术性能、绿色性、经济性等）不低于原型新品水平的制造过程。再制造面向产品生命周期的后半生，以废旧产品资源利用率最大化、再制造产品性能最优化、生产资源消耗和环境污染最小化为目标，打通“资源—产品—报废—再制造产品”的循环产业链条，构筑了节能、环保、可持续的工业绿色发展模式。

绿色制造内涵的一个基本观点是：制造系统中导致环境污染的根本原因是资源消耗和废弃物的产生，因而资源和环境两者是不可分割的关系。同时，由定义可得出绿色制造涉及的领域有三部分：产品生命周期全过程、环境保护和资源优化利用。绿色制造就是这三个部分内容的交叉，如图 12-15 所示。

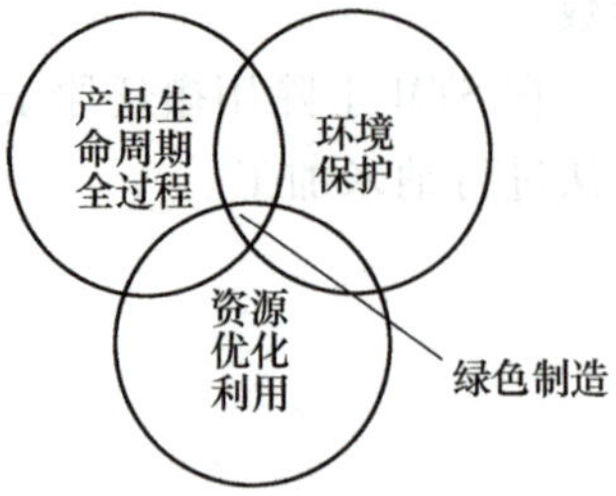

图 12-15 绿色制造是三个部分内容的交叉

（2）绿色制造技术的体系结构 绿色制造技术涉及产品整个生命周期、多生命周期，研究初期给出的体系结构如图 12-16 所示。该体系结构中物料转化和产品生命周期全过程：一方面是指具体的物料转化制造过程中，充分利用资源，减少环境污染；另一方面是指在构思、设计、制造、装配、包装等、售后服务及产品报废后回收整个产品周期中每个环节均充分考虑资源和环境问题，以期最大限度地优化利用资源和减少环境污染。

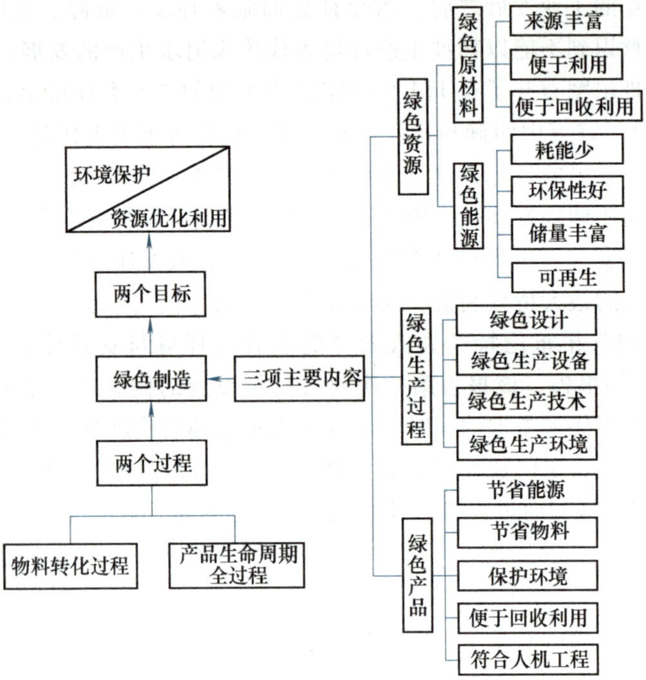

图 12-16 绿色制造的体系结构

三项内容要求从产品材料的生产到产品报废回收或再利用的全过程的各个环节中，使用便于充分利用、便于回收利用的原材料；尽可能使用储存丰富、可再生不污染环境的能源；尽可能开发绿色工艺，开发资源消耗少、生产和使用中对环境污染小又便于回收再制造、符合人机工程的产品。

12.3.2 绿色制造技术

绿色制造技术经济可行的方法有清洁生产、绿色设计方法与工具、可拆卸性设计、绿色制造工艺技术、绿色制造工艺设备与装备、绿色包装、绿色产品的成本分析、绿色制造的支撑技术、绿色设计数据库等。本节主要介绍绿色设计、绿色制造工艺。

1. 绿色设计

绿色设计是获得绿色产品的基础，研究表明：设计阶段决定了产品制造成本的70%~80%，而设计本身的成本仅占产品总成本的10%，如果考虑环境因素，这个比例还会增大。因此，只有从设计阶段将产品“绿色程度”作为设计目标，才能取得理想的设计结果。

目前，在产品设计时努力追求小型化（少用料）、多功能（一物多用，少占地）、可回收利用（减少废弃物数量和污染）；生产技术追求节能、省料、无废少废、闭路循环等，都是努力实现绿色设计的有效手段。

（1）绿色设计的概念　绿色设计（Green Design）也称为生态设计（Ecological Design）、环境设计（Design for Environment）、可持续设计（Sustainable Design）、生命周期设计（Life Cycle Design）等。绿色设计就是实现产品绿色要求的设计，反映了人们对于现代科技文化所引起的环境及生态破坏的反思，体现了设计师道德和社会责任心的回归。

绿色设计考虑从产品的概念形成到生产制造、使用乃至废弃后的回收、重用及处理处置的各个阶段，即设计产品整个生命周期。也就是说，要从根本上防止污染、节约资源和能源，设计是关键，不能等产品产生了不良的环境后果再采取防治措施（现行的末端处理end-to-pipe即是如此）。要预先设法防止产品及工艺对环境产生的副作用，这就是绿色设计的基本思想。

（2）机械产品绿色设计的基本内涵

1）在产品设计的全过程中，产品的基本技术性能与环境资源属性、经济属性并重，且环境资源属性优先。

2）在设计阶段应充分考虑产品在使用废弃后的可拆性和回收利用性。

3）提出了产品设计者和生产企业在环境保护、节约资源方面（产品回收和再利用）应承担的社会责任。

绿色设计将产品的生命周期扩展为从原材料制备到产品报废后的回收处理及再利用。

（3）绿色设计的关键技术

1）绿色产品评价体系、方法的研究。

2）绿色设计产品模型的建立。

3）绿色设计有关数据、资料的收集整理与数据库的建立。

4）绿色设计方法的系统研究及知识库的建立。

常见的绿色设计方法主要有基于生命周期的绿色设计方法、复杂产品的绿色创新设计、产品的可拆卸可回收性设计、模块化设计和并行式产品的绿色设计模式等。

在绿色设计中，还必须考虑所设计的每个零部件应具有均衡的使用寿命，即进行均衡寿命设计。此时，应考虑使一些重要组成部件具有较长的寿命，而那些易损件、易于更换的零部件，则可设计成根据具体情况可多次更换的短寿命零部件，即所谓的长寿命设计。具体内容在此不详细论述，设计时可参考有关专著。

2. 绿色制造工艺技术

绿色工艺是实现绿色制造的重要环节。绿色工艺尽量研究和采用物料和能源消耗少、废弃物少、对环境污染小的工艺方案和工艺路线，如干式、亚干式切削加工。

（1）干式、亚干式切削加工的概念　根据国家标准，干式切削的定义是指在切削过程中不使用任何切削液的工艺方法；完全干切削是指在切削过程中不使用任何切削液及辅助冷却介质的工艺方法；亚干式切削是指借助一定技术方法，只使用少量冷却润滑剂，对切削实施润滑、冷却或保护的切削技术。

亚干式切削的工作机理是冷却润滑剂的使用量，达到有利于切削工作的最佳状态（即不缩短刀具寿命，不降低加工表面质量等）。此处的冷却润滑剂并非仅指油基与水基切削液、润滑油，而是泛指具有冷却及润滑作用、能用于亚干式切削的物质，如切削液或纳米粉等，气流也泛指空气或保护气（如二氧化碳或氮气等）。国内外对亚干式切削的研究主要集中在雾化冷却润滑切削技术、低温切削技术（如液氮或冷风冷却润滑等）和微量冷却润滑切削技术等方面。实践证明，亚干式切削是更环保、工艺方法更优秀的切削工艺，是切削加工领域更值得研究和应用的工艺。

（2）干式、亚干式切削加工的研究体系　干式、亚干式切削加工技术是在机床设计制造技术、高性能刀具设计制造技术、高性能涂层技术、高效高精度测试技术，以及干式、亚干式切削加工工艺方法等诸多相关技术的硬件与软件技术得到充分发展的基础上综合而成的。干式、亚干式切削加工技术主要包括干式切削加工理论、机床、刀具、加工工艺及切削过程监控与测试等方面。干式、亚干式切削加工的研究体系如图12-17。

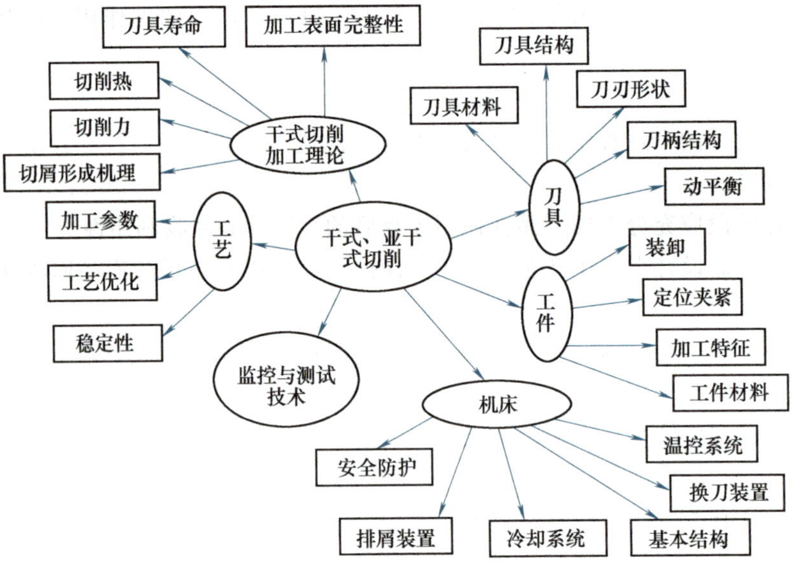

图12-17　干式、亚干式切削加工的研究体系

（3）切削加工的理论与应用综述　传统的切削加工是以力学为基础，在切削中使用硬度远大于工件材料硬度的刀具，通过刀具对被切削材料的作用，在挤压、滑移、剪切等过程中完成切屑与工件的分离。干式切削加工整个工艺方法都或多或少偏离了传统的湿式切削加工工艺方法，其切削原理涉及的因素更多，很难用一种理论基础去分析干式切削加工机理；加之很多工艺中应用的问题还需要进一步的理论探索，其理论基础远不及传统金属切削理论成熟。目前，对于干式切削加工理论基础、应用原则的分析主要有以下几种。

1）清洁生产原则。即尽量不用、少用对环境造成污染，造成切屑处理费用上升的切削液，实现清洁生产、绿色制造。

2）金属切削层的软化机理。完全的干切削主要包括硬态切削、高速干切削等。完全干切削金属材料过程中由于没有了冷却润滑作用，刀具与被切削工件材料之间摩擦加剧，切削力增大，切削热急剧增加，切削温度显著升高；与此同时，由于采用超硬刀具，刀具的热硬性高，金属在高温下产生了软化效应，致使金属材料的抗剪强度，抗拉强度下降，使切削力减小，刀具寿命反而延长。

3）低温脆性。切削时采用低温气体或用液态氮直接、间接作用于切削区时，研究表明，低温切削时体心立方晶格材料易发生低温脆化，切削力减小、切削热减少，不同程度保护刀具或延缓刀具的磨损。

4）强化换热效应。在亚干式切削中，广泛使用以气体为动力的喷射、喷雾、最小润滑技术等冷却润滑方式。从环保的角度看，自然的空气作为冷却介质是最好的；但从冷却效果看，空气的比热低、吸热能力远不如水，不适宜作为冷却介质。从现代传热学角度研究空气的热传导问题，即热传导方程

$$Q=\alpha A\Delta T$$

式中 ΔT——两种载体的温差（℃）；

α——传热系数［$W/(m^2\cdot ℃)$］；

A——换热面积（m^2）。

根据热传导方程可知，要让空气起到良好的换热作用，首先需通过对空气实施冷却，扩大低温空气和切削区的温差（ΔT），使气体有较强的冷却能力；以射流的方式让空气用适当较快的速度通过切削区，使单位时间通过切削区截面的动态换热面积 A 越大，因而能够带走更多的热量，从而弥补了空气传热系数 α 小的不足；这样空气就成为切削区强化换热的良好载体。其次，气体比液体更容易进入刀具与切屑、刀具与工件的接触界面，冷却作用更直接，冷却效果更明显。如果调节气体的压力、温度、射向切削区的角度以及靶距（喷口与切削区的距离）和入射点，冷风就成为根据人们需要可以控制的冷却介质。气体射流冷却换热虽然能起到冷却切削区的作用，但缺少润滑作用，也不利于被切削工件防锈等问题的处理，不同程度地妨碍了此种冷却方法在更多场合的应用。

以气体射流为动力，辅以必要的润滑油、冷却液等冷却润滑介质射向切削区形成亚干式冷却润滑方式，适量冷却润滑介质或在切削区形成沸腾汽化，达到这种境界其冷却润滑效果高于纯气体冷却作用的上十倍，加之润滑和冲刷作用，必将大大减小切削过程中的切削力、减少切削热、降低切削温度、减小刀具磨损和工件热变形。在这种冷却切削方法中，切削过程和机理与传统金属切削理论趋于一致，其综合效果明显优于传统切削的冷却润滑方式。

随着不同干式切削加工方法的发明和创新，干式切削加工的基础理论还在不断地完善过程中，这就需要研究新问题，对具体情况做具体分析，用动态的眼光看待事物的发展，使干式切削加工方法更好地应用于工业现场。

12.3.3 绿色再制造技术

绿色再制造（Green Remanufacturing）是一个以产品全生命周期设计和管理为指导，以优质、高效、节能、节材、环保为目标，以先进技术和产业化生产为手段，来修复或改造废旧产品并使之达到甚至超过原产品技术性能的技术措施或工程活动的总称。其中，再制造的产品是广义的，既可以是设备、系统、设施，也可以是零部件；既可以是硬件，也可以是软件。

再制造是为了节约资源、保护环境的需要而形成并正在发展的新兴研究领域和产业，是一门涉及机械工程、力学、材料科学与工程、冶金工程、摩擦学、仪器科学与技术、信息与

通信工程、计算机科学与技术、环境科学与工程、控制科学与工程等多学科综合、交叉、渗透的新兴学科。

如前述，再制造面向产品全生命周期的后半部分，再制造和维修的相同点是：当一个产品发生故障时，可能意味着它已经磨损或损坏，不能正常工作，要把它恢复到正常工作状态，只有维修或再制造。再制造和维修的主要不同点是：损坏产品恢复后的质量是完全不同的。修理只是针对在使用年限内且没有全面、严重损坏的产品，目的只是能继续使用该产品；而再制造可使旧的或报废产品恢复到像新产品一样，具备新产品同样的售后服务标准。同时维修是以单件生产为主，而再制造是以批量生产为主，维修和再制造生产工艺大相径庭。

再制造过程本身不产生或只产生很少的环境污染，再制造产品比制造同样的新产品消耗更少的资源和能源。采用绿色再制造技术可大量恢复设备及其零部件的性能、延长使用寿命，降低产品的全生命周期中的费用，节约原材料和能源、减少环境污染。

12.3.4 绿色制造与再制造面临的问题和发展

当前绿色制造与再制造相关技术仍存在以下问题：

1）在绿色制造评价与服务方面，未来绿色制造评价、标准建设服务、认证认可服务和产业链绿色服务将成为制造服务化的重要内容，但当前绿色制造评价与认定的体系和标准尚不健全，相关方法、技术与支持工具亟待完善。

2）在绿色制造工艺与系统方面，绿色制造工艺技术研究与应用的不断深入，系统、管理手段并未同步发展，绿色设计、工艺、服务等难以得到全面落实，制造效率难以提高，绿色制造的内涵与目标难以全面实现。

3）在再制造工程系统规划、质量控制技术与装备方面，高端机床、航空航天产品大多具有多品种、小批量的定制产品特点，给传统的以大批量产品作为生产基础的再制造模式带来了巨大挑战，迫使工程实际要在再制造工程系统规划领域提供更多的技术方法，来提高再制造效益并适应未来个性化再制造生产需求。

4）在再资源化技术与装备方面，废旧动力蓄电池、光伏发电板、热固性塑料制品三类产品呈快速增长的趋势，但是其回收难度大、对环境的影响大，难以满足制造系统快速降低资源与能源消耗的需求。

如何充分利用现代传感技术、网络技术、自动化技术与智能制造技术，提升产品设计与制造、再制造与回收（处置）过程的绿色性能，成为绿色制造发展的技术瓶颈问题。为此，面向未来 15 年的绿色制造发展需求，需通过技术创新、制度创新促进产业结构调整，加速相关标准体系的制定与推广，大范围普及智能化的绿色制造和再制造系统，突破绿色制造和再制造关键技术。

12.4 智能制造及其支撑技术

12.4.1 智能制造与人工智能、物联网、大数据

智能制造是 20 世纪 80 年代发展起来的一门新兴学科，具有很重要的前景，被公认为继

柔性化、集成化后，制造技术发展的第三阶段，是工业 4.0 的重要技术特征之一。

智能制造（Intelligent Manufacturing，IM）源于人工智能的研究，是一个与工业物联网密切相关的概念，是一种由人类专家和智能机器共同组成，在制造过程中进行分析、推理、判断、构思和决策等智能活动的人机一体化智能系统。通过人与智能机器的合作共事，去扩大、延伸和部分地取代人类专家在制造过程中的脑力劳动，把制造自动化的概念更新、扩展到柔性化、智能化和高度集成化。简言之，智能制造就是将人工智能技术运用于制造中，并由物联网系统支撑的智能产品、智能生产和智能服务。

在智能制造系统中，物联网是智能制造的基础，通过"物物相连"实现制造流程中各个环节的联动和信息交互；人工智能是核心，通过对制造流程中各环节的信息进行分析、推理、判断、构思和决策等，实现智能的目的；大数据是手段，大数据不仅可以用来提升企业的运行效率，而且通过数据处理能整合产业链和实现从要素驱动向创新驱动转型，从而提高制造业的核心能力。

12.4.2 人工智能

人工智能（Artificial Intelligence，AI）是研究人类智能活动规律，构造具有拟人智能的系统，进而实现替代人类完成智能工作。人工智能系统具有人类的智能行为，如理解语言、学习、推理、联想和解决问题等特性；这些特性使得人工智能系统能够通过学习行业专家的经验、构思逻辑等形成知识。人工智能的作用是要代替熟练工人的技艺，具有学习工程技术人员实践经验和知识的能力，并用以解决生产实际问题，从而将工程技术人员、工人多年累积起来的丰富而又宝贵的实际经验和智能思维能力保存下来，使其在实际生产中长期发挥作用。人工智能技术尤其适合解决特别复杂和不确定的问题。

人工智能技术促进了智能制造领域新模型、新方法、新形式、新体系结构和新技术系统的开发。从技术层面来看，当前人工智能主要有八大关键技术：深度学习、增强学习、模式识别、机器视觉、数据搜索、知识工程、自然语言理解和类脑交互决策。在这八大关键技术的支持下，制造业得以做到自感知、自适应、自学习、自决策。

12.4.3 智能制造

1. 智能制造的含义和特征

智能制造是基于新一代信息技术，贯穿设计、生产、管理、服务等制造活动各个环节，具有信息深度感知、智能优化自决策、精准控制自执行等功能的先进制造过程、系统与模式的总称。智能制造以智能工厂为载体，以关键制造环节智能化为核心，以端到端数据流为基础，以网络互联为支撑，可有效缩短产品研制周期、降低运营成本、提高生产率、提升产品质量、降低资源能源消耗等。其技术体系主要包括制造智能技术、智能制造装备技术、智能制造车间技术、智能制造工厂技术和智能制造服务技术。

智能制造就是信息技术在传统制造业的深度渗透和融合，通过人与智能机器的合作共事去扩大、延伸和部分地取代人类专家在制造过程中的脑力劳动。智能制造过程中，专家系统技术可以用于工程设计、工艺过程设计、生产调度和故障诊断等，也可以将神经网络和模糊控制技术等计算机先进的智能方法应用于产品配方、生产调度等，实现制造过程智能化。

智能制造的形式是智能机器（Intelligent Machine，IM），主要是指具有一定智能的数控机床、加工中心、机器人等，其中包括一些智能制造的单元技术，如智能控制、智能监测与诊断、智能信息处理等；智能制造系统（Intelligent Manufacturing System，IMS）——目前基本格局是分布式多自主体智能系统，主要是智能技术集成应用的环境，也是智能制造模式展现的载体，智能制造系统由智能机器组成，整个系统包含制造过程的智能控制、作业的智能调度与控制、制造质量信息的智能处理系统、智能监测与诊断系统等。其主要特征有：自律能力、自组织能力、自我管理能力、虚拟现实技术、学习和自维护能力、人机一体化。智能制造系统的本质是个体制造单元的“自主性”与系统整体的“自组织能力”。

智能制造系统的这些特征使得智能制造具有以下能力：

1）搜集与理解环境信息和自身的信息，并进行分析判断和规划自身行为的能力。

2）突出人在制造系统中的核心地位，在智能机器的配合下，更好地发挥出人的潜能，使人机之间表现出一种平等共事、相互“理解”、相互协作的能力。

3）使得制造过程和未来的产品，从感官和视觉上让人获得完全如同真实的感受。

4）在运行方式和结构组合方面具有自行实现最佳组合的能力。

5）故障自行诊断，对故障自行排除、自行维护的能力。

2. 智能制造的基本构成

从制造系统的功能角度分析，可将智能制造系统细分为设计、计划、生产和系统活动四个子系统。在设计子系统中，智能制造突出了产品的概念设计和功能设计，在概念设计过程中主要考虑消费需求的影响，功能设计关注产品的可制造性、可装配性和可维护及保障性；在计划子系统中，数据库构造将从简单信息型发展到知识密集型，多类专家系统将被集成应用；在生产子系统中，广泛应用智能技术监测生产过程、生产状态、获取和故障诊断、检验装配；在系统活动子系统中，分布技术、多元代理技术、全能技术和神经网络技术在系统控制中均获得应用，并采用开放式系统结构，使系统活动并行，解决系统集成问题。

智能制造涉及的主要先进技术有以下几个方面：

1）高灵敏度、精度、可靠性和环境适应性的传感技术。

2）模块化、嵌入式控制系统设计技术，包括软硬件，组态语言、人机界面技术、数据格式等。

3）先进控制与优化技术，包括评估、建模、目标优化、系统仿真、精密运动控制等。

4）系统协同技术，包括系统整体方案设计、安装调试、界面和工程工具的设计、报警处理、资产管理等技术。

5）故障诊断与健康维护技术，包括故障诊断、可靠性与寿命评估技术等。

6）实时通信网络技术，包括嵌入式互联网、通信网络构建、网络信息安全、信息无缝交换等技术。

7）控制系统整体功能安全评估技术。

8）特种工艺与精密制造技术，包括精密加工、精密成形、焊接、粘接、烧结、微机电系统、可控热处理技术，精密锻造技术等。

9）识别技术，包括图像识别、物体缺陷识别等。

3. 智能制造的运作过程

智能制造遵循以下运作过程：

1）网络用户访问智能制造系统，通过填写用户定单登记表向该系统发出定单。

2）系统如接收网络用户的定单，Agent 技术（一种处于一定环境下包装的智能计算机系统，简称为智能体）就将其存入全局数据库，任务规划结点则从中取出该定单，进行任务规划，分解成若干子任务并将其分配给系统上获得权限的结点。

3）其中产品设计子任务被分配给设计结点，该结点通过良好的人机交互完成产品设计子任务，生成相应的 CAD/CAPP 数据和文档及数控代码，并将其存入全局数据库，然后向任务规划结点提交该子任务。

4）加工子任务被分配给生产者，该子任务被生产者结点接收，机床 Agent 将被允许从全局数据库读取必要的数据，并将这些数据传给加工中心，加工中心则根据这些数据和命令完成加工子任务，并将运行状态信息送给机床 Agent，机床 Agent 向任务规划结点返回结果，提交该子任务。

5）在整个运行期间，系统 Agent 对系统中的各个结点间的交互活动进行记录，如消息的收发，对全局数据库进行数据的读写，查询各结点的名字、类型、地址、能力及任务完成情况等。

6）网络客户可以了解定单执行的结果。

12.4.4 物联网

作为新一代信息技术的重要组成部分，物联网被称为互联网大脑的感觉神经系统。作为制造业智能化的核心部分，物联网与工业融合也同样被称为智能制造的神经系统。

物联网（Internet of Things，IoT）的定义是通过射频识别、红外感应器、全球定位系统、激光扫描器等信息传感设备，按约定的协议，把任何物品与互联网相连接，进行信息交换和通信，以实现对物品的智能化识别、定位、跟踪、监控和管理的一种网络，实现物与物、物与人的泛在连接，实现对物品和过程的智能化感知、识别和管理。物联网就是基于物物相连的互联网，是互联网的延伸和扩展，其核心和基础在于通过信息交互，通过高级计算、分析、传感技术等将工业系统与互联网高度融合，实现制造业生产、监控、企业管理、供应链及客户反馈等信息系统的融合，通过数据中心对不同渠道的数据进行智能处理，从而提高生产率、产品质量和用户满意度。同时全面贯穿和获取企业各个环节数据，并做出智能处理，实现整个工业系统的自组织和自维护。物联网通过智能感知、识别技术和普适计算等通信感知技术，将用户端延伸和扩展到了任何物品与物品之间进行信息交换和通信的网络融合中。在技术层面上，物联网架构分为三层：感知层（由各种传感器构成）、网络层（包括互联网、广电网、网络管理系统和云计算平台等）和应用层（是物联网和用户的接口，与行业需求结合，实现物联网的智能应用）。也就是说，物联网不仅仅是网络，更是业务和应用。物联网广泛用于智能交通、环境保护、政府工作、公共安全、智能消防、工业监测、环境监测、路灯照明管控、景观照明管控、楼宇照明管控、个人健康、食品溯源、敌情侦查和情报搜集等多个领域。当智能制造与物联网交叉融合时，这种应用创新也成为物联网发展的核心应用之一。

很多专家认为制造业的两化融合将为中国制造业的升级提供一条路径，其中智能化是信息化与工业化“两化融合”的必然途径，其基础就是物联网。在传统的工业生产过程中，各生产要素都是相互独立的运营主体，没有联系，也没有进一步的逻辑控制，而智能化工厂强调的是产业链生产模式，不仅将企业的内部，更是将企业之间的生产合作连接起来，形成一个全行业的产业链模式，这样就实现了生产要素的协作沟通，让“互联网+智能制造”成为企业生产的核心技术，从而降低企业的运营成本，提高生产率，缩短产品更新的周期。例如，某些大型装备由厂商制造、交付和部署后开始运营；在基于工业4.0的智能制造系统中，整个制造过程中所牵涉的可能是成十上百个制造商共同参与；所有生产设备可以通过工业互联网的技术进行优化运行、维护保养和绩效优化；反过来，厂商也可以利用设备使用和维护保养的数据，为设计和制造过程提炼反馈信息。这样运营系统与制造系统连接融合，让数据和信息在两个系统之间的交互操作。可见智能制造与物联网融合是十分重要的。

12.4.5 大数据

工业大数据是指在工业领域中，围绕典型智能制造模式，从客户需求到销售、订单、计划研发、设计、工艺、制造、采购、供应、库存、发货和交付、售后服务、运维、报废或回收再制造等全生命周期各个环节所产生的各类数据及相关技术和应用的总称。工业大数据以产品数据为核心，极大延展了传统工业数据范围，同时还包括工业大数据相关技术和应用。

对制造型企业来说，大数据不仅可以用来提升企业的运行效率，更重要的是如何通过大数据等新一代信息技术所提供的能力来改变商业流程及商业模式。大数据及相关技术对企业发展具有以下重要意义：

1）大数据可以用于提升企业的运行效率。

2）可以帮助企业扁平化运行、加快信息在产品生产制造过程中的流动。

3）可用于帮助制造模式的改变，形成新的商业模式。其中典型的智能制造模式有自动化生产、个性化制造、网络化协调及服务化转型等。

大数据关键技术包括数据采集传输、存储、管理、处理、分析、应用、可视化和安全等，以及大数据分析、理解、预测及决策支持与知识服务等智能数据应用技术等。

制造业与互联网融合发展，工业大数据与物联网、云计算、信息物理系统等新兴技术在制造业领域的深度集成与应用，有利于产生制造业新模式，有利于构建制造业企业大数据“双创”平台，培育新技术、新业态和新模式。有利于促进协同设计和协同制造，有利于提升制造过程智能化和柔性化程度，促进生产型制造向服务型制造转变。

以可持续发展和现代管理理论为基础的先进生产模式和方法，既是现代制造技术的重要组成部分，又是现代制造技术区别于传统制造的显著特点之一。它们对于现代制造技术（或制造系统工程学）的贡献，并不逊于某种具体的工艺方法、技术上的突破。它催生了诸如精益生产（LP）、敏捷制造（AM）、并行工程（CE）、绿色制造（GM）、智能制造（IM）和物联网（IoT）等先进的生产模式和方法。有关这方面的内容在第1章中结合生产方式有了基本、初步的叙述。当前，先进机械制造技术得到了长足发展，本书仅重点介绍了增材制造、精密工程与纳米加工、绿色制造与再制造、智能制造及其支撑技术，其他知识在本专业的后续课程和有关书籍会有更具体、详细的介绍。限于篇幅，为避免重复，本书在此不再赘述。